물리학의 역사와 철학

Original English edition published by the Syndicate of the Press of the University of Cambridge.
Korean language edition is published by arrangement with the Syndicate of the Press of
the University of Cambridge.

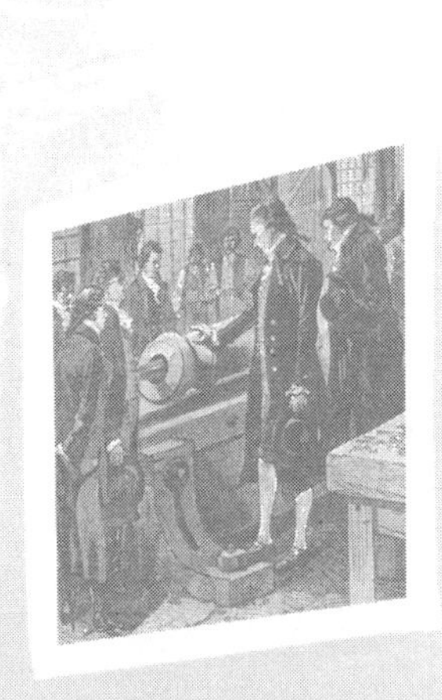

물리학의 역사와 철학

James T. Cushing 지음
송진웅 옮김

(주)북스힐

본 도서는 서울대학교 사범대학 교육연구재단의 2003년도 저술. 번역 연구비 지원을 받아 간행되었음.

역자의 말

이 책은 미국 노틀담대학의 물리학과 및 과학사-과학철학 과정의 쿠싱(James T. Cushing) 교수가 저술한 『Philosophical Concepts in Physics: The Historical Relation between Philosophy and Scientific Theories』(1998, 캠브리지대학 출판부)를 번역한 것이다.

저자 쿠싱 교수는 물리학자 출신으로 현대물리학, 특히 양자역학의 역사와 철학을 전공하는 학자이다. 이 책에서 저자의 일차 목표는 물리학을 통해서 드러나는 철학적 담론을 구체화하는 것이며, 저자는 이를 위해 물리학 개념의 역사적 발전 과정을 상세하게 다루고 있다. 즉, 물리학의 개념과 과학의 역사 그리고 철학적 논의가 아주 잘 어우러져 있다고 할 수 있다.

역자에게 이 책이 기존의 다른 과학사, 과학철학 책들에 비해 훨씬 더 매력적으로 다가왔던 이유는 물리학의 역사 전반에 걸쳐 상당히 철저한 내적 접근을 취하고 있다는 점이다. 보통의 과학사 및 과학철학 서적들이 일반적인 역사적 철학적 주장의 제기와 그 정당화에 초점을 맞추고 있는 반면, 이 책은 그 구체적인 물리학적 내용을 함께 제공함으로써 외적 접근을 취하는 기존의 책들에서 느끼는 아쉬움과 부족함의 갈증을 해소해주는 듯하다.

이 책은 물리학의 (혹은 더 넓게 과학의) 역사와 철학에 관심 있는 모든 독자들에게 유용한 자료가 될 것이다. 그리고 특히 물리학 개념의 구체적인 역사적 발전과정과 그것의 철학적 의미에 대해 관심 있는 독자들에게 더욱 유용할 것이다. 바로 이 점에서, 평소 물리교사는 물리학적 지식과 개념 이외에도 그것의 역사와 철학에 대한 폭넓은 소양이 있어야 한다고 믿는 역자의 눈에 아주 쏙 들어오는 책이었다.

저자와 다르게, 본 역자는 그 어떤 의미에서도 전문적인 물리학자나 과학사학자 또는 과학철학자가 아니다. 다만, 평소 과학사 및 과학철학에 상당한 관심을 두고 있는 물리교육 연구자에 불과하다. 따라서 그러한 역자의 개인적인 지적 호기심에 자극받아 번역한 이 책에는 불가피하게 상당한 오역과 번역의 어색함이 있을 것이다. 이는 전적으로 역자의 부족함에서 기인한 것임을 말해두고 싶다. 다만 가까운 시일 내에 개정판을 내놓겠다는 약속으로 그 부족함의 책임을 대신하고자 한다.

항상 느끼는 것이지만, 훌륭한 책을 번역하는 일은 흥분과 기대로 시작해서 고통과 후회로 가득 찬 기나긴 시간을 보내고, 마침내 홀가분함과 두려움으로 마무리를 하게 되는 일련의 과정인 것 같다. 이 책을 발견한 뒤 느꼈던 그 지적 흥분에 유혹되어 번역을 시작한 이후, 얼마나 많이 '다시는 책을 번역하지 않으리라!' 라고 다짐했던가. 그리고 이제 번역의 낯부끄러움에 대한 두려움이 밀물처럼 밀려오기 시작한다.

그래도 이 부족한 번역을 마무리하는 데에는 참으로 많은 사람들의 도움이 있었다. 먼저 번역의 계기를 마련해 주었던 서울대학교 사범대학 교육연구재단에 깊은 감사를 드린다. 또 수없이 약속시간을 넘겼던 역자를 끝까지 이해하고 기다려주었던 (주)북스힐의 편집진들에게도 감사의 마음을 전한다. 마지막으로 그동안 이 책을 함께 공부하고 수많은 토론과 원고 교정 작업에 참여하였던 물리교육과 및 상황물리교육연구실의 대학원생들에게 깊은 고마움을 전하고 싶다. 이들의 도움과 노력이 없었다면, 이 책의 번역은 또 얼마나 더 많이 늦춰졌을지 알 수 없다.

이 책이 물리학을 그 역사적 철학적 맥락 속에서 이해하고 인류의 위대한 지적 유산의 하나로서 인식할 수 있는 작은 계기가 되었으면 한다.

2006년 8월

무더위가 절정에 이른 관악의 연구실에서 송진웅

저자의 말

이 책은 필자가 노틀담대학(University of Notre Dame)에서 예술, 문학, 과학, 공학 분야를 전공하는 3, 4학년생을 대상으로 수년간 강의했던 자료를, 한 학기 분량의 간학문적 과목으로 발전시킨 것이다. 이 책은 물리학의 법칙과 이론 발전과정의 맥락 속에 포함된 철학적 쟁점들을 선택할 수 있도록 구성되어 있다. 자연과학과 공학 배경의 많은 학생들이 이러한 활동을 유익하다고 평가했으며, 일부 불안감을 느낀 학생들도 있지만 그들 역시 가치 있는 활동이라고 느꼈다. 이 책을 집필한 주된 목적이 독자들로 하여금 과학의 실천에 있어서 철학적 사유가 수행하였던 본질적이고 필수적인 역할에 대해 깊이 인식하도록 하는 것이지만, 철학 그 차체보다는 물리학의 역사와 과학적 내용에 대해 더 많은 공간을 할애하였다. 그 이유는 의미 있고 유용한 과학철학은 질곡의 역사적 궤적을 거쳐 새로운 직관에 도달하는 맥락 속에서 펼쳐질 때 가능하다는 필자의 믿음 때문이다. 다시 말해 비록 극히 일부분의 과학철학을 확립시키기 위해서도 엄청난 양의 과학의 역사를 다루어야 한다는 것이다.

이 책에서는 배경지식을 위해 고대과학 및 초기 근대과학의 역사에 대해 먼저 서술하고 있지만, 주된 강조점은 상대론과 양자역학 등의 20세기 물리학의 중심적인 내용들과 그것들의 초기 발전과정에 있다. 이 책은 과학의 역사나 철학에 대한 종합적인 접근을 취하고 있지 않으며, 오히려 물리학의 역사와 철학에서 추출된 주제와 에피소드에 대한 개인적인 혹은 독특한 선택을 담고 있다고 할 수 있다. 이 책은 과학의 발달을 그것이 이루어진 역사적 철학적 배경과 대비시키면서 제시하고 있다. 때때로 이론의 발전 양식에 대해 '구성'(construction)이라는 용어가 '발견'(discovery)이라는 용어보다 더 적절한 듯하다. 특히 후반부에서는 과학적 이론의 형식과 내용에 대한 역사적, 철학적, 그리고 사회학적 요인들의 영향력에 대해 다루고 있다. 양자물리학은 이 점에 관해서 특별히 풍부한 자료들을 제공해 주고 있다.

독자들은 고전물리학에 대한 1년 과정의 입문 수준 정도의 지식을 갖추고 있기를 기대한다. 그리고 상대론과 양자물리학이 독자들에게 생소할 것으로 생각되어, 이 책의 독자들이 이해할 수 있도록 충분한 배경설명을 함께 제공하고 있다. 이 책의 각 부 첫 면에 등장하는 인용문들과 각 장의 끝부분에 포함된 보충자료들은 전체의 책 구성을 통해 하나의 중요한 부분을 형성하는 것으로서 독자들은 이를 모두 읽어보기를 바란다. 본문에 딸린 각주에는 참고문헌, 본문에 대한 해설, 수학 관련 보충 내용 등이 포함되어 있다. 따라서 각주에서 제공되는 정보들을 인지하고 있는 것은 중요하다. 각주에서 GB는 『서구의 위대한 고전』(Great Books of the Western World－Robert M. Hutchins 편)을 나타낸다. 일부 장에는 수학적 세부사항들이 소개되어 있는 부록이 별도로 수록되어 있는데, 이는 보다 폭넓은 독자층에게 적합하도록 본문을 구성하기 위함이다(이 책에서는 고급 수학의 내용은 본문 속에 포함시키지 않는 것을 중요한 원칙 중 하나로 채택하고 있다). 독자들에게 특별한 관심의 대상이 될 수 있는 주제에 대해서 추가적인 학습을 위하여 별도의 참고문헌 목록을 각 장의 끝부분에 첨가하였다. 또한 이 책 말미에 수록된 일반 참고문헌에는 전체적인 배경 정보를 위한 자료원으로 활용할 수 있도록 관련된 설명을 추가하였다. 그리고 이 책에서 인용된 모든 문헌은 참고문헌에 수록되어 있다.

비록 이 책이 물리학, 역사, 철학 간의 간학문적 접근을 강조하고 본문에서 1차자료에 대한 인용들을 하고 있지만, 필자는 결코 과학사 혹은 과학철학의 전문가가 아니며, 2차자료에 크게 의존하고 있다. 과학자로 훈련된 한 사람으로서, 필자가 관심을 갖는 것은 철학과 기초과학 사이의 연결에 대한 과학계 학생들의 관점을 확장시키는 것이며, 물리학의 맥락 속에서 이를 인식할 수 있도록 하는 것이다. 필자가 희망하는 바는 독자들이 이 문제에 대해 충분한 관심을 갖게 되어 나중에 보다 학술적인 역사학 및 철학의 논저들을 통해서 이를 추구하게 되었으면 하는 것이다. 강의실 상황에서 책자의 본문 내용은 토론이나 학생들이 추가적으로 수행할 독서를 위한 자료로 활용될 수 있을 것이다. 물리학자들 사이의 전유물인 '지식'의 속박과 역사학과 철학에 대한 나 자신의 왜곡된 관점으로부터 자유로울 수 없었던 경우가 많이 있었다. 글의 스타일은 이따금 형식적이지 못하고, 이 때문에 혹시 필요한 모든 절차와 과정을 포함하지 않아 읽기 어려울 수도 있을 것이다. 과학사학자나 과학철학자들에게는 필자의 일부 주장들이 틀림없이 불만스러운 것일 것이다. 그들이 느끼게 될 이 책의 부적절함에 대해 미리 사과드리지 않을 수 없다. 다만 일반 독자들이 흥미와 가치를 느낄 수 있는 어떤 것을 발견하기를 기대할 뿐이다. 이곳 노틀담대학 및 다른 곳들에서 오랜 기간에 걸쳐 이 분야에 대한 필자 자신의 무지함을 깨우쳐 주었던 친구들과 동료들에게 감사의 마음을 전하고 싶다. 먼저 20여 년 전 과학사와 과학철학에 대한 나 자신의 관심을 촉발시켰던 맥물린 교수께 감사를 드린다. 물론 이 '제자'의 부족함은 결코 스승의 책임으로 돌아갈 수는 없을 것이다. 그리고 보즈, 존스, 멕글린, 폴런, 케네디 교수는 친절하게도 이 책의 초고들을 검토해 줌으로써 나의 부끄러움을 막아 주었다. 물론 여전히 남아있는 부족한 점들은 전적으로 나 자신의 부족함 탓이다.

원고의 편집을 도와주었던 엘링손 양과 발라쇼프 박사에게 특히 많은 신세를 졌다. 초고를 매우 주의 깊게 읽어주었으며 본문과 참고문헌 등을 실질적으로 개선해 주었던 많은 제안을 주었다. 원고 편집 작업은 이곳 노틀담의 과학사-과학철학 과정과 철학과가 지원해 주었다. 내쉬 선생이 본문 내의 모든 그림을 담당하였다. 그리고 노틀담대학의 물리학과와 자연과학대학-특히 존스 의장과 카스텔리오 학장-에 특별한 감사의 마음을 전하고 싶다. 이들의 이해와 도움을 통해 본질적으로 다른 두 학문 영역인 물리학과 철학 사이의 연계 교과목들을 가르치고 관련되는 연구를 할 수 있었기 때문이다. 마지막으로 여러 해에 걸쳐 인내와 지원 그리고 격려를 주었던 나의 아내 님빌라사에게 감사한다. 아내의 이해가 없었다면 거의 20년 전에 시작되었던 이 프로젝트를 결코 완성하지 못하였을 것이다.

제임스 쿠싱(James T. Cushing)

저작권에 대한 감사

일차자료로부터의 많은 인용문을 담고 있는 이 책의 성격상, 현재 저작권을 소유하고 있거나 이전에 소유하고 있었던 수많은 출판사와 개인들로부터의 사용허락이 없었다면 이 책의 출판은 불가능하였을 것이다. 비록 인용된 것 중 많은 부분들이 저작권법 상의 무상 사용 영역에 속하고 또 다른 것들은 저작권의 적용범위에서 벗어나 있지만, 인용된 자료의 모든 출판사들을 접촉하였으며 또 감사의 마음으로 그 목록을 아래에 제시하고자 한다. 본문의 모든 인용에 대해서 해당하는 각주에 그 출처를 표기하였으며, 저작권 대상의 자료에 기초한 모든 그림도 그 그림에 해당하는 첫 번째 참고문헌에 인용되었음을 표기하였다. 모든 출판사와 개인들에게 감사의 마음을 전하지만, 특히 저작권의 사용범위에 대한 일반적인 개념을 훨씬 뛰어넘는 수준까지 자료의 사용을 허락하여 주었던 다음 기관들의 특별한 배려에 깊은 감사를 드리지 않을 수 없다: 미국 물리학회(The American Physical Society), 브리태니커 백과사전(Encyclopaedia Britanica), 캘리포니아대학 출판부(University of California Press), 캠브리지대학 출판부(Cambridge University Press), 시카고대학 출판부(The University of Chicago Press), 도버 출판사(Dover Publications), Mrs Melitta Mew, 노스웨스턴대학 출판부(Northwestern University Press), 오픈코트 출판사(Open Court Publishing Co), 옥스퍼드대학 출판부(Oxford University Press).

다음은 저작권 자료의 사용에 대해 감사를 표하고자 하는 출판사와 개인의 목록이다. 모든 문헌은 책의 말미에 있는 참고문헌에 수록되어 있다.

The American Physical Society :

Bloch(1976) ; Bohm(1952) ; Cushing(1981, 1982) ;

Einstein et al.(1935) ; Frank(1949) ; Goldberg et al.(1967).

american Scientist : Jensen(1987)

Archive for History of Exact Science : Klein(1962)

Bantam Doubleday Dell Publishing Group :

Burtt(1927) ; Drake(1957) ; *The Jerusalem Bible*(1966)

C.H.Beck'sche Verlagsbuchhandlung : Caspar(1937).

The Benjamin/Cumming Publishing Co. :

Watson(1970).

『The British Journal for the History of Science』 :

Westfall(1962).

University of California Press :

Galilei(1967) ; Newton(1934)

Cambridge University Press :

Archimedes(1897) ; Bell(1987) ; Bohr(1934) ;

Descartes(1977a, 1977b) ; Eddington(1926) ; Kelper(1992) ;

Maxwell(1890) ; Moore(1989) ; Schrödinger(1944) ; Ziman(1978)

Carol Publishing Group(1989) : Einstein(1934).

Leopold Cerf : Descartes(1905).

The University of Chicago Press :

Blackwell(1977) ; Cushing(1994) ; Duhem(1969) ;

Heilbron(1985) ; Kuhn(1970) ; de Santillana(1955) ;

Westfall(1980a).

C.J.Clay & Sons : Kelvin(1904).

Cornell University Press : Cooper(1935).

Crown Publishers : Einstein(1954a).

Daedalus : Holton(1968).

Dover Publications : Born(1951) ; Copernicus(1959)

Heath(1981b) ; Jevons(1958) ; Lorentz(1952) ; Lorentz et al.(n.d.) ;

Maxwell(1954) ; More(1934) ; Poincaré(1952)

Encyclopaedia Britannica : Bacon(1952) ;

Copernicus(1952) ; Faradat(1952) ; Harvey(1952) ;

Jefferson(1952) ; Kepler(1952a, 1952b) ;

Lucretius(1952) ; Newton(1952) ; Ptolemy(1952).

Harper-Collins Publishers : Boores and Motz(1966) ;

Heisenberg(1958, 1971) ; Mill(1855)

Harvard University Press : Cohen and Drabkin(1948) ;

Kuhn(1957); Manuel(1968); Quine(1990).
「History Studis in the Physical Science」: Hanle(1979).
The Johns Hopkins University Press: Koyré(1957).
Humanities Press International: Whittaker(1973).
Professor Max Jammer: Jammer(1989).
「The Journal of Philosophy」: Fine(1982b).
Kluwer Academic Publishers: Heilbron(1988);
Huygens(1934).
Alfred A. Knopf: Frank(1947); Monod(1971).
Mrs Robert B. Leighton: Leighton(1959).
Literistic Ltd.: Clark(1972).
Longman, Rees, Orme, Brown&Creen:
Herschel(1830).
Macmillan Publishing Co.: Hertz(1900);
Plato(1892); Thayer(1953).
The McGrae-Hill Companies: White(1934).
Mrs Melitta Mew: Popper(1965, 1968).
The University of Michigan press: Donne(1959).
The MIT Press: Feynman(1965).
John Murray Publishers: Fahie(1903); Peacock(1855).
The New York Review of Books: vann Woodward(1986).
North-Holland Publishing Co.: van der Waerden(1967).
NorthWestern University Press: Galilei(1946).
W.W.Norton & Co.: Butterfield(1965); Freud(1965).
University of Notre Dame Press: Cushing and Mcmullin(1989).
Open Court Publishing Co.: Mach(1960); Schilpp(1949).
Oxford University Press: Aristotle(1942a, 1942b, 1942c);
Dirac(1958); Gell-Mann(1981); Hume(1902).
Penguin Books UK: Smith(1974).
Pergamon Press: Landau and Lifshitz(1977).
Philosophical Library: Planck(1949); Przibram(1967).
「The Philosophical Magazine」: Bohr(1913).

『The Philosophical Review』: Quine(1951).

Princeton University Press: Duhem(1974); von Neumann(1955).

『Reports on Progress in Physics』: Clauser snd Shimony(1978).

Routledge, Chapman & Hall: Russell(1917).

Science History Publications: Cardwell(1972).

Serif Publishing Co.: Klein(1964).

Simon & Schuster: Luria (1973); Whitehead(1967).

Sterling Lord Literistic: Koestler(1959).

Walker Publishing Co.: Born(1971).

Prefessor Richard S. Westfall(1961); Laplace(1902).

차 례

1부 과학이라는 것

모든 귀납적 추론에서 경험과 일치하는 연역적 결과를 주는 가설에 도달할 때까지 우리는 가설들을 만들어내야 한다고 믿는다. 그와 같은 일치를 통해 선택된 가설은 상당히 그럴 듯한 것이 되고, 그러면 우리는 자연의 조건하에서 갑작스러운 변화가 일어나지 않을 것이라는 가정하에, 어느 정도의 가능성을 갖고 미래 경험의 성격에 대해 연역할 수 있다.

제번스(William Jevons), 『The Principles of Science: A Treatise on Logic and Scientific Method』

…

우리는 순수한 논리적 사고를 통해 경험적 세계에 대한 그 어떤 지식도 얻을 수 없다. 실재에 대한 모든 지식은 경험으로부터 출발하여 경험으로 끝난다. 순수한 논리적 수단을 통해 도달하는 명제는 실재에 관한 한 완전히 공허한 것이다. 갈릴레이가 바로 이 점을 알았기 때문에 그리고 특히 그가 이 문제를 반복해서 과학의 세계에 알렸기 때문에, 그는 근대물리학 그리고 근대과학 전체의 창시자라 할 수 있다.

…

이론물리학의 완벽한 체계는 개념과 그 개념에 유효한 기본 법칙 그리고 논리적 연역을 통해 도달하게 되는 결론들로 이루어지게 된다. 그리고 이러한 결론들은 우리의 독립된 경험들과 일치하는 것이어야 한다.

…

체계에 대한 구조는 이성의 작업이다. 경험적 내용들과 이들 사이의 상호관계는 이론의 결론에 표현되어야 한다. 전 체계의 그리고 특히 그것의 기초가 되는 개념과 기초 원리들의 모든 가치와 정당성은 바로 얼마나 그와 같이 표현될 수 있는가에 좌우된다. … 개념과 기본 원리들은 선험적으로 정당화될 수 없는 … 인간지성의 자유로운 창조물인 것이다.

아인슈타인(Albert Einstein), 『On The Method of Theoretical Physics』

과학이란 분명한 혹은 잘 확립된 진술들의 집합이 아니다. 그리고 최종의 상태를 향해 끊임없이 전진하는 체계라고도 할 수 없다. 우리의 과학은 지식(에피스테메)이 아니며, 결코 진리를 획득했다고 주장하거나 혹은 진리를 확률로 대체할 수도 없다.

…

우리는 알 수 없다. 우리는 단지 추측할 뿐이다.

…

과학의 진보는 시간이 지남에 따라 점점 더 많은 인식경험이 축적되기 때문이 아니다. 또한 점점 더 우리의 감각을 잘 활용하기 때문도 아니다. 해석이 이루어지지 않은 감각경험은 그것을 아무리 열심히 모으고 분류한다고 하여도 그것으로부터 과학이 추출되는 것은 아니다. 대담한 아이디어, 확인되지 않은 예측, 사색적인 사고 바로 이런 것들이 자연을 해석하는 유일한 수단인 것이다. 자연을 붙잡을 수 있는 우리의 유일한 연구방법이자 도구인 것이다. 그리고 우리는 이것들을 동원할 때 성공의 가능성을 갖게 된다. 자신의 아이디어가 논박되는 위험에 노출되기를 원하지 않는 사람들은 과학의 게임에 참여할 수 없게 되는 것이다.

포퍼(Sir Karl Popper), 『The Logic of Scientific Discovery』

우리의 감각적 외관에 주어지는 충격으로부터 우리는 세대를 걸쳐 전수되는 집단적으로 축적된 창조성 내에서 외부세계에 대한 체계적 이론을 투영해온 것이다. 우리의 체계는 감각적 자료를 성공적으로 예측하는 것으로 나타나고 있다. 우리는 어떻게 이것을 성취하였는가?

…

관찰언명이란 (과학적이건 아니건) 언어와 그 언어가 대상으로 하는 실제 세계 사이의 연결고리인 것이다.

…

전통적인 인식론은 세계에 대한 이론을 함축할 수 있는 혹은 적어도 이러한 이론의 가능성을 높일 수 있는 감각적 경험에 기초하였다. 하지만 반대로 포퍼는 관찰은 이론을 지지하는 것이 아니라 반증하는 데에만 사용될 수 있다고 오랫동안 강조해왔다.

…

순수한 관찰은 제안된 이론이 함축하는 관찰범주를 논박하는 부정적 증거만을 제공할 뿐이다.

콰인(Willard Quine), 『Pursuit of Truth』

앎의 방식

우리는 과학과 과학의 작동에 대해 배우고자 한다. 그리고 과학은 지식과 그 달성에 있어 특정한 방식을 갖는다. 때문에 어떤 과정을 통해 지식에 도달하는가에 대해 간략히 살펴보면서 이 책을 시작하기로 하자. 지식의 일반적인 한 형태는 견해에 기초하거나 또는 다른 사람의 권위에 기초하는 것이다. 우리의 삶에 있어서의 실용성과 필요성에 관계하는 일상적 지식의 대부분은 이러한 형태로 얻어지게 된다. 우리가 책을 읽음으로써 알게 되는 많은 것들은 보다 비판적으로 수용할 수 있음에도 불구하고, 그것이 활자화된 지면을 통해 나타난다는 이유 때문에 그냥 진리로 받아들여진다. 그래서 우리는 어떤 명제에 대해 단순히 하나의 견해를 가질 수 있고 그런 다음 그것을 진리로 받아들일 것인지를 결정할 수 있다. 또는 다른 권위에 호소할 수도 있을 것이다. 예를 들면 '아인슈타인이 말했다', '아리스토텔레스가 .. 말했다'와 같은 권위자에 기대거나 혹은 '성경 말씀'이라는 텍스트의 권위에 호소하거나 혹은 어떤 사실을 '자명하다'고 주장할 수도 있다. 다음의 예를 보자.

> ⊛ 모든 인간이 평등하며, 인간은 신으로부터 부여받은 양도할 수 없는 권리를 가지며, 이러한 권리에는 생명, 자유, 그리고 행복의 추구가 포함된다는 것을 우리는 자명한 진리로 받아들인다. 이 권리를 지키기 위해서 사람들 사이에 정부가 세워지고, 피지배층으로부터 승인받은 권력이 주어진다. 그리고 어떤 형태의 정부일지라도 그것이 이와 같은 목적을 파괴한다면 그 정부를 없애 버리고 새로운 정부를 세울 수 있다. 그와 같은 원리에 정부의 기초를 세우고 그것의 권력을 그와 같은 형식으로 조직하여 사람들의 안정과 행복을 보장 받을 수 있게 하는 것이다.[1]

[1] Jefferson 1958, 228.

독립 선언서를 쓰는 과정에서 제퍼슨(Thomas Jefferson, 1743-1826)은 이와 같은 권리의 정당성에 대한 증거를 제시하지는 않았다. 자명한 원리로서 출발함으로써 그 점에 관한 모든 논쟁을 피해갔던 것이다. 깔끔한 미사여구의 수사적 표현이 될 수 있지만, 당신의 선호에 따라 이 진술은 진실에 대해 확고한 기반을 제공하는 것으로 또는 그렇지 않은 것으로 보일 수 있다.

1.1 철학

서양의 전통적 사고에 있어 대부분이 그렇듯이, 인간 지식의 본성에 대한 최초의 체계적인 접근은 소크라테스(B.C. 470-B.C. 399), 플라톤(B.C. 428?-B.C. 347?) 그리고 아리스토텔레스(B.C. 384-B.C. 322)의 대화 속에서 나타난다. 이 고대 그리스 인들은 서양 문화의 철학적 기초에 지대한 공헌을 한 사람들이다. **철학**의 어원은 '좋아하는' 또는 '사랑하는'을 뜻하는 'philo'와 '지식 또는 지혜'을 뜻하는 'sophia'의 두 그리스 어의 조합으로부터 나왔다. 원래 지식에 대한 사랑, 새로운 경험에 대한 동경, 또는 지적인 문화에 대한 추구를 내포하던 이 용어는 나중에 진실과 인간 본성에 대한 체계적인 연구를 뜻하게 되었다. 소크라테스는 아테네에 살았는데, 그가 살았던 시기는 아테네와 스파르타 사이의 펠로폰네소스 전쟁이 있던 때였다. 아테네의 패배 후 500명의 시민으로 구성된 아테네 법정은 소크라테스에게, 그의 철학적 질문법이 젊은이들로 하여금 신의 존재를 부정하고 이들의 마음을 타락시키고 불손하게 만들었다는 죄를 선고하였다. 이로 인해 그는 독약을 마시는 사형에 처하게 된다. 소크라테스 스스로는 아무런 기록을 남기지 않았으나, 그의 가장 훌륭한 제자인 플라톤의 가르침을 통해 우리는 그의 대화에 대해 알 수 있다. 아테네의 유명한 집안에서 태어난 플라톤은 B.C. 387년 아카데미(Academy)를 설립하였으며, 이것은 어떤 면에서 현대의 대학과 유사하다. 플라톤의 가장 뛰어난 학생으로는 아리스토텔레스가 있었고, 그는 이 책의 처음 몇 장에서 여러 번 만날 수 있는 위대한 작가이자 사상가이다.

플라톤은 단순한 **견해**(opinion)와 **과학**(science)을 구분하였다. 그에 따르면 과학은 인간 지식의 이상(ideal)이자 필연적 진리이며 불변의 것이었다. 그러한 지식체계의 모델로서 우리는 B.C. 300년경 유클리드의 『원론』(Elements)에서 볼 수 있는 공리기하학을 들 수 있다. 자신의 『국가론』(Republic)에서 플라톤은 이상적인 국가와 그 국가를 통치하는 철인(philosopher king)에 대해 말하였다. 플라톤은, 철학자는 피상적인 것이 아닌 진리와 현실에 대한 지식을 추구한다고 말하고 있다. 그에 따르면, 참된 지식이란 실재적이고 안정적이며 변하지 않아야 한다. 믿음은 외형과 관련되는 것이지만, 참된 지식이란 불변의 유일한 주체(즉, 그가 말하는 형상(Forms))인 것이다. 믿음은 사실과 거짓일 수 있는 반면에 지식이라는 것은 절대적으로 확실한 것이다. 플라톤은 경험은 항상 변하기 때문에 감각경험의 세계를 믿지 않았고, 지적인 사람에게만 보이는 변하지 않는 형상의 다른 세계가 존재한다고 생각했다. 플라톤의 개념에서는 이러한 형상이 참된 실재(reality)이자 감각의 세계와 독립적으로 존재하는 것이다. 경험과 감각에 의한 자료는 우리에게 이와 같은 형상에 대한 근사적 그림만을 제공할 뿐이다. 예를 들면 그는 원, 선, 삼각형과 같은 수학적인 (특별히 평면 기하학의) 개념들은 추상적인 세계에만 존재하므로 감각적인 경험을 통해서는 그것들에 대한 지식을 얻을 수 없다. 왜냐하면 진정한 원, 선, 삼각형은 경험 세계에 존재하지 않기 때문이다. 우리는 펜이나 연필을 가지고 수학적인 점이나 선을 그릴 수는 없다. 왜냐하면 펜이나 연필은 외연(extension)을 만들기 때문이다. 이것이 감각적 세계의 변화 한복판에서 불변의 것을 향한 탐구에 대한 플라톤의 답변이었다.

플라톤과 아리스토텔레스는 모두 관찰자의 관점과 무관하게 독립적으로 존재하는 외부 세계의 존재를 믿는 실재론자(realists)였다. 하지만 두 사람 사이에도 차이점이 있었는데, 플라톤이 실재(reality)를 즉각적인 감각 경험으로부터 동떨어진 것으로(이데아적 실재론 또는 형상적 실재론(realism of ideas or of forms)) 보는 반면, 아리스토텔레스는 감각적 경험의 대상에 일차적 실재성을 부여하였다(자연적 실재론 또는 실체적 실재론(realism of natures or of substances)). 아리스토텔레스는 형상과 물질이 구분될 수는 있지만 실질적으로는 경험의 실재 세계에서는 이 둘을 분리할 수 없다고 믿었다. 아리스토텔레스는 모든 진정한 지식은 감각적 경험과 관찰을 통해 추상화되는 참되고 필수적인 일차적 원리들로부터 시작되는 논리적 논증을 통해 얻어진다고 가르쳤다. 자연과 물질에 대한 그의 생각은 **Physica(피지카)**로 불렸는데, 이는 그리스 어 '*φυσικα*(physika)'가 원래 'natural(자연의)'이라는 형용사로부터 유래한 것이고 또한 (아리스토텔레스가 사용한 것과 같이) 자연과학의 의미를 갖기 때문이다. 이러한 이유에서 한때 과학자는 자연철학자(natural philosopher)로 불렸다. 『물리학』(Physics)에서 아리스토텔레스는 우리는 우리가 더 잘 알고 있고 분명한 것으로부터 출발하여, 더욱 분명하고 더 잘 알 수 있는 것들로 나아가야 한다고 말했다.

> ⊛ 어떤 탐구의 대상이 원리, 조건, 요소들을 가지고 있을 때, 지식(즉 과학적 지식)을 얻는 것은 이러한 것들과의 만남을 통해서이다. 왜냐하면 우리가 어떤 것의 일차적 조건이나 제1원리를 알게 되고 그것의 가장 간단한 요소들로 환원될 때까지 분석하기 전까지는 우리가 그것에 대해 안다고 생각할 수 없기 때문이다. 그러므로 자연과학에 있어서, 다른 분야의 학문에서와 마찬가지로, 우리의 첫 번째 과제는 무엇이 그러한 원리들과 연관되어 있는가를 확인하는 것이다.
>
> 이를 행하는 자연스러운 방법은 우리가 더 잘 알고 있고 분명한 것으로부터 출발하여 더욱 분명하고 더 잘 알 수 있는 것들로 나아가야 한다는 것이다. ... 그래서 현재의 탐구에서 우리도 이 방법을 따라야 하며, 본래 모호하지만 우리에게는 분명한 것으로부터 더 더욱 분명하고 더 잘 알 수 있는 것으로 나아가야 한다.
>
> 현재 우리에게 평이하고 분명해 보이는 것은 이후에 분석에 의해 알려지게 되는 혼란스러운 집합, 요소, 원리들이다.[2]

플라톤과 달리, 아리스토텔레스는 본유적 지식(innate knowledge)이란 없다고 주장한다. 아리스토텔레스에 있어서 모든 지식은 외부세계로부터의 투입에서 시작된다. 이 외부세계로부터 인간의 정신을 기쁘게 하는 중요한 틀과 통일적 원리들을 궁극적으로 일반화시키거나 추상화하거나 유도한다. 그리고 우리는 이를 통해 지식의 한 영역을 최종적으로 이해했다는 느낌을 갖게 되거나 또는 개인적 감각 경험의 집합을 형성하게 된다.

1.2 논리적 연역

일단 이런 일반적인 원리들에 도달하였다면(나중에 어떻게 도달하는가에 대해서는 상세하게 논의할 것이다), 그 다음에는 논리적 사고를(즉 타당한 추론을) 통해 이 원리들로부터 더 많은 결과들을 연역할 수 있다. **연역**(deduction)은 일반적인 것으로부터 특수한 것으로 주어진 전제로부터 필연적 결과로 진행되는 사고의 과정을 뜻한다. 연역적 논증의 표준적 예를 들자면, '모든 사람은 죽는다. 소크라테스는 사람이다. 그러므로 소크라테스는 죽는다.'이다. 여러 가지 유형의 **삼단논법**(syllogism)은 논리학에서 사용되는 가장 기본적이고 기초적인 도구의 하나이다. 이따금 아리스토텔레스는 삼단논법이라는 용어를 논증과 논의(argument or discussion)의 한 형태를 의미하는 것으로 느슨하게 사용하

2 Aristotle 1942b, Book Ⅰ, Chapter 1, 184 (10-24). (GB 8, 259)

였다. 그는 '삼단논법이란 어떤 것으로부터 시작하여 그것으로부터 그것이 아닌 다른 것이 필연적으로 이끌어지는 논법' 이라고 정의하였다.[3] 더욱 명확하게 말하면, '삼단논법' 은 두 개의 전제로부터 하나의 결론을 이끄는 구조화된 논증이라는 기술적 의미를 갖는다.

일반적으로 삼단논법과 연역적 추론에는 여러 가지 형태가 있지만, 여기서는 나중에 유용한 것으로 드러날 **가설적 명제**(hypothetical propositions)로 불리는 것만을 다루게 될 것이다. 이러한 언명들은 '만약 p이면 q이다.' 와 같은 형태를 띤다. 여기서 p와 q는 두 개의 명제를 나타낸다. 재미있는 예를 생각해 보자. '만약에 네가 잘하면, 너에게 막대사탕을 주겠다(혹은, 만약 내 강의를 잘 들으면, 너에게 A학점을 주겠다)' 일단 우리가 이 진술을 구속 조건으로 받아들이는 경우, 당신이 잘하였다는 조건이 있다면, 나는 당신에게 약속된 상을 주는 것이 필수사항이 되는 것이다.[4] 이제 상-벌 방법의 가능한 결과에 대해 생각해 보고 그것으로부터 논리적으로 이끌 수 있는 결론이 무엇인지 알아보자. 만약 당신이 잘했다면, 이미 말한 바와 같이 당신은 막대사탕을 얻게 된다. 그런데 만약 당신이 막대사탕을 얻었다고 하자. 그렇다면 당신이 잘했다는 것을 필연적으로 의미하는가? 물론 아니다. 왜냐하면 당신이 잘하지 못했어도 막대사탕을 줄 수 있기 때문이다. 진술문이 '당신이 잘 하고 또 그럴 경우에만 내가 당신에게 막대사탕을 줄 것이다' 가 아니라 단지 '네가 잘 한다면' 이라는 가정이 있을 뿐이다. 마지막으로 실제로 막대사탕을 받지 않았다면 당신은 잘 하지 못했을 것이 틀림없다. 왜냐하면 잘 하였다면 막대사탕을 얻었을 것이기 때문이다.

이러한 가설적 명제에서, 우리는 if절을 **전건**(antecedent), then절을 **후건**(consequent)이라 부른다. 여기서 두 가지 중요한 점은 다음과 같다. 일단 전건의 조건이 만족되었다면 후건은 언제나 얻어지고, 후건이 일어나지 않으면 전건의 조건은 만족될 수 없다는 것이다. 즉, 후건을 부정하다면 전건도 부정해야 한다는 것이다. 논증 구조에 대한 분석을 간단히 할 수 있도록 기호적 표기를 사용해 보자. 명제를 p와 q로 나타내고 ~p와 ~q는 그

---

[3] Aristotle 1942a, Book Ⅰ, Chapter 1, 24 (18-21). (GB 8, 39)

[4] 물론 철학적으로 꼼꼼한 사람은 여기에 포함된 필연성의 형태라는 것은 '만약 이 도형이 반지름 R인 원이라면, 그 면적은 πR^2이다' 와 같은 논리적인 것이 아니라 도덕적(또는 윤리적)인 것이라고 지적할 것이고, 이는 상당히 올바른 지적이다. 여기서 원의 경우 결론은 원의 성질 자체로부터 논리적 연역을 통해 얻어진다. 마찬가지로 본문의 두 단락 아래에 있는 행성과 중력의 문제는 물리적 필연성을 포함하지만, 논리적 필연성이라고 할 수는 없다. 하지만 여전히 문제는 남아있는데, 일단 가설적 삼단논번(hypothetical syllogism)에서 보이는 것처럼 어떤 (논리적, 물리적, 도덕적) 구속조건들에 들어가면 특정 시사점들이 따라온다. 바로 이것이 이러한 모든 예시의 요점이다.

것의 부정을 나타낸다고 하자. 그리고 기호 ⇒을 '의미한다'를 나타낸다고 하자. 그러면 '만약 p이면 q이다'는 p⇒q와 같이 쓸 수 있다. 후건의 부정이 전건을 부정하는 과정은 간단히 ~q⇒~p로 표현된다.

물리학 이론에 대한 연구에서 만날 수 있는 논쟁의 형태에 이 결과를 적용해보자. 가령 (8장에서 다루게 될) '만약 중력에 대한 뉴턴의 법칙이 태양을 돌고 있는 행성 운동을 지배한다면, 행성의 궤도는 타원이다'라는 진술문을 택해보자. 우리는 다음과 같이 나타낼 수 있다. p는 '중력에 대한 뉴턴의 법칙은 태양 주위를 도는 행성의 운동을 지배한다', q는 '행성의 궤도는 타원이다'이다. 이 명제 자체를 표현하면 p⇒q가 된다. 행성 궤도에 대한 정확한 관찰이 타원과 정확하게 일치하지 않는다면 어떻게 될 것인가? 즉, ~q가 확립되었다고 하자. 후건이 부정되었기 때문에 전건 또한 부정되어야 한다. 즉 ~p가 따르고 중력에 대한 뉴턴의 법칙은 행성의 운동을 지배하지 못한다는 결론이 나온다. 우리가 훨씬 나중에 보겠지만, 중력에 대한 뉴턴의 법칙이 아인슈타인의 일반상대론으로 대체된 이유 중 하나는 행성의 궤도가 실제로 타원으로부터 약간 벗어났기 때문이다.

그러나 (오랜 시간 동안 여겨졌던 것처럼) 행성의 궤도가 타원이었다고 가정해 보자. 이 사실이 뉴턴의 중력 법칙의 타당성을 필연적으로 확립해 주는가? 결코 그렇지 않다. 왜냐하면 또 다른 원인이 행성의 궤도를 결정할 수도 있기 때문이다-예를 들어, 천사들이 행성의 한쪽에 쉴 새 없이 날갯짓을 하고 있다고 할 수 있다(한때 일부 사람들은 이런 익살스런 주장을 믿었다). 그리고 만약 우리가 중력에 대한 뉴턴의 법칙이 맞지 않다(~p)라는 것을 알았다면 행성들이 태양 주위를 타원 궤도로 돌지 않는다(~q)고 말할 수 있는가? 그렇지 않다. 다른 올바른 이론이 타원 궤도에 대한 동일한 결과를 나타낼 수 있기 때문이다.

이러한 중요한 결과들을 요약해보자. 조건적 진술 (또는 가설적인 명제) p⇒q가 주어진다면, 필연적으로 ~q⇒~p이 따른다. 그러나 q⇒p나 ~p⇒~q가 필연적으로 따르는 것은 아니다. 가설을 증명할 수 있는 것과 가설을 부정할 수 있는 것 사이에는 깊은 불균형이 존재한다는 것에 주목하자. 이러한 일반적 논리 법칙의 간단한 적용으로, 이어지는 논증의 논리적 타당성에 대해 여러분 스스로 비판해보자.

'과학, 즉 자연에 대한 간결하고 객관적인 법칙을 향한 믿음이 지난 수세기 동안 놀라운 성공을 이어왔기 때문에, 우리는 필연적으로 자연에 대해 가정된 법칙들이 올바르며 외재적이고 객관적인 실재의 일부분으로 존재한다고 결론을 내릴 수 있다' 나는 독자들 스스로 p와 q의 명제를 바르게 확인하고 그 기본적인 논증을 p⇒q의 형태로 만들어보기를 바란다. 그리고 진술된 결론의 타당성을 결정해 보는 것을 독자의 몫으로 남긴다.

1.3 자명한 제1원리

지금까지 우리는 주어진 진술문 - 때때로 제1원리(first principle)로 불린다 - 과 그것으로부터 연역가능한 결과 사이의 논리적으로 타당한 관계에 대한 몇 가지 유용한 규칙에 대해 살펴보았다. 이제 중요한 질문은 어떻게 우리가 주어진 것(즉 전건)의 진리성에 도달할 수 있는가이다. 근대철학의 아버지라고 불리는 프랑스의 수학자겸 철학자 데카르트(Rene Descartes, 1596-1650)의 글을 살펴보자. 데카르트의 아버지는 브리터니(Brittany) 지방에서 변호사이자 판사로 일했다. 프랑스의 한 지방도시에서 태어난 그의 초기 교육(1604-1614)은, 라 플레슈(La Flèche)에 있는 로열 대학(Royal College)의 예수회 수도사들에 의해 이루어졌다. 데카르트의 초기 연구와 탐구는 인간 지식에 대해 절대적인 기본을 설립하는 것에 맞추어져 있었다. 그의 저술 활동은 네덜란드에서 대부분 이루어졌다. 1629년 데카르트는 『규칙』(Reguale-Rules for Direction of the Mind)을 저술하였으나 이 책은 그가 죽은 이후에 출판되었다. 그는 수학적 방법이 과학에까지 일반화될 수 있고 이를 통해 절대적으로 확실한 지식을 얻을 수 있다고 제안했다.

그의 제안은 제1원리로서 자명한 명제로부터 출발하는 것이다. 과학이 시작하게 되는 이러한 제1원리는 직관을 통해 얻어지는 것이고, 이 직관이란 명백하고 잘 훈련된 마음이 확실하다고 보는 진리를 직접적으로 파악하는 것이라고 보았다. 타당한 결론을 얻기 위해서는 이러한 절대적으로 자명한 제1원리들에 논리적 연역을 적용한다는 것이다. 확실한 지식을 향한 데카르트의 추구는 아리스토텔레스의 경우와 유사한데, 두 사람은 모두 명확한 진리에서 출발하여 연역을 통해 나아가는 것이었다. 데카르트에게 있어서 직관을 통해 얻어진 지식은 연역을 통해 얻어지는 지식보다 더 확고한 것이며, 이는 직관이 즉각적이고 더 간결하기 때문이다. 이러한 문제들에 관한 『규칙』의 인용문들을 1장 부록에 첨가했다.

이러한 방식에서 데카르트는 인간 지식을 확장하는 확실한 방법을 발견하였던 것이다.

> ❀ 만일 한 사람이 정확하게 (이 간단한 규칙들을) 관찰한다면, 그는 결코 잘못된 것을 참이라고 가정하지 않을 것이고 정신적인 노력을 허비하지 않을 것이다. 반면

> 에 그의 지식은 언제나 점증할 것이고, 그래서 그의 능력의 범위 내에 있는 모든 것에 대한 진정한 이해에 도달하게 될 것이다.[5]

데카르트가 고민하던 논증형식에 대한 간단한 예를 한 가지 들어보자. 예컨대 직선의 각도는 180°라는 사실은 기본적으로 정의의 문제로 받아들이고 평행하는 두 직선이 다른 하나의 직선에 의해 교차될 때 그 내부의 엇각은 서로 같다는 것을 공리(또는 가정)라고 받아들이자(**그림** 1.1 참조). (이 속성은 일직선상에 있지 않은 어떤 점을 통과해서 원래의 직선에 평행하게 그릴 수 있는 직선은 오직 하나뿐이라는 유클리드의 유명한 평행의 원리에서도 얻을 수 있다). 이러한 정의와 공리로부터 우리는 삼각형의 내각의 합이 180°라는 잘 알려진 결과를 얻는다. **그림** 1.2의 삼각형 ABC를 보면 밑변 AB에 평행인 직선 DE가 그려져 있다. **그림** 1.1에 나타난 속성을 사용하여, 우리는 각 DCA는 α이고 각 ECB는 β라는 것을 알 수 있다. 따라서 $\alpha+\beta+\gamma=180°$이며, 우리는 앞에서 진술한 결과를 얻을 수 있다.

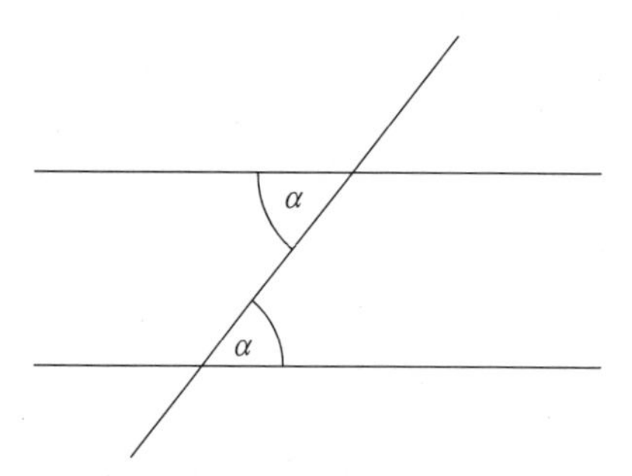

그림 1.1 제3의 직선에 의해 교차되는 평행한 두 직선

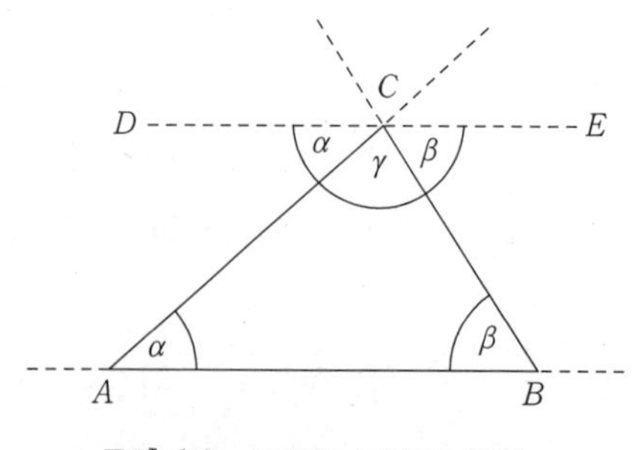

그림 1.2 삼각형 내각의 정리

[5] Descartes 1977a, 9. (GB 31, 5)

이것이 바로 데카르트가 그의 모델로 생각했던 '명백한' 제1원리로부터 출발하는 논증(또는 증명)의 형식이다. 자명한 공리와 논리적 연역 방식을 갖는 유클리드 기하학은 반드시 절대적으로 확실한 결과를 이끌어내야 하는 것이다. 하지만 우리가 이후의 장들에서 보겠지만, 19세기에는 평행선의 가정이 거짓이 되는 비유클리드 기하학의 출현을 보게 된다. 데카르트적 방법의 문제점은 우리가 자명하다고 생각했던 확실한 원리들도 실제 세계에서는 거짓으로 밝혀질 수 있다는 것이다. 즉, 평행선의 공리가 받아들여진다면, 삼각형의 내각의 합에 대한 결과가 따를 것이다. 그러나 수학자들은 유클리드 기하학에 대한 논리적 대안들을 발견하였다. 3개의 직선에 의해 그려진 도형에서 내각의 합이 180°보다 크거나 작을 수 있는 공간들이 존재한다는 것이다. 그 한 예가 구면 위에 그려진 삼각형이다. 관찰이 없다면 우리는 이 중에서 어떤 기하학이 우리가 실제로 살고 있는 세계에 대한 것인지 확신할 수 없을 것이다. 아인슈타인(Albert Einstein, 1879-1955)이 논리적 사고만으로 실제 세계에 대한 지식을 얻을 수 없다고 말한 것은 바로 이런 의미에서이다(1부 인용문 참조).

우리는 어떤 일반적이고 논리적으로 가능한 원리들이 자연과 실제로 일치하는가를 결정하기 위해서는 감각적 경험에 매우 자주 의존해야 한다. 모든 인간의 지식은 오류에 빠지기 쉽다. 『방법서설』(Discourse of Methode, 1637) 등 후기 저작에서, 데카르트는 물리적 법칙에 대한 이와 같은 순수한 직관적 연역적 접근으로부터 다소 후퇴하였다. 그는 계속해서 자연과학의 일반적 원리들이 이와 같은 방식으로 증명될 수는 있지만, 보다 구체적인 과학의 법칙들을 이끌기 위해서는 감각경험으로부터의 자료들과 결합되어야 한다는 것을 인정하였다. 또한 대안 법칙들 사이에서 하나를 선택하기 위해 실험을 할 필요가 있다고도 생각했다. 이후 이것이 적용됨으로써 과학적 방법의 기원이 형성되었다.

19세기 중반에 천문학자 허셜(Sir John Herschel, 1792-1871)은 오류가 없는 관찰 자료에서 출발하고 연역을 적용하여 확실한 지식을 얻게 되는 분명하고도 신뢰할 만한 과정이 존재한다고 굳게 믿었다.

> ⊛ 이를 만드는 첫 번째 단계는 … 모든 편견을 완벽하게 버리고 정신을 분명하게 하는 것이고 … 그리고 일차적으로 사실을 직접적으로 확인한 결과에 전적으로 따를 것이라는 확고한 의지 그리고 이것들로부터의 분명한 논리적 연역 …[6]

[6] Herschel 1830, 80.

데카르트는 마음에 나타나는 자명한 원리들로부터 출발한 반면, 허셜은 경험적 증거들로부터 시작하였지만, 이 두 사람은 모두 의심할 여지가 없는 지식의 기초를 가졌다고 믿었다.

1.4 합리주의자 대 경험주의자

이성과 경험을 각각 강조하는 이러한 기본적 차이는 철학자들 사이에서 오랜 시대를 거치면서 계속적으로 반복되는 것이었다. 데카르트와 같은 **합리주의자**(rationalist)들은 지식의 원천으로 주로 이성에 의존했다. 반면 허셜이나 제3장에서 논의하게 될 흄(David Hume, 1711-1776)과 같은 **경험주의자**(empiricist)들은 지식의 기초로 관찰과 실험을 통한 경험에 더 의존한다. 이 후자의 접근이 우리에게 귀납의 문제를 제기한다. **귀납**(induction)은 특수한 것에서 일반적인 것으로, 개별적인 것에서 전체적인 것으로 나아가는 것을 의미한다.

예를 들면, 이전에 살았던 지난 시대의 모든 사람들이 죽었다는 사실로부터, 아직 생존하는 심지어 태어나지 않은 모든 사람들이 결국 죽을 것이라는 일반적 명제를 귀납할 수 있다. 어떻게 특별한 사례와 관찰로부터 연역적 논증이 시작되는 데 필요한 일반 원리들로 확장이 가능한가에 대한 것은 다음 장에서 다룰 주제이다.

우리는 이론물리학자 플랑크(Max Plank, 1858-1947)의 글을 인용하여 이 토론의 결론을 이끌어 보겠다. 플랑크는 현대물리학의 선구자이자, 빛에 대한 양자이론의 창시자이며, 그 성과로 1918년 노벨 물리학상을 수상하였다. 아리스토텔레스와 마찬가지로 플랑크 또한 자연과학의 궁극적인 발전을 위해 꼭 필요한 것은 감각적 경험이라는 것을 매우 강조하였다. 이러한 그의 생각은 『정밀과학의 의미와 한계』(The Meaning and Limits of Exact Science)에서 발췌한 다음의 글에 잘 나타나 있다.

> ⊛ 만약에 우리가 모든 비판에 대항할 수 있는 정밀과학의 체계를 위한 기초를 찾는다면, 우리는 가장 먼저 우리의 요구사항들을 상당한 정도로 허물어야 한다. 우리는 단 한 번의 타격으로 또는 운 좋은 생각 하나로 보편타당한 공리에 명중하고 이를 통해 정확한 방식으로 완벽한 과학적 구조를 성공적으로 발전시킬 수 있을 것이라고 기대해서는 안 된다. 우리는 먼저 그 어떤 회의론도 공격할 수 없는 진리의 어떤 형태를 발견하는 것에 만족해야 할 것이다. 즉, 우리가 알고 싶어하는

> 것이 무엇인가가 아니라 우리가 확실하게 알고 있는 것이 무엇인가에 먼저 목표를 정해야 할 것이다.
>
> 지금까지 우리가 알고 그리고 서로 알려줄 수 있는 모든 사실 가운데에서 절대적으로 가장 확실한 것, 가장 작은 의심에도 노출되지 않은 것은 무엇인가? 이런 질문은 단지 하나의 답만을 받아들이게 되는데, 그것은 '우리 자신의 몸으로 경험한 것이다' 그리고 정밀과학은 외부세계에 대한 탐구를 다루기 때문에, 우리는 곧바로 다음과 같이 말할 수 있을 것이다: '그것은 우리의 감각기관인 귀와 눈 등을 통해 외부세계로부터 직접적으로 삶 안으로 들어오는 인상들이다' 만약 우리가 무언가를 보고 듣고 만진다면 분명 그것은 그 어떤 회의론자들도 도전할 수 없는 하나의 명백하게 주어진 사실이 되는 것이다.[7]

하지만 여기에서 플랑크는 우리의 감각에 의해 관찰된 것에 지나치게 큰 확실성을 부여하고 있다. 예를 들어 많은 종류의 광학적 착시에서와 같이 우리는 감각이 뇌로 전달하는 자극들을 잘못 인식할 뿐만 아니라, 관찰과 경험으로부터 모아진 데이터를 해석하는 데 있어서도 더욱 심각한 문제가 존재한다. 이러한 사례들은 과학의 역사를 통해서 드러났었다. 가장 명성이 높은 숙달된 과학자들이 관찰과 실험을 통해 어떤 가설을 관찰하거나 확증했다고 하였지만 이후에 그러한 예측이 실재와 다르게 나타나거나 다른 관찰자들에 의해 반복되지 못하는 경우들이 있었다.

예를 들어 18세기의 가장 유명한 천문학자이자 존 허셜(John Herschel)의 아버지이고 천왕성의 발견자였던 윌리암 허셜(Sir William Herschel, 1738-1822)은 자신이 만든 뛰어난 성능의 망원경을 통해 이전에는 하늘의 밝게 빛나는 은하수처럼 보였던 성운들이 개별적인 별들로 구성되었다는 것을 발견할 수 있었다. 1780년대 중반, 그는 모든 성운들은 각각의 별들로 구성되어 있으며, 그것들 중 어떤 것도 빛을 내는 유체로 되어 있지 않다고 추측하였다. 하지만 1790년 그는 성운을 관찰하였는데, 그 성운의 중심별은 빛을 내는 유체 구름으로 둘러싸여 있다고 밖에 볼 수 없는 것이었다. 그 중간 기간 동안 허셜은 오리온 성운과 안드로메다 성운은 모두 개별의 별들로 나눠진다고 주장하였었다. 그러나 안드로메다 성운은 별들로 이루어진 반면에, 오리온은 실제로 연속적인 물질 분포를 갖는 가스구름이다.

보다 최근에는 미국의 밀리컨(Robert Millikan, 1868-1953)과 비엔나의 에렌하프트

---

7 Plank 1949, 84-5.

(Felix Ehrenhaft, 1879-1952) 사이에서 여러 해 동안 지속되었던 논쟁이 있었다. 밀리컨은 음전하의 기본 단위로서 전자를 관찰하였던 성과로 1923년 노벨 물리학상을 받았으며, 에렌하프트는 그의 동료와 함께 밀리컨의 전자보다 훨씬 더 작은 전하의 존재를 나타내는 듯한 데이터를 얻었었다.[8] 이후 에렌하프트의 실험결과를 재발견하려는 다른 사람들의 후속 실험들은 계속 실패하였으며, 결과적으로 밀리컨의 주장이 받아들여지게 된 것이다. 에렌하프트가 그의 데이터를 잘못 해석한 것이지만, 아마도 그것은 그가 전자의 질량을 연속적으로 나눌 수 있다고 생각했기 때문인 듯하다. 그리고 에렌하프트가 자신의 실험에 대해 필요한 만큼 항상 주의 깊은 것은 아니었다는 지적들도 있었다. 초점은 허셜이나 에렌하프트 중 어느 한 명이 정직하지 못하였다는 것은 아니다. 게다가 특히 허셜의 경우 그는 의심의 여지 없이 고도의 기술을 가진 관찰자이자 주의 깊은 연구자였다. 문제는 데이터를 해석하는 과정에서 나타났으며, 그 자신의 기대가 해석에 영향을 미친 것이다.

경험적인 데이터에 대한 중요성과 신뢰성에 대한 플랑크의 주장에 대해서 이와 같은 주의점이 존재함에도 불구하고, 우리는 여전히 그와 같은 데이터들은 다양한 이론의 부침과 무관하게 거의 완벽하게 남아있다는 것을 인정해야 한다. 이와 같은 태도는 20세기의 초중반에 쓰여진 양자물리학 고급교재의 머리말에 잘 나타나 있다. 이 책에는 당시에 유행하던 이론들이 설명하려고 애썼던 물리학 데이터들에 대한 그림으로 가득 차 있다. 많은 양의 실험실 데이터를 포함한 이유에 대해 저자는 다음과 같이 말하고 있다.

> ⊛ 원자 스펙트럼에 대한 모든 책에서 사진이 특히 중요하다는 사실은, 원자에 대한 모든 이론과 지식에 있어서 스펙트럼선 자체는 언제나 동일하게 남아있다는 점을 보면 알 수 있을 것이다.[9]

1.5 과학적 지식의 위상

이 장에서 제기했던 기본적인 문제는 과학적 지식에 대한-우주에 대한 우리의 근본 이론의 핵심을 이루는 가설과 가정-올바른 기초를 제공하는 것에 관한 것이다. 우리는 이

---

[8] Holton 1978, Chapter 2.

[9] White 1934, vii-viii.

미 전 역사를 거쳐 그러한 기초의 토대로서 직관과 관찰 사이의 끊임없는 긴장이 있어왔음을 지적한 바 있다. 1부의 도입 인용문에 나타나 있는 바와 같이, 과학이론의 형성에 있어 인간의 창조성은 본질적이고도 필수적인 역할을 담당한다. 우리들이 관찰하는 현상들을 설명하는 성공적이고도 지배적인 이론에 도달하기 위해서는 논리와 경험적 증거 이상의 것이 필요하다. 이어지는 단원들에서는 우리가 궁극적으로 어떻게 과학적 지식의 교정가능성에 대한 이해에 도달하였는가를 보게 될 것이다. 현재 우리의 위치를 인식하기 위해서는 우리가 지적인 측면에서 어디로부터 왔으며 현재의 위치를 어떻게 성취할 수 있었는지를 알아야만 한다.

이 과정에서 우리는 현재 우리가 갖고 있는 지식이 우리가 이룩했던 역사적 경로에 민감하게 의존하고 있는가–즉, 역사적 우연성이 아이디어의 진화에 어떤 역할을 하였는가–를 고민해야 한다(마치 생물이 진화해 온 것처럼 말이다).[10] 예를 들면 기술 발전의 '경로의존성(path dependence)' 에 대해서는 잘 연구되어 있으며 이미 잘 알려진 사실이다. 예컨대 기술력이 뛰어난 베타맥스(Betamax) 형식이 VHS 방식에 의해 거의 전적으로 대체되었던 비디오 카세트 레코더를 생각해보자. 그것은 기본적으로 막강한 일본의 비디오 부품 제조업자들이 이 방식으로 시장을 형성하기로 결정했기 때문이다. 이와 유사하게 애플(Apple) 사의 매킨토시(machintosh) 컴퓨터는, 현재 더 효과적인 영업 전략을 통해 절대적인 지배권을 갖고 있는 IBM 사의 개인용 컴퓨터(PC)에 비해, 여러 측면에서 혁신적으로 뛰어나며 사용자 우호적이다.

좀더 가까운 예를 들어보자. 타자기와 컴퓨터 키보드의 표준 자판 배열은 원래 타자수의 속력을 낮추기 위해서(초창기 타자기 종류들에서 기계장치들이 엉키는 것을 방지하기 위해) 채택된 것이었으며, 현재에는 이보다 더 효율적인 자판구조가 밝혀졌음에도 불구하고 여전히 과거의 것이 사용되고 있다. 일단 하나의 지배적인 기술이 안정화되면(비록 그것이 우연의 요소에 의해 기인한다고 하더라도), 그것을 개조하거나 대체하는 것은 너무나 힘들고 많은 비용을 지불해야 한다. '최고' 의 경쟁자가 항상 게임에 이기는 것은 아니다. 이와 유사하게, 영어는 사실상 국제회의에서 공용어로 통용되고 있는데, 이는 영어가 다른 언어(불어나 독일어나 일본어)보다 본질적으로 우수해서가 아니라 강대국의 정치 및 군사적 역사의 우연에 의한 결과이다. 이런 것들이 과학의 영역에서도 잘 적용될

[10] 초기 생명체 진화 과정에서 역사적 우연성의 본질적인 역할에 대한 예시는 Gould(1989)에서 찾아볼 수 있다.

수 있는가? 과학의 법칙과 이론들이[11] 세계를 묘사하는 우연의 방법에 지나지 않는 것인가 아니면 진실을 말하는 것인가? 지금으로서는 이것을 열린 질문으로 제기하고자 한다. 그리고 나중에 이 책의 곳곳에서 이 질문을 되돌아보게 될 것이다.

부록. 데카르트의 『규칙』

『규칙』에서 데카르트는 확실한 지식에 이르는 방법을 제시하였다. 그 몇 가지 내용을 발췌하면 다음과 같다.

규칙 II

이와 같은 주제들에만 우리의 관심이 이끌려야 하는데, 그것은 우리의 정신력에 합당한 확실하고도 의심의 여지가 없는 지식이다.

과학은 완전하게 참되고 확실한 인식이다. ... 따라서 위의 원리를 좇아 우리는, 단순히 그렇듯해 보이는 모든 지식은 배제하고, 이미 완벽하게 알려져 있으며 의심의 여지가 전혀 없는 것만을 신뢰하는 것을 규칙으로 삼는다.

...

결과적으로, 만약 우리가 이미 알려진 과학들에 대해 정확하게 판단한다면, 이러한 규칙이 준수되는 산술과 기하학만 남게 된다.

...

하지만 이제 이와 같은 고찰로부터 하나의 결론이 도출된다. 정말로, 산술과 기하학만이 연구되어야 할 유일한 과학은 아니다. 그 결론이란 진리에 이르는 직접적인 방법을 추구함에 있어서 산술과 기하학이 보여주는 것과 동일한 정도의 확실성에 도달할 수 없는 대상에 대해서 우리 스스로를 허비해서는 안된다는 것이다.

규칙 III

탐구하고자 하는 주제에 있어서, 우리의 탐구는, 다른 사람이 이미 생각했거나 또는 우리 스스로가 추측하는 그 어떤 것이 아니라, 우리가 분명하고도 명확하게 바라볼 수 있고 확실성을

---

[11] 이 책에서 우리는 법칙(law)과 이론(theory)이라는 두 용어의 차이점에 대해 비공식적으로 시도해보고자 한다. 법칙이란 (이상)기체에 대한 보일의 법칙(PV = 일정)과 같이 일련의 현상을 지배하는 (희망컨대 보편적인) 규칙성에 대한 언명을 일반적으로 지칭하는 반면, 이론은 통계역학과 같이 법칙이 적용되고 설명되는 보다 광범위한 틀을 지칭한다.

갖고 추론할 수 있는 것을 향해야 한다. 지식은 이 방법이 아닌 다른 어떤 방법으로도 얻을 수가 없기 때문이다.

…

이제 나는 두 가지의 정신적 작용만을 받아들인다. 직관(intuition)과 연역(deduction)이 그것이다.

내가 이해하는 **직관**이란 감각에 의한 변화무쌍한 증거나 어설픈 상상력의 구성을 통한 그릇된 판단이 아니라 우리가 이해하는 것에 대한 의심으로부터 즉각적이고도 명료하게 우리를 완전히 자유롭게 해주는 맑고 주의깊은 정신이 갖는 관념이다. 달리 말하면, **직관**은 맑고 주의깊은 정신의 의심의 여지가 없는 관념이며 이성의 빛으로만 샘 솟는 것이다. 직관은 연역 자체보다 더 명확한 것이다. 앞서 살펴본 바와 같이 우리가 연역을 잘못 실행할 수는 없을지라도, 직관은 이보다 더 단순한 것이다. 그래서 인간 각 개인은 정신적으로 그 자신이 존재하며, 스스로 생각하고, 삼각형은 세 면으로 둘려싸여 있으며, 구는 단 하나의 표면을 갖는다 등등의 사실에 대한 직관을 가질 수 있다. 그와 같은 종류의 사실은 많은 사람들이 생각하는 것보다 훨씬 다양하다. 그리고 그와 같은 단순한 문제에 주의를 기울일 필요는 없는 것이다.

…

그러나 직관에 부속되는 이러한 증거(evidence)와 확실성(certitude)은 명제의 선언뿐만 아니라 모든 종류의 다양한 추론에서도 필요하다. 예를 들면 다음의 결과들을 생각해 보자. 2 더하기 2는 3 더하기 1과 같은 양이다. 여기서 우리는 직관적으로 2 더하기 2가 4이고 마찬가지로 3 더하기 1이 4라는 것 뿐만 아니라 더 나아가 위 진술문의 세 번째 부분은 필연적 결론이라는 것을 직관적으로 알 필요가 있다.

따라서 이제 우리는, 직관에 더하여, 왜 추가적인 앎의 방식이-즉, **연역**에 의한 앎(이를 통해 우리는 확실성을 갖고 알고 있는 다른 사실로부터 모든 필연적인 추론들을 이해하게 된다)-있어야 하는가에 대한 의문을 가질 수 있다. 그러나 이것은 우리가 피할 수 없는 사실이다. 왜냐하면 그 자체로는 자명하지 않지만 확신을 갖고 알고 있는 많은 것들이 존재하는데, 이것들은 진리와 알려진 원리들로부터 추론의 각 단계에 대한 명확한 관점을 지닌 정신의 지속적이고도 단절되지 않은 행동을 통해서 연역되는 것이기 때문이다. 이것은 우리가 하나의 긴 사슬에서 마지막 고리가 첫 번째 고리와 연결되어 있다는 것을 아는 것과 유사한 과정이다. 우리는, 그러한 연결이 만들어지는 중간의 모든 고리들을 하나씩 동일하게 살펴보지 않더라도, 각각의 고리들을 차례대로 고려하면서 그것들이 처음부터 끝까지 주변의 것들과 연결되어 있음을 기억하면 되는 것이다. 따라서 우리는 직관을 연역과 구분할 수 있다. 연역의 개념에는 (직관에는 포함되지 않은) 어떤 특정한 움직임과 연쇄가 포함된다. 이어지는 연역은 직관이 갖는 것과 같은 즉각적인 증거를 필요로 하지 않는다. 연역의 확실성은 어떤 점에 있어서는 기억에 의해 주어진다. 논점의 핵심은, 진정 제1원리로부터 즉각적으로

> 추론되는 명제들이 직관을 통해 알게 되지만, 우리의 관점에 따르면 또 다른 방식인 연역에 의해서도 얻어진다고 말할 수 있다는 것이다. 그러나 제1원리들 자체는 직관을 통해서만 주어지지만, 그것으로부터의 결론은 연역을 통해서만 주어진다.
> 이 두 가지 방식이 지식에 이르는 가장 확실한 과정이며, 우리의 정신은 결코 다른 것을 받아들여서는 안 된다. 다른 모든 것들은 잘못되거나 위험할 수 있는 것으로서 배제되어야 할 것이다.[12]

더 읽을거리

각 장의 끝에는 여러분이 교재에서 다루고 있는 주제에 대한 추가적 토론을 위해서 필요한 참고 문헌들이 제시되어 있다. 또한 각 장의 각주에는 '더 읽을거리' 와 중복되지 않는 많은 적절한 참고 문헌들이 포함되어 있다. 뿐만 아니라 이 책 마지막 부분의 '참고문헌' 에는 자주 사용되는 여러 참고 자료들에 대한 설명이 간단하게 추가되어 있다. 물론 여기의 내용도 '더 읽을거리' 의 내용과 중복되지 않는다. 관심 있는 독자들은 이러한 정보를 유용하게 사용하기 바란다.

프랑크(Philipp Frank)의 『Philosophy of Science』은 과학과 철학 사이의 관계에 대한 물리학자-철학자의 관점에서 유용한 관점을 제시해 준다. 맥물린(Ernan McMullin)의 수필 『Cosmic Order in Plato and Aristotle』는 이어지는 장들에서 토론할 많은 것들의 기초가 되는, 영향력이 컸던 하나의 우주론에 대한 유용한 안내를 제공해주고 있다. 마지막으로, 홀턴(Gerald Holton)의 『The Scientific Imagination』은 (1장에서 언급한 밀리칸-에렌하프트의 문제를 포함하여) 과학의 역사에서 만날 수 있는 여러 의미 있는 사례연구를 담고 있다.

---

12 Descartes 1977a, Rules II과 III, 3-8.(GB 31, 2-4)

2

아리스토텔레스와 베이컨

실제 현상에 대한 일반적 결론에 도달하는 두 가지 다른 방식을 구체적인 예를 통해 대조하기 위하여 우리는 아리스토텔레스(Aristotle)와 베이컨(Sir Francis Bacon, 1561-1626)의 업적을 비교하고자 한다. 앞으로 보겠지만, 그 차이점은 원리에 있는 것이 아니라 강조점과 실행 방법에 있다. 아리스토텔레스는 자연에 대한 직관적 이해에 기초하여 도달할 수 있는 일반적 원리에 대해 토론하기를 선호한 반면, 베이컨은 특정한 경우로부터의 점진적이고 조심스러운 귀납의 중요성을 강조하였다.

2.1 아리스토텔레스

아리스토텔레스는 B.C. 384년 에게 해 북쪽 해안, 마케도니아의 칼키디케(Chalcidice) 반도에 있는 그리스의 식민지인 스타게이라에서 태어났다. 그의 아버지 니코마쿠스(Nicomachus, ?-B.C. 374)는 마케도니아의 왕 아민타스 2세(알렉산더 대왕의 할아버지)의 궁정 의사였다(B.C. 356-B.C. 323). B.C. 367년 17세 때 아테네로 가서 플라톤의 아카데미(Academy)에서 그의 제자로 공부하기 시작하였으며, 그때 플라톤은 60세였다. 아리스토텔레스의 생애는 세 시기로 구분된다. 첫 번째 시기는 플라톤의 사망 때(B.C. 347?)까지 약 20년간 아카데미에서 보낸 기간에 해당한다. 반(反)마케도니아 분위기가 아테네에 퍼진 것이 아마도 그가 아테네를 떠난 원인이 되었을 것이며, 그는 이후 12년 동안 떠돌아다녔다.

두 번째 시기에 해당하는 B.C. 342년, 그는 필립2세의 요청에 따라 그의 아들, 알렉산더를 가르치기 위해 마케도니아로 갔다. 알렉산더는 13~16세 동안 아리스토텔레스에게서 배웠다. 이후 알렉산더는 아버지의 일을 조금씩 이어받게 되었고, 아리스토텔레스의 가르침을 받을 시간과 필요성이 줄어들었다. B.C. 336년 필립 왕이 암살되자 알렉산더는 20세의 나이에 왕위를 계승하였으며, 더 이상 스승이 필요하지 않게 되었다. 때문에 아리스토텔레스는 더 이상 마케도니아에 머물 필요가 없어졌다.

아리스토텔레스의 세 번째 시기는 B.C. 335년 마케도니아 통치하의 아테네로 돌아왔을 때 시작되었다. 이후 12년 동안 아리스토텔레스는 아테네 외곽 리케이온(Lyceum)에서 소요학파(Peripatetic School)를 이끌었다. 리케이온은 근대 대학과 비슷한 곳으로서, 우리가 오늘날 가지고 있는 아리스토텔레스의 완성된 저작의 대부분은 리케이온에서 사용한 강의 노트이며 그 자신(또는 그의 제자들이나 동료들)에 의해 기록된 것이다.

아리스토텔레스는 사상가이자 교육자로서 철학자 · 심리학자 · 논리학자 · 도덕가 · 정치가 · 생물학자 · 문학 비평가의 면모를 보였다. B.C. 323년 알렉산더 대왕이 33세의 나이로 사망했을 때, 마케도니아의 통치에 대한 분노는 마케도니아의 배경을 가진 아리스토텔레스에게는, 철학가로서 아테네에서의 생활이 편안한 것이 아니었다. 이때 아리스토텔레스는 20년 전에 알렉산더 동맹의 일원으로서 그가 관여했던 슬픈 과거 때문에 불경죄의 혐의를 받았다. 그는 같은 도시에서 겪었던 스승 소크라테스의 최후를 회상하며 아테네 사람들이 철학에 대해 또다시 죄를 범하지 말아야 한다는 말을 남기고 떠났다.[1] 아리스토테레스는 어머니의 출생지인 에루보에아의 이오니아 도시인 칼시스로 망명을 떠났으며, 몇 달 후인 B.C. 322년 세상을 떠났다.

2.2 관찰 대 실험

1장에서 보았듯이 아리스토텔레스는 그의 『물리학』(Physics)에서 감각적 경험 또는 실제 세계의 자료로부터 출발하여 이로부터 일반 법칙이나 규칙을 이끌 필요가 있음을 강조했다. 지각 가능한 세계에 대한 모든 일반적 질문을 점검할 때는 항상 경험적 부분이 있어야 한다는 것이 그의 생각이었다. 다음 절에서 운동에 대한 그의 견해를 살펴볼 때 아리스토텔레스 방법의 구체적인 예를 보게 될 것이다. 특정 경우에 대한 예비 점검으로부터 일반적 결론으로 재빨리 몰아가는 그의 특성 때문에 후대인들은 아리스토텔레스를

[1] Rose 1886, 449.

비판하곤 했다. 여기서는 일단 초기 일부 그리스 철학자들이 부여했던 **관찰**(observation)의 위력을 주로 후세에 행해졌던 **실험**(experimentation)과 구분하자.

관찰에서는, 자연 속에서 감각에 우연히 부여되는 현상을 매우 주의 깊게 살펴보고 설명한다(예를 들면, 일상적 상황 속의 사람을 살펴보고, 그들이 어떻게 기능하는지, 무엇 때문에 그렇게 하는지, 무엇이 그들을 행복하게 하는지를 보는 것이 관찰이다). 실험에서는 새로운 혹은 통제된 자연의 상황들을 창조하고 또 자연으로부터의 하나의 반응을 요구하게 된다(예를 들면, 특정한 혹은 주의 깊게 통제된 긍정적 · 부정적 자극에 대한 반응을 연구하기 위해서 사람이나 동물을 일상적인 환경으로부터 고립시키는 것이 실험이다).

일부 초기 그리스 철학자들이 주의 깊은 관찰자였다고 말할 때, 우리는 그들의 결론이 모든 분야에서 공통적으로 믿을 수 있음을 의미하지는 않는다. 아리스토텔레스의 윤리학이나 심지어 그의 생물학에 대한 업적은 이후의 면밀한 검증에도 굳건하게 버텨 남아있으며 몇몇 부분은 심지어 오늘날에도 그 가치를 지닌다. 하지만 (앞으로 보게 될) 낙하체와 포물체 운동에 대한 그의 생각에는 부족한 면이 많다. 다른 많은 고대 그리스 사상가들처럼, 아리스토텔레스는 우주론적 사색을 선호했으며 훌륭한 관찰력을 지니고 있었다. 자주 그는 거대 문제들을 생각했고 이에 대한 해결책을 제시했지만, 한정적이고 다루기 쉬운 문제에 대한 연구는 거부했다(그럼에도 불구하고 그의 생애 후반부에는 지식에 대한 사색적 접근으로부터 점차 상당한 귀납적 요소를 포함하는 것으로 옮겨간 부분적 징후들이 있었다).

불행인지 아닌지 모르겠지만, 우리에게 있어 가장 분명하고 절박한 그리고 유의미한 문제들은 매우 복잡하고 '궁극적인(ultimate)' 것들이라는 사실이다. 그리스인들과 이후의 서양 전통 속에서 많은 사상가들은 '위대한 대화(great dialogue)' (소위 고전(古典)에 담겨있는)로 불리는 것에 참여해왔다.

이러한 지적 전통의 많은 부분은 이와 같은 난해한 질문들을 재진술한 것이거나 또는 이에 대한 실패한 답변으로 이루어지는 거대한 구조를 갖는 특징이 있다. 이러한 많은 시도들이 지속적인 토론과 부분적인 진보를 낳았다고 하더라도, 추구했던 문제들에 대한 분명하고 최종적인 해답을 제공하지는 못했다는 점에서 우리는 그러한 시도가 실패였다고 말한다.

2.3 유기체로서의 우주

한 명의 위대한 지식인의 가르침을 통해서 정점에 도달했던 사고 발달의 한 사례로서, 아리스토텔레스에 의해 완성되고 정교화되었던 물리적 우주에 대한 고대 그리스의 관점을 살펴보자. B.C. 850년경 호머(Homer)의 『일리아드』(Iliad)와 『오디세이』(Odyssey)에 서술된 것처럼, 초기 그리스 세계는 신들로 가득했다. 그리스 신들은 물리적 우주의 작용에 대한 직접적인 영향력을 갖고 있었으며(예를 들면 바람의 신인 에오로스, 바다의 신인 포세이돈, 풍요한 대지와 경작의 여신 데메테르), 인간의 운명을 결정했다(예를 들면, 전쟁의 신인 아레스(로마신화의 마스), 페이츠로 알려진 세 여신, 생명의 실을 짜는 클로토, 실의 길이를 결정하는 라케시스, 그것을 잘랐던 아트로포스). 그리스 신들은 변덕스러웠고 때론 잔혹했기 때문에, 자연은 초기 그리스인들에게 변덕스럽고 인간의 통제나 이해의 수준을 뛰어넘는 것으로 보였다. 변화는 탈레스(Thales, B.C. 624?-B.C. 546?), 아낙시만더(Anaximander, B.C. 610-B.C. 545?), 아낙시메네스(Anaximenes, 전성기: B.C. 545?)로 대표되는 이오니아 철학자들로 시작되었다. 그들에게 있어서 우주에는 오직 하나의(혹은 아마도 단지 몇 가지의) 영원한 원소들이 존재하며 그것들에 의해 우주가 만들어졌다. 이것들은 물리적 우주 내부에 비인격화된 사물들 간의 상호 작용으로 나타났다.

하지만 심지어 자연에 대해 철저한 기계론적 해석을 하였던 데모크리토스(Democritus, B.C. 460?-B.C. 370?)조차도 여전히 유기체적 세계로부터의 유추를 사용했다. 12장에서 다시 이들 그리스 철학자에 대해 살펴보겠지만, 여기서 우리의 목표는 물리적 우주에 대한 비인격적 혹은 기계론적 관점으로 발전시켰던 그리스 사상의 학파가 존재했다는 것을 드러내는 것이다.

하지만 소크라테스는 그러한 기계론적 철학에 대해 강하게 반대했다. 그의 가르침은 제자 플라톤의 저술을 통해 알 수 있다. 플라톤의 『파에톤』(Phaedo)에는 소크라테스에게 사형이 선고된 후에 그의 제자들이 감옥에 있는 늙은 철학자를 방문하는 장면이 그려진다. 이어지는 내용은 제자들이 보는 앞에서 독약을 마시기 전 소크라테스의 마지막 대화 장면이다. 소크라테스는 인간, 영혼, 부도덕의 문제에 대해 논하였다. 그는 인간의 필요와 염원을 만족시키는 과학을 찾고 있었다. 제자 플라톤에게처럼, 그에게 기계론적 철학들은 이러한 목적에 적합하지 않았음이 증명된 것으로, 이 기계론적 철학이 인간을 자연과 분리시키고 또한 자연을 선과 미의 세계로부터 분리시켰기 때문에 거부되어야만 했다. 자신의 저술 『티마이오스』(Timaeus)에서 플라톤은 그의 우주와 그 속에 있는 창조물의 작용에 대한 과학적 관점이라고 할 수 있는 것을 제시하고 있다. 그리고 '신의 섭리에 의해 세계는 영혼과 지성이 진실로 부여된 살아있는 창조물이 되었다' 고 말한다.[2] 플라톤은 기계론적 철학을 배격하였는데, 그것은 기계론적 철학이 살아 있는 세계를 무생물들의 작동을 통한 완벽한 우연의 산물로 간주한다고 생각했기 때문이다(현대적 관점에서 이 문제에 대해 12장과 25장에서 다시 살펴보게 될 것이다).

아리스토텔레스는 자신의 저서 『물리학』과 『천체에 관하여』(De Caelo/On the Heavens)에서, 16세기까지 서양 사상의 대부분을 지배했던 유기체적 우주관을 제시했다. 여기서 '유기체적' 이란 의미는 아리스토텔레스가 무생물체의 행동을 살아있는 유기체로부터 유추해서 설명하려고 했다는 것이다. 하지만 이것이 아리스토텔레스가 무생물체를 생명체처럼 생각했다는 것을 뜻하는 것은 아니며, 무생물체도 생물체처럼 하나의 목표를 향해 방향 정해진 것처럼 보인다는 것이다. 모든 물체는 그 스스로의 성질, 경향 혹은 목표를 가진 것으로 그려졌다. 따라서 마치 불과 같은 가벼운 원소의 성질은 위로 올라가는 것이고, 흙과 같이 무거운 원소는 아래로 가는 것이 본성이었다. 이러한 것들이 그 원소들의 자연스러운 운동이다. 우주의 중심을 찾는 것이 흙의 본성이기 때문에, 지구 자체는 우주의 중심에 그 중심을 가져야 하고 그 모양은 구의 형태여야 했다. 지구의 모든 부분들이 모든 방향에서 우주의 중심을 향해 떨어지기 때문에 그것들은 마침내 서로 부딪쳐서 구체를 형성해야 한다. 이와 비슷하게 원은 변하지 않는 (잠재적으로 영원한) 모양이고 하늘과 그 원소인 에테르 또한 변하지 않는 것처럼 보였기 때문에, 천체(예를 들면 별들)의 자연스런 운동은 원운동으로 받아들여졌다.

변화와 타락은 지상 세계의 현상이기 때문에 지구는 하늘과는 매우 다른 본성을 갖는 것으로 설정되었다. 지구를 이루는 원소들(흙, 공기, 물, 불)의 자연적인 운동은 직선 운동(예를 들면, 불은 직선 상승, 흙은 직선 하강)이었다. 하늘과 땅을 지배하는 법칙의 이러한 근원적인 구분은 갈릴레이(Galileo Galilei, 1564-1642) 시대까지 유지되었다(Ⅲ부 인용문 참조). 자연적이지 않은 모든 운동은 격렬한(violent) 또는 강제된(forced) 운동이었기 때문에, 그것에 영향을 주는 외부로부터의 일정한 행위가 필요했다.

아리스토텔레스의 세계에서 우주는 그 중심에 지구가 있고 연속된 층을 이루는 행성들로 이루어진 구형이었다. 이러한 바깥 구형 껍질(지구 위의 껍질들)은 다섯 번째 원소인

[2] Plato 1892, [30] 450, (GB 7, 448)

에테르(aether)로 구성되는 것이었다. 아리스토텔레스의 우주는 유한하고 가장 바깥 구의 가장자리 너머에는 아무것도 없었다. 지구를 포함한 지상의 영역은 네 가지 원소-불, 공기, 물, 흙-로 이루진다. 불과 흙은 '양극단'(가장 높고 가장 낮은)이었고 반면에 공기와 물은 '중간(양극단의 사이) 영역'이었다. 각각의 원소는 자기 고유의 자연적 위치를 갖고 그곳에서는 정지 상태를 갖는다. 가장 중요한 것은 변화와 생성의 개념이었다. 즉, 잠재성(potentiality)이 실제성(actuality)으로 현실화되는 것이 가장 중요했다. 그리고 이것은 아리스토텔레스의 물체에 대한 운동의 이해로 확대되었다. 한 요소는 단지 그것의 자연적 위치에 있을 때 완전히 실존하고 각 사물은 그 본성상 선(the good)을 향하는 경향성을 갖는다. 이러한 도식에서 스스로 작동하는 그리고 외부의 원인을 갖지 않는 운동은 없다. 왜냐하면 모든 운동에는 어떤 동인이 필요하기 때문이었다. 흙으로 이루어진 물체의 무거움의 동기 효과는 물체가 그 자연적 위치에 가까이 감에 따라 증가한다(불의 경우 이에 상응하는 원인적 원리는 가벼움이다). 앞으로 더 자세히 살펴보겠지만, 진정한 진공은 그 곳에서는 자연적 운동이 가능할 수 없었기 때문에 존재하는 것이 불가능했다. 매질은 운동의 원인으로서 그리고 동시에 운동에 대한 저항으로서 기능했다.

목적인(final cause)은 아리스토텔레스의 물리적 우주에 대한 설명에서 필수적 역할을 담당했다. 아리스토텔레스의 우주관은 하나의 전체로 통합된 가장 우선적인 세계관이었다. 생물체들이 목표와 목적을 향하여 행동하고 인도되는 것과 같이, 아리스토텔레스는 무생물체의 행동을 목적인들로(또는 한 물체가 그것의 본성에 의해 행동하고 지향하는 것으로) 설명하고자 했다.

⊛ 단순한 각각의 물체들이 자연적 움직임을 가져야 한다는 필요성은 다음과 같이 보일 수 있다. 만약 그것들이 명백하게 움직이는 데 적합한 움직임이 아니라고 한다면 강제에 의해 움직여야 한다. 그리고 강제된 것은 비자연적인 것과 같다. 비자연적인 운동은 자연적인 운동을 전제로 한다. 그러나 비자연적인 운동은 자연적인 운동을 부정한다. 그리고 아무리 많은 비자연적인 운동이 존재할지라도 자연적인 운동은 하나이다. 물체는 한 가지 방법으로 자연스럽게 움직이지만 반면에 비자연적인 움직임들은 다양하다. 정지해있는 것도 마찬가지다. 또한 정지는 강제된 것이거나 자연적인 것이다. 운동이 강제된 곳에서는 강제적인 것이고, 자연적인 곳에서는 자연적이다. 이제 명백하게 중심에서 정지하는 물체가 있다. 만약에 이 정지가 자연스럽다면 분명히 그곳을 향한 운동도 자연적인 것이다.

…

> 그러나 '본성'은 물체 그 자체 속에서 움직임의 원인을 의미하고 반면에 힘은 그 물체나 혹은 그 자체 속에서보다는 다른 어떤 것의 움직임의 원인이기 때문에, 그리고 움직임은 항상 본성이나 강제에 의존하기 때문에, 자연적인 움직임은 돌이 아래를 향하는 움직이는 것처럼 단지 외부적인 힘에 의해 가속되어질 뿐이다. 반면 비자연적인 움직임은 힘에만 의존할 것이다.[3]

일부 아리스토텔레스 해설자들은 무거운 물체가 지구의 (그리고 우주의) 중심에 더 가까이 가려고 함으로써 자연스럽게 떨어지고 그것의 경향성이나 충동(그리고 그것의 속력도)이 목표에 가까이 감에 따라 증가한다고 설명하였다. 살아 있는 유기체들이 목적을 향해 작동하거나 목표를 향해 움직인다는 이러한 명백한 작용의 목적성(purposefulness of action)을 **목적론적 법칙**(teleonomy)-그리스 어로 'telos'는 목적 또는 목표이고 'nomos'는 법칙이다-또는 목적론적 원리(teleonomic principle)라고 부른다. 목적론적 법칙을 설명하기 위해 이러한 유추를 사용함에 있어 단지 살아있는 것들만이 목표지향적이라고 하는 것은 아니다. 사실 이러한 유기체적 또는 목적론적인 조망이 우리가 물리적 우주에 대한 이해를 깊게 하는 데 최종적으로 유용한 것으로 드러난 것은 아니었다.

물리학에 대한 아리스토텔레스의 견해들은 종종 르네상스시대까지 그를 추종하던 사람들의 사고를 근본적으로 얼어붙게 한 것으로 설명되고 있다. 우리는 6장에서 이것이 일반적으로 사실이 아니라는 것을 지적할 것이다. 왜냐하면 고대와 중세의 주요 사상가들이 운동이라는 주제에 관해서 아리스토텔레스와 다른 견해들을 가졌기 때문이다. 그럼에도 불구하고 많은 사람들은 아리스토텔레스의 업적을 도그마로 여겼다. 아리스토텔레스 이후 종종 의문점들이-과학적 사실에 대한 의문까지도-관찰이 아닌 아리스토텔레스의 원리들에 호소함으로써 해결되었다. 그러한 선험적[4] 추론은 전제에 대한 의문을 제기하고 또 이를 통해 전제들을 수정하는 것을 허용하지 않는다. 앞으로 보겠지만, 오늘날 우리가 아는 과학의 발전은 자연관이 유기체론적인 것으로부터 기계론적인 것으로 바뀜으로써 두드러졌다.

---

[3] Aristotle 1942c, Book III, Chapter 2, 300^{a} (20-31), 301^{b} (17-23). (GB 8, 391, 393)

[4] 이 책에서 '선험적'이란 용어는 보통 다소 부정적 의미로 사용되는데, 이는 맹목적이고 자명한 것으로 주장되는 혹은 논리적으로 필연적인 전제라고 알려진 담론과 사고를 지칭한다.

2.4 아리스토텔레스의 운동

이제 물체의 운동에 대한 아리스토텔레스의 가르침을 요약해보자. 다른 장들에서와 마찬가지로, 직접적인 인용문들은 본 장의 끝부분에 있다. 『천체에 관하여』에서 아리스토텔레스는, 물체는 그것의 무게에 의해서(또는 가벼움에 의해서) 생기는 자연 운동(natural motion)을 가지며, 정해진 시간 안에 물체가 갈 수 있는 거리는 무게에 따라 증가한다고 주장하였다. 『물리학』에는 다음과 같이 적혀있다.

⊗ 만약 다른 특성은 동일하지만 무게 또는 가벼움에 있어서 그 충격의 차이가 있는 물체들이 있다면, 그 크기의 상대적 비율에 따라 동일한 공간을 빠르게 이동한다.[5]

이 문장은 흔히 아리스토텔레스는 무거운 물체가 가벼운 물체보다 더 빨리 떨어지고 그 정도는 무게에 정비례한다는 생각을 갖고 있었음을 나타난다고 여겨진다. 그러나 아리스토텔레스가 사용했던 몇몇의 용어가 오늘날 우리가 사용하는 것과 같은 동일한 기술적 의미를 가지고 있지 않을 수도 있다는 점을 깨닫는 것이 중요하다. 동시대에 살았던 사람이 아닌 사람이 실제로 의미했던 것을 이해하기 위해서는, 우리 스스로가 그들의 사고 체계 속에 위치해야 한다. 우리는 물체의 무게(weight)가(예를 들면 기본 척도에 의해 측정 될 수 있는) '무거움(heaviness)'의 정도이며 지표면 가까이에서는 근본적으로 (물체 고유의 질량과 비례하여) 변함이 없다는 것을 알고 있다. 아리스토텔레스에게 있어 낙하 속도는 무게의 측정값처럼 보였다. 이런 관점에서는 물체의 무게가 그것의 움직임에 따라 달라질 수 있다고 생각할 수 있다. 이것은 또한 아리스토텔레스의 마음속에는 현대적 개념의 순간속도와 반대되는 (이동 거리에 대한) 평균속도의 개념이 존재하였다고 볼 수도 있을 것이다.[6] 우리가 앞으로 살펴보겠지만, 운동에 대한 그의 이론과 기술은 그 성격상 대체적으로 정성적 혹은 기껏해야 반(半)정량적인 것으로서 지나치게 정량적으로 받아들이지는 말아야 한다. 그렇다고 운동에 대한 아리스토텔레스의 설명에 심각한 부정확함이 존재한다는 것을 부정하는 것은 아니며, 단지 아리스토텔레스의 설명이 명백하게

[5] Aristotle 1942b, Book IV, Chapter 8, 216^a (14–16). (GB 8, 295).

[6] 현대적 관점에서 어떤 물체가 정지상태에서 출발하여 거리 x를 시간 t 동안 이동하는 데 일정한 힘 F를 받는 운동을 한다고 가정해보자. 만약 v_f가 최종속도라면, $\bar{v} = (v_f/2)t = (F/2m)t$, $x = \bar{v}t$가 되고, 따라서 평균속도는 힘에 비례한다.

일관성이 없다거나 전적으로 아무런 가치가 없다는 것은 아니라는 것을 의미한다.

물체에 적합한 자연적 운동은 그 내부에 존재하는 네 가지의 기본 원소의 비율에 따라 결정된다(따라서 주로 흙의 원소로 구성된 물체는 불의 원소의 비율이 큰 물체보다 더 큰 자유낙하 속력을 갖는다). 흙으로 구성된 물체는 그 본연의 장소(지구와 우주의 중심)로 가면 갈수록 더 빠르게 움직인다.[7] 따라서 (아리스토텔레스적 개념의) 물체의 무게는 움직임에 따라 증가될 것이다(그리고 그것의 속력도 마찬가지다). 위에서 인용된 글의 그리스 원문에서 아리스토텔레스는 '떨어진다'는 동사를 사용하지 않았으며, 그래서 수직 자유낙하 운동에 관하여 말할 필요가 없었다.[8] 여하튼 중세와 르네상스에 이르기까지 사람들은 일반적으로 물체의 낙하 속도는 그것의 무게(우리의 개념에서 무거움의 정도)에 비례한다고 기술된 아리스토텔레스의 원리를 믿었다. 그 이유는 고대 그리스인의 많은 고전적 사상들이 라틴어로 기록된 로마의 저작을 통해 르네상스 이전에 유럽인들에게 전해졌기 때문일 것이다. 로마의 시인이자 철학자였던 루크레티우스(Lucretius, B.C. 96?–B.C. 55?)는 자신의 『우주의 본성에 관하여』(De Rerum Natura/On the Nature of Universe)에서 다음과 같이 적고 있다.

> ⊛ 물체가 물과 희박한 공기를 통해 떨어질 때는 언제나 무게에 비례해서 빠르게 하강한다. 왜냐하면 물과 희박한 공기는 같은 정도로 모든 것을 지체시킬 수 없지만 더 무거운 것은 더 쉽게 통과시킨다. 반면 진공은 어떤 시간, 어떤 방향의 그 어떤 물체도 지체시키지 못한다. 그 물체의 본성이 바라는 바에 따라 계속 통과시켜야 한다. 이러한 이유로 무게가 다를지라도 모든 물체는 저항이 없는 진공을 통해 같은 속도로 움직이게 된다.[9]

루크레티우스는 '떨어진다'는 동사를 사용했다. 그리고 이것이 바로 아리스토텔레스도 그러했을 것이라는 르네상스인들의 믿음의 부분적 이유일 것이다.

어떤 매질(예컨대, 공기나 물)을 통한 자연적 운동에 대해 말할 때, 아리스토텔레스는 운동하는 물체의 속력은 매질의 농도(또는 매질에 의해 주어진 저항)에 반비례한다고 가정했다. 어떤 물체의 자연적인 속력 v는 그 무게 W에 비례하고 매질의 저항 R에 반비례

---

[7] Dugas 1988, 21.

[8] Cooper 1935, 14, 20, 36.

[9] Lucretius 1952, Book II, par. 225, 18. (GB 12, 18)

한다는 아리스토텔레스의 믿음은 다음과 같이 표현될 수 있다.

$$v = \frac{W}{R} \tag{2.1}$$

식(2.1)에 대한 세 가지의 부가 설명이 필요하다. 첫째, 아리스토텔레스의 운동에 대한 법칙은 그의 저술에서 식으로 표현되지 않았다. 식(2.1)은 오늘날의 독자들이 운동에 대한 아리스토텔레스의 중심 개념을 이해하기 쉽도록 현대적 표기법으로 표현한 것이다. 둘째, 식(2.1)에 포함되는 단위에 신경을 쓸 필요는 없다. 이 식을 정량적 계산에 사용하려는 것이 아니기 때문이다. 셋째, 식(2.1)로 아리스토텔레스의 생각을 가장 잘 표현하기 위해서는 v를 평균속도로 보아야 하는지 혹은 순간속도로 보아야 하는지가 분명하지 않다.

『물리학』에서 아리스토텔레스는 물체가 저항이 없는-식(2.1)에서 $R=0$-진공을 통해 운동을 하게 되면 무한대의 속력을 가질 것이라고 주장한다. 그는 이것이 불가능하다고 생각했기 때문에 진공상태는 없다고 결론짓는다. 진공의 존재는 또한 특정 장소를 향하는 자연적 운동에 대한 그의 개념과 반대된다. 왜냐하면 아리스토텔레스는 (보편적) 진공 속에서는 장소를 정의할 수 없다고 느꼈기 때문이다. 진공에서의 가상적인 운동을 생각하면서 다음과 같이 말했다.

> ⊛ 운동 상태에 있는 물체가 어떤 곳에서 왜 멈춰야 하는지 아무도 말할 수 없다. 즉, 물체가 왜 이곳이 아니라 저곳에서 멈춰야 하는가 물체는 정지 상태에 있든지 혹은 더 강력한 어떤 것이 방해하지 않는다면 무한대를 향해 움직일 것이다.[10]

오늘날의 물리학에서는 이것으로부터 진공상태에서 움직이기 시작한 물체는 (직선) 운동의 자연 상태를 영원히 계속 유지할 것이라고 결론지을 것이다. 대신에 아리스토텔레스는 진공의 가능성을 거부한다(왜냐하면 무한 직선운동은 유한 우주에서 유지될 수 없는 것처럼 보이기 때문이다). 진공의 불가능성은 아리스토텔레스학파의 물리학과 그들의 일반적인 세계관의 핵심이다. 앞 절에서 우리는 플라톤이-아리스토텔레스가 나중에 그랬던 것처럼-진공에서 원자가 불규칙적으로 움직인다는 원자론과 관련된 기계론적이고 유물론적인 철학을 거부한 것을 보았다. 진공의 논리적 가능성조차도 부인함으로써 아리스토텔레스는 모든 유물론적 철학을 배척했다. 더욱이 아리스토텔레스학파의 우주는, 모든 물체

[10] Aristotle 1942b, Book IV, Chapter 8, 215^{a} (19-20). (GB 8, 294)

의 위치와 운동이 유일하게 정의될 수 있는 절대적인 중심을 부여했다는 점에서, 규모에 있어서 유한적이었다.[11] 물론 그러한 주장들은 필연적 진실들을 산출하지 못하는 것으로서, 궁극적으로는 세계가 (틀림없이) 어떤 모습이어야 한다는 견해에 기초한 것이었다.

앞서 언급한 것처럼 그리고 식(2.1)에서 분명해진 것처럼, (지상의) 운동은 (운동이 일정할지라도) 어떤 원인(무게 또는 힘)을 필요로 한다. 자연적이지 않은 모든 운동은 외부의 기동체(motive agent)를 필요로 했고 따라서 설명이 필요했기 때문에, 포물체 운동은 심각한 문제를 제기했다. 일단 활이 활시위를 떠났다면 그것은 직선 아래로(왜냐하면 이것은 지구의 중심을 찾는 자연적인 경향을 따르기 때문에) 떨어지지 않고 대신에 땅으로 되돌아 갈 때 휘어진 곡선의 궤도를 따른다. 아리스토텔레스는 주변 공기가 화살(또는 모든 투사체의) 뒤로 모여들어 화살을 곡선 궤도로 가도록 한다고 가정함으로써 이 도전에 대응하였다. 이러한 설명은 받아들이기 상당히 어렵고 직관에 어긋난 것이어서 포물체 운동에 대한 그의 입장은 아리스토텔레스학파 물리학의 약점 중 하나였고 또한 종종 공격의 대상이 되었다.

근대 과학철학에서 **애드혹**(ad hoc: 라틴어로 '이 문제에 관한'의 의미)은 종종 어떤 설명 곤란한 관찰이나 데이터에 대한 일치성(agreement)을 얻기 위해서 특정 이론이나 모델에 도입된 (앞의 아리스토텔레스의 경우와 같이) 설명 또는 장치에 대해서 부정적으로 사용된다. 애드혹의 사용은 어떤 이론이 일관적이지 못하거나 심각한 문제가 있음을 알려준다. 앞으로 배울 여러 장들에서 애드혹은 이러한 의미로 사용될 것이다. 물론 어떤 이론에서 부딪치는 어려움에 대한 응답으로 만들어지는 수정이 진실로 애드혹인지 혹은 풍성한 새로운 연구를 이끌어 내는 창조적이고 진보적인 발전인지를 판단하는 것은 간단한 일이 아닌 것을 인정해야 한다. 종종 어떤 수정이 설득력 있게 보일 수도 있고 일단 완전하고 성공적인 이론이 자리 잡은 다음에 되돌아보았을 때 비로소 애드혹으로 보일 수 있다.

2.5 베이컨

지식에 대한 접근에 있어서 아리스토텔레스와 매우 다른 강조점을 갖는 방식을 알아보

[11] Dijksterhuis 1986, 39.

기 위해 베이컨(Francis Bacon)의 『새로운 논리학』(Novum Organum/The New Organon)에 대해 살펴보자. 과학 및 과학적 사고의 도구(organon)로서의 논리학에 대한 아리스토텔레스의 논문집은 『오르가논』(The Organon)으로 알려져 있는데, 베이컨은 아리스토텔레스 및 그의 학파에 대해 매우 비판적이었기 때문에 자신의 저술을 『새로운 논리학』(The New Organon)이라고 이름 붙였다. 책에 대한 일반적인 요약과 마찬가지로 이어지는 내용은 베이컨의 글을 직접 읽는 것에 대한 불충분한 대안에 불과하다. 여기서 우리의 주요 관심사는 이를 통해 과학적 추론에 대한 안내를 확립하는 것이 아니라 몇 가지 의미 있는 아이디어를 소개하는 것이다.

베이컨과 당대에 대한 설명이 전체적인 조망을 갖는 데 도움이 될 것이다. 학자이자 수필가였던 그는 세익스피어(William Shakespeare, 1564-1616) 시대인 제임스 1세(1578-1657)와 엘리자베스 1세(1566-1625)의 시기에 영국에서 살았다. 당대의 영국 과학자로는 길버트(William Gilbert, 1540-1603)가 있었다. 그는 엘리자베스 1세의 주치의였으며 그의 『자석에 관하여』(De Magnete/On the Magnet)는 자기와 전기에 대한 이론 및 근대사의 시작이었다. 또 다른 동시대인인 하비(William Harvey, 1578-1657)의 『심장의 운동에 관하여』(De Motu Cordis/On the Motion of Heart)는 귀납적 과학의 고전이며 인간과 동물의 순환계와 심장에 대한 이해의 기초가 되었다.

동시대에 이탈리아의 갈릴레이는 낙하체의 운동을 연구하고 있었고 **역학**(일반적인 운동에 대한 연구)에 길을 열었다. 독일에서는 케플러(Johannes Kepler, 1571-1630)가 태양 주위를 도는 행성 궤도의 본성에 대한 문제로 고민하고 있었고 결국 행성 운동에 대한 세 가지 법칙을 발표하였다. 케플러의 행성운동에 대한 법칙이 없었다면 두 세대가 지난 후 뉴턴(Isaac Newton, 1642-1727)은 중력에 대학 보편 법칙을 만들어낼 수 없었을 것이다.

베이컨은 1561년 1월 22일 엘리자베스 1세의 국새상서(현재의 재무장관)이었던 니콜라스 베이컨(Sir Nicholas Bacon, 1509-1579)의 아들로 태어났다. 그의 어머니는 열성적인 청교도인이었다. 초기 교육을 받으면서 그는 아리스토텔레스와 고대로부터 내려온 삼단논법의 허상을 깨지게 되었다. 이것은 그의 나중 생각에 커다란 영향을 미쳤다. 1579년 그는 자신에게 아무런 재산과 수입을 남기지 않고 죽은 아버지의 공백을 메우며 빨리 출세하기 위해 법을 공부하게 되었다. 그의 나이 23세에는 하원의원이 되었으며 이후 30년 동안 그 직을 유지하였다. 25년 가까이 그는 (그의 쓰라린 라이벌인) 법률학자 콕(Sir Edward Coke)과 (그의 친구이자 후견인인) 에섹스 백작 2세 데베룩스(Robert Devereux,

1566?-1601)의 그늘에서 살았다. 엘리자베스 여왕은 아일랜드에서 에섹스가 반란을 일으키는 방법에 대해 대비하라고 베이컨에게 명령했다. 베이컨은 에섹스를 사형에 처했고 그 때문에 여왕의 총애를 받아 권력을 얻게 되었다. 1603년 제임스 1세가 왕이 되었고, 그의(『새로운 논리학』을 포함한 『대부흥』(The New Great Instauration)이라는 거대한 프로젝트에 대한 제임스왕의 지지를 얻을 수 없었을지라도, 베이컨의 행운은 크게 향상되었다. 베이컨은 국왕의 신권을 국회에서 옹호하였으며, 베이컨과 왕권의 문제로 충돌을 되풀이했던 콕은 모든 공직에서 퇴출되었다. 그리고 베이컨은 (콕을 대신하여) 검찰총장이 되었다. 1617년 국새상서가 되었다. 1618년 이전의 반역죄로 롤리(Sir Walter Raleigh, 1554-1618)를 기소하고, 이로 인해 롤리는 사형에 처하게 되었으며, 베이컨은 대법관에 오르게 되었다. 1619년 써포크 백작 1세인 하워드(Thomas Howard, 1561-1626)를 정부자금의 횡령죄로 기소하고, 베이컨은 베룰람 남작이 되었다. 1620년 60세 나이에 『새로운 논리학』을 출판했고, 1621년 성알반스 자작이 되었다. 그러나 1621년 콕은 베이컨이 28번의 뇌물을 받았다고 밝힘으로써, 베이컨은 몰락하게 되었다. 이후 베이컨은 남은 5년간의 생을 과학의 진보에 힘썼다. 눈 속에 닭을 얼려 보관하는 실험을 하는 도중 그는 폐렴을 얻게 되고 그 때문에 죽게 된다.

베이컨은 대단한 재능의 소유자였으며, 많은 호기심과 그의 능력과 걸 맞는 외적 요구를 지녔던 복잡한 인간이었다. 당연히 그가 공을 들였던 일의 일부는 자신이 희망했던 목표를 성취하는 데 실패했다. 그의 『새로운 논리학』(결코 완성을 이루지는 못했지만)은 앞에서 언급한 동시대의(혹은 그의 직후의) 위대한 과학자들에 실제적인 영향을 미치지는 못하였다. 베이컨의 추종자들은 때때로 『새로운 논리학』을 지나치게 많이 주장했고, 그는 동시대의 과학적 발전으로부터 고립되었으며 이에 대해서 비판적이었다. 베이컨은 코페르니쿠스의 '가설'을 부인하였고 갈릴레이와 길버트의 연구를 경멸하였다. 그는 수학과 정확한 측정의 중요성을 과소평가했다. 그럼에도 불구하고 『새로운 논리학』에 있는 그의 관찰과 논평은 큰 영향력을 미쳤다.

2.6 『새로운 논리학』

그럼 베이컨의 업적은 무엇일까? 그는 사람들은 소수의 사실로부터 가장 넓은 보편성으로 즉시 나아가고자 하는 유혹에 대해 저항하고 조심스럽게 진행해야 한다고 주장하였다. 그는 철학적 체제들이 종종 최초 저자의 손에서 가장 번성하고 그 후에는 쇠퇴한다고 말했다. 인간은 결과에 대해 미리 예상하기보다는 자연의 사실들을 점검하고 해석하려 해야 한다. 그는 철학자들은 가장 폭넓은 보편성을 탐구하는 잘못을 저지르고, 너무 쉽게 문제의 정반대에서 시작하게 된다고 주장하였다. 오늘날 이 점은 명백하다고 생각하지만 그의 시대에는 대부분의 사람들에게 분명하지 않은 문제였다. 스스로 인정하는 것에 의하면, 베이컨은 어떤 보편적이거나 완벽한 지식론을 제안하지 않았지만, 통제된 관찰들과 실험들에 의한 귀납과 검증의 중심적 역할을 강조했다.

베이컨은 과학이 인류의 진보를 위해 사용되어야 하는 것이 도덕적으로 피할 수 없는 것이라고 믿었을 뿐만 아니라 과학에 의해 생겨난 열매, 즉 실제적인 결과를 과학이 출발하는 전제 또는 일반적 원리들의 정확성에 대한 중요한 척도라고 믿었다. 데카르트의 『방법서설』에서처럼, 우리는 또다시 올바른 예측이 가설의 정당성을 보증한다는 근대과학의 진보에서 매우 중요한 역할을 하였던 사상의 기원을 발견할 수 있다. 그의 유명한 은유에서 베이컨은 과학은 경험주의(경험론자, 닥치는 대로 사실을 모으는 사람-개미)와 교조주의(합리주의자, 순수한 관념적 사상가-거미)의 양극단 사이에서 중간의 과정을 조정하고 양쪽의 방법을 혼합해야 (가설과 관찰-벌) 한다고 주장했다.

> ⊛ 과학을 다루어 왔던 사람들은 경험적이거나 또는 교조적이었다. 개미와 같은 전자는 단지 무엇인가를 쌓고 그 쌓은 것을 사용할 뿐이며, 거미와 같은 후자는 자신의 내부로부터 거미줄을 짠다. 둘 사이의 중간에 해당하는 벌은 정원과 들판의 꽃으로부터 물질을 추출하지만, 자신의 노력으로 그것을 가공하고 변형시킨다. 철학의 진정한 노동은 꿀벌과 닮았다. 왜냐하면 그것은 정신력에 전적으로 또는 원리적으로 의존하지도 않고 또한 자연의 역사와 기작에 대한 실험을 통해 얻은 것들을 가공하지 않고 기억속에 쌓아 두는 것도 아니다. 그러나 이해하는 과정에서 그것을 변화시키고 가공한다. 따라서 우리는 지금까지 시도되었던 것보다도 이러한 기능들(경험론과 합리론)의 더 가깝고 더 순수한 연합을 통해 희망을 이끌어 낼 필요가 있는 것이다.[12]

무엇보다도 베이컨은 개개의 것들에서 보편성으로 천천히 그리고 주의 깊게 전진해야 한다고 주장했다. 그는 지식에 도달하는 데 있어서 귀납과 연역의 결합하여 사용할 것을

[12] Bacon 1952, Book I, Aphorism 95, 126. (GB 30, 126). Aphorism 1, 14, 19, 22, 26, 45, 73, 104.(과학적 방법에 대한 베이컨의 관점)

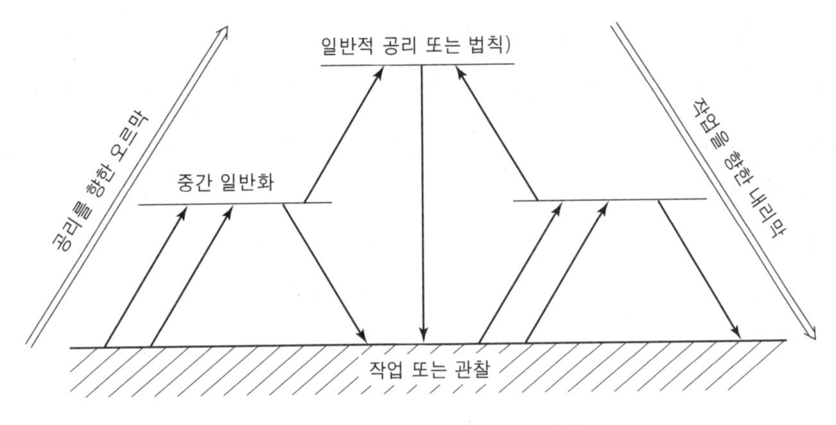

그림 2.1 베이컨의 공리 사다리

주장했다. 베이컨의 공리 사다리(Bacon's ladder of axiom)에서, 하나는 특정한 관찰이나 데이터에 기초한 적당한 일반화를 만들고, 그 이론의 예측과 사실을 다시 한 번 비교함으로써 이러한 이론을 검증하고, 그 다음 이러한 일반화를 좀더 일반적인 것으로 연결하고, 그 예측을 관찰과 비교하는 것이다. 이러한 방식으로 조심스럽게 가장 보편적인 공리나 이론 또는 법칙에 이르게 된다. 이러한 공리를 향한 오르막-작업을 향한 내리막(ascent to axioms-descent to works)의 구조는 **그림 2.1**에 나타나 있다.

2.7 베이컨과 아리스토텔레스

아리스토텔레스와 베이컨은 모두, 이성을 통해 최종적으로 일반적 법칙과 원리들에 이르기 위해서는, 경험으로부터 출발해야 한다고 믿었다. 이들 사이의 중요한 차이점은 관찰 단계의 필요성(need)과 범위(extent)에 주어지는 강조에 있었다. 특정 분야에서 아리스토텔레스는 소수의 관찰로부터 곧바로 절대적이고 불변의 진리로 여겨지는 가장 보편적인 가설로 옮겨가는 경향이 있었다. 반대편 극단에 서 있는 베이컨의 철학은 때때로 거의 맹목적으로 연결되지 않는 모든 형태의 사실들을 모으는 것을 지나치게 강조한다는 비판을 받는다. 이것은 앞의 인용문이 암시하듯이 실제로 조금은 불공평하다. 왜냐하면 베이컨은 선험적 철학자들뿐만 아니라 (닥치는 대로 사실을 모으는) 경험주의자도 강하게 비판했기 때문이다. 우리는 단순히 많은 양의 사실적인 데이터를 택하고 그것에 논리를 적용함으로써 일반적 법칙을 얻을 수는 없다. 다음 장에서 논의하겠지만, 어떤 사실을 고려할 것인가를 결정할 때와 이러한 사실들로부터 과학적인 이론을 유추하는 데 있어서 반드시 판단이 필요하다. 베이컨의 계승자들은 17세기와 그 이후의 과학자들이 아니라, 흄(David Hume), 밀(John Mill, 1806-1873)과 같은 특정한 과학 이론을 형성하기보다는 귀납과 관련된 철학적 문제에 더 관심이 있었던 귀납논리학자(inductive logicians)였다. 베이컨보다는 데카르트를 과학적 추론과 근대 철학의 진정한 선구자로 보는 것이 합리적일지 모른다. 왜냐하면 데카르트의 엄격한 연역적 체제에 기초한 그의 지식 이론이 때때로 귀납법에 몰입된 것처럼 보이는 베이컨의 이론보다 근대의 과학적 방법론에 더 가깝게 보이기 때문이다.

부록. 아리스토텔레스의 『천체에 관하여』와 『물리학』

아리스토텔레스의 『천체에 관하여』에서 그는 물체는 스스로의 무게 때문에 생겨난 자연적 움직임을 갖는다고 주장했다.

> ⊛ 당연히 우리는 단정한다. ... 자연적 기동력을 가지고 있지 않은 움직이는 물체는 중심을 향하거나 중심으로부터 멀어질 수 없다. 무게가 없는 A라는 물체와 무게가 있는 B라는 물체가 있다고 가정하자. 무게가 없는 물체는 CD의 거리를 움직이고, 반면에 B는 같은 시간에 CE의 거리를 움직인다고 가정하자. 여기서 CE의 거리는 무거운 물체가 멀리 움직여야 하므로 더 멀다. 무거울 물체를 CE : CD의 비율로 나누어보자(B의 어떤 부분이 전체에 대해 이런 관계에 있지 않을 이유가 없다). 이제 만약 전체가 총거리인 CE를 움직인다면 그것의 일부분은 동시에 CD 거리를 움직여야 한다. 그러므로 무게가 없는 물체와 무게가 있는 물체는 같은 거리를 움직여야 하는데 이는 불가능하다.[13]

그림 2.2를 살펴보자. 자연적인 운동에서 무게가 없는 *A*는 *CD*거리를 움직이고 같은 시간에 무게를 가지고 있는 *B*는 더 먼 *CE*거리를 움직인다고 가정하자. 아리스토텔레스는 물체 *B*를 두 개로 나누고, 원래의 물체 *B*에 대한 그 일부의 무게비는 *CD*:*CE*이다. 그리고 아리스토텔레스는 *B*가 *CE*를 움직일 동안 가벼운 물체는 *CD*를 움직일 것이라고

[13] Aristotle 1942c, Book III, Chapter 2, 301 (24-34). (GB 8, 92)

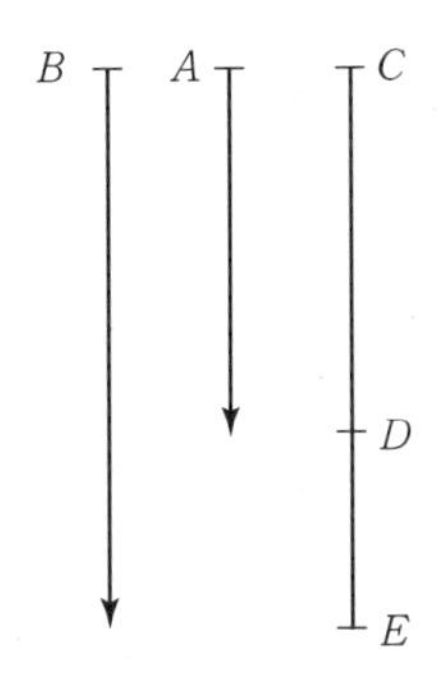

그림 2.2 무게로 인한 자연 운동

생각했다. 그의 결론은 무게가 없는 물체(본연의 기동력이 없는 것)는 자연적인 운동에서 움직일 수가 없다. 만약 움직인다면 그것은 자연적인 기동력(또는 무게)을 가진 물체와 동일하게 움직여야 하기 때문이다. 그는 후자의 운동은 원인이 있지만 전자의 운동은 원인이 없기 때문에 이것이 불가능하다고 생각했다.

같은 글에서 나중에 아리스토텔레스는 다음과 같이 말한다.

> ⊛ 절대적인 가벼움은 위쪽으로 혹은 극한으로 움직이는 것을 의미하고 절대적인 무거움은 아래쪽으로 혹은 중심으로 움직이는 것을 의미한다. 좀더 가볍거나 상대적으로 가벼운 것은 크기가 같고 무게가 다른 것에 비해 자연적인 낙하 운동의 속력이 더 작은 것을 의미한다.
>
> …
>
> 불에 대해서는 ... 더 큰 것이 작은 것보다 더 빠르게 위로 움직인다. 마치 금, 납 등의 무게를 가진 물체의 아랫 방향 운동과 같이 그 크기에 비례하여 더 빠르게 움직인다.[14]
>
> …
>
> 주어진 시간에 주어진 무게를 가진 물체는 주어진 거리를 움직인다. 큰 물체는 같은 거리를 빠르게 움직인다. 걸린 시간은 무게에 반비례한다. 예를 들면 어떤 물체가 다른 물체보다 두 배 더 무겁다면 운동 시간은 절반으로 줄어들 것이다.[15]

이러한 말들은 (자연적 운동 상태에 있는) 물체의 무게가 (낙하의) 속력으로 측정될 수 있다는 것이다.

[14] Aristotle 1942c, Book IV, Chapter 1, 308 (29-33), Chapter 2, 09 (11-15). (GB 8, 399, 401)

[15] Aristotle 1942c, Book I, Chapter 6, 273 (31)-274(2). (GB 8, 365)

아리스토텔레스는 움직이는 물체의 속도는 그것의 자연적 위치에 가까워질수록 증가한다고 하였다.

> ⊛ 흙은 중심에 가까워질수록 더 빠르게 운동하고, 불은 위쪽에 가까워질수록 그러하다.[16]

이렇게 증가된 충동(경향성)은 운동의 원인이 되는 증가된 무게의 결과인가?
『물리학』에서 아리스토텔레스는 진공의 존재의 불가능성을 확립하려고 하였다.

> ⊛ 이제 매질은 움직이는 물체를 방해하기 때문에 차이를 일으킨다. 특히 그것이 반대 방향으로 움직인다면...
>
> …
>
> (*B*와 *D*의 길이가 같다면) 물체를 방해하는 밀도에 비례하여, *A*는 *C*시간 동안 *B*를 통하여 움직일 것이고, *E*시간 동안 희박한 *D*를 통하여 움직일 것이다. *B*는 물이고 *D*가 공기라면, 공기는 물보다 희박하고 형체가 없다. *A*는 *B*를 통과할 때보다 빠르게 *D*를 통과할 것이다. 공기와 물에 대해 같은 속력의 비율을 갖는다고 하자. 그러면 만약 공기가 두 배로 희박하다면, 물체는 *D*(공기)를 통과할 때보다 *B*(물)를 통과할 때 두 배의 시간이 걸릴 것이다. 시간 *C*는 *E*보다 두 배 걸린다. 그리고 매질이 더 형체가 없고, 저항이 없고, 쉽게 나눠지는 것일수록 운동은 항상 더 빨라질 것이다.
>
> …
>
> 이러한 것들은 매질의 차이에서 생긴 결과이다. 다음에 말하는 것은 움직이는 물체가 다른 것을 따라 잡는 것에 관련된 것이다. 만약 다른 것들은 같다면, 물체의 상대적 크기의 비율에 따라서, 무거움 또는 가벼움의 큰 충동을 갖는 물체는 같은 공간에서 더 빨리 이동한다. 그러므로 이것들은 진공을 통해서도 이 속도의 비율로 움직일 것이다. 그러나 이것은 불가능하다. 왜 하나가 더 빨리 움직여야 하나? (플레나(plena))[진공과 반대되는 것으로 물질로 가득 찬 공간]을 통하여 움직일 때, 그것은 그렇게 되어야 한다. 왜냐하면 더 큰 것은 그 힘으로 매질을 더 빨리 통과하기 때문이다. 왜냐하면 움직이는 물체는 그것의 모양이나 충동에 의해 매질을 쪼개기 때문이다) 그러므로 모든 것은 같은 속도를 가질 것이다. 하지만 이것은 불가능하다.[17]

---

16 Aristotle 1942c, Book I, Chapter 8, 277 (28–30) (GB 8, 368)

17 Aristotle 1942b, Book IV, Chapter 8, 215 (29–30), 215 (1–12), 216 (11–20). (GB 8, 295)

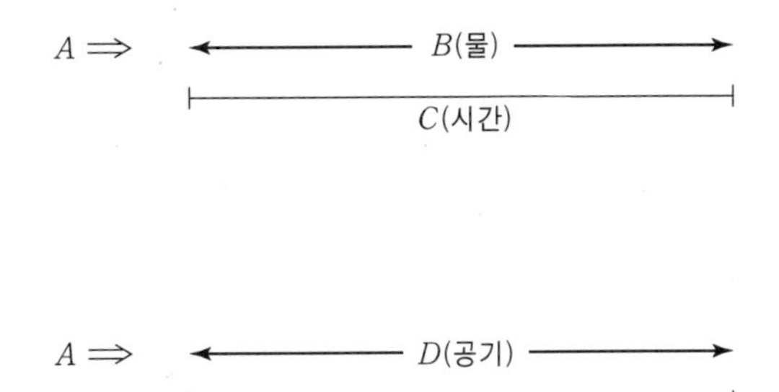

그림 2.3 매질을 통한 운동

아리스토텔레스의 물리학에서 매질은 두 가지 역할을 한다. ① (적당한 또는 자연의 장소를 향한) 운동의 원인을 제공한다. ② (무한대가 되지 않도록) 운동을 방해한다. 즉, 식(2.1)에서 오른쪽 항의 두 요소(W, R)는 원인을 제공하는 것이다.

그림 2.3은 아리스토텔레스의 주장을 도식화한 것이다. A는 (자연적인 운동에서) 한 번은 좀 긴 시간 C 동안에 물 B를 통하여, 그리고 한 번은 좀 더 짧은 시간 E 동안에 공기 D를 통하여 같은 거리를 움직인다. 위 인용문에서 아리스토텔레스는 속도는 두 매질의 밀도에 반비례한다고 가정한다. 그는 (여기서는 언급하지 않은 구절에서) 물체는 진공을 통하여 무한대로 빠르게 움직인다고 결론을 짓는다. 왜냐하면 진공은 저항이 없기 때문이다. 그는 이것이 불가능하다고 생각했기 때문에 그는 진공 상태가 존재하지 않는다고 연역하였다. 인용문의 마지막 단락에서 그는 이를 주장하면서 진공은 있을 수 없다는 결론을 강조한다. 왜냐하면 물체는 그 무게에 비례하여 빠를 것이고 따라서 진공 중에서 각기 다른 비율로 운동할 것이다. 그런데 진공에서는 이러한 속력 차이의 그 어떤 원인도 없기 때문이다.[18] 그는 이러한 아이디어를 부정하면서, 그에게 똑같이 받아들일 수 없는 결과인, '모든 물체는 진공에서 같은 비율로 움직인다' 라고 주장하였다. 아리스토텔레스는 진공 상태의 존재 가능성을 부정하였으며, 매질은 물체의 운동에 필수적이라는 입장을 견지하였다.

[18] Aristoteles에게 있어서 물체의 무게는 그것의 자연적 위치에 근접함으로써 생겨나는 것이라는 2.3절 내용을 참조한다.

더 읽을거리

아리스토텔레스의 『Nicomachean Ethics』의 1권과 2권은 독자들에게 그의 통일된 목적론적 세계관의 다양한 요소들 간의 상호연관성에 대한 개관을 보여준다. 이 부분은 인간사에 관한 내용이지만, 그것에는 아리스토텔레스적 사고 체제에서 무엇보다 중요한 목적론적 측면이 두드러지게 나타나 있다. 그리고 이 부분은 본 장에서 살펴본 『Physics』와 『On the Heavens』의 부분들과 흥미로운 대조를 이룬다. 자키(Stanley Jaki)의 『The Relevance of Physics』의 1장은 아리스토텔레스의 유기체로서의 물리적 세계관에 대해 논의하고 있다. 그린(Adwin Green)의 『Sir Francis Bacon』은 베이컨이라는 복잡한 인물에 대한 추천할 만한 유익한 전기라 할 수 있다.

과학과 형이상학

이 장에서는 르네상스 시기부터 20세기 초까지 유행했던 과학에 대한 몇 가지 고전적 관점들과 이어서 과학의 개념에 대한 이후의 변화에 대해 살펴볼 것이다. 과학철학의 최근 위상에 대한 보다 철저한 개관은 25장에서 다시 살펴보게 될 것이다.

3.1 과학적 방법의 기원

2장에서 우리는 근대적 과학 방법론의 중요한 제안자의 한 예로 베이컨을 들었다. 또한 데카르트를 근대철학과 과학적 추론의 아버지로 언급했다. 흔히 갈릴레이는 자신의 연구에 근대적 과학 방법론을 적용한 최초의 실천적 과학자로 불린다(갈릴레이의 과학적 저술과 연구에 대해서는 6장에서 살펴볼 것이다). 근대의 과학적 사고와 실행을 보여주기 위한 목적이라면 베이컨, 데카르트, 갈릴레이 같은 특정한 개인의 업적에 초점을 맞추는 것이 가장 간단한 일이지만, 이들 17세기 사상가들이 아리스토텔레스적 전통을 처음으로 깬 것은 아니었다. 이들보다 앞선 선행자들이 있었다. 예를 들면 과학의 실험적 차원에 대해서는 이미 13세기에 영국의 프란시스코 수도회 수사였던 로저 베이컨(Roger Bacon, 1220?-1292)이 이를 주창하였다. 그리고 6장에서 더 자세히 보겠지만, 14세기의 파리에 있던 몇몇 오컴주의자들은 운동의 문제에 수학적 방법을 적용했고 근대역학과 미적분학에 기초를 마련하는 데 필요했던 결과들을 얻었다(이 그룹은 흔히 면도날-또는 설명을 평가하는 기준-로 유명한 윌리엄 오컴(William of Ockham, 1285?-1349?)의 이름을 따서 지어진 것인데, 때론 '가장 단순하게 작동하는 것이 최고이다'라는 말로 쓰이기도 한다). 뷔리당(John Buridan, 1300-1358)은 임페투스(impetus)라는 개념을 형식화하여 오늘날 우리가 등가속도 운동이라고 부르는 낙하체에 대한 중력의 효과를 다뤘다. 오렘(Nicholas Oresme, 1325-1382)은 임의의 함수를 표현하기 위한 좌표를 사용함으로써 해석기하의 몇몇 요소들을 예측하였고 등가속 운동에 대한 거리-시간 공식을 추론하였다. 다빈치(Leonardo da Vinci, 1452-1519)는 이러한 파리학파의 성과를 알고 있었으며 그의 역학에 대한 연구는 그 영향을 받았다. 그는 과학에서의 수학의 사용, 관찰과 실험의 필요성, 자연법칙을 발견하는 데 있어서 (근대적 용어로) 귀납과 연역의 상호적인 역할을 강조하였다. 여기서의 요점은, 우리가 새로운 생각을 제시할 때 종종 한 사람에 의해 주장된 것처럼 하지만, 일반적으로 혁명적 통찰의 뿌리는 멀리 과거까지 거슬러 올라가는 역사가 있음을 깨닫는 것이 필요하다는 점이다. 여기서는 이러한 기원들에 대한 간단한 윤곽만을 제시하겠다.

베이컨, 갈릴레이, 그리고 다른 '과학적 방법(scientific method)'을 제안한 사람들의 저변에는 과학의 객관적 정당성에 대한 믿음이 있었다. 이는 자연이 실재로 우리 외부에 우리와는 독립적으로 존재한다는 것과 우리의 기대와 상관없이 작동하는 자연법칙이 존재하며, 뿐만 아니라 우리가 그러한 법칙들을 발견할 수 있다는 것을 의미한다. 이것은 과학자에게 있어서의 믿음의 행위이다. 외부세계가 알 수 있는 법칙에 의해 지배된다는 이러한 기본 가정의 참됨과 진실성을 과학 스스로 증명할 수는 없다. 과학의 본성에 대해 어떤 선입관을 가지고 있을 수 있는 여러분에게는 과학 활동(scientific enterprise)의 기초에 이러한 논증불가능한 믿음의 요소가 존재한다는 사실이 무척 생소할 것이다. 만약 그런 경우라면, 이 장의 내용이 당신의 마음을 다소 혼란스럽게 할지도 모르겠다.

그래서 구체적인 물리법칙들에 대한 이후의 장들을 공부하기 전에, 과학적 활동의 본성에 대한 약간의 언급을 하려고 한다.

3.2 과학에 대한 대중적 관점

과학에 대한 대중적 개념은 베이컨이 제안했던 프로그램과 어느 정도의 유사함을 갖는데, 다음과 같은 간략한 형태로 나타낼 수 있다.

① 관찰
② 가설

③ 예측
④ 확증

과학에 대한 이러한 단순한 모형과 작동방식은 과학을 조심스런 관찰이 행해지거나 통제된 실험이 수행되고, 규칙이나 법칙이 이러한 실험적 자료로부터 추출되고, 이에 따라 일반적 가설이 형성된다는 순수하게 객관적인 과정으로 묘사하고 있다. 다음 단계로 이 일반적 가설 또는 추측된 이론들로부터 새로운 관찰 가능한 결과들이 예측된다. 이러한 예측들은 실재와 직면하게 되고 만약 그 예측이 검증되면 그 이론은 확증된다. 이러한 과정에 의해 과학은 물리세계에 대한 더욱더 많은 지식을 축적하고 우리를 진리로 더 가까이 인도한다는 것이다.

이제 이 모델을 좀더 비판적으로 살펴보자. 분명히 거의 모든 물리과학자들은 감각경험에 의한 자료로부터 출발해야 한다는 것에 동의해 왔다. 베이컨, 갈릴레이, 뉴턴만이 이런 확신을 갖고 있는 것은 아니었다. 하비(Harvey)는 그의 혁명적이고 선구적인 인체의 피의 순환에 관한 논문에서 아리스토텔레스가 했던 것처럼 우리는 더 잘 아는 것으로부터 덜 아는 것으로 나아가야 한다고 주장했다. 이러한 접근은 그가 말한 '감각에 의해 인식할 수 있는 사실은 어떤 의견에 의해서도 수반되지 않는다. 그리고 자연의 작동은 그 어떤 전통에도 굴복하지 않는다'[1] 라는 말에 우아하고도 간결하게 요약되어 있다. 그러나 우리는 이러한 사실들과 자료들을 어떻게 다루어야 하는가?

3.3 귀납에 대한 흄과 밀의 견해

앞에서 우리는 귀납을 특정한 관찰들로부터 일반적인 법칙이나 원리들을 추출하는 과정이라고 정의했다. 그런데 귀납을 통해 얻은 법칙이 옳다는 것을 확실히 알 수 있는 것인가? 18세기 영국의 철학자 겸 역사가, 경제학자, 수필가인 흄(David Hume)은 철학이란 기본적으로 인간의 본성에 대한 귀납적이고 실험적인 과학이라고 여겼다. 자신의 『인간오성에 관한 연구』(An Enquiry Concerning Human Understanding, 1758)에서 그는 인과율의 개념과 귀납의 정당성, 아이디어에 선행하는 감각자료의 필연성에 대해 논하고

[1] Harvey 1952, 319. (GB 28, 319)

있다. 여기서 3장 부록에 있는 흄의 저술에서의 인용을 간단히 요약하자. 흄은 원인과 결과의 개념을 분석하는 데 있어서 우리가 실제로 관찰하는 것은 사건들 사이의 필연적인 연관성보다는 단지 하나의 사건이 다른 하나의 사건을 뒤따르는 것이라고 한다. 결과로 가정되는 것의 원인(또는 연관성)에 대한 직접적인 관찰은 없다. 우리가 보는 것은 사건들이 연접된(conjoined)(또는 연합된(associated)) 것이지 결코 연결된(connnected) 것이 아니기 때문에, **원인**(cause)과 **결과**(effect)라는 용어는 조작적 의미가 없는 단어이다. 우리가 두 사건이 연접(하나 다음에 또 하나)된 단 한 번의 예만 안다면 그것들의 연결을 지배하는 일반적인 법칙을 원인과 결과라는 용어로 진술할 수는 없다. 그러나 우리가 반복해서 똑같은 쌍의 사건들이 연접된 것을-처음에 멈춰있는 물체가 다른 움직이는 물체와 충돌하여 충돌 후 처음 물체도 운동을 하는 것처럼-본다면 원인과 결과를 언급할 수 있다(이 예에서는 멈춰있는 물체에 대한 움직이는 물체의 충돌이 물체를 움직이게 한 결과에 대한 원인으로 말해질 수 있다). 즉, 지속적인 연접으로부터 우리는 필연적인 연결성을 추론한다. 그러나 그러한 사건의 쌍에 있어서의 수적 차이에 따라 우리의 정신은 관습적으로 (생각 속에서) 필연적 연결성의 존재를 느끼게 된다.

본질적으로 흄은 미래의 관찰이 과거의 것과 닮을 것이라고 말할 수 있는 이유를 묻고 있다. 그는 관찰된 사실들로부터 귀납된 보편적 예측 법칙을 무한히 신뢰하는 것에 도전하고 있다. 간단한 예로서, 역사가 기록된 이래 태양이 매일 떠올랐다는 사실로부터 우리는 태양이 매일 예외 없이 떠오르리라는 '법칙'을 귀납할 수 있을 것이다. 그러나 우리가 내일도 해가 떠오르리라고 절대적으로 확신할 수 없다. 귀납을 통해 얻은 물리법칙의 잠정적 특성(provisional character)을 벗어날 방법은 없다. 흄은 귀납의 필요를 보았지만 그것의 정당성은 증명할 수 없다고 느꼈다.

이후 영국의 철학자 겸 경제학자, 윤리이론가인 밀(John Mill) 또한 귀납의 문제에 대해 광범위하게 저술했다. 밀은 아버지에 의해 교육받은 천재적인 아이였는데, 여덟 살에 희랍어를 읽었고 12살에 라틴어를 시작했으며, 이때 유클리드와 아리스토텔레스를 공부했다. 그는 철학자였을 뿐만 아니라 정치운동가였다. 밀은 자신의 저서 『논리학 체계』(System of Logic, 1843)에서 귀납과 자연법칙의 항상성에 관해 논하였다. 그는 논리과학의 가장 중요한 문제는 (일반명제를 발견하고 증명하는 작업인) 귀납의 과정을 정당화하는 것이라고 주장하였다. 밀은 그 문제가 귀납이 논리적으로 정당화되는 조건을 발견하는 것이라고 보았다. 모든 귀납에 포함된 가정은 자연의 진행이 항상적이거나 우주가 일반 법칙에 의해 지배된다는 것이다. 그러나 이것 자체가 귀납의 예이다. 왜냐하면 우리는 개개의 경우에 항상 그렇게 되어왔기 때문에 그것이 진실이라고 가정하기 때문이다. 이러한 자연의 진행에 대한 항상성이 귀납을 정당화하기 위한 전제(또는 제1원리)가 된다. 그러나 불행하게도 밀이나 그 누구도 이 전제의 올바름에 대해 증명하지 못했다. 비록, 사람들은 이 전제에 대해 거의 논쟁하지 않고 그것이 없이는 우리가 과학을 할 수 없지만, 이는 여전히 가정으로 남아있다.

3.4 관찰과 가설에 대한 포퍼의 견해

여러분은 원인-결과 관계의 본성, 귀납의 정당성, 물리법칙의 지위에 대한 관심이, 지루한 토요일 오후에나 가장 어울리는 단지 철학적인 시시콜콜함이며, 그러한 문제들에 관심 기울이지 않고도 과학에 관계된 중요한 일들을 해 나갈 수 있다고 느낄지도 모르겠다. 그러나 우리가 이러한 쟁점을 용하게 넘어간다고 해도, 관찰과 가설 사이의 관계는 살펴볼 필요가 있다. 자료를 모으는 활동과 이론을 발견하는 활동이 얼마나 독립적인가? 과학을 위한 사실의 수집이 임의적인 경우는 거의 없다. 진화론의 기초를 놓은 『종의 기원』(On the Origin of Species, 1859)의 저자 다윈(Charles Darwin, 1809-1882)이 지적한 바와 같이, 적극적인 이론가가 아니라면 아무도 좋은 관찰자가 될 수 없다. 즉, 새로운 사실의 발견과 이론의 진화는 상호적 과정이다. 과학자가 수행하는 실험이 만들어내는 것은 즉각적이고 분명한 감각자료가 아니라 상당한 어려움을 통해 얻은 데이터이다. 연구는 그것을 인도해줄 이론을 가져야 한다. 그렇지 않으면 자연에 있는 무수한 현상 중에서 어느 것을 조사해야 할지 알 수 없을 것이다. 물리학에 대한 우리의 검토에서 보겠지만, 종종 당대의 이론하에서는 결정적으로 보이던 현상들이 이후 다른 이론이 우세해짐에 따라 덜 중요한 것으로 드러난다.

혹시 여러분은 이러한 것들은 여전히 단지 관찰과 가설 사이의 관계에 대한 단순한 세부사항일 뿐이라고 불평할지 모르겠다. 어떻게 해서든 과학자들은 물리법칙의 후보들에 다다르고 이것들로부터 찾아질 수 있는 새로운 결과를 연역한다. 이론이 우리의 관찰과 부합하는 결과를 예측할 때 우리는 어떤 결론을 내리는가? 이론이 검증되었는가? 그렇지 않다. 우리는 단지 아직 그것이 논박되지 않았음을 알 뿐이다. 때때로 우리는 이러한 것에 대해 확인(corrobration) 또는 확증(confirmation)을 말함으로써 보다 긍정적인 해석을 부여한다. 즉, 만약 어떤 이론이 예측을 하였는데 그 예측이 충분히 주의 깊은 관찰이나 실험에 절대적으로 모순된다면, 그 이론은 필연적으로 논리적으로 옳지 않다. 그것은 논박된(refuted) 것이다. 주어진 이론(p)은 특정한 예측(q)을 함축하거나 이끈다. 만약 그 예측이 이후의 분석이나 실험적 결과가 말하는 것에 의해 거짓(~q)으로 드러나면, 필연적으로 그 이론은 거짓이 된다(~p). (불행하게도, 우리가 4장 및 5장에서 별의 시차에 대해 논할 때 보겠지만, 언제 그 자료가 가설을 반박하기에 충분한지를 안다는 것이 항상 단순한 문제는 아니다) 그러나 예측이 올바를 경우(q), 우리는 그 이론이(p) 옳은지를 확신할 수가 없다.

영국의 현대 과학철학자인 포퍼(Sir Karl Popper, 1902-1994)는, 과학이론의 특징은 그것의 검증 가능함에 있지 않고 논박 또는 반증(being folsified) 가능함에 있다고 강조하였다. 이러한 기준에 따르면 한 이론이 과학적인 것으로 자격을 얻기 위해서는 그 이론이 실제 세계와 비교할 수 있는 특정한 예측들을 만들어 그 예측들이 물리적 실재에서 사실인지 아닌지를 알 수 있을 때에만 가능하다. 본 장의 끝에 인용되어 있는 그의 『추측과 논박』(Conjectures and Refutations)에서 포퍼는 과학적 이론과 비과학적 이론을 구분하는 기준이 무엇인지를 묻고 있다. 젊었을 때인 1919년경, 그는 막스(Karl Marx, 1818-1883)의 역사이론, 프로이드(Sigmund Freud, 1856-1939)의 심리분석 그리고 아들러(Alfred Alder, 1870-1937)의 개인심리학을 아인슈타인(Einstein)의 일반 상대성이론과 대비하였다. 이 세 이론은 모두 어떤 사건이 일어나더라도 항상 나중에 그것이 이론들을 확증하는 것으로 해석될 수 있는 엄청난 설명력을 가졌기 때문에, 포퍼는 입증(verification)만이 가장 중요한 것은 아니라는 결론을 내렸다. 이러한 경우들에서는 입증을 쉽게 얻을 수 있기 때문이다. 상대성이론 또는 진실로 과학적인 모든 이론에서는 차후의 실험에 의해 시험되는 분명한 예측이 만들어진다. 관찰 사실이 이러한 예측들과 불일치하지 않을 것이라는 어떠한 보장도 미리 존재하지는 않는다. 그러한 이론들은 논박 가능한 것이다. 이런 위험요소(그것으로 인해 논박될 수 있는)를 가진 예측만이 과학이론에 대한 유의미하고 지지 가능한 증거로 여겨져야 한다. 좋은 과학이론은 특정 결과들이 자연에서 잘 일어나지 않을 것이라고 예측하고, 이 이론에 대한 엄중한 검증은 이러한 금지된 결과들을 실제적으로 관찰함으로써 이 이론을 반증하거나 논박하려는 시도이다. 그러므로 포퍼에게서 과학이론의 특징은 그것들의 (원리적인) 논박가능성 또는 반증가능성이다(그렇다고 그것들이 사실상 끊임없이 반박되어야 함을 말하는 것은 아니며, 성공적인 과학이론은 그것을 반박하는 수많은 도전에도 살아남는다). 이것은 미국의 철학자 콰인(Willard Quine, 1908-)의 입장과 비슷하다(1부 인용문 참조).

3.5 가설의 정당화

그러므로 과학 이론이 관찰과의 비교에서 지지되는 한 옳은 것일 수 있다. 우리는 논박된 이론이 틀렸다는 것을 확신할 수는 있지만, 결코 한 이론이 옳음을 확신할 수는 없다. 여전히 과학자들은 예측을 하기 위해 이론을 사용하고 있고, 이러한 예측들이 자연과 일치한다면 과학자들은 이 이론들을 가지고 계속 작업을 한다. 이렇게 이론을 가정하고 그것으로 예측을 하는 모델을 **가설-연역적**(hypothetico-deductive) 방법이라고 한다. 비록 이 방법이 필연적으로 이론이 옳음을 증명하지는 못하지만 이론을 받아들이게 하는 **근거**(warrant)를 제공한다(물론 항상 잠정적으로). **귀추**(retroduction)는, 여기서 정의하는 의미에 따르면, 성공적인 특정 예측들을 토대로 이론의 그럴듯함을 주장하는 것을 의미한다. 현대적 관점에서 보면, 귀추가 바로 뉴턴이 그의 『철학에서의 추론 규칙』(Rules of Reasoning in Philosophy)에서 옹호했던 방법임을 알 수 있다.

> ⊛ 실험철학에서 우리는 현상으로부터 일반적 귀납에 의해 추론된 가정을, 반대 가설이 상상됨에도 불구하고, 더 정확한 또는 예외로 인정되는 다른 현상들이 일어날 때까지는 정확한 또는 아주 가까운 진리라고 여겨야 한다.[2]

지금까지 우리는 확실한 함의와 예측이 논리적으로 연역되는 공리나 가정을 위한 세 가지 종류의 근거들을 살펴보았다.

① **공리적**(axiomatic) **근거**-여기서는 공리가 자명하고 분명하거나 즉각적인 것으로 주장된다. 2장에서 본 바와 같이, 아리스토텔레스는 경험 자료에 대한 다소 엉성한 검토 후 이러한 형식으로 그의 일반적 우주론적 원리에 종종 도달하였다. 데카르트는 일단 적절히 이해되었다면 그 자체로서 진실로 보이는 제1원리들에 역학의 기초를 놓으려고 노력했다.

② **귀납적**(inductive) **근거**-여기서는 많은 수의 특정 사건들이나 관찰들에서 인식되는 유사함으로부터 일반화가 이루어진다. 이는 베이컨에 의해 그리고 나중에 흄과 밀에 의해 지지된 방법이다.

[2] Newton 1934, Book Ⅲ, Rule Ⅳ, 400. (GB 34, 271)

③ **귀추적**(retroductive) **근거**-여기서는 위의 가설-연역적 방법처럼 결과로부터 가설로 되돌아간다.

이제 포퍼가 과학의 작동에서 본질적인 것으로 느꼈던 반증과정으로 돌아가자. 이 과정은 정말 그렇게 단순하고 확실한 것인가? 그렇지 않다. 관찰 자료만으로는 과학자들로 하여금 이전까지 성공적이었던 모델이나 이론을 버리게 하는 것이 충분하지 않기 때문이다. 이론들은 종종 수정되거나 재해석된다.

예를 들어, 플랑크는 열과 역학에 대한 몇 가지의 법칙들의 관계와 해석에 대해 뛰어난 동료들과 길고도 신랄한 논쟁을 가졌다. 비록 그의 입장이 정당한 논거를 갖고 있었지만 그의 관점이 일반적으로 받아들여지는 데는 여러 해가 걸렸다. 그는 『과학적 자서전』(Scientific Autobiography)에서 이렇게 말하고 있다:

> ⊛ 이러한 경험은 한 가지 사실-내 생각엔 놀랄 만한 것인데-을 배울 수 있는 기회를 주었다. 새로운 과학적 진리가 승리하는 것은, 상대를 설득함으로써 그들로 하여금 빛을 보게 하기 때문이 아니고, 오히려 상대가 결국 사라지고 새로운 것에 익숙한 신세대가 성장하기 때문이다.[3]

우리가 관찰만으로 논쟁을 결정할 수 없다는 예는 지구에 중심을 둔 톨레미(Claudius Ptolemy, 전성기 A.D. 127-145)의 우주모델과 태양에 중심을 둔 코페르니쿠스(Nicholas Copernicus, 1473-1543)의 우주모델의 경우에서 볼 수 있다. 관찰만으로 안 된다면 경쟁하는 이론 사이에서 과학자들이 결정할 수 있는 또 다른 기준은 무엇인가? 설명의 경제성(economy of explanations), 형태의 대칭성(symmetry of form), 형식화의 아름다움(beauty of formulation) 등이 항상 중요한 요소였다. 이러한 것들은 양적으로 표현할 수 없고 보편적으로 인정되는 것도 아닌 미학적 문제이다. 어떤 이에게는 아름다움과 대칭성을 발견하는 것이 과학의 목적이고 그것을 하는 이유가 되기도 한다. 우리는 이 책에서 여러 번 이 질문으로 되돌아오게 될 것이다.

---

[3] Plank 1949, 33-4; 105-8.

3.6 과학지식과 진리

비록 과학에 대한 절대적 객관성과 확신에 대해서는 약간의 의문이 있지만, 그럼에도 불구하고 여러분은 여전히 과학은 진리를 추구하고 발견한다고 여길지 모르겠다. 하지만 이것은 분명한가? 물리적 세계에 대해 주어진 모델이나 이론이 옳다고 결코 확신할 수 없는데 그 이론이 진리라고 말할 수 있는가? 우리가 앞에서 강조했듯이 이론이나 진술의 확증과 논박 사이에는 본질적인 비대칭성이 존재한다. 논박은 예측(또는 후건)이 일단 부정되었다면 이론(또는 전건) 또한 반드시 부정된다는 논리적으로 확실하고 정당한 추론이다. 그러나 관찰된 물리적 현상과 예측이 일치함으로부터 이론의 진실성을 확립할 수 있는 그 어떤 논리적으로 정당한 방법은 없다(한 가지 예외가 있다면 누군가 논리적으로 가능한 설명이 한정된 수만 가능하고 하나를 제외한 모든 것이 관찰 등에 의해 반박되었다는 것을 보이는 경우이다. 그러나 이것은 복잡하고 실제적인 상황 속에서는 드문 일이다). 한 이론이 (그것이 절대적이며 보편적으로 정당한 자연법칙에 대해 실제적으로 구현하고 유일하게 설명한다는 의미에서) 진리라고 해도, 그것이 진리라는 것을 알 수 있는 방법은 없다. 이러한 이론들은 우리가 자연을 표현하는 것에 의해 인간정신에 구성되는 것은 아닌가? 사람들은 과학이론을 자연에 대한 관찰 사실을 설명하는 것이 아니라 단지 그것을 단순화하고 부호화하는 방법이라고 여길 수도 있다.

플랑크(Plank)는 1941년의 '정밀과학의 의미와 한계'(The Meaning and Limits of Exact Science)라는 강연에서, 과학의 임무는 다양한 감각 경험의 군집에 질서와 규칙을 도입하는 것이라고 논하였다. 그는 개개의 감각 경험 자료가 상당한 견고함을 가질지라도 제한적 중요성만을 갖는다는 것을 관찰했다. 우리는 이러한 다양한 표면적 현상의 기초가 되며 이를 통합하는 실제 세계의 존재를 가정해야 한다고 느낀다. 이 믿음은 가장 단순하며 논증할 수 없는 과학의 구성요소가 되고 우리는 그것을 버릴 수 없다고 느낀다. 플랑크에 따르면, 과학은 우리의 경험에 대한 과학적인 세계상을 구성하기 위해 그리고 이로부터 그의 말을 빌면 대상들의 실제 세계, 절대로 완전히 알려질 수 없는 궁극적이고 형이상학적인 실재에 대한 이해를 얻기 위해 현상세계를 연구하는 것이다. 우리는 현상세계에 대한 우리의 그림을 개선함으로써 형이상학적으로 참된 세계에 다가간다. 플랑크가 말하는 대상에 대한 참된 형이상학적 세계는 1장에서 언급한 플라톤의 형상 또는 본질의 세계와 유사하다.

이 책의 첫 세 장에서 주어진 과학적 지식의 개념과 지위에 대해 간략히 되돌아보면, 주된 발전을 다음과 같은 철학자들의 연속으로 연결할 수 있겠다.

플라톤, 아리스토텔레스 → 베이컨, 데카르트 → 갈릴레이, 뉴턴 → 흄, 밀 → 포퍼, 콰인

자연현상에 대한 확실한 지식과 이해에 대한 탐구로서 시작한 것이, 자명한 제1원리로부터의 연역에 기초하든(아리스토텔레스, 데카르트), 논쟁의 여지가 없는 일반법칙으로 이끄는 조심스런 귀납에 기초하든(베이컨), 오늘날에는 이것들이 성취 불가능한 것으로 폐기되었다. 한 현대 철학자는 획득 가능한 확실한 지식에 대한 목표를 베이컨-데카르트의 이상(理想)(Bacon-Descartes ideal)이라고 불렀다.[4] 이것의 기본적 문제는 직관이나 귀납에 기초하든 둘의 결합에 기초하든, 제1원리에 다다를 수 있는 논리적으로 정당한 방법이 없다는 것이다. 내용-증가 논리(content-increasing logic) 또는 귀납의 논리는 존재하지 않는다. 연역논리는 단지 우리에게 이미 전제에 (함축적으로) 포함된 진술들을 찾아내도록 할 뿐이다. 결론은 전제 이상의 어떤 다른 사실이나 정보도 포함하고 있지 않다(비록 그것을 전제에서보다 더 유용하고 쉽게 인식할 수 있다 하더라도). 이러한 철학적 발전 방향은 과학지식에 대해 우리가 주장할 수 있는 확실성의 감소를 의미한다. 우리는 과학이론의 후보들에 대해 그것이 진리임을 증명할 수는 없고 단지 논박되기를 희망할 수 있을 뿐이다. 이러한 관점에서 볼 때, 성공적인 그리고 받아들여지는 과학이론들은 세계가 정말로 존재하는 방식에 대한 일관된, 그러나 필연적인 '참'은 아닌, 이야기인 것이다. 4장에서는 어떻게 실제적인 과학 활동의 역사가 과학이론의 지위에 대한 이러한 평가로 이끌어지는가를 살펴보게 될 것이다.

부록. 흄, 밀, 포퍼가 말하는 과학지식

흄은 그의 『인간오성에 관한 탐구』에서 인과의 개념에 대해 다음과 같이 논했다.

> ⊛ 우리는 능력이나 필연적인 연관성(connextion)에 대해 그것들이 이끌어질 것이라고 생각되는 모든 근원을 추구하였지만 그것은 쓸데없는 생각이었다. 우리는 물

[4] Watkins 1978, 23-43, 특히 24-5.

체들의 작용에 대한 단일 사건들에서는 우리의 최대의 면밀함을 동원하더라도 단지 하나의 사건에 이어 다른 사건이 생긴다는 것만을 발견할 수 있을 뿐, 원인이 작용하도록 하는 어떤 힘(force)이나 능력(power) 혹은 원인과 원인으로부터 예정되어 있는 결과 사이의 어떤 연관성 같은 것을 이해할 수는 없다는 것이 밝혀졌다. … 모든 사건들은 전적으로 매여 있지 않고 분리되어 있는 듯하다. 하나의 사건이 다른 하나의 사건 뒤를 이어 일어난다. 그러나 그 둘 사이를 묶어주는 어떤 끈도 발견될 수 없다. 그 둘은 연접해 있을 뿐 연결되어 있지는 않은 듯하다. 그리고 우리의 외적 감각이나 내적 감각에 결코 나타나지 않은 것을 관념으로 가지고 있을 수는 없으므로, 우리는 연관성이나 힘에 대한 관념을 가지고 있지 않다고 하는 결론, 그리고 그런 단어들은 철학적인 추론에서 쓰일 때나 일상생활에서 쓰일 때나 아무 의미가 없는 것이라고 하는 결론이 어쩔 수 없이 나오는 것 같다.

…

하나의 특정한 사건이 다른 사건에 뒤이어 생긴다는 것을 보여주는 어떤 실례를 본 후에도, 우리는 일반법칙을 만들어 낼 수도 없고, 그것과 유사한 경우에 어떤 일이 일어날지 예견할 수도 없다. 오직 하나의 경험 사실을 통해 자연의 전체과정을 판단하려고 하는 것은, 그것이 아무리 정밀하고 확실하다 하더라도, 받아들여지기 어려운 무모한 짓이라고 평가되어 마땅하다. 그러나 어떤 특정한 종류의 사건이 항상 모든 경우에 다른 어떤 종류의 사건에 연이어 일어난다고 한다면, 우리는 더 이상 주저함 없이 후자가 일어나면 전자도 일어날 것이라고 예견할 수 있으며 또한 그런 추론도 할 수 있는 바, 그것만이 어떤 사태나 존재를 우리에게 보증해 줄 수 있다. 그때 우리는 그 중 하나를 원인(cause)' 이라 하고, 다른 하나를 결과(effect)라고 부른다. 그 둘 사이에는 어떤 연관성이 있다고 우리는 생각한다. 원인으로 하여금 반드시 결과를 산출하게 하는, 그리고 가장 확실하게 필연적으로 작용하도록 만드는 힘이 원인 안에 포함되어 있다고 우리는 생각한다.

그런데 사건들 사이에 있는 필연적 연관성에 대한 이러한 관념은 수많은 유사한 사례들, 즉 이들 사건들의 지속적인 연접을 보여주는 실례들로부터 생긴다는 것이 분명하다. 모든 가능한 견해와 상황을 고려하여 조사된 이들 실례들 중의 어떤 한 예에 의해 필연적인 연관성의 관념이 제시될 수는 없다. 그러나 수많은 실례들 안에, 정확히 유사하다고 생각되는 하나하나의 실례와 다른 어떤 것이 있는 것은 아니다. 단지, 유사한 실례들이 반복된 후에 정신은 습관적으로 하나의 사건이 출현하면 그것에 항상 수반되는 것을 기대하며, 그것이 실제로 일어날 것이라고 믿는다는 것을 제외하고는 말이다. 그러므로 우리가 정신적으로 느끼는 이런 연관성, 즉 한 대상으로부터 그것에서 항상 뒤따르는 것으로 습관적으로 상상이 옮겨감은 정서(sentiment) 혹은 인상(impression)이고, 이 정서나 인상으로부터 우리는 힘이나 필연적인 연관성에 대한 관념을 형성한다. 여기에 더 이상 다

> 른 것은 없다. 모든 측면에서 이 문제를 생각해보라. 그 관념이 다른 어떤 기원을 갖고 있다는 것을 당신은 결코 찾아낼 수 없을 것이다. 이것이 연관성의 관념을 결코 얻어 낼 수 없는 하나의 실례와 연관성의 관념을 제시해주는 수많은 유사한 실례들 사이의 유일한 차이점이다.
>
> …
>
> 그러므로 이런 경험에 어울리게, 우리는 원인을 다음과 같이 정의할 수 있다. 즉, 원인이란 '하나의 대상의 뒤를 다른 하나의 대상이 이으며, 앞선 대상에 유사한 모든 대상들에서 두 번째 대상에 유사한 대상들이 생겨나는 경우에 존재하는 앞선 하나의 대상'이다. 혹은 이것을 다른 말로 하면, '첫 번째 대상이 존재하지 않는다면, 두 번째 대상도 결코 존재하지 않는다'라고 하는 경우에 존재한다. 원인이 생기면 항상 정신은 습관적인 전이에 의해 결과에 대한 관념을 떠올린다. 이것에 대해서도 우리는 경험한다. 그러므로 이 경험에 어울리게, 우리는 원인에 대한 다른 정의도 내려볼 수 있다. 즉, 원인이란 '다른 대상이 뒤따르는 하나의 대상으로, 그 대상이 나타날 때마다 그 다른 대상으로 항상 사고가 이어지는 것이라 할 수 있다.'

밀은 『논리학 체계』에서 귀납의 문제를 살폈다.

> 그러므로 '귀납'이 무엇인지, 어떤 조건들이 귀납을 이치에 맞도록 만드는지는 '논리학'의 (다른 모든 것들을 포함하는) 중요한 질문으로 생각될 수밖에 없다.
>
> …
>
> 귀납은 '일반 명제를 발견하고, 증명하는 작업'으로 정의될 수 있다.
>
> …
>
> 때때로 귀납은 이러한 정신적 작업과 구별되며, 적절하지 않을지 몰라도 내가 앞장에서 기술하려고 시도했던 것처럼, '경험의 일반화'라고 정의될 수 있을 것이다. 귀납은 하나의 사건이 관찰되었을 때 특정한 조건의 모든 상황에 대해 그 사건이 일어나는 각각의 예에 의한 추론을 통해 이루어진다 : 즉, 앞선 사건이 일어난 질료적 상황(material circumstances)과 '유사한' 모든 상황에서의 예들로 이루어진다.
>
> 우리는 아직 질료적 상황은 그렇지 않은 상황과 어떤 점에서 구별되며, 어떤 상황은 질료적이고 다른 상황은 그렇지 않은 이유가 무엇인지 알아낼 준비가 되어있지 않다. 우리는 먼저 '귀납'의 정의가 내포하는 자연의 진행과 우주의 질서에 대한 가정을 알아내야만 한다 : 즉, 자연에는 유사한 사건들이 존재하며, 이는 일단 어떤 사건이 발생한다면 충분히 유사한 상황에서 계속 반복될 수 있음을 의

미한다. 이것이 귀납의 모든 경우에 내포되어 있는 가정이다. 만일 우리가 실제의 자연의 진행을 찾게 된다면, 이 가정이 정당하다는 것을 알 수 있을 것이다. 우주는 매우 조직적이어서 하나의 사건에 대해 옳은 것들은 특정한 종류의 모든 사건에 대해 옳다. 유일한 어려움은 특정한 종류가 '무엇'인지 찾는 것이다.

경험에서 나오는 모든 추론에 대해 정당한 근거가 되는 이 일반적인 사실은 언어의 양식이 다른 철학자들에 의해 다음과 같이 설명된다 : 자연의 과정은 일정하며, 우주는 일반적인 법칙의 지배를 받는다.

…

우리가 살펴보고자 하는 자연 과정의 일관성 원리는 모든 귀납에 있어 궁극적인 중요한 전제가 될 것이다. 그러므로 삼단논법의 전제가 항상 결론을 지지하는 것처럼, 이 원리는 모든 귀납을 지지한다. 결코 증명에 기여하지는 않지만 증명을 위한 필요 조건이 된다. 그리고 그 어떤 결론도 증명될 수 없기 때문에 하나의 참된 중심 전제 또한 발견될 수 없다.

포퍼는 그의 『추측과 논박』에서 반증의 개념을 도입하였다.

그러므로 나는 예전에 시도해 본 적이 없었던 일을 해보기로 결정했다. 즉, '이론을 과학적인 것으로서 간주해야 할 시점은 언제인가' 또는 '이론의 과학적 성격이나 지위를 결정할 기준이 존재 하는가'라는 문제와 처음으로 씨름하기 시작했던 1919년 가을 이후 과학철학과 관련된 나의 작업에 관해 보고하기로 결심했다.

…

물론 나는 이 문제에 대해 가장 널리 받아들여지고 있던 대답을 알고 있었다. 과학은 본질적으로 관찰이나 실험에 의해 수행되는, 귀납적 경험적 방법에 의해 사이비 과학-또는 〈형이상학〉-과 구분된다는 것이다. 그러나 나는 이 대답에 만족하지 못했다. 반대로 나는 완전히 경험적인 방법과 비경험적 또는 사이비 경험적인 방법-즉, 관찰과 실험에 호소하지만, 그럼에도 불구하고 과학의 기준에는 도달하지 못하는 방법-을 구별하는 것을 나의 문제로 정식화했다. 사이비 경험적 방법의 예로는 별자리와 사람의 일생에 대한 방대한 양의 경험적 증거를 가진 점성술을 들 수 있을 것이다.

그러나 나의 문제는 점성술의 사례에서 기인한 것이 아니기 때문에, 나는 여기서 내 문제를 야기한 상황과 내 문제에 자극을 준 사례들을 간략히 말하고자 한다. 오스트리아 제국이 무너진 후에 그 곳에서 혁명이 일어났다. 세상은 혁명적인 표어와 사상들, 그리고 새롭고 과격한 이론들로 충만했다. 나의 관심을 끈 이론들 중에서 아인슈타인의 상대성 이론만큼 중요한 것은 없었다. 그리고 그 밖의 세 가지는 마르크스의 역사이론, 프로이트의 정신분석학, 그리고 아들러의 이른바 개인심리학이었다.

…

나는 마르크스, 프로이트 및 아들러의 지지자였던 친구들이, 이 세 가지 이론의 일련의 공통점들, 특히 그것들의 그럴듯해 보이는 설명력에 감명을 받았다는 것을 알게 되었다. 이 이론들은 실제로 그것들이 언급하는 영역 내에서 일어나는 모든 것들을 설명할 수 있을 것 같았다. 이 이론들에 대한 연구는 모두 아직 연구를 시작하지 않은 사람들에게 가려져 있었던 새로운 진리에 대해 눈을 뜨게 해주는, 지적인 전환이나 계시의 효과를 갖는 것 같았다. 그래서 일단 눈을 뜨게 되면, 어디에서든지 그 이론을 입증하는 사례를 보게 되는 것이었다. 세계는 이론의 검증들로 가득했다. 무엇이 일어나든, 그것은 항상 그 이론을 입증하였다. 따라서 이론의 참됨은 명백한 것으로 보였다. 이것들을 믿지 않는 사람들은 분명히 명백한 진리를 보고 싶어 하지 않는 사람들이 되어버렸다. 이들은 그러한 진리가 자신들의 계급적 이해관계에 반하거나, 아직 '분석되지 않은' 치료가 필요한 자신들의 억압된 충동 때문에 그것을 보지 않으려는 것이었다.

…

아인슈타인의 이론을 보면 상황은 확연히 다르다. 전형적인 사례로서, 당시 에딩턴이 이끌던 관측 팀의 발견에 의해 입증되었던 아인슈타인의 예측을 생각해보자. 그의 중력이론은 물체와 마찬가지로 빛도 (태양과 같은) 무거운 물체에 의해 이끌려야만 한다는 결론에 도달했다. 그 결과 외견상 태양 가까운 곳에 위치하고 있는 것으로 보이는 먼 항성에서 나오는 빛은, 그 항성이 태양에서 약간 떨어진 것으로 보이는 방향으로부터 지구에 도달한다는 것이 계산될 수 있었다. 다시 말하면, 태양 가까이에 있는 별들은 태양으로부터 약간 떨어져 있는 것처럼 보이고, 별들끼리도 약간씩 떨어져 있는 것처럼 보이리라는 것이 계산될 수 있었다.

…

그런데 이 경우에 인상적인 것은 이러한 종류의 예측에 수반되는 위험성이다. 만약 관찰의 결과, 예측된 결과가 결정적으로 드러나지 않는다면, 그 이론은 단번에 논박된다. 그 이론은 관찰의 어떤 가능한 결과들과도 양립 불가능하다. 실제로 그것은 아인슈타인 이전의 모든 사람들이 예기했던 결과들과 양립할 수 없다. 이것은 내가 앞서 기술했던 상황, 즉 문제되는 이론이 거의 모든 인간 행위와 양립가능하고, 따라서 그 이론들을 확증하지 않는다는 어떠한 인간 행위도 사실상 기술할 수 없는 그러한 상황과는 매우 다르다.

…

이 모든 것을 요약하면, 이론의 과학적 지위에 대한 기준은 이론의 반증가능성이나 논박가능성 또는 검증가능성이라고 할 수 있을 것이다.

더 읽을거리

랄프 블레이크(Ralph Blake) 등의 『Theories of Scientific Method』는 르네상스에서 19세기에 이르는 발전과정을 잘 개관하고 있다. 포퍼(Popper)의 『Conjectures and Refutations』는 '실수로부터 얻을 수 있는 것'(반증가능성을 통해)이라는 주제에 대한 에세이와 강연록으로 이루어져 있으며, 이 관점을 과학적 지식에 대한 광범위한 철학적 배경 이론들과 대비하고 있다. 바루크 브로디(Baruch Brody)의 『Readings in the Philosophy of Science』는 과학적 설명과 예측, 과학이론의 구조와 기능, 과학적 가설의 확증 등에 대한 현대 과학철학자들의 논문을 모아 놓은 책이다.

2부 고대와 근대의 우주 모형

자연적으로 가속되는 운동에 대해 탐구하는 과정에서, 예전에 그랬던 것처럼 자연의 손에 이끌려, 우리는 자연 그 자체의 관습과 관행을 따르면서 그리고 자연의 다른 모든 여러 가지 과정 속에서 가장 일반적이고 간결하며 손쉬운 방법만을 적용하도록 인도되었다.

…

시간의 증가에 비례하는 속력의 증가를 생각한다고 해서 아주 잘못된 것은 아닐 것이다. 때문에 우리가 지금 논의하고자 하는 운동의 정의는 다음과 같이 표현할 수 있을 것이다 : 정지 상태에서 출발하고 동일 시간 간격 동안 동일 속력의 증가를 가진다면 그 운동이 등가속이라고 말할 수 있을 것이다.

…

지금이 자연 운동의 가속에 대한 원인을 탐구하기에 적합한 시점으로 보이지는 않는다. 왜냐하면 다양한 철학자들의 다양한 견해들이 제안되었기 때문인데, 어떤 이들은 중심을 향한 인력으로 설명하고, 다른 이들은 물체의 아주 작은 부분들 사이에 작용하는 척력으로 설명하고, 또 다른 이들은 낙하하는 물체 뒤에 위치하여 그 물체를 한 지점에서 다른 지점으로 유도하는 주변 매질에서의 압력 때문이라고 한다. 이제 이 모든 공상들을 포함하여 모든 것들이 점검되어야 한다. 하지만 이러한 작업이 진정으로 가치 있는 일은 아니다. 현 시점에서 저자의 목적은 (그것의 원인이 무엇이든) 가속운동의 일부 특성을 탐구하고 또 논증하는 것일 뿐이다.

갈릴레이(Galileo Galilei), 『Dialogues Concerning Two New Science』

이제 지구의 모든 부분들이 서로 협력하여 전체를 형성하여, 가장 가능한 방식으로 통합되기 위하여 서로 뭉치고 또 하나의 구형 모양을 택함으로써 서로에 순응하는 그런 동일한 경향성을 갖게 된다면, 태양과 달 그리고 다른 천체들이 단지 그것의 모든 구성요소들이 갖는 하나의 조화로운 본능과 자연적 경향에 의해 마찬가지로 둥근 모양을 가질 것이라는 점을 믿지 않아야 하는가? 만약 어떤 시점에 이러한 부분들 중 하나가 전체로부터 강제로 분리된다면, 그것이 자연의 경향성에 의해 자발적으로 되돌아 갈 것이라고 믿는 것이 합리적이지 않은가? 그리고 바로 이러한 방식으로 직선 운동이 모든 세계체들에 동일하게 적합하다고 결론지어야 할 것이다.

…

투사체가 투사자로부터 분리되는 시점에서 운동의 원 궤적에 접하는 직선 방향으로 분리될 때, [지구상의] 투사자의 원운동은 투사체가 운동하도록 임페투스를 부여한다. … 만약 투사체가 자체 무게에 의해 아래 방향으로 기울지 않는다면(실제로는 운동은 곡선을 그린다), 그 투사체는 직선을 따라 계속해서 운동할 것이다.

갈릴레이(Galileo Galilei), 「Dialogues Concerning Two New Science」

4 관측천문학과 톨레미의 모델

본서에서 수용하는 중심적인 가정은, 과학에 대한 일반적인 철학적 논의는 실제적인 과학의 역사에 등장하는 특징들에 기초해야 한다는 것이다. 이러한 가정에 기초하여 고대인들이 수용하였던 우주관을 먼저 살펴보고 난 뒤, 그것의 철학적 함의에 대해 분석하고자 한다. 본 장에서는 고대인들에게 가능하였던 맨눈관측 활동의 결과를 요약하고 이러한 데이터를 기반으로 구성하였던 우주모델에 대해 개괄한다.[1] 이어지는 장에서는 고대의 우주모델을 극복하였던 오늘날의 이론에 대해 서술하게 될 것이다. 그리고 12장에서는 이와 같은 혁명을 이끌었던 주요 선구자들이 이루었던 성과, 그리고 그 변화에 의해 촉발된 철학적 관점에서의 근본적인 전환에 대해 보다 심층적으로 논의하게 될 것이다.

4.1 초보적 관측

지구가 정지한 것으로 그려지는 우주에 대한 고대의 모델을 이해하기 위한 적절한 사고의 틀을 갖기 위해서는, 지구가 태양 주위를 운동하고 동시에 내부의 축을 중심으로 회전한다는 것을 '알고 있는' 현대의 독자들은 다음과 같은 질문들을 던질지도 모르겠다. 지구가 태양을 중심으로 하는 궤도를 그리고 스스로의 축을 중심으로 회전한다는 것을 어떻게 보일 것인가? 지구상에서의 맨눈 관찰 결과만 사용한다고 하자-즉, 위성에서 찍은 사진은 없다고 하자. 우리는 이 문제가 그리 간단한 것이 아니라는 사실을 알게 될 것

[1] 4장, 5장의 설명은 Kuhn(1957)의 고전적인 연구의 일부에 기초하고 있다. 이 책에서 다루지 못한 주제는 앞의 책을 참조한다.

이다. 그리고 아마도 우주에 대해 고대인들이 가졌던 관점이 덜 이상하게 느껴질 것이다.

현대인이건 고대인이건 보통의 관찰자에게도 가장 분명한 사실은 태양이 매일 뜨고 지며 사계절의 계속적인 변화가 있다는 것이다. 만약 수직선을 따라 말뚝이나 긴 막대를 박으면, 태양에 의해 그려지는 그림자의 중요한 특징 몇 가지를 관찰할 수 있다. 하루가 지나감에 따라 그림자의 방향과 길이는 모두 변하는데, 그 길이는 아침과 저녁에 가장 길고 한낮에는 가장 짧다(여기에서 그림자의 끝이 그리는 곡선의 특수한 형태에 관심을 둘 필요는 없다). 하지만 가장 짧은 그림자 방향은 매일 동일하다. 즉, 하루에서 가장 짧은 그림자의 끝의 위치를 계속해서 바닥에 표시하면, 모든 표시들이 하나의 직선 위에 위치한다. 이를 통해 관찰자는 두 개의 기준점을 얻을 수 있는데, '북쪽'은 가장 짧은 그림자가 가리키는 변하지 않는 방향이며(나머지, 동, 서, 남의 방향은 북쪽과의 상대적 방향으로 정의될 수 있을 것이다), '정오'는 가장 짧은 그림자가 생기는 순간이 된다(이러한 결과들은-적도에 근접한 지역이 아닌-지구의 북반구에서 관찰할 수 있는 현상이다. 우리가 현재 갖고 있는 대부분의 고대인의 기록들은 북반구의 이러한 위치에서 이루어진 것이다).

연속되는 정오들 간의 시간차가 우리가 '평균태양일'로서 태양일을 정의하는 전통적인 방법에 해당한다. 좀더 관찰을 해보면, 수직 막대의 그림자는 하루 동안 서에서 동으로 가는 일반적인 방향을 따라 진행된다. 1년 중에 단 2일 그림자의 끝이 직선을 따라 서에서 동으로 이동하는데, 하나는 **춘분**(오늘날의 달력에 의하면 3월 21일쯤)이고 다른 하나는 **추분**(9월 23일 쯤)이다. 춘분은 봄의 시작을, 추분은 가을의 시작을 각각 나타낸다. 그리고 이 두 날짜에는 낮의 길이와 밤의 길이가 항상 같다. 그리고 정오의 그림자 길이가 가장 긴 날을 **동지**(12월 22일쯤)라 하는데, 겨울의 시작을 나타내고 이 날에는 밤의 길이가 가장 길고, 낮의 길이가 가장 짧다. 한편 **하지**(6월 22일쯤)는 여름의 시작을 나타내는 날로서 낮의 그림자 길이가 1년 중 가장 짧고, 밤은 가장 짧고 낮은 가장 길다.

이렇게 되면 1년이란 춘분과 그 다음 춘분 사이의 기간으로 정의될 수 있다. 불행하게도 1년의 총 날수는 해마다 똑같지 않은데, 이는 춘분이 동일한 날짜에 발생하지 않기 때문이다. 태양력의 바로 이 문제가 역사의 출발점부터 16세기까지 천문학자를 괴롭혔던 문제이다. 여러 고대 사회에서는 이 문제를 상이한 방식으로 극복하였다. 자연스러운 출발점 중 하나는 1년을 360일로 하는 것이었다(이는 아마도 1달을 30일로 그리고 1년을 12달로 선택한 것으로부터 기인할 것이다). 하지만 이와 같은 부정확한 달력으로는 해가 지남에 따라 계절이 눈에 띌 만큼 이동하게 된다. 이를 보정하기 위해 이집트인들은 5일의 휴일을 더하여 1년을 365일로 만들었다. 그리고 이 달력이 로마제국의 유산이 되었다.

B.C. 46년 시저(Julius Caesar, B.C. 100-B.C. 44)는 3년간의 365일에 1년의 366일을 도입함으로써 365 1/4일을 갖는 달력으로 개혁하였다. 태양력의 1년이 365 1/4일로부터 11분 정도의 짧은 차이밖에 없기 때문에 줄리어스 달력의 계절 이동은 매우 작았다. 하지만 그 차이들이 쌓이면서 16세기에 이르러 춘분이 3월 21일에서 3월 11일까지 거꾸로 거슬러 가게 되었다. 교황 그레고리 13세(Gregory XIII, 1502-1585)는 이 문제에 대해 신경을 썼는데, 이는 부활절이 춘분을 지난 첫 번째 만월 이후의 첫 번째 일요일로 정의되고 다른 모든 교회의 축제일들은 부활절을 기준으로 정해지기 때문이었다. 교회와 일반 시민의 달력이 이렇게 근접하게 상호 연결된 채 기능하는 사회에서는 부활절이 여름으로 넘어가거나 크리스마스가 겨울 또는 봄으로 이동해서는 결코 안되는 문제였다. 1582년 그레고리 대제가 1582년 10월 4일의 다음 날을 1582년 10월 15일로 공포하였을 때, 그레고리력이 기독교권 유럽에 도입되었다. 그레고리력에 따르면, 윤년이 400으로 나눠질 수 없는 매 백 년(00으로 끝나는)에는 나타나지 않는다. 따라서 윤년은 1700, 1800, 1900년에는 나타나지 않지만 2000년에는 나타난다. 이와 같은 역법 개혁의 강한 압력은 우주에 대한 중세의 개념에서 코페르니쿠스적 혁명을 재촉하는 역할을 했다.

4.2 천구

하늘을 가로지르는 태양의 일주(日周)운동 이외에도, 별의 일주운동과 별을 배경으로 하는 태양의 상대운동도 존재한다. 먼저 별에 대해 살펴보고 북반구의 중위도 지역의 시점에서 바라본 밤하늘에서의 별을 관측할 때 우리가 무엇을 보게 되는지 생각해 보기로 하자. 하늘에는 하룻밤이 지나도, 하루가 지나도 위치가 고정되어 변하지 않는 별이 있는데 이를 북극성(Polaris)이라 한다.

위도는 지구상의 관측지점에서 북극성이 수평선 위로 얼마나 높이 위치해 있는가에 따라 정의된다. 예를 들면 파리의 위도는 49°, 런던은 51°, 뉴욕은 41°, 시카고는 42°, 로스앤젤레스는 34°이기 때문에, 북반구의 위도 대표 값을 45°로 잡아보자. 하늘의 모든 별들은 시간당 15°씩 북극성을 중심으로 하는 원들의 호를 따라 서쪽 방향으로 회전한다. 북극성을 중심으로 하면서 관측자의 수평선에 접하는 원 내부에 위치한 별들을 주극성(周極星)이라 하는데, 이러한 별들은 언제나 하늘에 위치한다(물론 낮 시간 동안은 태양빛으로 인해 관측하기 어렵다). 이 원의 바깥에 위치하는 별들은 매일 밤 뜨고 짐을 반복한다. 주극원(周極圓)의 크기는 북쪽으로 갈수록 커진다. 별에 관한 가장 중요한 사실은 북극성에 대한 상대적 위치 또는 서로간의 상대적 위치가 고정되어 있다는 점이다. 예를 들어, 북두칠성은 밤 동안 회전하지만 그 모양은 변하지 않는다. 별의 형태는 북극성에 대해 일정한 비율로(시간당 15°) 회전하는 사진과 유사하다. 이것이 바로 우리가 **항성**을 기준으로 삼는 이유이다.

별들의 모습과 하늘을 가로지르는 이동이 아무런 변화 없이 스스로 반복되기 때문에, 고대인들이 별은 지구를 중심으로 일정한 비율로 회전하는 거대한 구(**천구**)에 패턴을 이루면서 박혀있는 것이라고 가정하는 것은 지극히 자연스러울 수 있다(**그림 4.1** 참조). 천구의 회전은 N에서 S로 향한다고 할 수 있는데, 이는 천구의 회전 방향으로 회전하는 오른나사도 이 축을 따라 N에서 S로 나아가기 때문이다. 천구는 1일 1회전 한다(바로 이어서 설명하겠지만, 정확하게는 23시간 56분에 해당한다).

태양이 하늘을 가로지르는 모습은 별의 경우처럼 간단하지 않다. 날짜가 바뀜에 따라 항성에 대한 태양의 위치는 상대적으로 변화된다. 구의 중심을 중심으로 구의 표면 위에 그려지는 원을 대원(great circle)이라 한다. 여러 별자리를 통과하면서 동쪽으로 이동하는 천구에 대한 태양의 투영인 대원을 **황도**라 한다. 황도는 하늘의 항성을 배경으로 하는 태양의 가시연중경로(apparent annual path)이다. 천구(및 태양)는 1일 1회전의 속도로 서쪽으로 회전하는 것으로 그려지지만, 태양은 황도를 따라 훨씬 느리게 동쪽으로 이동한

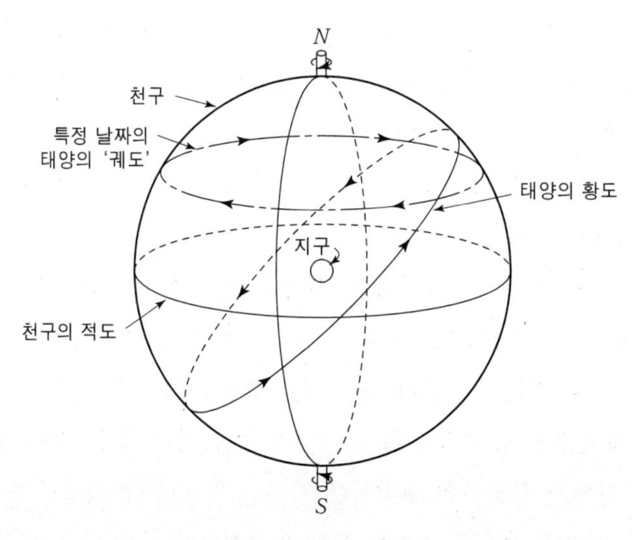

그림 4.1 2중 구 모델. 지구의 구는 천구의 중심에 위치한다.

다. 정오(그리고 그에 따라 날짜, 시간, 분)가 하늘에서의 태양의 위치에 의해 정의되고 태양은 매일

$$(24\text{시간}/365\text{일}) \times (60\text{분}/1\text{시간}) = 4\text{분}/\text{일}$$

만큼 천구상의 별에 대해 뒤쳐지기 때문에, 천구는 지구에 대해 1회의 완전한 회전을 하는 데 1일보다 4분 짧은 것으로 보인다. 사실, 항성일은 자오선 상부(별들의 자오선 통과에서 가장 높은 점)의 어떤 지점을 통과하는 양자리의 첫 번째 점의 두 연속된 자오선 통과 사이의 간격으로 정의된다. 정확히 말하면, 1항성일은 평균태양시로 23시간 56분이다. 어떤 날 태양이 하늘의 원을 따라가고 있다. 그런데 황도를 따라가는 천구상의 태양의 위치가 변하면서 그 원의 크기가 매일 변한다(**그림** 4.1 태양에 대해 그려진 원 궤도 참조). 하늘에서 태양의 고도에 관한 이 변화는 계절의 변화와 일치하는 정오의 그림자의 길이 변화를 설명한다.

별자리는 인류 역사의 초기부터 사용되었다. 별자리는 별의 집단에 대해 사물이나 창조물의 이름을 붙여 사용된 용어이다. 고대에 황도 12궁은 황도를 12개의 동일한 구획으로 나누는데 사용되곤 했다. 황도를 따라 동쪽으로 이동하는 이 별자리들로 태양이 들어가는 날짜에 따라서 이것들의 숫자와 이름이 **표** 4.1에 제시되어 있다. 황도상의 태양의 위치(즉, 특정한 별자리에서의 태양의 존재)와 연중 계절과의 상관관계는 다양한 별자리에 의한 계절의 조절로 해석되었고, 이는 점성술의 기원 중 하나였다. A.D. 2세기까지, 대략 1,022개의 별로 구성된 48개의 별자리 목록이 만들어졌다. 이 목록에는 황도12궁이 포함되어 있다. 이 별자리 목록은 르네상스시대까지 믿을 만한 것으로 유지되었다. 1930년, 국제천문연맹(International Astronomical Union, IAU)은 하늘 전체에 걸친 88개의 별자리를 정의하였다.

표 4.1 12궁 별자리

번호	별자리 이름	날짜	번호	별자리 이름	날짜
1	백양궁(양자리)	3월 21일	7	천칭궁(저울자리)	9월 23일
2	금우궁(황소자리)	4월 20일	8	천갈궁(전갈자리)	10월 24일
3	쌍자궁(쌍둥이자리)	5월 21일	9	인마궁(궁수자리)	11월 22일
4	거해궁(게자리)	6월 22일	10	마갈궁(염소자리)	12월 22일
5	사자궁(사자자리)	7월 23일	11	보병궁(물병자리)	1월 20일
6	처녀궁(처녀자리)	8월 23일	12	쌍어궁(물고기자리)	2월 19일

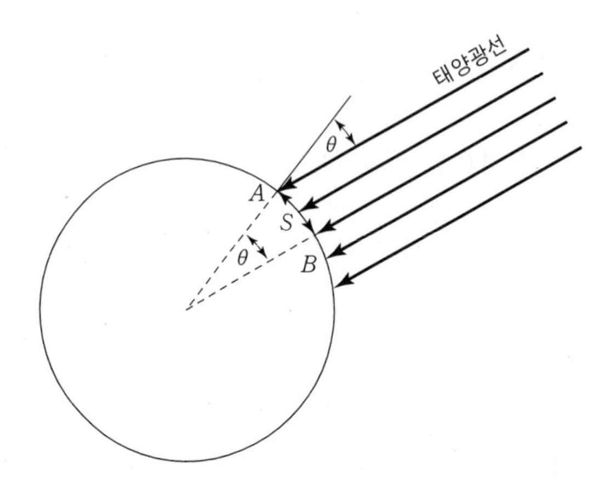

그림 4.2 지구 크기에 대한 에라토스테네스의 논증

4.3 에라토스테네스의 지구 크기 계산

행성의 문제를 다루기에 앞서, 지구의 모양에 관한 문제를 생각해보자. 우리는 2장에서 아리스토텔레스가 지구가 구형이라는 것을 믿는다는 것을 알았다. 그러나 B.C. 3세기 그리스의 천문학자이자 지리학자인 에라토스테네스(Eratosthenes, B.C. 276?-B.C. 194?)는 실제로 다음과 같이 지구의 둘레를 결정하였다. 어느 날 정오에 태양이 이집트의 (오늘날 아스완으로 알려진) 시에네(B)를 수직으로 비출 때, 에라토스테네스는 정북쪽의 도시 알렉산드리아(A)에서 수직선과 태양광선 사이의 각도를 측정했다(**그림 4.2** 참조).

간단한 기하학을 사용하면, $\theta/360° = s/C = s/2\pi r_e$($r_e$는 지구의 반지름)의 비율에 의해, A에서 B까지의 호의 길이 s는 지구의 둘레 C와 관련하여 주어진다는 것을 알 수 있다. 에라토스테네스는 시에네에서 알렉산드리아까지의 거리를 알고 있었기 때문에, 완전한 원의 약 1/50(또는 7.2°)에 해당하는 θ값을 직접 측정함으로써, 그는 오늘날 알려진 25,000 마일(4.03×10^4km)의 약 5%의 오차 범위 내에서 C값을 결정할 수 있었다.[2]

[2] Eratosthenes는 **그림 4.2**의 호의 길이 AB가 5,000스타디아(측정에 의해)라는 것을 알고 있었다(Heath (1981b. Vol. II, p.107)참조). 이는 지구의 둘레가 50×5,000 = 250,000스타디아(stadia)가 됨을 의미한다. 불행하게도, 1스타디아가 얼마인지 불확실하다. 예를 들어 Pliny(A.D. 23-A.D. 79)는 대략적으로 516.73ft (157.50m)라고 하였다. 이를 기초로 지구 둘레에 대한 Eratosthenes의 값은 24.466마일 (3.93×10^4km)로 유도되었다.

4.4 아리스타쿠스의 태양중심 모델

그림 4.1에서 보여주는 고대의 우주에 관한 모델은 두 개의 구로 된 우주를 의미한다. 그것은 많은 데이터를 대조시켜 주고 지구, 태양, 별들에 대한 일관된 그림을 제시할 수 있기 때문에 여러 가지 면에서 매우 성공적이다. 그리고 여전히 천문항법(celestial navigation)의 목적으로 이용되고 있다. 근대에 이르기까지 이 이중 구 모델이 가장 널리 받아들여졌음에도 불구하고, 몇몇 고대인들은 이에 대한 대안을 제시한 바 있다. 사모스의 아리스타쿠스(Aristarchus of Samos, B.C. 310-B.C. 230)는 태양이 우주의 중심에 있고, 지구는 태양 주위를 움직인다고 가정하였다. 시실리 섬 시라쿠사의 위대한 고대 수학자이자 물리학자, 발명가인 아르키메데스(Archimedes, B.C. 287?-B.C. 212?)의 글로부터 아리스타쿠스의 이러한 이론을 알 수 있다. 그의 저서 『모래계산자』(The Sand-Reckoner)에서 아르키메데스는 우주에 있는 물질의 입자 수가 얼마나 많든지 간에, 그것을 넘어서는 수가 존재한다는 것을 증명했다. 다음과 같이 진술하였다.

> ⊛ 우리는 '우주'라는 이름이 대부분의 천문학자들에 의해 중심에 위치한 지구의 중심과 태양의 중심 사이의 직선거리에 해당하는 반지름을 갖는 구에 붙여진 것이라는 사실을 안다. 이것이 우리가 천문학자들에게서 들었던 일반적인 설명이다. 그러나 사모스의 아리스타쿠스는 우주가 소위 지금보다 몇 배는 크다는 결과를 도출해낸 가설들을 담고 있는 책을 썼다. 그의 가설들은 지구가 태양 주변의 원 궤도를 돌고, 태양은 궤도의 중심에 있고, 태양을 중심으로 하는 항성 천구도 ....[3]

그러나 이러한 태양중심설을 강하게 제압하는 별의 시차(stellar parallax)라고 불리는 관측 사실이 존재하고 있었다. 시차 현상의 간단한 예는 다음과 같다. 당신의 앞에 두 팔을 올리고, 두 물체(말하자면, 당신의 두 집게손가락)를 수직으로 고정시키고, 하나는 다른 하나보다 당신에게 조금 가까이 위치시켜 보자. 이것들을 움직이지 말고, 당신의 머리를 오른쪽에서 왼쪽, 또는 왼쪽에서 오른쪽으로 이동시켜 보자. 두 물체는 서로 상대적으로 운동하는 것으로 보일 것이다. 마찬가지로, (**그림 4.3**처럼) 만약 지구로부터 우리가 태양에 대한 지구의 궤도에서 일단 C의 위치로부터, 그리고 나서 D의 위치로부터 두 고정

---

[3] Archimedes 1897, 221-2 (GB 11; 520)

된 별을 본다면, 별 A와 B의 간격이 변하는 것처럼 보이기 때문에 각 ACB는 각 ADB보다 작다. 별의 시차에 대한 이러한 효과는 육안으로 관측할 수 없기 때문에, 고대인들이 아리스타쿠스의 이론을 받아들일 이유가 거의 없었다. 그의 모델은 간단한 설명을 주는데 실패하였고, 또 관측사실에 의해 반박되는 것처럼 보였다. 물론 시차에 대한 반박을 무력하게 만드는 한 가지 명백한 방법이 있었다. 만약 고정된 별들(또는 천구의 표면)이 지구로부터 충분히 멀리 떨어져 있다면, 각 ACB와 각 ADB는 거의 같을 것이고, 별의 시차에 대한 어떤 효과도 발견할 수 없게 될 것이다. 그것은 결국, 코페르니쿠스가 지구로부터 천구까지의 거리가 적어도 지구 반지름의 1,500,000배 쯤 된다는 주장을 받아들이게 되는 경로가 되었다. 이것은 우리가 아래에서 보게 되겠지만, 고대인들이 받아들일 수 있었던 지구 반지름의 약 20,000배보다 훨씬 큰 것이었다.

별의 시차 값은 측정하기가 대단히 어렵다. 근대에 들어와서야 그 관측이 성공했다. **그림 4.3**에서, 지구의 두 위치(C와 D)가 태양 주위의 지구 궤도의 지름의 양끝이고, 별에서 태양까지 그린 선이 이 지름에 수직일 때, 주어진 별(A)에 대한 시차의 각은 α로 정의된다. (황도12궁에 속하지 않는) 켄타우루스 별자리에서 삼중성(triple star)인 알파성은 지구에 가장 가까운 별이지만, 이 시차각은 호의 1초(1″)밖에 되지 않을 정도로 매우 작다. 그 값의 측정에 대해 성공적이지는 못했지만 일찍이 여러 시도가 있었는데, 1725년 영국인 브레들리(James Bradley, 1693−1762)와 18세기 말 허셜(William Hershel)의 시도가 그것이다. 그들은 그 효과를 확인하지는 못했지만, 브레들리는 1728년 발표된 항성광행차(stellar aberration)를 발견하였고, 허셜은 1800년대 초 쌍성을 발견하였다. 1837~1839

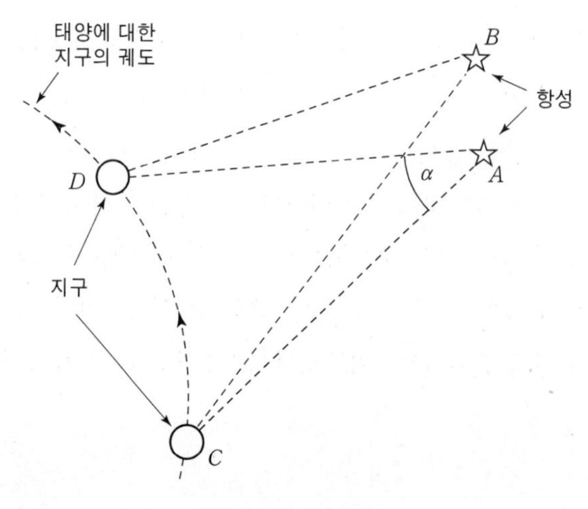

그림 4.3 별의 시차

년에 독일의 천문학자 스트러브(Friedrich Struve, 1793-1864)가 북쪽의 거문고자리의 가장 밝은 별인 베가(Alpha Lyrae로 알려진)에서, 그리고 독일의 천문학자이자 수학자인 베셀(Friedrich Bessel, 1784-1846)이 백조자리의 백조자리61(61 Cygni)에서, 스코틀랜드의 천문학자의 핸더슨(Thomas Henderson, 1798-1844)이 캔타우루스 자리의 알파성에서 각각 시차에 대한 직접적인 최초의 관측을 이루었다.

4.5 행성

지금까지는 태양을 제외한 나머지 행성은 없는 2중 구 우주 모델에 대해 살펴보았다. 고대인들에게 알려진 행성들은 태양, 달, 수성, 금성, 화성, 목성, 토성이었다. 방랑자라는 의미의 그리스 어원이 시사하는 것처럼, 행성들은 우주에 대한 모든 이론에서 골치 아픈 문제였다. 모든 행성은 별과 함께 서쪽으로 일주운동을 하고, 태양처럼 별을 배경으로 점차 동쪽으로 운동을 한다. 행성들은 천구를 이동할 때, 황도의 북쪽과 남쪽을 옮겨가며 그 근처에 머무른다. 그러나 그 폭은 황도를 중심으로 16° 정도로 거의 항상 황도 주변을 맴돈다. 우주에 대한 2중 구 모델에서는 지구로부터 여러 행성의 거리를 순서매길 방법이 없다. 사용되던 대략적 규칙은 행성의 주기(지구 주위를 한 바퀴 도는 데 걸리는 시간)가 길면 길수록, 지구로부터 그 행성까지의 거리가 더 멀어진다고 가정하는 것이었다.[4] B.C. 4세기 무렵, 행성들은 지구로부터 바깥쪽으로 달, 수성, 금성 태양, 화성, 목성, 토성의 순으로 순서 매겨졌다. 그러나 금성과 수성은 하늘에서 그들의 각도 차이가 거의 나지 않기 때문에-톨레미의 모델은 어떤 자연스런 설명도 제공하지 못했다-문제를 가지고 있었다(5.2절에서 이 난점에 대해 다시 논할 것이다).

고대의 우주론에 대한 눈에 띄는 문제는 행성 운동의 불규칙성을 설명하는 것이었다. 플라톤은 무엇이 행성의 겉보기 운동을 설명할 수 있는 일정하고 순차적인 운동인지 궁금해 했다고 알려져 있다. 그의 동료 에우독수스(Eudoxus, B.C. 400?-B.C. 350?)는 여러 개의 원운동이 결합된 모델을 제안했다. 이 동심천구설(同心天球說, Homocentric-sphere model)에서 7개의 천체는 각각 어떤 유한한 두께의 껍질에 할당되어 있었다(이는 별들의 천구를 포함하는 8개의 구형 껍질을 만들었다. 사실, 이 모델은 복잡한 행성의 운

[4] 이러한 믿음에 관한 Vitruvius(B.C. 1세기)의 비유적 논증은 Kuhn(1957, 52-3)을 참조한다.

동을 설명하기 위해 더 많은 껍질을 가지고 있었다). 고대인들은 (현대에서 태양계로 일컬어지는) 그들의 우주에 크기를 부여하기 위해 진공의 불가능성에 대한 믿음에 호소하였다.[5] 행성에 대한 주기와 반지름 사이의 고대의 간단한 비례식에 따라, 우리는 그들의 우주의 크기를 추정할 수 있다. (그때 당시 알려진 가장 바깥쪽의 행성인) 토성의 주기가 약 29년이기 때문에, 그 궤도는 지구에 대한 태양의 궤도의 29배라고 결론지을 수 있을 것이다. 지구–태양 간 거리(4장 부록 참조)가 주어졌기 때문에, 지구에서 천구(그것은 토성이 차지하는 영역의 가장 바깥쪽 끝)까지의 거리는 약 $20{,}000r_e$(r_e = 지구 반지름)가 될 것이라고 추정할 수 있다.

이제 우리가 지금까지 이 장에서 제시하였던 것들을 요약하고 어떻게 더 복잡한 우주 모델들이 제안될 수 있었는지 살펴보자. 플라톤, 아리스토텔레스, 그리고 대부분의 다른 고대인들은 원운동이 궁극적이며 그러므로 천체에 어울리는 단 하나의 모양이 원운동이라고 느꼈다. 자기중심주의(egocentrism)와 인간중심주의(anthropocentrism)에 따라 지구가 우주의 중심이며 절대적으로 정지해 있어야 했다(결국 우리가 지구에 대해 정지해 있다면 지구의 움직임에 대해 알 수가 없을 것이다).

별들은, 그것들이 모두 지구에 대해 회전하고 있을 지라도, 서로에 대해 고정된 것처럼 보인다. 한편, 행성들은 서로에 대해 고정된 위치를 유지하지 않고, 하늘에서 엉뚱한 경로를 그리는 것으로 보인다. 이 사실은 고대인들로 하여금 별들이 지구를 중심으로 회전하는 공통의 큰 천구에 위치해 있다고 생각하도록 이끌었다. 모든 천체는 일정한 속도로 궁극적이고 변하지 않는 자연에 적합한 완벽한 모습을 반영하면서 원궤도를 따라 운동한다고 가정되었다. 아리스타쿠스가 우주의 중심에 태양을 놓고 그 주변을 지구가 회전한다고 하였지만, 시차를 측정하지 못했기 때문에 그것은 그의 이론에 대한 반증으로 여겨졌다. 따라서 그리스 인들은 지구를 중심에 놓는 것을 선택했다. 설명의 단순함이라는 준거가 이 모든 것에서 명백하게 드러난다.

그러나 지구중심설에 반하는 행성의 원궤도에 대한 두 가지 데이터가 고대로부터 있었다. 하나는 행성들의 밝기가 일 년 동안 변한다는 것과 다른 하나는 행성의 역행운동이다. 후자는 별을 배경으로 동쪽으로 여행하는 화성과 같은 행성이 때때로 그 속도가 느려지다가 멈추고, 잠시 동안 방향을 바꾸어 거꾸로 돌다가, 다시 동쪽으로 이동하는 것처럼 보이는 사실을 말한다.

[5] Kuhn 1957, 80ff.

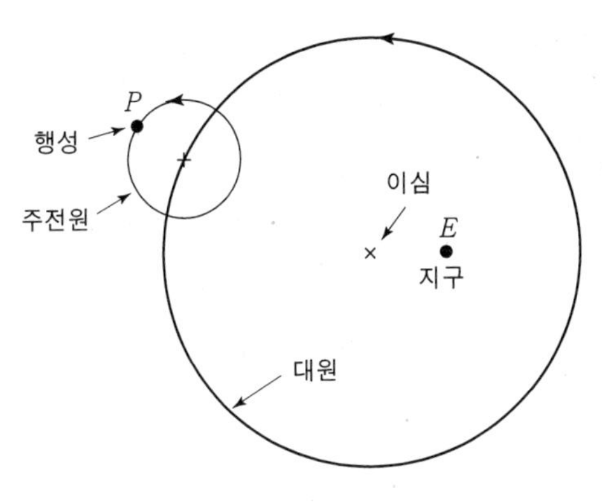

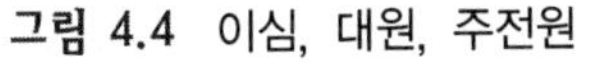
그림 4.4 이심, 대원, 주전원

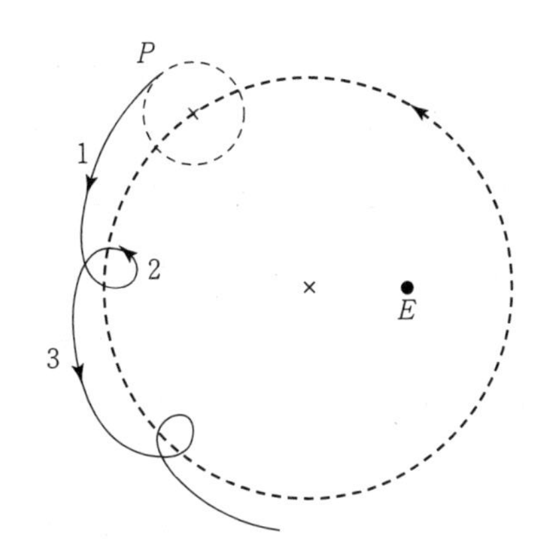

그림 4.5 톨레미 모델에 따른 주전운동

이심원(eccentric circle)은 밝기의 변화를 설명하기 위해 도입되었다. 기본 가정은 행성이 더 가까이 올수록 더 밝아진다는 것이다. **그림 4.4**처럼, 행성 궤도의 중심은 지구가 아니라 이심이라는 점으로 옮겨진다(하지만 지구는 여전히 천구의 중심에 있다). 역행운동은 일정한 속도로 대원(deferent)으로 알려진 좀더 큰 이심원 주위를 도는 동안 행성은 일정하게 더 작은 원인 주전원(epicycle)을 도는 것으로 설명된다. 이 이론에서는, 행성이 주전원이 대원을 도는 방향과 같은 방향으로 주전원 위를 움직인다. 그러므로 지구(*E*)와 관련한 행성(*P*)의 운동은 이 등속원운동의 조합이다. 행성 궤도의 정확한 모양은 주전원과 대원의 상대적인 반지름과 이 원들 주변을 도는 상대적인 운동속도에 따라 결정된다. 가능한 경로는 **그림 4.5**에 제시되어 있다. 점 1과 점 3에서 행성은 고정된 별을 배경으로 동쪽으로 진행할 것이다. 반면, 점 2에서는 역행운동을 하게 될 것이다. 황도를 따르는 태양의 운동과 같이, 별을 배경으로 하는 행성의 동방 운동은 그것으로 행성을 '짊어지고 가는' 천구의 전체적인 서쪽 방향의 일주운동에 겹쳐진다. 이 모델에서, 천구의 서쪽 방향으로의 회전속도는 행성의 대원에서의 속도보다 빠르기 때문에 행성의 위치는 일반적으로 천구를 배경을 하여 상대적으로 동쪽을 '이동' 한다.

4.6 톨레미의 지구중심 모델

A.D. 150년경 알렉산드리아의 천문학자이자, 수학자, 지리학자인 톨레미(Claudius Ptolemy)는 그때의 유효한 데이터에 어울리는 우주에 관한 수정된(혹은 여러분의 관점에

따라서는 좀더 복잡해진) 모델을 제안했다. 앞서의 논의에서, 우리는 각각의 행성에 대해 (등속원운동에 기초를 두고 이심원, 대원 그리고 주전원을 결합한) 2중 구 우주가 관측천문학에서 알려진 사실과 정성적으로 들어맞는다는 것을 보았다. 이러한 기본적인 생각은 톨레미보다 앞선 히파르쿠스(Hipparchus, 전성기: B.C. 146-B.C. 127)에 의해 완벽해졌다. 톨레미는 이 모델의 상세한 내용을 그의 저서 『알마게스트-가장 위대한(책)』(Almagest-literally, the greatest(work))에서 제시하였다. 그는 이 내용을 다음과 같이 정리하였다.

> ⊛ 그리하여, 일반적으로 우리는 다음과 같이 말해야 한다. 천체는 구체이고 둥글게 움직인다. 지구는 그 모양이 전체적으로 지각할 만한 범위 내에서는 구체이고, 그 위치는 기하학적인 중심처럼 그 크기와 거리에서 천체들의 중심에 위치하고 있으며, 고정된 별들로 이루어진 구체에 대한 비율로 보자면 한 점과 같아서 그 자체로는 전혀 움직이지 않는 것과 같다.[6]

그는 행성이 등속원운동을 한다는 것을 받아들이면서 아리스토텔레스학파의 입장을 견지했다.

> ⊛ 우선 일반적으로 천구의 움직임에 대하여 반대 방향으로 움직이는 천체의 움직임은, 반대 방향의 우주의 운동과 유사하게, 모두 그 본성상 규칙적이고 둥글다는 것을 가정할 필요가 있다. 이것은 별이나 별들의 원을 돌리는 것으로 보이는 직선들이 같은 시간에 모든 원주에 대하여 각각의 중심에서 같은 각도를 지나고, 그것들의 표면적인 불규칙성은 이들이 움직이는 원의 위치와 배열 때문이며, 그것들의 외면에서 오는 불규칙성에 대해서는 이러한 불변성으로부터 정말로 벗어난 것은 없다는 것이다.
>
> 그러나 이러한 외형적인 불규칙성의 원인은 두 가지의 단순한 가설로 설명될 수 있다. 만약 그것들의 운동이 우리의 눈이 황도의 중심에 있기 때문에 우주와 활동의 동심원이 평면에 있는 원에 대해 고려된다면, 그것들이 우주의 중심과 동심을 이루지 않는 원을 따라 움직이거나 아니면 동심원을 따라, 그러나 이렇게 간단하게가 아니라 주전원이라 불리는 다른 원 위에서 움직인다고 가정해야 한다. 다른 가설에 따르면, 행성이 같은 시간 안에 우주의 중심에 중점을 둔 황도의 원 위를, 다른 호를 따라 지나가는 것을 볼 수 있다.[7]

---

[6] Ptolemy 1952, Book I.2, 7.(GB 16, 7)

[7] Ptolemy 1952, Book III.3, 86-7.(GB 16, 86-7)

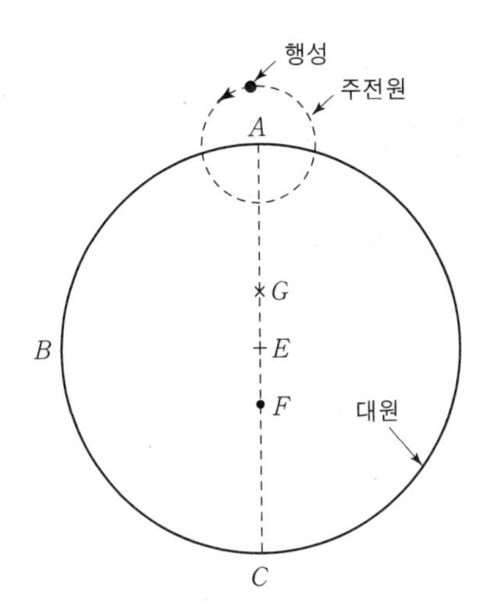

그림 4.6 톨레미 모델에서의 동시심(G)

그러나 이 모델과 데이터(어떤 과거나 미래의 날짜에 대한 정확한 위치)의 정량적 일치를 얻기 위해서는, 대원, 주전원 그리고 이심만으로는 충분하지 않았다. 톨레미는 동시심(equant)이라는 개념을 도입하였다. **그림 4.6**은 *F*에 위치한 지구(여전히 천구의 중심)와 대원의 이심인 E를 보여준다. 톨레미는 동시심(*G*)을 다음과 같이 자신의 시스템에 도입하였다.

> ⊛ 주전원은 이심원 위에 위치한 중심을 갖고 있지 않다. 이심원의 중심은 동일한 시간 안에 동일한 각도를 자르고 지나가는 규칙적인 동쪽 방향의 운동으로 회전하는 주전원의 중심이다... 주전원의 중심은 근점이각에 영향을 주는 이심과 동일한 원 위에 위치한다. 그러나 다른 중심에 대해 이동한다.
>
> ....
>
> 중심 *E*와 지름 *AEC*에 대하여, 주전원의 중심이 위치하는 이심원 *ABC*가 있다고 하자. 이 지름 위의 *F*를 황도의 중심이라고 하고 *G*를 ... 주전원의 평균적인 통행이 규칙적으로 영향받는 중심이라고 하자...[8]

이것은 **그림 4.6**에 대해 주전원 *A*의 중심이 더 이상 대원의 중심 *E*가 아니라 동시심 *G*에 대해 일정한 속력으로 움직임을 (혹은 같은 시간에 같은 각도를 쓸고 지나감을) 의미한다. 대원 위에서 한 점의 움직이는 비율이 동일하게 나타나는 것은 중심에서 벗어나 있

[8] Ptolemy 1952, Book IX.5, IX.6, 291, 293–4.(GB 16, 291, 293–4)

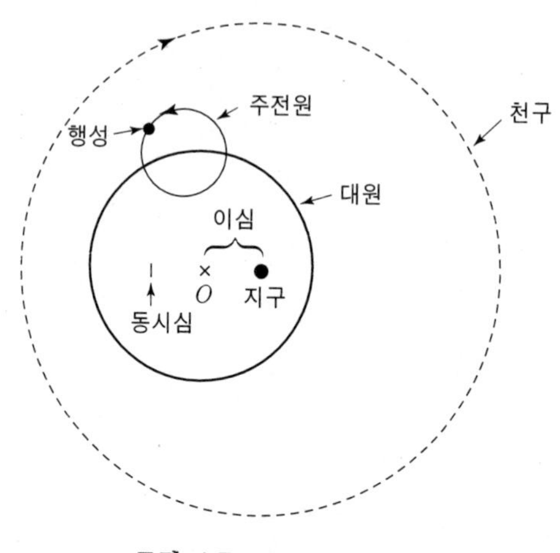

그림 4.7 톨레미의 우주

는 이 점에 대해서만 그러하다. 동시심이라는 편법과 함께, 톨레미는 그가 동의해 오던 아리스토텔레스적인 이상향에서 벗어났고 균일한 회전 운동이라는 거의 모든 겉치레는 사라졌다.

그림 4.7은 『알마게스트』에 나타난 톨레미의 우주관의 핵심을 보여준다(단지 하나의 행성에 대한 한 세트의 원이 그려져있지만, 물론 해와 달을 포함하여 각각의 행성에 대해서도 한 세트씩의 원이 존재한다). 데이터가 점점 정확해져감에 따라 수치적인 정확도를 얻기 위해서 주전원 위의 주전원이 필요하게 되었다. 사실 톨레미의 이론은 결코 잘 들어맞는 것이 아니었다. 관측 데이터가 정밀도를 더해감에 따라 점점 더 많은 수정이 필요하게 되었던 것이다. 이 이론은 물리적 우주에 대한 근원적인 정확한 표현을 제공하기보다는 단순히 데이터를 끼워 맞추는 것에 지나지 않았다.

어떤 이론이나 모델 내에서 동시심의 유일한 기능은 몇몇 귀찮은 데이터를 끼워 맞추는 애드혹적 도구의 좋은 예에 해당한다(2.4절 끝부분 논의 참조). 여기에서, 동시심의 개념은 등속원운동이라는 아리스토텔레스학파의 교리마저도 위반해 버렸다. 모든 기하학적인 복잡성을 가지고도 톨레미의 우주 모델은 여전히 데이터에 들어맞기 않았으며, 그것의 개념적 기반에 대한 신뢰를 얻을 수 없었다. 내적 일관성을 갖지 못한 것이었다.[9] 전체 시스템은 너무나 복잡한 것이었으며, 1252년에서 1284년 사이 스페인의 왕이었던 카스티야 왕국 알폰소 10세(Alfonso X of Castile, 1221-1284)는 톨레미의 모델을 소개

[9] Lakatos and Zahar 1978.

받았을 때, 그는 만약 신이 창조를 하기 전에 자신에게 자문을 구했더라면 이것보다는 더 나은 것을 추천했을 것이라고 말했다고 전해진다.

4.7 현상의 구원

2.3절에서 언급했듯이, 플라톤은 우주에 대한 자신의 설명을 『티마이오스』[10]에 적어 놓았다. 그에 따르면 지구는 완벽한 구로 창조되었고 자연적인 균일한 원운동을 하도록 되어 있다. 이런 플라톤주의는 플라톤과 아리스토텔레스의 저서에 대한 설명서들을 통하여 오랜 시간 동안 이어져 내려왔다. 그리스 철학자 심플리치오(Simplicius, 전성기: A.D. 530?)의 『해설서』(Commentary on Aristotle' s De Caelo)에는 이러한 전통이 다음과 같이 나타나있다.

> ⊛ 플라톤은 천체의 움직임은 원형이고 균일하며 항상 규칙적이라는 원칙을 정했다. 그 결과 그는 수학자들에게 다음과 같은 문제를 내게 되었다. 어떠한 종류의 (균일하고 완벽하게 규칙적인) 원형 운동이 천체의 외형적 움직임과 들어맞는 가설로 받아들여질 수 있는가?[11]

톨레미는 그의 『알마게스트』에서 이러한 플라톤의 목표에 충실했다.

> ⊛ 이제, 우리가 갖고 있는 문제점이 소개될 시점인데, 해와 달의 예에서처럼 다섯 개의 행성의 예에서 모든 표면적인 불규칙성은 규칙적인 운동과 원운동으로서 만들어진다. (왜냐하면 이런 것이 불균형과 무질서가 없는 신성한 것들의 본질에 적절하기 때문에) 철학의 수학적 이론에 속하는 것으로서의 이 목적의 성공적인 성취는 매우 위대한 일로 간주될 것이다. 하지만 이것은 매우 어렵고 아직 누구에 의해서도 적절한 방법으로 이루어지지 못한 것이다.[12]

이러한 플라톤적 전통의 천문학은 실제적인 현실을 설명하려는 의도를 가진 것이 아니

[10] Plato 1892, [33-4]452-3. (GB 7, 448-9)

[11] Duhem(1969, 5)에서 인용한 것이다.

[12] Ptolemy 1952, Book IX.2, 270(GB 16, 270)

었고 단지 그것의 수학적인 설명을 하려는 것(플라톤의 표현을 빌자면, 현상의 구원)일 뿐이었다. 천체는 신성한 본질을 가진 것이기 때문에 지구에서 발견되는 규칙들과는 다른 규칙을 가진다. 이 둘 사이에는 우리가 천체의 물리학에 대해 조금이라도 알게 해주는 그 어떤 연결 고리도 없다.

현대의 독자들에게는 물리적 모델에 대한 이러한 자세가 충격적일 것이며, 이것은 자연스럽게 **'사실주의 대 도구주의**(realism versus instrumentalism)' 라는 문제를 불러일으킨다. 기본적인 질문은 얼마나 심각하게 ('현실적으로') 이러한 이론을 받아들일 수 있는가이다.[13] 이것은 보통 이론에 대한 증거에 의존하는 문제이다. 처음에 한 이론(혹은 설명적 스토리)은 실험적으로 받아들여지고 그런 후에 그것이 더 많은 예에서 성공적이게 됨에 따라 더 심각하게 받아들여지며 결국 우리는 그것에 익숙하게 된다. 어떤 면에서는 여기에 심리학적인 측면이 존재한다. 이것은 아마도 우리가 어떤 사건 후에 다른 사건을 보게 되는 일정한 결합을 충분히 많이 보게 된 다음 어떻게 일반적인 결합을 '보는' 마음의 습관을 형성하느냐에 대한 흄의 설명과도 비슷할 것이다. 따라서 우리는 자연히 언제 한 이론을 그대로 사실이라고 받아들이는 것이 이성적인 것인지를 묻게 된다. 초기의 천체 이론에 대해 우리는 다음과 같은 것을 보게 된다.

고대의 바빌로니아 인은 천체의 위치와 순환을 계산하는 경험적 규칙을 발견했다. 그러나 이러한 규칙을 설명하기 위한 어떠한 기하학적 그림이나 일반적인 설명도 만들어내지 못하였다. 그들의 틀은 순수하게 도구적인 것이었다. 마찬가지로, 플라톤과 에우독서스는 천체의 구성을 도구적인 것으로 받아들였다. 따라서 동심 구체의 모델에서, 내부에 천체가 떠돌아다니는 두꺼운 구 껍데기를 움직이게 하는 원인에 대해서는 찾으려고 하지 않았다. 천문학은 수학과 물리학 사이에 있는 학문으로 여겨졌으며, 이것이 그것의 성질에 대한 약간의 긴장 혹은 불확실성을 만들어냈다. 그것이 현실적인 것으로 받아들여질 필요는 없었다. 아리스토텔레스는 상당히 다른 입장을 갖고 있었으며, 그에게 가장 바깥쪽의(혹은 천상의) 구체는 이러한 내부에 구체를 돌리는 진정한 원인이었다. 순차적으로 돌려진 각각의 구체는 인접한 내부의 껍질을 돌리게 되는 것이었다. 톨레미 역시 이러한 실재론의 문제에 대해서는 애매한 입장인 것으로 보인다. 사실, 후기의 톨레미 모델은 훨씬 초기의 에우독서스와 아리스토텔레스의 동심 구체 모델에서 그랬던 것과는 달리, 그 자체로서 인과적 설명을 내놓지는 않는다. 후기 모델의 인과적 측면은 별다른 증거를 갖고

13 Gardner 1983.

있지 않았다.

아리스토텔레스와 톨레미의 글은 여러 세기 동안 우주론과 천문학의 사고를 지배하였다. 6장에서 우리는 이러한 고대 지식의 잔재에 대해 제기되었던 르네상스 시기 이전의 비평과 도전에 대해 살펴볼 것이다. 그러나 지금은 우선 A.D. 1500년까지 우주에 대한 새로운 개념이 필요했다는 사실만을 받아들이도록 하자. 이 시기는 핵심적인 변천이 이루어졌던 코페르니쿠스와 케플러의 시대이다. 코페르니쿠스는 그의 그림, 혹은 모델이 그대로 사실이라고 주장하였으며(말하자면, 그는 그것의 사실성에 대하여 부인하지 않았다.), 우리가 다음 장에서 보게 될 것처럼 그는 지구의 실제적 움직임에 대한 그의 믿음을 분명하게 주장하였다. 처음 보는 사람은 아마도 코페르니쿠스가 그의 모델을 액면가 그대로 받아들였다고는 생각하지 않을 수 있다. 왜냐하면 그의 『천체의 회전에 관하여』(De Revolutionibus Orbium Calestium)의 서문에 자신의 설명의 진실성에 관해 포기하는 내용이 들어있기 때문이다.

> ⊛ 이 작업의 가설의 새로움-지구를 움직이게 하고 우주의 중심에 움직이지 않는 태양을 두는-때문에 이 가설은 이미 매우 많은 평판을 얻었다. 몇몇 학자들이 매우 화가 났으며 매우 오랜 시간 동안 바르게 쌓아올려진 규칙을 어지럽히는 것이 잘못된 것이라고 생각하고 있다는 점은 의심할 여지가 없다. 그러나 그들이 이 문제를 철저하게 생각해본다면, 이 책의 저자는 비난받을 일을 전혀 하지 않았다는 것을 발견하게 될 것이다. 왜냐하면 천문학자로서는 천체 움직임의 과정을 수집하는 데 수고를 아끼지 않고 숙달된 관찰을 행하며, 그러고 나서-그로서는 이러한 움직임을 일으키는 어떠한 원인에 대해서도 추론해 낼 수 없으므로-그러한 원인을 마음대로 꾸며내거나 가설을 세워보고, 그리하여 이러한 원인의 결과로서, 기하학적인 규칙으로부터 과거뿐만 아니라 미래의 움직임까지도 계산해 낼 수 있도록 하는 것이 그의 일이기 때문이다. 이 예술가는 이러한 측면에서 특별히 탁월하다: 이 가설이 사실이어야 할 필요나, 심지어 그럴듯해 보일 필요도 없다. 그저 관찰 결과에 들어맞는 계산을 제공하기만 하면 된다. … 이 예술이 천체의 표면적인 불규칙 운동의 원인에 대해서는 절대적으로 그리고 그 밑바닥까지 무지하다는 것은 명확하다. 그리고 만약 이것이 그 원인에 대해 구성해내고 생각해낸다면-그리고 아마도 상당수 그랬을 것이지만-그럼에도 불구하고 그것은 결코 누군가에게 이것이 진실이라는 것을 설득하려고 한 것이 아니라 단지 계산을 위한 정확한 기초를 제공하기 위한 것일 뿐이다. 그러나 이심원이나 주전원과 같이 한 가지의 동일한 움직임에 대해서도 다양한 가설이 시시각각 나오기 때문에, 천문학자는 이해하기 쉬운 한 가지를 선호하기 마련이다. 철학자는 아마도 그 대신

> 개연성을 요구할 것이다. 그러나 이들 중 어느 누구도 확실성을 붙잡거나 건네주지는 못할 것이다. 신이 그에게 그것을 알려주지 않는다면.[14]

하지만 이 서문은 코페르니쿠스가 쓴 것이 아니라, 코페르니쿠스의 건강이 나빠지자 책의 출판을 책임지게 된 루터교 신학자 오시안더(Andreas Osiander, 1498-1552)가 쓴 것이었다. 케플러는 우주에 관한 이 모델을 심각하게 받아들였을 뿐만 아니라, 실제로 태양에 관한 천체의 움직임의 원인을 발견하려 했다. 우리는 5장에서 이 새로운 발전들에 대해 알아보게 것이다.

부록. 행성궤도의 절대적 크기 결정

우리는 에라스토테네스가 어떻게 지구의 반경 r_e를 구했는지 보았다(**그림 4.2** 참조). 여기에서 우리는 어떻게 아리스타쿠스(Aristarchus)가 지구의 태양에 대한 공전 반지름 R_e을 이미 알려진 값인 r_e로 표현할 수 있었는지에 대해 대략적인 윤곽을 살펴볼 것이다. 이것은 그의 논문 〈태양과 달의 크기와 거리에 관해〉(On the Sizes and Distances of the Sun and Moon)[15]에 나타나 있다. 다음의 논증은 지구중심의 우주 모델이건 태양중심의 우주 모델이건 동등하게 유효하다. **그림 4.8**에 표시된 것처럼 달이 반달일 때 관찰한 결과에 따라 지구에서 태양까지의 거리 R_e는 지구에서 달까지의 거리 R_m과 연관되어 있다. 지구와 달의 궤도는 원이라고 가정하자. 달이 정확히 반달일 때, **그림 4.8**의 삼각형의 위쪽 각은 정확히 직각이 되어야 한다. 바로 그때 지구에서 측정한 R_m과 R_e 사이의 각 α를 측정한다. 단순한 삼각법에 의해 R_m과 R_e는 $\cos\alpha = R_m/R_e$의 관계를 갖는다. 아리스타쿠스는 α를 약 87°라고 잡았으며 그리하여 그는 $R_e = 19R_m$이라는 것을 발견했다.[16]

[14] Copernicus 1952, Introduction, 505-6(GB 16, 505-6)

[15] Heath, 'Aristachus on the Sizes and Distances of the Sun and Moon' (1981a, 351-414, 328-36 주석). 우리는 이 책에서 주어진 논의와 Kuhn(1957, 274-8)의 논의를 따른다.

[16] Aristarchus의 시대에는 삼각법이 발명되지 않았었다(Heath 1981a, 328). 이후에 천문학자 Hipparchus는 이 분야의 수학적 발명에서 중요한 인물이었으며 문서적 증거에 의해 뒷받침되는 삼각법을 사용한 첫 번째 사람이었다(Heath 1981b, Vol. II, 257; Cohen and Drabkin 1948, 82-5). Aristarchus는 실제로 다음처럼 R_e/R_m의 비에 대한 한계를 주장하였다(Heath 1981a, 330-1, 353). **그림 4.8**에서 α의 보각인 예각을 β라고 하자. Aristarchus가 90°보다 3° 작은 각을 β라고 하였으므로 또는 $\alpha = 90° - 3° = 87°$이므로

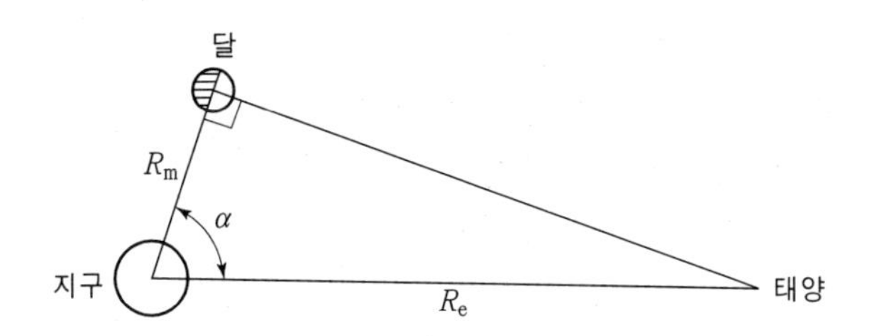

그림 4.8 반달일 때 지구–태양–달의 관계

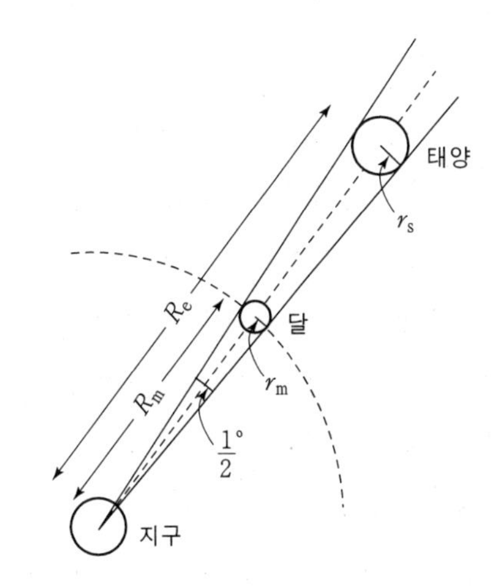

그림 4.9 지구에서의 태양과 달에 대한 대각

이것은 달이 언제 정확히 반달인지를 결정하기가 쉽지 않고 각 α를 정확히 측정하기가 어렵기 때문에 매우 어려운 측량이다. 아리스타쿠스가 망원경이나 각도를 측정하기 위한 복잡한 도구를 갖고 있지 않았음을 생각해보면 알 것이다. 오늘날 우리는 각도 α가 89° 51′이고 따라서 이 관계식이 $R_e = 382R_m$임을 알고 있다. 아리스타쿠스가 지구의 공전 궤도를 과소평가한 것이 태양계의 크기를 과소평가하는 결과로 이어졌다.

다음으로 지구에 있는 관찰자는 달이나 태양의 경계를 이루는 각도를 측정할 수 있다. **그림 4.9**에서 보는 것처럼, 이 두 각은 거의 $\frac{1}{2}^\circ$이다. 여기서 우리는 두 가지 사실을 발견

β는 3°이다(Heath 1981a, 353). 만약 지구에서부터 달까지의 원(반지름 R_e인 원)의 호의 길이를 S라 하면, β가 라디안으로 주어질 때 $s = R_e\beta = R_e(0.0524)$이다. 만약 우리가 $s \approx R_m$(즉, 만약 우리가 호의 길이 s를 R_m으로 놓는다면)이라고 한다면, $R_e/R_m = 19.1$이 된다. 삼각함수를 이용해서 얻어진 값은 $R_m = 2R_e \sin(\beta/2) = 0.0524R_e$이고 이는 R_e/R_m의 비에서 얻어진 값이다. 사실 Aristarchus는 18과 20 사이의 값을 얻을 수 있었다.

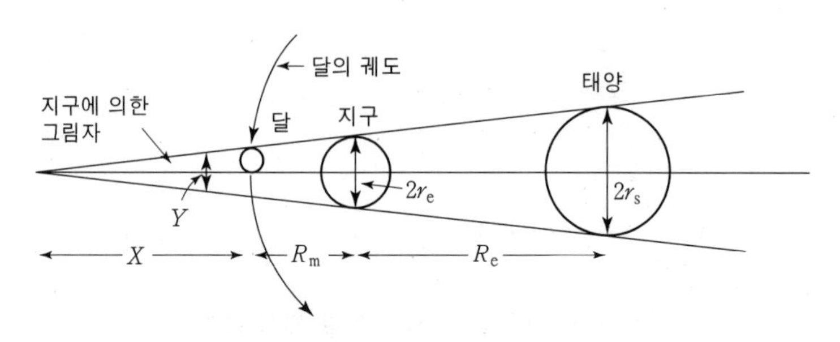

그림 4.10 지구와 달 사이의 거리에 대한 아리스타쿠스의 논증

할 수 있다. 먼저, 우리는 비율 $(2r_m)/(2\pi R_m) = \left(\frac{1}{2}\right)/(360°)$을 설정할 수 있다. 여기서 r_m은 달의 반지름이고 $2\pi R_m$은 지구에 대한 달 궤도의 원주이다. 이것으로부터 우리는 $R_m = 229r_m$을 얻는다. 두 번째로, **그림 4.9**에서의 각도가 비슷함으로부터, 우리는 $r_m/r_s = R_m/R_e$라고 쓸 수 있다. 만약 우리가 오른쪽 변에 아리스타쿠스의 값을 넣는다면, 우리는 $r_s = 19r_m$을 얻을 수 있다. 현대의 값을 넣는다면 우리는 $r_s = 382r_m$을 얻게 된다.

마지막으로 아리스타쿠스는, **그림 4.10**에서 보는 것처럼, 지구에 의해 달이 월식 현상을 겪을 때의 관찰에 의해 이러한 값들을 지구의 반지름 r_e와 연관시킬 수 있었다. 달이 지구에 의해 드리워진 그림자를 지나간다. 달이 이 그림자 속에 완전히 들어오는(말하자면 거리 $2r_m$를 지나는)시간, 그리고 달의 앞부분 끝이 이 그림자 속에 들어올 때와 그것으로부터 달의 끝부분이 다시 나타나는 때 사이의 시간을 측정함으로써, 아리스타쿠스는 달이 그림자를 지나는 거리 Y를 결정하기 위한 단순한 비례식을 세울 수 있었다. 그는 두 번째 시간이 첫 번째 시간의 거의 두 배가 된다는 것을 발견하였으므로 그는 $Y = (2)2r_m = 4r_m$이라고 생각하였다. 다시, 그는 시간의 경과를 정확히 측정할 수단이 없었으므로, 그는 이 값의 결정에서 실수를 하였다. 좀더 정확한 측정으로는 $Y = (1.3)4r_m = 5.2r_m$이 된다.

그림 4.10의 비슷한 삼각형들로부터 우리는 (대략적인) 비례식을 세울 수 있다.[17]

$$\frac{X}{Y} = \frac{X+R_m}{2r_e} = \frac{X+R_m+R_e}{2r_s} \tag{4.1}$$

[17] 이 식들은 **그림** 4.10의 더 큰 삼각형과 중간에 있는 수직선이 각각 r_e와 r_s가 아니기 때문에 어림을 하게 된다(이 반지름들은 지구와 태양을 나타내는 원들의 접선에 수직이다). Heath(1981a,, 330, 특히 Figure 14), Copernicus(1952, Figure on p.711), Armitage(1938, 128, Figure 23)를 참조한다.

우리는 값 X(지구의 그림자가 달 너머로 확장되는 거리, 우리가 우주 공간으로 나가서 관찰하지 않는 한 관찰할 수 없는 거리)를 필요로 하지 않으므로, 우리는 식(4.1)의 첫 번째와 세 번째 항들로부터 다음을 얻을 수 있다.

$$X = \frac{Y(R_m + R_e)}{2r_s - Y} \tag{4.2}$$

이제 이 값을 식(4.1)의 두 번째와 세 번째 항으로 구성된 식에 넣으면 다음과 같음을 알게 된다.

$$r_s\left[\frac{Y(R_m + R_e)}{2r_s - Y} + R_m\right] = r_e\left[\frac{Y(R_m + R_e)}{2r_s - Y} + R_m + R_e\right] \tag{4.3}$$

만약 우리가 식(4.3)에 아리스타쿠스의 Y, R_e, r_s값을 넣으면 $r_m = 0.35r_e$, $R_m = 80r_e$, $R_e = 19R_m = 1520r_e$를 얻게 된다. 만약 우리가 현대의 값을 이용하여 (주로 **그림 4.8**에서의 각 α의 더 나은 값) 이 계산을 반복하면, $R_e = 24{,}400r_e$를 얻게 된다.

더 읽을거리

4장에 나온 대부분의 자료들은 쿤(Thomas Kuhn)의 『The Copernican Revolution』에서 찾을 수 있다. 노이게바우어(Otto Neugebauer)의 『The Exact Sciences in Antiquity』와 크로우(Michael Crowe)의 『Theories of the World from Antiquity to the Copernican Revolution』은 모두 유용한 참고 자료가 될 것이다. 쾨슬러(Arthur Koestler)의 『The Sleepwalkers』는 코페르니쿠스와 케플러에 대한 흥미로운 시각을 보여 준다. 뒤앙(Pierre Duhem)의 『To Save the Phenomena』는 플라톤에서 갈릴레이에 이르는 물리학의 이론의 발달에 대해 서술하고 있다. 길리스피(Charles Gillispie)의 『The Edge of Objectivity』는 갈릴레이 시대에서 20세기까지의 과학적 사상들의 큰 흐름을 보여준다.

코페르니쿠스 모델과 케플러 법칙

톨레미의 체제는 **그림 4.7**에 묘사된 것처럼 당시의 일반적인 생각과 일치했고, 이전의 관찰 자료에도 부합했으며, 당시 알고 있던 행성들의 위치도 상당히 잘 예언하는 것이었다. 자신의 생애 마지막 해인 1543년에 출간된 저서 『천체의 회전의 관하여』와 그보다 앞선 1514년경의 『코멘타리올루스-천체의 운동에 관한 가설의 대략적 설명』(Commentariolus-Sketch of the Hypotheses for the Heavenly Motions)에서, 코페르니쿠스는 톨레미의 모델을 강하게 공격했다. 왜냐하면 톨레미 체제의 복합적 원운동에 사용된 몇 가지 도구(특히, 동시심)들이 일정한 원운동을 충분히 이끌지 못한다고 느꼈기 때문이었다.

> 태양과 달의 운동과는 다른 다섯 개의 떠돌이 별들의 운동을 정립하면서, 수학자들은 회전과 겉보기 운동에 동일한 법칙, 가정, 증명을 사용하지 않는다. 일부에 대해서는 동심원만을 사용하지만, 그들이 찾는 것을 충분히 얻지 못하는 경우에는 이심원과 주전원을 사용한다. … 그러나 이심원을 생각했던 그 사람들이 겉보기 운동을 수치로 계산할 수 있었던 것처럼 보일지라도, 그들은 그동안 운동의 규칙성의 첫 번째 원리에 모순되는 듯한 논리를 받아들였다.[1]
>
> …
>
> 비록 양적인 자료들과 일치된다고 하더라도, 행성에 대한 톨레미와 대부분의 다른 천문학자들의 이론은 마찬가지로 상당한 어려움을 노출하였다. 만약 동시심이 받아들여지지 않는다면 이 이론들도 적합하지 않기 때문에, 또 그렇다면 행성이 주전원에 대해서나 대원에 대해서 등속운동을 하지 않는 것처럼 보였다. 때문에 이러한 종류의 체제는 충분히 절대적이거나 충분히 만족스러운 것처럼 보이지 않았다.[2]

[1] Copernicus 1952, Introduction, 507. (GB 16, 507)

코페르니쿠스는 움직이는 것은 하늘이 아니라 지구라고 제안하였다.

> ❀ 왜 우리는 혼동 속에서 (우리가 알지도 못하고 알 수도 없는 한계를 가진) 전 세계가 움직이는 것이 아니라 그 형태상 자연스럽게 어울리는 지구의 운동을 인정하는 데 망설여야 하는가? 그리고 왜 일주운동의 모습이 하늘이 아닌 지구에 종속하는 실재라는 것을 인정하지 못하는가?[3]

우리는 4장에서 코페르니쿠스가 우주의 크기를 크게 증가시켜 별의 시차 문제를, 그 효과가 육안으로 관찰되기에는 너무 작게 만듦으로써 극복했다는 것을 언급한 바 있다. 하지만 그는 등속 원운동의 필요성을 받아들인 점에서 여전히 기본적으로 아리스토텔레스적 전통에 속해 있었다.

> ❀ 이후 우리는 천체의 운동이 원형이라는 것을 상기하게 될 것이다. '구'에서의 운동은 원을 그리며 도는 것이다. 원운동은 그것 내부의 동일 부분을 따라 운동하면서 시작도 끝도 찾을 수 없고, 서로를 구별할 수 없는, 가장 단순하게 그 자신의 형태를 표현하는 행동을 한다.
>
> …
>
> 그렇지만 우리는 이 운동들이 원운동이거나 혹은 많은 원운동이 조합된 것이라는 점을 고백해야 하는데, 이러한 운동에서는 하나의 일정한 법칙과 불변의 주기적 회귀에 상응하는 불규칙성들이 유지되며 그 운동들은 원형이 아니라면 일어날 수 없다.[4]

5.1 코페르니쿠스와 태양중심 모델

코페르니쿠스는 결코 천부적인 혁명가는 아니었으며 오히려 소심한 인물이었다. 그는 1473년 폴란드의 토룬(Torun)에서 태어났다. 11살 때 아버지를 여의고, 이후 숙부가 그를 길렀다. 숙부는 학구적인 신부였으며 후에 주교가 되었다. 다소 독재적이었던 숙부는

[2] Copernicus 1959, 57.
[3] Copernicus 1952, Book I. 8, 519. (GB 16, 519)
[4] Copernicus 1952, Book I. 4, 513-4. (GB 16, 513-4)

어린 니콜라우스가 교회를 위해 훈련받아야 한다고 결정했고, 1497년 프라우엔부르크(Frauenburg)의 수사신부로 임명을 받도록 하였다. 이 이름뿐인 직책에서 나콜라스는 수입을 얻었으며 여기에 수반된 의무는 거의 없었다. 그는 1512년까지 프라우엔부르크의 직책을 유지하였는데, 그동안 그는 교육을 마치고 여행도 하였다. 그는 변호사이자 내과의사였고, 그리스 어를 배웠으며, 수학과 천문학도 공부하였다. 그는 아리스타쿠스의 태양중심설을 알게 되었고, 여생 동안 천문학에 활발한 관심을 가졌으며, 프라우엔부르크에 천문대를 설립했다. 1514년에 이르면 교회력 개정을 토론하는 라테란 종교회의에 초청받을 정도로 천문학자로서의 그의 명성은 꽤 높아졌다. 같은 해에 그는 『코멘타리올루스』에 자신의 태양중심 이론의 개략적인 윤곽을 소개했다. 이 책은 출판되지는 않았지만 원고 상태로 읽혀졌다. 1539년 비텐베르크(Wittenberg)에서 젊은 수학교수로 있던 레티쿠스(George Rheticus, 1514-1576)는 코페르니쿠스를 방문하여 2년간 함께 있었다. 코페르니쿠스는 1530년쯤에 자기의 주된 역작인 『천체의 회전에 관하여』라는 책을 완성했지만, 출판하지는 않았다. 1540년 레티쿠스는 코페르니쿠스의 허락을 받아 그의 우주 체제에 대한 일반적 해설서인 『코페르니쿠스의 혁명적 역작에 대한 첫 번째 해설서』(Narratio Prima)를 출판하였다. 결국 레티쿠스와 다른 동료들은 코페르니쿠스가 『천체의 회전에 관하여』를 출판하도록 설득하였으며, 전해 오는 이야기에 따르면, 1543년 5월 24일 뇌출혈로 죽던 그날 코페르니쿠스는 자신의 유일한 출판물인 책자의 인쇄본을 전달받았다.

코페르니쿠스의 업적에 대해서는 그가 살던 당시의 지적 흐름 속에서 살펴보는 것이 도움이 될 것이다. 14~17C 유럽에서 진행되었던 르네상스는 새로운 발견(예를 들어, 콜럼버스(Christopher Columbus, 1451-1506)의 항해를 포함한 대항해 등)과 달력개정(그레고리 달력이 1582년에 제정되었던 것을 상기)뿐만 아니라, 학문에 있어서 고대 그리스 및 로마의 많은 전통을 재발견하던 시대였다. 프톨레마이오스(앞에서 '톨레미' 라 칭함)의 천문학은 좀 느슨하게 받아들여지고 있었다. 변화의 시기였으며, 로마 교회는 처음에 코페르니쿠스의 체제에 (찬성 혹은 반대의) 어떤 입장도 취하지 않았다. 루터(Martin Luther, 1483-1546)와 캘빈(John Calvin, 1509-1564)에 의해 주도되었던 16세기의 종교개혁(Reformation)은, 성경의 순수하고 직접적인 해석이 기독교 지식의 근원이라는 개신교(프로테스탄티즘)를 주요 교리로 채택하고 있었다. 따라서 개신교가 성서에 반대하는 코페르니쿠스의 모델에 반대한 것은 놀라운 일이 아니다. (오시안더(Osiander)가 『천체의 회전에 관하여』의 서문에서 코페르니쿠스 체제의 글 그대로의 진실성을 부인하였던 것을 상기) 책이 출판된 이후 대략 60여 년간 로마교회는 코페르니쿠스의 위대한 책에 대해

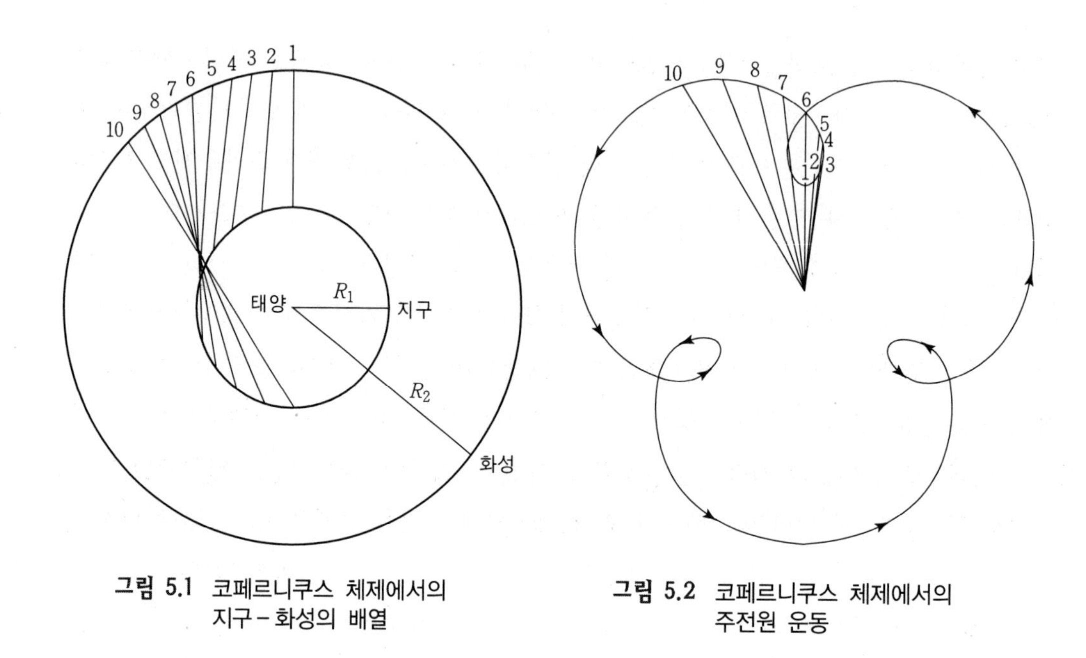

그림 5.1 코페르니쿠스 체제에서의 지구-화성의 배열

그림 5.2 코페르니쿠스 체제에서의 주전원 운동

방관적이었다. 16세기 말에서 17세기 초, 종교적 정치적 문제들에 교회가 느슨해진 것은 개신교의 책임이라는 반(反)종교개혁의 분위기가 있었다. 이에 따라 로마교회가 코페르니쿠스주의에 대항하여 엄격한 선을 긋고 카톨릭 신자들이 읽지 못하도록 금서 목록에 『천체의 회전에 관하여』를 수록한 것은 1616년이었다. 이 주제에 대해서는 10장에서 갈릴레오의 재판을 논의할 때 다시 다루게 될 것이다.

겉보기 역행 운동의 현상이 이와 같은 태양 중심적 우주론에서 어떻게 설명될 수 있는가를 좀더 자세히 살펴보면서 코페르니쿠스 모델에 대해 생각해 보자. 이 이론에 의하면, 지구와 모든 행성들은 같은 방향으로 태양 주위를 공전하며, 이 방향은 지구가 지축을 중심으로 하는 자전 방향이다. **그림 5.1**과 **그림 5.2**는 지구로부터 관찰되는 화성의 역행을 태양을 중심으로 정성적으로 나타내고 있다. $R_2 = 2.5R_1$, $\omega_1 = \frac{\omega_1}{4}$라는 구체적인 경우를 생각해보자. 이 경우는 화성의 궤도의 크기가 지구의 궤도보다 크다는 점과 화성이 더 긴 공전주기를 가진다는 점에서 정성적으로 (정량적이 아닌) 그림의 지구-화성의 배열을 닮았다. 여기서 우리는 (일반적으로 초당 각이나 초당 라디안으로 측정되는) 각속도를 표시하기 위해 그리스 문자 ω(오메가)를 사용하자. 선속도 v, 원의 반지름 R, 주기 τ(태양 주위를 한 바퀴 도는 데 걸리는 시간), 각속도 ω(초당 라디안으로 측정되는) 사이의 관계는 등속원운동에서 $v = \frac{2\pi R}{\tau} = R\omega$이다. **그림 5.1**은 10개의 동일 시간 간격에서의 지구와 화성의 위치를 보여준다. 이것은 관찰자가 태양에 대해서 정지해 있을 때 보게 되는 것이다. **그림 5.2**에서 우리는 이러한 자료를 지구에 고정된 기준점으로 전환하였다. 역행은 분명하게 나타난다. 우리는 단지 시선(視線)에 수직한 접선속도의 투영만을 '보게' 된다. 역행은 지구와 행성의 상대적인 운동에서 비롯된 (겉보기) 효과이다. 코페르니쿠스는 자신의 체제에 대해 다음과 같이 평가했다.

> 만약 연중 회전을 하는 것이 태양이 아니라 지구로 바뀌고 태양이 움직이지 않는다면, 별자리와 항성의 뜨고짐-이것들은 새벽별과 저녁별이 된다-은 동일한 방식으로 나타날 것이다. 그리고 떠돌이별의 정지, 역행, 순행은 그 자체의 운동이 아니라 지구의 운동 때문에 그렇게 보이고, 다만 운동의 형태를 빌렸을 뿐이다.[5]

5.2 코페르니쿠스 이론의 장점

정성적 혹은 반(半)정량적 수준에서, 코페르니쿠스의 모델은 톨레미 모델에 비해 미적이며 실제적인 장점 몇 가지를 가지고 있다. 태양중심 모델에서는 단지 두 매개변수(혹은 오차)-말하자면 궤도의 반지름과 행성의 속도-가 각 행성에 필요하다. 그리고 밝기의 변화와 역행운동은 모두 '자연스럽게' 뒤따른다. 지구중심 모델에서는, 정성적 설명을 위해서도, 각 행성에서 최소 5개의 매개변수가 필요하다-즉, 궤도(혹은 대원)의 반지름과 속력, 주전원의 반지름과 속력, 이심의 정도이다.

또한 코페르니쿠스 체제는 태양-수성-금성 순서의 문제를 해결하였다. 태양이 우주의 중심에 위치하기 때문에, 오직 수성과 금성의 순서만 정해질 필요가 있었다. 이러한 지구보다 안쪽을 도는 행성(내행성)들에 있어서 지구의 궤도에 대한 행성 궤도의 상대적 크기는 **그림 5.3**에서처럼 결정된다. 지구-태양선(ES)과 지구-행성선(*EP*) 사이의 각 α가 최대값에 이를 때, 각 *SPE*는 직각이고 (*PE*가 반지름 R_p인 원의 접선이기 때문에) 간단한 삼각법에 따라 $\sin\alpha = \frac{R_p}{R_e}$가 된다. 이 최대각 α가 한번만 측정된다면, 내행성의 궤도 R의 반경은 지구의 반경 R_e에 의해 주어진다.[6]

비슷한, 그러나 다소 복잡한 주장이 **그림 5.4**에서처럼 외행성들의 궤도 반지름을 결정

---

5 Copernicus 1952, Book I. 9, 521 (GB 16, 521)

6 **그림 5.3**과 매우 유사한 도형이 Copernicus(1952, 778)에 실려 있다. 여기에서 그는 금성의 α값이 45°임을 제시한다.

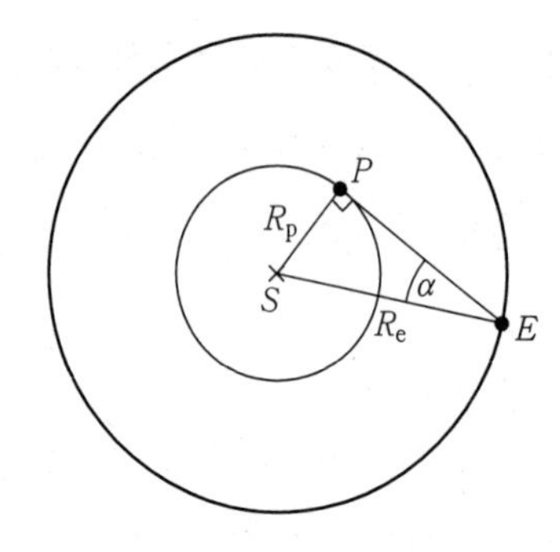

그림 5.3 내행성 궤도 크기의 결정

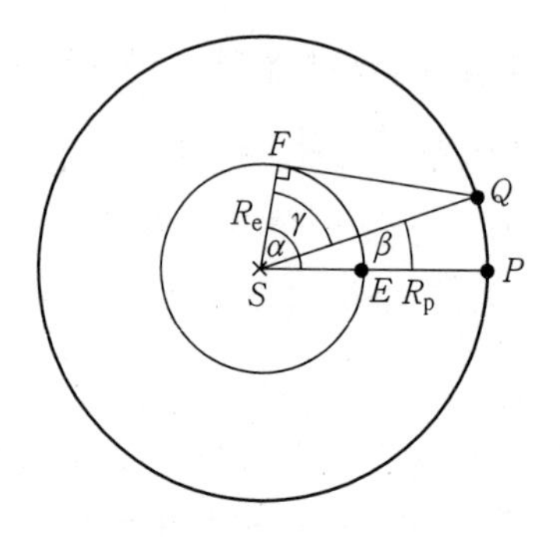

그림 5.4 외행성 궤도 크기의 결정

하는 데 이용될 수 있다.[7] *SEP* 직선상에 놓여 있는 태양(*S*), 지구(*E*), 외행성(*P*)으로부터 시작하자. 좀 시간이 지나서 (지구가 외행성보다 좀더 빨리 궤도에서 움직이기 때문에) 지구는 점 *F*까지 행성은 *Q*까지 진행했을 때 그래서 각 *SFQ*가 직각일 때, 우리는 다음과 같이 논의를 진행할 수 있을 것이다. 등속 원운동을 가정하고 또 지구가 *E*에서 *F*까지 도는데 걸리는 시간 t_{EF}를 안다면, $\frac{\alpha}{306°} = \frac{t_{EF}}{365}$로 각 α(각 *PSF*)를 결정할 수 있다. 유사하게 각 β(즉, 각 *QSP*)는 간단히 $\frac{\beta}{306°} = \frac{t_{EF}}{\text{외행성의 주기}}$이다. $\gamma = \alpha - \beta$이므로, $R_e = R_p \cos\gamma$인 직각삼각형 *SFQ*를 갖는다. 지구중심(천동설) 모델에서는 행성의 서열을 매기는 방법이 없었다. 또한 우리는 이제 코페르니쿠스의 모델 그리고 4장의 부록에 묘사된 아리스타쿠스의 방법으로부터 이러한 삼각측량 기법이 행성 궤도의 절대적 크기를 결정할 수 있음을 알 수 있다. **그림 5.5**는 코페르니쿠스가 생각했던 우주의 태양 중심 모델을 나타낸다.[8] 달은 지구 주위에 자체의 원형궤도를 가지고 있는 것에 주목해야 한다.

코페르니쿠스 모델의 또 다른 인상적인 특징은, 수성과 금성이 왜 종종 새벽별과 저녁별의 형태로 서로 상당히 근접해 보이는지를 매우 자연스럽게 설명하고 있다는 것이다. 수성과 금성의 궤도 반경이 지구보다 훨씬 작기 때문에, 우리는 **그림 5.6**으로부터 그것들이 지구에서 보았을 때 항상 작은 각거리(angular separation)를 갖는다는 것을 알 수 있다. 한편, 과거의 톨레미의 모델에서는 태양, 수성, 금성이 지구 근처에 각각의 궤도를 가지고 있고 그것들이 때때로 하늘에서 매우 멀리 떨어져 보여서는 안 되는 그 어떤 선험적

7 **그림 5.4**는 Kuhn(1957, 176)의 Figure 36(b)에서 차용한 것이다. **그림 5.4**에 대응하는 화성에 대한 논의는 Copernicus(1952, 775-7)에 나타나 있다. 이러한 Copernicus의 복잡한 방식에 대해서는 Armitage(1938, 135-46)을 참조한다.

8 Copernicus 1952, Book I. 10, 526. (GB 16, 526). **그림 5.5**는 Copernicus(1952, 526)에서 차용한 것이다.

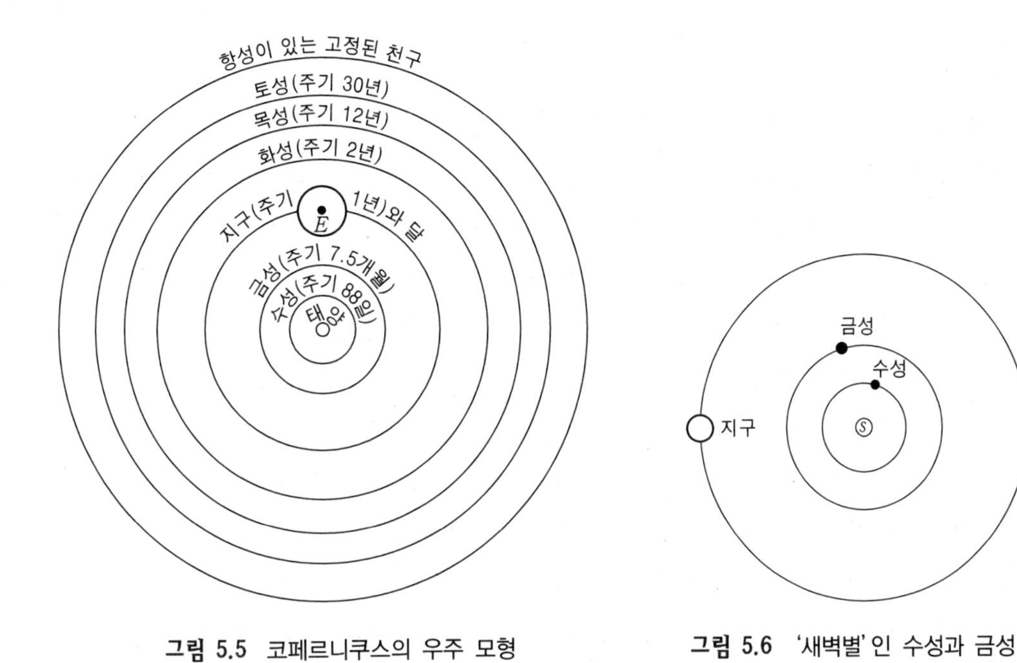

그림 5.5 코페르니쿠스의 우주 모형

그림 5.6 '새벽별'인 수성과 금성

이유가 없어 보인다. 지구중심 모델은 완전히 애드혹 방식으로 행성들의 궤도를 조정해야 했다.

5.3 코페르니쿠스 이론의 단점

초기 코페르니쿠스 모델의 정교한 정량적 성공은 별개의 문제였다. 톨레미는 천문학적 데이터에 적합한 정량적 적합성을 얻기 위해 이심원과 동시심 이외에도 대원과 주전원과 같은 30개 이상의 원이 필요했다. 코페르니쿠스도 정량적인 성공을 거두기 위해 소수의 주전원과 얼마간의 이심원을 사용해야 했다. 실제로 『천체의 회전의 관하여』에서 그는 달과 수성을 다루는 데 동시심과 유사한 것을 도입하기까지 했다.[9] 경제성이나 단순성의 관점에서 보면, 두 가지 모델 사이의 차이점이 거의 없었다. 이러한 정확성의 기준에 비추어 보면, 코페르니쿠스 역시 행성의 문제를 푸는 데 실패했다. 『천체의 회전의 관하여』의 출판이 그렇게 오래 지연된 것은 부분적으로 그의 (행성운동의 단순한 설명을 위한) 『코멘타리올루스』의 초기 예상이 상세한 검증을 충족시키지 못했다는 사실에서 기인했을지

[9] Neugebauer 1968, 92–6.

도 모른다.

고대 칼데아인과 그리스인 그리고 이후 아랍인들에 의해 이루어진 관찰들이 코페르니쿠스가 자신의 우주 모델을 수정하는 데 사용되었다. 그 자신은 거의 관찰을 수행하지 않았으며 실제로 그다지 정확하지도 않았다. 코페르니쿠스가 그 당시에 알지는 못했지만, 보고된 관찰값들은 정확하지 않았다. 우주에 관한 그의 모델은 정확하지 않았을 뿐만 아니라, 부정확한 데이터에 맞도록 수정하려고도 했다. 보다 중대한 진전을 위해서는 더욱 폭넓고 정확하며 믿을 만한 관찰이 필요했다.

이러한 데이터를 제공했던 사람이 바로 덴마크인 브라헤(Tycho Brahe, 1546-1601)였다. 셰익스피어의 햄릿에 나오는 엘시노어(Elsinore) 부근에서 태어난 그는 심술궂은 해군 중장인 삼촌 밑에서 자랐고, 특별한 방향으로 스스로를 개발했다. 티코는 그가 젊은 시절 결투로 잃어버린 진짜 코를 대체한 은과 금으로 된 코를 갖고 있었기 때문에 타인의 이목을 끌었다. 1560년 코펜하겐 대학교 학생시절에, 예측되었던 태양의 부분 일식을 관찰했다. 그에게 가장 인상 깊었던 점은 그 사실이 천문학에 의해 예측될 수 있었던 사건이라는 점이었다. 이를 통해 정밀 관측에 대한 그의 평생에 걸친 열정이 시작되었다. 그는 삼촌의 기대와는 반대로 당시로서는 가장 정확한 육안관측이 가능했던 거대한 정밀관측기구를 제작하고 별에 대한 자신의 연구를 계속해 나갔다. 티코는 이전의 그 어떤 데이터보다 더 정확한 데이터를 얻었을 뿐 아니라 행성의 지속적인 위치와 거의 1,000여 개에 이르는 별의 위치에 대한 광대한 자료를 축적했다.

1572년 브라헤는 이전에 없었던 새로운 별을 발견함으로써 유명해지기 시작했다. 그 별은 1년 이상 육안으로 볼 수 있었으며, 천구상의 그 위치가 변하지 않은 것으로 보아 별임에 틀림없었다. 이 사실은 달의 천구 바깥쪽은 불변하다는 플라톤이나 아리스토텔레스의 가르침과 상충되는 것이었다. 이후 1577년에 그는 달의 천구 너머 있는 하늘을 가로지르며 움직이는 대혜성(the great comet)을 보였다. 톨레미와 코페르니쿠스가 의지했던 플라톤과 아리스토텔레스 식의 우주관은 이제 산산이 무너졌다.

1576년 덴마크의 프레데릭 2세(Frederick II, 1534-1588)는 코펜하겐과 브라헤가 관측소를 건설했던 엘시노어 사이에 있는 섬 하나를 브라헤에게 주었다. 이후 20년 동안 그는 그곳에 머물면서 소중한 자료들을 모았다. 그곳 히븐 섬의 우라니브르그에서 브라헤는 천구를 관찰했으며 종종 떠들썩한 향연을 가졌으며 소작인들을 비정하게 다루었다. 결국 1597년 그는 히븐에서 쫓겨났으며 2년 후 황제 루돌프 2세(Rudolph II, 1552-1612)의 궁중 수학자로 프라하에 돌아와 베나텍 성 인근에 정착하였다.

5.4 케플러 법칙

1600년 케플러는 베나텍 성으로 왔다. 케플러는 남서 독일 지방 바일(Weil)의 몰락한 귀족가문에서 태어났다. 일생을 통해 그는 재정적 궁핍에 시달렸고 가족문제로 괴롭힘을 당했다. 총명한 학생이었던 그는 1587년 튀빙겐 대학에 입학했으며, 그 학교의 천문학자 마에스틀린(Michael Maestlin, 1550-1631)을 통해 코페르니쿠스의 업적을 알게 되었다. 케플러는 원래 관료로 진출하려 했었지만 1594년 오스트리아 그라츠(Graz)에서 수학자이자 천문학자로서의 자리를 받아들였다. 그의 임무중 하나는 천문학적 예보를 위해 연간 달력을 준비하는 것이었으며, 그의 달력은 매우 정확했다고 전해진다.

1595년 케플러는 우주의 구조가 동일한 면들로 구성되는 5개의 정다면체들과 긴밀하게 연결되어 있다고 확신하게 되었다. 이 정다면체들은 4면체(피라미드), 6면체, 8면체, 12면체 그리고 20면체이다. 케플러의 아이디어는 다른 다면체로 만들어지는 구 내부에 내접하는 정다면체들을 계속 도입하는 것이었다. 이를 통해 그는 중심에 태양이 위치하는 6개의 동심구를 만들어낼 수 있었다. 각각의 구는 여섯 개의 알려진 행성(수성, 금성, 지구, 화성, 목성, 토성)에 대응하는 하나의 행성궤도를 포함하는 것이었다.

사실, 이런 설명은 실패로 드러났다(왜냐하면 행성 궤도의 비율이 정확하지 않았고, 행성의 수가 여섯 개보다 더 많았기 때문이다). 그럼에도 불구하고 케플러는 이 생각에 여러 번 되돌아오곤 하였다. 1596년 그는 자신의 첫 번째 주요 논저인 『우주형상지의 신비』(Misterium Cosmographicum)를 발표했는데, 여기에서 이 이론에 대해 상세히 설명하고 있다. 책은 많은 주목을 끌었으며 브라헤와 갈릴레이도 이 책에 대해 그와 서신교환을 한 바 있다. 수년 후인 1619년 케플러는 자신의 『세계의 조화』(Harmonices Mundi)에서 또 다시 유사한 주제를 도입하였으며 그의 행성 운동의 제3법칙을 발견하였다. 여기에서 케플러는, 다른 경우에서도 자주 그러했지만, 우주의 본성에 관한 자신의 확신에 대해 신비론적 이유를 제시하고 있었다. 그가 코페르니쿠스 이론을 조기에 수용한 요인 중 하나는 존엄과 위엄 그리고 신이 가장 중요한 동력자로 존재하는 곳인 태양이 우주의 중심에 있어야 한다는 믿음 때문이었다.

1601년 티코 브라헤가 사망했을 때, 케플러는 베나텍 성에서 그의 후계자로 지목되었다. 1600년부터 1606년까지 케플러는 화성의 궤도에 대해서 작업했으며, 처음에는 원형 운동들의 조합에 화성의 궤도를 정확하게 맞추어보는 시도를 하였다. 그는 원호의 8′(분)

의 오차로 티코의 데이터가 일치함을 알았다. 하지만 브라헤의 데이터가 이보다 더 정확한 것이었기 때문에 자신의 이론이 틀렸음을 깨달았다. 1609년 『신천문학』(Astronomia Nova/New Astronomy)에서 케플러는 이렇게 기술했다.

> ⊛ 신의 친절함은 우리를 위해 티코 브라헤와 같은 정확한 관찰자를 주셨다. 우리는 신의 선물에 감사해야 하며 그를 활용해야 한다. … 따라서 나는 나 자신의 생각에 따라 목표를 향해 나아갈 것이다. 만약 우리가 이 8분을 무시할 수 있다고 내가 믿었다면, 나는 나의 가설에 얼룩을 남기게 되었을 것이다. 하지만 무시할 수 없는 것이었기 때문에 그 8분은 천문학의 완전한 재구성에 이르는 길을 열어주었다. 8분은 천문학의 재구성에 있어서 중요한 부분을 차지하는 초석이 되었다. …[10]

여기서 우리는 이론과 실험 사이의 정확한 정량적 일치라는 현대 과학의 특징 중 하나를 볼 수 있다. 브라헤 이전에는 천문학적 모델은 원호의 10′ 내에서 관찰과 일치한다면 적당한 것으로 여겨졌었다. 그의 관찰은 적어도 이보다 두 배 이상 더 정확한 것이었다.

케플러는 일시적으로 화성의 궤도에 대한 문제를 포기했었다. 그는 행성의 속도가 태양으로부터의 거리에 따라 역으로 변한다는 (부정확한) 가정에 기초한 작업을 하였다. (왜냐하면 그는 태양으로부터 나오는 빛이 궤도를 도는 행성들은 민다는 태양에서 나오는 신비스러운 힘(Anima Motrix)을 믿었기 때문이다) 오랜 시간에 걸친 어려운 과정을 통해 그는 면적속도 일정의 법칙이라는 두 번째 법칙을 이끌어냈다. 그리고 마침내 화성의 궤도를 찾는 것에 되돌아갔다. 궤도가 타원이라는 것을 발견하는 데에는 6년이라는 믿을 수 없는 시간이 걸렸다. 그는 『신천문학』에서 이러한 잘못된 출발의 세부사항에 대해 서술하고 있다. 1618년부터 1621년까지 그는 『코페르니쿠스 천문학 개요』(Epitome Astromiae Copernicus : Epitome of Copernican Astronomy)를 출간했으며, 이 책은 그의 이름이 새겨진 행성운동의 세 법칙을 포함한 그의 연구를 일반대중들을 위해 요약한 것이었다. 그의 마지막 주요 업적인 『루돌핀 테이블』(Rudolphine Tables)은 1627년에 선보였으며 브라헤의 관찰에 대부분 기초한 것이었다. 이 천문학 테이블은 과거와 미래의 어느 날에 있을 행성의 위치를 계산하기 위한 것이었다.

이제 케플러가 20여 년에 걸쳐 완성하였던 세 가지 행성의 법칙에 대해 살펴보자. 이 법칙들은 대체적으로 시행착오를 거치면서 경험적으로 발견된 것으로서 그것에 기초가

[10] Kepler 1937, Pt. II, Sec. 19, 178; 1992, 286; Koestler(1959, 322).

되는 일관된 이론은 없는 것이었다. 이 법칙들은 케플러가 오랜 세월 동안 축적된 방대한 양의 데이터들을 연구하면서 발견한 규칙성을 수학적으로 간결하게 요약한 것이었다.

1. 케플러 제1법칙-행성은 태양을 초점으로 하는 타원을 따라 돈다

5장의 부록에서 타원의 수학적인 특성에 대해 살펴본 바 있다. 기술적으로 말하자면, 타원에 대한 고전적인 정의는 두 개의 고정점(초점 F, F')으로부터의 거리(d_1, d_2)의 합이 같은 점(P)들의 궤적이다(**그림 5.7** 참조). 행성의 궤도는 모두 황도라고 불리는 태양 주변의 지구의 궤도 평면 가까이에 존재한다. 일단 타원형의 궤도가 코페르니쿠스 모델에 적용되면, 그 모델은 단순성과 정확성에 있어서 톨레미의 모델보다 훨씬 월등한 것이 된다. 타원은 두 개의 매개 변수로 특징화되는데, **그림 5.7**에서처럼 장반경 a와 단반경 b가 그것이다. 타원 방정식의 기본 형식은 다음과 같다.

$$\frac{x^2}{a^2} + \frac{y^2}{b^2} = 1 \tag{5.1}$$

케플러의 『신천문학』에 나오는 이 법칙에 대한 첫 번째 언급 내용은 다음과 같다.

> ⊛ 그러므로 행성의 궤도는 타원이다.[11]

『코페르니쿠스 천문학의 개요』에서 케플러는 이를 다음과 같이 쓰고 있다.

> ⊛ 남아있는 문제는 … 관찰이 증언한다는 것을 생각한다면, 타원형 궤도가 구

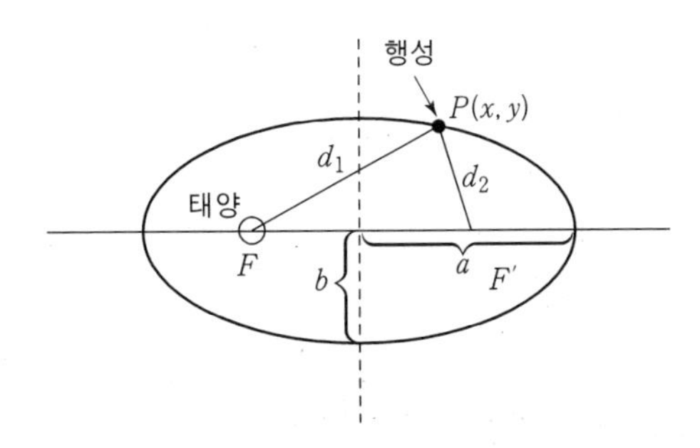

그림 5.7 타원의 기하학

[11] Kepler 1937, Pt. IV, Sec. 58, 366; 1992, 575.

성된다는 것을 증명하는 것이다.[12]

2. 케플러 제2법칙-태양에서 행성까지 그어진 반경벡터는 동일한 시간에 동일한 면적을 쓸고 지나간다

이 법칙은 **그림 5.8**에 나타나 있다. 두 달의 기간 동안 행성이 궤도를 따라 점1에서 점2까지 이동했다고 가정하면, 태양으로부터 그어진 반경벡터는 A_{12}만큼의 면적을 쓸고 지나간 것이 된다. 이때 케플러의 제2법칙에 따르면, 다른 두 달(점 3에서 점 4까지 이동하는)의 기간 동안 반경은 같은 면적(A_{34})을 쓸고 지나간다. 행성이 그 궤도를 따라 도는 동안 태양으로부터 행성까지의 거리가 변하기 때문에, 만약 같은 시간에 같은 면적을 쓸고 지나간다면, 행성이 태양으로부터 멀리 있을 때보다 가까이 있을 때 더 빨리 돌아야 하는 걸 알 수 있다. 하나의 행성이 쓸고 지나가는 면적의 비율이 일정하다는 진술은 행성의 순간속도와 태양으로부터의 거리 사이의 정확한 관계를 제공한다. 이를 수학 방정식으로 나타낼 수 있지만, 표현은 생략한다.

케플러가 최초로 자신의 두 번째 법칙을 진술한 것은『신천문학』40절에서였다. 그러나 논의가 매우 복잡해졌으며, 행성의 이심원 운동을 가정하면서 부정확한 결론을 이끌었다. 타원궤도에 대한 간결한 언급은 그의『코페르니쿠스의 천문학 개요』에서 나타난다.

> ⊛ 호 *PC*에서의 행성의 시간지연이 호 *RG*에서의 시간 지연과 같은 것과 마찬가지로, 삼각형 *PCA*의 면적은 삼각형 *RGA*의 면적과 같다.[13]

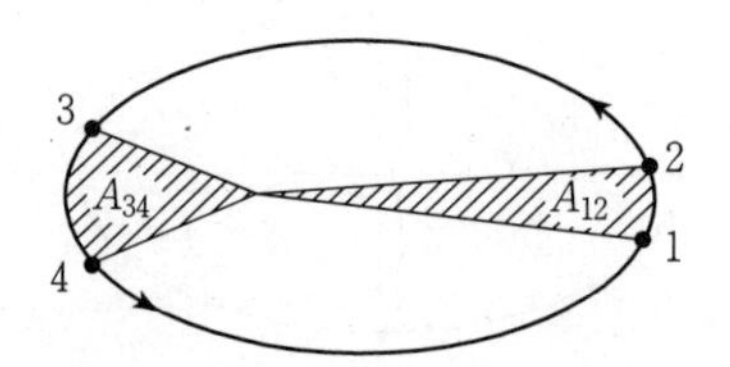

그림 5.8 행성의 운동에 대한 케플러의 제2법칙

[12] Kepler 1952a, Book V. 3, 975 (GB 16, 975)

[13] Kepler 1952a, Book V. 4, 983. (GB 16, 983). **그림 5.9**는 Kepler(1952a, 983)에서 차용한 것이다.

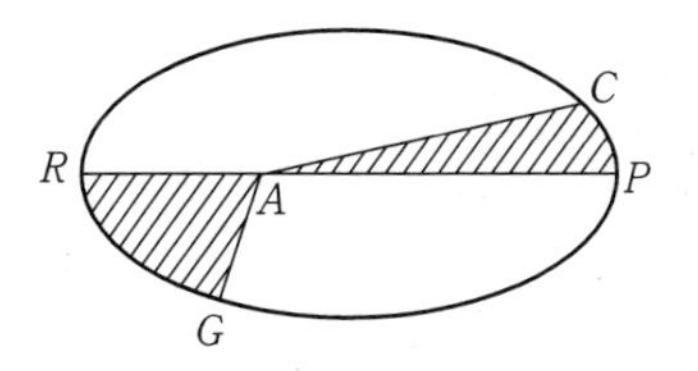

그림 5.9 행성의 '지연'

여기서 케플러가 의미하는 '지연'은 호를 따라 흐른 시간을 의미한다. **그림 5.9**는 이 인용문에서 언급된 양을 나타낸다. 태양은 A에 위치한다. 법칙에 대한 그의 이 진술에서 케플러는 호의 길이 PC와 RG가 같다고 놓았다. 그래서 면적 PCA와 RGA가 같지 않았으며 지연시간도 같지 않았다. 비례관계로부터, 우리는 면적이 같으면 통과시간도 같다는 것을 알 수 있었다(물론 호의 길이가 더 이상 같지 않지만). 케플러의 제2법칙은 쓸려지나간 면적의 비율이 모든 행성에 대해서가 아니라 주어진 행성에 대해 일정하다는 것을 의미함에 주목할 필요가 있다. 예를 들어, 어느 하루 동안 지구가 쓸고간 면적은 다른 날 지구가 쓸고간 면적과 같다. 그러나 어떤 주어진 날에 화성이 쓸고간 면적과는 다르다. 즉, 면적을 쓸고 지나가는 비율의 특정한 값은 태양계 안에서 행성에 따라 다르다.

3. 케플러 제 3법칙-행성의 주기 τ의 제곱에 대한 행성궤도의 평균 반지름 R의 세제곱의 비율은 태양계 내의 모든 행성들에 대해 일정하다

$$\frac{R^3}{\tau^2} = \text{일정} \tag{5.2}$$

타원 궤도의 평균 반지름은 행성으로부터 태양까지 가장 가까운 거리(근일점)인 r_1과 가장 긴 거리(원일점)인 r_2의 평균으로 정의된다(**그림 5.10** 참조).

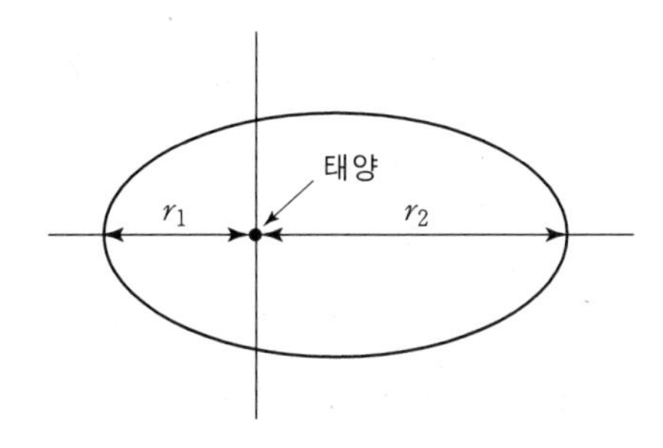

그림 5.10 단반경(r_1)과 장반경(r_2)

표 5.1 태양계 행성들에 대한 천문 데이터

행성	궤도의 평균 반지름 (km)	평균 주기 (days)	이심율 $\sqrt{1-(b/a)^2}$	$(R^3/\tau^2)/10^{19}$
수성	5.79×10^7	88	0.206	2.51
금성	1.08×10^8	225	0.007	2.49
지구	1.50×10^8	365	0.017	2.53
화성	2.27×10^8	687	0.093	2.48
목성	7.78×10^8	4,333	0.048	2.51
토성	1.43×10^9	10,759	0.056	2.53
천왕성	2.87×10^9	30,685	0.047	2.51
해왕성	4.49×10^9	60,190	0.009	2.50
명왕성	5.91×10^9	90,737	0.249	2.51

표 5.2 지구, 달, 태양의 데이터

	지구	달	태양
질량(kg)	5.98×10^{24}	7.34×10^{22}	1.99×10^{30}
평균 반지름(km)	6.37×10^3	1.72×10^3	6.97×10^5
지구로부터의 평균 거리(km)		3.80×10^5	1.49×10^8

$$R = \frac{1}{2}(r_1 + r_2) \tag{5.3}$$

(이 평균 반경 R이 **그림 5.7**에서나 식(5.1)에서 보여주는 타원의 반장축이라는 사실에 주목하자) 주기 τ는 행성이 태양주변의 궤도를 완전히 한 바퀴 도는 데 걸리는 시간이다. 만약 R_1과 τ_1이 한 행성(예를 들어, 지구)의 평균 반지름과 주기이고 다른 행성(예를 들어, 화성)의 그것들이 R_2와 τ_2라면, 케플러의 제3법칙은 다음과 같다.

$$\frac{R_1^3}{\tau_1^2} = \frac{R_2^3}{\tau_2^2} \tag{5.4}$$

케플러 제3법칙은 오직 공통의 중심에 대한 궤도들 사이에서만 (예를 들어, 태양 주위의 행성이나 지구 주변의 위성처럼) 적용된다는 점을 깨닫는 것이 중요하다. 그러나 예컨대 태양에 대한 지구의 반지름과 주기 사이 그리고 지구에 대한 달의 반지름과 주기 사이에는 아무런 관계가 없다.

이 법칙은 케플러의 초기 저작인 『우주구조의 신비』(Cosmographic Mystery)의 주제로 돌아가서 기하학, 천문학, 음악, 점성학의 결합으로부터 우주의 법칙을 얻으려고 시도했던 『우주의 조화』(Harmonies of the World)에 기술되어 있다.

> ⊛ 그러나 어떤 두 행성의 주기 사이의 비율이 정확하게 평균거리의 3/2 제곱 비율이라는 것은 절대적으로 분명하고 또 정확하다. … [14]

표 5.1에는 행성들의 천문학 자료들이 열거되어 있다. 이 표의 마지막 열은 케플러의 제3법칙인 식(5.2)가 타당함을 보여준다. **표 5.2**에는 지구, 달, 태양에 대한 유용한 자료들이 제시되어 있다.

부록. 원뿔곡선

케플러 제1법칙에서 다루는 타원의 특별한 경우부터 시작해보자. 교재의 **그림 5.7**을 참고하면 논의에 도움을 받을 수 있을 것이다. 이심률 e는 $\frac{\sqrt{a^2-b^2}}{a}$로 정의되고, 이는 원으로부터의 타원의 이탈 정도를 나타낸다. $e=0$이면, $a=b$이고 이는 원이 된다. 수성의 이심률은 0.2056으로 그 궤도가 타원에 꽤 가까운 반면, $e_{지구}=0.0167$, $e_{화성}=0.0934$로서 지구와 화성의 궤도는 거의 원에 가깝다. **그림 5.7**의 타원에 대한 언어적 정의는 타원상의 모든 점 P에 대해 $PF+PF'=$ 일정이라는 형태로 기술될 수 있다. 만약 O를 타원의 중심으로 표시하고 $x=a$, $y=0$이라고 표시하면 $OF=OF'$이므로 $OF+(a-OF')=$ 일정 $=2a$가 된다. 그러므로 $PF+PF'=2a$이다. 피타고라스 정리에 따르면, 다음과 같다.

$$(PF)^2=y^2+(OF+x)^2,\quad (PF')^2=y^2+(OF-x)^2$$

만약 $x=0$, $y=b$라면, $PF=PF'=a$가 되고, 따라서 $a^2=((OF)^2+b^2)$와 $OF=OF'=\sqrt{(a^2-b^2)}$이 된다. 여기에 간단한 계산을 이어가면 식(5.1)에 주어진 타원의 표준 방정식을 얻을 수 있다.

[14] Kepler 1952b, Book V. 3, 1020. (GB 16, 1020)

B.C. 350년경 유도서스(Eudoxus)의 학생이었던 메네크머스(Menaechmus)는 직각원뿔의 편단면인 원뿔곡선을 발견하였다. 아폴로니우스(Apollonius of Perga, B.C. 262?–B.C. 190?) 역시 직각원뿔의 단면으로 원뿔곡선들을 정의한 바 있다(즉, 원뿔곡선이란 다름 아닌 직각원뿔과 평면의 교차에 의해 생기는 곡선이다). 파푸스(Pappus, 전성기: A.D. 320)는 유클리드가 원뿔곡선의 준선(準線, directrix)의 성질을 알고 있었다고 주장하였고 또 다음과 같은 원뿔곡선에 대한 정리를 내린 바 있다.

> ⊛ 만약 고정된 한 점(초점)으로부터 어느 한 점까지의 거리가 고정된 한 선(준선)으로부터의 거리에 대한 일정한 비율로 주어진다면, 그 비율이 1보다 작은지, 같은지, 큰지에 따라 이 점의 궤적은 타원, 포물선, 쌍곡선이 되는 원뿔곡선이 된다. … [15]

이 정의의 의미는 **그림 5.11**(여기서, 정리에서 언급하는 수직선 y는 준선과 평행하고 F는 고정점 즉 원점이다)에 제시되어 있고 그 방정식은 다음과 같다.

$$\frac{r}{d+x} = e \tag{5.5}$$

또는

$$x^2 + y^2 = e^2(x+d)^2 \tag{5.6}$$

이제, 원뿔곡선에 대한 메네크머스의 정의로 돌아가 보자. 3차원에서 직각원뿔의 방정식은 **그림 5.12**에서 볼 수 있듯이 다음과 같고

$$x^2 + y^2 = z^2 \tag{5.7}$$

y축에 평행한 평면의 방정식은 **그림 5.13**에서 볼 수 있듯이 다음과 같다.

$$z = x \tan\phi + c \tag{5.8}$$

($x-y$평면에 투영된) 원뿔과 평면의 교선(즉 원뿔곡선)은 식(5.7)과 식(5.8)에서 z를 소거하면 간단하게 얻게 된다. 이것은 식(5.6)의 형태로 결과를 얻을 수 있다. 우리는 교면상에서만 (**그림 5.13**에서 $z' = 0$) 원뿔과 평면의 교선에 관한 방정식을 얻을 수 있다. 그 결과는 식(5.6)과 같고 그것은 원뿔곡선이다. 이는 원뿔과 평면의 교차가 메네크머스가

[15] Heath 1981b, Vol. I, 244.

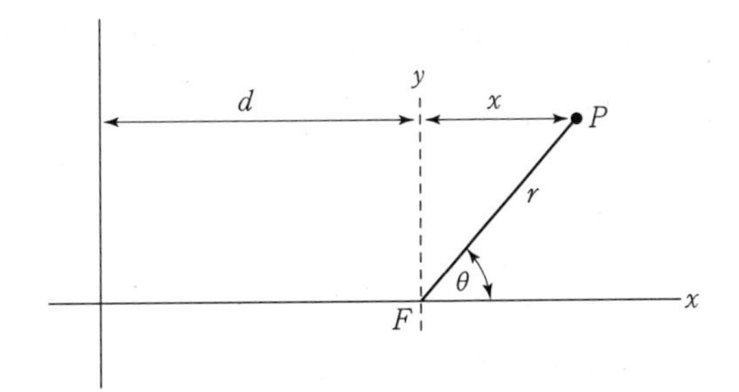

그림 5.11 원뿔단면의 초점-준선의 정의

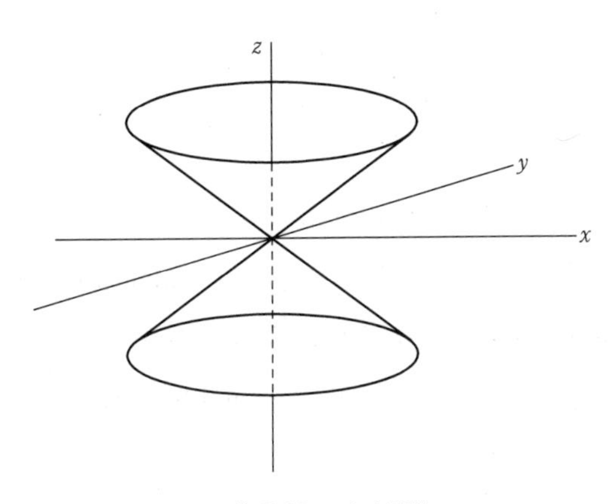

그림 5.12 직각원뿔

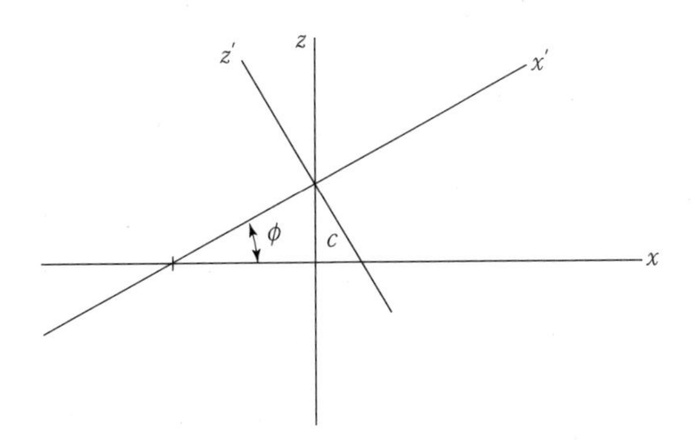

그림 5.13 3차원상의 평면

정의한 이 교차된 면에서 원뿔곡선을 만든다는 것을 의미한다. 따라서 우리는 (준선과 초점의 형태와 원뿔을 평면으로 자른 형태로) 원뿔곡선의 두 가지 고전적인 정의를 세울 수 있다. 원뿔곡선에서 $0 \le e < 1$, $e = 1$, $e > 1$에 대한 식(5.6)을 다시 써서 타원, 포물선, 쌍곡선의 세 가지 잘 알려진 특별한 경우로 일반적인 표현식인 식(5.6)을 얻을 수 있다.

결국, 우리는 식(5.5)를 상기하면서 **그림** 5.11의 기하학으로부터, 원뿔곡선의 극방정식을 얻을 수 있다. $x = r\cos\theta$이므로 다음과 같이 된다.

$$\frac{r}{d+x} = e$$

또는

$$r = \frac{de}{1 - e\cos\theta} \tag{5.9}$$

식(5.9)는 9장에서 행성의 궤도에 관한 뉴턴의 업적을 논할 때 유용하게 사용될 것이다.

더 읽을거리

5장의 내용을 이해하기 위한 필수 참고문헌으로는 쿤(Thomas Kuhn)의 『The Copernican Revolution』과 쾨슬러(Arthur Koestler)의 『The Sleepwalkers』를 추천하며, 케플러의 우주 이론과 그 기원을 상세히 살펴보기 위해서는 필드(Judith Field)의 『Kepler's Geometrical Cosmology』를 추천한다.

갈릴레이의 운동 이론

이 장에서는 물체의 운동을 기술하고 그 원인을 연구하는 근대 **역학**의 기초에 대한 서막을 소개하고자 한다. 우리가 관심을 두는 역사적 인물은 아리스토텔레스와 갈릴레이이다. 3장에서 지적한 바와 같이, 과학의 모든 발전은 과학자들이 살았던 역사적, 철학적, 사회적 배경에서 일어난다는 사실을 인식하는 것이 중요하다. 모든 과학자들은, 그가 아무리 뛰어난 천재라 하더라도, 앞선 과학자들의 연구 토대 위에서 자신의 이론을 이루어 간다. 심지어 앞선 이론이나 신념을 깨뜨리는 경우에도 그러하다. 그리스 신화에서 아테나(지혜의 여신)가 제우스의 머리에서 완전히 다 자란 후에 나타난 것과는 달리, 새로운 과학 이론은 고립된 한 연구자에 의해서 완성된 모습으로 실현되는 것이 아니라 보다 큰 흐름의 한 부분으로서 발전한다.[1] 이러한 주제는 이 책의 전반에 걸쳐 종종 다루어지고 있지만, 이 장에서 특히 상세하게 드러날 것이다.

6.1 임페투스 이론

수세기에 걸쳐 아리스토텔레스의 저술에 대한 수많은 필사와 번역 그리고 그것들에 대한 끊임없는 해석들이 이루어졌다. 물론 아리스토텔레스 전통을 공부한 모든 사람들이 그것에 대하여 무비판적이었던 것은 아니었다. 특히 비자연적 운동은 외부 요인의 작용을 필요로 한다는 아리스토텔레스의 견해에 대한 비판이 많았다. 고대의 가장 위대한 천문관측자라고 할 수 있는 히파르쿠스(Hipparchus)는 다소 모호하게 표현하였지만, 움직이

[1] Lakatos(1970, 133)에 대한 부연설명이다.

는 물체에 전달되는 '부여된 힘'(impressed force)의 개념을 주장하였다. 이 부여된 힘은 주변 매질로 점점 흩어져, 결국 물체는 정지하게 된다.

6세기의 그리스 기독교 철학자 필로포누스(John Philoponus)-그의 저서는 아랍 문화와 중세 서구 사상에 기여하였다-는 A.D. 533년에 아리스토텔레스의 『물리학』에 대해 다음과 같이 말하였다.

> ⊛ 여기에 완전히 잘못된 그리고 논리적인 증명보다는 관찰된 사실에 의해 진위를 더 잘 판단할 수 있는 어떤 것이 있다. 무게의 차이가 많이 나는 두 개의 질량체가 있다고 가정해보자. 이것들을 같은 높이에서 떨어뜨리면 그 움직임의 시간적 비는 무게의 비를 따르지 않으며, 시간의 차이는 무게의 차이에 비해 아주 작다. 따라서 만약 무게의 차이가 크지 않으면, 예를 들어 한 물체가 다른 것의 두 배가 되지 않으면, 시간의 차이는 전혀 없거나 아니면 감지할 수 없을 정도일 것이다.[2]

여기에서 필로포누스는 무거운 물체가 가벼운 물체보다 더 빨리 떨어질 것이라는 당시 받아들여지던 아리스토텔레스의 주장(도그마)에 이의를 제기하였다. 또한 물체가 운동할 때 통과하는 매질은 운동의 원인적 요인이 된다는 아리스토텔레스의 주장을 부정하였다. (식(2.1)과 2장의 부록에서 논의되었던 매질의 이중적 역할에 대한 아리스토텔레스의 생각을 상기하자.) 필로포누스는 매질이 없는 진공을 통과하는 운동에 아무런 난점이 없다는 것을 깨달았다. 현대적인 기호로 표현한다면, 필로포누스의 매질의 영향에 대한 생각은 반비례로 표현한-식(2.1)-아리스토텔레스와는 달리 $v=(W-R)$로 표현될 수 있다. (이 방정식은 정량적 법칙의 표현이라고 할 수 없다는 것을 다시 한 번 강조한다) 여기에 따르면, 진공($R=0$)에서의 운동은 아리스토텔레스가 생각한 것처럼 속력이 무한대가 되지 않는다. 더욱이 필로포누스는 히파르쿠스(Hipparchus)의 주장과 유사한 '부여된 힘'의 존재에 대해 논하였다. 그는 포사체 운동에 대한 아리스토텔레스의 설명에 반대하여 다음과 같이 반어적으로 묻고 답한다.

> ⊛ 한 사람이 힘을 주어 돌을 던질 때, 돌 뒤에 있는 공기를 밀어서 돌이 자연스러운 방향과 다른 방향으로 운동하게 되는가? 아니면, 돌을 던진 사람이 돌에 준 기동력(motive force)에 의해 다른 방향으로 운동하게 되는 것인가?

[2] Cooper 1935, 47; Cohen and Drakin 1948, 220.

…

> 이러한 그리고 다른 많은 고찰로부터 강제된 운동이 위에서 언급된 방식으로 일어나는 것은 불가능함을 알 수 있다. 오히려 어떤 무형의 기동력이 투사자로부터 투사체에 주어진 것이고, 투사체의 운동에서 공기는 거의 또는 아무런 기여도 하지 않는다는 생각이 더 타당하다. 만약 강제된 운동이 내가 제안한 것과 같이 일어난다면, '자연을 거스르는' 운동, 즉 화살이나 돌에 강제된 운동은 물질이 충만한 공간에서보다 텅 빈 공간에서 훨씬 더 잘 일어날 것이라는 것은 아주 명백하다. 그리고 투사자 이외의 어떤 다른 요인이 존재할 필요가 없다. … [3]

아비센나(Avicenna, 980-1037)는 중요한 이슬람 철학자이고 과학자이자, 손꼽히는 이슬람 아리스토텔레스주의자였다. 그는 필로포누스와 유사한 '부여된 힘'의 학설을 주장했다. 아벰파세(Avempace, 1095-1139?)는 자신의 체계에 이슬람과 그리스 철학을 통합하였는데, 필로포누스의 '부여된 힘'과 일치하는 견해를 지지했다. 이러한 생각들은 스페인의 아랍인이었던 아베로스(Averros, 1126-1198)의 아리스토텔레스 저작들의 라틴어 번역을 통하여 중세 동안 서구 세계에 알려졌다. '부여된 힘' 이론들의 중요한 공통점은 이러한 임페투스(impetus)를 운동의 효과가 아닌 원인으로 보았다는 점이다.

14세기에는 '부여된 힘'에 대한 중요한 개념적 변화가 일어났다. 영국의 프란체스코 수도회의 수사이었고, 당시에 가장 영향력이 있는 철학자였던 오컴은 일단 운동이 발생하면 그것을 유지하기 위한 연속적인 원인이 필요하지 않다고 주장하였다. 그의 생각은 운동을 유지하기 위해서는 힘이 필요하다는 이전의 모든 추측과 다른 것이었다. 프랑스의 아리스토텔레스주의 철학자이며 파리 대학에서 오컴에게 배운 뷔리당(John Buridan)은 **임페투스 이론**(Impetus theory)의 체계를 세웠다. 이 이론에서는 물체를 움직이게 하는 것(mover)으로부터 물체로 그 물체의 물질량(또는 질량)과 속력을 곱한 값과 비례하는 힘(power)이 전달된다는 것이다. 현대적 용어로 말하면 임페투스는 mv로 간주될 수 있다. 이 임페투스는 다른 외부 요인에 의해 줄어들지 않는다면 그 물체에 계속 남아있는 영속적으로 부여된 힘이었다. 이것은 움직이는 물체에 외부 요인이 없으면 계속 운동할 것이라는 가능성을 주었다. 그러나 우리는 이 이론을 지나치게 현대적인 관점으로 읽으면 안 된다. 여기서 말하는 외부 요인이 없는 운동이 직선운동인지 원운동인지 또는 다른 어떤 형태인지에 대하여 명확하지 않기 때문이다. 임페투스 이론은 뷔리당의 제자 오렘

[3] Cohen and Drabkin 1948, 222-223.

(Nicholas Oresme)에 의해서 계속 연구되었다. 그는 프랑스 로마 가톨릭 주교였으며, 아리스토텔레스주의 학자로서 등가속운동을 연구하였다. 그는 머튼 정리(Merton theorem) '$x = \frac{1}{2} v_f t$'를 증명하였는데, 이것은 이동거리 x와 정지한 상태에서 출발하여 물체의 나중속도가 v_f가 되었을 때까지 걸린 시간 t를 관련시킨 것이다. 이 정리는 1330년대 옥스퍼드 머튼 칼리지에서 처음 발견되었으며, 300여 년 후의 갈릴레이가 만든 법칙과 본질적으로 동일한 것이다.

우리는 지금까지 아리스토텔레스의 가르침에 상반되는 운동에 대한 견해의 발전과정을 대략적으로 설명하였다. 그것은 중세 동안 운동에 대한 개념의 변화가 오랜 시간 점진적으로 일어났음을 지적하기 위해서이다. 더구나 이 시대를 '암흑의 시대'라고 하는 전통적인 표현-독창적인 생각이 결여되었고, 아리스토텔레스 사상에 완전히 지배되었다는 의미의-은 지나치게 단순화된 것이다. 과학에 있어서 이러한 중세의 전통은 프랑스의 물리학자이자 철학자인 뒤앙(Pierre Duhem: 1861-1916)의 선구적인 업적에 의하여 20세기 초에 재발견 되었다. 사실 임페투스 이론은 이제 우리가 관심을 갖는 다음의 중요한 인물에게 알려져 있었다.

6.2 갈릴레이의 자연적 가속운동

갈릴레오 갈릴레이(Galileo Galilei, 1564-1642)는 1564년 2월 15일 피사에서 태어났다. 그의 아버지 빈첸초 갈릴레이(Vincenzo Galilei, 1520?-1591)는 음악가였다. 갈릴레오 갈릴레이는 플로렌스 근처의 발롬브로사(Vallombrosa)의 오래된 수도원에서 초기 교육을 받았다. 1581년 그는 의학을 공부하기 위해 피사 대학에 입학했으나, 돈이 없어서 1585년 중도에 그만 두었고 학위를 받지 못했다. 그러나 자신의 과학적인 명성 덕분에 1589년 피사 대학의 수학 교수가 되었다. 물체의 낙하 비율(속력)에 대한 아리스토텔레스의 주장을 반박하기 위해 피사의 사탑에서 실험을 했을 것이라고 생각되는 때는 이 시기였다. 갈릴레이가 실제로 피사의 사탑에서 두 물체를 떨어뜨렸다는 명확한 증거는 없다. 그러나 경사면을 이용하여 낙체 운동에 대한 실험을 했다고 주장했다. 아리스토텔레스주의자들과의 충돌 때문에 피사에서의 교수직을 그만 둔 후에 1592년 파두아(Padua)대학으로 갔으며, 거기서 18년 동안 있었다. 가족들에게 필요한 수입을 마련하기 위해서 수학적, 과학적 기구를 제작하는 작업장을 만들었다. 갈릴레이는 결혼을 하지 않았지만 연인이 있었고, 그녀와의 사이에서 두 딸과 한 명의 아들을 낳았다. 1609년 갈릴레이는 그 즈음에 발명된 투박한 망원경의 기능을 획기적으로 향상시켰다. 천문 관측을 시작했고 지구 중심설의 톨레미 체계보다는 태양중심설의 코페르니쿠스 체계를 더 선호했다. 우리는 4장과 5장에서 위 두 체계에 대하여 논의한 바 있다. 1610년에 그는 플로렌스로 돌아왔다. 피사대학의 자리도 있었고, 또 튜스카니 대공작(Grand Duke Cosmo II de' Medici)의 수학자와 자연철학자의 지위를 갖게 되었다. 1616년에 그는 첫 번째 종교재판 심사를 받게 되었고, 1625에서 1630년 사이에 『두 개의 주요한 세계 체계에 관한 대화』(Dialogue Concerning the Two Chief World System)를 저술하였다. 톨레미 체계에 대한 코페르니쿠스 체계의 답변서에 해당하는 이 책은 1632년에 출판되었는데, 그해 말에 종교재판소로부터 출판 및 판매 금지 처분을 받았고, 재판 출두 명령을 받았다. 1633년 그는 유죄를 선고받았고 코페르니쿠스 체계에 대한 그의 이단적인 가르침을 버린다고 맹세하였다. 1633년부터 1642년 그가 죽을 때까지 로마에 가까운 아세트리(Arcetri)에 있는 그의 집에 감금되는 형을 받았다. 그의 위대한 저작인 『두 개의 새로운 과학에 관한 대화』(Dialogue Concerning Two New Science)가 이 시기에 집필되었는데, 이 책은 1638년 네덜란드의 라이덴에서 출판되었다. 12장에서 과학적 방법에 대한 갈릴레이의 몇 가지 저작에 대해 논하겠지만, 지금은 『대화』로 논의를 제한해 보자.

『대화』에서 다룬 첫 번째 새로운 과학은 오늘날 우리가 물질의 강도(strength of materials)라 부르는 것이다. 이것은 여기서 우리가 관심을 갖는 것은 아니지만, 흡입 펌프에서 올라오는 물기둥의 높이에 대한 그의 논의가 제자 토리첼리(Evangelista Torricelli, 1608-1647)에 의한 기압계 개발의 기초가 되었다는 점은 흥미롭다. 이 기구의 기능에 대한 올바른 이해를 통해 '자연은 진공을 싫어하고 참아내지 못한다(horror vacui)'라는 오래된 아리스토텔레스의 신념은 종말을 고하게 되었다.

『대화』의 세 번째 날에 갈릴레이는 두 번째 새로운 과학(운동의 과학)을 도입한다.

> ⊛ 나의 목적은 매우 오래된 주제를 다루는 아주 새로운 과학의 기초를 세우는 것이다. 철학자들이 쓴 책들이 다루고 있는 내용 중에서 운동보다 더 오래된 것은 없으며, 또 이것을 다루지 않은 사람이 없을 정도이다. 나는 지금까지 관찰되거나 시연되지 않았지만 알아볼 가치가 있는 몇 가지 특성을 실험으로 발견하였다. 무거운 물체가 자유롭게 떨어질 때 계속해서 가속된다는 등의 몇 가지 외적인 관찰이 이루어졌다. 그러나 이 가속이 얼마만큼 일어나는 지는 아직 밝혀지지 않았다. 내가 알고 있는 한 아무도 이것을 지적하지 않았는데, 정지해 있던 물체가 자유

> 롭게 떨어질 때 같은 시간 간격 동안 이동한 거리는 1로부터 시작하는 홀수와 같은 비율을 나타낸다.
> 날아가는 무기나 투사체는 곡선 경로를 그린다는 것이 관찰되었다. 그러나 이 경로가 포물선이라는 것은 아무도 지적하지 않았다. 나는 알아볼 가치가 있고 수적으로도 적지 않은 이런 저런 사실들을 증명하는 데 성공하였다. 그리고 내가 가장 중요하게 생각하는 것은 이처럼 광대하고 대단히 우수한 과학이 열렸다는 것이다. 나의 작업은 나보다 더 예리한 다른 사람들에 의해서 새로운 과학의 구석구석이 밝혀지는 것에 대한 시작일 뿐이며 방법과 수단을 제공하는 것에 지나지 않는다.
> 이 논의는 세 부분으로 구분된다. 첫 번째는 안정적이고 균일한 운동을 다룬다. 두 번째는 자연적으로 가속되는 운동이다. 세 번째는 소위 강제된 운동(violent motion)과 투사체의 운동이다.[4]

위와 같은 갈릴레이의 내용은 **운동학**(kinematics), 즉 물체의 운동을 양적으로 기술하는 것과 관련이 있다. 그는 여전히 운동의 원인(**동역학**: dynamics)을 탐구하는 것을 전혀 고려하지 않았다. 왜냐하면 그러한 것을 다룰 기회가 아직 무르익지 않았다고 느꼈기 때문이다(고대와 근대의 우주 모델을 다루는 제2부의 세 번째 인용문 참조). 그의 위대한 발견 중 하나는 자유낙하하는 물체는 일정한 비율로 지구 쪽으로 가속된다는 것이다. 갈릴레이는 일정한 가속도를 갖는 그러한 운동을 자연적 가속 운동이라 하였다. 『대화』에서 자연적으로 가속되는 운동은 관찰 사실과 일치할 뿐만 아니라 그것의 속력은 가능한 가장 단순한 방식으로 증가한다고 주장하였다. 그는 이전에 균일한 운동(uniform motion)을 같은 시간 간격 동안 같은 거리를 이동하는 운동으로 정의하였기 때문에, 자유낙하하는 물체의 가속도에 대하여 같은 시간 간격 동안 같은 정도의 속력이 증가한다고 제안하였다.

> ⊛ 정지 상태에서 출발하여 같은 시간 동안 같은 만큼의 '속력' 증가가 이루어질 때 그 운동을 일정하게 가속되는 운동이라 한다.[5]

속력의 변화 Δv는 경과된 시간의 변화 Δt와 비례한다($\Delta v \propto \Delta t$). 즉, $\Delta v =$ (상수) Δt이다. 여기서 중요한 통찰은 시간에 대한 생각이다. 오늘날 용어로는 시간간격을 독립변

[4] Galilei 1946, Thrird Day, 147-8. (GB 28, 197)
[5] Galilei 1946, Third Day, 162. (GB 28, 203)

수로 놓은 것이다. 따라서 위치는 $x = x(t)$, 속력은 $v = v(t)$이며, 둘 다 시간에 대한 함수가 되었다. 이때 시간은 단지 스스로의 일정한 비율로 흘러간다. 이것은 뉴턴이 '도함수(fluxions)' (미적분학으로 우리에게 알려진)를 만들었을 때 시간은 '변수(fluent)' 로서 중요한 것이었다.

갈릴레이는 자연적 가속 운동을 정확하게 설명할 때 단순성의 기준을 사용했다.[6] 이러한 점과 그것이 갖는 실험과의 일치성을 통해 갈릴레이의 주장에 대한 정당성을 확보할 수 있었다.[7] 그는 자연적으로 (또는 일정하게) 가속되는 운동에 수직으로 자유낙하하는 물체뿐만 아니라 매끄러운 경사면을 내려오는 물체의 운동도 포함하였다. 일정하게 가속되는 운동에 대한 자신의 정의로부터 정지 상태로부터 출발하는 물체는 경과된 시간의 제곱에 비례하는 거리를 이동한다고 말하였다. 이 예측을 확증하기 위해 그는 자신이 수행했던 경사면의 많은 실험의 결과를 인용하였다. 갈릴레이는 충분한 정확도로 극히 작은 시간 간격을 측정할 수 없었기 때문에 직접적으로 수직 자유낙하하는 물체를 연구할 수 없었다. 따라서 공이 내려오는 비율을 감소시키는 완만한 경사면을 이용하여 중력의 효과를 '희석' 시켜야 했다. 긴 판에 부드러운 홈을 파고 양피지에 선을 그었다.[8] 완전히 둥글고 매끄럽게 표면을 처리한 황동 공을 정지 상태에서 경사면에 굴러 내렸다(**그림 6.1** 참조). 경사각과 경사면의 길이를 변화시키면서 수백 번의 실험을 하였고, 갈릴레이는 공

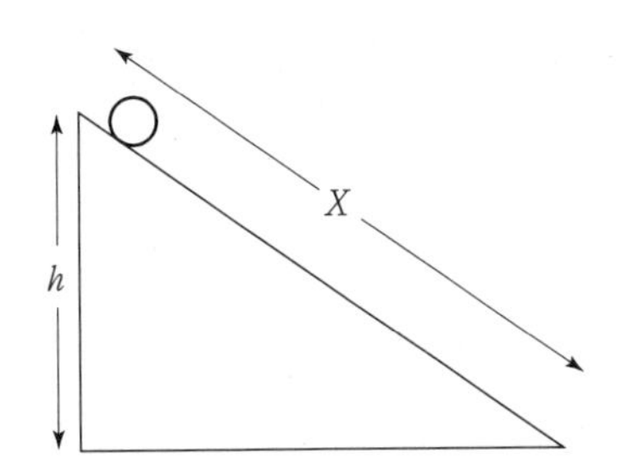

그림 6.1 갈릴레이의 비탈면 실험

6 $\Delta v \propto \Delta x$가 $\Delta v \propto \Delta t$만큼이나 간결한 것처럼 보일지도 모른다. 그러나 Galilei는 정지 상태에서 시작되는 자유낙하의 경우 $\Delta v \propto \Delta x$는 모순에 직면한다고 주장하였다. 현대적 표기를 사용하면 그 이유를 쉽게 알 수 있는데, 이러한 가정에 의하면 $dv/dt \propto dx/dt = v$이고, 이는 $v = 0$인 초기 상태를 가진 연속운동이 가능하지 않음을 의미한다. Galilei(1946, 16) (GB 16, 203)

7 Galilei 1946, Third Day, 154–5. (GB 28, 200)

8 과학사학자들 사이에는 Galilei가 비탈면 실험을 실제로 수행했는지에 대한 논쟁이 많다. 현재의 기록상 증거는 그의 책(Galilei 1946, Third Day, 171–2, (GB 28, 208))에 기술되어 있고 이 실험을 그가 실제로 수행하였다는 점을 지지하는 쪽이다. 이에 대해서는 특히 Segre(1980, 242–4)를 참조한다.

의 최종 속도는 경사각의 크기가 아니라 경사면의 높이에 따라 변하지만, 경사면을 따라 내려간 거리는 언제나 그 시간의 제곱과 매우 긴밀하게 변화한다는 것을 발견하였다. 당시에는 정확한 시계가 없었으므로 시간 간격은 큰 물통에 든 물이 바닥에 뚫린 작은 구멍을 통하여 흘러나온 양으로 측정하였다. 오늘날에는 이 고전적인 실험은 일반적인 스톱워치를 사용하여 쉽게 재현될 수 있다. 이처럼 투박한 실험기구를 사용하여 대단히 많은 유용한 데이터를 얻어내는 상상력과 실행 능력에 갈릴레이의 위대함이 있다. 특히 과학의 초기 역사에서는 뛰어난 사람들이 간단한 기구를 사용하여 중요한 발견들을 하곤 하였다.

위 실험 결과는 이동한 거리 x는 시간 t의 제곱에 비례한다(즉 $x \propto t^2$)는 결론으로 요약될 수 있다. 물론 물체가 경사면의 꼭대기에서 정지 상태에서 출발한다고 가정한다. 이런 종류의 문제에 아직 대수학이 사용되지 않았기 때문에, 갈릴레이는 보통의 언어와 기하학만을 사용하여 이를 증명하였다. 6장 부록에서 이 중 하나에 대해 검토하게 될 것이다.

6.3 투사체 운동

일정하게 가속되는 운동은 논의했으므로 이제 일정한 아래 방향의 가속도와 일정한 수평 방향의 속력을 갖는 **투사체 운동**(projectile motion)에 대하여 논의해 보자. 갈릴레이는 이 운동의 수직과 수평 성분을 독립적으로 다룬 후에 이것을 결합하여 궤도, 즉 투사체의 경로를 알아냈다. 다시 말하면, 그는 수직운동과 수평운동을 독립적으로 다루는 가정이 관찰과 일치하는 결과를 이끈다는 사실을 알았다. 수평좌표를 x, 수직좌표를 y라 하자. 이제 특수한 예로서 수평 방향으로 v_0의 속력을 가지고 던져진 물체에 대하여 생각해 보자. 수평 방향으로는 가속도가 없으므로 이 일정한 운동은(현대적 기호로 표시하면) 다음과 같다.

$$x = v_0 t \tag{6.1}$$

투사체가 운동을 시작하는 점을 원점($x = 0$, $y = 0$)으로 선택하고 아래 방향을 y좌표가 증가하는 방향이라 하면,

$$y = \frac{1}{2} g t^2 \tag{6.2}$$

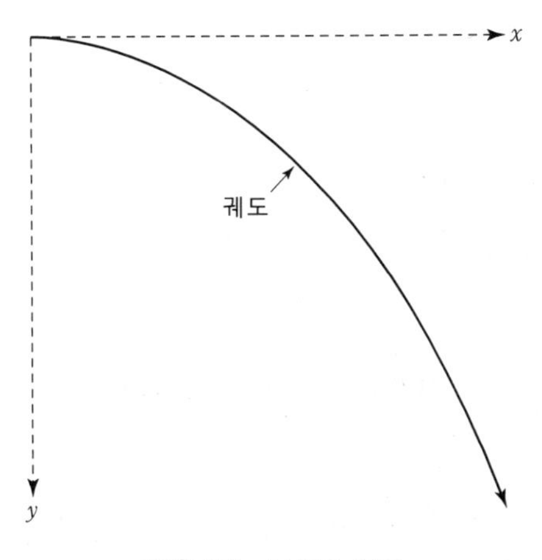

그림 6.2 투사체 운동

를 얻는다. 이때 g는 지표면 부근에서 중력에 의한 가속도를 나타내는 기호이다. **그림 6.2**는 투사체의 궤도를 나타내고 있다. 식(6.1)과 식(6.2)에서 t를 소거하면 곡선 $y=f(x)$에 대한 다음 식을 얻게 된다.

$$y=\left(\frac{g}{2v_0^2}\right)x^2 \tag{6.3}$$

이것이 포물선의 방정식이고, 이는 앞 절에서 인용했던 갈릴레이의 주장이 옳음을 확인해 준다. 이러한 결과에 대해 갈릴레이가 실제로 수행했던 기하학적 논의는 6장의 부록에 인용되어 있다.

6.4 관성

앞에서 지적한 바와 같이, 갈릴레이는 지표면 근처의 모든 물체들이 경험하는 아래 방향의 자연적 가속도에 대한 원인을 찾으려 하지 않았다. 7장에서 우리는 뉴턴이 운동과 역학 그리고 중력의 법칙들을 양적으로 정확하게 기술했다는 것을 알게 될 것이다. 그러나 갈릴레이는 물체의 무게와 속력의 곱으로 정의된 운동량(momentum)이라는 용어를 사용했다. 그는 또한 물체가 운동 상태를 유지하려는 경향을 나타내는 특성으로서 물체의 **관성**(inertia)에 대한 개념을 체계화하였다. 갈릴레이의 관성 개념이 정확하게 옳은 것은 아니었으며, 현대적인 관성 개념은 데카르트(Descartes)와 호이겐스(Christiaan

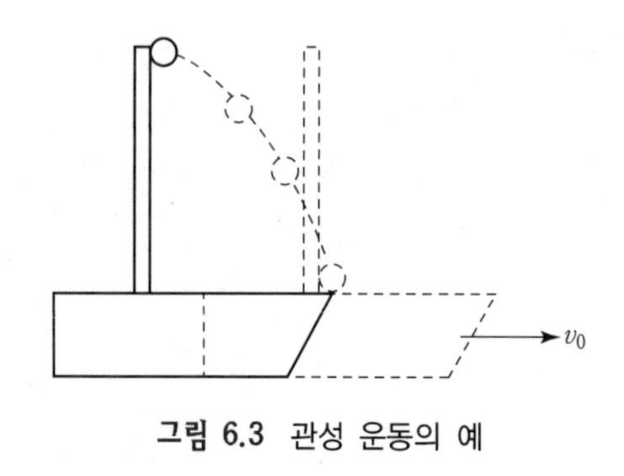

그림 6.3 관성 운동의 예

Huygens, 629-1695), 뉴턴에 의해 세워졌다.

『대화』의 두 주인공인 심플리치오(Simplicio)와 살비아티(Salviati) 사이의 대화에서, 경사면에서 아래로 내려가는 매끄러운 공은 가속되고 계속해서 속력이 증가하며, 경사면 위로 던져진 공은 감속되고 멈출 때까지 계속해서 속력이 느려지기 때문에, 그 중간에 해당하는 수평면에서 움직이는 공은 속력이 줄어들지 않고 계속 움직일 것이라고 말한다. 갈릴레이는 **그림 6.3**과 같이 움직이는 배의 돛대에서 무거운 공을 떨어뜨리면 돛대의 바로 아래(돛대의 뒤가 아니라) 갑판에 떨어질 것이라는 사실을 이를 지지하는 사실로 사용했다. 따라서 외부의 작용을 받지 않는 물체는 그것의 운동 상태를 유지할 것이다. 그러나 이것이 직선운동인지, 지구 표면과 평행한 원운동인지는 명확하지 않다. 몇 군데의 단락을 통해서 유추해보면, 갈릴레이의 자연적인 관성 운동은 지구 중심으로부터 올라가거나 떨어지지 않고 같은 거리를 유지하는 운동인 듯하다.[9]

데카르트는 관성의 원리를 적절하게 표현했는데, 모든 물체는 외부의 구속을 받지 않으면 직선상에서 운동을 계속하려는 경향이 있다(또는 정지해 있으려는 경향이 있다)는 것이다. 그의 저서 『철학의 원리』(Principles of Philosophy, 1644)에서 데카르트는 다음과 같이 말하였다.

> ⊛ XXXVII. 자연의 첫 번째 법칙 : 멈추어 있던 물체는 계속해서 그 상태를 유지하고 운동하던 물체는 그 운동을 계속한다.
> 모든 물체는, 그것이 간단하고 나누어지지 않는 한, 외부의 작용을 받지 않으면 그 상태를 계속 유지한다.
>
> …
>
> XXXIX. 자연의 두 번째 법칙 : 모든 운동의 자연스런 경향은 직선운동이다. 따라

[9] McMullin 1967b, 27-31.

> 서 원운동하는 물체는 항상 원의 중심으로부터 멀어지려는 경향을 가지고 있다. 한 물체의 모든 부분은 외부의 작용을 받지 않으면 운동을 계속하는데, 그 궤도는 곡선이 아니라 직선이다. 그리고 모든 곡선 운동은 항상 구속되어 있다.[10]

관성을 위와 같이 정의하는 과정에서, 데카르트는 11장에서 논하게 될 무한 우주의 개념을 도입하였다.

호이겐스는 그의 저서 『충돌하는 물체의 운동』(The motion of Colliding Bodies)에서 다음을 그의 첫 번째 가정으로 삼았다.

> ⊛ 운동하고 있는 모든 물체는 방해받지 않으면 직선상에서 같은 속력으로 영원히 움직일 것이다.[11]

이 저서는 1650년대 중반에 집필되었는데, 호이겐스가 죽은 지 8년이 지난 1703년에 출판되었다. 관성 운동의 개념은 그 당시에는 거의 현실성이 없는 허구에 가까웠다. 왜냐하면, 이 공리는 그 어떤 논의나 정당화 과정 없이 그냥 진술되었기 때문이다. 관성에 대한 이런 진술은 뒤이어 『프린키피아』(Principia)에서 뉴턴이 제시했던 뉴턴의 제 1법칙과 매우 유사하다(7장 참조).

갈릴레이에서 뉴턴으로 이어지는 이러한 사고의 연장선은 자연적 운동에 대한 새로운 정의를 만들었다. 더 이상 각 물체는 그 자신만의 자연적인 운동 상태를 가지지 않았고(지구를 향한 직선하방운동, 불의 직선상방운동, 천체들의 변함없는 원운동), 모든 자유물체들에 대한 일반적인 운동은 일정한 직선운동(또는 정지)이 되었는데 이것이 관성의 법칙이다. 이러한 관성에 대한 현대적인 개념은 갈릴레이 한 사람에 의해 만들어진 것이 아니었으며, 물체의 종류에 따라 다른 자연적인 운동을 말했던 아리스토텔레스 개념으로부터의 날카로운 이탈로부터 생겨났다. 6.1절에서 보았듯이, 일정한 운동을 위해서는 계속적으로 일정한 힘이 작용해야 한다는 아리스토텔레스의 믿음으로부터 임페투스의 개념으로(현대의 관성과 어떤 면에서 유사한) 점진적으로 발달해왔다.[12] 그렇다고 이러한 사실이 갈릴레이의 위대함을 훼손하는 것은 아니며 단지 그를 역사적인 관점 속에서 그를

[10] Descartes 1905, 62–4; 1977b, 267.

[11] Blackwell 1977, 574.

[12] Franklin 1976.

바라볼 수 있게 해준다.

6.5 아리스토텔레스에 대한 갈릴레이의 입장

낙하하는 물체의 (속력의) 비는 무게에 비례한다는 아리스토텔레스주의자들의 주장을 반박하기 위한 갈릴레이의 논의를 살펴보자(다음에서 갈릴레이는 무게(weight)를 오늘날과 비슷하게 무거움(heaviness)의 의미로 사용한다는 점에 주의해야 한다(2.4절 참조)).

아리스토텔레스는 선험적 추론 형태 때문에 종종 비판을 받았지만, 갈릴레이는 여기에서 아리스토텔레스의 낙하하는 물체에 대한 주장이 자기모순적임을 증명하였다.

m과 M이 각각 가벼운 돌과 무거운 돌을 나타낸다고 하자. 아리스토텔레스에 따르면, M은 m보다 더 빠르게 떨어져야 한다($v<V$, **그림 6.4**에 나타낸 바와 같이). 이제 (**그림 6.5**와 같이) M과 m을 묶어서 하나의 물체로 만들자. 그것은 v'의 비율로 떨어진다고 하자. 이때 m이 M을 늦추고 반면에 M은 m을 더 빨리 떨어지도록 해야 한다($v<v'<V$). 그러나 $(m+M)$은 M보다 더 무거우므로 M보다 더 빨리 떨어져야 한다($v'>V$). 갈릴레이는 이것이 바로 아리스토텔레스의 가정의 모순을 나타낸다고 주장한다($v'<V$이고 동시에 $v'>V$). 만약 $v=v'=V$이면 위와 같은 모순을 없앨 수 있다. 즉, 모든 물체는 같은 비율로 낙하한다. 만약 갈릴레이가 옳고 m과 M은 같은 비율로 떨어져야 한다는 결론을 내릴 수 있다면, 우리는 왜 그것이 맞는지를 관찰하기 위한 실험을 할 필요가 있겠는가? 공기 중에서 떨어뜨린 동전과 깃털이 동일한 비율로 떨어지지 않는 일이 발생할 수 있다는 것인가?

여기서 우리는 갈릴레이의 가정에서 설명되지는 않았지만 암묵적으로 포함된 사실–떨어지는 물체의 비율은 그것의 모양과(엄격하게 보면 옳지 않음) 속력에 독립적이며, 오로

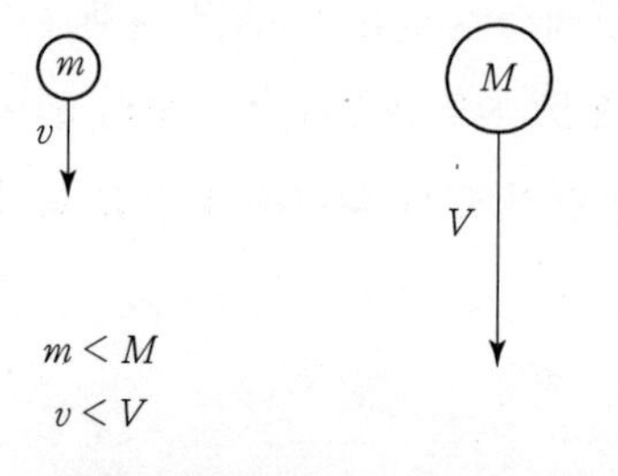

그림 6.4 아리스토텔레스의 자유낙하에 대한 갈릴레이의 표현

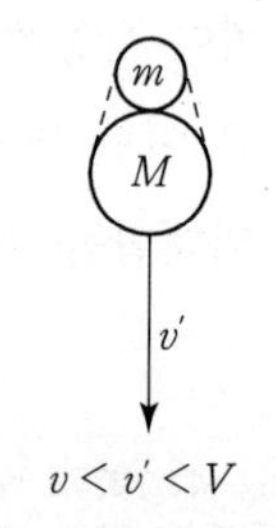

그림 6.5 연결된 두 무게

지 무게에만 의존한다는 것-을 분석해 보아야 한다. 만약 우리가 갈릴레이의 주장이 옳다고 받아들인다 하더라도, 결론 내릴 수 있는 것은 서로 다른 물체는 서로 다른 (일정한) 값의 속력으로 떨어진다는 것이 틀리다는 것뿐이다. 이것은 모든 물체는 같은 (일정한) 속력으로 떨어진다는 말과 같지 않다. 갈릴레이는 이것을 알고 있었다. 이러한 논의는 추론에 의해 갈릴레이를 지지하고 아리스토텔레스주의자들을 약화시키기 위한 논쟁의 도구로 널리 사용되었다. 더욱이 아리스토텔레스주의자들 또한, $(m+M)$물체의 본성은 m과 M이 합쳐진 물체와 다른 본성을 가지고 있다거나, 또는 $(m+M)$물체의 무게(아리스토텔레스 의미로는 속력의 측정으로서)는 M 또는 m 하나와 같으며 따라서 모든 물체는 공통의 속력으로 떨어질 것이라고 주장함으로써 갈릴레이에게 반격을 가했을지도 모른다(사실 갈릴레이는 일부러 그와 같은 구별을 위해 이러한 논쟁을 계속했다).

그러나 갈릴레이는 실험에 호소하는 것을 피하지 않았으며 나중에 같은 단락에서 대변인격인 살비아티(Salviati)를 통하여 다음과 같이 말하였다.

> ⊗ 아리스토텔레스는 '100파운드 나가는 철로 만든 구슬을 100규빗 높이에서 낙하시키면, 1파운드 나가는 구슬이 (단지) 1규빗만큼 낙하하기도 전에 땅에 도달할 것이다.' 라고 말한다. 나는 그것들이 동시에 지면에 도달할 것이라고 생각한다. 실험을 하면, 큰 것이 작은 것보다 두 손가락너비(1.5인치 = 3.81cm) 정도로 앞선다. 즉, 큰 것이 땅에 도달할 때 작은 것은 두 손가락너비 정도 위에 있다.....[13]

덧붙여 말하면, 갈릴레이는 아리스토텔레스에 대해 공정하지 못하였다. 왜냐하면 이 인용구의 첫 번째 문장, 즉 아리스토텔레스로부터 직접 인용된 것으로 주장된 문장은 아리스토텔레스의 현존하는 저작 속에 전혀 나타나지 않기 때문이다.[14]

유명한 피사의 사탑 실험은 모든 물체는 같은 비율로 떨어진다는 것의 증명으로 자주 인용된다. 그 전설적인 사탑 실험으로 알려진 바와 동일한 결과를 갈릴레이가 얻을 수 있었는지 판단해 보자. 현대의 역학 이론을 이용하여 살펴보자.[15] 공기 저항을 적절히 고려한다면, 동일한 물질(강철)로 된 구를 동시에 떨어뜨리는 경우로부터 다음의 결과를 얻게 된다. (두 물체는 같은 높이에서 정지 상태로부터 떨어뜨린다면) 어떤 시간 t 동안 큰 물

[13] Galilei 1946, First Day, 62, (GB 28, 158)

[14] Cooper 1935, 51-2.

[15] Feinberg 1965. 이 참고문헌에 있는 계산을 여기에서 요약하였다.

체는 작은 물체보다 더 큰 거리를 낙하한다. 약 100lb(45.4kg에 해당)와 1lb(0.454kg에 해당)의 두 공의 경우, 지상 200ft(61.0m) 높이에서 놓는다면, 큰 공은 3.55초 만에 땅에 떨어질 것이고, 그때 작은 공은 땅으로부터 3ft(0.91m) 높이에 있을 것임을 계산으로부터 알 수 있다. 따라서 갈릴레이는 그가 주장한 결과-즉, 두 개의 공은 (지면에) 충돌하는 순간 겨우 '두 손가락너비' 밖에 수직거리의 차를 보이지 않는다-를 얻을 수 없었을 것이다. 또한 계산을 하면, 작은 공이 200ft(61.0m)를 떨어지는 데 걸리는 시간이 3.58초 걸리는 것을 알 수 있다. 그러므로 놓는 순간의 0.03초의 실수만으로도 지면에 충돌하는 순간 3ft(0.91m)의 효과가 상쇄될 수 있다. 이것은 동시에 두 공을 놓는 것에 대단한 주의를 기울여야 함을 뜻한다(보통 사람의 반응 시간은 약 0.10초임을 상기하자).

지금까지 동일한 물질의 반지름이 다른 두 물체의 경우를 생각해 보았다. 이번에는 같은 크기의 두 물체의 경우-구별할 수 있도록 어떤 표시를 해 두고-를 생각해보자.[16] 16lb(7.3kg)의 강철구와 그와 같은 크기의 소프트볼을 생각해보자. 둘은 반지름이 6.0×10^{-2}m이고 밀도는 강철구가 소프트볼의 20배이다. 질량이 이처럼 크게 차이가 나고 크기는 거의 동일한 공을 동시에 탑 꼭대기(200ft, 즉 61m)에서 떨어뜨리면, 이 공들은 동시에 땅에 떨어지지 않으며, 떨어질 때 20ft(6.1m) 이상 수직거리가 차이 난다. 이 결과는 낙하하는 물체가 공기저항을 받는 경우에 대하여 현대 역학에 근거하여 계산한 값일 뿐만 아니라,[17] 관찰로 직접 확인되기도 하였다.[18] 또한 소프트볼이 200ft를 떨어지는 데 걸리는 시간은 3.81초이다(반면에 강철구는 단지 3.55초가 걸린다). 이 경우에는, 두 공을 놓는 시간에 0.26초 이상의 오차가 있을 때 계산 결과가 상쇄된다. 이것은 같은 물질로 된 다른 크기의 두 물체의 경우를 실험한 것보다 훨씬 큰 값이다.

다른 이유와 함께, 이런 사실로부터 갈릴레이는 피사의 사탑 실험을 결코 실제로 수행하지 않았을 것이며, 무거운 물체와 가벼운 물체가 탑 꼭대기로부터 떨어지는 시간이 같다는 것을 그 실험으로부터 결코 얻을 수 없었을 것이라는 점을 알 수 있다.[19]

[16] Adler and Coulter 1978; Casper 1977.
[17] Feinberg 1965.
[18] Casper 1977.
[19] Adler and Coulter 1978.

부록. 갈릴레이의 『두 개의 새로운 과학에 대한 대화』

아리스토텔레스의 운동에 대한 생각에 반박하는 갈릴레이의 다음 글로부터 시작해보자. 『대화』의 일반적인 형태와 마찬가지로, 여기서도 갈릴레이는 대화의 형식을 사용하고 있다. 살비아티(Salviati), 사그레도(Sagredo), 심플리치오(Simplicio)라는 세 명의 등장인물이 대화를 이어간다. 살비아티는 갈릴레이의 친구인 살비아티(Filippo Salviati, 1582-1614)를 모델로 하였으며, 갈릴레이의 대변인이다. 사그레도는 한가한 이탈리아 인으로서 지적이고 실제적이며 마음이 넓고 판단하기를 좋아하는데, 갈릴레이의 죽은 친구인 베네치아의 귀족인 사그레도(Giovanfrancesco Sagredo, 1571-1620)를 모델로 하였다. 심플리치오는 현학적인 아리스토텔레스주의자를 희화화한 인물로서 자기 스스로 생각할 수 없는 도그마(교리)의 노예와 같은 인물이다.

⊛ 살비아티 : 아리스토텔레스가 말한 것처럼 같은 물질의 두 물체가 있을 때, (같은 물질로 이루어진 또는 아리스토텔레스가 말했던 것과 같은 두 물체가 있다면) 무거운 물체는 가벼운 물체보다 더 빠르게 움직이지 않는다는 것을 실험에 의존하지 않고 간결하고 확실한 논증으로 증명할 수 있네. 그렇지만 말해보시오. 심플리치오, 낙하하는 모든 물체는 자연적으로 가진 어떤 일정한 속력-즉, 힘이나 저항이 관여하지 않는다면 커지거나 작아지지 않는-을 가지고 있다고 생각하는가?

심플리치오 : 하나의 매질에서 운동하는 하나의 물체 또는 같은 물체는 고정된 속력을 갖는다는 것에는 의심의 여지가 없소. 고정된 속력은 자연적으로 결정되며, 추가적인 운동량이 없으면 증가하지 않고 저항이 없으면 감소하지 않는다고 생각하네.

살비아티 : 그렇다면 자연적인 속력이 다른 두 물체에 대하여 생각해 보세. 두 물체를 하나로 묶으면 빠른 물체는 느린 물체 때문에 느려질 것이고, 느린 물체는 빠른 물체 때문에 더 빨라질 것이다. 내 말에 동의하는가?

심플리치오 : 물론 그렇소.

살비아티 : 위 말이 옳다고 하고 논의를 계속해 보세. 큰 돌이 8의 속력으로 움직이고, 작은 돌이 4의 속력으로 움직인다고 하세. 두 돌을 묶으면 8보다 작은 속력으로 움직일 것이네. 그런데 두 돌을 묶으면 8의 속력을 내는 돌보다 더 큰 하나의 돌이 되네. 따라서 더 무거운 돌이 가벼운 돌보다 작은 속력으로 움직이는 것이 되네. 이것은 우리의 가정에 반대되지 않는가? 나는 무거운 것이 가벼

운 것보다 빠르게 움직인다는 당신의 가정으로부터 무거운 것이 가벼운 것보다 더 느리게 움직인다는 것을 추론해냈네.

심플리치오 : 나는 잘 모르겠네. 어떻게 작은 돌이 큰 돌에 합쳐질 때 작은 돌이 큰 돌에 무게를 더하게 되는데 왜 속력은 증가시키지 못하는지 이해가 안 되네. 적어도 무게를 더하게 되면 속력을 감소시키지는 않을 걸세.

살비아티 : 당신은 또다시 오류에 빠졌소. 심플리치오. 작은 돌이 큰 돌에 무게를 더한다는 것은 옳지 않기 때문이오.

심플리치오 : 그것은 정말 내가 이해할 수 있는 영역을 넘어서는 것이네.[20]

『두 개의 새로운 과학에 대한 대화』의 네 번째 날, 갈릴레이는 투사체의 운동이 포물선 운동임을 보인다.

⊛ 이제 나는 일정한 직선 운동과 자연적인 가속운동의 두 운동이 결합된 물체의 궤도 특성을 설명하고자 한다; ...

...

수평 방향으로 일정한 운동을 하고, 수직 방향으로 자연적인 가속운동을 하는 투사체는 포물선(semi-parabola) 경로를 그린다.[21]

갈릴레이는 먼저 원뿔을 평면으로 자르는 아폴로니우스의 정의로부터 포물선의 기본적인 특성을 상기해 낸다(5장 부록 참조).

⊛ 직각 원뿔을 생각하자. *ibkc*는 원형 밑바닥이고(**그림 6.6**) 꼭지점은 *l*이다. 측면 *lk*에 평행한 평면에 의해 만들어지는 단면은 포물선이라 부르는 곡선이다. 이 포물선의 바닥 *bc*는 원 *ibkc*의 지름 *ik*를 직각으로 자른다. 축 *ad*는 측면 *lk*에 평행하다. 곡선 *bfa*상의 임의의 한 점을 *f*라 하고 *bd*에 평행한 직선 *fe*를 그리자. 그러면 *bd*의 제곱 : *fe*의 제곱 = *ad* : *ae*이다. 원 *ikbc*에 평행한 한 평면을 지나고 점 *e*를 통과하는, 지름이 *geh*인 원형 단면을 원뿔 안에 만들자. *bd*는 원 *ibk*에서 *ik*에 수직이기 때문에 *bd*의 제곱은 *id*와 *dk*로 이루어지는 사각형과 같다. 점 *gfh*를 지나는 위쪽 원에서는 *fe*의 제곱은 *ge*와 *eh*로 만들어지는 사각형과 같다. 그러므로 *bd*의 제곱 : *fe*의 제곱 = 사각형 *id* · *dk* : 사각형 *ge* · *eh*이다. 그리고 직선 *ed*는

[20] Galilei 1946, First Day, 60−1, (GB 28, 157−8)

[21] Galilei 1946, Third Day, 234−5. (GB 28, 238)

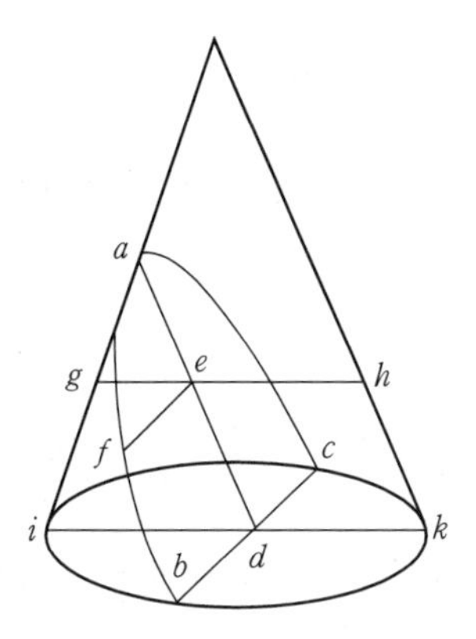

그림 6.6 아폴로니우스의 포물선의 정의

> hk에 평행하므로 dk에 평행한 직선 eh는 dk와 같다. 그러므로 사각형 id dk : 사각형 ge $eh = bd$의 제곱 : fe의 제곱이며, 따라서 $da : ae$와 같다.[22]

직접적으로 위의 기하학적 논의를 기본적인 대수식으로 다시 쓸 수 있다. 갈릴레이는 다음과 같이 식을 세웠다.

$$\frac{(bd)^2}{(fe)^2} = \frac{ad}{ae}$$

이 식을 증명하기 위해서 원의 성질(특히 $y^2 = a^2 - x^2 = (a+x)(a-x)$, 여기서 a는 원의 반지름)을 이용하여 다음과 같이 쓰자.

$$(bd)^2 = (id)(dk), \quad (fe)^2 = (ge)(eh)$$

평행선이 평행선들에 의해서 잘리면, 같은 조각들이 만들어지므로 $eh = dk$이다. 따라서

$$\frac{(bd)^2}{(fe)^2} = \frac{(id)(dk)}{(ge)(eh)} = \frac{(id)(dk)}{(ge)(dk)} = \frac{(id)}{(ge)} = \frac{(ad)}{(ae)}$$

이다. 여기서 마지막 등호는 닮은꼴 삼각형 ida와 gea로부터 나왔다. 이렇게 해서 원하는 결과를 얻을 수 있다. 이제 직접적으로 수평으로 발사된 투사체는 포물선운동을 한다는 것을 증명할 수 있다.

[22] Galilei 1946, Third Day, 236-7. (GB 28, 239) **그림 6.6**은 Galilei(1946, 236)의 figure 106을 다시 그린 것이다.

$$x = fe \propto t, \quad y = ae \propto t^2 \text{ 이므로}$$

y는 x^2와 비례한다. 이것은 (위의 증명한 식에 따르면) 포물선을 정의한다.

더 읽을거리

역학이 과학으로 등장하는 과정에 대해서는 프랭클린(Allan Franklin)의 『The Principle of Inertia in the Middle Ages』와 클라게트(Marshall Clagett)의 『The Science of Mechanics in the Middle Ages』를 추천하고, 갈릴레이의 생애에 대한 유용한 참고문헌으로는 드레이크(Stillman Drake)의 『Galileo: A Biographical Sketch』를 추천하다. 그리고 근대 과학의 핵심 인물로서의 갈릴레이에 대한 일반적 전기로는 로난(Colin Ronan)의 『Galileo』를, 피사의 사탑의 실험에 대한 실제적인 역사적 기록에 대해서는 쿠퍼(Lane Cooper)의 『Aristotle, Galileo, and the Tower of Pisa』와 세그레(Michael Segre)의 『Galileo, Viviani and the Tower of Pisa』를 권한다. 그리고 갈릴레이의 과학적 업적에 대한 세심한 요약을 위해서는 맥물린(Ernam McMullin)의 『Introduction: Galileo, Man of Science』를 참조하기 바란다.

3부 뉴턴의 우주

(태양을 중심으로 하는 궤도를 따라) 지구가 움직이도록 하는 것은 화성이나 목성을 움직이는 그 어떤 것과 비슷한 것이다. … 만약 (누군가) 나에게 이러한 행성들 중 하나의 기동력에 대해 말해준다면, 지구를 움직이게 하는 것이 무엇인지에 대해 그에게 말해 줄 수 있을 것이라고 약속한다. 뿐만 아니라 무거운 물체가 아래 방향으로 운동하게 만드는 것이 무엇인지를 가르쳐준다면 지구가 어떻게 움직이는지 말할 수 있을 것이다.

갈릴레이(Galileo Galilei), 『Dialogue Concerning the Two Chief World System0s』

모든 물체는, 그것에 주어지는 힘에 의해 상태가 변화되지 않는 한, 정지 상태나 직선 상의 균일한 운동을 계속한다.

…

운동의 변화는 주어지는 기동력에 비례한다. 그리고 그 변화는 주어지는 힘의 직선 방향으로 만들어진다.

…

지금까지 우리는 중력을 통해 하늘과 바다의 현상들을 설명하였지만 여전히 이러한 힘의 원인에 대해서는 아직 밝혀내지 못했다. 분명한 점은 그 원인이 되는 것이 그것의 힘의 최소한의 감소도 없이 태양과 행성들의 한가운데까지 침투하고 (보통 역학적 원인과 다르게) 그것이 작용하는 입자의 표면의 양에 따르지 않고 그것이 담고 있는 고체 물질의 양에 따르며, 엄청난 거리에 이르는 모든 방향으로 퍼져나가며, 그때 거리의 역 제곱으로 감소한다는 것이다. 태양에 대한 중력은 태양의 형체를 구성하는 여러 입자들에 대한 중력으로부터 만들어지며, 행성의 원일점이 고정되어 있는 것으로부터 분명하게 드러나듯이 태양으로부터 멀어질 때에는 토성 궤도만큼 먼 거리까지 역제곱으로 정확하게 감소할 뿐만 아니라 그 원일점이 정지해 있다면 혜성의 가장 멀리 떨어진 원일점까지도 그러하다. 하지만 지금까지 나는 현상들로부터 그러한 특성들에 대한 원인을 발견하지는 못하였으며, 이에 대한 아무런 가설도 만들지 않는다. 현상으로부터 연역되지 않는 모든 것을 가설이라 부르며, 그것이 형이상학적이건 물리적이건 신비적이건 역학적이건 실험철학 내에는 가설이 위치할 수 있는 그 어떤 자리도 없다.

뉴턴(Issac Newton),「Mathematical Principles of Natural Philosophy」

뉴턴의 『프린키피아』

이 장과 이어지는 8장, 9장을 통해, 우리는 뉴턴 역학(Newtonian mechanics)이라 불리는 고전 물리학의 개념적 초석에 대해서 논의하게 될 것이다. 뉴턴이 어떻게 확실하고 일반적인 원리들을 통해 케플러 법칙의 형태로 표현된 태양계의 규칙성을 사용하여 자신의 중력의 법칙을 이끌어내는지를 보게 될 것이다. 뉴턴은 다시 논증과정을 거슬러 올라가면서 케플러의 법칙뿐만 아니라 밀물과 썰물 현상에 대해서도 설명한다. 1689년에 넬러(Godfrey Kneller)가 케임브리지 대학의 교수복을 입고 있는 뉴턴의 초상을 그린 것에서 볼 수 있듯이, 뉴턴에 대한 전형적인 이미지는 이성의 시대의 정점이자 화신이다.[1] 때문에 뉴턴이 이단적 사설과 연금술 등에 오랫동안 진지한 관심을 기울여왔다는 사실을 알게 되면 놀라게 될 것이다.

7.1 뉴턴

아이작 뉴턴(Isaac Newton, 1642−1727)은 갈릴레이가 죽은 지 11개월 뒤인 1642년 크리스마스에 영국 링컨셔(Lin-colnshire)에 있는 울즈소프(Woolsthorpe)의 한 작은 마을에서 태어났다(1752년까지 영국에서 사용되지 않았던 그레고리력에 의하면 뉴턴의 생일은 1643년 1월 4일이다). 같은 이름을 가진 그의 아버지 아이작 뉴턴(1606−1642)은 아들이 태어나기 3개월 전에 사망했다. 뉴턴은 병약해서 오래 살지 못할 것 같은 아이였다. 어머니 아이스코프(Hannah Ayscough, ?−1679)가 1645년에 부유한 목사인 스미스(Barnabas

[1] 이 초상화는 Westfall(1980b, 482)에서 확인할 수 있다.

Smith, 1582–1653)와 결혼하여 이웃 마을로 이사하게 되자, 홀로 남겨진 어린 뉴턴은 외할머니 밑에서 양육되었다. 어머니로부터 버림받았다는 기억으로 인해 뉴턴은 이후 여러 해 동안 어머니와 의붓아버지를 향한 강한 증오심을 품게 되었다. 이것이 그의 말년의 심리적 불안정과 불안감의 원인이 된 것으로 보인다. 그는 12세까지 지역 학교에서 교육을 받고 그랜햄(Grantham)에 있는 킹스 스쿨(Kings' School)에 입학했다. 그의 것으로 추정되는 이름의 머리글자가 학교 기숙사의 창문턱에 새겨져 있다고 한다.

뉴턴의 어머니는 1653년에 다시 미망인이 되었고 아이작에게 농장의 운영을 맡기기로 결심했다. 뉴턴이 언제 되돌아왔는지는 정확하지 않지만 대략 1659년쯤에 울즈소프로 돌아와 있었다. 이후 오래지 않아 그가 농장 일에 소질이 없음이 드러났고, 그래서 1661년에 뉴턴은 케임브리지 대학의 트리니티 칼리지(Trinity College)에 입학했다. 오늘날의 대학생들이 학비를 벌기 위해 식당에서 서빙을 하는 것처럼, 뉴턴은 그의 동료들이나 부유한 학생들을 위한 허드렛일을 하면서 생활비를 벌었다.

이 시기는 코페르니쿠스와 케플러 그리고 갈릴레이와 데카르트가 이미 그들의 업적을 출판하여 과학혁명의 초기로 여겨지는 시기임에도 불구하고, 유럽과 영국에 있는 대부분의 대학들은 여전히 구식의 아리스토텔레스 학풍의 거점으로 남아있었는데, 케임브리지 대학도 예외는 아니었다. 게다가 케임브리지는 영국 내의 정치적 음모와 시민전쟁의 결과로 인해 일부의 눈에 띄는 예외적 경우를 제외하고는 뛰어나지 않은 교수진을 가지고 힘든 시기를 견뎌내고 있었다. 뉴턴은 고전 철학자들에 대한 평범한 공부를 시작했으나, 그는 곧 근대적인 사상가들의 혁명적인 업적들을 발견했으며 자신의 공책에 '플라톤은 나의 친구, 아리스토텔레스는 나의 친구, 그러나 나의 최고의 친구는 진리(Amicus Plato amicus Aristoteles magis amica veritas)' 라고 적었다.[2] 그는 수학자 배로(Isaac Barrow, 1630–1677)의 강의를 들었으며 또한 케플러의 『광학』(Optics)과 데카르트의 『기하학』(Geometry)에 정통하기 시작했다. 그리고 보일(Robert Boyle, 1627–1691)의 화학 저술과 신플라톤주의자인 모어(Henry More, 1614–1677)의 철학적 논문들이 그의 후기 사상에 지대한 영향을 끼쳤다(신플라톤주의란 아우구스티누스(St. Augustine, 354–430)의 가르침 속에 있는 기독교 교리처럼 플라톤주의(특별히 본질적인 형태의 것)가 신비주의 또는 종교적 학설과 융합된 것을 가리키는 용어이다). 모어를 통해 뉴턴은 세계를 설명하는 데 있어 비술과 마법을 강조했던 연금술의 전통을 알게 되었다. 뉴턴은 기계론 철학과 신

2 Westfall 1962, 172.

비주의 철학을 결합하여 그의 세계관을 구성했고, 여전히 신플라톤주의적인 전통에 머물러 있었으며, 물질을 활동력이 없는 것으로 보고 움직임의 원리를 물질의 바깥 공간과 에테르에서 찾으려고 했다(이에 대해서는 11장에서 살펴보게 될 것이다).

1665년 트리니티 칼리지에서 학사 학위를 받았을 때, 뉴턴은 이항정리를 발견함으로써 이미 새로운 수학적 토대를 착수하였다. 그는 먼저 1664년 겨울과 1665년 봄 사이에 유율법(method of fluxions), 즉 미분법을 개발하기 시작했다. 그의 분석법에서 뉴턴은 작은 직선 조각을 이어서 만든 선이 아닌, 연속적인 운동으로서 만들어지는 선을 생각해냈다. 이 운동의 독립 변수는 시간이다. 1665년에 페스트가 런던에서 케임브리지로 번지면서 학교는 휴교하게 된다. 학위를 받은 후 뉴턴은 링컨셔에 있는 그의 고향으로 돌아갔다. 1665년에서 1667년에－종종 경이(驚異)의 1666년으로 특징되는－그는 화학 실험을 하면서 프리즘을 이용해 햇빛이 스펙트럼으로 분산되는 초기의 관찰을 했고, 미분학을 발명함으로써 수학적 연구를 수행했으며, 달이 궤도를 유지하는 데 필요한 힘(8장 참조)에 대해 고찰하면서 역학과 중력의 기초를 세웠다. 1666년 10월의 『유율법 소고』(Tract on Fluxions)는 이전 2년간의 수학적 연구를 개괄하고 있다. 이러한 몇 가지 작업들은 완성이 미루어지면서 거의 25년 동안 발표되지 않았다. 여러 해가 지난 후 뉴턴은 이 시기를 다음과 같이 회상했다.

> 1665년 초 나는 근사급수법과 어떤 이항의 위계를 급수로 환원하는 해법을 발견했다. 같은 해 5월 나는 탄젠트 법을 발견했으며 … 11월에 순행유율(미분)법, 그 다음 해 1월엔 색채 이론을, 이어 5월엔 역유율법에 착수했다. 같은 해 나는 케플러의 법칙으로부터 달의 궤도에까지 연장되는 중력을 생각하기 시작했으며(구체 내부에서 회전하는 또 다른 구체가 원래의 구체에 가하는 힘을 어떻게 측정할 수 있을까를 발견해냈다) … 나는 행성들이 그 궤도를 유지하도록 하는 힘은 행성 상호 간에 회전하는 중심으로부터의 거리의 제곱에 반비례해야만 한다는 것을 추론해냈다. 따라서 달이 궤도를 유지하는 데 필요한 힘과 지구의 표면에 작용하는 중력을 비교해서 거의 근사하다는 것을 발견해냈다. 이러한 모든 것은 1665년과 1666년 페스트가 휩쓴 2년간의 일이었다. 그때가 바로 수학과 철학에 있어 그 어떤 때보다도 내 생애 최고의 시기에 해당한다.[3]

오늘날 이 말을 액면 그대로 받아들이는 뉴턴 연구자는 없다. 그가 유명해진 이후에 쓰

[3] Westfall 1980a, 109.

여진 이 글과 다른 글들에서 뉴턴은 특히 미적분학과 관련해서 자신의 발견의 우선권을 강화하기 위해 그의 기억을 변조하는 경향이 있었다. 1667년 케임브리지가 다시 문을 열었을 때, 뉴턴은 트리니티 칼리지의 펠로우(Fellow)로 선출되었다. 1669년 6월, 무한급수에 관한 우선권을 입증하기 위해 급히 『항의 개수가 무한한 방정식 분석』(De Analysi per Aequationes Numero Terminorum Infinitas)을 정리했다. 다음 달 그는 트리니티에서 여전히 루카시안 석좌교수(Lucasian Professor)로 있던 배로에게 이것을 전달했다. 그해 10월 자신의 27번째 생일 직전에 뉴턴은 배로의 뒤를 이어 두 번째 루카시안 석좌교수가 되었다. 신학 연구를 위해 자리에서 물러나는 배로의 추천으로 교수직을 얻었던 것이다. 이 임명을 통해 뉴턴은 연간 한 차례의 강의를 제외하고는 모든 강의 의무로부터 자유로울 수 있었으며 연구에 모든 노력을 쏟을 수 있게 되었다.

1670년에서 1671년 사이에 그는 1666년의 『유율법 소고』와 『해석』(De Analysi)을 결합하여 『급수법과 유율법』(De Methodis Serierum et Fluxionum)을 편찬했다. 뉴턴은 『유율법과 무한급수』(Method of Fluxions and Infinite Series)를 1670년대쯤 출판할까 하고 저울질했었다. 1666년 런던의 대화재에 이은 극심한 공황 속에서 그러한 수학책이 팔릴 시장은 없었기 때문이다. 그러나 출판하지 않겠다고 결정한 것의 더 큰 이유는 그 내용에 쏟아질 비판에 대한 뉴턴의 불안 때문이었다. 여기서 언급된 다른 수학 책자와 같이 이러한 작업 역시 발표되지 않은 채 일부의 선택된 수학자 집단 사이에서만 읽혀졌다. 1736년이 되어서야 마침내 『방법론』(Method)이 출판되었다.[4] 여기에서 그는 우리가 오늘날 대수 함수의 미분이라 부르는 것에 대해서 규정하고 있다.

1670년 뉴턴은 자신의 첫 연례 교수직 강의 주제로 광학 연구를 선택했고 1672년에는 그 연구 결과를 런던왕립학회(the Royal Society of London)에 전달했다. 이 연구는 전반적으로 잘 인정받았지만, 왕립학회의 핵심 회원이었던 후크(Robert Hooke, 1635-1703)는 유별나게 뉴턴의 일부 해석에 대해 의문을 제기했으며, 그후 뉴턴은 오랫동안 후크 및 다른 사람들과의 기나긴 논쟁에 휘말리게 되었다. 이때부터 뉴턴은 그의 말년기처럼 모든 공개적 비판에 대해 격분하기 시작했다. 그러한 경험의 결과로 대략 1678년에서 1684년 사이 그는 자신의 연구를 철저한 비공개로 고립시켰으며 후크에 대해서는 끈질긴 적으로 남게 되었다. 그때 뉴턴은 그의 첫 신경 쇠약에 시달렸던 것으로 보이며 이 은둔 기간 동

4 여기에 제시된 Newton의 초기 수학적 연구에 대한 연도별 자료는 Whiteside(1967-1976, Vols. I-III의 Introduction)과 Cohen(1970, 45-53)에 기초하고 있다.

안 신비주의적 전통과 연금술에 강한 흥미를 갖게 되었다.

오늘날의 독자들이 뉴턴이 『프린키피아』 그리고 그와 유사한 '훌륭한' 주제들에 대해 저술했던 것만큼, 혹은 그 이상으로, 연금술과 고대 성경 연구와 관련된 저술을 했다는 것을 알면 충격을 받을지도 모르겠다. 역사적 증거에 따르면, 이러한 다양한 연구들의 궁극적 목적은 그가 당시의 환란의 근원으로 보았던 무신론에 대항함으로써 진정한 종교를 회복하려는 것이었다. 뉴턴은 한때 트리니티 칼리지의 마스터직(Mastership)을 요청받았으며 후에 킹스 칼리지(King's College)의 학장이 되기를 희망했다. 그러나 그가 케임브리지 대학에서 통상 펠로우가 되기 위해서도 필요한 요구되는 사제서품을 제수 받지 않았기 때문에 두 가지 직책 모두에서 거부당했다. 그는 성직 없이도 루카시안 석좌 교수가 되는 특별 면제를 받았었다. 뉴턴이 사제서품을 거부한 것은 그가 유니테리언파이기에 삼위일체(트리니티)의 교의에 동의할 수 없었기 때문이었다. 그리고 이러한 비밀은 그의 생애 동안 철저하게 숨겨졌었다.

1679년 후크는 태양으로부터의 거리의 제곱에 반비례하는 작용력을 갖는 행성의 궤도 결정에 대한 문제를 제기했다. 후크와 혜성에 이름이 붙여진 천문학자 핼리(Edmund Halley, 1656-1742) 그리고 1666년 대화재 이후 런던 재건축의 대부분을 감독했던 유명한 건축가 렌(Sir Christoper Wren, 1632-1723)은 이 문제에 대해 별다른 성과를 거두지 못하고 있었다. 1684년 핼리는 케임브리지에 있는 뉴턴을 방문할 일이 있어서 그에게 해법을 알고 있는지를 물었다. 뉴턴은 즉석에서 그것이 타원이라고 대답했다. 핼리가 어떻게 그것을 알았느냐고 재촉하며 묻자, 뉴턴은 일전에 그것을 증명하여 풀었으나 그 내용을 잊어버렸다고 대답했다. 이 우연한 만남의 결과로 핼리는 뉴턴이 그 연구결과를 발표하도록 독려했다. 1685년에서 1686년에 뉴턴은 이것을 『프린키피아』로 확장하였으며 1687년 발표했다. 표절 혐의로 후크와의 불편한 관계가 뒤따르긴 했지만, 곧바로 『프린키피아』가 독보적인 과학천재의 업적으로 인정받았기 때문에 후크와의 시비에 관심을 갖는 사람은 없었다. 뉴턴은 이미 쇠퇴하고 병든 후크를 그가 1703년 죽을 때까지 무자비하게 대했다. 그는 후크가 왕립학회의 회원을 그만둔 후에나 왕립학회의 회장직을 맡으려고 했다.

1692~1693년에, 뉴턴은 『프린키피아』를 저술하면서 받은 압박과 뒤이은 논쟁으로 인해 또 다시 신경 쇠약에 시달려야 했다. 뉴턴의 정신 상태는 뒬러(Nicholas Fatio de Duiller, 1664-1753)와의 절교로 인해 더욱 불안정해졌다. 뒬러는 런던에 살고 있던 스위스 태생의 수학자로서 뉴턴과 많은 관심사를 공유했으며 뉴턴의 성인시절 가장 가깝게

지낸 친구였다. 1693년 뉴턴의 과학적 이력에서의 창조적 국면은 끝났다. 1696년에 그의 친구들은 그의 정신적 안정을 위해 환경 변화가 꼭 필요하다고 느꼈고, 뉴턴에게 조폐국 감독관 직을 권유했다. 몇 년 뒤 그는 조폐국 국장으로 승진했다. 뉴턴은 이후 런던에 거주하며 주요 사회 인사가 되었다. 그는 조폐국에서 굉장한 의욕을 가지고 임무를 수행했는데 심지어 위조지폐범들을 체포하여 그들 중 여러 명을 교수대로 보내기도 했다.

이 시기 동안 그는 미적분학 발견의 우선권을 두고 라이프니츠(Gottfried Leibniz, 1646-1716)와 심각한 논쟁에 휘말리게 된다. 드 뒬러는 그 문제를 쟁점화하는 데 중요한 역할을 했고 뉴턴은 죽을 때까지 이 문제에 집착하였는데, 심지어 라이프니츠가 죽은 이후까지 여기에 열중했다. 오늘날 분명한 사실은 뉴턴이 먼저 자신의 미적분학을 공식화했지만 이를 발표하지 않았고, 1704년판 그의 『광학』(Optics)이 출간되기까지 기다렸는데, 그동안 라이프니츠는 독자적인 발견을 한 후 이를 1684년에 발표했다. 영국과 유럽대륙이 맞선 우선권 전쟁의 일부로서, 큰 영향력을 지닌 스위스 수학자이자 라이프니츠와 미적분학을 공동으로 연구한 베르누이(Johann Bernoulli, 1667-1748)가 문제를 공식화했고[5] 그것을 해결하도록 6개월 동안 세계의 수학자들에게 공포했다. 1679년 어느 날 저녁 뉴턴은 단숨에 그 문제를 풀었으며 익명으로 〈왕립학회 회보〉(Transactions of the Royal Society)에 그 해법을 발표했다. 베르누이가 그 해법을 보았을 때 그는 뉴턴의 필적인 것을 알아채고 '사자가 발톱을 남겼다(Tanquam ex unque leonem)' 라고 말했다고 알려져 있다.[6]

1703년 앞에서 언급되었듯이, 뉴턴은 왕립학회 회장이 되었고 1705년에는 앤(Anne) 여왕으로부터 기사 작위를 받아 작위를 받은 영국 최초의 과학자가 되었다. 그는 나이를 먹을수록 상당히 부드러워졌다. 죽기 2년 전에 그는 조카에게 다음과 같이 말했다.

> ⊛ 내가 세상 사람들에게 어떻게 보일지 모르겠지만, 내 스스로는 오직 소년과 같이 해변에서 놀면서 때때로 부드러운 조약돌이나 보통의 것보다 예쁜 조개를 찾는 것을 즐겼던 것 같다. 그리고 내 앞에는 거대한 진리의 바다가 발견되지 않은 채 놓여있었던 것이다.[7]

---

5 이 문제는 일명 '최속강하선(brachistochrone)' 문제로 알려져 있는데, (동일한 수직 평면상의 높이가 다른) 임의 두 지점 사이에서 중력에 의해 가장 짧은 시간 내에 물체가 굴러갈 수 있는 곡선의 모양을 찾는 것이었다(현대적 표기법으로 정리된 상세한 해답을 위해서는 Cushing(1975, 240-1) 참조).

6 More 1934, 475.

7 Manuel 1968, 388-9.

뉴턴은 1727년 3월 20일에 담석증으로 사망했다. 얼마 지나지 않아 그의 유해는 웨스트민스터 성당(Westminster Abbey)에 안치되었다. 오늘날 성당의 방문객들은 뉴턴의 기념상을 볼 수 있으며, 그곳에는 뉴턴뿐만 아니라 전자기학 이론을 확립했던 패러데이(Michael Faraday, 1791–1867)와 맥스웰(James Maxwell, 1831–1879)도 함께 묻혀 있다.

7.2 뉴턴의 과학 철학

3장에서 확인한 바와 같이, 과학에 대한 대중적인 관점은 과학적 방법이란 일련의 연속적인 단계들–관측, 가설 설정, 예측, 검증–구성된다는 것이다. 이 단계들을 통해 과학은 보다 보편적인 법칙으로 발전하는 것으로 여겨진다. 이러한 과학 모델은 종종 베이컨의 저서인 『새로운 논리학』으로 거슬러 올라간다. 이 책에서 베이컨은 삼단논법 혹은 연역적 추론만을 독점적으로 사용하는 것에 대해 비판하면서 자연철학에서 귀납의 중요성을 강조했다.

> ⊛ 그러나 방해나 위반 없이 진리 단계를 따라, 특수한 사실들로부터 보다 적은 수의 공리를 향해, 중간의 단계를 거쳐(상하 관계를 형성하면서), 마침내 가장 일반적인 것에 이르는 연속적인 단계들을 밟아 올라갈 때, 과학에 대해 제대로 예언할 수 있다. 가장 낮은 수준의 공리란 순수한 실험과 다르지 않다. …
>
> …
>
> 귀납으로부터 공리를 형성하는 데 있어, 유도된 공리가 연역된 특수한 사례들에만 적합한 것인지 아니면 더욱 광범위하고 일반적으로 적용될 수 있는 것인지를 시험하고 검토해야 한다.[8]

뉴턴은 『프린키피아』의 초판 서문에서 이러한 베이컨의 생각과 대체로 일치되는 철학관을 서술하였다.

> ⊛ 철학의 모든 의무가 이것(운동현상으로부터 자연의 힘에 대해 연구하는 것과 이러한 힘을 통해 다른 현상을 설명하는 것)에 있다고 보기 때문에, 나는 이 작업을 철학의 수학적 원리(즉, 정밀한 수학적 과학)로서 제공한다. 이를 위해 제1권과

[8] Bacon 1952, Book I, Aphorisms 104 and 106, 128 (GB 30, 128)

제2권에 보편적인 명제들이 쓰여졌다. 그리고 제3권에서 세계의 체계를 설명하면서 그 예를 보일 것이다. 즉, 앞의 책들을 통해 수학적으로 논증된 진술들 이외에도 제3권을 통해 천체 현상으로부터 물체가 태양과 행성들을 향해 가하는 중력을 유도할 것이다. 또한 수학적인 명제들에 의해 이 힘으로부터 행성, 혜성, 달 그리고 바다의 운동을 수학적으로 연역해 보일 것이다.[9]

이러한 접근은 특히 『프린키피아』의 제3권에서 뚜렷한데, 뉴턴은 여기서 태양에 대한 행성들의 궤도가 타원이라는 경험적 사실과 같은 시간에 같은 면적을 휩쓸고 지나간다는 사실을 이용하여 중력이 거리의 제곱에 반비례하는 크기의 인력임을 추론해낸다. 천체 현상에서의 이러한 일반화를 이용하여 행성 운동에 관한 케플러의 세 법칙을 연역해내고(제1권의 관련 명제들을 참조하여), 달과 태양에 의해 지구의 바다에서 일어나는 조수 현상을 유도해낼 수 있었다(9장 참조).

『프린키피아』의 제3권의 서두에서, 뉴턴은 철학의 추론 규칙(Rules of Reasoning)에 대해 서술하고 있다.

[규칙 1]

자연 사물에 대해서, 그 현상을 설명하기에 충분한 진짜 원인이 있으면, 그 이외의 원인은 도입하지 않는다.

[규칙 2]

그러므로 같은 자연 현상들은 가능한 같은 원인으로 설명해야 한다.

[규칙 3]

물체들의 성질들 중에, 조금도 더 강해지거나 약해지지 않고, 우리가 접하고 다루는 모든 물체들이 지니는 성질은, 그 어떠한 물체이든 지니는 일반적인 성질이라고 여겨야 한다.

[규칙 4]

실험 과학에서는, 현상을 바탕으로 일반적인 추론을 통해서 가능한 한 정확하거나 진리에 가까운 법칙들을 이끌어내야 한다. 그와 반대되는 가설들을 상상할 수 있음에도 불구하고 그래야 한다. 다른 현상이 나타나면, 그것을 참조하여 좀더 정확한 이론을

[9] Newton 1934, Preface to the first edition, xvii–xviii. (GB 34, 1–2)

만들거나, 또는 예외를 인정해야 한다.[10]

기본적으로 이 명제들은 되도록 가능한 적은 개수의 원인들로 설명을 하고, 유사한 결과에 대해 하나의 공통 원인을 가정하여, 우리가 검사한 모든 물체의 공통적인 속성들이 우주에 속한 모든 물체의 속성들이 되게 하며, 다른 현상들에 의해 반박될 때까지는 경험적 자료에 근거한 신중한 귀납을 일반적 진리로 취급할 것을 주장하고 있다. 이것은 가설 그 자체가 참이기 위한 하나의 안전장치로서, 가설에서 유도된 결론의 올바름을 이용하는 귀추(retroductive reasoning)의 본질에 해당한다.

이러한 뉴턴의 자연철학적 접근은 종종 『프린키피아』 끝부분의 일반 주석에 나오는 '나는 가설을 만들지 않는다(hypotheses non fingo)' 라는 그의 말에 의해 특징화되기도 한다.

> ⊛ 나는 아무런 가설을 만들지 않는다. 왜냐하면 무엇이든지간에 현상으로부터 추론되지 않은 것은 하나의 가설에 불과하기 때문이다. 그리고 실험철학에 있어서는, 형이상학적이든 형이하학적이든 또는 초자연적이든 기계적이든 상관없이, 가설이 존재할 여지는 없다. 실험철학에서, 개개의 명제는 현상들로부터 추론되며 그후 귀납에 의해 일반화된다. 이와 같이 물체의 불투과성, 이동성, 충격력 그리고 운동의 법칙과 만유인력의 법칙이 발견된 것이다.[11]

그는 자신의 『광학』에 있는 질문들(Queries) 중 하나를 통해 동일한 주제를 다시 언급한다.

> ⊛ 자연철학의 주된 임무는 가설을 꾸미지 않고 현상들로부터 논하고 또 그 결과들로부터 원인을 연역해내는 것이다.[12]

우리는 종종 이것을 뉴턴이 감각에 의해 직접적으로 관찰할 수 없는 원인이나 설명으로부터 법칙을 구하지 않고, 오직 자연현상에 대한 직접적인 관찰로부터 법칙을 귀납해

---

[10] Newton 1934, Book III, 398–400. (GB 34, 270–1)

[11] Newton 1934, Book III, General Scholium, 547. (GB 34, 371) (M, 93)

[12] Newton 1952, Book III, Pt. 1, Query 28, 528. (GB 34, 528)

내는 것만을 정당한 과학 활동으로서 인정한다는 의미로 해석하곤 한다. 그러나 그렇지 않다. 첫째로 위의 『광학』에서의 인용 구절은 뉴턴이 빛의 전파를 설명할 수 있는 에테르의 존재에 대해 매우 심각한 의심의 눈을 보내는 구절들 사이에 있다(이에 대해서는 13장에서 다시 논의하게 될 것이다). 『프린키피아』에서조차 그는 수학적이고 귀납적인 단계를 지키는 데 신중하였으며 다음과 같이 진술한다.

> ⊛ 수학에서 우리는 어떤 가정된 조건들의 결과로서 생기는 비례량들과 더불어 힘의 크기에 대해서도 조사해야만 한다. 그러면 물리적 현상을 접할 때 그 값들과 자연의 현상들을 비교하여 그러한 힘의 어떠한 조건이 몇몇 인력 물체에 반응할지 알 수 있다. 그리고 이러한 준비가 되었을 때, 좀더 안전하게 물리량, 원인, 힘의 비례량에 대한 주장을 할 수 있다.[13]

이것은 세 가지의 서로 다른 단계를 거쳐야 한다는 의미인데, 첫째는 어떤 가정이나 공리의 의미를 분석하는 수학적(혹은 연역적) 단계이다. 둘째는 물리적 단계로서, 자료들과 (현상을) 비교하여 가능한 많은 공리나 법칙들이 실제로 자연과 일치하는지를 파악한다. 셋째는 철학적 단계로 법칙들의 원인을 탐색한다. 『프린키피아』에서 뉴턴은 그가 중요하다고 여기는 세 번째 단계를 위한 준비 작업으로서 처음의 두 가지를 하려고 시도했다. 그는 대우주(macrocosm) (즉, 감각으로 지각되는 세계) 속에서 관찰되는 물리적 현상에 대한 궁극적 설명을 감각으로는 직접 관찰할 수 없는 소우주(microcosm)를 통해 찾았다. 그는 비유를 통해, 대우주에서 발견된 법칙이 소우주의 수준에서도 여전히 작동할 것이라고 가정하는 비유논증을 사용했다. 그러나 뉴턴은 결국 그의 역학과 중력 법칙의 배후에 있는 원인의 해석을 구축하는 데 성공하지 못한 채로 생을 마감했다.

『프린키피아』를 통해 뉴턴은 갈릴레이에 의해 시작되었던 혁명을 완성시켰다. 이 창조적 과학자들은 우리들에게 세계를 바라보고 이해하는 데 있어서의 새로운 방식을 제공해 주었다. 이것을 대단히 창조적인 (그러나 결코 임의적이지 않은) 과정이라고 인정하는 것이 필수적이다. 왜냐하면 그 법칙들은 단순히 실험의 자료나 현상에 대한 고찰을 통한 귀납으로는 도달할 수 없기 때문이다. 그와 같은 구성이나 규칙이, 완전히 임의적이지도 않음과 동시에 자연에 의해 특정하게 지시되지도 않으면서, 유용한 것이 되기 위해서는 세계와 조화를 이뤄야 한다.

[13] Newton 1934, Book I, Prop. 69, Scholium, 192. (GB 34, 131)

7.3 『프린키피아』에 나타난 뉴턴 논증의 개요

먼저 역학과 행성의 운동에 관한 『프린키피아』의 일반적인 구조를 개괄해 보기로 하자 (8장과 9장에서 다음 몇몇 주제들에 관해 다시 상세하게 다룰 것이다.) 『프린키피아』는 '질량', '운동량' 그리고 '힘'과 같은 기본 용어들의 정의로부터 시작한다(7.5절). 절대 공간과 시간의 본성에 관한 유명한 주석(scholium)도 여기서 발견된다. 세 가지 운동 법칙과 이것으로부터 귀결되는 일련의 결론들 그리고 오늘날 우리가 힘에 대한 벡터의 합이라고 부르는 것을 담고 있다(7.4절). 다른 경우와 마찬가지로 여기에서도 『프린키피아』에서의 운동 제2법칙을 $F\Delta t = \Delta p$와 같은 현대적 형태로 표시할 것이다. 증분의 표시로서의 이러한 형태의 논법과 진술은 뉴턴의 『프린키피아』에서 전형적으로 나타난다. 그는 하나의 물체에 작용하는 연속적으로 변화하는 힘을 각각 미소 시간 간격에 작용하는 충격 또는 일정한 힘의 연속의 극한으로 취급했다.

제1권인 『물체의 운동』(The Motion of Bodies)은 면적과 선, 원호의 극한에 관한 수학적 보조 정리를 담고 있는 I절로 시작한다. 모든 증명은 기하학의 형태로 표현되어 있는데, 뒤돌아보면 그것은 뉴턴이 미적분학의 개념을 소개하고 있는 것임을 알 수 있다. 뉴턴은 그가 어떤 결과를 얻게 되었다고 주장하는 방법(유율법, 혹은 '새로운' 분석법으로서의 증분법과 극한법)과 그가 그것들을 표현하는 방식 사이의 차이와 관련하여 1715년경 다음과 같이 썼다.[14]

> ⊛ 새로운 **분석법**의 도움으로 나의 『프린키피아』에 있는 대부분의 명제들을 발견했다. 그러나 종합적으로 논증되기 전에는 그 어떤 것도 기하학으로 받아들이지 않았던 고대인들을 고려하여, 나는 천체의 체계가 기하학에 잘 부합할 수 있다는 명제들을 종합적으로 논증했다. 이러한 이유 때문에 이제 분석에 서투른 사람들은 이러한 명제들을 발견한 분석법을 이해하기 어려울 것이다.[15]

14 현대의 독자들에게는 Newton의 유율법과 오늘날의 미분학이 동일하다는 것은 어려운 문제가 아니다. 우리는 $\Delta x \to 0$과 같은 극한의 채택에 익숙하다. Leibniz가 그와 같은 무한소량으로 전개한 반면, Newton에게는 영의 극한으로 간주될 수 없는 무한 증분($\sim \Delta x$)이 존재하였다. 이러한 사실을 지적해준 Dr. Whiteside에게 감사의 뜻을 표한다.

15 Cohen(1971, 295)에서 인용한 것이다. 비록 『Principisa』의 형식이 고대 그리스 기하학의 형식처럼 보이지만, 실제로 사용된 기하학은 자주 '고전(classical)' 기하학에서는 생소한 극한-증분 논증을 채용하고 있다. 따라서 발견에 대한 Newton의 분석(Newton's analysis of discovery)과 표현의 종합(synthesis of

특히, 그는 또한 케플러의 제1 및 제2법칙에 대한 자신의 초기 증명에 대해 다음과 같이 논평했다.

> 역유율법(미분법)에 따라 나는 1677년 케플러의 천문학적 명제들, 즉 행성들이 타원으로 움직인다는 명제를 증명했는데 『프린키피아』의 제1권에 있는 11번째 명제가 바로 그것이다.[16]
>
> 1679년쯤에 이러한 구적법의 도움으로 나는 행성들이 타원의 초점에 위치하는 태양 주변을 시간에 비례하는 면적으로 회전한다고 기술되는 케플러의 명제들을 증명했다.[17]

뉴턴은 『곡선 구적법』(Tractatus de Quatratura Curvarum)[18]을 1704년판 그의 『광학』에 수학 부록으로 수록하기 전까지는 그의 미적분학 연구를 발표하지 않았고, 극한에 관한 그의 몇몇 결과들은 『프린키피아』 제1권 I절에 담겨 있다.

II절은 고정된 점을 중심으로 한 물체가 운동할 때, 인력(힘의 중심을 향한: **중심력**)이 궤도가 평면에 놓인다는 것과 같은 시간에 같은 면적을 휩쓸고 가는 것(케플러의 2법칙)에 대해 필요충분조건임을 입증하는 두 가지 명제로 시작한다. 현대적 용어로 바꿔 말하자면, (벡터로서의) 각운동량이 시간에 대해 일정해야만 한다는 것이다. III절에서는 물체의 원뿔곡선운동에 대해 논하고 있다. 여기에서 뉴턴은 초점을 중심으로 하는 원뿔곡선상의 운동이 역자승의 중심력 법칙의 필요충분조건이며 적절한 초기값(위치와 속도)들이 이러한 원뿔곡선을 결정한다고 주장한다. 그리고 또한 여기서 케플러의 3법칙을 증명한다(9.2절에서 이 주장에 대한 뉴턴의 증명을 다시 다룰 것이다). VIII절은 모든 특정한 중심력과 초기 변위 $\boldsymbol{r}_0$ 및 초기 속도 $\boldsymbol{v}_0$에 대해 운동방정식($\boldsymbol{F}=m\boldsymbol{a}$)이 궤도 $\boldsymbol{r}=\boldsymbol{r}(t)$를 결정함을 증명하는 명제를 담고 있다. 마지막으로 XII절에서 일련의 명제들은 교묘한 기

presentation) 사이에 존재한다고 주장되는 차이는 대수학과 고전 기하학 사이의 차이가 아니며, 분석과 발견의 많은 기법들이 Newton의 표현 속에서 종합화되었기 때문에 그 차이가 분명한 것도 아니다.

16 Cohen 1971, 295.

17 Cohen 1971, 296. Newton의 이러한 주장에도 불구하고, 그가 케플러의 첫 번째 두 법칙들을 처음 증명할 때 역유율법을 사용하였다는 사실을 지지하는 문서상의 증거는 없다(Cohen 1971, 79-81). Newton의 의도는 Leibniz의 미분법 발견에 대한 우선권을 확립하기 위한 것이었던 것으로 보인다.

18 1691년 뉴턴은 유사한 제목의 〈De Quadratura Curvarum〉이라는 논문을 저술했다. 이 논문은 『Opitics』에 부록으로 첨가된 〈Tracatus〉보다 더 일반적인 것이었다.

하학적 증명으로 하나의 구형 껍질에 의한 중력과 두 개의 구형 껍질 사이의 중력을 다루고 있다.

어떤 측면에서는 『프린키피아』 제1권에서 뉴턴이 중심력 문제에 관해 다루고 있는 논의는 순수하게 가설적이다. 즉, 그는 일련의 정리와 증명들을 제시하고 있지만, 정리들을 타당하게 하는 조건들과 그것의 결과들 중 어느 것도 실제 물리적 세계와 연관시키지는 않았다. 그러나 제3권 『세계의 체계』(The System of the World)에서 뉴턴은 그의 정리들을 자연현상에 적용하는 데 관심을 가졌다. 그가 자신의 철학의 추론 규칙(Rules of Reasoning in Philosophy)을 처음으로 언급한 곳이 바로 여기다. 이어서 금성과 토성의 위성에 대하여, 태양계의 행성들에 대하여 그리고 지구의 위성인 달에 대하여 케플러의 세 법칙을 입증하는 천문학적 자료들이 실려 있다. 서두에 등장했던 명제들은 이러한 자료를 이용하여 제1권의 명제를 거쳐 중력이 거리의 제곱에 반비례함을 추론해낸다. 그 다음 그는 달이 그 궤도에 있도록 유지시키는 역 제곱의 힘이 지구 표면에서 물체가 가속도 g(32 ft/s^2(9.80 m/s^2))를 가지고 떨어지게 하는 힘과 동일함을 보이고 있다(8.1절~8.3절 참조). '최소한의 원인'이라는 추론 규칙에 부합하는 그의 결론은 지구의 중력이 달의 궤도를 유지시킨다는 것이다. 그리고 다시 천문학적 자료로부터, 그는 물체들이 각기 행성들을 향해 끌린다고 주장한다.

끝으로, 다시 한번 자신의 귀납적 추론 규칙을 이용하여, 뉴턴은 모든 입자의 짝 사이에 작용하는 만유인력의 법칙에 대한 언어적 진술로 일반화하고 있다. 우리가 8장에서 논하겠지만, 이러한 중력 법칙의 공식화는 20년이 넘게 걸린 연구의 정점에 해당한다. 이러한 만유인력 법칙으로부터 그는 행성의 운동에 관한 케플러의 세 법칙에 도달한다. 또한 뉴턴은 행성 간의 중력 상호 작용의 섭동으로 발생되는 이들 법칙으로부터의 부분적인 이탈에 대해서도 논하고 있다.

7.4 뉴턴의 세 가지 운동 법칙

이제 『프린키피아』의 서두로 돌아가 운동법칙에 대해 논해보자. 뉴턴이 그의 동역학 법칙과 만유인력 법칙을 각기 독립적으로 발전시키지는 않았지만, 여기서는 교육적인 이유로 그 둘을 분리시켜 제시하도록 하겠다. 동역학에 이르러서는 다양한 운동 상태들의 원인을 고려해야만 한다. 힘이 물체의 운동 상태를 변화시킨다는 것은 상당히 명백해 보이지만, 이것을 정량적으로 표현한다는 것은 그리 간단한 문제가 아니다. 뉴턴은 우선 물체의 물질의 양(혹은 질량)을 정의해야만 했다. 『프린키피아』에서의 그의 정의는 특별히 만족스러운 것은 아니었다.

> ⊛ 물질의 양은 그것의 밀도와 부피를 결합한 값의 측정값이다.[19]

오늘날 우리는 이에 대해 질량이란 물체의 밀도와 부피를 곱한 값이라고 함으로써 표현한다. 물론 지금 우리는 밀도가 무엇인지 대답할 수 있다. 밀도가 단위 부피 당 질량으로 항상 정의되기 때문에, 이것은 순환적인 정의가 되고 만다. 우리는 단순히 물체의 질량을 물체의 본질적인 속성으로 취급하고 그리고 물체 속 질료의 양이라는 직관적 개념을 사용하자. 나중에 우리는 질량의 조작적인 정의를 고려하게 된다.

이어 뉴턴은 운동의 양(the quantity of motion)을 도입한다.

> ⊛ 운동의 양이란 속도와 물질의 양을 결합한 값의 측정값이다.[20]

현대적 표기법에서는 이것을 '운동량(momentum)'이란 용어로 표현하며, 벡터로는 $\boldsymbol{p} = m\boldsymbol{v}$로 나타낸다. 이때 m은 물체의 질량이고 $\boldsymbol{v}$는 물체의 속도이다.

흔히 **관성의 법칙**(the law of inertia)으로 불리는 뉴턴의 운동 제1법칙은 물체가 외부로부터 불균형의 힘을 받지 않는 한 정지 상태로 남아 있거나 일정한 직선운동을 지속할 것이라고 말한다. 따라서 데카르트의 경우와 마찬가지로, 자연적이거나 구속받지 않는 운동은 일정한 직선운동이 된다. 힘은 환경과 물체의 상호작용으로 인해 발생하고 또 물체는 결코 완전히 고립되어 존재하지 못하기 때문에, 우리는 물체에 힘이 작용하지 않는다면 무엇이 일어날지를 단지 추측할 수 있을 뿐이다. 물체가 가속되지 않을 때 물체에 작용하는 힘(합력)은 없다고 말하는 것은 진실로 하나의 약속일뿐이다. 홀로 남겨진 물체가 (느려지지도 않고 결국 멈추지도 않는) 불변의 직선운동을 하리라는 것은 일상의 경험과 명백히 거리가 있다. 사실, 식(2.1)로 표현된 것과 같은 아리스토텔레스의 관점이 좀더 상식적 직관에 가까운 것처럼 보인다. 『프린키피아』에 나타난 제1법칙의 원래 표현은 다

[19] Newton 1934, Book I, Def. I, 1. (GB 34, 5) (M, 31)
[20] Newton 1934, Book I, Def. II, 1. (GB 34, 5) (M, 32)

음과 같다.

> ⊛ 모든 물체는 그것에 가해지는 힘에 의해 그 상태를 강제로 변화시키지 않는다면 자신의 정지 상태를 지속하거나 똑바른 선상에서 일정한 운동을 지속한다.[21]

여기서 '똑바른 선(right line)'은 '직선(straight line)'의 옛날식 표현이다.

뉴턴의 운동 제2법칙은 물체에 작용하는 힘과 그것에 의해 발생되는 운동 상태의 변화를 연결지을 때 우리에게 필요한 정량적 진술이다.

> ⊛ 운동의 변화는 외부에서 주어진 기동력에 비례하며 힘이 작용하는 똑바른 선의 방향으로 이루어진다.[22]

현대적 표기를 사용하면, 만약 힘 $\boldsymbol{F}$가 시간 Δt 동안 작용한다면, 운동량의 변화 $\Delta \boldsymbol{p}$는 $\boldsymbol{F}\Delta t = \Delta \boldsymbol{p}$가 된다. (실제로, 뉴턴의 제2법칙을 『프린키피아』에 진술된 것과 같이 옮기면 $\boldsymbol{F} \propto \Delta \boldsymbol{p}$가 된다. 하지만 나중에 그는 현대적 표현의 형태로 이 법칙을 사용했다) 어떤 점에서는 이것은 거의 모든 고전 역학을 담고 있다. 응용의 상황에서 매우 흔한 경우인 질량 m이 상수일 때, 우리는 제2법칙을 다음의 친숙한 형태로 쓸 수 있다.

$$\boldsymbol{F} = m\boldsymbol{a} \tag{7.1}$$

이 방정식에 관한 두 가지 점을 살펴보자. 첫째, 『프린키피아』 어디에서도 방정식 $\boldsymbol{F} = m\boldsymbol{a}$가 보이지 않는다는 것을 알아야 한다. 이 법칙은 언어적으로 진술되었으며 『프린키피아』에 제시된 응용 부분의 비율값들을 정하기 위해 사용되었다. 1752년 $\boldsymbol{F} = m\boldsymbol{a}$의 중요성과 일반적 적용성을 인식했던 사람은 스위스 수학자인 오일러(Leonhard Euler, 1707-1783)였다. 그가 최초로 이 방정식을 역학의 기본 원리로 언급했다.[23]

두 번째로 식(7.1)이 가속도 $\boldsymbol{a}$를 포함하고 있기 때문에 이것을 측정하기 위한 좌표계(혹은 기준계)가 필요하다는 것이다. 두 명의 관측자가 서로에 대해 가속 운동하는 상태에서 제3의 물체의 가속도를 측정한다면 두 관측자는 그 물체의 가속도에 대해 다른 값

---

[21] Newton 1934, Book I, Law. I, 13. (GB 34, 14) (M, 36)

[22] Newton 1934, Book I, Law. II, 13. (GB 34, 14) (M, 37)

[23] Truesdell 1960-2, 23.

을 얻을 것이다. 그러나 관측자들이 서로에 대해 가속되지 않는다면 그들은 모두 동일한 물체의 가속도를 측정하게 될 것이다. 따라서 관측자의 가속도로 인한 효과를 배재하기 위해 식(7.1)을 스스로 가속되지 않는 틀에 적용해야 한다. 우리는 이것을 **관성계**(inertial frames)라고 한다. 많은 경우에 기준 관성계를 지구에 대해 정지되어 있는 것으로 취급할 수 있다. 하지만 이런 실제적인 운동은 일반적으로 관성계를 어떻게 확인할 수 있는가에 대한 근원적 질문을 제기하지는 않는다.

우리가 사용하고 있는 현대의 벡터 표기가 뉴턴 시대에는 존재하지 않았지만, 그는 한 물체에 작용하는 두 힘의 합성을 평행사변형을 사용해 진술했다. 『프린키피아』에는 그의 세 가지 운동법칙에 이어서 바로 다음의 두 가지 추론이 뒤따른다.

> ⊛ 어떤 물체에 두 힘이 동시에 작용하면 같은 시간 동안 평행사변형의 대각선을 그리며 움직일 것인데, 그 평행사변형의 두 변은 같은 시간 동안 두 힘이 따로 작용했을 때 그 물체가 그리는 길이와 같다.
> 힘 M을 위치 A에 있는 물체에 주어진 시간 동안 작용하면 일정한 운동으로 A에서 B로 움직이고, 힘 N을 같은 시간 동안 작용하면 A에서 C로 일정한 운동으로 움직인다고 하자. 평행사변형 $ABCD$를 완성하면, 함께 작용하는 두 힘에 의해 물체는 동일한 시간 동안 A에서 D로 대각선을 그리며 움직일 것이다.
>
> …
>
> 그러므로 두 개의 비스듬한 힘 AC와 CD를 더해서 한 개의 똑바른 힘 AD를 얻을 수 있고, 역으로 한 개의 똑바른 힘 AD를 분해해서 두 개의 비스듬한 힘 AC와 CD를 얻을 수 있다. 이런 식으로 힘을 더하고 분해하는 것은 역학에서 얼마든지 확인해볼 수 있다.[24]

고전 역학의 기본 법칙들을 완성하기 위해서, 우리는 하나의 물체가 다른 물체에 힘을 작용하면 다른 물체가 처음 물체와 크기는 동일하지만 방향이 반대인 힘을 처음 물체에 작용한다는 뉴턴의 제3법칙을 필요로 한다. 이 법칙은 힘이란 항상 짝을 이루고 있다는 내용이다. 서로 다른 물체에 작용과 반작용이 가해진다는 점에 유의해야 한다. 바로 이 사실을 인식하지 못하는 것이 여러 유명한 패러독스들의 원인이 된다. 뉴턴은 제3법칙을 다음과 같이 진술했다.

24 Newton 1934, Book I, Law III in Book I, 15.에 이어지는 Corollaries I & II, (GB 34, 15) (M, 38). 그림 7.1은 Newton (1934, 15)에서 인용한 것이다.

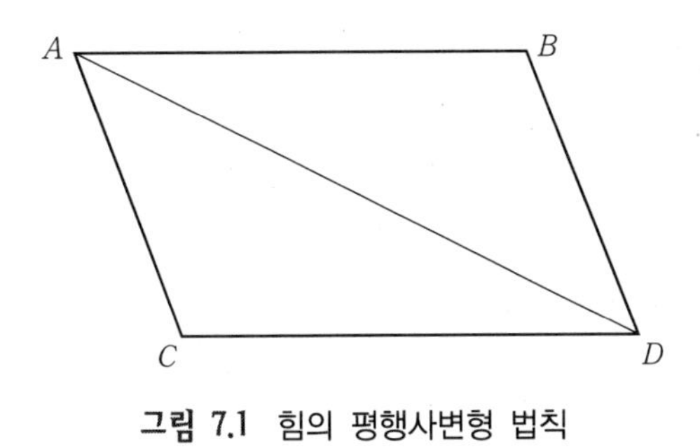

그림 7.1 힘의 평행사변형 법칙

> 모든 작용에 대해서, 항상 그에 대항하여 동일한 크기의 반작용이 생긴다. 혹은 두 물체가 서로에게 작용하는 힘은 서로 항상 크기가 같고 방향이 반대이다.[25]

그리고 이것을 다음과 같이 설명했다.

> 어떤 것을 밀거나 당기면, 그 물체에 의해서 자신도 그만큼 밀리거나 당겨지게 된다. 손가락으로 돌을 밀면 마찬가지로 손가락은 돌에 의해 밀린다. 돌을 줄에 묶어서 말이 끌면 마찬가지로 말은 돌의 방향으로 (그렇게 말해도 된다면) 끌리게 된다. 팽팽하게 당겨진 줄은 느슨하게 풀리려고 함으로써, 돌을 말 방향으로 당기는 것과 같이, 말을 돌 방향으로 당기게 될 것이고 줄이 돌을 앞으로 당기는 만큼 줄은 말이 앞으로 나아가는 것을 방해할 것이다.[26]

뉴턴은 또한 제3법칙을 입증하는 데 있어 다음과 같은 형식의 논증을 정교하게 제공했다. 하나의 구형 지구가 정지 상태로 홀로 있고 다른 물체가 작용하지 않는다고 가정하자. 그리고 지구를 두 개의 반구가 접해 있는 것으로 생각하자. 만약 (한쪽 반구가 중력으로 다른 반구에 가하는) 작용과 그것에 대한 (다른 한쪽 반구에 의한) 반작용이 같지 않다면 평형이 이뤄지지 않은 합력은 이 반구들을 나누는 평면에 작용할 것이다. 이 힘은 평면에 수직 방향으로 가해지며 구를 가속시킬 것이다. 따라서 이 구형의 대칭 물체는 외력이 작용하지 않음에도 불구하고 무한히 가속될 것이다. 그러나 이 문제가 대칭적이라는 점으로부터 우리는 우세한 힘은 없다는 것과 그래서 구가 정지 상태여야 한다는 것을 알 수 있다. 그러므로 각각의 반구가 서로에게 가하는 중력의 크기, 즉 첫 번째 반구가

[25] Newton 1934, Book I, Law III, 13. (GB 34, 14) (M, 37)
[26] Newton 1934, Book I, Law III, 13-14. (GB 34, 14) (M, 37)

두 번째 반구에 가하는 작용력과 두 번째 반구가 첫 번째 반구에 가하는 반작용력은 크기가 정확하게 같아야 한다.

7.5 고전 역학의 논리적 구조

우리는 여기서 운동 법칙의 논리적 구조와 상관성에 관한 몇 개의 해석을 제시한다. 왜냐하면 뉴턴이 그것을 『프린키피아』에서 규정해놓았기 때문이다. 뉴턴은 여덟 개의 정의로 시작한다. '정의 I'은 질량에 관한 것이다. 그러나 앞에서 보았듯이 밀도란 개념으로써 질량을 정의하기 때문에 순환적 정의이다. 게다가 밀도에 대해서는 어디에서도 자세한 설명을 해주지 않았다. '정의 II'는 운동량을 도입하는데, 이것 또한 질량을 포함한다. '정의 III'에서 '정의 VIII'까지는 힘의 다양한 형태(관성력, 강제력, 구심력)를 정의하고 물체의 운동 혹은 정지 상태를 변화시키기 위해 힘이 필요하다고 진술하고 있다. '정의 VI'는 구심가속도가 구심력에 비례함을 진술한다.

비록 그 내용들이 힘의 정의들 속에 숨어있긴 하지만, 그 다음에 제1법칙(관성)과 제2법칙($\boldsymbol{F} = m\boldsymbol{a}$)이 주어진다. 제3법칙(작용과 반작용)은 힘의 개념 즉, 질량의 개념이 명백해질 때(정의 I)까지 정확한 의미를 가질 수 없다. 이러한 법칙들에 이어서 일련의 추론들이 뒤따르는데, 그것의 처음 두 개가 힘에 대한 평행사변형법과 힘의 벡터적 성질을 진술한다. 나머지 여섯 개의 추론들은 각기 한 쌍의 물체가 또 다른 물체들의 존재 여부에 상관없이 작용 반작용력을 발생시킨다는 사실로 확장된다. 바꾸어 말하면 모든 힘은 두 물체 사이에 작용하는 힘이라고 할 수 있다. 즉, 어떤 물체에 작용하는 합력이란 다른 물체들이 그 물체에 작용하는 각각의 힘들의 단순한 (벡터)합을 의미한다. 이러한 마지막 여섯 명제들이 비록 뉴턴에 의해 추론(corollaries)으로 명명되었지만, 그것들이 모두 앞서의 정의와 법칙들로부터 순수하게 연역되는 것은 아니며, 실세계에 존재하는 힘의 본성에 관한 실험적 정보를 어느 정도 포함하고 있다.

뉴턴 시대 이후 뉴턴 역학 체계를 세우기 위해 만들어진 가정들을 명확하게 하려는 노력들이 있어왔다. 하나의 예가 독일 물리철학자인 마흐(Ernst Mach, 1838-1916)가 그의 『역학의 과학』(The Science of Mechanics)을 통해 했던 비평적 작업이며, 이는 아인슈타인이 고전역학의 기초를 재고하는 데 지대한 영향을 미쳤다.

> ⊛ 우리가 비록 뉴턴의 관점을 절대적으로 고집하고, '시간'과 '공간'이라는 축약된 명칭에 의해 제거되지 않은 채 은폐되는 복잡하고 정의되지 않은 특징들을 무시해왔을지라도, 뉴턴의 언명들을 좀더 간결하고 방법론적으로 보다 정연하며 더욱 만족스런 명제들로 대체하는 것은 가능하다.[27]

그러고 나서 마흐는 고전역학 체계를 정립하는 데 사용될 수 있는 일련의 간명한 정의와 실험적 사실들을 나열하였다. 프랑스 수학자이자 과학철학자인 푸앵카레(Henri Poincare, 1854-1912)가 『과학과 가설』(Science and Hypothesis) 속에 제시한 것도 유사한 도식이다.

가속도 $\boldsymbol{a}$는 (선택된 좌표계에 대한 길이와 시간 항으로 표현되는) 운동학적으로 조작적으로 정의되며 의문의 여지가 없는 것으로 받아들여진다. 우리는 첫 번째와 세 번째 법칙을 힘 개념에 관한 정의의 일부로서 받아들인다. 즉, 우리는 일정한 직선 운동으로 움직이는 물체에는 작용하는 힘(합력)이 없다는 것에 동의한다. 또한 우리는 물체가 (힘이 생성되는 유일한 방식인) 상호작용할 때는 언제든지 작용과 반작용이 짝을 이루어야 한다고 한다. 첫 번째와 세 번째 법칙은 이제 규약(conventions)이 되었다. 두 물체의 상대적인 질량을 $(m_2/m_1) = (a_2/a_1)$로 정의할 수 있다. 그러면 물체의 속력과 가속도가 변해도 이 비가 유지되는지는 경험적인 문제이다. 결국 힘은 두 번째 법칙, 식(7.1)에 의해 정량적으로 정의된다. 독립적인 $\boldsymbol{F}$(예를 들어 중력)이 주어진다면, 두 번째 법칙을 이용하여 $\boldsymbol{a}$(이전처럼 m이 일단 주어졌다면)를 발견할 수 있다. 푸앵카레는 자신의 논의를 다음과 같이 결론짓는다.

> ⊛ 가속도와 힘의 합성 법칙은 단지 임의적 규약인가? 규약은 맞다. 그러나 임의적인 것은 아니다. 과학의 창설자가 이것을 채택하도록 이끌었고 그것의 채택을 정당화하기 충분했던 실험들을 우리가 잊는다면 그렇게 될 것이다. 때때로 이러한 규약의 실험적 기원들에 주의를 기울이는 것이 좋다.[28]

고전역학의 기초를 분명히 하려는 이러한 논평이나 시도들이 뉴턴의 성취를 비판한 것으로 간주되어서는 안 된다. 뉴턴은 창조적으로 법칙들을 발견하였고 물체의 운동을 결

---

27 Mach 1960, 303.
28 Poincaré 1952, 110.

정하는 양들(힘, 질량, 가속도)을 올바르게 결정하였다. 그는 갈릴레이에 의해 처음으로 막연하게나마 감지되었던 역학의 본질적 사실들을 그 이전의 어느 누구보다도 분명하고 간명하게 진술했다. 즉, 각각 쌍을 이룬 물체들은 모두 다른 물체에 대해서는 독립적으로, 한 쌍의 가속도를 만들고, 이 가속도의 비율은 각 쌍의 고유의 성질이 된다. 이 고유의 불변량을 우리는 지금 그 쌍의 질량비(the ratio of the masses)라고 부른다.

더 읽을거리

뉴턴에 대한 좀 오래된 것이지만 널리 알려진 전기로는 모어(Louise More)의 『Issac Newton』, 뉴턴에 대한 현대적 연구 결과를 종합한 권위 있는 서적으로는 웨스트폴(Richard Westfall)의 『Never at Rest』가 있다. 케인즈(John Keynes)의 『Newton the Man』은 뉴턴에 대한 비전통적 연구의 최초 저작에 해당하며, 이러한 주제를 더욱 완전하게 발전시킨 것으로는 답(Betty Dobb)의 『The Foundations of Newton's Alchemy』가 있으며, 뉴턴의 정신병리학적 분석으로는 매뉴앨(Frank Manuael)의 『A Portrait of Issac Newton』이 있다. 물질의 본성과 물질의 인력에 대한 설명에 대한 뉴턴의 아이디어를 분석한 것으로는 맥물린(Ernan McMullin)의 『Newton on Matter and Activity』가 있다. 뉴턴 시기부터 현대에 이르는 물리학에서의 이론적 사고에 대한 개관을 제공하는 전문가용 저작으로는 롱에어(Malcolm Longair)의 『Theoretical Concepts of Physics』가 있다.

뉴턴의 만유인력 법칙

중력에 관한 뉴턴 이론의 전형적인 교과서적 요약은 과학적 방법의 적용 모델로서의 그의 추론을 기술한다. 그 개요는 대충 다음과 같다. 뉴턴은 달이 원 궤도를 유지하기 위해서 지구를 향해서 '낙하' 해야 하는 속도를 고려했고, 이 운동을 만들어 내는 데 필요한 구심 가속도가 얼마일까에 대해 질문했다. 그는 달의 위치에서의 지구에 의한 중력가속도는 지표에서는 g값으로 알려진 값과의 비교를 통해서 지구 중심으로부터 거리의 제곱에 반비례하여 감소한다고 결론지었다. 이로부터의 대담한 일반화 혹은 귀납이 두 입자들 사이에 작용하는 만유인력의 법칙을 유도했다. 뉴턴은 지구와 달이 점 입자가 아닌 부피가 있는 물체라는 점에 대해 걱정하였다. 미적분학을 발명함으로써, 질량이 균일하게 분포한 구체는, 어떤 대상이 그 구체의 외부에 존재하는 한, 동일한 질량이 구체의 중심에 위치한 점 입자의 경우와 동일한 중력을 가한다는 것을 증명할 수 있게 되었다. 그런 후에, 자신의 운동 법칙들과 함께 중력의 법칙을 사용하여, 그는 케플러의 행성의 운동에 관한 세 법칙을 연역하였다.

이미 앞의 장들에서 시사했듯이 그리고 이 장과 다음 장에서 더욱 상세하게 볼 수 있듯이, 실제의 발전 과정은 뉴턴이 자신의 『프린키피아』에서 제시한 것조차도 더욱 간접적인 것이었으며 과학의 본성에 대한 그 자신의 철학적 견해를 반영하고 있다.[1] 1660년대와 그 이후 뉴턴은 행성의 운동에 대한 퍼즐 조각들에 직면하고 있었다. 지구상의 물체 운동에 관한 갈릴레이의 법칙들만큼이나 행성의 운동에 관한 케플러의 세 가지 경험적인 법칙들에 대해서 뉴턴은 잘 알고 있었다. 케플러는 행성들이 타원으로 움직인다고 믿었던

[1] 여기서 말하는 것은 주로 Newton이 일련의 귀납과 연역적 추론을 사용하였던 제3권(Book III)의 초기 명제들을 지칭하는 것이다.

반면, 갈릴레이는 그것들이 원을 따라 움직인다고 생각했다. 케플러에 의하면 행성들은 자전하는 태양에서 사방으로 뻗는 힘을 바퀴살로 삼는 수레바퀴의 둘레를 따라서 운동하는 것이었으나, 갈릴레이의 관성의 법칙은 원운동이 자기-영속적인 것이라고 규정했다. 여기에 혼란을 더 가중시켰던 것은 데카르트가 물체는 직선운동을 고수하려는 경향이 있다는 관성의 법칙을 선언했다. 데카르트에 의하면 행성들은 전체에 걸쳐 널리 퍼져 있는 우주 에테르의 소용돌이들에 의해 그들의 곡선 궤도를 유지하는 것이었다. 뉴턴은 단편적 사실들과 부분적 진실들의 이러한 혼합물을 가지고 천체와 지구상의 물체 모두에 관한 운동을 바르게 설명하는 통일된 일련의 법칙들을 탐색했다. 이 절에서 우리는 이 놀라운 통합의 일부 결과에 대해 알아보고자 한다.

천체의 운동에 관한 뉴턴의 연구에서 주요한 진보 중 하나는 지구상에서 발견한 법칙들을 달과 행성의 운동에 적용했다는 것이다. 갈릴레이는 뉴턴과 유사한 직관을 가지고 있었는데, 갈릴레이는 물체가 지구로 떨어지는 이유를 이해한 다음에는 무엇이 달을 그 궤도에 있도록 하는가에 대해 알 수 있을 것이라고 말했다. 이것이 바로 그의 『두 개의 주요 세계 체계에 대한 대화』(Dialogue Concerning the Two Chief World System)에서 갈릴레이가 살비아티를 통해 말한 것이었다(3부 뉴턴의 우주에 있는 첫 번째 인용문 참조).

8.1 뉴턴의 천문학 자료와 연역법

『프린키피아』의 제3권에서, 뉴턴은 태양계의 물체들에 대한 현상, 자료, 천문학적 사실들을 나열하면서 시작하고 있다.

> ⊛ 목성 주위를 도는 위성들은 목성의 중심으로부터 그은 선분에 의해 시간에 비례하는 면적을 그린다. 그리고 위성들의 주기는, 항성들이 가만히 있을 때, 궤도 중심으로부터의 거리의 3/2 제곱에 비례한다.
>
> …
>
> 토성 주위를 도는 위성들은 토성의 중심으로부터 그은 선분에 의해 시간에 비례하는 면적을 그린다. 그리고 위성들의 주기는, 항성들이 가만히 있을 때, 궤도 중심으로부터의 거리의 3/2 제곱에 비례한다.
>
> …
>
> 다섯 개의 주요 행성인 수성, 금성, 화성, 목성, 토성은, 몇 개의 궤도를 가지고

태양을 둘러싸고 있다.

…

항성이 정지해 있을 때, 태양 주변의 다섯 개의 주요 행성 및 지구의 주기는 그들이 태양과 이루는 궤도의 평균 반지름의 3/2 제곱에 비례한다.

…

주요 행성들이 지구로부터 이루는 선분이 그리는 면적은 시간에 잘 비례하지 않는다. 그러나 태양으로부터 행성들에 그은 선분이 그리는 면적은 시간에 비례한다.

…

달은 지구의 중심으로부터 그은 선분이 시간에 비례하는 면적을 그린다.[2]

『프린키피아』에 나와 있는 이러한 여섯 가지의 진술문과 천문학적 자료들로부터, 뉴턴은 목성의 위성들, 토성의 위성들 그리고 행성 그 자체와 지구의 달, 이 모든 것이 케플러의 제2법칙(면적속도 일정의 법칙)과 제3법칙(평균 반지름과 주기와의 관계), 그리고 행성들이 (지구가 아닌) 태양을 중심으로 공전한다는 결론을 내린다.

그런 다음 그는 이러한 현상을 일으키기 위해 필요한 자연의 힘에 대한 일련의 명제들을 발전시킨다.

⊛ 목성의 위성들이 직선 운동에서 계속해서 벗어나 그 궤도를 따라 돌도록 하는 힘은 목성의 중심을 향해서 작용한다. 그리고 그 힘은 목성의 중심에서부터 그 위성까지의 거리의 제곱에 반비례한다.

…

행성들이 직선 운동에서 계속해서 벗어나 그 궤도를 따라 돌도록 하는 힘은 태양을 향해서 작용한다. 그리고 그 힘은 태양의 중심으로부터 그 행성까지의 거리의 제곱에 반비례한다.

…

달이 그 궤도를 유지하도록 하는 힘은 지구를 향해서 작용한다. 그리고 그 힘은 지구의 중심으로부터 달까지의 거리의 제곱에 반비례한다.[3]

바꾸어 말하면, 이어지는 절들과 다음 장에서 제공하는 유형의 논증을 통해, 뉴턴은 케

---

[2] Newton 1934, Book III, Phenomena I–IV, 401–5. (GB 34, 272–5). 'circumjovial planets'과 'circumsaturnial planets'은 우리가 위성(moon)이라고 부르는 것에 해당한다.

[3] Newton 1934, Book III, Props. 1–3, 406. (GB 34, 276)

플러의 제2법칙과 제3법칙이 합쳐져서 중심을 향하고 제곱에 반비례하는 힘이 필요하게 됨을 연역하였다.

이것이 바로 뉴턴이 『프린키피아』에서 문제를 다루는 방식이었다. 그러나 행성들이 자신의 궤도를 유지하도록 하는 힘에 대한 초기 탐구에서 뉴턴은 이미 케플러의 제3법칙에 근거하여 역제곱의 특성을 갖는 힘을 주장했다. 1669년 이전에 썼던 글에서 그는 말했다.

> ⊛ 결과적으로 주요 행성의 태양으로부터의 거리의 세제곱은 주어진 시간 동안 공전하는 회전수의 제곱에 반비례한다. 그리고 태양으로부터 멀어지려는 노력은 태양과의 거리의 제곱에 반비례한다.[4]

뉴턴이 그의 생애 초창기에 태양으로부터 멀어지는 행성들의 '노력(endeavours)'에 대해 말했던 사실에 주목하자-즉, '구심(중심을 향하는, centripetal)력'이 아닌 '원심(중심에서 멀어지는, centrifugal)력'에 대한 표현이다.

8.2 역제곱의 법칙

뉴턴은『프린키피아』제1권에서 같은 시간에 행성들이 지나가는 면적이 동일하다는 케플러의 제2법칙이 행성과 태양 사이에 작용하는 중심력(central force)을 필요로 한다는 것을 증명했다(다음 장에서 이 결과와 관련되는 뉴턴의 기하학적인 논증에 대해 살펴볼 것이다). 즉, 행성이 그것의 자연적인 직선 운동으로부터 이탈하여 자신의 궤도를 유지도록 하는 힘은 매 순간마다 행성으로부터 힘의 중심인 태양으로 향해야 한다는 것이다. 제1권에서 그는 또한 타원 궤도에 대한 케플러의 제1법칙은 단지 이 중심력이 행성으로부터 태양까지 거리의 제곱에 따라 변할 때에만 참일 수 있다는 점을 확립했다(다음 장에서 이것과 관련되는 뉴턴의 증명을 살펴볼 것이다).

뉴턴은 이미 (반지름이 R인 원 궤도를 일정한 속력 v로 운동하는) 행성에 작용하는 구심 가속도가 $a_c = v^2/R$로 나타내질 수 있다는 역학적 결과를 알고 있었다. 사실, 이 결과는 네덜란드의 수학자이자 천문학자 겸 물리학자인 호이겐스(Huygens)에 의해 처음 제안

4 Westfall 1971, 358.

된 것이었다. 이 식은 1673년에 쓴 『진자 시계에 대하여』(Horologium Oscillatorium : On Pendulum Clocks)의 부록에 별도의 증명 없이 진술되어 있다.

> ⊛ 두 개의 동일한 물체가 길이가 다른 두 원주 위에서 같은 속도로 운동할 때, 이 물체들에 가해지는 힘[구심력]은 지름에 반비례한다.
>
> …
>
> 두 개의 동일한 물체가 같은 원주 위에서 일정하지만 서로 다른 속도로 운동할 때, … 더 빠르게 움직이는 것에 가해지는 힘[구심력]과 느리게 움직이는 것에 가해지는 힘의 비율은 그것들의 속도의 제곱의 비와 같다.[5]

호이겐스가 사망한 이후인 1703년에 출판된 『원심력에 대하여』(De Vi Centrifuga/On Centrifugal Force)에서 그 증거들이 제시되었다.[6] 호이겐스는, 1659년경 원운동에 대한 연구를 마쳤음에도 불구하고,[7] 1669년에 우선권을 요구할 목적으로 그 결과를 런던왕립학회(The Royal Society of London)의 서기인 올덴버그(Henry Oldenburg, 1618-1677)에게 보냈다.[8]

뉴턴은 구심력에 대한 이런 관계를 독립적으로 발견했다.[9] 『프린키피아』에는 다음과 같은 내용이 있다.

> ⊛ 서로 다른 원들을 나타내는 같은 종류의 힘인 물체의 구심력은 같은 원들의 중심을 향한다. 그리고 이것이 서로 이루는 비율은 각각 같은 시간 동안 원의 반지름에 의해 나눠지는 호의 제곱에 비례한다.[10]

우리는 여기에서 1687년의 『프린키피아』에 있는 뉴턴의 진술을 인용하고 있는데, 그가 이미 1665년부터 이 질문에 대해 연구했다는 것에 주의를 기울여야 한다.[11] (1665년경의) 초기 시도에서, 뉴턴은 **그림 8.1**에 묘사된 바와 같이 원을 사이에 끼고 그려진 두 사각형

5 Huygens 1934, 366. (M, 28)

6 Jammer 1961, 62.

7 Jammer 1961, 62.

8 Jammer 1957, 109-10.

9 More 1934, 290, 294.

10 Newton 1934, Book I, Prop. 4, 45. (GB 34, 35)

11 Westfall 1980b, 148-51; Herivel 1965, 7-12; Westfall 1971, 343, 353-5.

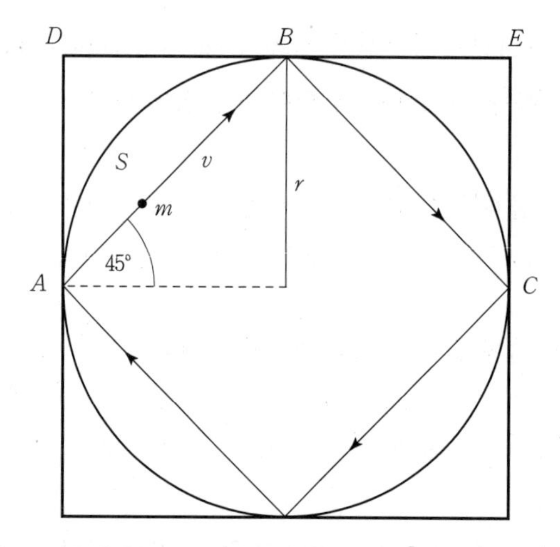

그림 8.1 구심가속도에 대한 뉴턴의 논증

을 고려함으로써 충돌의 문제에 대한 의문을 풀었다.[12] 선분 AB 위를 일정한 속력 v로 운동하는 질량 m의 물체를 가정하자. 이것이 B점에서 원통 표면을 칠 때, 단단한 수평적인 벽 DBE와 충돌하듯이 튕겨질 것이다. 충돌하는 순간, 이 평면에 대한 수직 성분 속도($v_\perp = \frac{v}{\sqrt{2}}$)는 단지 방향만 정반대가 될 뿐이므로 충돌 시의 속도의 총변화는 이 값의 두 배가 된다. 만약 선분 AB의 길이를 s로 나타낸다면, 충돌하는 데 걸리는 평균 시간은 $\Delta t = s/v$이다. 결과에서 알 수 있듯이, 이것은 속도의 변화율이 $a_c = \Delta v/\Delta t = v^2/r$임을 의미한다. 1665년 이미 뉴턴은 위의 논증을 N각형을 원에 내접시킨 것으로 일반화할 수 있다는 것을 깨달았다. 나중에 『프린키피아』의 주석에서 뉴턴은 이 논증에 대해 다음과 같이 진술했다.

> ⊛ 어떤 원에 내접한 다각형을 생각해보자. 만약에 어떤 물체가 임의의 속도로 다각형의 변을 따라 운동한다면, 이 물체는 다각형의 각 꼭지점에 다다를 때마다 진행 방향이 바뀔 것이고, 또한 물체의 속력에 비례하는 힘을 진행 방향이 바뀔 때마다 받게 될 것이다. 따라서 주어진 시간 동안 받은 힘의 합은 속도와 꼭지점의 개수의 곱에 비례할 것이다. (만약 다각형의 특성이 주어진다면) 주어진 시간에 지나가는 거리, 즉 원의 반지름에 대한 동일한 길이의 비율로 늘어나거나 줄어드는 거리와 같다. 그리고 이것은 그 길이의 제곱을 반지름으로 나눈 값이다. 각 변의 길이가 무한히 작아짐으로써 다각형은 원과 일치하게 되고, 주어진 시간 동안 지나

12 Westfall 1980b, 148–51.

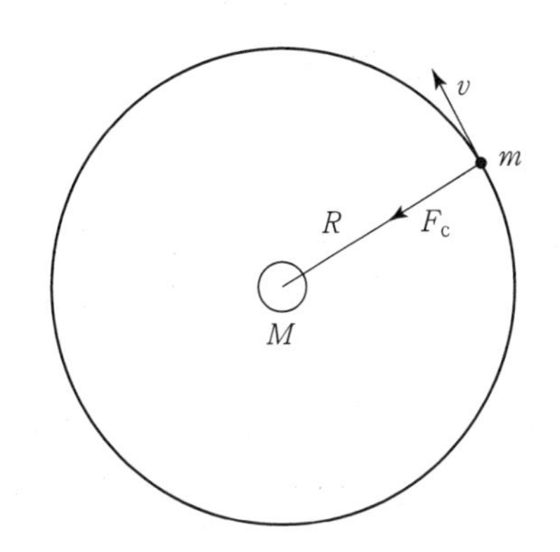

그림 8.2 케플러 제3법칙과 역제곱의 힘

가는 호의 제곱을 반지름으로 나눈 값에 해당한다. 이것이 바로 원심력이다.[13]

$N \to \infty$인 극한에서, 이 다각형은 반지름이 r인 원에 근접하게 된다.

이 결과와 함께 오늘날 우리는 뉴턴의 제2법칙인 $F = ma$(식(7.1))와 케플러의 제3법칙 $R^3/\tau^2 =$ 상수(식(5.2))를 결합함으로써 태양과 행성 간의 인력 법칙에 대한 뉴턴의 논증을 요약할 수 있다. (여기서는 단지 원 궤도에 대해서만 다루고 있지만, 9장에서는 타원 궤도에 대한 뉴턴의 보다 일반적인 논의를 다룰 것이다. 그러나 양쪽의 논의에서 사용되는 논리는 동일하다) 지금 논의했던 구심 가속도의 결과와 뉴턴의 두 번째 법칙은 행성이 태양 둘레에서 원 궤도를 유지하기 위해 필요한 구심력은 $F_c = mv^2/r$임을 의미한다. **그림 8.2**의 도움으로 반지름이 R인 원 궤도에서 행성의 속도를 $v = 2\pi R/\tau$로 표현할 수 있다. 그리고 이러한 두 관계식을 결합시키면 다음과 같은 결과를 얻을 수 있다.

$$F_c = \frac{mv^2}{R} = \frac{4\pi^2 m}{R^2}\left(\frac{R^3}{\tau^2}\right) \tag{8.1}$$

그러나 케플러의 제3법칙에 의하면, 태양을 공전하는 행성들은 이 식의 마지막 항의 괄호에서의 값이 모두 같은 상수로서 일정하다. 따라서 다음과 같이 쓸 수 있다.

$$F_c = \frac{4\pi^2 m}{R^2}\,(\text{상수}) \tag{8.2}$$

위 논의의 핵심은 뉴턴의 제2법칙과 케플러의 제3법칙은 행성에 가해지는 힘은 태양

[13] Newton 1934, Book I, Prop. 4, Scholium, 47. (GB 34, 37)

을 중심으로 거리의 제곱에 역수임을 의미한다는 점이다.

8.3 달의 구심력

『세계의 체계』(The System of the World)라는 제목의 제3권에서, 뉴턴은 중심을 향하며 거리의 제곱에 반비례하는 힘의 근원과 성질이 무엇일까에 대한 의문을 제기했다. 이에 대한 답변은 다음의 명제와 같다.

> ⊛ 달은 지구를 향해서 중력을 받는다. 중력 때문에 달은 계속 직선 운동에서 벗어나 그 궤도를 유지하게 된다.[14]

지구에 대한 달의 공전 궤도 반지름을 R_m이라 하고, 이 궤도에서 달의 공전 주기를 τ라고 하자. 그러면 우리가 확인한 바와 같이, 지구에 대한 달의 속력이 $v = 2\pi R_m/\tau$라는 것을 알 수 있다. 뉴턴은 달의 공전 궤도 반지름이 지구 반지름의 약 60배라는 것을 알았다. 뉴턴은 $r_c = 4{,}000$마일$[6.44\times10^3\,\mathrm{km}]$와 $\tau = 27.3$일을 가지고 $a_c = 9\times10^{-3}\,\mathrm{ft/s^2}$ $[2.74\times10^{-3}\,\mathrm{m/s^2}]$라는 것을 알아냈다. 즉, 달의 위치에서 g값은 $g_{달} = 9\times10^{-3}\,\mathrm{ft/s^2}$ $[2.74\times10^{-3}\,\mathrm{m/s^2}]$로서 지구 표면에서의 g값인 $g_{지구} = 32\,\mathrm{ft/s^2}[9.80\,\mathrm{m/s^2}]$보다 작은 값을 가진다.

그러나 뉴턴은 이미 달이 궤도를 유지하는 힘은 지구 중심으로 향하는 $1/r^2$에 비례하는 힘이라는 것을 알고 있었다(앞에서 언급한 『프린키피아』 제1권의 명제들을 상기하자).

$$\frac{g_{지구}}{g_{달}} = \frac{32}{9\times10^{-3}} = 3.56\times10^3 \cong \left(\frac{R_m}{r_c}\right)^2 = 60^2 = 3600 \tag{8.3}$$

때문에, 뉴턴은 달 궤도를 유지시키는 것은 지구의 중력만이라고 결론을 지었다.

> ⊛ 그러므로 달이 그 궤도를 유지하도록 하는 힘은, 지표면에서는 무거운 물체가 떨어지도록 만드는 중력과 크기가 같다. 그러므로 … 달이 궤도를 유지하도록 만드는 힘은, 우리가 보통 중력이라고 부르는 바로 그 힘이다. 왜냐하면 만약 중력이

[14] Newton 1934, Book III, Prop. 4, 407. (GB 34, 277)

> 그것과 다른 힘이라면, 두 가지 힘을 결합한 것에 의해서, 물체는 두 배의 속력을 가지고 지구로 떨어지게 된다. 그렇다면 1초 동안 32피트의 거리를 낙하하게 된다. 이런 것들은 경험적 사실과 모순된다.[15]

뉴턴은 이 구심력 계산을 (때때로 주장되는 것처럼) 중력이 $1/r^2$로 변한다는 것을 아는 데 사용하지 않고, 필요한 것으로 드러난 $1/r^2$의 힘이 오로지 중력에 의한 것이라는 결론을 내리는 데 사용하였다. 달리 말하면, 이 논증은 지구의 중력이 달의 적절한 '낙하' 비율을 제공하는 유일한 요인이라는 것을 보여준다. 예컨대 데카르트 학파가 말하는 소용돌이는 필요하지 않게 된 것이다. 이것은 물론 지구도 태양처럼 중력을 발휘한다는 것을 가정한다.

8.4 질점에 대한 중력 법칙

뉴턴은 식(8.2)의 결과를 다음에 진술된 바와 같이 **만유인력의 법칙**(the law of universal gravitation)으로 일반화했다.

> ⊛ 모든 물체들에는 그것이 포함하는 물질의 여러 양에 비례하는 중력을 갖는다.
>
> …
>
> 어떤 물체에서 각각 동등한 입자들 사이의 중력은 입자들 간의 거리의 제곱에 반비례한다.[16]

이에 대한 현대적인 표기법은 다음과 같다.

$$F = -\frac{Gm_1m_2}{r^2} \tag{8.4}$$

이것은 힘의 작용선이 두 물체를 연결하는 선을 따라 있기 때문에 중심력이다. 여기서, 만유인력상수 G는 비례상수이다. 중력은 매우 약한 힘이기 때문에 G 값을 실험적으로 측정하는 것은 매우 어렵다. 이 시기로부터 거의 100년이 지난 이후에야 캐번디시(Henry

[15] Newton 1934, Book III, Prop. 4, 408. (GB 34, 277-8)

[16] Newton 1934, Book III, Prop. 7, 414-15. (GB 34, 281-2)

Cavendish, 1731-1810)에 의해 그 값이 측정되었다. 질량, 길이, 힘의 단위들이 이미 다른 방식으로 정의되어 있기 때문에, 우리는 마음대로 G값을 1로 둘 수 없으며, 그 값은 $6.67 \times 10^{-11}\,\mathrm{m^3/kg\,s^2}$이다.

뉴턴은 이 법칙이 중력을 지배한다고 말했으나, 그것을 설명하려는 시도는 하지 않았다. 『프린키피아』의 마지막에 있는 일반 주석(General Scholium)에는 이 점에 관해 뉴턴이 포기했던 것에 대한 내용이 담겨 있다.

> ⊛ 지금까지 우리는 중력에 통해 바다와 천체의 현상을 설명해왔다. 그러나 아직 힘의 원인을 규명하지는 못하고 있다. 이것은 어떤 원인으로부터 발생하고, 힘은 최소한의 감소도 없이 태양과 행성들의 중심을 통과하는 것이 분명하다. 그것이 작용하는 입자표면의 양에 따라서 작용하지 않는다. 그러나 그것들이 포함하고 있는 고체 물질의 양에 따라서 먼 거리의 모든 방향으로 그 효력이 전파된다. 거리의 제곱에 반비례하면서... 그러나 지금까지 나는 현상으로부터 이러한 중력의 특성에 관한 원인을 발견하지 못하고 있다. 그리고 나는 어떤 가설도 수립하지 않는다. …[17]

식(8.4)가 두 물체의 질량과 그들 사이의 거리의 항으로 중력을 나타내므로, 중력은 종종 원거리 작용(action at a distance)으로 불린다. 이 법칙은 한 물체에 의해 만들어진 힘이 다른 물체에 도달하는 데 얼마나 오래 걸리는지에 대한 진술을 담고 있지 않다. 힘 또는 작용은 두 물체 사이의 거리를 넘어 순간적으로 전달되고, 모든 물질의 고유한 특성인 것처럼 여겨졌다. 그러나 뉴턴 스스로는 그의 법칙에 대한 이러한 해석들을 받아들이지 않았다. 이 점은 그가 쓴 편지에 분명하게 드러나 있다.

> ⊛ 무생물은 물질이 아닌 어떤 것의 중개 없이도 상호 접촉 없이 다른 물질에 영향을 미친다.... 그리고 나는 당신이 본질적 중력을 내 업적으로 생각하지 않기를 바란다. … 그것은 나에게도 매우 불합리한 것으로서, 철학적 문제에 대한 유능한 생각을 가진 그 누구도 그렇게 하지 않을 것으로 믿는다.[18]

식(8.4)는 거리 r만큼 떨어져 있는 두 점입자 m_1과 m_2가 직접적으로 이러한 질량들에

[17] Newton 1934, Book III,General Scholium, 546-7. (GB 34, 371)

[18] Bentley에게 보낸 편지. Thayer (1953, 54)

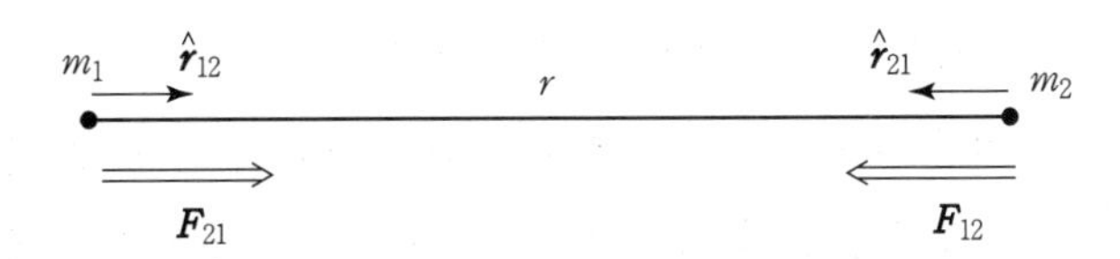

그림 8.3 서로 끌어당기는 중력

비례하고 입자 간 거리의 제곱에 반비례하는 힘으로 서로를 당긴다는 것을 나타낸다. 식 (8.4)의 음의 부호는 인력을 의미한다. 즉, (뉴턴의 작용 · 반작용에 관한 세 번째 법칙에 따르면) m_1은 m_2에 인력 $\boldsymbol{F}_{12}$를 작용하고, m_2는 크기는 같으나 방향은 반대인 힘 $\boldsymbol{F}_{21}$을 m_1에 작용한다. 중력은 항상 인력이다. 벡터 형식으로 뉴턴의 중력법칙을 표현함으로써 이 점을 강조할 수 있다.

$$\boldsymbol{F}_{12} = -\frac{Gm_1m_2}{r_{12}^2}\boldsymbol{r}_{12} \tag{8.5}$$

여기서 r_{12}는 m_1과 m_2 사이의 직선거리이고, $\boldsymbol{r}_{12}$는 m_1으로부터 m_2를 향한(그리고 차원이 없는) 단위벡터이다. 여기서 $\boldsymbol{F}_{12}$는 **그림 8.3**에 나타난 바와 같이 m_1가 m_2에 작용하는 힘을 의미한다.

『프린키피아』의 제3권에서의 만유인력 법칙에 관한 진술을 통해, 뉴턴은 마침내 그가 20년 동안 숙고해왔던 일련의 질문들에 대한 완벽한 답변을 제시했다. 여기서 잠깐 이러한 역사적 맥락을 살펴보자. 우리는 이미 1660년대 중반에 그가 케플러의 제3법칙을 행성의 원 궤도에 적용시켜 행성의 궤도를 유지하도록 하는 구심력은 거리의 제곱에 반비례한다는 결론에 이르렀다는 것을 알고 있다. 또한 그때 그는 달이 직선에서 이탈하여 원 궤도를 따라가도록 하기 위한 지구를 향한 달의 가속도의 크기는 얼마일까 하고 자문하고 있었다. 이러한 다른 방식을 통한 구심 가속도에 대한 표현의 유도와 함께, 뉴턴은 극히 짧은 시간에 작용하는 일정한 가속도들을 통해 끊임없이 변하는 가속도를 다룰 수 있었다. 8.3절에서 논의했듯이, 이를 통해 뉴턴은 달의 궤도를 유지시키는 인력의 근원에 대한 결론을 얻었다. 7장에서 보았듯이, 1679년 뉴턴은 거리의 제곱에 반비례하는 인력의 영향 아래에서 물체가 낙하하는 궤도에 대해 후크와 논쟁을 주고받았다. 뉴턴은 궤도가 타원 궤도를 따른다고 스스로 증명했지만 이것을 후크에게 전달하지는 않았다.[19] 1684년(아마도 8월)에는 핼리가 케임브리지에 있던 뉴턴을 찾아갔다. 그는 태양 주변 행성의

[19] Cohen 1970, 62-4

모양을 유도하기 위한 렌의 공모를 알려 주었고, 해답을 제공하는 사람에게는 작은 상이 주어질 예정이었다. 이에 뉴턴은 1684년 가을에 『물체의 운동에 관하여』(De Motu Corporum)를 저술하기 시작했다. 이 작업은 개정을 거쳐 1686년에 완성되었다. 이 내용은 운동에 관한 기하학과 동역학을 담고 있었고, 『프린키피아』 제1권의 핵심이 되었다.[20]

8.5 부피가 있는 물체에 대한 중력

우리는 식(8.4)가 단지 질점에서만 정확하다고 강조했다. 뉴턴은 몇 년 동안 이 법칙이 지구나 달처럼 부피가 있는 구체에도 적용되는지에 관해 고민했다.

> ⊛ 행성 전체의 중력이 거리의 제곱에 반비례하는 행성 각 부분들의 중력이 합성되어 나타난다는 것 그리고 모든 각 부분에 대해 거리의 제곱에 반비례 한다는 것을 발견한 후, 나는 아직도 그렇게 많은 부분 힘들이 합해질 때 거리의 제곱에 반비례하는 것이 정확하게 유지되는지 아니면 약간의 차이가 있는 것인지에 대해 의심하고 있다. 훨씬 먼 거리에서 충분히 정확하게 둘 수 있는 비례관계는 각 부분들의 거리가 다르고 상황도 유사하지 않은 행성 표면 부근에서는 진실에서 멀리 벗어날 수도 있는 것이다. 그러나 제1권의 명제75와 명제76 그리고 그로부터의 추론의 도움으로 나는 마침내 그 명제의 진실성에 만족할 수 있었다.[21]

그러나 뉴턴은 (『프린키피아』를 저술하는 동안인) 1685년까지 구체에 의해 만들어지는 중력을 계산하려고 노력한 증거는 없다.[22] 이것은 그가 미적분학을 발달시킨 때(1665-1670)보다 훨씬 나중의 일이었다. 1666년 달의 궤도에 관해 그가 첫 번째로 계산한 시기로부터 거리의 제곱에 반비례하는 힘이 달의 타원 궤도를 만든다고 증명한 시기 사이에 20년에 걸친 장시간의 지체 기간에 대해서는 상세한 설명이 필요한 복잡한 이야기이다.[23] 아마도 지구-달 거리의 부정확성과 구체에 의해 만들어지는 인력의 문제는 궤도의 계산이 가능한 정확한 동역학적 틀이 없었다는 사실보다는 덜 심각한 어려움이었을 것이다.

[20] Whiteside 1964.
[21] Newton 1934. Book III, Prop. 8, 415-16. (GB 34, 282).
[22] Cohen 1970, 61; Westfall 1971, 461.
[23] Cohen 1970, 62-4; Westfall 1971, 357-9.

1680년대까지 뉴턴은 자신의 동력학을 완전하고 정확하게 조직화하지 않았던 것으로 보인다.[24] 만유인력이라는 개념조차도 늦게 완성되었다.

오늘날 (겹쳐지지 않는) 두 개의 균일한 구 사이에서 식(8.4)가 여전히 유효하다는 것을 증명하는 일은 미적분학(또는 입체기하학)에서 매우 간단한 연습에 해당한다. 뉴턴은 일련의 명제들로부터 구체들에 관련되는 이러한 중요한 결과를 발전시켰다.

> ⊛ 만약 구 표면의 모든 점에 대해 거리의 제곱에 반비례하는 동일한 구심력이 존재한다면, 그 표면 내부에 있는 작은 입자들은 결코 이러한 구심력에 의해 이끌리지 않을 것이다.[25]

여기서 뉴턴이 말하는 '구심력(centripetal force)'은 중심력을 의미한다. 이 정리는 균일한 속이 빈 구 껍질 내부의 한 질점이 알짜 중력을 경험하지 않는다는 것을 말한다. 그와 같은 구 껍질 내부의 어떤 점에서도 껍질로부터의 모든 중력은 정확히 서로 상쇄된다.[26]

이어서, 균일한 구 껍질 외부에 질점이 놓인다면, 껍질의 모든 질량이 구의 중심점에 집중된 것과 같기 때문에, 질점은 구의 중심을 향해 끌리게 된다.[27]

> ⊛ 위에서와 같이 제안하면, 구 표면 외부에 놓여있는 작은 물체들은 중심까지의 거리의 제곱에 반비례하는 힘으로 구의 중심을 향해 끌리게 된다고 말할 수 있다.[28]

일단 질량을 가진 얇은 껍질에 대해 이러한 결과를 얻는다면, 우리는 일련의 구 껍질들로 이루어진 균일한 밀도의 속이 꽉 찬 구에 대해 생각할 수 있다. 따라서 균일한 구의 외부에 놓여있는 질점은 모든 질량이 구의 중심점에 집중된 구에 의해 힘을 받는 것처럼 끌리게 될 것이다. 뉴턴은 두 개의 분리된 구의 질량에 대한 이 결과를 다음과 같이 진술한다.

> ⊛ 각각 서로를 당기는 두 개의 구는, 중심으로부터 같은 거리에 있으면서 모든 방

[24] Cohen 1970, 62; Westfall 1971, 424; Cohen 1981.

[25] Newton 1934, Book I, Prop. 70, 193. (GB 34, 131)

[26] 이 결과에 대한 기하학적 증명은 Cushing (1982, 625)을 참조한다.

[27] Cushing 1982, 625-6.

[28] Newton 1934, Book I, Prop. 71, 193. (GB 34, 131)

향으로 위치한 물질이 있다면, 한 쪽의 구가 다른 한 쪽의 구에 가하는 힘은 각각 의 구의 중심 사이의 거리의 제곱에 반비례할 것이다.[29]

마침내, 우리는 뉴턴의 이러한 정리들을 결합할 수 있다. 뉴턴은 다음과 같이 말한다.

⊛ 만약 주어진 구의 각 점들에 이 점들 사이의 거리의 제곱에 반비례하는 동일한 구심력이 작용한다면, 구 내부에 있는 작은 물체는 중심으로부터의 거리에 비례하는 힘으로 당겨질 것이라고 할 수 있다.[30]

이것은 만약 속이 꽉 찬 균일한 (일정한 밀도의) 구가 있고 그 구의 내부에 입자가 있다면, 입자는 구의 중심을 향하는 인력을 경험하게 될 것이고 이 힘은 구 중심으로부터의 거리에 정비례할 것이라는 것을 의미한다. 입자의 위치보다 바깥에 있는 구 껍질들에 속한 질량들은 입자에 알짜힘을 작용하지 못하는 (위에서 인용되었던 첫 번째 진술에서와 같이) 반면, 입자의 위치보다 내부에 존재하는 구 껍질들의 질량은 이 거리의 세제곱만큼 변한다(구의 부피가 $\frac{4}{3}\pi r^3$이기 때문에). 이러한 사실들은 위에서 제시한 뉴턴의 주장을 확립시킨다. 그러나 이러한 모든 단순한 결과들은 단지 구에서만 적용된다(예를 들면, 정육면체나 임의의 모양의 다른 물체들에서는 적용되지 않는다).

8.6 관성질량과 중력질량

7장에서 사용했던 질량의 개념은 사실 관성질량 (m_i)으로서, 임의의 힘($F = m_i a$)이 물체에 작용할 때 발생하는 가속도에 대한 저항의 측정치이다. 물체의 중력질량 m_g은 물체와 다른 물체 사이의 만유인력의 크기($F = GMm_g/r^2$ 또는 $\omega = m_g g$, 여기서 ω는 물체의 무게)를 결정된다. 고전역학에서는 하나의 주어진 물체의 이러한 두 질량을 연결시킬 아무런 선험적 이유도 없다. 그러나 뉴턴 시대 이래의 실험적 측정들은 $m_g = m_i$임을 보여주고 있다. 뉴턴은 '관성질량(inertial mass)'과 '중력질량(gravitational mass)'이라는 용어들을 사용하지는 않았지만, 다음 글에서 나타난 내용은 바로 이러한 개념과 관련된

[29] Newton 1934, Book III, Prop. 8, 415. (GB 34, 282)
[30] Newton 1934, Book I, Prop. 73, 196. (GB 34, 133)

것이다. 『프린키피아』에서 뉴턴은 (관성) 질량과 무게 사이의 정확한 비례관계에 대해 말하고 있다.

> ⊛ 내가 아주 정확하게 설계된 진자 실험에서 내가 발견한 것처럼 그리고 이후에 보게 되듯이, 질량은 무게와 비례하기 때문에 (질량은) 물체의 무게라고 알려져 있다.[31]
>
> …
>
> (진동 중심으로부터의 물질의 양의 중심이 동일하게 떨어져 있을 때…) 진자 운동하는 물체들의 물질의 양은 그것의 무게와 진공에서의 진동 주기의 제곱에 비례한다.[32]

두 번째 명제에 의하면, $m_i \propto \tau^2 \omega$이다. 따라서 진자의 주기는 다음과 같이 쓸 수 있다.[33]

$$\tau = 2\pi\sqrt{\frac{m_i l}{\omega}} = 2\pi\sqrt{\frac{l}{g}\frac{m_i}{m_g}} \tag{8.6}$$

만약 m_i와 m_g가 다르다면, 두 개의 진자가 같은 길이를 가질 때에도 각 진자는 다른 τ값을 가질 것이다. 그러나 뉴턴이 잘 알고 있었던 것처럼, 그렇지 않다.

또한 만약 $m_i \neq m_g$이면, $w = m_g g = m_i a$는 $a = (m_g/m_i)g$가 되고, 지구 표면에서 모든 물체는 동일한 가속도를 갖지 않게 된다. 그런데 이것은 갈릴레이의 위대한 발견과 모순된다. 뉴턴은 이 점에 대해 잘 알고 있었다.

> ⊛ 오랫동안 다른 사람들에 의해 관찰되었던 모든 종류의 무거운 물체는 … 같은 시간에 같은 높이만큼 지구로 떨어진다. 진자의 도움으로 시간을 아주 정확하게 구별할 수 있었다. 나는 (많은 물질들로) 실험을 시도했다. … 같은 무게의 물체에서 이러한 실험에 의해 나는 이 차이가 전체 값의 1000분의 1도 안 된다는 것을 분명하게 발견했다.[34]

---

[31] Newton 1934, Book I, Def. 1, 1, (GB 34, 5).

[32] Newton 1934, Book II, Prop. 24, 303. (GB 34, 203)

[33] 식(8.6)에서 비례상수로 2π를 적용하였다. 이는 수직선과 작은 각변이 θ로 움직일 때의 진자의 운동방정식인 $d^2\theta/dt^2 = -(\omega/m_i l)\theta$을 풀면 곧바로 얻을 수 있다.

[34] Newton 1934, Book III, Prop. 6, 411. (GB 34, 279).

이 인용문의 후반부에서 뉴턴은 만약 m_i와 m_g가 같지 않다면 케플러의 행성 운동에 관한 제3법칙이 거짓이 된다는 점을 지적했다. 식(8.1)과 식(8.4)로부터 우리는 케플러의 법칙이 다음과 같이 됨을 볼 수 있다.

$$\frac{R^3}{\tau^2} = 상수 \frac{m_g}{m_i} \tag{8.7}$$

관성질량과 중력질량이 정확하게 일치한다는 논거는 18장에서 논의할 아인슈타인의 일반상대성이론에 기초해서 이해될 수 있다. 그러나 고전적 중력 이론에서 이러한 동질성은 근본적인 설명이 없는 단순한 일치(자연의 맹목적인 사실)에 해당한다.

더 읽을거리

코헨(I. Bernard Cohen)의 〈Issac Newton〉은 뉴턴의 생애와 업적에 대해 적절한 수준의 설명을 제공하고 있다. 그리고 그의 〈Newton's Discovery of Gravity〉가 일반 독자를 겨냥하고 있다면, 로젠펠트(Leon Rosenfeld)의 〈Newton and the Law of Gravitation〉은 보다 본격적인 독자를 위한 것이다. 웨스트폴(Richard Westfall)의 〈Never at Rest〉는 뉴턴의 생애와 업적에 대한 거의 모든 측면을 다루고 있다. 쿠싱(James Cushing)의 〈Kepler's Laws and Universal Gravitation in Newton's Principia〉는 구형 물질에 의해 생성되는 인력으로서의 중력에 대한 뉴턴 자신의 논증을 현대 기하학의 표기법을 사용하여 전개하고 있다.

몇 가지 오래된 질문들

이전의 두 장에서 우리는 주로 현대의 수학적 개념하에서 뉴턴의 세 가지 운동 법칙과 그의 만유인력의 법칙에 대한 추론에 관해 논의하였다. 이 장에서 우리는 뉴턴이 실제로 『프린키피아』에서 도입하였던 수학적 명제의 형태를 독자들이 음미해 보도록 하고자 한다. 그런 다음 우리는 어떻게 그의 운동과 만유인력의 법칙이 이 위대한 이론의 논리적인 귀결로서 케플러의 세 가지 법칙을 연역하는 데 사용되었는지를 보고자 한다(여기에 사용된 수학은 이전의 장의 그것보다 약간 더 기술적이다. 그러한 자세한 내용에 흥미가 없는 독자는 10장으로 바로 넘어가도 될 것이다). 이전 장에서 본 것과 같이, 뉴턴은 케플러의 법칙을 받아들였고 그로부터 두 물체 사이의 중력에 대한 역제곱의 본질을 추론해 낼 수 있었다. 그런 다음 그는 논증의 방향을 뒤집어, 중력의 법칙의 유효함을 가정하여, 행성의 운동에 관한 케플러의 세 가지 법칙을 유도해 내었다. 예를 들자면, 『프린키피아』에서 다음과 같은 내용을 찾을 수 있다.

> ❀ 행성은 그것의 공통 초점을 태양의 중심에 갖는 타원을 따라 움직인다. 그리고 그 중심을 향해 그려진 반지름에 의해 행성들은 시간에 비례하는 면적을 그려 나간다.[1]

이것은 케플러의 첫 번째와 두 번째 법칙을 함께 포함하고 있다. 물론, 우리는 만유인력의 법칙 그 자체를 이끌어 내기 위해 사용되어졌던 케플러의 법칙을 단순히 복구해보는 것 이상의 것을 할 수 있기를 기대한다.

[1] Newton 1934, Book III. Prop. 13, 420. (GB 34, 286)

고전 역학과 만유인력 이론의 일반적 구조를 받아들이는 중요한 이유는 (물리학의 대부분의 이론과 마찬가지로) 그것이 현상을 설명하는 경험적인 성공-특정한 예에 대한 자세한 수치적 예측과 지금까지는 표면적으로 연관이 없다고 생각되는 광범위한 영역을 하나로 묶는-에 그 핵심을 두고 있다. 아래에서 우리는 케플러의 법칙과 해수의 조수를 그러한 성공의 두 가지 예로 들고자 한다. 그러나 우선 『프린키피아』에 나타난 수학으로 돌아가보자.

9.1 뉴턴의 기하학적 증명

이 절과 다음 절에서 우리는 뉴턴이 그의 역학과 만유인력의 법칙으로부터 케플러의 행성 운동의 법칙을 이끌어내는 데 사용했던 명제의 수학적인 표현을 알아 볼 것이다. 여기에서 제시하는 것은 뉴턴이 논증했던 원래의 방식에 충실하고 또한 『프린키피아』의 스타일과 향취에 대한 감각도 함께 나타내고자 노력하였다. 이것이 원문과 현대의 개념간의 합리적인 타협이 되기를 바란다. 현대의 분석적 표준에 따르면, 『프린키피아』에서 사용된 이러한 기본적인 기하학적 증명의 불완전함이 분명하게 드러난다.

제 1권에서 우리가 쫓아가고자 하는 논의 전개의 논리적 구조는 다음과 같다(기본적인 역학 법칙은 항상 $\boldsymbol{F} = \mathrm{m}\boldsymbol{a}$로 취해진다). 명제 1은, 중심력은 동시간에 동면적이라는 케플러의 두 번째 법칙과 궤도가 평면 위에 위치한다는 두 가지 사실을 함축한다는 점을 확립한다. 반면 명제 2는 그 역을 증명한다. 명제 11, 12, 13은 초점을 향해 방향이 잡힌 중심력에 대해 평면 원뿔궤도가 이루어지려면 힘의 역제곱 법칙이 필요하다는 것을 보여준다. 명제 17은 만약 어떤 물체가 주어진 중심력에 대해 원뿔곡선에서 움직인다면 정해진 특정한 초기 조건이 그 원뿔곡선을 결정한다는 사실을 증명한다. 명제 13의 추론 1은 하나의 역제곱력과 주어진 초기 조건에 대해, $t = t_0$에서의 초기조건과 운동 방정식 $\boldsymbol{F} = \mathrm{m}\boldsymbol{a}$를 만족하는 하나의 원뿔곡선이 항상 존재한다는 것으로 결론을 낸다. 명제 42는 명백하게 드러났던 이 해답만이 유일한 존재 가능한 궤도임을 주장한다. 이것이 케플러의 첫 번째 법칙(그리고 사실, 타원뿐만이 아니라 쌍곡선과 포물선에도 가능하다)을 확립시킨다. 명제 15는 케플러의 세 번째 법칙을 진술한다(여기와 다음 절에서 우리는 이 여덟 가지 명제를 이러한 순서로 다룰 것이다). 마지막으로 명제 70, 71, 75는 균일한 질량 구각에 의해 발생하는 중력을 다룰 것이다(이 마지막 3가지 명제는 8.5절에서 논의되었다).

이제 케플러의 두 번째 법칙(같은 시간에 같은 면적)에 대한 뉴턴의 명제로 돌아가보자. 그는 『프린키피아』에서 케플러의 행성 운동의 두 번째 법칙을 다음과 같이 기술하고 있다.

> ⊛ 명제 1. 움직이지 않는 힘의 중심에 대한 회전체의 반지름에 의해 그려지는 면적은 동일한 움직이지 않는 평면 위에 존재하며 그 면적이 그려지는 시간에 비례한다.[2]

고정된 힘의 중심을 향하는 중심력의 영향하에 있을 때 물체는 고정된 평면 안에서 움직여야 한다는 사실에 주목하라. 현대적 관점에서, 이것은 물체의 고정된 중심에 대한 물체의 초기 속도 벡터와 순간 힘 벡터(혹은 동일하게, 힘의 중심에서 물체에 대한 초기 위치 벡터)가 한 면을 결정한다는 관찰로부터 나온다. 가속도 벡터(혹은 힘 벡터)가 이 면 위에 위치하기 때문에 모든 속도 벡터의 변화는 그 면 위에 있을 것이고, 모든 미래의 속도 벡터도 그러할 것이다. 반지름 벡터는 그렇다면 이 고정된 면 위에서 호를 그려 나갈 것이다.

이제 우리는 케플러의 두 번째 법칙에서 기본적인 기하학적 (뉴턴에 의해 도입된 종류의) 유도를 해 볼 것이다. 중심력은 **그림 9.1**에 나타난 것처럼, 중심력은 항상 움직이는 물체으로부터 고정된 점 S를 향한다. 외력이 작용하지 않는다면 같은 시간 동안 물체는 A에서 B로 그리고 B에서 C로 이동하며, 이때 $AB = BC = v\Delta t$가 된다. 만약 B에서 S를 향하는 큰 힘이 순간적으로 작용한다면 물체의 진행 경로는 경로 BD로 바뀔 것이다. 속도의 변화(혹은 가속도)가 CD를 따라 향해 있고 SB에 평행하게 방향이 잡혀 있기 때문

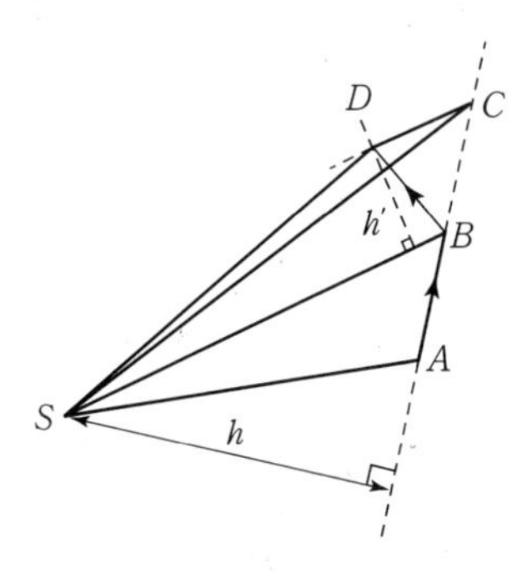

그림 9.1 케플러 제2법칙에 대한 뉴턴의 기하학적 논증

[2] Newton 1934, Book I. Prop. 1, 40. (GB 34, 32)

에, 우리는 *CD*가 *SB*와 평행하다는 것을 알게 된다. 삼각형의 넓이는 밑변과 높이의 곱의 반이라는 사실은 유클리드 기하학의 기본적인 이론이다. 삼각형 *SAB*와 *SBC*가 동일한 높이 *h*를 갖고 있고 그들의 밑변 *AB*와 *BC*가 서로 동일하기 때문에 이것들은 같은 넓이를 갖는다. 그런데 *DC*가 *SB*에 평행하기 때문에 동일한 밑변을 갖고 있는 *SBC*와 *SBD*가 같은 높이 *h′*를 가지며, 우리는 이들의 면적이 같음을 알 수 있다. 이것은 *SAB*의 면적이 *SBD*와 같음을 말해준다. 즉, 같은 시간 안에 같은 면적이 쓸려 지나간 것이다.

만약 **그림 9.2**에서 제안된 것처럼 우리가 매끈한 곡면을 직선 부분의 연속으로 보고 점 *B*, *C*, *D* 등에서 순간적인 중심력을 성공적으로 가한다면, 방금 주어진 명제는 모든 삼각형 *SAB*, *SBC*, *SCD* 등의 면적이 같은 시간 동안이라면 같을 것이라는 것을 보여준다. 동일 시간 간격이 점점 더 작아짐에 따라 점 *A*, *B*, *C*, *D* 등도 곡면 위에서 점점 더 가까워지고 중심력은 점점 더 연속적으로 작용하게 될 것이다. 이러한 조건 속에서 우리는 힘의 중심에서 중심력의 영향만 받으며 움직이는 어떤 물체에 대한 반지름 벡터는 같은 시간 간격 동안 같은 면적을 쓸고 지나간다고 결론 내릴 수 있다.

우리는 또한 이 명제를 역으로 해볼 수도 있다. 물체가 동일 시간 내에 동일 면적을 쓸고 지나가도록 주어진다면 (그래서 **그림 9.1**에서의 삼각형 *SAB*와 *SBD*가 동일 면적을 가지도록) (*DC*를 따른) 속도의 변화는 이 동일한 면 위에 있는 닫힌 삼각형 *BDC*를 형성하게 된다. 삼각형 *SAB*와 *SBC*의 면적이 같기 때문에 (같은 높이 *h*를 공유하기 때문에) 삼각형 *SBC*와 *SBD*는 면적이 같아야 한다. 이것은 이들이 동일한 밑변 *SB*에 대해 같은 높이 *h′*를 가질 것을 요구한다. 이는 *DC*와 *SB*가 평행하다는 것을 의미하거나, 혹은 작용하는 힘이 중앙에 있는 것이라는 점을 의미한다. 만약 물체가 동일한 시간에 동일한 면적을 쓸고 지나간다면, 이것은 중심력에 의해 움직인다는 것을 의미한다. 이것이 바로 뉴턴이 자신의 주장에서 나타낸 증명이다.

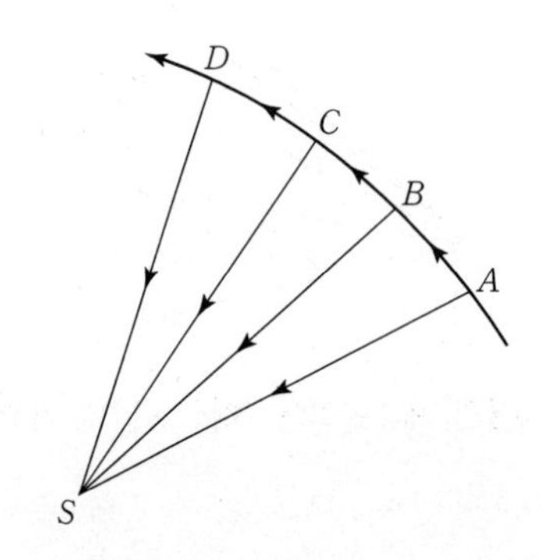

그림 9.2 증분 논증의 연속 극한

㊉ 명제 2. 평면 위에서 그려지는 곡선을 따라 그리고 움직이지 않는 한 점에 대하여 반지름을 따라 움직이는 물체가 시간에 비례하여 면적을 그려 나간다면, 이 물체는 그 점을 향하는 구심력에 의해 강제되고 있다.[3]

이 동일 면적의 법칙이 반드시 역제곱 법칙에 대해서만이 아니라 어떠한 중심력에 대해서든지 참이라는 사실에 주의하자.

9.2 케플러의 제1법칙 및 제3법칙[4]

뉴턴의 만유인력 법칙과 그의 운동 제2법칙으로부터 어떻게 행성 궤도의 모양이 정해질 수 있는 지로부터 시작해 보기로 하자. 우선 이 두 법칙이 함께 작용하여 태양 주변의 행성이나 천체의 가능한 궤도 혹은 궤적을 계산하는 규칙을 만든다는 그럴듯한 주장을 해보자. 태양의 질량 ($M = 2.0 \times 10^{30}$ kg)이 다른 행성의 질량(가장 무거운 목성조차도 그 질량은 $m = 1.9 \times 10^{27}$ kg이다)보다 훨씬 크기 때문에, 단순화를 위해 우리는 이 논의에서 태양이 정지해 있다고 본다.

그림 9.3은 순간 속도가 (정의에 의해 항상 그렇듯이 궤도의 접선속도) v이고 태양으로부터의 거리가 r인 행성을 보여준다. 만약 어떤 초기의 시간에 행성의 위치가 r라면, m에 작용하는 중력을 계산하기 위해 다음과 같이 쓸 수 있다.

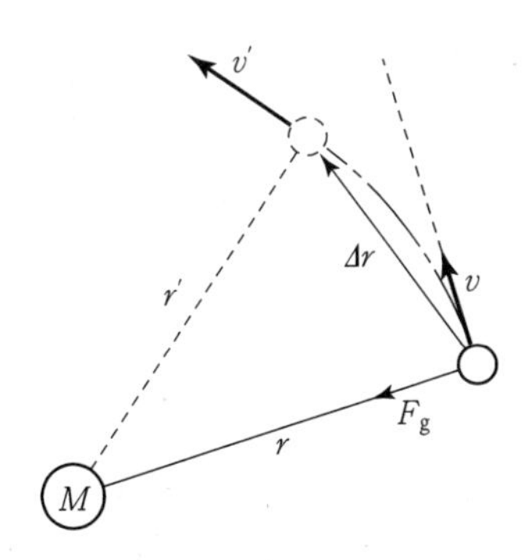

그림 9.3 증분/유일성 논증

[3] Newton 1934, Book I. Prop. 2, 42. (GB 34, 34)

[4] 기하학적 논증에 대한 현대적 표기법을 따른 상세한 내용에 대해서는 Cushing(1982)을 참조하기 바란다. **그림 9.4**와 **그림 9.5**는 Cushing(1982, 621, 622)의 Figure 2와 Figure 3에서 각각 인용한 것이다.

$$F(r) = -\frac{GMm}{r^2} \tag{9.1}$$

$\boldsymbol{F} = m\boldsymbol{a}$라는 법칙으로부터 행성의 순간 가속도 $a(=\Delta v/\Delta t)$가 나온다. 일단 우리에게 초기 속도 $\boldsymbol{v}$가 주어진 이상, $\boldsymbol{v}' = \boldsymbol{v}+\Delta\boldsymbol{v} = \boldsymbol{v}+\boldsymbol{a}\Delta t$에 따라 짧은 시간 Δt 이후의 속도 $\boldsymbol{v}'$를 구할 수 있다. 이 시간 동안의 변위 $\Delta\boldsymbol{r}$은 $\Delta\boldsymbol{r} = \boldsymbol{v}\Delta t$와 같다. 이것은 우리에게 태양으로부터의 새로운 거리 $r'(\boldsymbol{r}' = \boldsymbol{r}+\Delta\boldsymbol{r}$이므로)를 제공한다. 그리고 이제 우리는 그 다음 단계의 위치를 계산할 수 있고 이렇게 계속하여 전체 궤도를 그려낼 수 있다. 이러한 프로그램을 분석적으로 수행해 내기 위해 오늘날에는 미적분학이 사용된다. 그러나 우리가 이 점에서 눈여겨 보아야 할 점은, 일단 행성의 초기 위치와 속도가 정해지면, 식(9.1)과 $\boldsymbol{F} = m\boldsymbol{a}$가 이 행성의 미래의 모든 시간에 대한 위치와 속도를 계산 혹은 예상해 낼 수 있을 것이라는 점이다. 우리는 이 사실을 일단 초기에 $\boldsymbol{r}_0$과 $\boldsymbol{v}_0$가 주어진다면, 자연이 (혹은 뉴턴의 법칙이) 모든 미래의 시간에 대한 $\boldsymbol{r}(t)$ 값을 결정한다고 다소 느슨하게 말할 수 있다. 우리는 여기에서 이 진술을 증명하지는 않았다. 단지 그것이 그럴듯해 보이도록 했을 뿐이다.

케플러의 첫 번째와 세 번째 법칙에 대한 뉴턴 자신의 유도를 서술하기에 앞서서, 우리는 원뿔곡선의 몇 가지 기하학적 특성을 되돌아볼 필요가 있다. 이것의 핵심이 되는 것은 궤도의 곡률[5]에 대한 개념이다. 우리는 곡선의 곡률 중심을 커브의 이웃하는 점들로부터 그려진 수직선의 교차점으로 정한다. **그림 9.4**에서 선 P_1C_1, PC 그리고 P_2C_2는 점 P_1, P 그리고 P_2에서의 각각의 접선에 수직한 선들을 나타낸다. P_1과 P_2가 P에 접근함에 따라 점 C_1과 C_2가 P에서의 커브의 굴곡의 중심인 점 C에 접근한다. 거리 PC가 우리가 ρ로 표시되는 곡률반경이다. 이 곡률 중심에 대한 명확한 특성은 호이겐스(Huygens)의 곡선의 모양에 대한 연구(1659)[6]에서 처음 제시되었으며, 이와 독립적으로 뉴턴(1665)에 의해 제시되었다.[7]

---

[5] 곡률 개념은 Newton의 시대에서도 새로운 것은 아니었다. Apollonius of Perga(B.C. 262–B.C.200)의 Conic에도 나타나 있다(Heath 1896, Book V, Props. 51 & 52, 168–78 참조).

[6] Huygens 1920, 387–405. Huygens는 1659년 곡률에 대한 자신의 준거를 도출하였으나 이를 1673년 Horologium Oscillatorium이 출판될 때까지 발표하지 않았다(Huygens 1934, Part III, Prop. II, 225–42 참조).

[7] Westfall 1980b, 111–12; Whiteside 1967–76. Vol. I, 146, 289–92, Vol. III, 152. 곡률반지름(ρ)에 대한 현대적 표기는 $\rho = (1+z^2)^{3/2}/|\Delta z/\Delta x|$이다. 여기서 $z = \Delta y/\Delta x$는 곡선에 대한 접선을 나타낸다.

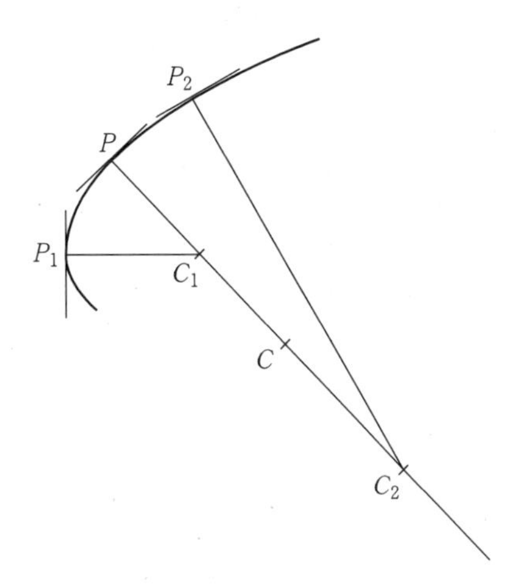

그림 9.4 곡률반경

원뿔곡선의 전통적 정의(5장 부록 참조)는 고정된 한 점(초점 F)에서의 거리와 고정된 직선으로부터의 수직 거리(d)의 비율(이심률 e)이 일정한 점들의 자취이다. **그림 9.5**로부터 우리는 이 정의가 다음과 같이 표현될 수 있음을 알게 된다(식(5.5) 참조).

$$\frac{r}{d+x}=e \tag{9.2}$$

($0<e<1$일 때 타원, $e=1$일 때 포물선, $e>1$일 때 쌍곡선이 된다) 이로부터 우리는 원뿔곡선의 중요한 기하학적 특성을 추론해낼 수 있다.[8]

$$\rho\cos^3\gamma=de \tag{9.3}$$

이 관계는 다음에 설명할 케플러의 첫 번째 법칙에 대한 뉴턴의 논증에 핵심이 된다. 식(9.3)의 결과는 어떤 모양의 원뿔곡선에도 적용되는 순수하게 기하학적인 것이다. 뉴턴이 케플러의 첫 번째와 세 번째 법칙을 얻을 수 있도록 한 것도 이러한 성질에 의한 것이다. 대부분의 현대 독자들에게 식(9.3)은 원뿔곡선을 정하는 방법이라 보기에는 사실 이상하게 보일 것이다.

이제, 만약 물체가 원뿔곡선 위에서 초점을 향한 중심력을 받으며 움직인다면, 그 힘은 역제곱적인 것이어야 한다는 뉴턴의 증명으로 돌아가보자.

[8] 각주 8의 ρ에 대한 식과 식(9.2)로부터 식(9.3)이 유도된다(유도과정에 대해서는 Cushing(1982, 621-2) 참조).

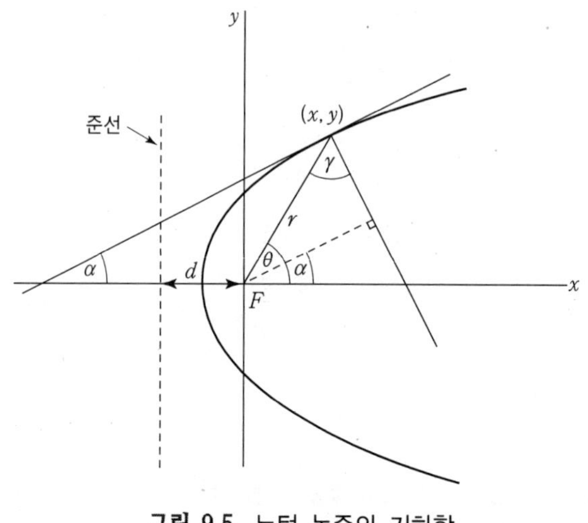

그림 9.5 뉴턴 논증의 기하학

⊗ 명제 11. 만약 물체가 타원 궤도로 회전한다면 타원의 초점을 향하는 구심력 법칙을 찾을 필요가 있다.[9]

명제 12와 13은 그것들이 각각 쌍곡선과 포물선의 예를 다룬다는 점을 제외하곤 같은 것이다.

중심력 $\boldsymbol{F}(\boldsymbol{r}) = f(r)\hat{\boldsymbol{r}}$에 역학 운동의 방정식 $\boldsymbol{F} = \mathrm{m}\boldsymbol{a}$를 적용하는 과정에서, 뉴턴은 처음에 그가 명제1에서 이미 만들어둔 케플러의 두 번째 법칙을 사용하였다(9.1절 참조). 만약 우리가 θ 방향으로의 $\boldsymbol{v}$의 요소 v_θ를 표시한다면(말하자면, **그림 9.5**에서 $\boldsymbol{a}$ 또는 $\boldsymbol{r}$에 수직인 $\boldsymbol{v}$의 요소), 우리는 면적이 쓸려나가는 비율 dA/dt가 $\frac{1}{2}rv_\theta$라는 사실을 알게 될 것이다. 이것이 케플러의 두 번째 법칙에 의해 상수이므로, 우리는 다음과 같이 쓸 수 있다.

$$\frac{dA}{dt} = \frac{1}{2}r_0 v_{\theta_0} = \frac{1}{2}r_0 v_0 \cos\gamma_0 = \frac{1}{2}rv\cos\gamma = \frac{1}{2}r^2\omega = \text{일정}. \tag{9.4}$$

그림 9.5에 나타난 것처럼, 여기서 ω는 초점 F에 대한 물체의 순간 각속도이고 γ는 곡면의 중심을 향하는 선과 $\boldsymbol{r}$ 사이의 각도이다.

식(9.4)는 다음과 같은 형태임에 주의하자.

---

[9] Newton 1934, Book I, Prop. 11, 56. (GB 34, 42)

$$v(\theta) \equiv \frac{ds}{dt} = \frac{2(dA/dt)}{r(\theta)\cos\gamma} = h(\theta) \tag{9.5}$$

여기서 $h(\theta)$는 θ에 관한 이미 알려진 함수이다. 이 속력 v와 행성의 위치간의 정량적 관계는 케플러의 두 번째 법칙에 함축되어 있다. 이것은 본질적으로 중심력(매 순간의 가속도 벡터가 공간상의 고정된 한 점을 향하는 힘)하에서의 운동을 보장한다. 따라서 어떠한 $r=r(\theta)$에 대해서도 식(9.4)는 만족된다. 이 조건은 중심력 운동을 보장하고 중심력의 작용 하에서의 운동은 식(9.5)이 됨을 의미한다. 그러므로 우리는 중심력 문제의 이 부분에 대해 해답을 가진 것으로 볼 수 있다. 이것은 중심력 문제를 시간이 관련되는 본질적으로 '운동학적인' 부분과 궤도의 모양을 결정하는 순수하게 기하학적인 부분으로 나누어 보는 것을 가능하게 한다. 이제 이러한 분리가 어떻게 일어나는지 살펴보기로 하자.

$\boldsymbol{a}$의 반지름 요소를 직접 다루는 것 대신에, 뉴턴은 수직 방향(혹은 **그림 9.5**의 곡률 반지름 ρ 방향을 따라서)을 따라서 $\boldsymbol{a}$를 투영시킨 것을 다루었다. 이것은 m이 반지름 ρ인 원 위를 움직이는 것으로 순간적으로 간주될 수 있고, 필요한 구심력은 힘 F의 수직 방향의 요소로부터, 다음과 같이 구할 수 있다는 것이다.

$$\frac{mv^2}{\rho} = |f(r)|\cos\gamma \tag{9.6}$$

만약 우리가 식(9.4)를 사용한다면 이것을 다음과 같이 다시 쓸 수 있다.

$$|f(r)| = \frac{4m(dA/dt)^2}{\rho\cos^3\gamma}\frac{1}{r^2} \tag{9.7}$$

그러나 식(9.3)으로부터 우리는 이 방정식의 우변의 분모의 첫 번째 항이 상수임을 알고 있다. 이것은 만약 궤도가 초점을 향해 끌리는 힘을 가진 원뿔곡선이라면, 이 중심력은 반드시 역제곱의 형태로 나타나야 한다는 사실을 말한다.

이것의 역으로 가보자.

⊛ 명제 17. 중심력이 중심에서의 거리의 제곱에 반비례 한다면, 그리고 그 힘의 절대값이 알려져 있다면, 물체가 주어진 위치에서 주어진 속도로 주어진 방향을 향해 놓여졌을 때 그것이 그리는 선을 결정할 필요가 있다.[10]

[10] Newton 1934, Book I, Prop. 17, 65. (GB 34, 48)

이 명제의 증명에서 뉴턴이 실제로 한 것은 일단 초점 F(중심력이 향하는 방향)가 주어진다면, 원뿔의 어느 한 점에서의 곡률반경과 접선의 값이 원뿔의 형태를 하나로 정한다는 것을 보인 것이다. 이것은 주어진 초점하에서 일단 한 점에서 곡면의 반지름과 접선이 정해지기만 하면 그 점을 지나는 원뿔은 단 하나만이 가능하다는 것을 말한다. 그의 기하학적 논증은 매우 길고 성가신 것이어서, 그 증명에 대해서는 독자들이 각주에 제시된 참고문헌을 참조하기 바란다.[11] 여기서는 단순히 그 결과를 받아들이기로 하자.

이제 다음과 같은 문제를 고려한다고 가정해보자. 질량이 m인 한 물체가 고정된 초점 F와 역제곱의 중심력의 영향 아래에서 궤도비행을 하고 있다. 우리는 이미 운동 방정식 $\boldsymbol{F} = \mathrm{m}\boldsymbol{a}$가 식(9.3)과 식(9.6)의 두 조건으로 나누어지고 이것이 항상 성립해야 한다는 것을 보았다. 주어진 임의의 값 $\boldsymbol{r}_0$, $\boldsymbol{v}_0(t = t_0$에서)와 $\lambda(f(r) = -\lambda/r^2$에서 일정한 힘)하에서, **그림 9.5**에서의 도형으로부터 접선 값이 α_0(그리고 따라서 γ_0)이기 때문에 우리는 식(9.4)의 상수 da/dt를 정할 수 있을 것이다. 그러면 우리는 ρ_0값을 다음과 같이 선택할 수 있다.

$$\rho_0 = \frac{4m(dA/dt)^2}{\lambda \cos^3 \gamma_0} \tag{9.8}$$

이전 단락에서 이미 말했던 것처럼, $\boldsymbol{r}_0$과 $\boldsymbol{v}_0$과 함께 이것은 하나의 특정한 원뿔을 결정할 것이다. 이 특정 원뿔곡선을 $r(\theta)$라고 하자. 이 원뿔은 $t = t_0$에서 $\boldsymbol{r}_0$와 $\boldsymbol{v}_0$를 만드는 원뿔이다(말하자면, θ_0에 대해 r_0, v_0와 α_0). 이것은 또한 운동 방정식 식 (9.6)을 항상 만족시킨다(명제 11과 그에 따른 토론, 특히 식(9.7) 참조). 현대적 용어로 말하자면, 우리는 초기 조건 $\boldsymbol{r}(t_0) = \boldsymbol{r}_0$, $\boldsymbol{v}(t_0) = \boldsymbol{v}_0$가 만족되고 그 이후의 모든 시간에 대하여 $\boldsymbol{F} = \mathrm{m}\boldsymbol{a}$가 만족되는 $\boldsymbol{r}(t)$를 명백하게 보인 것이다. 이 사실은 역제곱의 중심력은 항상 그 궤도로 원뿔곡선을 갖고 있다는 사실을 확립하는 것이다. 뉴턴이 이 명제에 대해 어느 정도 은밀하게 암시한 것이 명제 13의 추론 1에 있다.[12]

> ⊛ 마지막 11, 12, 13의 세 명제로부터 다음과 같은 사실이 나온다. 만약 어떤 물체 p가 장소 P로부터 어떤 속도와 직선 PR을 따른 어떤 방향을 갖고 출발한다면, 그리고 동시에 그것이 중심에서의 거리의 제곱에 반비례하는 중심력에 의해 가속되게 된다면, 이 물체는 하나의 원뿔 위를 움직이게 될 것이고, 그 힘의 중심에 초

---

[11] Cushing 1982, 623.

[12] 이러한 추론의 중요성에 대한 전혀 다른 관점은 Weinstock(1982)를 참조한다.

> 점을 가지게 될 것이다. 그리고 그 역도 마찬가지다. 초점과 접점, 그리고 접선의 위치가 주어진다면, 원뿔의 모양은 설명될 수 있을 것인데 그 점에서 주어진 하나의 곡선을 가지게 될 것이다. 그러나 곡면은 중심력과 주어진 물체의 속도로부터 정해지는데...[13]

그래서 중심력 문제의 해답의 존재에 관한 질문을 제기하였다. 그리고 그 해답으로는 오직 하나의 원뿔이 존재한다는 사실을 보였다.[14] 그러나 논리적으로 여기에는 여전히 원뿔 외의 다른 해답은 존재하지 않는 것인가 하는 물음이 남아 있다. 뉴턴 또한 이러한 물음에 관해 알고 있었고 그것에 관해 언급하려 했지만,[15] 그의 논의는 이 절의 첫 부분(**그림 9.3** 참조)에 주어진 형태의 상호적 (혹은 미소증분의) 논의는 결국 오직 하나뿐인 물리적 해답으로만 이어질 것이라는 직관에 강하게 의존하고 있다.

아마도 이러한 결과들을 현대의 독자들에게 더 익숙한 형태로 요약하는 것이 도움이 될 것이다. 태양 주위를 도는 천체에는 오직 3가지의 가능한 공전 궤도가 있다. 하나는 타원인데, 이것은 뉴턴의 만유인력 법칙이 허용하는 유일한 닫힌 형태의 궤도이다(물론, 원은 타원의 특수한 형태이다). 이 운동은 주기적이고 행성은 태양으로부터 어떤 최대값 이상의 거리를 갖지 못한다. 이는 때때로 묶인 운동(bounded motion) 혹은 재진입 궤도(reentry orbit)라 불린다. 두 가지 형태의 묶이지 않은 운동 역시 가능하다. 이 경우 천체는 (종종 혜성이) 태양 주위를 단 한번 지나치고 다시는 태양계로 돌아오지 않는다. 이러한 묶이지 않은 운동에서 그 궤도는 재진입하는 것이 아니다. 이러한 궤도 중 하나는 쌍곡선이고 다른 하나는 포물선이다. 이러한 곡선의 그림이 **그림 9.6**에 나와 있다. 현재 논의의 목적하에서는 포물선과 쌍곡선 사이에는 거의 차이가 없다고 할 수 있다. 만약 천체의 속도가 충분하게 크다면, 그것은 열린 궤도(쌍곡선 혹은 포물선)를 갖게 될 것이고,

[13] Newton 1934, Book I, Corollary to Prop. 13, 61. (GB 34, 46)

[14] 명제 11로부터 이어지는 논증의 전체적인 논리적 구조는 다음과 같이 요약될 수 있겠다. ① $\boldsymbol{F}=\mathrm{m}\boldsymbol{a}$는 모든 동역학에 적용된다, ② $r=r(t)$는 원뿔곡선이다 $\Rightarrow f(r) \propto 1/r^2$, ③ (주어진) 고정된 힘의 중심 ($r_0$, θ_0, α_0, ρ_0) $\Rightarrow$ 하나의 유일한 원뿔곡선, ④ ((r_0, v_0, $\lambda[f(r)=-\lambda/r^2]$) $\Rightarrow$ 항상 $\boldsymbol{F}=\mathrm{m}\boldsymbol{a}$를 만족하는 하나의 유일한 원뿔곡선, ⑤ 모든 r_0, v_0, λ의 값에 대해 하나의 원뿔곡선의 해가 존재, ⑥ 따라서, $1/r^2$의 힘은 언제나 궤도에 대한 하나의 원뿔곡선을 가진다. 사실 일단 해가 존재하면, 그 상황의 물리학이 나머지를 다 해줄 것이라고 가정할 수도 있다(이 절의 시작 부분에 있는 **그림 9.3**과 그에 대한 논의를 상기하자), ⑦ r_0, v_0는 $\boldsymbol{F}=\mathrm{m}\boldsymbol{a}$에 대한 해를 유일하게 만족한다. 먼저 해가 존재함으로 보이고 이어서 그 해가 유일함을 논증하는 이러한 기법은 물리학과 수학에서 상당히 익숙하게 볼 수 있는 기법이다.

[15] Newton 1934, Book I, Prop. 42, 133. (GB 34, 91)

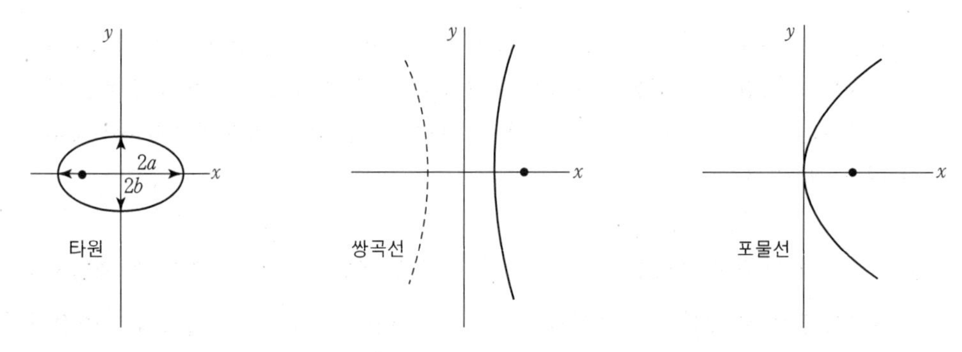

그림 9.6 역제곱 궤도의 유형

일단 그것이 태양을 지나치게 되면 무한을 향해 날아가 태양의 중력장을 벗어나게 된다. 만약 속도가 그리 크지 않다면, 그것의 궤도는 묶이게 되어 (타원 혹은 원으로) 주기적인 것이 된다. 비록 우리가 뉴턴의 운동과 중력의 법칙으로부터 나오는 케플러의 첫 번째 법칙을 보았지만, 그 결과로부터 케플러의 첫 번째 법칙보다 훨씬 더 많은 것을 얻었다. 타원만이 존재 가능한 묶인 궤도인 사실뿐만 아니라, 열린 궤도에는 두 가지의 형태가 가능하다는 것에 알게 되었다.

가능한 유일한 닫힌 궤도가 타원이라는 결과는 뉴턴의 만유인력 법칙이 중심력을 나타내고 (그것이 항상 행성에서 태양으로 향하기 때문에) 또 중심력은 정확하게 거리의 제곱에 반비례 한다는 사실에 의존함을 언급할 필요가 있다. 만약 두 물체 사이의 당기는 힘이 변한다면, 즉 $1/r^2$이 아니라 $1/r^3$으로 변한다면, 행성의 묶인 궤도의 모습은 타원이 아닐 것이다(닫힌 궤도가 될 필요도 없다). 방금 우리가 본 것처럼, 타원 궤도를 만들어 낼 수 있는 중심력은 역제곱의 법칙이라는 것을 수학적으로 증명할 수 있다. 『프린키피아』에서 뉴턴은 다음과 같이 진술한다.

> ⊛ 이 힘에 의해 … 행성이 연속적으로 직진 운동으로부터 끌려나오고, 적절한 궤도에 묶여있게 된다는 사실은 … 이 힘이 태양의 중심으로부터 행성간의 거리의 제곱에 반비례한다는 … 이것은 매우 정확하게 원일점의 정지로 설명 가능하다.…[16]

뉴턴의 '원일점의 정지'라는 말이 의미하는 바는 태양으로부터 행성까지의 거리(**그림 5.10**의 r_2)가 최대가 되는 점이 공간상에 고정되어 (태양의 구조에 상대적으로) 있고 행

[16] Newton 1934, Book III, Prop. 2, 406. (GB 34, 276)

성이 궤도상을 연속적으로 공전할 때 이 점이 이동하지 않는다는 것이다. 뉴턴은 만약 그 힘이 역제곱적인 것이 아니라면, 원일점이 시간이 지남에 따라 이동할 것이라고 주장하고 있다. 이것은 (비록 그 운동이 묶여있더라도) 궤도가 매끈하게 닫힌 것이 아닐 수 있다는 것과 같은 말이다.

마지막으로, 뉴턴은 케플러의 세 번째 법칙에 대하여 언급하였다.

> ⊛ 명제 15. (고정된 역제곱의 중심력의 영향하에서 움직인다) 동일한 것들이 가정된다면, 타원의 주기는 그것의 가장 긴 축의 3/2제곱이 될 것이라는 점이다.[17]

이것은 케플러의 두 번째 법칙과 뉴턴이 이미 사용하고 있던 타원의 기하학적 성질로부터 곧바로 나오는 것이다.[18] 케플러의 세 번째 법칙은 만유인력의 법칙인 $1/r^2$의 형태와 이 힘의 중심력적인 성질에 의존한다(식(8.1)에 함축된 것처럼, 케플러의 세 번째 법칙이 원형 궤도의 특별한 예로서 만유인력의 역제곱 법칙으로부터 나온다는 것을 쉽게 알 수 있다).

따라서 논리학의 실행으로서, 동일 면적이라는 케플러의 두 번째 법칙으로부터 우리는 만유인력이 반드시 중심력이어야 한다는 결론을 내릴 수 있다. 다음으로, 행성의 궤도가 타원이라는 케플러의 첫 번째 법칙으로부터, 우리는 만유인력의 역제곱 법칙을 연역해낼 수 있다. 이러한 지식으로부터 우리는 행성 궤도의 평균 반지름과 주기 간의 관계인 케플러의 세 번째 법칙을 추론해낼 수 있다. 케플러의 세 번째 법칙은 그의 첫 번째와 두 번째 법칙으로부터 논리적으로 독립적인 것이 아니다. 우리가 이미 살펴본 것처럼, 뉴턴은 케플러의 두 번째와 세 번째 법칙으로부터 출발해서 이 명제로부터 케플러의 타원 궤도에 관한 첫 번째 법칙에 도달하였다. 그러나 우리는 이러한 의존성을 뉴턴 역학의 틀 내에서만 증명할 수 있다. $\boldsymbol{F} = m\boldsymbol{a}$라는 뉴턴의 운동 법칙 없이는 이러한 연관성을 확인할 어떠한 방법도 없다.[19]

---

[17] Newton 1934, Book I, Prop. 15, 62. (GB 34, 46)

[18] 상세한 기하학적 내용에 대해서는 Cushing(1982, 624)를 참조한다.

[19] Newton의 법칙으로부터 Kepler의 제3법칙을 간결하게 유도하는 과정에 대해서는 Vogt(1996)를 참조한다.

9.3 섭동

모든 행성이나 천체들이 서로 끌어당기기 때문에, 실제로 행성이 태양 주위를 도는 문제는 우리가 이제까지 설명한 것보다 더 복잡하다. 만약 우주 전 공간에 태양과 하나의 행성만 존재한다면 (공전)궤도는 단순한 타원일 것이다. 그러나 태양계에 있는 다른 행성들 또한 그 행성에 힘을 미쳐 완전한 타원에서 조금 벗어나게 된다. 이러한 작은 요동을 섭동(perturbation)이라고 한다. 섭동을 일으키는 모든 힘들은 식(9.1)의 법칙을 따르고, 또 태양이 그 행성에 끼치는 중력이 그 행성의 궤도를 결정짓는 데 주요 요인이 되기 때문에, 그 행성의 타원궤도에 대한 작은 보정을 계산해 내는 것이 가능하다. 행성의 실제 궤도는 이 섭동이 포함된 이론 예측 식에 잘 맞는다.

그러나 자연은 친절하게도 (또는 아마도 12장에서 보게 될 것과 같이 최종의 '속임수'는 잔혹하게도) 거리의 역제곱에 비례하는 힘을 받는 경우의 궤도는 우리가 앞에서 보인 바와 같이 원뿔의 단면의 형태로 정확하게 구할 수 있다는 것은 잘 알려져 있다. 뉴턴은 이에 대한 많은 것을 알아냈다. 그러나 그에게 태양계처럼 태양 주위를 공전하며 행성들 간에 서로 섭동을 일으키며 안정된 상태를 유지하는 다체 구조에 대한 것은 불확실했다. 라그랑지(Joseph-Louis Lagrange, 1736-1813)와 라플라스(Pierre-Simon Laplace, 1749-1827)는 섭동의 문제를 태양계의 장기 안정성과 조화를 이루도록 해결한 것으로 평가받는다. 그러나 역사의 실제적 기록은 더욱 복잡했다.[20] 행성의 섭동을 설명하려던 이전이나 이후 모든 사람들처럼, 라그랑지와 라플라스도 그들의 분석에 있는 계산에 근사를 취해야 했고 그들의 방정식을 전개식 가운데 작은 차수에서 잘라내야 했다. 1766년 라그랑지는 행성의 섭동 이론에 대한 중요한 논문을 발표했고, 1773년 라플라스는 모든 항이 주기성을 지니는 해를 얻었다. 1776년에는 라그랑지가 1809년에는 푸아송(Siméon-Denis Poisson, 1781-1840)이 라플라스의 결과를 확장했다.

1876년 뉴컴(Simon Newcomb, 1835-1909)이 행성의 섭동에 대한 해의 전개식이 수렴함을 보이면서 그 식이 순전히 주기 함수로 표현될 수 있다고 설명하게 되면서 태양계의 안정성이 거의 확립되는 것으로 나타났다. 하지만 1892년 푸앵카레(Poincaré)는 그의 논문에서 이 전개식이 일반적으로 발산한다는 것을 보였다. 푸앵카레의 결과는 오늘날 우리가 알고 있는 현대의 결정론적 카오스 이론(deterministic chaos theory)(12장에서 다룰

[20] Moulton, F. R.(1914), 431-2.

것이다)의 씨앗이 되었다.

섭동의 관찰은 해왕성의 발견으로 이어졌다. 1781년 3월 13일 허셜(William Herschel)은 천왕성을 발견했다. 그 당시 천왕성은 태양으로부터 가장 멀리 떨어진 행성으로 알려졌다. 그러나 목성과 토성의 영향에 의한 섭동 보정이 만들어진 후에도 천왕성의 관측 궤도가 이론적 추정치와 일치하지 않았다. 영국의 애덤스(John Adams, 1819-1892)와 프랑스의 레브리에(Urbain Leverrier, 1811-1877)는 독립적으로 천왕성 밖에 또 다른 행성이 존재하여 섭동을 유발하고 있음을 계산해냈다. 1846년 9월 23일 독일의 천문학자 갈레(Johann Galle, 1812-1910)는 레브리에가 예측한 위치에서 새로운 행성(해왕성)을 발견했다. 이에 대해서는 11.2절에서 다시 다루게 될 것이다.

아주 간결한 개요에 불과하지만, 우리는 뉴턴의 역학과 그의 만유인력 이론이 행성의 운동 현상을 어떻게 설명할 수 있는지에 대해 살펴보았다. 이러한 문제는 물론 만유인력 이론과 고전 역학의 기원이었다. 지금부터 우리는 이 이론적 체계가 인류가 오랜 세월 동안 씨름했던 문제들을 어떻게 설명할 수 있는지 살펴보기로 하자.

9.4 조수에 대한 뉴턴 이전의 해석

해변을 따라 바다의 높이는 약간의 규칙성을 띠며 오르락내리락한다. 이러한 변화가 달의 위치와 관계가 있다는 관측은 이미 오래부터 있었다. 바벨론의 셀레우쿠스(Seleucus, B.C. 150?)는 달이 조수에 끼치는 영향을 설명할 수 있었다.[21] 고대 그리스 인들은 소지중해 바다에서 나타나는 조수 현상이 대서양과 태평양에서 나타나는 조수의 현상만큼 뚜렷하지는 않았으나 조수에 대해 언급하였다. 로도스(에게 해 남부의 섬, 그리스령)의 포세이도니오스(Poseidonios : B.C. 135?-B.C. 51?)는 달의 모양이 초승달이나 보름달 근처에 있을 경우 조수가 평균치보다 더 큰 조수(사리)가 생기고 달의 모양이 상현달이나 하현달 근처에 있을 경우에는 평균치보다 작은 조수(조금)가 발생한다는 것을 처음으로 언급하였다. 그는 또한 조수가 달뿐만 아니라 태양에도 영향을 받는다는 것을 제안한 것으로도 잘 알려져 있다.[22] 로마의 학자 플리니(Pliny the Elder, A.D. 23-A.D. 79)는 그

[21] Pedersen, 1993, p.391.
[22] Pedersen, 1993, p.381.

의 저서 『자연의 역사』(Historia Naturalis)에서 조수에 대해 그리고 조수가 오르락내리락하는 것과 우물의 물이 오르락내리락하는 것 사이의 관계에 대해 지적했다.[23] 이슬람 철학자 알킨디(al-Kindi, A.D. ?-A.D. 870?)는 조수에 관한 논문을 썼다. 17세기 유럽의 뛰어난 학자였던 영국의 성 베네딕트의 배데(Benedictine Bede the Venerable, 672?-735)는 조수에 관한 관찰 기록을 남겼다.[24] 조수의 원인에 관해 그는 논란이 많았던 추측을 하였다: 바닷물의 팽창은 달에서 오는 빛에 의해 데워지고, 이 빛에 의해 바닷물이 증발하기 때문이며, 큰 소용돌이가 교대로 물을 밑으로 빨아들였다 밀어냈다 하면서 바닷물이 오르락내리락한다.

심지어 보다 근대에 가까운 시기에도 조수에 관한 정확한 설명은 물리학의 역사에 있어서 큰 문제였다. 1616년 갈릴레이는 조수에 관한 한 편의 논문을 썼다. 거기에서 그는 처음으로 바다 층의 기울기나 바람에 의해 생기는 진동 등 그럴듯한 설명들을 비판하였다.[25] 또한 그는 자신의 저서 『대화』의 네 번째 날을 조수에 관한 내용에 할애했다. 그는 바다의 조수는 지구의 운동에 대한 직접적인 증거라고 믿었다.

> ⊛ 지구상의 모든 것들 가운데서 그것은 물의 원소 내에 존재한다. … 움직이거나 정지해 있는 지구 행동의 흔적과 표식을 알아 볼 수 있을 것이다.[26]

케플러는 조수가 달에 의해 바닷물이 끌어 당겨지기 때문에 생긴다는 입장을 갖고 있었다. 그의 저서 『새로운 천문학』의 서문에서 다음과 같이 적고 있다.

> ⊛ 중력은 물체들 가운데 유체들이 서로 합치거나 함께 하려는 상호적 배치 작용이다.
>
> …
>
> 만약 지구가 그것의 물을 스스로에게 끌어당기는 것을 멈춘다면 모든 바닷물은 들어 올려져서 달로 갈 것이다. 끌어당기는 달의 능력의 구형적 영향력은 지구에까지 확장될 것이다. 그리고 특별히 달이 움직이는 경로와 달빛이 비추는 영역의 공통 영역에 있는 물들을 앞으로 끌어당길 것이다. 이는 닫힌 바다에서는 감지하기 힘들다. 그러나 바다 층이 넓고 물이 들어갈 공간이 많은 경우에는 이런 현상

23 Melchior, P. 1966, 2.
24 Pedersen, 1993, 316.
25 조수에 관한 Galilei의 관점에 대해서는 Finocchiaro(1989, 119-33)를 참조한다.
26 Galilei, 1967, 416-17.

> 이 잘 나타날 수 있다.
>
> …
>
> 달이 멀어져 갈 때, 이러한 물의 모이는 현상 또는 입사 영역으로 행진하는 군대(물)는 견인력이 사라지고 결국 다시 흩어지게 된다.[27]

그러나 이 설명은 하루에 단 한 번의 조수만을 설명할 수 있기 때문에 갈릴레이는 이를 받아들이지 않았다.

> ⊛ 물에 대한 지배력을 지닌다고 말할 수 있는 조수에 영향을 주는 요인들은 많다. 달이 하늘 위로 떠돌면서 자신을 따르는 물을 끌어당긴다. 그래서 높은 해수면은 항상 달을 따라 나타나게 된다. 그리고 달이 수평선 밑에 있을 경우에도 해수면은 올라오게 된다. 그는 우리에게 이것을 어떻게 설명해야 할지 모르겠다고 한다.
>
> …
>
> 제발 우리에게 이 나머지 설명을 나누어주시오. 나는 그것을 자세하게 열거하면서 설명할 필요는 없다고 생각하오.[28]

갈릴레이의 주장에서는 오늘날 우리가 원심력이라 부르는 힘이 조수의 주요 원인이었다.

> ⊛ 물의 움직임에 대해 설명하는 것과 동시에 그것을 담고 있는 용기가 움직이지 않는다는 것을 동시에 받아들일 수 없다는 것을 확인하였기 때문에, 이제 그 용기의 가동성이 관찰되는 현상을 만들어낼 수 있는지를 고민해 보자.[29]
>
> …
>
> 우리는 이미 지구의 운동에는 두 가지가 있음을 이야기했다. 첫 번째는 일주 운동으로서 서쪽에서 동쪽으로 도는 타원 궤도의 주선을 따라 중심이 도는 운동이다. 그리고 다른 하나는 스스로의 중심을 따라 공전 궤도 면에 약간 기울어진 축에 대해 24시간 동안 한 바퀴 도는 운동이다.[30]

여기에서 갈릴레이는 태양을 중심으로 하는 지구의 공전 운동과 지축을 중심으로 자전

---

[27] Kepler 1992, 55-6.

[28] Galilei 1967, 419-20.

[29] Galilei 1967, 424.

[30] Galilei 1967, 426.

운동을 고려했다. 24시간의 한 주기 동안 지구의 어떤 점에서도(예를 들어, 적도라고 하자) 두 회전 운동에 의해 (고정된 공간 배경에 대해) 한 쪽 방향에서는 최대 속도를 지니고 그 반대 방향에서는 최소 속도를 지니게 될 것이다. 그러나 이것이 올바른 메커니즘이라 해도 이에 따르면 하루에 단 한 번의 만조와 간조를 만들어낼 것이다.

> ⊗ 이제 … 나는 다음을 해결할 것이다. 즉, 제1원리에는 12시간의 차이가 나는 것 말고는 물을 움직이게 (한 번은 운동의 최대 속도를 지니고 한 번은 가장 느린 속도를 지니는 것) 하는 요인이 없기 때문에, 썰물과 밀물은 공통적으로 6시간을 주기로 나타난다.[31]

갈릴레이는 그때 조수를 해양에 담긴 거대한 물덩이의 진동이 갖는 자연 주기로 설명하려 했다.[32] 이것은 정성적인 설명으로서 실제로 일어나지는 않는다.

뉴턴은 자신의 만유인력의 법칙을 이용하여 달에 의해 생기는 조수 현상을 설명할 수 있었다.[33] 그는 적도 근처로 지구를 감싸는 물 고리의 운동을 고려하여 조수 현상을 올바르게 이해하는 방법을 제시했다. 그는 큰 질량을 갖는 M 주위를 운동하는 m'의 운동에 떠도는 물체 m이 야기하는 섭동을 다룸으로써 이에 대한 것을 설명하기 시작했다. 그후 이 현상을 동일한 궤도를 지니는 많은 작은 물체들로 확장하였고 결국 연속적인 유체에까지 이를 적용하였다.[34] 조수에 대한 뉴턴의 이론이 관찰되는 주요 효과를 설명하였으나, 이는 '정지' 상태에 대한 이론이었다. 왜냐하면 물 자체의 운동을 고려하지 않았기 때문이다. 결과적으로 특정 지점을 달이 지나간 후에 나타나는 조수 현상의 지연에 대해서는 아직도 풀리지 않은 문제로 남아 있었다. 조수에 대한 동역학적인 이론은 라플라스에게 맡겨졌다. 완전한 정량적 조수 이론은 극도로 복잡하며 오늘날에도 여전히 활발하게 연구되는 영역으로 남아있다. 우리는 『프린키피아』에 나타나는 논의를 따르기보다는 조수에 관한 좀더 직관적인 설명을 살펴 볼 것이다. 그러나 이 또한 여전히 『프린키피아』에서 발견할 수 있는 뉴턴의 법칙을 그 기저로 삼고 있다.

---

[31] Galilei, 1967, 432.

[32] Finocchiaro, 1989, 127-9.

[33] Newton 1934, Book iii, Porps. 24와 37, 435-40과 479-81.(GB 34, 118-28)

[34] Newton 1934, 173-89(GB 34, 118-28)

9.5 지구-달 시스템과 조수 현상

우리는 물체가 지표상의 다른 점들에서 경험하는 가속도를 고려함으로써 조수를 만들어 내는 힘의 기원에 대해 기본적이면서 어느 정도 정량적인 이해를 할 수 있다. 두 구가 각각의 중심을 연결하는 선상을 따라 작용하는 힘으로 서로를 잡아당긴다. 따라서 두 구는 이 선 상의 하나의 고정점에 대해 각각의 원을 그리며 원운동을 하게 된다. 두 구의 질량이 동일한 경우에는 그 고정점(회전중심)이 정확히 선상의 중심에 일치함을 쉽게 확인할 수 있다. 여기에서 하나의 구의 질량이 커질수록 회전 중심은 점점 질량이 큰 쪽으로 이동하게 된다. 또한 큰 구의 회전 반경은 점점 작아진다. 각각의 질량은 원운동을 하는데 둘은 동일한 회전 중심을 지니게 된다. **그림 9.7**은 공통의 원점(X)을 중심으로 궤도를 선회하는 지구와 달로 이루어진 계를 보여준다(지구의 양극 사이에 있는 북극-남극 축이 종이 면에 수직이고 그림에서 점 2를 뚫고 지나가고 있음을 인식하자. 지구는 이 NS축을 중심으로 하루에 한 바퀴씩 돌고 있다). 회전축은 종이 면에 수직이고 점 X를 지난다. 이 동일한 점에 대한 궤도 운동을 유지하기 위해 필요한 구심력은 질량 M과 m 사이의 상호 작용하는 만유인력에 의해 제공된다. 이 상호 작용력은 항상 두 물체의 질량 중심을 잇는 선분을 따라 작용하고 이 선분은 회전의 공통 중심을 통과하기 때문에, 지구와 달의 각속도 ω는 같아야 한다. 안정한 상태의 원운동이 되기 위한 조건은 다음과 같다.

$$F_c = \frac{GMm}{R_m^2} = M\omega^2 x = m\omega^2(R_m - x) \tag{9.9}$$

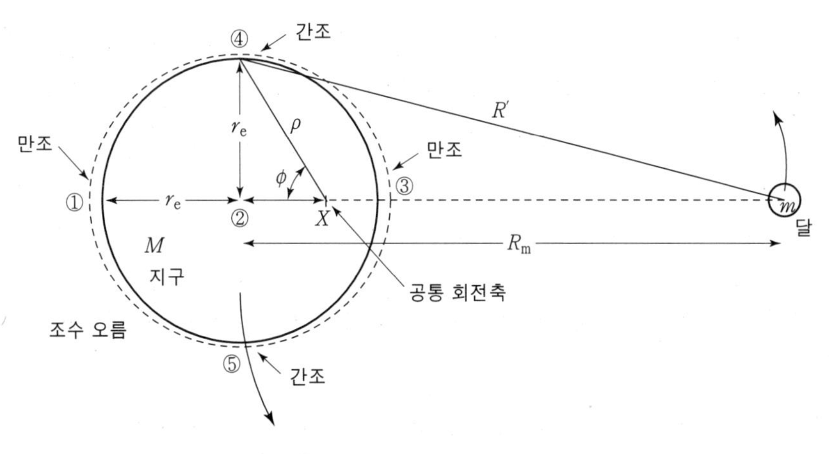

그림 9.7 지구-달 계의 조수

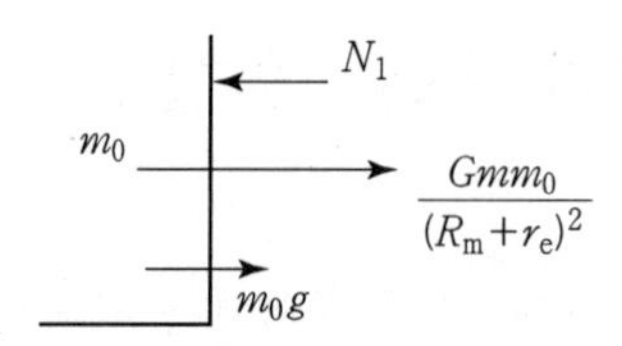

그림 9.8 지표면에서의 물체에 작용하는 동일 직선상의 힘

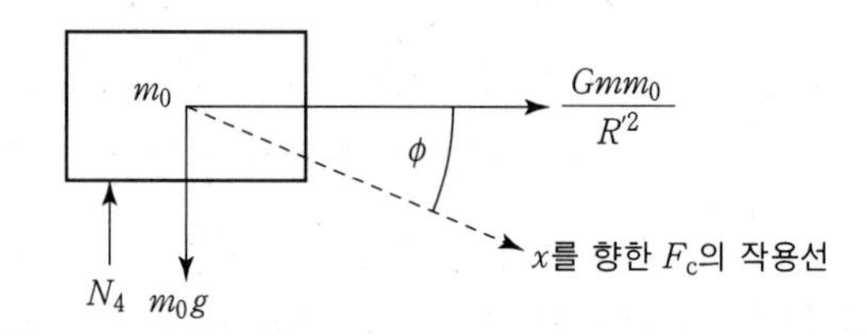

그림 9.9 지표면에서의 물체에 작용하는 비동일 직선상의 힘

여기에서 x는 지구의 질량중심으로부터 점 X까지의 거리를 나타내고, R_m은 지구와 달의 질량중심 간 거리를 나타낸다. 이 방정식을 x에 관해 풀면 $x=0.726\,r_e$이다.[35] 이 공통의 회전중심은 지구 내부에 있다(그러나 물론 지구의 기하학적 중심에 있지는 않다). 회전중심은 지구 중심으로부터 대략 3,000마일(4.80×10^3 km)이 조금 못되는 거리에 위치한다.

이제는 **그림 9.7**에서 점 1에 위치한 질량의 무게를 알아보자. **그림 9.8**에 나타낸 세 개의 힘의 합력은 X 방향으로 필요한 구심력이 되어야 한다. 따라서 다음과 같이 식을 쓸 수 있다.

$$F_c = m_0 g + \frac{Gmm_0}{(R_m+r_e)^2} - N_1 = m_0(x+r_e)\omega^2 \tag{9.10}$$

여기에서 N_1는 저울에 m_0을 올려놓았을 때의 값이다. N_1는 m_0의 점 1에서 측정된 무게일 것이다. $(r_e/R_m) \cong 1/60$임을 이용하여 분모에 제곱이 있는 항을 테일러 전개하여 1차 항만을 고려하고 식(9.9)를 대입하여 N_1에 대해 풀면 다음 식을 얻을 수 있다.

$$N_1 \cong m_0\left(g - \omega^2 r_e - \frac{2Gm}{R_m^3} r_e\right) \tag{9.11}$$

그림 9.7의 점 3에 대해서도 비슷한 방식으로 계산하면 동일한 결과를 얻는다. 따라서

[35] 이것은 $x=[m/M+m]/R_m$, $M=5.98\times10^{24}$ kg, $m=7.34\times10^{22}$ kg, $R_m=60r_e$에 의한 것이다(자료는 **표 5.2** 사용).

$N_1 \cong N_3$이다. **그림 9.7**의 점 4에서 달이 (R을 따라) 끌어당기는 만유인력은 실제적으로는 R_m에 평행할 것이다. 왜냐하면 두 값이 거의 비슷하기 때문이다. **그림 9.9**에 점 4에 위치한 m_0에 작용하는 힘을 나타냈다. 구심력 F_c는 X 방향을 향하기 때문에 **그림 9.7**과 **그림 9.9**에서 기하학적으로 다음 식을 얻을 수 있다.[36]

$$N_4 \cong m_0(g-\omega^2 r_e) \tag{9.12}$$

우리는 또한 점 4와 점 5가 점 2에 대해 대칭성을 지니기 때문에 두 값이 서로 비슷할 것이라는 것을 알 수 있다. 즉, $N_4 \cong N_5$이다.

이상의 결과에서 우리가 내릴 수 있는 결론은 무엇인가? **그림 9.7**의 점 1과 점 3에서 나타나는 물체의 무게는 같다. 그러나 점 4와 점 5에서 나타나는 무게보다는 약간 작을 것이다. 만약 우리가 고체로 된 구의 땅 (또는 고체로 된 구 모양의 지구) 위를 덮고 있는 수면 층에 대해 생각해 보면 점 4(또는 점 5)에서의 1kg의 물은 점 1(또는 점 3)에서의 1kg의 물보다 약간 무거울 것이다. 이것은 수압이 (본질적으로 유체가 자신을 둘러싼 주변에 가하는 힘이) 점 1에서보다 점 4에서 더 크다는 것을 의미한다. 따라서 물은 서로 압력이 같아질 때까지 4와 5지역에서 1과 3지역으로 흐를 것이다(압력이 높은 곳에서 낮은 곳으로 유체가 흐르기 때문에). 따라서 우리는 해수면이 볼록 (거의 같은 높이로) 올라오는 곳은 달 바로 아래에 있거나 지구의 그 반대편에 있는 지역이라는 것을 이해할 수 있다. 만약 지구가 자신의 NS 회전축(**그림 9.7**에서 종이 면에 수직한 축)을 중심으로 돌지 않고 단지 공통의 회전축인 X를 중심으로만 회전을 한다면 해수면이 볼록하게 올라오는 지역은 항상 일정한 곳일 것이다. 그러나 실제로 지구는 자전을 하고 이에 따라 이 볼록하게 올라오는 지역도 지구의 지표면에 상대적인 운동을 하게 된다. 이 볼록한 지역이 해변 근처로 가게 될 때 만조가 되는 것이다. 어떤 의미에서는 물이 공간상에 걸려 있고 그동안 지구가 그것을 통과해 회전한다고 생각할 수 있을 것이다.

그림 9.7에서 우리는 지구와 달로 이루어진 계를 마치 달의 궤도면이 지구의 적도와 일치하는 것처럼 그렸다. 실제로는 달의 궤도면이 적도에 대해 약 30°만큼 기울어져 있다. 그러므로 계의 상황은 **그림 9.10**에 나타낸 것과 비슷하다. 해수면이 볼록 올라오게 되는 지역은 거의 달 바로 아래에 머무르게 되므로 지구상의 고정된 한 점이 24시간 한 주기 동안 경험하게 되는 두 번의 볼록 올라온 해수면은 다른 높이를 지닐 것이다. 달이 적도

[36] $\tan\phi = r_e/x = (m_0 g - N_4)/Gmm_0/R^{1/2}$

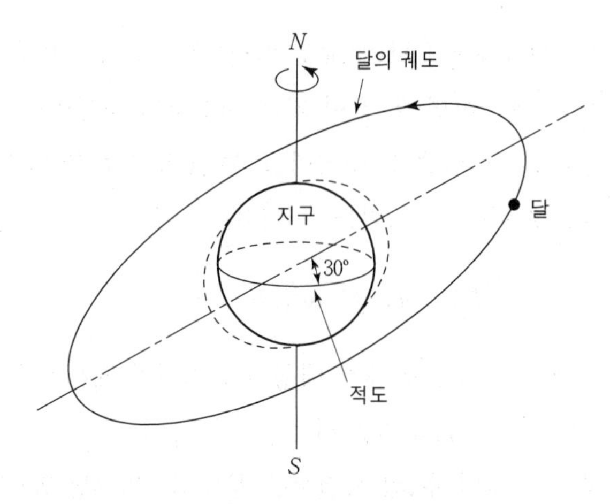

그림 9.10 달 궤도의 기울기

상에 위치할 경우에는 예외가 일어난다. 그때에는 적도 조수(두 번의 해수면의 높이가 같은 조수)가 만들어진다.[37]

부록. 파동의 간섭에 대한 뉴턴과 영의 해석

뉴턴은 『프린키피아』에서 특정한 만에서 나타나는 조수 현상을 간섭효과로 설명하였다.

> ⊗ 더욱이 조수는 여러 수로들을 통해 동일한 항만을 향해 이동해갈 것이다. 이때 각 수로에 대해 경로가 달라서 어떤 경우에는 다른 경우보다 더 빨리 지나갈 것이다. 이런 경우 동일한 조수가 둘 또는 계속해서 나누어진 것들이 합쳐져 다른 종류의 새로운 운동을 만들어낼 것이다. 다른 지역에서 출발한 동일한 조수가 하나의 항만을 향해 가고 있는데 하나가 다른 하나보다 6시간 일찍 진행하고 있다. 매 6시간 마다 계속해서 동일한 수의 밀물과 썰물이 서로 만나서 평형을 이루어 하루 동안 항상 물이 잔잔할 것이다. 그때 만약 달이 적도상에서 벗어나면 (**그림 9.10**을 상기하고 그 논의를 따르자), 그 바다의 조수는 커졌다 작아졌다 할 것이다. 그리고 두 개의 높은 조수와 낮은 조수가 교대로 그 항만을 향해 갈 것이다. (두 개의 조수의 수면 높이를 시간 축을 따라 그려 놓고 생각하면) 두 개의 높은 조수 사이의 중간 시간에서 물의 높이가 가장 커질 것이다. 그리고 높은 조수와

37 간단한 계산을 위해 실제로는 무시할 수 없을 만큼 크지만 태양에 의한 효과를 무시했다.

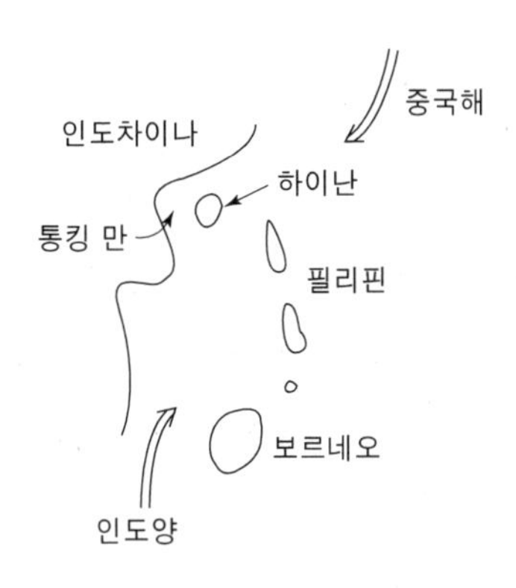

그림 9.11 통킹 만에서의 조수

> 낮은 조수 사이의 시간에서는 물의 높이가 그 두 높이의 평균값이 될 것이다. 그리고 낮은 조수와 낮은 조수 사이에는 물의 높이가 최소가 될 것이다. 이와 같이 24시간 동안 물은 일반적으로 두 번이 아닌 단 한 번의 최고 높이와 단 한 번의 최저 높이를 지닐 것이다. … 헬리 박사가 제시한 이것의 예는 북위 20° 50′에 있는 턴킨 제국(지금의 북베트남에 있는 만)의 바쇼우 항만에서 한 항해자에 의해 관측된 결과이다. 그 항만에서는 … (물의) 밀물과 썰물이 다른 항만과는 달리 두 번 일어나지 않고 하루에 한 번만 일어났다. … 그 곳에는 항만으로 통하는 수로가 두 개 있었다. 하나는 대륙과 리우코니아(Leuconia) 섬(필리핀) 사이에서 오는 중국해이고,[38] 다른 하나는 대륙과 보르네오 섬에서 오는 인도양에서 오는 수로이다(**그림 9.11**). 그러나 언급한 수로를 통해 인도양에서 12시간이 걸리어 오고 하나는 중국해에서 6시간이 걸리어 오는 두 개의 조수가 있다. 둘이 서로 합쳐져서 위와 같은 해수면의 운동을 만들어 낸다. 이들 바다에서 생기는 다른 상황들은 이웃하는 해변을 관측함으로써 결정될 수 있을 것이다.[39]

수학적인 설명을 덜 사용한 그의 『세계의 체계』(The System of the World)에서 뉴턴은 위 단락의 두 문장은 다음과 같이 바꾼 것을 제외하고는 본질적으로는 현상에 대해 동일한 논의를 펼쳤다.

> ⊛ 이 항만으로 통하는 수로는 두 개가 있다: 하나는 해난 섬과 중국의 한 지역인 쿠안텅 해안 사이로 직접 오는 짧은 경로를 지니고, 다른 하나는 동일한 섬과 코침

[38] 리우코니아 섬을 필리핀과 동일시할 수 있는 것에 대해서는 Quirino(1963, 69)를 참조한다. 이 참고문헌을 제공해준 영국의 박물관 지도부의 Sarah Tyache에게 감사한다.

[39] Newton, 1934, Book iii, Prop. 24, 439-40.(GB 34, 298-9)

> 해안 사이를 지나오는 경로가 있다. 그리고 짧은 경로를 지나오는 조수가 바쇼우 만에 더 일찍 도착한다.[40]

뉴턴이 처음 설명한 것은 다른 바다(중국해와 인도양)에서 온 두 조수에 의한 영향으로 보는 것 같고 두 번째 기술은 통킨 만에 도달하는 경로의 차이에 의해 생기는 영향을 말하고 있다. 그렇지만 두 경우 모두 뉴턴은 두 개의 다른 파가 만날 때 생기는 보강간섭과 상쇄간섭에 대해 논의하고 있다.

왜 6시간 차이나는 두 조수가 만나서 완벽한 상쇄를 이루어 조수 효과가 항상 안 나타나지는 않는지를 이해하기 위해서는 하나의 조수에 대해 최대 수면의 높이가 다르다는 것을 보아야 한다(**그림 9.12** 참조). 달이 적도 바로 위에 위치하는 경우가 아니면 하나의 조수에 대한 윤곽은 **그림 9.12**에 나타낸 것과 같을 것이다. 만약 이런 모양의 두 조수가 6시간 차이를 두고 **그림 9.13**과 같이 중첩이 일어난다면 합쳐진 조수는 24시간을 주기로 하나의 최대값과 하나의 최소값을 갖게 될 것이다.

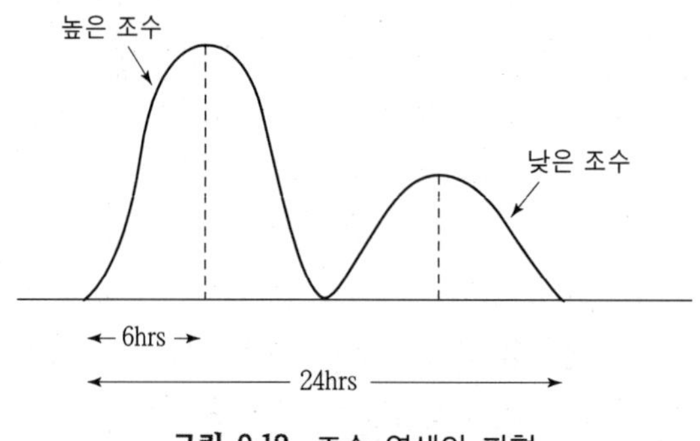

그림 9.12 조수 연쇄의 파형

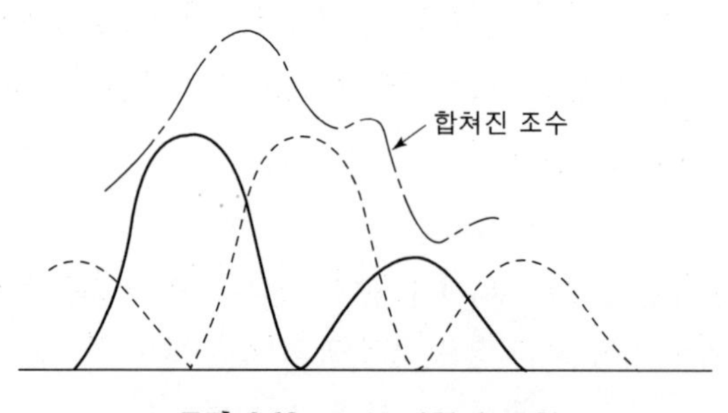

그림 9.13 조수 파형의 중첩

[40] Newton, 1934, The System of the World in Mathematical Principles, 587.

1802년 영(Thomas Young, 1773-1829)은 빛의 의한 특정한 간섭현상은 물결파의 경우를 유추하여 설명할 수 있다는 것을 발견했다. 우리는 『프린키피아』에서 사용된 물결파의 간섭현상이 하루 24시간 동안 왜 조수 현상이 한 번 밖에 일어나지 않는지를 설명하기 위해 뉴턴이 사용했다는 것을 보았다. 영 자신도 뉴턴의 원래 생각과 상당히 유사한 유추를 사용하였다.

> ⊛ 잔잔한 호수면 위를 일정한 속도로 호수 밖으로 통하는 좁은 수로를 향해 진행해 가는 동일한 다수의 물결파를 가정해보자. 또한 다른 지점에서 동일한 종류의 파를 만들어내어 동일한 속도로 위와 동일한 수로를 향해 가도록 하는 또 하나의 파원을 가정해보자. 이 둘을 처음에는 동시에 보내도록 한다. 일련의 파는 서로를 파괴하지 않고 둘의 효과는 합쳐질 것이다. 만약 두 파가 수로에서 동시에 상승하는 지점(즉, 동일한 위상을 지니고 둘 다 파면이 상승하고 있는 상황)에서 만나면 둘은 합쳐져서 더 강한 상승을 보일 것이다. 그러나 만약 한 파의 높은 지점과 한 파의 낮은 지점이 만나게 되면 높은 수면이 낮은 수면의 빈 공간을 채우며 물의 수면은 잔잔한 상태를 유지할 것이다.
>
> …
>
> 자 이젠 이 효과를 빛의 경우에도 그대로 유지해 볼 것이다. 그리고 이것을 빛의 간섭에 대한 일반 법칙이라고 부를 것이다.
>
> …
>
> 동일한 빛의 두 부분이 다른 경로를 통해 정확하게 또는 거의 비슷한 방향으로 눈에 도달할 때 다른 두 경로의 차이가 특정한 길이의 배수가 될 경우에는 빛의 세기가 가장 강하고 그 중간의 경로 차의 경우에는 빛의 세기가 가장 약할 것이다. 이 특정한 길이는 다른 색깔의 빛에 따라 다르다.[41]

[41] Peacock, 1855, 202-3, 170. (Whittaker 1973 Vol. I, 101-2) 이중슬릿 실험에 대해서는 Young(1845, 364-5)의 저서를 참조한다.

더 읽을거리

쿠싱(J. Cushing)의 〈Kepler's Laws and Universal Gravitation in Newton's Principia〉는 현대의 기본적 표기법으로 케플러 법칙에 대한 뉴턴의 기하학적 논증을 제시하는 (이 장의 9.1과 9.2에서 다루는 방식으로) 반면에, 블랙켄리지(J. B. Brackenridge)의 〈The Key to Newton's Dynamics〉와 덴스모어(D. Densmore)의 〈Newton's Principia〉는 『프린키피아』에 있는 명제들에 대해 상세한 설명과 해석을 제공하고 있다. 볼(R. Ball)의 〈Time and Tide, G. Darwin의 The Tides and Kindred Phenomena in the Solar System〉, 디펜트(A. Defant)의 〈Ebb and Flow, and Water〉, 골드라이츠(P. Goldreich)의 〈Tides and the Earth-Moon System〉, 멜키오르(P. Melchior)의 〈The Earth Tides〉, 와일리(F. Wylie)의 〈Tides and the Pull of the Moon〉에서는 조수라는 매혹적인 주제와 조수의 역사에 대한 다양한 관점들에 대한 설명들이 제시되어 있다.

4부 전 망

인간이란 목적에 대한 예견을 갖지 않는 원인들의 산물이다. 인간의 기원, 성장, 희망, 공포, 사랑, 믿음은 원자들의 우연적 배열에 의한 결과물에 지나지 않는다. 그 어떤 열정, 그 어떤 영웅적 자질 그리고 그 어떤 사고와 감성의 격렬함도 죽음을 초월하는 개인적 삶을 보전할 수는 없다. 일생의 모든 노동, 모든 헌신, 모든 영감 그리고 인간 천재성의 절정에 다다른 모든 눈부심도 태양계의 광대한 죽음 앞에서는 소멸하지 않을 수 없다. 인간 성취를 기리는 모든 신전은 필연적으로 우주의 파편 아래 황폐화되어 묻히게 된다. 이 모든 것들은, 그것이 논쟁의 여지가 없는 것은 아니지만, 여전히 매우 분명하며, 이를 부정하는 그 어떤 철학의 유효함도 기대할 수 없다. 이러한 진리의 영역 내에서만 그리고 단호한 절망의 확고한 기초 위에서만 영혼의 안식처가 안전하게 세워질 수 있다.

그처럼 이질적이고 비인간적인 세계에서 인간이라는 창조물은 자신의 열망을 변질되지 않게 보전하는 데 어쩌면 그다지도 무기력할 수 있는가? 이해할 수 없는 불가사의가 존재한다. 그것은 전능하지만 맹목적인 자연이 공간의 심연을 통한 그것의 세속적 열망의 혁명 속에서, 식견과 선악에 대한 지식과 경솔한 어미니의 모든 작업을 판단하는 능력으로 무장하였으나, 여전히 그녀의 권능의 지배를 받는 한 아이를 낳았다는 것이다. 어버이가 준 표식과 징표에 해당하는 죽음에도 불구하고, 그 짧은 시간 동안 인간은 여전히 자유롭게 점검하고 비판하며 더 많은 것을 알고자 하고 상상 속에서 창조하고 있다. 그가 알고 있는 세계 속에서 자유는 인간에게만 속하는 것이다. 그리고 이러한 자유 속에서만 인간은 외부를 향한 자신의 삶을 통제하는 힘에 우월성을 가질 수 있다.

러셀(Bertrand Russell), 『A Free Man's Worship』

대공비에게 보내는 갈릴레이의 편지

이 장에서 우리는 인간에게 그 자신과 주변 환경에 대해 통일된 그림을 제공했던 아리스토텔레스의 세계관이 전복되던 시기에 일어난 극적인 충돌 중 하나에 대해 공부하게 될 것이다. 갈릴레이의 일화에서 이 문제는 지적 자유 대 제도적 권위에 대한 이슈와 절망적으로 얽혀있다. 그러나 여기에는 다른 요인들 또한 관련되어 있다. 갈릴레이의 성격과 그에게 반대했던 사람들의 성격 그리고 아마도 당시 예술가와 과학자들을 지원했던 후원 시스템의 사회적 구조 등이 그러한 것들이다.

10.1 배경

먼저 갈릴레이와 교회의 권위 사이의 직접적인 대결에 앞서 일어났던 몇 가지 중요한 사건을 열거하면서 시작하는 것이 독자들에게 도움이 될 것으로 보인다.[1]

1. (1610년 3월) 갈릴레이는 망원경으로 본 관찰들과 발견들에 대한 『별의 사자』(Sidereus Nuncius)를 출판했다. 그는 이전에 생각했던 것보다 훨씬 더 많은 별들이 하늘에 존재하고, 달의 표면은 지구의 표면과 비슷하게 거칠고 산과 평지와 계곡들을 가졌으며, 코페르니쿠스의 체제에서 행성들이 태양을 도는 것과 똑같이 목성은 그 주위를 도는 일련의 위성들을 가지고 있음을 보였다. 이 책은 대단한 대중적 호소력과 광범위한 충격을 이끌었다.

[1] 이 사건에 대한 보다 정확한 연대기는 Finocchiaro(1989, 297-308)를 참조한다.

2. (1613년 12월) 갈릴레이는 그에게서 과학을 공부했던 학생들 중 한 명인 베네딕트회 수사 카스텔리(Beneddetto Castelli, 1578-1648)에게 과학과 종교의 관계에 대한 자신의 관점이 드러난 편지를 썼다.
3. (1614년 12월) 도미니코 수도회의 수사였던 카치니(Thomas Caccini, 1578-1643) 신부는 코페르니쿠스의 체제가 성경의 가르침에 반대되지 않는다는 갈릴레이의 관점에 대해 공개적으로 공격했다.
4. (1615년 2월) 갈릴레이가 카스텔리에게 쓴 편지의 복사본이 갈릴레이의 지지자들의 관점을 비난하는 문서와 함께 로마의 종교재판소에 보내졌다. 그후 같은 해에 갈릴레이는 그의 『대공비(大公妃)에게 보내는 편지』(Letter to the Grand Duchess)를 완성했다. 이것은 당시 출판되지 않았지만 결국 널리 유포되었다.
5. (1615년 12월) 코페르니쿠스의 체제에 대한 자신의 관점을 방어하기 위해 갈릴레이는 로마로 갔다.
6. (1616년 2월) 예수회 수사 벨라르민(Robert Cardinal Bellarmine, 1542-1621)과 청중들이 지켜보는 자리에서 갈릴레이는 당시 비난의 대상이었던 코페르니쿠스 이론에 대한 지지를 공식적으로 금지 당했다.
7. (1616년 3월) 교황청은 적당한 수정을 할 때까지 코페르니쿠스의 『천체의 회전에 관하여』(De Rvolutionibus)의 출판을 금지했다.
8. (1623년 10월) 갈릴레이는 혜성의 기원에 대한 그의 관점에 비판적이었던 예수회 수사 천문학자에 대응하는 『분석자』(Il Saggiatore)를 출판했다. 갈릴레이의 혜성에 대한 가정이 나중에 옳지 않은 것으로 밝혀졌지만, 이 저술은 갈릴레이 과학철학의 가장 중요한 아이디어들을 담고 있다.
9. (1632년 2월) 그의 『두 세계의 체계에 관한 대화』(Dialogue Concerning the Two chief World Systems)가 출판되었다. 여기에서 갈릴레이는 톨레미와 코페르니쿠스의 우주 모델을 설명했다. 비록 그가 직접적으로 코페르니쿠스의 모델을 지지하지는 않았지만, 지적인 독자라면 갈릴레이가 코페르니쿠스의 모델을 옳은 이론으로 취하고 있다는 것을 금방 알 수 있는 것이었다.
10. (1632년 8월) 교황청은 『대화』(Dialogue)의 판매 중단을 명령하였다.
11. (1632년 10월) 갈릴레이는 재판에 서기 위해 로마로 소환되었다.
12. (1633년 6월) 갈릴레이는 유죄를 선고받아 이단 포기 성명서를 읽고 그의 집에 무기한 감금되는 판결을 받았다.

역사를 더듬어 회고해 볼 때, 다가올 소용돌이의 징후는 최소한 1611년이나 1612년에 아리스토텔레스의 세계관에 대한 옹호자들이 갈릴레이의 가르침의 성공에 놀라서 그에 대해 공격을 공표하기 시작했을 때 이미 시작되었다. 이러한 공격들은 갈릴레이의 결론들이 (그들의 생각에는) 아리스토텔레스와 성경에 대한 전통적인 관점에 모순된다고 주장하는 것으로, 대체적으로 그에 대한 개인적인 공격에 해당하는 것이지 그의 저술에 대한 매우 구체적인 논박은 아니었다. 갈릴레이가 느끼기에 이러한 갈릴레이의 적들 중 일부는 그 자신이 직접 대응할 정도로 교육을 받았거나 영향력 있는 자들이 아니어서 그의 학생들 중 한 명이 대응할 수준이었다. 하지만 갈릴레이는 특히 그런 입장에 대해 이해할 정도로 충분히 교육을 받은 비평가들에게는 방어적 수준 이상으로 가차 없이 날카롭게 대응했다. 자신의 날카로운 화술과 독기어린 글을 통해 갈릴레이는 명성을 얻었지만, 그것은 상황을 더욱 악화시키는 것이었다.

이 장의 제목에서 언급된 『대공비에게 보내는 편지』는 1613년 12월 토스카나 왕실(the Tuscan Court)이 겨울을 보내던 피사에서 카시모 2세(Cosimo II) 대공이 주관하였던 만찬 때 일어난 논쟁으로 야기되었다. 당시 참석자로는 성직자이자 갈릴레이의 총명한 학생인 동시에 피사대학의 수학 교수로 새로이 임명된 카스텔리(Benedetto Castelli)가 있었는데, 그는 목성의 위성과 톨레미의 이론에 반대되는 코페르니쿠스의 우주론을 지지하는 갈릴레이의 견해에 대해 설명했다. 하지만 손님들 중에는 피사대학의 철학과 교수이자 열렬한 아리스토텔레스주의자가 한 명 있었다. 그리고 그는 지구의 운동에 대한 갈릴레이의 가르침은 신성한 성서에 모순된다고 주장했다.

이 자리에는 대공의 미망인인 크리스티나(Christina of Lorraine, 1565-1636) 또한 참석하고 있었는데 그녀는 카스텔리가 갈릴레이의 관점을 잘 방어했음에도 불구하고 성서의 가르침에 위배될 수 있다는 점에서 매우 기분이 상한 듯하였다. 그로부터 며칠 후 카스텔리는 갈릴레이에게 이 충돌에 대한 편지를 썼다. 같은 해 12월 말, 아마도 대공비의 두려움을 가라앉히기 위한 노력의 일환으로 갈릴레이는 과학적 탐구 대 종교적 믿음에 관한 긴 편지를 카스텔리에게 보냈다.

⊛ 저는 사람들이 자연과 관련된 참된 결론을 지지하도록 그들에게 강요하는 방식으로 성서의 한 구절을 적용하지 않게 하는 것이 더 현명한 것이라고 생각하는데, 그런 결론의 모순은 우리의 감각적 증거를 통해 또는 필연적인 논증을 통해 아마도 나중에 드러날 것입니다. 누가 인간의 이해에 경계를 짓겠습니까? 누가 세상에

서 알 수 있는 모든 것이 이미 다 알려졌다고 우리를 납득시킬 수 있겠습니까?[2]

갈릴레이는 계속해서 이런 주제를 정교화시켜 결국 1615년 『대공비에게 보내는 편지』(Letter to the Grand Duchess Christina)의 최종판을 썼다. 1614년 12월에 카치니 신부는 갈릴레이와 코페르니쿠스의 체제가 이단이며 국가에 해롭다고 비난했다. 이러한 탄핵이 공개적으로 행해졌기 때문에 갈릴레이는 이제 이런 혐의에 대응해야 한다고 느꼈다. 친구들의 충고에도 불구하고 갈릴레이는 이제 그의 비판자들과 싸우기로 결심했다.

갈릴레이의 반대자들이 1633년의 종교재판소에 의한 그의 유죄판결에 결정적으로 중요한 역할을 한 공식적 행동을 취하기 시작한 것은 1616년이었다. 이런 것들 가운데는 코페르니쿠스의 『천체의 회전에 관하여』의 출판을 임시로 중단시키고 성경에 모순되고 가톨릭을 위협하는 지구의 운동에 관한 어떤 가르침도 잘못이라고 선언하였던 교황청(Congregation of the Index)의 선고도 있었다. 표면적으로는 갈릴레이가 채택한 코페르니쿠스 체제를 둘러싼 싸움이었지만, 갈릴레이가 평가했듯이 중심적인 쟁점은 성경 구절의 의미를 결정하는 준거를 정의하는 권위를 누가 가졌는가에 대한 문제였으며, 넓게는 (과학적 탐구의 자유와 같은) 지적 자유 대 권위에 대한 싸움이었다.

이제 그 유명한 재판으로 이어졌던 몇 가지 중요 충돌들에 대해 살펴보기로 하자.

10.2 기본 쟁점

1615년 4월 벨라르민은 코페르니쿠스의 체제와 갈릴레이의 가르침에 대한 자신의 관점을 드러내는 편지를 썼다. 이 편지는 성경과의 모순이라는 비난에 맞서 코페르니쿠스의 체제를 옹호하는 책을 썼던 카르멜파 성직자 포스카리니(Paolo Foscarini, 1580-1616)에게 보내는 것이었다.

> 신부님과 갈릴레이 선생은, 코페르니쿠스가 항상 그래왔다고 내가 믿듯이, 실증적인 것이 아니라 가설적인 것으로 말함으로써 스스로를 만족시키는 데 신중했던 것으로 보인다. 지구가 움직이고 태양은 항상 정지해 있다고 가정하는 것이 이심원과 주전원보다 모든 현상들을 더 잘 설명한다고 하는 것이 더 그럴듯한 설명이

[2] Fahie(1903, 150).

기 때문이다. 이것은 위험성을 내포하지 않으며 수학자들을 만족시킨다. 그러나 태양이 정말로 동에서 서로 이동하지 않고 하늘의 중심에 머물러 단지 자기 스스로 돌고, 지구가 세 번째 천구에 위치하며 태양 주변을 매우 빠르게 공전한다고 단언하기를 바라는 것은 모든 신학자들과 스콜라주의 철학자들을 자극할 뿐만 아니라 우리의 경건한 믿음에 상처를 내고 신성한 성서를 잘못된 것으로 만들기 때문에 아주 위험한 것이다.

…

태양이 우주의 중심에 있고 지구가 세 번째 천구에 있고, 태양이 지구 주변을 도는 것이 아니라 지구가 태양 주변을 돌고 있다는 참된 논증이 있다면, 모순적으로 보이는 성서를 설명함에 세심한 주의를 기울이는 것이 필수적일 것이고 우리는 증명된 무언가가 틀렸다고 말하기보다 우리가 그 말씀들을 이해하지 못한다고 말해야 할 것이다.

…

그리고 당신이 솔로몬이 현상에 따라 말했다고, 또 배 위에 있는 사람에게는 해안이 멀어지는 것으로 보이는 것처럼 지구가 돌 때 우리에게 태양이 주변을 도는 것처럼 보인다고 말한다면, 나는 이와 같이 대답할 것이다. 해안으로부터 떨어져 멀리 움직이는 누군가는, 움직이는 것은 해안이 아니라 배라는 것을 명확히 알기 때문에, 이것은 실수이고 바로잡아야 한다는 것을 이미 알고 있다. 그러나 태양과 지구에 대해서는 그러한 잘못을 고쳐줄 현인이 필요하지 않다. 현인이 있다면 그는 지구가 움직이지 않고 서 있다는 사실과, 달과 별의 움직임을 판단할 때 속지 않는 것처럼 태양의 움직임을 판단할 때에도 속지 않는 것을 분명히 경험하기 때문이다. 그리고 지금은 그것으로 충분하다.[3]

같은 해 5월 갈릴레이는 벨라르민에게 보내는 다음과 같은 편지의 초안을 작성했다.

⊛ 나에게 있어 코페르니쿠스의 입장이 성서에 모순되지 않음을 증명하는 가장 확실하고 빠른 방법은 그것이 사실이고 모순은 전혀 유지될 수 없다는 다수의 증거들을 주는 것이다. 그래서 두 개의 진실이 서로 모순될 수 없으므로, 코페르니쿠스의 입장과 성경은 완벽하게 조화로움에 틀림없다. 그러나 확신에 찼음에 틀림없는 소요학파들이 그들의 가치 없는 명제들을 대단히 중요하게 생각하면서 가장 간단하고 쉬운 논증조차도 따라올 수 없다면 시간을 허비하지 않으면서 무엇을 할 수 있겠는가?

[3] Drake(1957, 162-4)에서 인용한 것이다.

…

> 나는 위대한 사람들이 내가 진실이 아닌 천문학적 가설로서 코페르니쿠스의 입장을 지지한다고 생각하도록 만들고 싶지는 않다. 내가 코페르니쿠스의 신조에 가장 중독된 사람 중 하나라고 믿는다면, 그들은 다른 모든 추종자들이 동의하는 것을 믿을 것이며, 코페르니쿠스의 생각이 물리적 참이 아니라 잘못된 것일 가능성이 크다고 믿을 것이다. 내가 실수한 것이 아니라면 그것은 잘못된 것이다.[4]

오랜 세월 동안 지속되었던 주요한 이슈가 여기 있다. 벨라르민은 그의 편지에서 코페르니쿠스의 모델이 톨레미의 것보다 '모든 현상을 더 잘 설명하는 것' 으로 말하고, 갈릴레이는 사람들이 그가 '옳지 않은 천문학적 가정으로서의 코페르니쿠스의 입장'을 지지한다고 생각하는 것을 바라지 않는다고 말했다. 물리적 세계에 대한 묘사에 있어서 형식주의적 접근과 실재론적 접근 사이의 기본적인 긴장이 여기에 존재한다. 대상을 표상하는 이론 속의 개념들이 물리적 실재 속에 참으로 존재하는가 또는 개념의 유일한 기능은 우리에게 간결한 묘사를 주고 계산을 하는 수단을 제공해 주는 수학적 구성물에 불과한가? 4.7절에서 우리는 원운동이 행성의 움직임에 의해 하늘에 나타나는 현상을 설명하기 위해 쓰였다는 것이라는 천문학의 올바른 목표에 대한 플라톤적 개념의 한 표현에 대해 살펴보았다. 일단 천문학이 적당한 기하학적 구조를 찾는다면, 작업은 끝난 것이다. 원과 주전원들이 정말로 천체들의 궤도인지 아닌지를 묻는 것은 적절하지 않은 것이었다.

톨레미와 코페르니쿠스까지의 많은 천문학자들은 이러한 플라톤적 전통 안에서 작업했던 것이다. 『알마게스트』에서 자신의 원과 주전원 체계를 개략한 후 톨레미는 다음과 같이 진술했다.

> ⊗ 우리의 고안물들의 어려움을 아는 그 누구도 그와 같은 가정들을 거추장스럽게 여기지 않게 하라. 신성한 대상들에 인간의 것을 적용하거나, 그와 같은 상이한 예들로부터 그런 위대한 것들에 대한 신념을 얻는다는 것은 올바르지 않기 때문이다. 절대로 다른 것과 닮지 않은 것과 항상 서로 닮은 것들 사이의 관계 그리고 스스로에 의해서조차도 방해받지 않는 것과 모든 것에 의해 방해받는 것들 사이의 관계 이상으로 차이나는 것이 있겠는가? 그러나 하늘의 움직임에 대한 가능한 더 간결한 가정들을 시도해 보고 또 맞춰보는 것은 올바른 일이다. 그리고 그것이 성공하지 못하면 그 어떤 가정도 가능할 것이다. 일단 그러한 가정들이 결과

[4] Drake(1957, 166-7)에서 인용한 것이다.

> 적으로 모든 현상들을 만족시킨다면, 그와 같은 복잡함이 천체들의 움직임 속에 나타날 수 있다는 것이 왜 이상하게 보여야 하는가?[5]

톨레미는 여기서 두 가지를 주장한다. 먼저 이 인용구의 마지막 두 문장에서 우리는 천문학은 현상을 설명하는 가장 간단한 일련의 가정들을 사용해야 한다는 것을 알 수 있다. 관찰이 요구하는 것에 따라 그 모델은 점점 더 복잡해질 수 있으나, 얻어진 자료들을 만족시키는 데 꼭 필요한 만큼만 복잡해야 한다. 둘째로, 당시 유행하는 지적인 사조에서 매우 중요한 것으로, 그는 우리가 타락하기 쉬운 지구 위에서 발견된 인간의 지식과 법칙을 무언인가 다른 세계, 즉 천체의 변화하는 운동을 설명하는 데 사용하려 하므로 그 결과적 모델이 매우 복잡한 것으로 나타난다는 사실에 대해 근심할 필요가 없다고 말하고 있다. 이것은 중세에 이르기까지 널리 받아들여지던 신념이었다. 즉, 일련의 법칙들은 하늘을 지배하고, 다른 일련의 법칙들은 지구를 지배한다. 후자를 통해 전자를 이해하기를 기대하는 것은 어리석은 것일 것이다.

지구와 하늘에서 동일한 물리적 법칙이 작동하리라고 처음 생각한 사상가 중 한 명은 행성의 엄격한 원운동을 부정하였던 학자이자 종교인이었던 니콜라스 쿠사(Nicholas of Cusa, 1401-1464)였다. 실재론 학파의 뿌리는 아리스토텔레스까지 그 기원이 거슬러 올라가고 이후의 발전과정은 심플리키우스, 쿠사, 코페르니쿠스, 브라헤, 케플러, 그리고 갈릴레이의 저술들을 통해 이어져 내려온다. 그들은 모델이나 가정들이 관찰 사실들을 설명할 수 있어야 할 뿐만 아니라 일반적으로 받아들여지는 철학적 원리들과 조화되어야 하고 실재와 부합되어야 한다고 믿었다.

천문학적 관찰 사실들을 정지해 있는 지구라는 아리스토텔레스적이고 (명백히) 성서적인 교리와 조화시키려는 시도 속에서 티코 브라헤는 그 자신의 우주 모델을 형성했다. 그것은 톨레미 모델과 코페르니쿠스 모델 사이의 타협점이었다. 달과 태양은 여전히 천구의 중심에 멈추어 있는 지구를 돌지만 다섯 개의 나머지 행성들의 궤도는 태양을 중심으로 하는 것이었다. 그것은 실재론적 실천과 성서에 대한 원칙론적 해석을 조화시킨 모델을 시도한 것으로 볼 수 있겠다.

이런 실재론적 관점과 대조적으로 중세 유럽의 많은 기독교 천문학자들은 사용된 가설들이 가능한 한 간결하고 가능한 한 드러나는 현상들을 잘 설명해야 한다고 믿었다. 이렇

---

5 Ptolemy 1952, Book XIII. 2, 429.(GB 16,429)

게 가설의 실재성에 무관심한 태도는 코페르니쿠스의 『천체의 회전에 관하여』가 천문학자들에게 충격을 준 이후에도 상당 기간 유지되었다. 신성한 성서의 이름으로 코페르니쿠스의 모델을 처음으로 공격한 사람들 중에는 루터(Luther)가 있었다. 이후 천문학은 철학과 신학의 관점을 따라야 했다. 로마의 영향력 있는 과학자였던 예수교 천문학자 클라비우스(Christopher Clavius, 1538-1612)는 천문학적 가정들은 현상을 설명할 뿐만 아니라 물리적 법칙들을 따르고 교회의 가르침과 모순이 되어서는 안 된다고 주장하였다. 그래서 가능성 있는 대안이 없다면, 그것이 성서와 모순되어 보이는 것만 제외하면 코페르니쿠스의 모델을 매우 가능성 있는 것으로 받아들일 수 있는 것이다. 클라비우스는 코페르니쿠스의 체계를 반대하며 톨레미의 지지자로 남았다. 따라서 성서와 과학 사이의 모순을 해결하는 알맞은 방법에 있어서도 동의하지 않은 것뿐만 아니라, 벨라르민과 갈릴레이는 천문학 이론에 대한 해석에 있어서 실재론과 도구론이라는 근본적인 철학적 쟁점에 대해서도 견해가 달랐다. 투쟁의 장이 마련된 것이었다.

10.3 대공비에게 보내는 편지

성경을 번역하는 문제와 관련하여 갈릴레이는 성서가 신앙과 도덕의 문제를 다루기 위해 일상적 언어를 사용한다는 것과 성경이 과학적 논문이 아니라는 것을 주장했다. 그는 또한 관찰과 실험의 과학과 종교 사이의 관계를 위한 중요한 선례가 남겨져야 한다고 믿었다. 쓰여진 지(1615) 몇 년 후인 1636년에 대공비에게 보내는 그의 편지가 드러났고, 그 편지는 카톨릭 국가들에서 금지되었다. 편지의 전체 분량은 40쪽을 넘는 것이었다. 편지의 일부 내용은 이 장의 부록에 실려 있다. 편지에서 갈릴레이가 제기했던 몇 가지 핵심 내용을 간략히 요약하면 다음과 같다.

1. 아카데미 철학자(그 시대 아리스토텔레스주의자들을 지칭)는 진실보다 의견에 가치를 둔다. 갈릴레이의 작업은 아리스토텔레스와 톨레미의 주장을 반박한다. 그의 박해자들은 갈릴레이의 주장을 제대로 이해하지 못했다. 그들이 반대하는 주요 핵심은 과학이 명백히 잘못되었다는 것이 아니라 과학이 성경에 대립한다고 믿기 때문이었다.
2. 과학은 종교에 대해 아무것도 주장하지 않는다. 태양은 움직이는 것으로 보이고 지구는 제자리에 멈추어 있는 것으로 보인다. 이것은 보통 사람들을 위해 쓰여진 그들

을 위한 성경의 언어이다. 여기에는 해석의 문제가 존재한다.

3. 신은 인간에게 경험과 이성을 주었고, 성경의 의미를 결정할 때에는 권위를 맹목적으로 수용할 것이 아니라 이러한 경험과 이성을 사용해야 한다. 『분석자』 이후의 저술(1623)에서 갈릴레이는 사실의 문제를 설명하는 데 있어 단순한 믿음보다 이성과 관찰의 우월성을 보여주는 효과적인 사례를 하나 든다.

> ⊛ 만일 사르시(갈릴레이의 비평가의 필명)가 수이다스(10세기 그리스의 백과사전)를 보고 바빌로니아 인들이 그들의 계란을 투석기 안에서 저어서 요리했다고 믿기를 원한다면, 나는 그렇게 해 볼 것이다. 그러나 이런 결과의 원인은 그가 제안한 것과 많이 다르다고 말해야 한다. 올바른 원인을 발견하기 위해서 나는 다음과 같이 추론한다. '만일 우리가 다른 사람들이 앞서 성취했던 결과를 성취하지 못하면 우리 작업에서 우리는 그들이 성공할 수 있었던 그 무엇이 결여되어 있음에 틀림없다. 그리고 단지 우리에게 결여된 것이 한 가지뿐이라면 그 하나가 진정한 원인일 수 있다. 이제 우리는 계란도 투석기도 그것을 저을 건장한 사람도 부족하지 않음에도 우리의 계란들은 요리되지 않고 오히려 뜨거워지기도 전에 빠르게 식는다. 그리고 우리가 바빌로니아 인이 아니라는 것을 제외하고는 아무것도 부족하지 않기 때문에, 공기와의 마찰이 아니라 바빌로니아 인이라는 것이 계란을 굳게 하는 원인이다.[6]

4. 성경의 목적은 과학을 가르치는 것이 아니다. 갈릴레이는 다시 한 번 진리의 일체성을 강조했다.
5. 그는 독단(도그마)이 지적 탐구를 침묵하게 만들 위험성에 대해 우려했다.
6. 마지막으로 그는 스콜라들이 과학의 도움으로 성경의 의미를 찾아야 한다고 주장했다.

갈릴레이의 기본적 입장은 단순히 글자 그대로의 표현을 받아들이는 것과 성경에 쓰인 언어의 역사적 상황을 충분히 인식하는 것 사이의 적당한 균형을 찾아야 한다는 것이다. 이것은 오늘날의 많은 성경학자들이 취하는 입장과 유사하다. 그는 많은 논쟁의 대상이 되었던 여호수아(10：10-15) 편의 유명한 성경 구문에 대한 토의를 하는 편지에서 효과적으로 심지어 냉소적으로 이것을 증명했다. 거기서 여호수아는 기브온(고대 팔레스타인

[6] Drake 1957, 272.

의 예루살렘의 북서쪽)의 도시를 구할 수 있도록 이스라엘 자손이 아모리인들을 물리칠 때까지 태양을 멈추라고 명령한다.

> ⊛ 여호와는 그들(아모리인들)을 이스라엘 민족 앞으로 이끌었고, 기브온에서 그들을 완전하게 격파하였다. … 그리고 그들이 이스라엘로부터 도망할 때 … 여호와는 하늘에서 그들에게 거대한 우박을 퍼부었다. … 그러고 나서 여호와가 아모리인들을 이스라엘 민족에게 인도하였던 바로 그날 여호수아는 여호와에게 말했다. 여호수아는 낭독했다:
>
> 태양은 기브온 위에 멈춰라.
> 그리고 달 너 또한 아얄론의 골짜기 위에 멈출지어다.
> 그러자, 적에게 복수할 때까지, 태양은 정지했다. 그리고 달도 멈춰 섰다.
>
> 이것이 정의의 책에 쓰여 있지 않던가? 태양은 하늘의 가운데서 가만히 서 있었고, 거의 하루 전체가 지나는 동안 지지 않았다.[7]

자신의 최고의 수사적 형식을 취하고 있는『대공비에게 보내는 편지』에서 갈릴레이는 톨레미의 모델에 반대하고 코페르니쿠스의 모델을 지지하기 위해 적의 입장(즉, 글자 그대로의 성서의 의미를 택하는)을 택하려 하고 있었다.[8] 갈릴레이는 (톨레미의 모델에 따르면) 태양이 멈춰 선다고 하여 하루의 길이가 크게 길어질 수 없다고 주장하였다. 즉, 황도를 지나는 태양의 운동은 고정된 별의 천구의 회전과 반대의 방향이며 (**그림 4.1** 참조), 태양이 (회전하는 천구에 대한 상대적인) 고유의 운동을 멈추게 되면 하루의 길이가 (늘어나는 것이 아니라) 줄어들 뿐이라는 것이다. 그가 주장하는 바에 의하면 하루의 길이가 길어지기 위해서는 태양의 운동이 천구의 운동과 같아질 때까지 원래의 운동이 가속되어야 했다. 하지만 이는 분명히 여호수아의 말과 다른 것이다. 만약 누군가-'그리고 달도 멈춰 섰다'를 따라서-천체의 회전 전 체계(즉, 천구와 천구가 회전시키는 행성들의 구)가 멈추었다고 말하면서 그 글을 설명하고자 한다면, 성서를 글자 그대로 해석해서는 안 될 것이다. 이어서 갈릴레이는 전적으로 설득력 있는 것은 아니지만 (그가 이해하는 바에 따르면) 코페르니쿠스의 모델이 실제로는 여호수아의 명령을 글자 그대로 해석하는

7 The Jerusalem Bible 1966, 286-7.
8 Drake 1957, 211-12.

것에 더 가깝다는 주장을 이어 갔다. 코페르니쿠스적 우주에 대한 갈릴레이의 기본적인 모습은 (실제로는 케플러의 아이디어와 매우 유사하다-5.4절의 신비스러운 힘을 상기하자.) 태양이 '자연의 주된 대리인이며 어떤 의미에서는 우주의 심장이자 정신으로서 그 자체의 회전에 의해 빛을 보내고 자신을 둘러싸고 있는 다른 물체들에게 운동을 부여하는 것이다.[9] 따라서 (그 자체의 축에 대한) 태양의 회전이 멈추게 되면 행성들의 운동도 멈추게 될 것이고 이것이 바로 성서에 나온 사건들에 대한 여호수아의 묘사를 설명하는 것이 될 것이다(물론, 오늘날에는 태양의 회전이 행성 운동의 원인이 된다고 생각하지 않는다). 갈릴레이는 그의 적들에게 딜레마를 제공했던 것이다. 즉, 성서의 글자 그대로의 해석을 받아들이면서 ('이단적인') 코페르니쿠스의 모델을 함께 받아들이거나 혹은 ('정통적인') 톨레미의 모델을 설명하기 위해 글자 그대로의 해석을 포기하거나 하는 것이었다. 여기서 갈릴레이의 진짜 목표는 문자적 해석에서 벗어난 토의로 이끄는 것이었다. 이와 같은 갈릴레이의 작전은 우리가 이미 살펴본 바 있는데 (6.5절 끝부분 근처에서), 그때 갈릴레이는 반대자들의 (즉, 아리스토텔레스적) 입장을 받아들이면서 그 입장 자체를 (최소한 겉으로 보기에는) 부정하게 되는 결론을 이끌었다.

1616년 벨라르민과의 면담 이후 갈릴레이는 성서에 반대된다고 믿어지던 코페르니쿠스의 이론을 지지하거나 옹호하지 않도록 권고 받았다. 이와 같은 벨라르민의 지시는 코페르니쿠스의 이론을 (가설이라는 의미에서) 가르치는 것을 금지하지는 않았다. 하지만 서명되지도 증인이 있는 것도 아니었던 이 문서는 종교재판소로 보내졌고, 이 종교재판소에서 교황과 교황청의 이름으로 갈릴레이는 다음과 같이 명령받았다 : '태양이 세계의 중심이며 움직이지 않고 지구가 대신 움직인다는 생각을 전부 포기하며 말이나 글 그 어떤 방식으로도 그것을 더 이상 지지하거나 가르치거나 방어하지 말아야 한다는 것을 명령받았다. 만약 그렇지 않다면 교황청이 그를 법정에 세울 것이다'.[10] 갈릴레이는 당시 공개되지 않았던 이 각서의 금지명령을 알지 못했던 것으로 보인다. 벨라르민을 처음 알현한 이래 갈릴레이는 그의 유명한 저작들을 집필하게 된 여러 해 동안의 (자발적인) 격리 기간을 가졌다. 1624년 예수교도가 다수였던 적들에 대한 통렬한 공격을 감행하였던 『분석자』가 출판되었으며, 1632년에는 『대화』가 출판되었다. 『대화』에서는 코페르니쿠스의 이론을 드러나게 지지하지 않았으며 기술적으로 중립적인 입장을 취하였고, 지구가 정지해

[9] Drake 1957, 212-13.
[10] Santillana (1955, 126)에서 인용한 것이다.

있을 수 없다는 것을 직설적으로 주장하지는 않았다. 그럼에도 불구하고, 여기에서 제시된 논증과 증거들은 톨레미 모델을 효과적으로 파괴시키는 코페르니쿠스의 모델을 전적으로 지지하는 것이었다. 하지만 갈릴레이가 1632년 종교재판소로 이끌려 간 것은 태양중심설에 대한 그의 지지가 유일한 이유는 아니었다. 교황 우르바누스 8세(Pope Urban VIII)의 개인적 성격 또한 중요한 요인이었다.

10.4 갈릴레이와 우르바누스 8세

자신이 제작한 망원경을 가지고 행한 관찰이 대단한 성공을 거둔 후, 1611년 봄 갈릴레이는 예수회 천문학자들 특히 로마대학(Roman College)의 클라비우스(Clavius)와 자신의 성과에 대한 토론하기 위해 로마로 갔다. 그리고 갈릴레이의 방문은 매우 성공적이었다. 예수회 신자들은 그를 위해 축하잔치를 열었고, 근대적 과학단체의 전신에 해당하는 린체이 아카데미(Lincean Academy)의 회원이 되었다. 이 아카데미는 나중에 갈릴레이의 저술을 출판하는 데 중요한 역할을 담당하게 된다. 1611년 후반 대공(Grand Duke)이 마련한 프로렌스(Florence)에서의 만찬자리에서 갈릴레이는 바르베리니(Maffeo Barberini, 1568-1644) 추기경을 만났다. 영향력 있는 고위직의 이 추기경은 한 부유한 프로렌스 가문에 속해 있었고 예술과 과학에 큰 관심을 갖고 있었다. 이 시기 바르베리니는 갈릴레이의 작업을 특히 좋아했으며 여러 해 동안 친근한 관계를 유지했다.

1616년 벨라르민과의 알현이 있었고, 그 결과로 코페르니쿠스의 체계를 포기하는 선고를 받았으며, 이후 영향력 있는 예수회자들과의 논쟁(특히 『분석자』가 목표로로 삼았던 그라시(Horatio Grassi, 1590-1654) 신부와의 논쟁이 가장 심했다)이 있었기에, 그의 숭배자이자 후원자인 바르베리니가 1623년 8월 교황 우르바누스 8세가 된 것을 보고 고무되었다. 『분석자』는 새로운 교황에 바쳐졌고 린체이 아카데미가 출판을 후원하였다. 1624년 봄, 갈릴레이는 교황을 만나기 위해 로마로 떠났고 융숭한 대접을 받았다. 이 두 사람 사이에 무엇이 교환되었는지에 대한 기록이 없기 때문에, 우리는 무슨 말이 오갔는지를 정확히 알 수는 없다. 하지만 어느 정도의 추론을 가능하게 하는 문헌들이 일부 존재한다.[11] 이들은 그의 저작 속에 표함되어 있는 (코페르니쿠스 모델과 같은) 과학이론과 믿

[11] De Santillana 1955, 162-5; Drake 1967, 62; Galilei 1967, 491.

음의 문제 사이의 관계에 대해 토론한 것으로 보인다. 교황과의 만남에서 갈릴레이는 여러 해 이전에 교황인 바베리니가 해양의 조석을 통해 지구의 운동과 코페르니쿠스의 이론에 대한 증거를 얻을 수 있다는 것에 동의했음을 적절하게 환기시켰을 것이다. (오늘날 우리는 조석에 대한 갈릴레이의 설명이 옳지 않은 것을 알고 있지만 이러한 사실이 여기에서 아무런 영향을 미치지는 않는다) 이에 대한 우르바누스 쪽의 (긍정적인 것으로 알려진) 답변은 신이 다른 수단을 통해 관찰된 효과(여기서는 조석)를 달성했을 가능성을 배재해서는 안 된다는 것이었을 가능성이 높다. 어떤 경우든 교황은 갈릴레이에게 둘 중의 하나를 선택하지 않는다는 조건 아래에서 '가설적'으로만 경쟁하는 톨레미와 코페르니쿠스의 두 이론에 대해 논의하는 것을 허락했다. 이러한 일이 갈릴레이로 하여금 『대화』를 집필하도록 이끌었을 수 있지만, 그럼에도 불구하고 우르바누스가 과학적 탐구를 통해 지식을 진보시키는 것보다는 성서의 권위를 보존해야 한다는 것에 더 큰 책임감을 느꼈다는 것이 갈릴레이에게 분명해졌다는 것은 틀림없는 것 같다.

갈릴레이가 『대화』를 집필하면서 심프리치오(Simplicio)(6세기 아리스토텔레스 이론의 해설가였던 심플리키우스(Simplicius)에 대한 갈릴레이의 풍자인물)로 하여금 조석에 대한 주장을 다음과 같이 요약하면서 결론지었다.

> ⊛ 지금까지 우리가 가졌던 논쟁 특히 조수의 원인에 대한 마지막 논쟁에 대해 나는 완전하게 확신할 수가 없다. 하지만 내가 형성하였던 미약한 생각으로부터, 당신의 생각이 내가 들었던 많은 다른 사람들의 생각보다 더 정교한 것 같다는 것을 받아들인다. 따라서 나는 그 사람들의 주장을 참되고 결정적인 것으로 생각하지 않는다. 가장 뛰어나고 많이 배운 그래서 그 앞에서는 침묵을 지키게 되는 사람으로부터 들었던 가장 견고한 가르침을 진정으로 살펴본다면, 전지전능의 능력과 지혜를 가진 신이 그릇의 움직임 이외의 다른 수단을 사용하여 물의 요소로 하여금 왕복운동을 할 수 있는 능력을 부여하였겠는가를 묻는다면, 당신들은 모두 신이 그렇게 할 수 있을 것이며 그리고 신은 우리가 생각해낼 수도 없는 많은 방식으로 그것을 행하는 방법을 알고 있을 것이라고 대답할 것이다. 이로부터 나는 곧바로 누군가가 그러한 성스러운 능력과 지혜를 그 자신의 특별한 상상력으로 제한하고 한정짓는다면 그것은 지나치게 터무니없는 무모함이라고 결론지을 것이다.

이에 대해 갈릴레이의 대변자였던 살비아티(Saliviati)는 다음과 같이 답변했다.

> ⊛ 놀랍고도 천사와 같으며, 또 다른 것과 잘 어울리는, 그리고 신성한 그런 가르침은 우리에게 우주의 구성에 대해 논쟁할 권한을 주면서도 (아마도 인간 정신의 활동이 줄어들거나 나태해지지지 않도록) 동시에 인간은 신의 작품을 결코 발견할 수 없다는 사실을 또한 알려준다. 그렇다면, 우리가 아무리 일천하게 신의 그 무한한 깊이의 지혜에 파고들 수 없다 하더라도, 신이 우리에게 부여하고 그래서 허락된 활동을 실천함으로써 그것으로 인해 신을 인식하고 또 그 위대함에 더욱 더 감복해야 하지 않을까.[12]

일부는 자존심이 강한 우르바누스가 (아마도 부분적으로 갈릴레이의 적들에 의한 자극으로 인해) 갈릴레이가 심플리치오라는 인물을 통해 자신을 조롱하고 있다고 믿게 되었다고 주장한다.[13] 또는, 갈릴레이의 『대화』가 코페르니쿠스 이론을 지지하는 강력한 사례를 효과적으로 제공했다는 것을 생각한다면, 『대화』의 출판을 허락했던 교황의 신뢰에도 불구하고 갈릴레이가 그를 배신한 것을 보고 크게 화가 났을 가능성도 있다. 그리고 이 책은 성서의 권위에 도전하는 것처럼 비춰졌다. 실제로 어떤 일이 일어났는지는 몰라도, 우르바누스는 곧바로 자신의 조카인 바르베리니(Francesco Barberini, 1597-1679) 추기경을 갈릴레이의 혐의를 판정하는 위원회의 의장으로 임명하였다. 그리고 이 위원회의 보고서에 의해 사건은 1632년 종교재판으로 옮겨지게 되었다. 1633년 6월 종교재판소에 의해 유죄판정을 받고 갈릴레이는 자신의 주장을 철회할 것을 선고받았다. 선고가 내려진 다음, 그는 모욕적인 이단 포기 선언을 읊어야 했던 것이다.

지금까지 우리는 이러한 갈등을 탐구의 자유 대 제도적 권위, 실재론 대 도구주의(성서에 대한 글자 그대로의 해석과 관련하여)와 같은 지적인 인물과 종교적 인물을 중심으로 제시해 왔다. 이제 이러한 에피소드의 또 다른 중요한 차원으로 과학의 선각자들을 부유한 권력이 후원했던 보다 논쟁적인 문제에 대해 살펴보자.[14] 17세기의 대학들은 일반적으로 확립된 세계관을 위협하는 새로운 아이디어에 대해 배타적이었으며, 갈릴레이와 같은 대부분의 과학자들은 자신의 연구를 위한 후원자를 찾아야 했다. 이러한 후원 시스템에서는 주요한 발견을 하였거나 우세한 지지를 받는 이론의 과학자들은 명성이 높아지고 그 명성은 후원자의 명예에 반영되며 그에 따라 후원자의 계속적인 지원의 가능성이 높

---

12 Galilei 1967, 464.

13 Westfall 1989, 43-52, 74.

14 Westfall 1989.

아진다(또는 다른 더 막강한 후원자의 지원을 받을 수도 있다). 반면에 실패하거나 체면이 깎기는 경우 과학자의 생계가 위험해지게 된다. 갈릴레이의 경력에서 나타나는 여러 움직임은 이와 같은 후원 시스템에서의 자신의 지위를 얻고 향상시키려는 욕망과 필요성에 의해 촉발되었다고 이해하는 것이 가장 적합할 경우도 있다. 과학자들은 과거의 성취를 가지고 오랫동안 순항할 수 없었고 계속해서 자신의 성공을 주장해야 했다. 명성을 얻게 되면 고객의 가장 인기 있는 사람 중 한명이 되는 것이었다. 갈릴레이의 직업적 야망이 당시의 또 다른 영향력 있는 주체였던 예수회와 교차하였던 것이다(벨라르민, 클라비우스(Clavius), 그라시 등은 예수회 멤버였던 것을 상기하자). 이들 과학자와 예수회 양편은 모두 후원자에 종속되어 있었고 서로 갈등을 일으킬 때 그 몫은 커졌다. 이와 같은 관점에서 일부 학자들은 주요 경쟁자의 명예를 실추시킴으로써 지적 위상을 확보하려는 노력으로 갈릴레이에 대한 음모로서 예수회의 역할을 추정하기도 한다. 하지만 후원과 관련된 이와 같은 사실들이 사건에 대한 추가적인 직관을 얻는 데 도움이 된다고 할지라도, 이는 복잡한 이야기 줄거리를 구성하는 여러 갈래의 실타래 중 하나에 불과할 것이다. 후원을 둘러싼 음모가 있었건 아니건, 『대화』가 출판되지 않았다면 재판도 없었을 것이다.[15]

10.5 종교 대 자연철학

갈릴레이의 재판을 둘러싼 모든 복잡함에도 불구하고, 그 핵심은 여전히 (최소한 지적 탐구에 관한 한) 제도적 권위와 개인의 자유에 있다고 말해도 될 것이다. 물론 이러한 문제는 근대사를 통해 되풀이되었던 주제이며 오늘날에도 마찬가지이다. 갈릴레이의 경우에서 이 문제는 (적어도 회고적 관점에서는) 교회 대 과학의 외형을 띠었으나, 이는 역사적 우연에 해당한다. 특정한 시대와 장소에 따른 역학적 구조가-벨라르민, 우르바누스, 갈릴레이의 개인적 성격 그리고 과학자 및 예술가에 대한 후원 시스템-문제를 보다 복잡하게 만들었고 이 에피소드의 마지막 결과에 심각한 영향을 미쳤던 것이다.

갈릴레이가 살았던 당시의 이탈리아에는 아직 종교적 권위와 과학 사이의 분리가 이루어지지 않았던 것은 분명해 보인다. 갈릴레이와 동시대에 살았던 영국의 홉스(Thomas Hobbes, 1588-1679)는 신학과 철학이 철저하게 분리되어야 한다고 주장했다. 그는 과학

[15] Westfall 1989, 59.

이 신의 창조에 대해 더 많은 것을 드러내고 그럼으로써 신에 대한 인간의 인식을 향상시키는 반면에, 조직화된 종교는 실제로 공민의 불협화음의 원천이라고 믿었다(왕의 절대적 통치권을 옹호하였던 자신의 『국가』(Leviathan)에서 이렇게 주장하였다). 홉스의 철학은 운동의 법칙에 대한 갈릴레이의 관점으로부터 영향을 받았으며, 1636년경 이탈리아에서 갈릴레이를 실제로 만났다. 우리가 홉스를 과학으로부터 공식적인 종교적 영향력을 분리하려 했던 투쟁의 한 인물로 묘사하지만, 그렇다고 이러한 전이가 급격하였다거나 완전한 것이었다고 말하는 것은 아니다. 결국, 우리가 앞에서 살펴본 바와 같이, 뉴턴은 (약간 비정통적이긴 하지만) 강한 종교적 신념을 가지고 있었으며 신에 대한 그의 생각이 과학에 대한 그의 보다 넓은 관점에 영향을 미쳤다(『프린키피아』에서도 나타나 있고, 『광학』의 질문들에서는 더 분명하게 나타난다).

마지막으로, 비록 갈릴레이의 에피소드가 종종 종교가 (실제로는 종교적 권위가) 과학에 미칠 수 있는 부정적인 효과를 나타내는 데 사용되지만, 중세의 신학이 과학의 탄생에 긍정적인 분위기를 만드는 역할을 하였다는 철학자 화이트헤드(Alfred Whitehead, 1861-1947)의 생각을 살펴볼 필요가 있다.

> ⊗ … 아직 (나는) 과학 운동의 형성에 미친 중세주의의 위대한 기여를 드러내 보이지 못하였다. 내가 뜻하는 것은 모든 세세한 사건들이 완벽하고 분명한 양식으로-일반 원리를 예증하며-그것의 이전 것들과 연관될 수 있다는 지울 수 없는 믿음이다. 만약 이러한 믿음이 없다면, 과학자들의 그 엄청난 노력들은 아무런 희망이 없는 것이 될 것이다. 이것이 바로 잘 드러나지 않는 신념이며 이 신념은 연구의 추진력인 상상력 앞에 생생하게 준비되어 있다-비밀은 존재하지만, 그 비밀은 밝혀질 수 있는 것이다.
>
> …
>
> 이러한 유럽식 사고의 기풍을 다른 문명의 태도와 비교하면 그 기원에 대한 단 한 가지의 출처가 존재하는 듯하다. 그것은 틀림없이 여호와의 인격적 에너지와 그리스 자연철학자들의 합리성을 통해 인식되는 신의 합리성에 대한 중세의 집착으로부터 오는 것이다. 모든 세세함들을 감독하고 질서정연하게 만들었던 것이다. 자연에 대한 탐색은 합리성에 대한 신념을 지키는 것으로부터만 가능할 것이다. … (내가) 뜻하는 것은 … 수 세기 동안의 절대적인 신념으로부터 형성되어 온 유럽 정신에 남아있는 흔적이다.
>
> …
>
> 아시아에서의 신의 개념은 그와 같은 아이디어들이 본유적 사고 습관에 많은 영

향을 미치기에는 너무나 독단적이고 비인격적인 존재였다. 모든 명확한 사건들은 비합리적 절대군주의 명령에 의한 것일 수 있고 또는 사물의 비인격적이고 알 수 없는 기원으로부터 나온 것일 수도 있다. 인식 가능한 인격적 존재의 합리성과 같은 확신은 존재하지 않았다. 그렇다고 내가 자연의 해독 가능성에 대한 유럽인의 믿음이 그 자체의 신학에 의해서라도 논리적으로 정당화된다고 주장하는 것은 아니다. 나의 유일한 논점은 그것이 어떻게 발생하였는가를 이해하는 것이다. 나의 설명은 근대 과학이론의 발전에 선행하여 일어났던 과학의 가능성에 대한 신념이 중세 신학으로부터의 무의식적인 파생물이라는 것이다.[16]

부록. 갈릴레이의 『대공비에게 보내는 편지』

다음은 대공비에게 보낸 갈릴레이의 장문의 편지에서 발췌한 것들이다.

⊛ 전하께서 잘 알고 계시듯이, 몇 년 전 저는 이전에는 관찰되지 않았던 많은 것들을 하늘에서 발견하였습니다. 아카데미 철학자들이 보통 가지고 있는 개념들과 더불어 관찰된 것들의 생소함은 많은 철학자들이 저에게 반대하도록 하였습니다. 이들은 마치 알려진 진리가 증가함으로써 예술이 감소되거나 파괴되는 것이 아니라, 오히려 탐구를 수행하고 확립하며 성장하게 된다는 것을 잊은 듯해 보입니다. 진리보다는 스스로의 의견에 대한 편파적 호감을 보이면서, 그들은 만약 주의 깊게 살펴보았다면, 그들의 감각을 통해 발견하였을 그런 새로운 것들을 부정하고 부인하려 하였습니다. 이런 목적으로 그들은 여러 가지 죄목을 덮어씌우거나 아무 쓸모도 없는 논증으로 가득 찬 수많은 글을 썼으며, 스스로도 제대로 이해하지도 못하고 자신의 목적에도 어울리지 않는 성서의 글귀들을 인용하는 잘못을 저지르기도 하였습니다.

…

이것은 아마도 일반적 생각과 다른 저의 다른 명제들에 대한 명백한 진실에 의해 불안을 느꼈기 때문에, 그리고 그에 따라 철학의 분야로 스스로를 제한하는 동안의 자신들의 변호에 대한 불신 때문에, 이 사람들은 위장된 종교와 성서의 권위 밖으로 자신들의 오류가 드러나지 않도록 바람막이를 날조하였던 것입니다. 스스로 이해하지도 못한 그리고 들으려하지도 않았던 논증을 부정하기 위해 아무런 판단도 없이 그들은 이러한 것들을 적용합니다.

[16] Whitehead 1967, 12-13.

…

코페르니쿠스는 종교와 신앙의 문제를 결코 논하지 않았고 그 자신이 잘못 이해했을 수 있는 신성한 성서의 권위에 어떤 식으로든 도전하는 논증을 사용하지도 않았습니다. 때문에 그는 언제나 천체의 운동과 관련되는 물리적 결론 위에 서 있었으며 일차적으로 감각적 경험과 매우 정확한 관측에 기초하여 천체의 운동을 천문학적이고 기하학적인 논증을 통해 다루었습니다. 코페르니쿠스가 성서를 무시하지는 않았습니다. 그는 자신의 학설이 증명된다면 그것이 올바로 해석된 성서와 모순될 수 없다는 것을 잘 알고 있었습니다. 그래서 그는 교황에 바치는 헌사의 마지막 부분에 다음과 같이 말했던 것입니다.

만약 수학에 무지한 어떤 성서해석학자가 수학에 정통한 체하여 자신의 목적을 위해 왜곡된 구절의 권위를 이용하여 나의 가설을 비난하고 혹평한다면, 나는 그들을 존중하지 않을 것이며 그들의 사려 깊지 못한 판단을 경멸할 것입니다-다른 점에 있어서는 훌륭한 작가였지만 수학이 형편없었던-락탄티우스(Lactantius)가 지구의 모양이 구일 것이라고 단언했던 사람을 비난하면서 지구의 모양에 대한 유치하기 그지없는 글을 썼던 것은 잘 알려진 사실입니다. 때문에 이런 종류의 사람들이 교대로 나를 비난하는 것이 순진한 사람들에게는 이상한 일처럼 보이지 않을 겁니다. 하지만 수학은 수학자를 위해 쓰여진 것이고, 제가 틀리지 않았다면 이들에 의해 저의 노력들이 그들의 영역에 무엇인가를 기여한다고 인정받게 될 것이며, 또한 전하의 휘하에 있는 교회에도 기여할 것입니다.

…

지구가 움직이고 태양이 정지해 있다는 견해를 비난하는 이유는 성서의 많은 곳에서 태양이 움직이고 지구는 정지해 있다고 해석할 수 있기 때문입니다. 성서는 잘못될 수 없는 것이기에, 태양은 본유적으로 움직임이 없으며 지구는 움직일 수 있다는 것을 지지하는 사람을 잘못되고 이단적인 입장이라 여기는 것은 필연적인 결과입니다. 이러한 논쟁에 대해, 저의 입장은 처음부터 위대한 성서는-그 참된 의미가 이해된다면 언제나-결코 진리가 아닌 것을 말하지 않는다는 입장을 취하는 것이 신앙이 깊은 것이며 현명한 것이라는 것입니다.

…

하지만 저는 인간에게 감각과 이성 그리고 지성을 부여하였던 바로 그 신이 인간이 그것들을 사용하지 않기를 원한다거나 그것들로부터 얻을 수 있는 지식을 다른 방식을 통해 주고 싶어한다고 믿어야 할 필요은 없다고 생각합니다. 직접적인 경험과 필연적인 예증을 통해 우리의 눈과 정신 앞에 놓여 있는 물리적 문제에 있어서 감각과 이성을 부정하도록 신이 요구하지는 않을 것입니다.

…

여기에서 저는 가장 높은 위치의 성직자로부터 들은 바를 말씀 드리겠습니다. "위대한 신의 의도는 천국으로 어떻게 가는가를 가르치는 것이지 천국이 어떻게 움직이는가를 가르치는 것이 아니다."

…

그렇다면 아마도, 그 어떤 유효하고 실제적인 교리가 만들어질 그 어떤 위험도 존재하지 않는다는 안정성에 반하여, 구원과 신앙의 확립에 관한 조항들을 넘어서는 필요 이상의 추가적인 조항들을 또다시 모으지 않는 것이 현명하고 유용한 권고일 것입니다.

…

저는 현명하고 신중하신 신부님들께서 증명의 대상이 되는 교리와 견해의 대상이 되는 교리 사이에 존재하는 차이점에 대해 아주 세심하게 고려하시기를 간청 드립니다. 논리적 연역의 위력을 생각하신다면, 신부님들께서는 당신의 견해를 마음대로 변화시키고 마음대로 이리저리 조정할 수 있는 능력이 실험과학의 교수들에 있는 것이 아니라는 것을 확인할 수 있을 것입니다. 수학자나 철학자들을 명령하는 것과 법률가와 상인에 영향을 미치는 것 사이에는 커다란 차이가 있습니다. 왜냐하면 자연과 천체에 존재하는 것들에 대한 확인된 결론들은 계약이나 흥정 또는 환전의 과정에서 무엇이 합법적이고 합법적이지 않은가에 대한 견해에서와 같은 능력으로는 변화될 수 없는 것이기 때문입니다.

…

이로부터 성서의 구절들에 우리가 부여하였던 해석들이 확인된 진리와 일치하지 않을 때는 언제나 잘못된 것일 수 있다는 것을 알 수 있습니다. 그렇다면 우리는 확인된 진리의 도움을 받으면서, 결코 우리의 무지함에 호소하는 단어의 단순한 소리에 맞춰 자연을 강제하거나 경험과 엄격한 증명을 부정하려 하지 않으면서, 성서의 확실한 의미를 추구해야 할 것입니다.[17]

더 읽을거리

드레이크(S. Drake)의 『Discoveries and Opinions of Gallileo』는 『크리스티나 대공비에게 보내는 편지』를 포함한 갈릴레이의 짧은 저술들에 대한 영역본 및 해설에 참조할 수 있는 편리한 자료원이다. 갈릴레이와 로마 교회와의 충돌에 대한 대표적인 참고문헌으로

[17] Drake 1957, 175, 177, 179–80, 181, 183–4, 186, 188–9, 193–4, 206–7.

는 산티라나(de Santilana)의 『The Crime of Galileo』가 있고, 갈릴레이에 대한 적당한 전기로는 로난(C. Ronan)의 『Galileo』가 있다. 피노치아로(M. Finochiaro)는 『Galileo Affair』에서 이 유명한 충돌에 대해 상세한 사료와 함께 그 역사를 서술하고 있다. 후원제도 및 그것이 갈릴레이와 같은 과학자들에게 미친 영향에 대해서는 웨스트폴(R. Westfall)의 『Essays on the Trial of Galileo』와 비아지올리(M. Biagioli)의 『Galileo Countier』를 참조할 수 있을 것이다.

뉴턴의 구조

현대 과학에서는 어떤 이론에 대해 그것이 특정 영역에서 상세한 정량적 예측을 산출하는 능력(수직적 일관성)을 기준으로 평가하고 또한 그것의 원래 영역 이외의 다양한 영역을 가로지르는 적용성(수평적 일관성)을 추구한다.[1] 이와 같은 방식으로 보통 우리는 자연 현상에 대한 올바른 표상으로 간주되는 개념과 법칙 그리고 이론의 일관성 있는 네트워크를 생성한다. 이 장에서는 이러한 과정에 대한 유용한 예시로서 만유인력 법칙의 발견과 그 발전에 대한 설명을 개관하고 또 어떻게 이것이 공간과 시간에 대한 우리의 개념에 연결되었는지를 논의할 것이다. 여기서 우리는 하나의 일관성 있는 이야기(내러티브)로 만들어지기 위해 과학적 사실들이 어떻게 선택되고 정렬되었는지를 되돌아 볼 것이다. 하지만 물론 이것이 역사적으로 그랬던 것과 같은 방식으로 사건들이 발전해야 하는 고유의 필연성이 존재했다는 것을 의미하는 것은 아니다.

11.1 혁명

우리가 4.5와 4.7절에서 보았듯 우주에 대한 아리스토텔레스의 관점에서 지구는 천구의 중심이며 지구와 천구 사이의 모든 공간은 동심원 구역들(에우독소스(Eudoxus)의 동심구들)로 분할되어 있고, 각 구역은 각 행성들의 영역에 해당한다. 이러한 구형 구역 체제는 관찰된 별과 행성의 운동을 설명하기 위해서 하나가 다른 하나 속에서 회전하는 것으로 되어 있다. 전체 시스템은 가장 바깥쪽 껍질인 천구의 운동에 의해 유도된다. 그리

[1] Rohrlich and Hardin 1983, 604-5.

고 천구 바깥쪽에는 아무것도 없는 것이었다. 이 모델에서 하늘의 운동은 달 아래 세상의 모든 변화와 다양성에 대한 책임을 갖는다. 지구는 그 중앙에 본성적으로 정지해 있으며 지상의(지표면이나 그 바로 위의) 모든 운동은 하늘로부터 (적어도 부분적으로) 간접적으로 유도되는 것이었다.

이중 구체 우주와 같은 하늘의 운동에 대한 이러한 아리스토텔레스적 이론은 물리적 세계를 이해하는 훌륭한 첫 걸음이었다. 이 모델은 정지해있는 지구를 중심으로 천체가 원운동한다고 가정했기 때문에 행성으로서의 지구를 채택하는 그 어떤 새로운 우주론도 그에 맞는 새로운 운동의 법칙을 필요로 했다. 이런 두 개의 문제는 뒤얽혀서 연결되어 있었다. 아리스토텔레스적 생각의 전체 양상은 복잡한 것이었다. 6장에서 언급했던 진공 상태 혐오(horror vacui)는 펌프에서 물이 올라가는 지상의 현상과 고대 그리스 인에게 진공을 만드는 것이 명백히 불가능했다는 사실을 설명할 뿐만 아니라 서로의 회전을 전달하는 인접하는 천구들도 설명하는 것이었다. 진공을 통한 회전의 전달은 불가능해 보였으므로 각 천체들은 그 자신의 원소로 채워졌다. 이러한 구조에서 물질과 공간의 개념은 불가분의 연결 관계에 있었고, 그래서 다른 한 가지가 없이 개별적으로 존재할 수 없는 것이었다. 진공이 위치할 수 있는 곳은 없었다. 따라서 진공은 논리적으로 불가능한 것이었다. 지구의 중심적 위치는 지구와 그리고 그 위에 존재하는 가장 중요한 창조물인 인간 모두에게 특별한 지위를 부여하는 것이었다. 사고의 전체 구조는 서로 연결되어 있으며, 특정 부분에 대한 공격은 전체를 해체하는 위협으로 인식되었다.

5장에서 우리는 코페르니쿠스에 의해 처음으로 제안되었던 형태의 태양중심 모델이 톨레미의 지구중심 모델에 대한 결정적인 승리를 얻을 수 없었음을 보았다. 코페르니쿠스가 살았던 동안에 세계관의 혁명은 없었다. 실제로 코페르니쿠스 혁명은 그의 『천체의 회전에 관하여』에서는 발견되지 않는다. 코페르니쿠스의 저술은 의문들을 제기함으로써 혁명의 기초를 놓았고 뉴턴의 『프린키피아』가 행성들의 운동을 설명하는 일단의 법칙과 원리들을 체계적으로 정리함으로써 혁명을 종결시켰다. 움직이는 지구로 귀착되는 기술적인 그리고 계산적인 장점 때문에 코페르니쿠스의 『천체의 회전에 관하여』가 진정으로 영향을 미친 것은 전문적인 천문학자들이었다. 또한 5장에서 코페르니쿠스 모델의 정성적인 그리고 반-정량적인 미학적인 장점에 대해 논의한 바 있다. 1582년에 처음 적용된 그레고리력은 코페르니쿠스의 모델을 사용하여 만들어진 계산에 기초하고 있었다. 이에 대한 진정한 저항과 논쟁은 천문학계 밖에서 왔다. 10장에서 지적했듯 코페르니쿠스 사상은 일부에게 기독교적 사상 전체 특히 성서에 대해 잠재적으로 파괴적인 것으로 비쳤다.

영국의 시인이자 신학자였던 던(John Donne, 1572-1631)은 코페르니쿠스 사상에 대해 알고 있었고 그것이 사실일 수도 있다는 것에 두려움을 느꼈다. 그는 코페르니쿠스 사상을 사람의 정신을 감염시키고 전통적인 아리스토텔레스 및 톨레미의 우주론의 구조를 파괴시킬 악으로 보았다. 그의 시 〈세계의 해부〉(An Anatomy of the World)는 불안감과 상실의 비애감을 전하고 있다: '새로운 철학은 모든 것을 의심으로 몰아가네 … 모든 것은 산산조각나고, 일관성은 사라졌네.'[2] 이것은 '그 자신 전체가 섬처럼 고립된 사람은 없다 ; 모든 사람은 대륙의 조각이며 대양의 부분이다.'[3]라고 적었던 같은 작가가 쓴 것이다. 여기서 주제는 또다시 존재의 위대한 사슬이라는 전통적인 은유로서의 실재의 일관성(the coherence of reality)이다.[4] 이것은 존재의 가장 낮은 형태로부터 가장 높은 형태를 순서에 따라 연속적으로 연결하는 선충실원리(principle of plenitude of the Good)에 의해 필연적으로 제기되는, 실재하는 존재들의 수다성(數多性, plurality)에 대한 플라톤적 개념에 근원을 둔다. 낱낱은 광대한 구조에서 그것에 할당된 위치를 갖는 것이었다. 태피스트리(색색의 실로 수놓은 벽걸이나 장식용 비단)의 실오라기 하나를 풀어헤치는 것은 세계관 전체를 위험에 빠뜨리는 것으로 여겨졌다.

코페르니쿠스와 동시대의 다른 천문학자들이 태양중심 모델을 행성의 운동에 적용시키는 데 가졌던 수많은 기술적 어려움은, 그들이 의존했던 과거의 관찰 자료들이 수준이 낮거나 모순을 안고 있다는 점이었다. 코페르니쿠스 혁명에 효력을 주었던 경험적 기초는 덴마크 천문학자 브라헤(Brahe)의 작업이었다. 5.3절에서 우리는 그가 별들과 행성들에 대해 엄청난 양의 정확한 자료들을 모았음을 보았다. 그의 관찰은 각도의 4분까지 신뢰할 수 있는 가장 일관되고 정확한 맨눈 관찰이었다. 이것은 고대의 가장 훌륭한 관찰자들보다 두 배 이상 좋은 것이었다. 과학의 다른 많은 진보와 마찬가지로, 이것은 경험적 기술이나 정확도에 확실한 개선을 필요로 했다. 브라헤의 동료 케플러는 이 자료를 오늘날 자신의 이름을 붙은 세 법칙을 발견하는 데 사용했다. 케플러는 브라헤의 보다 정확한 자료로부터 행성의 궤도가 복잡한 원이 아니라 타원임을 발견할 수 있었다. 그러나 브라헤의 자료가 훨씬 더 정확했더라면 (즉 현대 망원경을 가지고 얻을 수 있을 만큼 좋았다면) 케플러는 궤도가 정확히 타원이 아니라는 것을(9장의 섭동 참조) 알았을 것이고 그의 첫 번째 법칙을 발견하지 못했을 수도 있다. 뉴턴이 그의 중력 법칙을 케플러의 법칙 없이

[2] Smith 1974, 276.

[3] Donne 1959, Devotion 17,108.

[4] Lovejoy 1936, 38, 46, 49-50.

공식화할 수 있었을지는 명확하지 않다.

1609년부터 갈릴레이는 망원경을 통해 하늘을 연구했다. 그리고 그것이 당대의 사고에 미친 영향은 극적인 것이었다. 그는 많은 새로운 별들을 발견해냈고 이를 통해 하늘이 이전에 일반적으로 믿었던 것보다 밀도가 더 높고 또 더 크다는 것을 알게 되었다. 달의 모습은 산이 많은 지구의 지형과 매우 비슷한 울퉁불퉁한 표면을 갖는 것이었다. 지구와 하늘에 있는 물체들의 구성물들 간에는 어떤 차이점도 보이지 않았다. 갈릴레이는 목성의 위성을 관찰했고, 이것은 코페르니쿠스적 태양계의 가시적인 모델을 제공했다. 갈릴레이는 자연의 언어가 수학이라고 인식했다. 『분석자』에서 그는 다음과 같이 말하고 있다.

> ⊛ 철학은 이 우주라는 방대한 책에 쓰여 있는데 그것은 항상 우리의 시야에 열려있다. 그러나 우리가 먼저 그 언어를 배워서 이해하고 그것으로 쓰여진 문자들을 읽지 않는다면, 그 책은 이해될 수 없다. 그것은 수학의 언어로 쓰여졌고 그 문자는 삼각형, 원 그리고 다른 기하학적 도형들인데, 그런 것들이 없이는 그 책의 단어 하나조차도 인간의 판단으로 이해할 수 없으며 우리는 어두운 미궁에서 헤매게 된다.[5]

즉, 자연의 패턴들은 단지 올바른 분석에 기초해서만 명확해진다. 이것은 그 정신에 있어서 아리스토텔레스의 관점과 유사한 것으로서, 우리가 먼저 알게 되는 현상의 큰 혼란스러움과, 그에 대비되는 올바른 연구 이후에 인간의 지성에 보다 명백해지는 근원적인 제1원리 사이의 차이점과 닮은 것이다(1.1절 참조).

이제 우리는 만유인력과 운동의 기초적인 법칙들이 어떤 간결성을 갖는다는 것을 깨달을 수 있다. 원칙적으로 그 두 개의 수학적 법칙은 9장에서 논의했던 것처럼 행성 운동의 문제에 대해 모든 것을 말할 수 있도록 해준다. 행성의 운동이 복잡하고 계산하기 매우 어려움에도 불구하고 그 자체의 기본적 법칙은 간단하다. 그러나 이 간결성은 사려 깊은 분석 후에 수학의 언어로만 보여질 수 있다. 하지만 이러한 위대한 성취에도 불구하고, 지금까지 우리는 우주의 모든 물리적 현상들을 포괄하거나 설명하는 그 어떤 법칙이나 이론을 알게 된 것이 아니라 단지 현상의 다른 범주를 설명하는 다양한 각각의 법칙들을 알고 있을 뿐이라는 점을 상기할 필요가 있다.

---

[5] Darke 1957, 237-8.

11.2 광범위한 일관성

중력이 발견된 방법은 완전히 근대적인 것이며 사실상 오늘날 우리가 알고 있는 과학적 연구와 진보의 패러다임에 해당한다. 브라헤의 향상된 자료들에 기초하여 케플러는 경험적으로 세 개의 법칙을 발견했다. 갈릴레이는 이론적으로도 실험적으로도 이상적인 상황(idealized situations)에 대해 연구했고 그의 관성개념에 (전적으로 옳지는 않을지라도) 외삽을 적용했다. 뉴턴은 이것을 그 자신의 관성과 만유인력의 법칙에 결합시켰다. 그의 이론에서 이런 법칙들의 근원에 대해서는 언급이 없다. 그 법칙들은 사물들이 '왜'가 아닌 '어떻게' 행동하는지를 보여주는 정량적이고 정확한 법칙이다. 태양이 역제곱의 힘으로 행성들을 끌어당긴다는 그의 본래 주장에서 뉴턴이 한 것은 케플러가 그 자신의 법칙에서 말했던 것을 기본적으로 재진술한 것이다. 하지만 뉴턴은 우주의 모든 천체들 사이의 상호 인력으로 확장되는 위대한 일반화를 했던 것이다. 그의 보다 일반적인 법칙으로부터 그는 이전에 무엇이 이루어졌는지-즉, 케플러의 행성 운동의 법칙-를 끌어낼 수 있었고, 지구가 왜 거의 구형이고(중력 때문에), 왜 적도가 약간 부풀었는가(회전축 둘레로의 회전으로 인한 원심력 때문에) 뿐만 아니라 대양의 조수의 효과도 설명할 수 있었다. 이 모든 것은 하나의 일반화의 수준으로부터 다른 것으로의 조심스러운 진보라고 하는 베이컨의 전통 내에 존재하는 것이었다. 우리가 앞서 강조했듯이 귀납법과 함께 뉴턴은 또한 사실상 가설연역적 방법(hypothetico-deductive method)을 사용했다. 때때로 이러한 과정에서 그는 추론을 위한 그의 규칙 IV(7.2절 참조)를 암시한 것으로 보이나 다른 곳에서는 그의 방법의 귀납적 측면을 더 강조하였다. 그의 동료 코츠(Roger Cote, 1682-1716)와의 서신에서 뉴턴은 말했다:

> ⊛ 첫 번째 원리들은 현상으로부터 연역되고 귀납에 의해 일반화되는데 그것은 철학에서 명제가 가질 수 있는 가장 고차원의 증거이다. 그리고 나는 가설이란 단어를 여기서 단지 그런 명제가 현상이거나 어떤 현상으로부터 끌어내진 것으로서가 아니라 어떤 실험적 증거도 없이 추측되거나 가정되었다는 것을 의미하기 위해 사용했다.[6]

이와 유사하게 선도적인 과학자들과의 국제적인 서신왕래를 갖고 있었던 왕립학회

6 Thayer(1953, 6-7)에서 인용한 것이다.

(Royal Society)의 간사 올덴버그(Henry Oldenburg)와의 편지에서 뉴턴은 어떻게 그가 자신의 만유인력의 법칙에 도달했고 그것이 어떻게 검증되어야 한다고 생각하는지에 대해 설명했다.

> ⊛ 그리고 나는 당신에게 내가 제안했던 이론이 나에게 분명한 것이었다고 말했는데 … 그것은 확실하고 직접적으로 결론을 내려주는 실험으로부터 유도된 것이다.
>
> …
>
> 만일 내가 주장하는 실험들이 결함이 있는 것이라면 그 결함들을 보여주는 것은 어렵지 않다. 그러나 유효하다면 이론을 증명함으로써 모든 반박들이 무효한 것이 된다.[7]

코페르니쿠스적 모델, 케플러의 법칙, 또는 뉴턴의 운동과 중력의 법칙들이 일단 받아들여지면, 그것들에 종속될 수 있는 많은 검증들이 존재하고 그것들과 일관성을 갖는 다른 사실들이 존재한다. 예를 들면 1675년에 덴마크 천문학자 뢰머(Olaus Roemer, 1644-1710)는 때때로 목성의 달들이 예측된 것보다 8분 먼저 때로는 8분 늦게 행성 뒤로 사라지는 것을 관찰했다. 그것들은 지구가 목성 근처에 있을 때는 일찍 나타났고 지구가 목성으로부터 멀 때는 늦게 나타났다. 뢰머는 행성의 운동의 (케플러의 법칙으로부터 기대되었던) 규칙성을 의심하기보다 이 시간차를 빛의 유한한 진행 속도에 귀속시켰다. 물체에서 출발한 빛이 눈에 도착했을 때 물체를 본다는 것을 상기하자. 물체의 빛이 실제로 당신의 눈에 도착했을 때 당신이 그것을 본 곳에 물체가 있을 필요는 없다. **그림** 11.1은 뢰머가 관찰했던 시간차는 빛이 지구의 공전궤도의 지름을 따라 여행하면서 걸린 시간이라는 것을 분명하게 보여준다. 이것은 빛의 유한한 속도에 대한 첫 번째 측정이었다. 여기서 하나의 훌륭한 법칙이 다른 법칙을 발견하는 데 사용된 것이다(수평적 일관성의 예). 우리는 5장에서 어떻게 행성 궤적의 절대 크기가 삼각함수에 의해 지구 자신의 크기와 연관될 수 있는지 보았다. 즉, 뢰머는 이미 태양에 대한 지구 공전궤도 크기의 (수학적) 값을 알고 있었다(4장 부록 참조). 우리는 어렵지 않게 그의 계산을 다음과 같이 요약할 수 있다. 태양에 대한 지구의 공전궤도의 반지름(R_e)을 지구의 반지름(r_e)으로 나타내면 $R_e = 24{,}400 r_e$로 주어진다($r_e = 4{,}000$ miles[6.44×10^3 km]). 측정된 시간지연 t는 22분이므로, 뢰머는 c(광속)를 $c = (2R_e/t)$, 또는 약 1.48×10^5 miles/s[2.38×10^5 km/s]로 계산

[7] Thayer(1953, 7-8)에서 인용한 것이다.

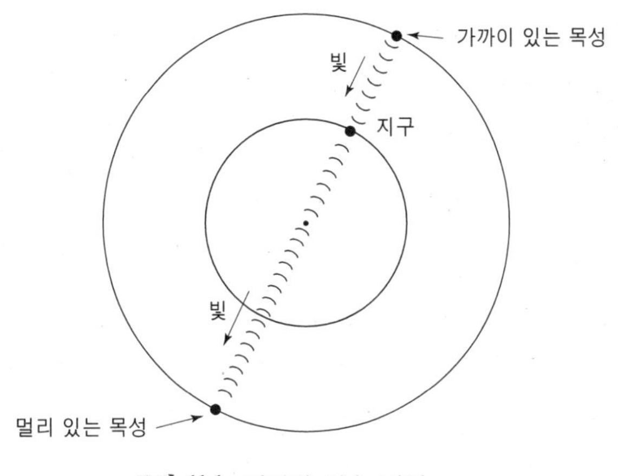

그림 11.1 뢰머의 광속 결정

할 수 있었다. 이것은 오늘날 받아들여지고 있는 값인 1.86×10^5 miles/s [3×10^5 km/s]와 견줄 만한 값이다. 뢰머의 본래의 값이 현재의 표준에 비해 약 20% 정도 작음에도 불구하고 첫 번째 측정으로는 상당히 훌륭한 것이며 보다 중요한 점은 그것이 c가 유한하다는 것을 보여주었다는 것이다.[8]

9.3절에서 언급했듯이 뉴턴의 운동과 만유인력의 법칙에 대한 신념에 근거하여 천문학자들은 천왕성 궤도의 설명하기 힘든 섭동으로부터 해왕성의 존재와 위치를 예측할 수 있었다. 1781년 하늘의 별을 조사하는 동안 허셜(William Herschel)은 항성들을 배경으로 상대운동을 하는 밝은 물체를 관찰했고, 이것은 새로운 행성인 천왕성이었다. 그리고 천왕성의 궤도가 정확히 타원이 아니라는 것이 곧 명백해졌다. 1820년 위대한 프랑스 수학자 라플라스의 정교하고 정확한 섭동론이 그때 알려진, 목성이나 토성이라는, 가장 가깝고 가장 큰 행성들의 중력효과를 설명하기 위해 천왕성의 운동에 적용되었다. 이런 계산의 예측값은 천왕성의 관측된 궤도와 일치하지 않았다. 독일의 수학자 베셀(Bessel)은 계산 과정에서 토성의 질량을 늘림으로써 두 값의 일치를 얻으려했지만 그러면 토성의 궤도가 너무 커져서 다른 관찰들과 일치하지 않았다. 이것 때문에 그는 설명할 수 없는 천왕성 궤도의 섭동은 천왕성 너머에 아직 밝혀지지 않은 행성 때문인 것 같다고 허셜(John Herschel)에게 말했다. 1843년 아직 캠브리지 대학의 세인트존스(St. John's) 칼리지에 재학 중이던 애덤스(John Adams)는 새로운 행성의 기대되는 질량과 궤도와 위치를

8 Roemer에 의해 수행된 실제 관찰은 목성 위성의 일식이 포함되어 있고 **그림 11.1**처럼 단순하지 않지만 그 기초 원리는 같다.

계산하기 시작했다. 1845년 9월 그는 캠브리지 천문대장이었던 천문학자 챌리스(James Challis, 1803-1882)에게 그리고 그 해 11월에는 영국 수학자 에어리(George Airy, 1801-1892) 경에게 그의 결과를 제출했는데, 그는 그리니치 천문대의 왕립 천문학자였다. 이것과 프랑스 수학자 르베리에(Leverrier)와의 교신에 기초하여, 1846년 에어리는 캠브리지 천문대가 체계적인 천문 관찰이 수행해야 한다고 제안했다. 애덤스는 캠브리지 천문대의 책임자들을 설득하여 이 행성을 찾도록 설득하는 것에 어려움을 겪었다. 챌리스는 결국 1846년 7월말에 관찰을 시작했다. 그러나 그는 관찰에서 매우 철저하고 끈질기지 못했고 새로운 행성을 발견하지 못하였다. 그러는 동안 르베리에는 유사하지만 보다 확장된 계산을 시도했고 1845년 11월 그의 예측을 출판했다. 1846년 그는 그의 결과를 베를린 천문대의 갈레(Johann Galle)에게 보냈다. 1846년 11월 르베리에의 편지를 받았던 그날 갈레는 수시간이 지나기도 전에 새로운 행성인 해왕성을 발견했다.

이와 유사하게, 20세기 초반부에 미국 천문학자 로웰(Percival Louwell, 1855-1916)은 해왕성 궤도의 불규칙성을 자세히 연구했다. 그는 이것을 아직은 발견되지 않은 해왕성 뒤의 행성의 영향 때문이라고 하였다. 그의 논문 〈해왕성 뒤에 있는 행성에 관한 논문〉(Memoir on a Trans-Neptunian Planet)은 1915년까지 출판되지 않았지만, 그는 일찍부터 새로운 행성의 가능한 위치를 예언했다. 1905년에 그는 자신이 애리조나의 플래그스태프(Flagstaff)에 새운 로웰 천문대에서 그것을 위한 체계적인 연구를 시작했다. 함께 로웰 천문대에서 근무하던 톰보(Clyde Tombaugh, 1906-1997)가 실제로 행성을 발견한 것은 1930년이 되어서였다. 이 행성에게는 명왕성(Pluto)이라는 이름이 붙여졌는데, 그것은 퍼시벌 로웰(Percival Louwell)의 두문자(頭文字)에서 따온 것이다. 이후 로웰의 동력학적 계산을 재검증해 보았는데 많은 오차가 있음이 밝혀졌다. 오늘날 우리가 받아들이는 명왕성의 변수들의 실제 값은 로웰에 의해 예측된 것과 상당히 다르다. 따라서 명왕성의 발견은 궤도와 질량의 정확한 변수들이 이론적으로 예측되고 이어서 실제로 관측된다는 중력에 대한 위대한 정량적 승리의 시나리오와 일치하지 않는다. 그럼에도 불구하고 명왕성은 뉴턴이론에 의해 설명될 수 있었던 불규칙성 때문에 그것의 존재에 대한 신념이 촉발된 체계적 탐색의 결과로서 발견된 것이었다.

해왕성과 명왕성의 발견은 지식의 축적적 효과(the cumulative effects of knowledge)의 예이며, 이는 과학적 활동에서 주된 요소에 해당한다. 자연이라는 천의 이러한 얽혀진 실의 짜임새는 근대과학에 의해 대체되었던 아리스토텔레스적 사고의 복잡한 양상을 회상시킨다. 우리가 지금까지 논의해온 뉴턴의 중력 이론의 모든 검증들은 실험실의 실험들

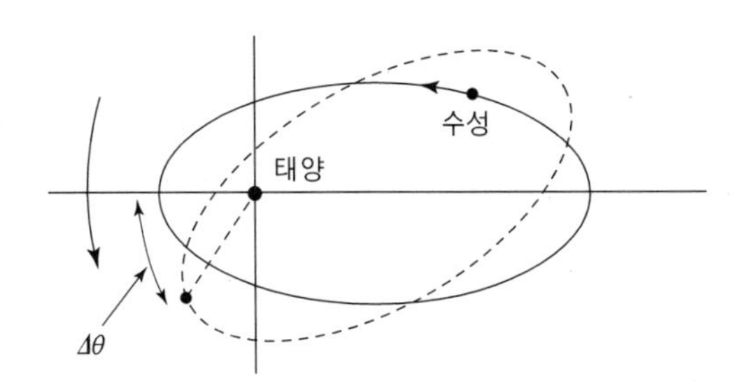

그림 11.2 타원(궤도)의 세차운동

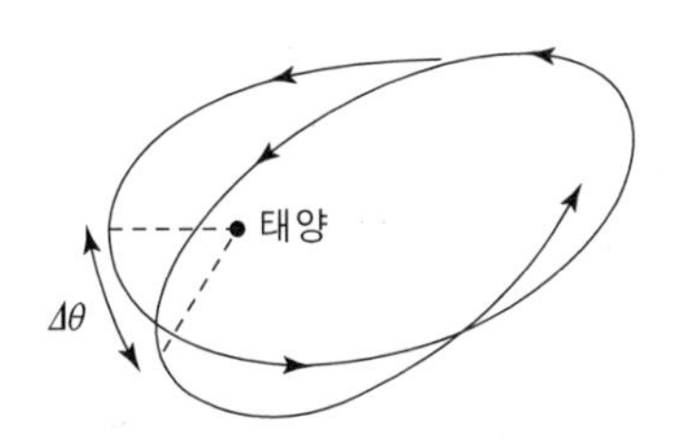

그림 11.3 근일점의 이동

보다 천문학적 관찰에 기초한다. 뉴턴의 이론은 또한 캐번디시에 의한 만유인력 상수 G의 결정에서 직접적인 실험적 증명을 얻었다(8.4절 참조).

그러나 행성궤도에 대한 모든 것들이 뉴턴의 법칙에 의해 설명되지는 않는다. 수성의 타원궤도에는 그 평면에 고전적 섭동이론으로는 설명할 수 없는 작은 세차운동 또는 회전운동이 존재한다. 우리는 수성의 타원궤도를 **그림 11.2**와 같이 서서히 회전하는 것으로 그릴 수 있다. 태양 주위로의 각각의 회전 주기 동안 수성의 태양 근일점(수성이 태양에 가장 가까이 접근한 거리)은 각도 $\Delta\theta$만큼 전진한다. 결과적으로 행성의 궤도는 **그림 11.3**에 나타난 것과 같이 결코 완전히 닫힌 것이 아니다. 고전적인 뉴턴 이론에 따라 만일 수성과 태양 사이에 $1/r^2$의 중심력만 작용한다면 수성의 궤도는 완전히 타원이 되어야 하고 궤도의 근일점은 우주의 동일한 점에 완전히 고정되어야 한다(**그림 9.2**에 보듯이). 그러나 수성의 근일점은 백 년에 그 각도가 5,601초 전진하는 것으로 관찰된다. 태양계의 다른 천체들에 의한 섭동의 효과는 뉴턴의 이론에서 계산하면(18.2절 참조) 백 년에 5,558초의 각도가 설명된다. 그러나 백 년당 43초의 고전적으로 설명할 수 없는 각도 차이가 존재한다(1°가 3,600초이므로 43초의 이동이 얼마나 작은지 인식해야 한다). 천문학적 관찰과 섭동계산은 충분히 정확했으며 19세기에 이미 이런 문제가 분명하게 드러났다.

뉴턴의 이론을 살리려는 몇몇 시도가 있었다. 여기서 우리는 단지 두 가지를 언급하겠다. 앞서 해왕성의 존재를 성공적으로 예측했던 르베리에는 1859년 이런 섭동의 오차의 이유로서 벌컨(vulcan－불카누스, 로마 신화에서 금성의 배우자)이라는 다른 행성을 가정했다. 그러나 이번엔 그런 행성은 발견되지 않았다. 뉴턴의 중력의 법칙이 완전히 정확한 것은 아닐 수 있으며 부가적인 작은 $1/r^3$항을 포함시키는 것으로 수정되어야 한다는 제안도 있었다. 이런 형태의 작은 부가적 항은 세차운동을 하는 타원을 만든다는 것을 수학적으로 증명할 수 있다. 그러나 그런 설명은 단지 임시방편이며, 단지 이 한 경우만을 설명하기 위해 날조된 것이기 때문에 호소력이 없는 것이다. 아인슈타인의 일반 상대성 이론은 뉴턴의 만유인력의 법칙과의 이러한 불일치에 대해 정량적이고도 자연스러운 설명을 준다. 아인슈타인의 이론은 다른 많은 부가적인 것들을 예측한다. 18장에서 보게 되겠지만, 아인슈타인의 이론은 뉴턴의 법칙을 극한의 경우(a limiting case)로서 포함한다.

흥미롭게도－뉴턴과 아인슈타인의－만유인력에 대한 성공적인 두 이론은 각각 특정한 공간의 개념들과 긴밀하게 맞물려 있다.

11.3 뉴턴 이전의 공간 개념

고대로부터 현재까지 공간의 본성에 대한 신념은 극적인 변화를 겪어왔다. 오늘날 보통 사람은 아마도 물리적 세계의 근원적 빈 공간에 대해 무한히 나눌 수 있는 (연속적인) 것, 내재적으로 특정한 방향성이 없는 (등방적인) 것, 기본적으로 어디나 똑같은 (등질적인) 것, 그리고 무한한 크기를 가지는 것으로 특징지을 것이다. 또한 공간의 존재가 현재 존재하는 물질에 의존하지 않는 것으로 보일지라도 공간을 그 안에서 물질이 존재할 수 있는 수동적인 그릇이나 배경으로 생각할 것이다. 하지만 공간의 이런 특성들이 현재의 많은 사람들에게 충분히 합리적인 것으로 보일지라도, 각각은 추상적 개념이며 감각수용을 위한 어떤 즉각적인 증거도 없다는 것을 깨달아야 한다. 틀림없이 '위치(place)'에 대한 원시적인 개념이 먼저 생기고, 그 함축은 상당히 국지적인(local) 것이었을 것이다. 이 절에서 우리는 공간에 대한 추상적 개념의 발달에 대해 개관할 것이다.

오늘날 물질의 원자론적 관점으로 유명한 데모크리토스에게서 공간(또는 진공)은 단지 물질(원자들)의 운동을 포함할 뿐 물질에는 영향을 안 끼치는 무한의 빈 확장이었다. 후대에 로마의 시인이자 철학자 루크레티우스(Lucretius)는 그의 논문 『우주의 본성』(The Nature of the Universe)에서 다음과 같이 우주의 크기는 무한하다고 주장했다.

⊛ 또한, 만일 우선 모든 존재하는 공간이 제한되어 있다면, 사람이 그것의 바깥 경계를 향해 달리다가 가장 끝에 서서 창을 격렬한 힘으로 빠르게 던져졌을 때, 그것이 보내진 점보다 앞서서 더 멀리 날아갈 것인가 아니면 무엇인가 중간에 끼어들어 그것을 멈추게 할 것인가? 당신은 두 가정 중에 하나를 받아들이고 적용해야 하는데, 둘 중 어느 경우이든 당신은 이것으로부터 도망갈 수 없고 우주가 끝없이 확장된다는 것을 받아들여야 할 것이다.[9]

여기서의 기본적 생각은 공간의 경계나 끝은 공간의 끝이라고 가정되는 곳인 '벽(wall)'을 필요로 한다는 것이다. 이런 논증은 우주(진공이든 또는 그 안에 물질을 가진 것이든)의 범위가 무한함을 증명하기 위해 무한히 반복될 수 있다. 그러나 공간에 존재하는 물체를 포함하는 무한의 우주는 무한의 공간을 암시했다. 루크레티우스에게 공간은 물질이 위치할 수 있는 무한의 그릇이 되었다. 이것은 우리가 앞서 언급했던 보통 사람의 관점과 유사하다.

그러나 플라톤에게는 물질과 공간은 서로 벗어날 수 없게 결합되어졌다. 플라톤은 물리적 대상의 세계를 기하학적 형상의 세계와 일치시켰기 때문에, 그는 물질과 빈공간(진공)을 동일시했다. 세상을 구성하는 네 개의 기본 원소에는 규칙적인 공간 구조가 주어졌다. 즉, 20면체의 물, 8면체의 공기, 4면체의 불, 6면체의 흙이 그것이다. 그에게 물리학은 기하학이 되었다(5.4절에서 논의되었던, 케플러의 5개의 정다면체와 그의 세 번째 법칙에 나타난 유사한 기하학적 영향을 상기하자).

이어서 아리스토텔레스의 관점에서 공간은 그것이 물체의 자연스런 운동을 결정하므로 물질에 적극적인 영향을 미쳤다.

⊛ 더구나 기본적인 자연체-다시 말해 불, 흙과 같은 것들-들의 전형적인 운동들은 위치가 특별한 무언가일뿐 아니라 어떤 영향을 끼친다는 것을 보여주기도 한다. 방해받지 않는다면, 각각은 그것은 고유의 위치로 가게 되는데, 하나는 위로 다른 것은 아래로 옮겨진다.[10]

공간상의 다양한 영역의 상이한 조건들은 물체가 적당한 위치를 향하는 자연스런 운동

[9] Lucretius 1952, Book I, par.958, 12–13. (GB 12, 12–13)
[10] Aristotle 1942b, Book IV, Chapter 1, 208 (9–12) (GB 8, 287)

을 결정했다. 진공은 방향의 특성이나 위치 이동의 조건 변화를 갖지 않기 때문에, 아리스토텔레스는 그런 진공에서 자연스러운 운동은 없다고 여겼다. 이것으로부터 그는 진공의 존재가 불가능하다고 결론지었다.

이러한 고대의 세 가지 주된 공간 이론은 (공간 자체의 물리적 특징을 강조하는) 원자론적 관점, (수학적 측면과 공간과 물질의 연결을 강조하는) 플라톤적 관점, 그리고 (공간의 인과적 본성을 강조하는) 아리스토텔레스적 관점으로 요약될 수 있다. 고전적인 그리스의 철학과 과학은 플라톤을 통해 공간을 국소적 기하학적 변화를 갖는 불균일한 것으로 표현했고, 아리스토텔레스를 통해 상하의 명백한 내재적 구분을 갖는 비등방적인 것으로 표현했다.

6장에서 우리는 6세기 철학자 필로포누스(John Philoponus)가 아리스토텔레스의 운동 이론을 비판했던 것을 살펴보았다. 그는 또한 공간은 물질과 분리되고 순수한 차원성(dimensionality)을 가지며 장소에 따른 질적 차이를 갖지 않는다고 주장하면서 아리스토텔레스의 전통과 갈라섰다. 그에게 공간은 물질에 영향을 끼치지 않는 것이었다. 나중에 코페르니쿠스, 갈릴레이, 케플러의 새로운 물리학의 영향 아래에서, 독립적이고 무한하고 구조가 없는 공간의 존재가 받아들여진 것처럼 진공의 실재성도 받아들여졌다. 그리고 뉴턴은 이런 특성들을 자신의 공간 개념에 통합했다.

데카르트가 자신의 『철학의 원리』(Principles of Philosophy)에서 물질을 순수한 기하학적인 확장과 동일시했을 때, 그는 매우 다른 관점을 취했다: '물체의 본성은 그것의 무게나 딱딱함 혹은 색깔이나 기타 다른 것들에 있지 않고 단지 확장(extention)에 있다'.[11] 그에게 우주에는 물질과 운동밖에 없다. 또는 그가 물질을 기하학적 확장과 동일화했으므로, 우주의 기본적 요소는 확장과 운동이었다. 이러한 물질과 공간을 동일시하는 거의 플라톤적 관점으로부터 데카르트는, 아리스토텔레스가 그랬던 것처럼, 진공은 (물질이 없는 공간이라는 의미에서) 논리적으로 불가능하다고 결론지었다.[12] 그가 물질적 진공이 존재할 수 없다고 연역한 다음, 그는 공간은 무한이어야 하기 때문에 물질적 우주도 그럴 수밖에 없다는 것을 보이기 위해 앞에서의 루크레티우스와 유사한 논증을 사용했다.

여기서 고대 유대교라는 주제로 잠깐 빠져나감으로써 이야기 줄거리의 또 다른 갈래를 살펴보자. 유대교에서 우리는 이후 영향력 있는 사상의 기원을 찾을 수 있을 것이다. 여

[11] Descartes 1977b, Pt. II, Principle IV, 255.

[12] Descartes 1978b Principle XVI, 262.

기에는 공간과 신 사이의 연결이 존재했다. 사실 '공간'을 뜻하는 유대어 'makom'은 신의 이름으로 사용되었다. 신의 편재에 대한 생각은 잘 알려진 시편 139편에서 분명히 드러난다.

> ⊛ 내가 주님의 영을 피해서 어디로 가며,
> 주님의 얼굴을 피해서 어디로 도망치겠습니까?
> 내가 하늘로 올라가도 주님께서는 거기에 계시고
> 지옥에 자리를 펴도 주님은 거기에도 계십니다.
> 내가 저 동녘 너머로 날아가거나
> 바다 끝 서쪽에 가서 거기에 머무를지라도
> 거기에서도 주님의 손이 나를 인도하여 주시고,
> 주님의 오른손이 나를 힘있게 붙들어 주십니다.[13]

이러한 신과 공간의 동일시는, 모든 물질에 스며들고 활동하는 것으로 신과 우주를 동일시함으로서 신의 존재의 증거를 찾았던 캠브리지 철학자 모어(Henry More)의 작품을 (7.1절 참조) 통해 궁극적으로 뉴턴에 영향을 끼쳤다. 모어는 공간과 물질의 동일시를 포함하여 중요한 철학적 이슈에서 데카르트에 강하게 반대했음에도 불과하고 공간은 필연적으로 무한하다고 믿었다. 그에게 공간은 비물질적인 것이고 따라서 신과 많은 것을 공유하는 정신이었다. 모어는 이러한 무한의 필연적 정신적 존재를 신과 동일시했다.

> ⊛ 그것에 의해 신의 영력(힘 또는 정신)이 표시되곤 하는 그리고 이 무한한 내부의 공간(궤적)에 완전히 알맞은 최소한 20개 이상의 명칭이 있다. … 바로 그 신의 영력을 신비주의자들은 'makom', 즉 공간(자취)이라 불렀다.[14]

물질적인 (그리고 우연적인) 세계는 유한한 것으로서 무한한 (필연적으로 존재하는) 공간 안에 놓여 있다.

---

[13] The Jerusalem Bible 1966, Psalm 139, 922.

[14] Koyre (1957,148)에서 인용한 것이다.

11.4 뉴턴의 절대공간

이제 『프린키피아』의 성공 이후에 지배적이었던 공간에 대한 관점으로 돌아가 보자. 뉴턴은 자신의 공간 이론 이외의 곳에서는, 물리학과 형이상학을 구분했다. 그의 유명한 '나는 가설을 만들지 않는다(hypotheses non fingo)' 는 그의 다른 과학적 노력에서 초자연적, 형이상학적 또는 종교적 존재를 배제하는 지침이었다. 뉴턴에 대한 모어의 철학적 영향과 함께 베로(Issac Barrow)의 영향 또한 중요하다. 베로는 자신의 기하학적 체제를 발전시켰는데, 거기에서 공간은 신의 편재와 동일한 것이었다. 뉴턴은 절대공간은 심지어 그의 운동 제1법칙(관성의 법칙)의 유효성을 위해서도 필요한 논리적 존재론적 필연이라고 생각했다. 『프린키피아』의 초판 서문에서 그는 기하학을 역학의 일부라고 진술했다:

> ⊛ 그러므로 기하학은 동역학적 실천 위에 세워졌고 측정의 기술을 정확히 제안하고 설명하는 보편 역학의 일부에 지나지 않는다.[15]

즉, 뉴턴은 공간과 그 구조를 역학이라는 경험 과학의 일부로 이해했다. 그는 『프린키피아』의 1권을 상대적 공간과 절대적 공간의 본성에 대한 장황한 주석으로 시작하였다.[16] 상대적 공간은 물질적 대상들의 위치에 의해서 결정되는 것인 반면 절대적 혹은 수학적 공간은 물질적 대상들과 독립적으로 존재하는 것이라고 요약할 수 있다. 뉴턴은 (절대공간과 관련 있는) 절대운동은 운동학적으로 (물체들의 운동을 그들에 작용하는 힘을 고려하지 않고 연구함으로써) 관찰될 수 없다는 것을 깨달았다. 단지 상대적 운동만이 그런 다른 관찰들에 의해 검출될 수 있는 것이다.

그러나 그는 원심력에 기초하여 절대운동의 존재를 말할 수 있게 해 줄 것으로 기대되는 동역학적 논증을 주장했다. 이것을 성립시키기 위한 그의 유명한 사고 실험의 핵심을 살펴보자.[17] **그림 11.4**에 보이듯 물통을 줄에 매달아 놓았다고 가정하자. 물의 표면은 평평하다. 다음으로 줄을 감았다가 놓으면, 그것이 풀리면서 수직 축 주변으로 물통이 회전할 수 있을 것이다. 물통과 물은 처음에 줄이 꼬아진 채로 멈추어 있다. 물통을 갑자기

[15] Newton 1934, Preface to the first edition, xvii (GB 34,1)
[16] Newton 1934, Book I, Scholium, 6-7, 10. (GB 34,8-11)(M,33-5)
[17] Newton 1934, Book I, Scholium ,10-11. (GB 34,11-12)(M,35-6)

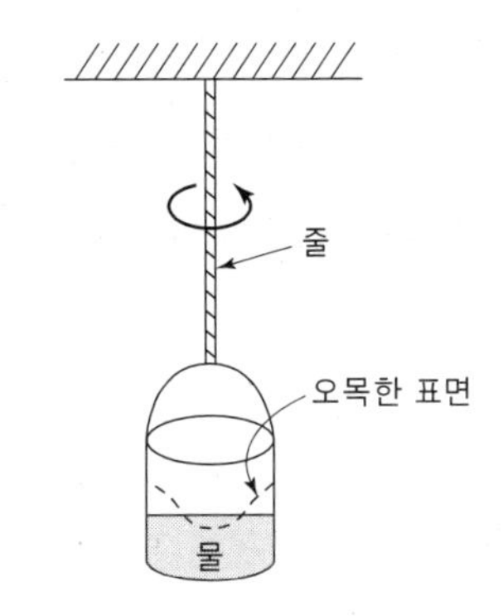

그림 11.4 뉴턴의 양동이 사고실험

놓으며, 공급된 꼬임에 의해 줄이 풀리면서 물통은 줄이 풀리는 것과 같은 방향으로 빠르게 회전하도록 한다. 처음에는 물은 기본적으로 정지해 있고 그 위 표면은 평평하지만 물통은 물에 대해 빠르게 회전한다. 회전하는 물통의 운동이 내부의 물로 전달되면서 물의 표면은 물이 물통의 벽에 대하여 멈출 때까지 점점 더 위 방향으로 오목해진다. 뉴턴은 물 표면의 평평하지 않음이 회전의 원심력에 의해 일어나서 물과 물통의 정지계는 관성계가 아니라는 것을 보여준다고 주장했다. 처음에는 (물통이 물 표면은 평평한 채로 물에 대해 회전하기 시작했을 때) 물과 물통 사이에 상대적인 운동이 있고, 끝에는 (물의 표면이 오목한 채로 물통에 대해 더 이상 운동하지 않을 때) 그런 상대적인 운동이 없다. 뉴턴은 상대적 운동은 이와 같은 효과를 만들어 낼 수 없으며 따라서 이런 관찰된 차이는 (상대 운동이 아닌) 절대 운동 때문이라고 주장했다.[18] 그는 물체가 단지 하나의 참된 원운동을 가진다고 주장했다.

여기서의 뉴턴의 기본적인 생각은 상대운동은 물체에 부과되는 힘없이 일어나는 운동인 반면 참된(또는 절대적) 운동은 힘에 의해 야기되는 운동이라는 것이다. 단지 위에서 서술한 것과 같이 그릇에 담긴 물의 표면을 관찰함으로써, 절대운동을 검출하는 그런 '실험' 은 심지어 진공에서도 행해질 수 있을 것이다.

[18] Newton의 주장을 다음과 같이 확장할 수도 있다. 물이 회전하기 시작하면 갑자기 양동이를 멈추고 물이 계속 회전하게 해야 한다. 처음에는 물 표면이 평평한 채로 물에 대해 양동이가 회전하고, 나중에는 물의 표면이 오목한 채 양동이에 상대적으로 운동하게 되는데, 비록 상대적인 회전 속도는 같지만 (또는 실제로는 방향만 반대인), 이 두 시점에서의 상황은 다르다(왜냐하면, 물 표면의 모습의 변화되었기 때문이다). 이것은 원형 운동이 단지 상대적인 운동이 아니라 절대적인 운동이라는 것을 함축한다(Jammer(1969, 107-8) 참조).

불행히도 실험은 실제의, 즉 현실에 존재하는 세계에서만 행해질 수 있고 그래서 빈 세계에서의 결과가 어떻게 될지는 추측의 문제로 남는다. 독일의 물리학자이자 철학자 마흐(Ernst Mach)는 그의 『역학의 과학』(The Science of Mechanics)에서 다음과 같이 지적했다.

> ⊛ 물이 담긴 회전하는 병에 대한 뉴턴의 생각은 병의 측면에 대한 물의 상대적인 회전이 주목할 만한 원심력을 만들지 못한다는 것을 보여주지만 지구와 다른 천체의 질량에 대한 상대적인 회전에 의해서는 그런 힘이 생산된다는 것을 보여줄 뿐이다. 아무도 병의 측면이 수 리그(역: 약 3마일의 거리) 정도의 두께가 될 때까지 두께와 질량이 증가했을 때 그 실험이 어떻게 나타날지 말할 수는 없을 것이다. 하나의 실험이 우리 앞에 놓여져 있을 뿐이고, 우리의 임무는 그것을 우리의 상상의 임의적 허구가 아닌 알려진 다른 사실들과 조화시키는 것이다.[19]

마흐의 핵심은 우리가 사실상 그런 환경에서 물의 표면이 실제로 어떻게 행동하는지 보기 위해 세상에서 (회전하는 물통과 물만 제외한) 모든 물질을 비울 수는 없다는 것이다. 그러므로 우리는 단지 물의 표면이 어떤 형태로 될지 추측할 수 있을 뿐이다. 그렇다면 뉴턴의 주장은 그의 힘을 잃고 확실한 것이 못 된다. 마흐의 견해에서는 뉴턴은 아무것도 증명하지 않았다. 뉴턴은 절대공간(거기에서 우주의 중심은 영원이 정지해 있다[20])은 관성의 법칙에 조작적 내용을 부여하기 위해 필수적이라고 느꼈다. 뿐만 아니라 뉴턴에게 있어서 절대공간은 신의 편재를 보여주는 것이었다. 그의 『광학』의 질문들 속에는 다음과 같은 글이 있다.

> ⊛ 무한의 공간에서 (그것이 그의 감각 내에 존재하듯이) 사물들 자체를 통찰하고, 그것들을 완전히 지각하는, 그리고 그것들의 즉각적인 현존에 의해 완전히 이해하는, 형체가 없고, 살아 있고, 현명하고, 널리 편재하는 그런 존재가 있다는 것이 현상들로부터 드러나지 않는가?[21]
>
> …
>
> 짐승들과 곤충들의 본능은 다른 것이 아니라 힘이 있고 영생하는 대행자의 지혜

19 Mach 1960, 284, 279.
20 Newton 1934, Book III, Hypothesis I, 419. (GB 34,285)
21 Newton 1952, Book III, Pt.1, Query 28, 529. (GB 34,529)

> 와 기술의 효과일 수 있는데, 그 대행자는 모든 곳에 존재하고 (우리가 우리의 의지에 의해 스스로의 몸의 일부를 움직이는 것보다) 그의 의지에 의해 자신의 무한하고 균일한 지각기관 내에 존재하는 물체들을 더 잘 움직일 수 있고 그래서 우주의 부분들을 형성하거나 바꾸는 것이 가능하다.[22]

보다 종교적으로 기운 뉴턴의 동료들은 신의 지각기관으로서의 공간에 대한 이러한 해석을 환영했으며 그가 과학을 무신론에서 구해냈다고 주장했다.[23]

그러나 뉴턴의 동시대인들이 모두 공간의 본성에 대한 그의 생각을 받아들인 것은 아니었다. 영국 철학자 버클리(George Berkely, 1685-1753), 네덜란드 과학자 호이겐스, 그리고 독일 수학자이자 철학자 라이프니츠는 절대공간과 절대운동은 허구라고 주장했다. 버클리에게 공간이 상대적이 아닌 다른 것일 수 있다는 점은 부조리한 것이었다. 그것은 만약 공간이 절대적이라면 무한하고 변하지 않으며 그래서 영원히 존재하는 신 이외의 다른 것이 존재할 수 있다는 신학적 배경에 기초한 것이었다.

라이프니츠는 절대공간의 존재와 그것의 신과의 동일시 모두에 격렬하게 반대했다. 뉴턴의 지지자인 클라크(Samuel Clarke, 1675-1729)와의 일련의 기다란 서신 교환에서 라이프니츠는 실재적 물체들 사이의 관계는 그 자체로 공간의 개념으로서 충분하여 절대공간은 필요치 않다고 주장했다. 그는 구조상에 정확한 위치를 부여함으로써 사람들 간의 친족관계를 보여주는 계통도에 대한 비유를 사용하였다. 무엇 때문에 이와 같은 시스템을 가정하고 그것과 관련되는 인간과는 무관한 절대적인 실존을 부여해야 하는가? 그에게 있어 물질이 없는 공간은 의미가 없는 것이었다.

이런 관점과 뉴턴의 관점의 차이는 기본적으로 다음과 같다. 뉴턴에게 공간은 실재적 물체의 용기이고 물질 없이도 존재할 수 있는 것이었다. 그것은 또한 물질을 나누는 (그들의 공간에서의 다른 위치에 의해) 수단으로 기능하는 것이었다.[24] 라이프니츠에게 공간은 물질적 대상의 위치적 성질(positional quality)이고 물질이 없이는 상상할 수도 없는 것이었다.[25]

---

22 Newton 1952, Book III, Pt.1, Query 31, 542. (GB 34,542)

23 Thayer 1953, 46.

24 개체화 원리로서의 공간 개념에 대해서는 Howard(1977)을 참조한다.

25 공간에 대한 두 가지 관점에 대한 Einstein의 논의를 위해서는 Jammer(1969, xiiii-xiv)를 참조한다.

11.5 물리적 공간 대 수학적 공간

비록 위대한 수학자 오일러(Euler)가 절대공간의 필연성을 믿었고 관성의 법칙의 논리적 필연성을 보임으로써 그것의 선험적 존재성을 증명하려고 시도했음에도, 역학 분야의 뛰어난 프랑스 저술가들은-라그랑지, 라플라스, 푸아송-절대공간에 대해 실제적인 관심을 보이지 않았다. 그들에게 절대공간은 이론적 증명이 필요하지 않는 작업가설(working hypothesis)에 불과했다. 마흐는 과학에서 모든 형이상학적 가정들이 사라져야 한다고 생각했다. 그에게 행함의 주체는 되지만 그 대상이 될 수는 없는 절대공간의 개념은 과학적 생각에 유해한 것이었고, 이런 주장은 나중에 아인슈타인에 의해 되풀이되었다. 마흐는 질량의 비가속 운동을 공간 자체보다 전체 우주의 질량중심과 연관시켰다. 관찰 불가능한 절대 관성기준계에 대한 이러한 반대가 갈릴레이의 작업에 대한 아인슈타인의 언급에서 반복되었다.

> ⊗ 여기서 나는 갈릴레이가 무거운 물체의 낙하를 설명하기 위한 우주 중심의 가설을 부정한 것과 물질의 관성적 행동을 설명하기 위한 관성계의 가설을 부정하는 것 사이에는 긴밀한 유사성이 존재한다는 사실을 추가하겠다(후자는 일반 상대성 이론의 기초가 된다). 두 가설의 공통점은 다음의 특성을 갖는 개념적인 대상을 도입하는 것이다.
>
> ① 그것은 무게가 있는 물질(또는 장)과 같은 실재하는 어떤 것으로 가정되지 않는다.
> ② 그것은 실제 대상의 행동을 결정하지만 그것에 의해 전혀 영향을 받지 않는다.
>
> 이와 같은 개념적 요소의 도입은, 순수하게 논리적인 관점으로부터 절대 받아들일 수 없지는 않음에도 불구하고, 과학적 직관과 일치하지 않는다.[26]

이와 유사한 정신에서, 이론이 원리적으로 관측할 수 없거나 측정의 절차가 상술될 수 없는 대상을 포함해서는 안 된다는 입장은, 실증주의(positivism) 또는 논리경험주의(logical empiricism) 철학 운동이 성장하였던 배경의 일부분이 되었다. 비엔나서클

[26] Galilei 1967, Foreword(A. Einstein), xiii.

(Vienna Circle)-그 중에도 특히 슐리크(Moritz Schlick, 1882-1936), 카르납(Rudolf Carnap, 1891-1970), 프랑크(Philipp Frank, 1884-1966)와 괴델(Kurt Gödel, 1906-1978)-로 알려진 1920년대 일군의 철학자들은 하나의 명제는 그것이 경험과 관찰에 기초할 때만 의미가 있다고 주장했다. 이런 준거에 의하면, 윤리적, 형이상학적, 종교적 언명들은 객관적 의미가 없는 것으로 받아들여질 수 있었다. 이것은 우리가 앞서 보았던 반대 방향(예를 들면 행성 궤도가 원형이어야 하는 아리스토텔레스의 물리학에서의 원운동의 '불멸의' 본성)의 영향의 경우에서와 같이, 과학이 문화나 철학에 미치는 영향의 예라 할 수 있다.

절대공간과 절대운동이 물리적으로 검출될 수 없다는 것이 명백해지자 점점 더 많은 과학자들이 이런 개념들은 정밀과학에서 사라져야 한다고 느꼈다. 절대좌표계를 살리려는 마지막 시도는 19세기말 에테르와 그것을 동일시하려는 움직임이었다. 13장과 16장에서 보게 되겠지만, 이것은 쓸데없는 것으로 밝혀졌고 아인슈타인의 특수상대성 이론으로 이어졌다. 그러나 절대공간의 개념이 폐기된 후에도 물리적 공간은 때때로 여전히 유클리드 공간(일반적인 평면이나 입체 기하학의 의미에서 평편한 것으로)과 같은 것으로 여겨졌다. 수학자 가우스(Carl Gauss, 1777-1855)는 비-유클리드 기하학이 논리적 일관성의 가능성을 가지며 물리적 세계의 기하학적 본성은 실험에 의해서만 결정될 수 있음을 깨달았다. 그는 유클리드 기하학으로부터의 일탈을 직접 관찰을 통해 검출하려 했으나 그렇게 하지는 못했다. 실제세계에서 공간의 (또는 기하학의) 구조는 물질의 분포에 의해서 결정된다는 입장은 리만(Bernhard Riemann, 1826-1866)에 의해 암시되었고 아인슈타인에 의해 확실한 증거가 주어졌다. 여기에 (유클리드 공간에서의) 추측의 진실성에 대한 준거로서의 간결성(Simplicity)이 잘못된 것으로 밝혀지는 상황이 있다. 물론 우리가 11.1절에서 보았듯이 간결성으로 보이는 것은 때때로 배경 지식과 철학적 입장에 의존한다. 일반적으로 동의하는 간결성에 대한 객관적 준거는 존재하지 않는 것 같다. 따라서 이론과 가설을 형성하고 발전시키는 과정에서 진실을 위한 안내자로서의 (단지 노력의 경제성에 반대되는 것으로서의) 간결성은 상당히 주관적인 것일 수 있다.

뉴턴과 라이프니츠 사이의 기본적 쟁점은 수학적 공간으로부터 물리적 공간을 구분하는 것이었다. 모든 물리적 실재로부터 독립적으로, 우리는 정신적이고 논리적으로 유클리드 공간이라 불리는 대상을 구성할 수 있다. 이것은 평면 기하학에서 나오는 모두에게 친숙한 일상적인 공간이다. 하지만 19세기에 가우스와 리만이 깨달은 것처럼, 논리적이고 모순 없이 다른 형태의 수학적 공간을 구성할 수도 있다. 물리학에서의 질문은 수학적 공간처럼 물리적 공간이 그 내부에 존재하는 물질에 독립적으로 존재할 수 있는가이다. 뉴턴은 그렇다고 생각했고 그의 물리적 공간은 유클리드 공간과 동일한 것이었다. 아인슈타인은 18장에서 보겠지만, 물리적 공간과 물질은 서로 구분될 수 없이 연결된 것으로 가정했다(비록 아주 다른 이유에서였지만 플라톤이 비슷한 믿음을 가졌던 것을 상기하자).

비-유클리드 공간이 무엇인지에 대한 약간의 아이디어를 얻기 위해 평면이 아닌 2차원 표면상에서의 삶을 고려해 보자. 아마도 가장 간단한 예는 원일 것이다. 만약 우리가 구 표면에 살고 있는 (표면으로부터 위나 아래로 움직일 수 없는) 2차원적 생물이라면, 평면 유클리드 기하학에서 유효했던 많은 '법칙'이나 정리들이 더 이상 사실이 아닐 것이다. **그림 11.5**에서 보듯, 우리가 '직선'을 따라 충분히 멀리 여행한다면 평면에서 일어나는 것과 달리 우리는 결국 시작점으로 돌아올 것이다. 구의 표면에 그려진 (모든 세 측면이 '직선'으로 둘러싸인) 삼각형에서 세 각의 합은 180°보다 클 것이다(사실 이 합과 180° 사이의 차이는 표면의 곡률 값이다). 피타고라스의 정리 또한 더 이상 옳지 않다. 구의 표면에서 A와 B의 가장 짧은 거리는 이것이 구의 내부로 뚫고 들어갈 것을 요구하므로 진정한 직선일 수 없으며, 표면의 호 AB가 A에서 B로의 가장 짧은 길이가 될 것이다. 결국 이 구 표면은 경계가 없으나 제한된 면적인 $4\pi R^2$을 갖는다(여기서 R은 구의 반지름). 공간의 무한성을 주장한 루크레티우스(Lucretius)의 논증은 이 경우 분명히 유효하지 않다. 던져진 창은 단순히 표면을 따라 그것의 시작점으로 되돌아갈 것이다.

이러한 이론적으로 가능한 수학적 공간과 물리적 공간은 우리의 '직관'에 반대되는 증

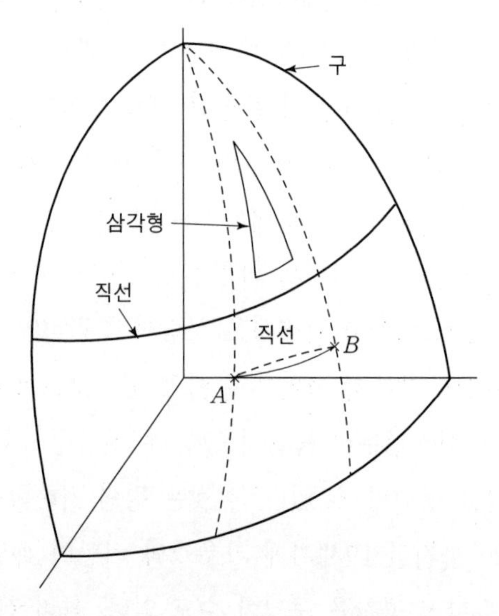

그림 11.5 구 표면상에서의 기하학적 관계

거를 제공해준다. 일상적 경험에 기초한 우리의 소박한 기대는 물리적 실재에 의해 정확히 만족되지 않을 수 있다. 공간의 본성과 같이 '명백한' 문제조차도 궁극적으로는 (최소한 부분적으로) 직접적 관찰과 실험에 의해 정착될 경험적 질문이 되는 것이다. 공간의 근원적 구조는 그런 공간 속에서 가능한 기하학적 또는 물리적 작용에 영향을 끼친다.

여전히 많은 사람들은 세계에 대한 참된 표상에 해당하는 공간의 현대적 관점을 받아들이는 것에 불편해할지도 모르겠다. 이 점에 관련하여 이론 물리학자 블록(Felix Bloch, 1905-1983)은 젊은 시절 이미 전설적 인물이 되었던 하이젠베르크(Werner Heisenberg, 1901-1976)와 가졌던 매력적인 대화를 회상하였다.

> ⊗ 우리는 걷는 도중이었고 그러다가 공간에 대해 이야기하기 시작했다. 바일(Weyl)의 논문 〈공간, 시간 그리고 물질〉(Space, Time and Matter)를 읽었는데 그 책의 영향으로, 나는 자랑스럽게 공간은 선형적 작용의 장(field)일 뿐이라고 말했다. 하이젠베르크는 말했다. '넌센스야!, 공간은 푸르고 그곳에 새가 날고 있지.'[27]

더 읽을거리

자키(Stanley Jaki)의 『The Relevance of Physics』는 서구의 사상사를 망라하고 그 일반성과 한계를 함께 보여주는 통일된 그림을 보여준다. 파크(David Park)는 『The How and the Why』에서 물리적 이론의 기원과 발전에 대한 훌륭한 줄거리를 말해주고 있다. 재머(Max Jammer)의 『Concepts of Space』는 물리학에서의 공간 이론의 역사를 다루고 있는데, 여기에는 이 장에서 언급한 공간의 두 가지 개념에 대한 아인슈타인 통찰력이 빛나는 서문이 담겨있다. 쿠아레(Alexandre Koyre)의 『From the Closed World to the Infinite Universe』는 특히 16세기와 17세기의 우주 본성에 관한 사상사 분야에서 고전에 해당한다.

[27] Blosh 1976, 27.

과학에 기초한 세계관: 결정론

12

이미 3장에서 지적한 것처럼, 보통 객관적인 과학 작업처럼 보이는 것의 가장 기초에도 신념의 요소가 존재한다. 전통적으로 과학은 무수한 자연 현상을 설명하는 기본적으로 간결한 법칙들이 존재한다고 가정해왔다. 이것은 하나의 신념이며 과학이 이러한 신념이 옳다는 것을 증명할 수는 없다. 서구의 사상사에 걸쳐 자연 현상을 몇 개의 간결한 법칙이나 원리로 환원하고자 하였던 경향이 존재해 왔다. 이러한 경향에 대한 한 가지 분명한 동기는 세계를 우리가 이해할 수 있는 것으로 만들고자 하는 욕망 또는 필요성일 것이다.

오늘날 현대인들은 과학에 기초한 세계관을 가지고 있다는 주장이나 과학은 종교를 대체하였다는 주장은 낯선 것이 아니다. 자연의 기본 법칙이 기본적으로 단순하다는 것을 수용하는 것 이외에도, 이러한 세계관은 물질과 그것의 상호작용이 우주 전체를 이루며, 마음(또는 정신)이란 (설사 존재하더라도) 의존적인 실재라는 의미에서 종종 철학적으로 유물론적이라는 특징을 나타낸다. 비록 양자 역학이 현대 과학의 이러한 유물론적 양상을 변화시켰다고 널리 믿어짐에도 불구하고, 세계에 대한 그와 같은 묘사는-특히 오래된 저술 속에서-전형적으로 완전히 결정론적인 것으로 나타난다(21-24장에서 양자적 세계에서의 결정론 대 비결정론 논의를 다시 할 것이다).

이 장에서 우리는 먼저 어떻게 과학이 그러한 세계관에 도달했는지에 대해, 체계적 재검토가 아닌 인상주의적 재검토를 할 것이다. 그 과정에서 이전에 살펴보았던 주제들을 일부 다시 언급하게 될 것이다. 그 다음에는 최근 수십 년 동안 결정론적 카오스 연구의 발달을 통해 제기되었던-심지어 고전 역학에서의-결정론의 위상에 관한 근본적인 변화를 논하게 될 것이다.

12.1 간결한 법칙의 존재에 대한 신념

B.C. 5~6세기에 이오니아 지역에 살았던 몇몇의 철학자들로 이야기를 시작해 보자. 이오니아는 소아시아의 서쪽 연안과 에게 해 부근의 섬들에 위치해 있던 고대 지역이다. 이들 철학자들과 가장 관련이 깊은 도시는 밀레투스였다. 그들의 학설은 매우 다양했지만, 우주 속의 모든 물질들은 하나의 기저물질로부터 (혹은 최소한 몇 개의 기본 원소로부터) 유래한다는 유물론적 철학이었다. 그들은, 이전 시대에는 신화를 동원했던 것에 비해, 물질 혹은 물리적 힘을 통해 실재의 현상을 설명하려고 하였다. 최초의 이오니아 철학자는 탈레스(Thales)였다. 탈레스는 그리스 사유 속에 추상적인 기하학을 도입하였고, B.C. 585년에 발생한 태양의 일식을 예언하였다고 알려져 있으며, 물이 만물을 구성하는 기본 원소라는 입장을 가졌었다. 한편 아낙시만드로스(Anaximander)는 우주가 공간적으로나 시간적으로 무한하다고 생각했다. 그는 지구가 중심에 위치하는 천체(행성과 별)에 대한 구형 모형을 구성했으며 기본 원소로서 무한소(the unlimited)라는 무한 물질을 생각하였다. 아낙시메네스(Anaximenes)는 지구는 평평하고 별들은 천체의 반구에 고정되어 있다고 생각했으며 (천체의 반구에 대한 아이디어는 갈릴레이의 시대까지 천구의 형태로 살아남아 있었다) 공기가 우주의 기본 원소라고 생각했다. 헤라클리투스(Heraclitus, B.C. 540?-B.C. 480?)는 불이 우주의 본질적 원소라고 생각했으며 불의 변형적 본성과 관련하여 현상의 가장 중요한 특징으로 연속적인 변화를 강조했다. 아낙사고라스(Anaxagoras, B.C. 500?-B.C. 428?)는 정신(Mind)이야말로 분화되지 않은 혼합체를 우리가 알고 있는 조화의 세계로 만드는 유일한 창시자이자 조직자라고 했다. 이러한 여러 가지 개념들은 루시퍼스(Leucippus, 전성기: B.C. 450)와 그의 가장 유명한 학생이었던 데모크리토스(Democritus)의 원자론(atomism)에 잘 어울리는 것이었다.[1]

나중에 플라톤의 작업에 지대한 영향을 주게 되는 또 다른 전통의 기원은 피타고라스(Pythagoras, B.C. 580?-B.C. 500?)까지 거슬러 올라간다. 그는 그리스의 사모스에서 출생했지만 B.C. 532년경에 보다 많은 사상과 교육의 자유가 허락된 남부 이탈리아로 이주했다. 피타고라스의 철학은 우주를 이해하는 근원적 실체로서 수의 근본적인 중요성

---

[1] 여기에서 우리는 초기 밀레투스 철학자들로부터 원자론자들(Leucippus와 Democritus)로 강하게 이어지는 단선적인 역사적 발전과정이 존재했다는 것을 의도하지는 않는다. 다만 역사를 되돌아 볼 때 이러한 관련되는 개념들 사이에 연결고리를 발견할 수 있다는 의미이다.

에 기초한 자연에 대한 통일된 관점을 제시하려는 것이었다. 이러한 철학은 때때로 '모든 것은 수이다(all is number)'와 같이 표현되기도 하는데, 이것이 의미하는 바는 존재하는 모든 대상은 물질이 아닌 형식(form)으로 구성된다는 것이다. 그의 우주론에서 중심적인 역할은 10을 이루는 4원수(4元數) (1+2+3+4=10이므로 수열 1, 2, 3, 4는 '완벽한' 수이다)에 주어졌다. 중요한 4원수의 예는 다음과 같다.

점, 선, 면, 입체

흙, 물, 공기, 불

교육학의 고전 4과(4科-기하, 산술, 천문, 음악)는 여기에 기원을 두고 있다. 피타고라스는 협화음의 간격이 1, 2, 3, 4와 관련된 간단한 비로 표현된다는 것을 발견했다. 화음은 그의 철학에서 중요한 것으로서, 절대자는 천구의 화음을 들을 수 있다고 생각했다. 그는 피타고라스 공동체(Pythargorean brotherhood)를 세웠다. 이 학파는 수학의 중요성을 인식하고 합리주의 사상의 서구적 전통을 갖추기 시작했다. 그들이 추구했던 것은 선험적인 수학-신비주의적 가정(mathematical-mystical postulate)들에 기초하여 자연을 설명하는 것이었다. 화음과 온수(whole number)(혹은 정수)는 피타고라스학파에게 너무나 중요한 것이어서, 무리수의 발견을 그들 스스로 감추고 또 일원 중에 한 명이 그것을 누설하려고 할 때 그를 살해했다고 전해진다(예를 들어 $\sqrt{2}$와 같은 무리수는 두 정수의 비로 나타낼 수 없다). 피타고라스 교리의 이처럼 간결하고 통일된 원리의 양상은 플라톤과 그의 제자들의 작업에도 영향을 미치게 된다. 예컨대, 아리스토텔레스에게 기본적인 자연운동은 직선과 원의 운동이었다. 왜냐하면 이러한 운동이 그 목적에 대해 가장 간단한 것이기 때문이다. 직선운동은 한정된 시간 동안의 유한한 운동이며, 원운동은 영원하고 불변하는 운동에 해당한다.

이제 상당한 시간이 흐른 뒤의 철학사를 살펴보자. 오컴(William of Ockham)은 (플라톤의 형식론과 정반대로) 보편자(universals)의 독립적 존재를 부정하는 유명론(nominalism)의 기초를 세웠던 영향력 있는 14세기 스콜라 철학자였다. 경제성의 법칙 또는 절약의 법칙(the law of economy or of parsimony)이 그의 독창적인 것은 아니었지만 그는 자신의 작업에서 이를 자주 사용했다. 오늘날 우리는 그의 유명한 면도칼, 즉 '실체들은 필요 이상으로 중복되지 않는다(non sunt multiplicanda entia praeter necessitatem)'로 이 개념을 특징짓는다. 그의 저술 속에 이러한 형식으로 분명히 드러나 있지는 않음에도 불구하고 말이다. 좀더 간결하게 말하면, 기본적인 아이디어는 '최고의 설명은 작동하는 가장 간단한 것이다' 라는 것이다. 같은 생각에서 코페르니쿠스는 행성에 대해 원운동이 (여기에서는 중심에 정지해 있는 것이 지구가 아닌 태양이다) 완벽한 간결성을 가진다는 미학적 토대에 대체적으로 기초하여 톨레미의 지구중심설에 반대했다. 태양을 중심으로 한 원형 궤도에 관한 그의 묘사는 정성적 수준에서 톨레미의 것보다 간결했다. 한편, 케플러는 대체적으로 신비주의적 이유에서 톨레미의 것보다 코페르니쿠스의 이론을 더 선호했다. 코페르니쿠스 이론의 초기의 간결한 형태는 관찰에 의해 정량적으로 지지받지 못했다. 케플러는 어떤 특정한 철학적 편향을 가지고 있었지만, 하나의 결정적 검증기준으로서 실험 혹은 관찰과의 일치를 사용했다. 바로 이러한 기준이 결국 행성 궤도의 형태로서 원운동을 거부하고 타원을 발견하도록 이끌었다. 이렇게 되면서, 위대한 간결성과 경제성이 명확해지기 시작했다. 베이컨은, 그의 『새로운 논리학』(The New Organon)에서, 경험적 사실들을 설명하고 기술하는 데 있어 우리의 희망과 기대를 개입하려는 인간 본성의 경향성에 저항해야 한다고 경고했다. 그는 예상 대 관찰의 문제에 대해 말했다. 그의 가르침에 따르면, 우리는 선험적인 것을 삼가고 자연이 우리에게 말하는 것을 보기 위해 자연을 검증해야 한다. 그에게 감각 자료는 이론적 구성물에 선행하는 가장 중요한 것이었다.

갈릴레이는 물리학에서 분석법과 귀납을 형식화하는 데 기여했다. 그는 규칙성을 지닌 간결하고 질서정연한 세계의 존재를 가정했다. 수학적 언어로 쓴 자연에 대한 책에 나와 있는 그의 진술(11.1절)을 상기해보자. 뉴턴은 『프린키피아』의 〈철학에서의 추론의 규칙〉에서 간결성의 기준으로서 오컴의 면도칼이 본질적으로 무엇인가를 기술하고 있다.

> ⊛ 우리는 자연의 사물들의 외형을 진실되고 충분하게 설명하는 것 그 이상으로는 그것들의 원인을 인정하지는 말아야 한다.[2]

라이프니츠 철학의 중심에도 불필요한 것은 아무 것도 존재하지 않는다는 충족 이유의 원리(principle of sufficient reason)가 놓여 있다. 이것이 모든 가능한 세계의 최선의 것이었다. (프랑스 풍자가인 볼테르(Francois-Marie Voltaire, 1694-1778)는 이 믿음에 대한 신랄한 대응으로 『캉디드』(Candide)를 저술했다) 라이프니츠에게 있어 자연에는 어떤 경제성이 존재했다. 동일한 주제가 모페르튀(Pierre-Louis de Maupertuis, 1698-1759)에

[2] Newton 1934, Book III, Rule I, 398. (GB 34, 270)

게도 중심적인 것이었다. 그는 자연은 항상 어떤 것을 최소화시키는 방식으로 작용한다고 믿었다. 역학에서 그는 작용(action)이라는 것을 가정하였는데, 그것은 질량, 속도, 거리의 곱에 해당하는 것이었다. 그는 역학의 신학적 토대를 갖추려고 노력했다. 모페르튀는 그의 원리로부터 실험적으로 입증할 수 있는 여러 가지의 결과를 얻었다고 주장했지만, 그것은 종종 부정확했으며 어떤 것은 날조된 것이기도 했다. 그러나 오일러(Euler)와 라그랑주(Lagrange)가 모페르튀의 모호한 개념에 대한 정확한 수학적 공식화를 했다. 예컨대, 하나의 물체가 구의 표면에 속박되어 있는데 그것에 충격이 주어지면, 초기 위치로부터 최종 위치까지 최소 통과 시간을 요구하는 경로(그 구의 표현에 있는)를 따라 운동해갈 것이다. 오일러는 모페르튀의 신학적 관점을 유지했으며 현상은 그것의 원인뿐만 아니라 목적에 관련지어서도 설명될 수 있다고 믿었다. 그는 우주란 신이라는 완전한 존재의 창조물이기 때문에 이처럼 최대 혹은 최소의 특징을 보이지 않는 어떠한 것도 일어날 수 없다고 믿었다. 오일러의 프로그램에서 모든 자연의 법칙들은 이처럼 최대 혹은 최소의 원리로부터 이끌어낼 수 있어야만 하는 것이었다. 뉴턴의 제2법칙이 그와 같은 원리로부터 연역되었다는 사실은 이러한 주장을 강하게 지지해준다. 이것이 오늘날 물리학에서 흔히 사용하는 (그러나 신학적인 장식은 없는) 변분원리 사용의 시발점이었다. 기본적으로 모페르튀의 작용과 같이, 어떤 양이 계의 운동 동안 최소로 유지되어야 한다고 가정되며 이로부터 계에 대한 운동의 법칙이 연역된다. 마흐는 과학의 목적이 가장 간결하고 경제적인 방식으로 자연의 현상을 재현하는 데 있다고 보았다. 모든 선험적이고 형이상학적인 명제들은 과학으로부터 제거되어야만 하는 것이다.

오랜 시간에 걸쳐 기본적이고도 간단한 자연의 법칙을 발견하고 구성하려는 이 같은 반복된 노력들은, 그 법칙들을 통해 우리가 나타내고자 하는 외부 자연에 관해서보다 우리들 자신에 관해 더 말하고 있는 것인지도 모른다. 인간은 궁극적인 설명들을 발견하고 구성할 필요를 느껴왔던 것 같고, 이러한 설명들은 아마도 상당한 생존 가치를 지니고 있음에 틀림없다(20세기 초 프랑스 과학 철학자 메예르송(Emile Meyerson, 1859-1933)에 의해 전개된 주제이기도 하다).[3]

지금까지 우리는 간결한 법칙의 존재에 대한 믿음이 어떻게 자연법칙의 옳고 그름을 판단하는 기준으로 사용되어왔는지 살펴보았다. 이제 고전역학의 대표로 상징되는 결정론적 세계관의 기원에 대해 검토하도록 하자.

[3] Meyerson 1930.

12.2 결정론의 의미

뉴턴 이전의 세계는 자연에 대한 신비를 담은 매우 인간중심적인 것이었다. 하지만 뉴턴 이후에는 물질적 우주가 기본적으로 완벽하게 결정론적인 것으로 나타내게 된다. 즉, 모든 입자들의 초기 위치와 속도가 정확하게 주어지고 힘 $\boldsymbol{F}$가 알려져 있다면, 법칙 $\boldsymbol{F} = m\boldsymbol{a}$가 미래의 궤적을 정확하고 영원하게 결정한다. 우리는 이것에 대해 9.2절에서 논의한 바 있다. 거기서 우리는 초기 조건 $\boldsymbol{r}$와 $\boldsymbol{v}_0$이 지정되면 물체의 궤적 $\boldsymbol{r}(t)$이 미래에 대하여 완전하게 결정된다는 것을 논했다. 우리는 N개의 입자 집합에 대해 이것을 다음과 같이 희망하는 결과로 일반화할 수 있다고 기대할 수 있다.

$$\left.\begin{array}{l}\boldsymbol{r}_j(t_0)\\ \boldsymbol{v}_j(t_0)\\ \boldsymbol{F}_j = m_j\boldsymbol{a}_j\end{array}\right\} \Rightarrow \boldsymbol{r}_j(t),\ \ j = 1,\ 2,\ \ldots,\ N \tag{12.1}$$

이것은 아주 그럴듯해 보이며 다양한 종류의 적당한 힘들에 대해 수학적으로 입증될 수 있다. 그러나 물리학에는 이러한 결과를 입증할 수 없는 (다체계 속에서의 상호 중력 작용과 같은) 중요한 특이 상황들이 존재한다. 나중에 우리는 이러한 어려움의 몇몇 경우에 대해 다시 논하게 될 것이다. 그럼에도 불구하고 지금은 상당히 최근까지 일반적으로 받아들여졌던 (적어도 고전 역학에 관한 한) 낙관적 관점을 고수하기로 하자.

물론 정확한 초기 조건을 모르는 것으로부터 야기되는 불확정성이 있을 수 있다. 예컨대, $t = 0$에서 하나의 입자가 **그림 12.1**과 같이 빗금 친 영역 어딘가에 약간의 불확정성

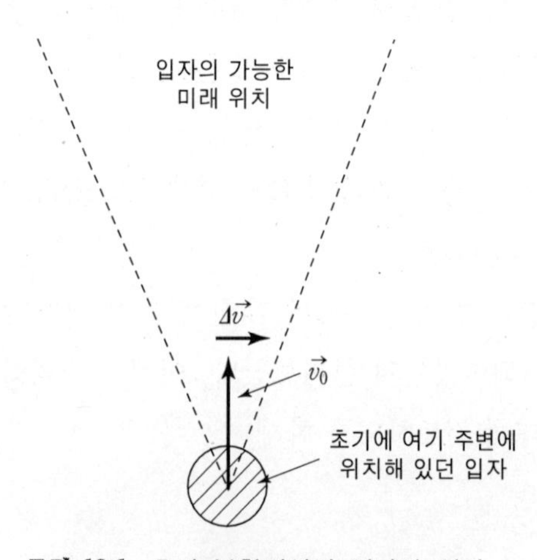

그림 12.1 초기 불확정성의 전파와 성장

$\Delta\boldsymbol{v}$를 가지고 초기 속도 $\boldsymbol{v}_0$로 위치해 있다고 가정해보자. 힘이 입자에 작용하지 않았을 때조차도 우리는 어떤 미래에서 그것의 정확한 위치를 확신할 수 없다. 우리는 오직 그것이 부정확한 초기 자료와 모순이 없는 (뉴턴의 운동 법칙에 의해) 가능한 미래 위치를 포함하는 원뿔의 안쪽 어딘가에 그것이 있게 될 것이라고만 얘기할 수 있다. 시간이 갈수록, 우리는 그 입자가 어디에 있는가를 차츰 더 모르게 될 것이다. 이처럼 고전적인 통계적 불확정성은 원리적인 것이 아닌 실제적인 영역(다시 말해, 물리적 세계 그 자체보다는 세계에 대한 우리의 지식)에서의 불확정성이다. 이것은 우리가 20장에서 논의할 것과 같은 대개 양자 역학과 관련된 고유의 불확정성과는 다른 것이다.

17세기의 이와 같은 역학적 결정론은 신의 예지적(豫知)적 관점을 강화했다. 수리물리학 방정식에서의 (원리상) 절대적 결정론은 신이 편재하며 전지전능하다는 일반적인 신학적 믿음과 일치했다. 그러한 믿음은 뉴턴이 수학적 운동 방정식을 공식화하기 이전의 일이었다. 뉴턴은 확실히 그러한 신의 존재와 작용을 믿었음에도 불구하고 역학 법칙이 단독으로 안정된 우주의 결정론적 진화를 나타낼 수 있다고 확신하지는 않았다. 『광학』의 '질문'에 표현된 대로, 뉴턴의 견해에 따르면 역학적 우주는 단지 우주를 창조하고 배열하는 것뿐만 아니라 그것을 유지하는 것에도 신의 능동적 간섭을 필요로 했다.

> ⊛ 혜성은 무엇 때문에 존재하는가? 그리고 어째서, 행성은 모두 동일 중심의 궤도 속에서 동일한 방식으로 움직이는데, 혜성은 중심에서 크게 벗어나는 궤도 속에서 각기 다른 방식으로 움직이는가? **무엇이 고정된 별들이 서로에게로 떨어지지 않도록 하는가?**[4]
>
> …
>
> 왜냐하면 그것은 (모든 사물들에) 질서를 부여하여 창조한 신이 있었기 때문이다. 신이 그렇게 하였다면, 세계의 다른 어떤 기원을 탐색하거나 그것이 자연의 단순한 법칙에 의해 카오스로부터 발생한 것처럼 꾸미는 것은 비철학적인 것이다. 그러나 존재가 일단 형성되었다면 그것이 오랜 시간 동안 지속될 수 있는 것은 그러한 법칙 때문일 수 있다. 혜성은 모든 위치에서 중심을 크게 벗어난 운동을 하는 반면, 그 어떤 맹목적 운명도 결코 모든 행성이 중심이 같은 궤도를 따라 같은 방식으로 움직이게 만들 수 없기 때문에, 혜성과 행성의 상호 작용으로부터 발생할 수 있고 또 계속 증가할 가능성이 있는 사소한 불규칙성들은 제외된다. **그리고 이것은 이러한 체제의 재구성이 필요할 때까지 지속된다.**[5]

---

[4] Newton 1952, Book III, Pt. 1, Query 28, 529. (GB 34, 529)

[5] Newton 1952, Book III, Pt. 1, Query 31, 542. (GB 34, 542)

앞의 인용문 중 강조 부분에서 뉴턴은, 18장에서 다시 논의하게 될 태양계의 안정성에 대해 언급하고 있다.

18세기 후반에 이르면 절대적 결정론과 역학적 우주의 자족성은 많은 사람들에게 하나의 용인된 신념이 되었다. 이러한 고전적 결정론은 섭동이론을 완성하고 그것을 사용하여 태양계의 안정성에 대해 논했던 위대한 수학자이자 이론천문학자였던 라플라스(Laplace)에 의해 대담하게 진술되었다. 『확률에 대한 철학 에세이』(Philosophical Essays on Probabilities)에서 라플라스는 자신의 관점을 다음과 같이 표현했다.

> ⊛ 모든 사건들은 태양의 회전과 마찬가지로 필연적인 결과이다. 그것들에 대한 사소한 설명들이 자연의 위대한 법칙을 따르지 않은 것처럼 보일지라도 말이다. 우주의 모든 계에서 일어나는 그러한 사건들을 결합하는 끈들을 알지 못하면, 규칙적으로 발생하고 반복되는 것에 따라 사건들은 최후의 원인이나 우연에 의존하거나 무질서한 것으로 드러나게 된다. 그러나 이러한 상상적 원인들은 확장되는 지식과 함께 점진적으로 희미해지고 참된 원인에 대해 우리가 무지했다는 것을 알게 해 주는 올바른 철학 앞에서 완전히 사라진다.
> 현존하는 사건들은 사물이 그것을 산출해내는 원인 없이는 발생할 수 없다는 명백한 원리에 기초한 끈을 통해 앞선 것들과 연결되어 있다. 충족이유의 원리(the principle of sufficient reason)로 알려진 이 공리는 사소하다고 여겨지는 작용들에도 적용된다.
>
> …
>
> 그렇다면 우리는 우주의 현재 상태가 뒤따라오는 상태의 원인이자 동시에 앞선 상태의 효과로 간주해야만 한다.[6]

1814년판 『확률 분석 이론』(Analytic Theory of Probability)의 도입부에서도 유사한 내용이 발견된다.

> ⊛ 만약 어느 주어진 한 순간에 대해 지성이 자연에 생명을 불어넣는 모든 힘과 사물을 구성하는 각자의 위치를 인식하고, 그 지성이 또한 이러한 자료를 분석할 수 있을 만큼 충분히 광대하다면, 가장 미소한 원자에 대해서 뿐만 아니라 우주의 가장 거대한 물체들의 운동들도 한 가지 공식으로 함축될 것이다. 어떠한 것도 그 공식에 대해 불확실하지 않을 것이고 과거뿐만 아니라 미래도 분명해질 것

---

6 Laplace 1902, 3-4.

> 이다. 그와 같은 지성의 적절한 예로서 인간 정신의 완벽함을 천문학에서 찾을 수 있다.[7]

나폴레옹(Emperor Napoèon Bonaparte, 1769-1821)이 라플라스의 저서 『천체역학』(Celestial Mechanics)에서 그가 신을 언급했는지 하지 않았는지를 물었을 때, 라플라스는 '나는 그러한 가설이 필요 없었다(Je n'avais pas besoin de cette hypothèse-là)' 고 대답했다.[8]

라플라스는 우주가 운행을 유지하는 데 있어 신의 역할을 발견하지 못했던 것이다.

12.3 왜 시계장치 같은 우주인가?

우리는 고전역학을 완벽하게 결정론적인 ('시계장치 같은') 우주에 관한 확신의 패러다임적 증거사례로 생각하는 경향이 있다. 우선은 거칠지만 익숙한 결정론의 정의를 받아들이자. 즉, 결정론이란 현재의 우주 상태(또는 계)와 역학의 법칙이 합쳐지면 우주의 미래 상태를 단 하나로 결정할 수 있다는 것이다. 물론 우리는 '상태'와 '법칙'이 무엇을 의미하는지 좀더 자세하게 설명을 해야 한다. 그러나 보다 일반적으로 우선 결정론에 대한 신뢰의 기초가 무엇인지 질문해보자. 앞 절에서 보였듯이 뉴턴 이전 시대에도 이미 신을 법칙을 만들어준 존재로 보는 신학적 토대가 있었다. 만약 어떤 이가 우주를 질서정연하고 일정한 법칙을 따르도록 운행시키고 있는 신의 존재를 수용한다면, 그에게 있어서 신의 창조 작업에 나타나 있는 이러한 법칙들의 발견을 모색하는 것은 이치에 맞는 일일 것이다(10.5절의 끝부분에 있었던 화이트헤드의 견해를 상기하자). 여기에서의 요점은 (법칙과 같은) 우주 진화의 아이디어에 대한 믿음이나 이것을 수용하려는 경향성이 물리학의 특정한 분석적·수학적 법칙들에 선행 했다는 것이다. 뿐만 아니라 뉴턴은 이 점에 있어 과도기적 인물에 해당한다. 뉴턴은 물리적 실체로서의 우주를 질서정연하도록 만든 신의 존재에 대해서는 절대적인 확신을 갖고 있었으나, 그의 저서 『프린키피아』에 나타난 수학적 법칙들에 대해서는 그것들 자체가 물리적 실체로서의 우주의 장기적 안정성이나

---

[7] Newton(1934, Appendix, 677)에서 인용한 것이다; Laplace 1886, vi-vii.

[8] Newton(1934, Appendix, 677)에서 인용한 것이다.

미래의 전개에 대한 설명이나 예측을 충분히 한다고 확신하지는 않았다. 역학에 있어서 뉴턴의 법칙의 완벽한 예측 정확성과 결정론이 수용된 것은 뉴턴 이후였다.

절대적 결정론에 대한 확신을 뉴턴의 법칙을 이용하여 정당화할 수 있는지에 대한 논쟁으로 돌아가 보자. 힘중심(the force center)과 행성 사이에 작용하는 만유인력으로 인해 고정된 힘중심 주변으로 운동하는 행성을 생각해보자. 관련되는 법칙은 뉴턴의 운동 제2법칙과 그의 보편 만유인력 법칙이다. 여기서 기본적인 질문은 이들 법칙을 따르는 고전적인 계가 결정론적으로 전개해 나가는지와 작은 섭동에 대해서 그 계가 안정한지, 결과적으로 이를 통해 우리가 장기간의 예측력을 지닐 수 있는가이다. 우리는 초기 조건과 그 시간적 전개를 지배하는 법칙을 알고 있으면 그 계의 미래의 t 시간에서의 궤도 $r(t)$를 단 하나로 결정할 수 있다는 (식(12.2)에 표현되어 있는) 직관적 호소력을 갖는 주장에 대해 앞서 약속한 바 있다. 그러나 일반적으로는 이는 미분방정식의 형태를 하고 있기 때문에 상당히 어려운 수학적인 문제임을 인식해야 한다.

$$\ddot{x} \equiv \frac{d^2x}{dt^2} = f(x) \tag{12.2}$$

여기서 $x = x(t)$이다. $f(x)$는 x에 대해 임의의 복잡한 함수가 될 수 있기 때문에 상대적으로 엄밀한 제한 조건이 없이는 $f(x)$에 대해 말하기가 어렵다.

이제는 태양 주위를 도는 한 행성의 중심력 문제에 대해 생각해보자. 식(12.2)에 해당하는 방정식의 해인 궤도는 원뿔을 자른 단면의 모양으로 정확하게 구할 수 있다(9.2절 참조). 그럼 질문은 이 공인된 중요한 예가 고전 역학의 일반적인 상황을 대표할 수 있는가이다. 고전 역학에서의 카오스에 대해 논의할 때 좀더 자세히 하겠지만 대답은 '아니다' 이다. 일반적으로는 식(12.2)를 따르는 법칙에 의해 지배 받는 비선형계에서는 효과적인 장기 예측력을 잃게 된다(바로 앞서 논의한 $1/r^2$ 중심력을 따르는 경우에 대한 미분방정식은 선형미분방정식으로 변형할 수 있으나, 이는 예외적인 경우이고 일반적으로는 선형미분방정식으로 변형할 수 없다).

그러나 우리가 다룰 수 있는 $1/r^2$의 중심력 문제를 좀더 따라가 보도록 하자. 우리는 이러한 궤도들이 작은 섭동에서 안정한지 여부를 물을 수 있다. 논의의 초점을 흐리지 않고 수학을 가능한 단순하게 이용하기 위하여, 우리는 원 궤도의 안정성에 관한 질문만을 고려할 수 있다. 그러면 그 계가 (말하자면, 단지 한 번 작용하는 충격력에 의해) 원 궤도로부터 약간 이동되고 이 중심력만의 작용으로 다시 운동하게 될 때, $1/r^2$의 중심력에 대한 원 궤도의 안정성을 증명할 수 있다.[9] 보다 일반적인 역장(力場)에서 이 질문은 더욱 복잡해지고, 안정성은 보장될 수 없다(9.3절 참조). 이것은 역학계의 장기적인 안정성에 관한 질문이 다소 민감한 문제임을 보여준다. 또한 상당히 최근까지 가장 단순한 경우에서의 안정성에 대한 결과는 기대되는 행동 유형의 예외라기보다는 오히려 대표적인 일반적 상황으로 간주되었다.

과학 특히 물리학을 신뢰하는 강한 이유 중 하나는 그 법칙들이 우리에게 주는 정확한 예측력이다. 예를 들면, 역학과 중력 법칙들은 오랜 시간 후의 행성과 혜성의 위치를 설명했다. 그러나 우리가 태양계에 대하여 갖는 장기적인 예측력과는 달리 날씨 같이 단지 (최대 2~3일의) 단기적 예측력을 갖는 물리적 현상들이 존재한다. 전통적인 견해는 소수의 부분들(예를 들면, 태양 주위를 도는 행성들)로만 구성되는 계들은 의미 있는 예측에 필요한 정확한 계산에 따르는 반면, 기체 분자(혹은 공기)들의 집합과 같은 복잡한 계들은 단순히 우리의 계산 능력 밖이라는 것이다. 그러나 결정론에 의하면 이러한 두 유형의 계 사이에서 원리상의 차이는 없다. 하나는 단지 너무 복잡해서 수적으로 다룰 수 없을 뿐이다. 단지 실제적인 한계일 뿐이다.

이런 고전적인 견해 혹은 직관은 (이체(two-body)의 중심력 문제의 경우에서처럼) 우리가 분석적으로 다룰 수 있는 (상대적으로 적은) 물리적 문제들의 평가에 근거한다. 정의상 그런 적분 가능한 계들은 (고전적인) 수학적 분석의 방법으로 다룰 수 있는 것들이다. 고전 역학으로 정확하게 풀 수 있는 문제들은 대개 분리가능한(separable) 것으로 판명되었다. 이는 대략 그것들의 거동을 기술하는 방정식들이 각각의 일체(one-body) 문제들의 방정식으로 나누어질 수 있다는 것을 의미한다. 그것은 이러한 경우들이 얼마나 특별하고 불규칙적인가에 대해 우리에게 어느 정도 힌트를 이미 주고 있는지도 모른다. 그럼에도 불구하고, 우리는 분석적으로 다룰 수 있는 계들의 토대 위에서 형성된 이 오래된 직관(역주 : 결정론(determinism)을 표현하고 있음)을 선택했고 그 직관들이 모든 물리계의 전형에 해당한다고 가정했다(물론, 엄청난 성공으로 보이는 이론에 기초한 물리적 우주의 그림을 형성하는 것 외에 달리 무엇을 합리적이라 할 수 있겠는가). 그러나 우리가 바로 앞에서 지적했듯이, 그런 적분 가능한 계들은 매우 특별한 것으로 드러난다.[10] 우리

[9] 중심력 문제와 간단한 섭동에 대한 이 자료는 고전역학에 대한 학부 교재에 잘 설명되어 있다(Becker (1954, 237-9 참조).

[10] 그러한 계를 설명하는(지배하는) 예는 Schuster(1988, 7, 17), Rasband(1990, 4), Guckenheimer & Holmes(1983, 67, 82, 92)에서 찾아볼 수 있다.

의 직관 혹은 일반적인 세계상은 대단히 좁은 범위의 계들로부터의 빈약한 추론에 근거한다. 거의 300년 동안 우리는 고전 역학을 이해했다고 생각했지만 그렇지 않았다. 뒤에서 보게 되겠지만 카오스적 행동을 드러내며 효과적인 예측력을 갖지 못하게 하는 간단한 역학계들이 (비록 이러한 계들이 완벽하게 결정론적 법칙들에 의해 지배된다 할지라도) 많이 존재한다.

이제 이 논의를 시작하게 된 질문의 원점으로 돌아가보자: 고전적인 계들이 완벽하게 결정론적으로 전개해가는 것에 대한 우리의 확신을 보증하는 것은 무엇인가? 역사적으로는 그런 확신을 지지하는 중요한 요소는 고전 물리학의 결정론적 법칙들이 갖는 예측의 정밀성이었다. 고전 물리학에서 제안하는 결정론적 법칙들이 적용되는 절대 다수의 경우에 있어서 그 법칙들이 유용하고 믿을 만한 예측을 만들어 내는 것이 불가능하다는 것이 증명된 상황을 가정해보자. '원칙론적' 결정주의 옹호자들은 여전히 가장 근본적인 수준에서 우주는 결정론적 법칙들에 의해 지배되지만 단지 우리가 이 결정론을 드러내는 데 필요한 계산을 하기에 충분한 초기 자료들을 정확하게 알 수 없다고 주장할 것이다. 결정론의 효과적인 '예측들'이 근본적으로 완전히 비결정론적인 우주에서 얻는 예측들과 경험적으로 구별할 수 없는데 누가 그와 같은 논쟁 혹은 이론에 영향을 받겠는가? 오늘날 우리는 '대부분' 고전 물리계들이 카오스적 행동을 나타낼 수도 (종종 나타낸다) 있다는 것을 안다. 그렇다면 세계는 기본적으로 결정론적이고 몇몇 비전형적인 상황에서 결정론적 모습을 감추는 것인가? (이것이 전형적이고 표준적인 관점이다) 혹은 기본적으로 비결정론 적이지만 몇몇 비전형적인 상황에서 명백하고 효과적인 결정론적 행동을 드러내는 것인가? 이 논쟁의 결말을 결정하는 방법은 없는가? (24.2절에서 양자 역학의 관점으로부터 이 질문으로 되돌아올 것이다)

이러한 논의로부터 우리가 다루고 있는 기본 논점에 **인식론적**(epistemological) 차원과 존재론적(ontological) 차원이 모두 존재한다는 것을 알 수 있다. 현재의 맥락에서 전자의 용어는 (세계에 대해) 우리가 안다고 하는 것을, 후자는 세계에 관해 실제로 존재한다는 것을 나타낸다. 우리는 결정론을 물리학의 이론 또는 방정식의 특성으로서 그리고 동시에 현실 세계 자체의 특성으로서 논의했다. 우리는 세계의 관찰된 현상들(예를 들어, 케플러의 세 법칙에 포함된 천문학적 자료들)로부터 시작하여 그에 대한 이론적인 구조나 방정식 체계를 (여기에서는 뉴턴의 운동의 법칙과 중력 법칙을) 만들어 관찰된 현상들을 설명하고 새로운 정량적 예측을 만들었다. 세계를 나타내는 이러한 법칙이나 방정식들에서 우리는 결정론의 특징을 발견하고 탐구했던 것이다. 일단 우리 스스로 이런 수학적 법칙들의 정확성과 신빙성에 만족한 이후, 우리는 이러한 법칙들(혹은 우리 세계에 대한 표상)의 일반적인 특징들을 (아마도 무의식적으로) 전환하여 실제 물리적 세계 자체로 되돌리려 하였다. 다시 말하면, 우리는 과학의 법칙들에 대한 단순한 도구주의적 관점(여기서는 법칙의 경험적 정확성만을 요구하고 그 이상을 요구하지는 않는다)을 넘어서, 그것들을 세계의 참된 표상으로서 실재론적으로 받아들였다. 이런 전환에 대한 보증은 무엇인가? 지금부터 방금 묘사한 논쟁에 대해 카오스적 세계가 나타내는 몇 가지 어려움에 대해 살펴보도록 하자.

12.4 보증되지 않은 낙관주의

카오스(chaos)라는 말은 한 계의 복잡하고 예측 불가능하며 무작위적으로 보이는 거동을 의미한다. 날씨는 시간 전개를 따르는 이러한 유형의 패러다임적 사례에 해당한다. 우리는 그러한 거동을 명확한 질서를 지니며 높은 예측 가능성을 지닌 행성과 혜성의 운동과 대조했었다(그러나 이것과 관련하여 푸앙카레가 9.3절에서 지적한 '태양계의 장기적인 행동에 대한 섭동 계산의 불안정성'에 관한 논의를 상기하자). 더욱이, 다른 조건들 아래에서 처음과 나중에 다른 전개 양상을 보이는 일반적인 계들이 존재한다.

천천히 흐르는 유체는 부드럽고 질서 정연한 거동(즉 층류)을 나타내지만, 유체가 빠르게 흐르면 그 흐름은 상당히 무질서해지거나 거칠어진다. 부드러운 사각 테이블 위를 움직이며 테이블의 단단한 모서리에 부딪히며 탄성충돌만을 경험하는 하나의 당구공은 상당히 예측 가능한 거동을 지닌다. 반면, 많은 다른 공들 사이를 움직이는 하나의 당구공은 불안정하게 임의의 작은 외부 영향들을 (예를 들어, 공기 분자들로부터나 혹은 거의 알아차릴 수 없을 정도의 미세한 테이블의 진동으로부터 무작위적 영향 등) 받기 쉽다. 우리는 당구공의 완벽한 초기 위치와 속도 값(데이터)을 갖고 있다고 하더라도 짧은 시간 후에(즉, 몇 번의 충돌 후에) 당구공이 테이블 위에서 어디 근처에 있는지 속도가 얼마인지에 대한 효과적인 예측력을 지니지 못한다.

결정론적 카오스에 관한 주제는 최근 몇 년 동안 매우 중요한 문제가 되었다. 왜냐하면, 카오스적인 (고전적) 역학체계가 과학의 다른 많은 분야에서 일어나고 있는 것이 분명하기 때문이다. 카오스적인 거동의 예들은 (많은 것들 중에) 다음과 같은 상이한 과학 체계들에서 발견될 수 있다: 고전적인 다체 문제(심지어 삼체 문제에서도 그렇다), 유체에서 난류와 열대류, 화학반응(예를 들면, 벨로우소프-자보틴스키(Belousov-Zhabatinsky) 반응), 심장의 역학, 전기 회로(반더폴(van der Pol) 방정식), 생태계와 군집 역학, 역학 진동과 좌굴(buckling) 현상(더핑(Duffing) 방정식), 뇌에서의 정보 처리, 태양계(충분히 긴 시간 척도에서의 명왕성의 궤도) 그리고 주식 시장.[11] 아래에서 지적하겠지만, 이런 고전 역학적 카오스의 일반적인 근원은 역학적 전개 동안 계의 궤도가 엄청나게 급속한 이탈을 하는 데 있다.[12] 여기에는 초기 조건들에 대한 극도의 민감성이 존재한다. 즉, 처음에는 서로 가깝게 시작한 궤도들이 매우 짧은 시간 동안 공간적으로 멀리 떨어지고 이를 통해 계의 장기적 거동에 대한 효과적인 예측력을 잃게 되는 것이다(이것은 흔히 '나비효과' 라 불린다. 왜냐하면 브라질에 있는 나비 한 마리의 날갯짓이 궁극적으로는 텍사스에 토네이도를 유발할 수도 있기 때문이다).

카오스적인 거동을 표현하는 식의 일반적인 수학적 형태는 다음과 같다.

$$\dot{x} \equiv \frac{dx}{dt} = f(x, \lambda; t) \tag{12.3}$$

($x(t)$는 많은 성분, $x = (x_1, x_2, x_3, \cdots)$을 갖는 벡터이다. 그러면 식(12.3)은 결합된 미분 방정식들을 나타낼 수 있다) 여기서 λ는 (교란의 진폭이나 온도와 같은) 외부 매개변수이다. 함수 f는 시간에 명백히 의존할 필요가 없다(그리고 종종 의존하지 않는다). 역학적 카오스는 비선형성이 이들 방정식에 나타날 때만 발생한다(비선형성이란 선형적인 것과는 다르게 $x(t)$가 식(12.3)의 오른쪽 항에 선형(1차)이 아닌 항으로 첨가된다는 것을 의미한다. 예를 들면, 2차식은 비선형적이다). 카오스적 거동에서 비선형성은 필요조건이지만 충분조건은 아니다.

우리는 종종 이러한 방정식을 선형으로 근사시키거나 혹은 때때로 (어떤 카오스적인 행동도 나타내지 않는) 선형 역학 방정식들을 발생시키는 주된 힘들을 찾은 후 더욱 세밀한 처리를 통해 운동 방정식에 비선형항들을 추가한다. 우리는 이체의 중심력 문제에 대한 개관에서 이러한 예를 보았다. 최종 방정식은 우리가 다른 행성들의 중력으로 생기는 섭동 효과들을 무시하는 선형적인 것으로 전환될 수 있고 (그리고 정확하고 닫힌-형

[11] 이 장의 마지막에 나오는 카오스에 대한 기술적인 책들에 여기서 다룬 예제들이 자세하게 나와 있다. Briggs(1987)의 저서에 나오는 쉽게 만들 수 있는 계의 카오스적 행동에 대한 시범 실험 논의를 참조하기 바란다.

[12] 기술적으로는, 이는 12.5절에서 정의된 용어인 (일상적인 '공간' 이 아닌) 위상공간에서의 자취의 분리를 의미한다.

태(closed-form)의 해인 원뿔의 단면 곡선을 얻게) 된다.

비선형 미분 방정식의 분야는 매우 어려운 분야 가운데 하나이며, 종종 주어진 비선형 미분 방정식이 정말 카오스적인 거동을 나타내는지를 엄밀하게 결정할 수 없다. 다행스럽게도, 이들 연속 방정식이나 미분 방정식들의 해가 갖는 긴 시간 동안의 거동의 중요한 특징들은 이와 관련된 (불연속적) 사상(mapping) 문제를 연구함으로써 얻어질 수 있다.[13] 이러한 대응관계는 훨씬 간단하고 불연속적인 맵(map)의 일반적인 특성들을 분석함으로써 복잡한 비선형 미분 방정식에 대한 일정한 보편적 특징을 연구할 수 있게 한다. 이는 카오스적인 거동에 대해 다소 간의 이해를 얻을 수 있게 하기 때문에, 다음 절에서 우리는 이러한 사상의 두 예제에 대해 논의할 것이다.

12.5 맵에 대한 두 가지 예제

특별히 단순하고 값진 중요한 예인 인구역학의 모델에서 나오는 로지스틱 맵(logistic map)이라는 카오스적 거동을 나타내는 비선형계 방정식으로부터 논의를 시작해보자.[14] 로지스틱 맵은 앞선 단계 (n)의 항으로 ($n+1$)의 단계(혹은 시간 간격)에서 변수 x의(말하자면, 집단에서 어떤 종들의 비율) 값을 만들어내는 반복적인 절차로 구성되어 있다.

$$x_{n+1} = ax_n(1-x_n) \tag{12.4}$$

작은 x값에 대하여, 이 방정식은 근사적으로 선형이고, 곡선의 기울기 혹은 성장률은 단지 매개변수 a에만 의존한다. 그러나 매개변수 a가 증가함에 따라, 음의 항인 $-ax^2$은

---

13 미분 방정식에 대한 해의 특성과 불연속적인 맵이 어떻게 연결 되는지를 보여주는 것으로서 다음을 생각해 볼 수 있다. 3차원 공간에서 주어진 공간 내부를 움직이는 자취[$x(t)$, $y(t)$, $z(t)$]를 결정하는 미분 방정식을 고려해보자. 자 여기에 하나의 평면을 집어넣고, 이 평면과 자취와의 공통 부분을 알아보자. 계의 점의 운동이 시간이 지남에 따라 이 면을 계속해서 뚫고 지나간다면 우리는 이 일련의 교점들을 (또는 점화식) 맵으로 볼 수 있다. 만약 (u_n, v_n)이 계의 자취와 면의 공통 부분의 n번째 교점의 좌표를 나타낸다면, 그 다음 좌표는 (u_{n+1}, v_{n+1}) $=f(u_n, v_n)$으로 쓸 수 있다. 이 맵의 장기 거동은 우리에게 그 계의 자취의 장기 거동에 대한 정보를 준다.

14 비록 로지스틱 맵에 관한 자료가 Schuster(1984, 4), Rasband(1990, Chapter 12)에 나온 것처럼 상당히 일반적이고 오래된 것 같으나 **그림 12.2**, **그림 12.3**, **그림 12.4**는 차례로 Jensen(1987, 170, 174, 175)의 Figure 2, 4, 5를 인용한 것이다.

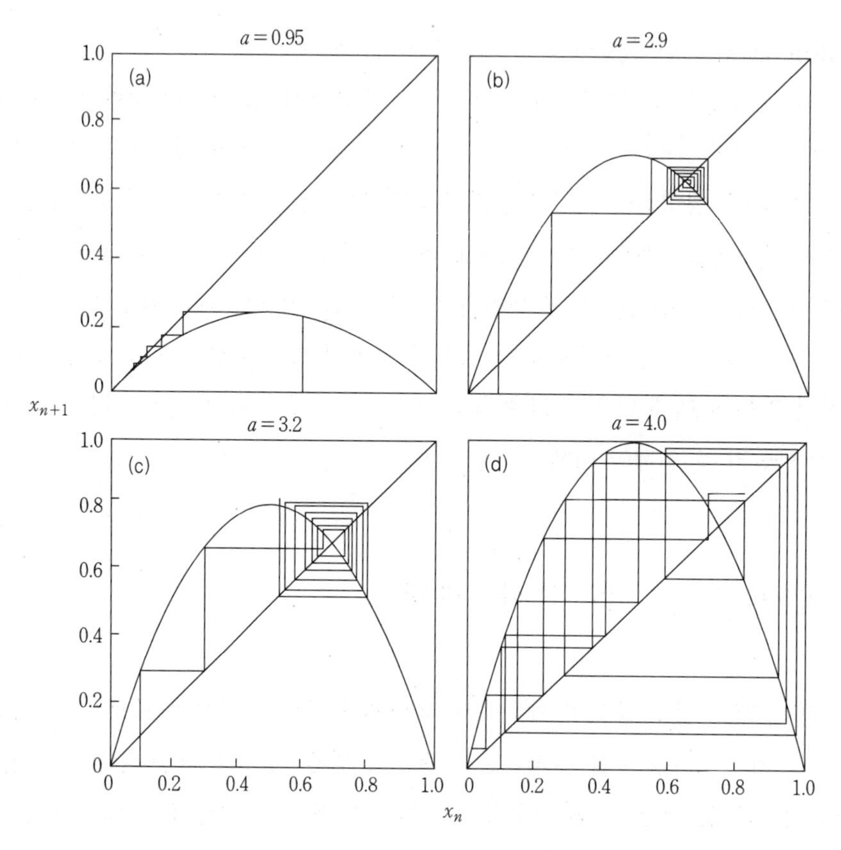

그림 12.2 식(12.4)의 매개변수 a의 다양한 값에 대한 로지스틱 맵

그 이상의 증가를 막을 수 있다. 이 방정식의 성공적인 반복에는 **그림 12.2**와 같이 매우 단순한 기하학적 해석이 주어질 수 있다. 이 반복적인 방정식의 오른편 항에 x_n을 넣으면, 왼편에 있는 x_{n+1}을 얻을 수 있고, 다음 반복 값을 얻기 위해 이 값을 오른편에 삽입하는 것은, **그림 12.2**에서 보여주듯이, 포물선과 $y=x$ 직선 사이의 수평적, 수직적 선들을 따르는 일련의 반사들에 대응한다.

$$y = ax - ax^2 \tag{12.5}$$

(예를 들면, 만약 포물선이 $y=x$ 직선 위쪽에 있다면, 첫 번째 x_n값을 잡고 이 점에서 포물선까지 수직 방향 위로 가고 직선 $y=x$까지 수평으로 이동한 후에 다시 포물선으로 수직으로 따라 움직이면서 진행해간다. 이것은 **그림 12.2**의 (b), (c) 왼편 일부에 묘사되어 있다)

이 반복적인 맵의 장기적인 혹은 (시간 또는 횟수상의) 무한대 근처에서의 거동은 a의 값에 의존한다. 우리는 0과 1사이에 있는 x값을 원하기 때문에 $0<a<4$ 범위로 a값을 제한한다.[15] 우리는 x^*라고 나타낸 **고정점**을 $x_{n+1}=x_n$이 성립하는 식(12.5)의 로지스틱 맵의 값으로 정의한다. $x^*=0$은 $0<a<1$ 범위 내의 a값들에 대해서만 안정된 고정점이 된다는 것을 보이는 것은 상대적으로 간단하다.[16] $1<a<3$ 범위 안에서 $x^*=0$은 불안정하게 되고, 다른 x^*값이 안정하게 된다.[17] $a>3$에서 고정 점들은 모두 불안정하다. x의 극한 값의 반응은 더욱 복잡해지고, **그림 12.2**의 (c), (d)에서 묘사된 바와 같이 광대한 계산의 반복을 요구하게 된다.

a의 범위 안에 있는 몇몇 중요 부분 구간을 요약해 보면 다음과 같다.

① $a<1$ ⇒ 항상 사라진다.($x_{n+1}\rightarrow 0$), 즉 $x=0$은 안정된 고정점이다.

② $a>1$ ⇒ $x=0$은 불안정한 고정점이 되고, 포물선과 기울기가 45°인 직선의 교점인 $x=(a-1)/a$이 새로운 안정점이 된다.

③ $1<a<3$ ⇒ 집단은 이 새로운 고정점으로 이동한다.

④ $a>3$(예를 들어, 3.2) ⇒ 집단은 두 극한점들 사이에서 순환한다.

⑤ a가 더 커진다. ⇒ 이러한 순환의 극한점들의 값은 그것이 $a\approx 3.57$에서 무한대가 될 때까지 끊임없이 배가 된다. 이러한 증가를 '분기(bifurcations)' 라고 부른다.

⑥ $a\sim 4$ ⇒ 집단은 카오스적이고 0과 1 사이 값들의 범위를 모두 넘어서게 된다.

$x_0=0$이나 $x_0=1$에 대하여 모든 x_n값은 어떤 a에 대해서도 항상 0이 된다. 결과적으로 초기 조건에 극도로 민감하다.

다른 중요한 예시는 표준 맵(standard map)에서 나타난다.

$$
\begin{aligned}
x_{n+1} &= x_n + y_{n+1} \\
y_{n+1} &= y_n + k\sin x_n
\end{aligned}
\qquad (12.6)
$$

만약 우리가 회전자의 각변위로 x_n을 취하고, 그것의 각속도로 y_n을 취한다면, 이러한 방정식(표준 맵)들은 발로 찬 회전자의 운동 방정식을 나타내게 된다. 그러한 역학 체계

[15] 즉, **그림 12.2**에서 확연하게 드러나듯이 식(12.5)에서 y의 최대값은 a에 상관없이 $x=1/2$일 때 나타난다. 이 최대값은 $a/4$이다.

[16] Jensen 1987; Rasband 1990, 13.

[17] 여기에서 '안정' 이란 말의 의미는 고정점으로부터 약간의 섭동에 대해 안정하다는 것이다.

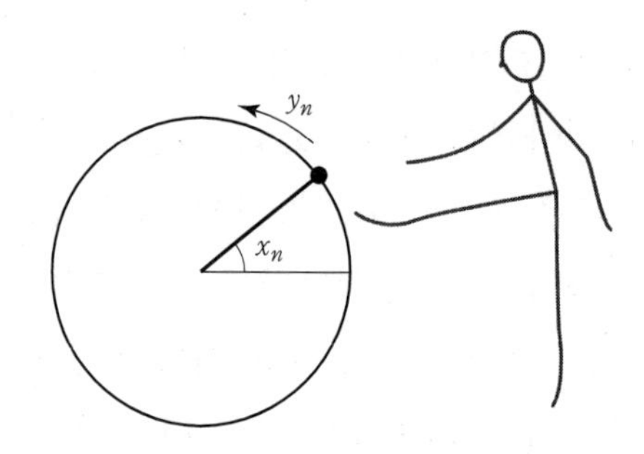

그림 12.3 발로 찬 회전자

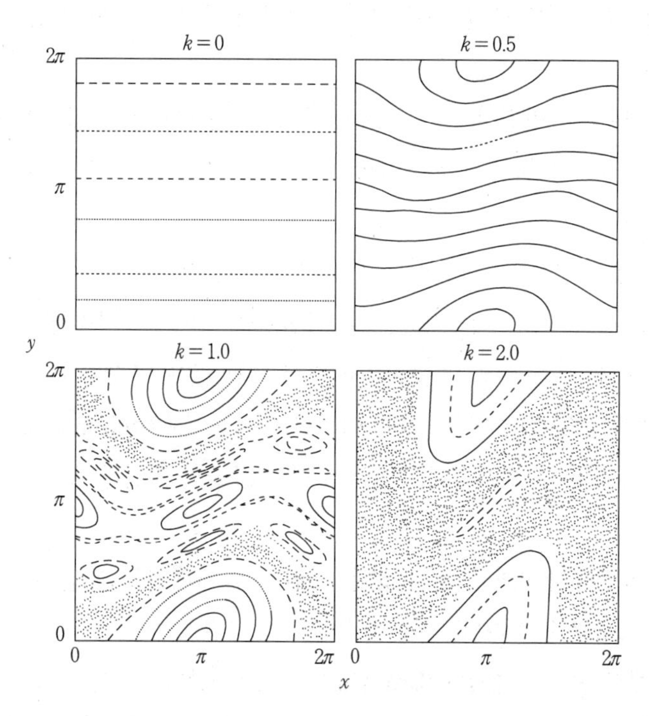

그림 12.4 식(12.6)의 매개변수 k의 다양한 값에 대한 회전자의 위상–공간 맵

가 **그림 12.3**에 나타나 있다. $k=0$에서만 닫힌 형태의 해가 알려져 있다(표준 함수에 의하여). $k \neq 0$에서는 해가 수치적으로 얻어져야 한다. 질서 정연한 행동으로부터 카오스적인 행동으로의 변화는 $k \approx 1$주변에서 일어난다. k가 증가함에 따라 일어나는 질서 정연한 거동으로부터 무질서한(혹은 카오스적인) 거동으로의 이 변화는 **그림 12.4**에서 쉽게 볼 수 있다. 이것은 다양한 k값에 대한 위상 공간 그림(phase–space portrait) (즉, 운동량(혹은 때때로 속도)(y)에 대한 위치 (x) 그림이다)이다. (위상공간은 위치 x와 계의 속도(혹은 운동량 p)를 좌표축으로 하는 수학적 공간과 관련되는 용어이다. 이 공간에서 점은

계의 (고전적인) 상태를 부여한다) $k=0$의 경우 규칙적인(혹은 적분 가능한) 역학(여기서, 등속원운동을 수행하는 단순한 회전운동)에 해당하고 잇따른 시간에서의 계의 점은 부드러운 곡선 위에 있게 된다. $k=0.5$에 대해서도, (회전) 운동은 전자에 비해 덜 규칙적이지만 여전히 적분가능한 계로서 동일한 일반적 질적 특성들을 가진다(즉, 운동은 여전히 꽤 부드럽고 예측가능하다). $k=1.0$이 될 때까지, 운동은 규칙적인 것과 카오스적인 것의 혼합이 된다. 계의 위치는 산만하게 주위를 넘나들며 결국에는 면(area)을 채운다. 이때 연속적인 곡선은 찾을 수가 없다. 단위 값을 넘어서는 k값에 대한 운동은 광범위한 카오스적 거동이 지배적이 되기 때문에 무작위 걸음(random walk)의 문제와 구별할 수 없게 된다.[18]

방금 우리는 극히 복잡한 결정론적 카오스를 보여주는 두 간단한 계들의 거동에 대해 살펴보았다. 단지 두 가지 예만 들었고, 그 결과들이 그 자체로 흥미롭다 할지라도, 우리는 그것들이 이러한 특별한 경우에만 적용되는 것이라고 기대할 수 있다. 그러나 우리의 목적과 관련된 이 예들의 중요성은 그러한 특성이 적당한 상황하에서는 대부분의 역학 체계들의 일반적인 것이라는 점이다. 그렇다고 해서 이것은 자명하다는 것을 의미하지는 않는다. 그리고 우리는 이 주장을 증명하지도 또는 그럴듯하게 나타내지도 않았다. 맵을 이해하는 것을 결정론적 카오스에 대한 이해의 핵심으로 만들어 주는 것은 그 특성들이 지니는 보편성이다. **그림 12.2**의 (d)에 그려진 사례는 카오스적 행동의 본질적인 특성을 나타낸다: 즉, 계의 장기적인 거동에 대한 유용한 예측력의 감소, 특히 식(12.4)에 의해 지배받으며 **그림 12.2**의 (d)에 그려진 계와 (예컨대, x는 인구를 나타낸다) 관련하여, 우리는 맵이 몇 번의 반복 후 (예컨대, 몇 세대 이후) x의 값이 $0 \le x \le 1$이라는 것 이외에는 아는 것이 거의 없다. 그러나 우리는 '이론' 없이도 상당히 알 수 있었다.

바꾸어 말하면, 매우 가깝게 시작한 (즉 **그림 12.2**의 (d) 수평축에서 거의 같은 점에 있는 x의 값을 갖는) 두 인구집단들이 몇 번의 반복(세대) 후에 곧 멀리 떨어져 분리될 수 있다는 것이다. 우리의 기대는 꽤 가까운 위치에서 시작한 두 점이 나중에도 역시 매우 가깝게 유지될 수 있을 것이라는 것이다. 카오스적인 계들은 작은 차이들을 빠르게 증대시켜서, 결국 우리는 그 반복 점들의 분리를 통제할 수 없게 된다. 초기 조건의 극도의 민감성 때문에 (즉, 시간에 따라 극도로 빨리 분기되는 위상 공간 때문에) 카오스 계에서

---

18 (직선 또는 평면상에서)의 무작위 걷기에서, 동일한 회수의 일련의 발걸음이 취해진다. 그러나 각 발걸음의 방향은 무작위로(동전을 던져 봄으로써) 결정된다. 그럼 N번 걸은 후에 주어진 위치에 있을 확률을 알아 볼 수 있다.

미래 거동에 대한 효과적인 예측은 불가능하게 된다.

카오스적 거동에 대한 정밀하고 기술적인 수학적 기준들이 있지만, 이러한 것을 여기서 다루지는 않겠다. 그러나 결정론적 카오스적 계의 거동 또는 그 결과는 너무 불규칙(그리고 예측불가능)해서 진짜로 무작위적인 계의 거동과 구별할 수 없다. 무작위 수열을 계산하라는 일련의 지시(말하자면, 컴퓨터 프로그램)의 길이는 대략 수열 그 자체의 길이와 비슷하다. 전체 수열을 작성하지 않고 수열에서 n번째 항을 계산하거나 예측하도록 하는 단순한 규칙은 없다. 카오스적 궤도를 계산하기 위해 존재하는 유한한 알고리즘은 없다. 이것이 바로 우리가 상태 변수(위치와 속도)들의 미래 값을 계산하려 할 때, 무한한 시간이 (또는 계산상의 수고가) 필요하게 되는 이유이다. 그러므로 카오스적인 계에서는 계 자체가 실제로 전개되는 것을 보는 것이 그런 계가 어떻게 전개될지를 아는 가장 빠른 방법이다(즉, 초기 조건들로부터 마지막 상태까지 바로 예측하도록 하는 유용한 '규칙'은 존재하지 않는다). 하지만 개별적인 계의 거동은 예측할 수 없다하더라도, 큰 무리의 평균 거동은 (확률적으로) 종종 예측될 수 있다.

이러한 이유에서 앞에서 우리는 실제 물리학에 있어서 결정론에 대한 확신이 확률보다 더 근본적이라는 것은 고전역학의 법칙이나 물리 시스템의 관찰된 행위들에 의해 요구되거나 특별히 보증된 지위가 아니라 일종의 신념의 발로라고 말한 바 있다. 어떤 의미에서는 결정론이 적용되는 곳은 거의 없고 카오스가 거의 모든 곳에 적용된다고 할 수 있다. 그래서 뉴턴적(라플라스적) 결정주의는 단지 이론가들의 성취하기 어려운 꿈에 지나지 않을 뿐이다.[19] 나중에 양자 역학을 논의할 때 이 무작위성-결정성(randomness-determinateness)의 수수께끼를 다시 논의하게 될 것이다.

오늘날 결정론적 카오스가 높은 대중적 관심과 연구의 영역에 해당하나, 이것이 물리학 혹은 과학 전반의 개념적 토대들로서 얼마나 중요한지 혹은 정말로 혁명적인지는 명확하지 않다. 비록 어떤 것이 확실하게 과학에 대한 대단한 실제적 시사를 갖는다고 하더라도, 자연의 기본 법칙에서의 혁명에 관한 질문들은 여전히 해결되어야 할 문제이다.[20]

19 Ford 1983, 43.

20 카오스(혼돈)이론이 기본적으로 지니는 중요성에 대한 기존의 평가에 대해서 Dresden(1992)을 참조한다. 우리는 카오스에 대한 논의에서 프렉탈에 대한 어떤 언급도 하지 않았다. 왜냐하면 그 주제는 결정론적 혼돈이론에 포함된 개념적 논쟁의 이해를 거의 포함하고 있지 않기 때문이다. 즉, 프렉탈은 눈에 보이는 그래프를 줄 수 있으나, 그 그래프가 카오스에 대한 개념에 대한 이 책의 수준에 해당하는 내용을 이해하는 데 실제로 도움이 되는지는 불확실하다.

더 읽을거리

『The Relevance of Physics』의 8장에서 재키(S. Jaki)는 물리학과 형이상학의 불편한 관계에 대해서 그리고 과학사에서 단순성의 개념과 같은 규범적 원리가 수행했던 기능에 대해 점검하였다. 해킹(I. Hacking)의 『The Emergence of Probability』와 다스턴(L. Daston)의 『Classical Probability and the Enlightment』는 확률의 개념이 근대의 시기에 얼마나 중요한 역할을 하였는지에 대해 상세히 논의하고 있다. 디아커와 홈스(F. Diacu & P. Holmes)의 『Celestial Encounter』는 고전역학에서의 다체 문제에 대한 푸앙카레의 이론으로부터 최근의 기술적 발전에 이르기까지의 카오스 이론의 뿌리를 추적하였다. 결정론적 카오스와 관련되는 주제들과 관련된 서적과 논문들은 수없이 많지만, 그 중에서도 이 분야에 대한 좋은 개관을 주는 것으로는 포드(J. Ford)의 『How Random Is a Coin Toss?』, 크러치필드(J. Crutchfield) 등의 『Chaos』, 젠센(R. Jensen)의 『Classical Chaos』, 브릭스(K. Briggs)의 『Simple Experiments in Chaotic Dynamics』, 드레스덴(M. Dresden)의 『Chaos: A New Scientific Paradigm－or Science by Public Relations?』 등이 있다. 그레이크(J. Gleick)의 『Chaos』는 최근의 카오스 이론의 기원과 발전에 대한 대중적 관심을 불러 일으켰다. 『Order Out of Chaos』에서 프리고진(I. Prigogine)과 스텐저(I. Stengers)는 전통적으로 가정되었던 질서와 가역과정이 아니라 무작위성과 비가역과정이 과학에 대한 올바른 출발점이라고 주장하였다. 켈러트(S. Kellert)의 『In the Wake of Chaos』는 현대 카오스 이론의 철학적 문제에 대해 살펴보았으며, 이어만(J. Earman)의 『A Primer on Determinism』은 이러한 문제를 훨씬 더 기술적 세부사항과 함께 제시하고 있다. 스튜어트(I. Stewart)의 『Does God Play Dice?』는 카오스의 수학적 측면에 대해 서술하고 있다. 그리고 결정론적 카오스에 대한 기술적 저술로는 스후스테르(H. Schuster)의 『Deterministic Chaos』, 톰프슨(M. Thompson)과 스튜어트(B. Stewart)의 『Nonlinear Dynamics and Chaos』, 라스밴드(S. N. Rasband)의 『Chaotic Dynamics of Nonlinear Systems』, 구켄하이머(J. Guckenheimer)와 홈스(P. Holmes)의 『Nonlinear Oscillations, Dynamical Systems, and Bifurcations of Vector Fields』, 맥컬리(J. McCauley)의 『Chaos, Dynamics, and Fractals』 등이 있다.

5부 역학적 세계관 대 전기동역학적 세계관

신문을 읽는 일반 독자들에게 과학은 무선전신, 비행기, 방사능 그리고 근대 연금술의 경이로움 등과 같은 놀라운 성공들의 다양한 집합으로 보여진다. 내가 이야기 하고 싶은 것은 과학의 이러한 관점이 아니다. 이 관점에서, 과학은 최신의 조각난 부분들로 구성된 것이며, 그 조각들이 보다 더 최신의 것들로 대체될 때까지만 흥미롭다. 하지만 이러한 관점은 우연히 평범한 사람들의 흥미를 끄는 실용적으로 유용한 결과를 갖게 되는 그와 같은 지식을 끈기 있게 구성해가는 체제에 대해서는 아무것도 보여주지 못한다. 자연의 힘에 대한 지배력의 증가는 과학으로부터 이끌어진 것이며, 이는 의심할 필요도 없이 과학적 연구를 장려하는 충분한 이유가 된다. 하지만 이러한 이유는 너무나 자주 주장되고 또 중요하게도 그 이외의 다른 이유들은 너무 쉽게 간과된다. 세계에 대한 우리의 시야를 형성하는 데 있어서의 과학적 사고 습관이 갖는 본질적 가치와 관련하여, 특히 이와 같은 또 다른 이유들이 바로 이어지는 내용에서 내가 다루고자 하는 점이다.

무선전신의 사례는 이러한 두 가지 관점 사이의 차이점을 잘 드러내줄 것이다. 무선전신을 발명하는 데 필요했던 거의 모든 진지한 지적 노력들은 패러데이, 맥스웰, 헤르츠 세 명의 과학자에 의해 이루어졌다. 수많은 실험과 이론을 통해 이들 세 사람은 근대 전자기학 이론을 발전시켰으며 빛의 정체가 전자기파라는 사실을 밝혔다. 이들이 발견에 이르게 되는 체제는 깊은 지적 관심의 대상이 되는 것이며, 서로 분리된 것으로 보이는 매우 다양한 현상들을 모으고 통일시키며, 편견 없는 모든 정신들을 즐겁게 해주는 정신의 누적적 능력을 보여주었다. 이들의 발견이 무선전신의 실용적 시스템에 활용되기 위해 필요했던 역학적 세부 사항들은 분명 엄청난 재능을 필요로 했지만, 사욕이 없는 묵상의 대상으로 그들에게 본질적인 흥미를 부여할 수 있었던 것은 그러한 폭넓은 진전이 아니라 보편성이었다.

러셀(Bertrand Russell), 『The Place of Science in a Liberal Education』

에테르 모델

우리는 14장에서 맥스웰의 위대한 저술인 『전기와 자기에 관한 논문』(A Treatise on Electricity and Magnetism, 1873)을 보게 될 것이다. 그러면 전자기파(보통의 빛은 이것의 하나의 예에 불과하다)에 대한 우리의 생각은 광속(c)으로 전파되는 전기장(E)과 자기장(B)으로 이루어진 파동으로 된다. 그런데 물결파나 공기 중의 음파, 진동하는 줄에서의 파동과 같이 우리가 친숙하게 경험하는 대부분의 파동은 매질을 통해 전파된다. 따라서 이어지는 명백한 질문은 광학적 그리고 다른 전자기적 효과를 전파시키는 매질의 본성은 무엇인가라는 것이다. 언뜻 보기에 공기나 물 또는 고체와 같은 매질을 통해 광학적 전자기적 효과들이 전파된다고 생각하는 것에는 아무런 문제가 있어 보이지 않는다. 그러나 전자기파는 태양과 지구 사이처럼 우리가 보통 진공이라고 부르는 공간을 통해 전파된다. 이 장에서 우리는 빛과 전자기에 대한 이러한 생각들의 역사에 대해 살펴보게 된다.

13.1 광학 에테르의 출현

앞에서 살펴본 것처럼, 데카르트는 모든 공간은 물질로 가득 차 있어 빈 곳이 없고 진공이 존재할 수 없는 **충만한 공간**(plenum)이라고 믿었다. 에테르가 모든 공간에 퍼져 있다고 생각했다. 그는 상호작용이 압력과 충격을 통해서만, 즉 어떤 매개 동인(動因)이나 물체의 실체적인 작용을 통해서만 일어날 수 있다고 생각하였다. 그를 비롯한 데카르트 학파의 구성원들에게 먼 거리에서의 즉각적인 작용은 의미가 없었다. 예를 들어, 뉴턴의 만유인력 법칙($F = -GMm/r^2$(질량이 M과 m일 때))과 쿨롱의 정전기 법칙($F = -$상수 Qq/r^2(전하가 Q와 q일 때))은 단순히 두 물체 사이의 힘 법칙을 진술하고 있고, 힘이 한 물체에서 다른 물체로 어떻게 전달되었는지는 설명하고 있지 않는 것이다. 요동의 전파 속도에 대한 것은 어떤 식에도 들어있지 않다. 바로 이것이 이 두 법칙이 **원거리 작용**(action-at-a-distance) 이론이라고 불리는 이유이다. 데카르트는 빛에 대해 투사체적 또는 미립자적 이론을 선호하였다. 이 이론으로부터 유추되는 조건 중 하나는 빛이 진공이나 소한 매질에서보다 밀한 매질에서 더 빠르게 진행한다는 것이다. 반면에 페르마(Pierre de Fermat, 1601-1665)는 최소 작용의 원리(12.1절에서 언급된 극소화 또는 변분 원리)를 주장하였는데, 이 원리에 의하면 빛은 밀한 매질에서 더 느리게 진행한다.

뉴턴과 동시대에 살면서 반대 입장을 갖고 있던 후크(Hooke)는 빛은 파면의 연속처럼 매질을 통해 전파되는 진동 운동이라는 이론을 제안하였다. 그러나 이 이론으로는 편광[1]의 효과를 설명할 수 없었고, 뉴턴과 그의 지지자들은 빛의 파동성에 대해 반대하였다. 뉴턴은 『프린키피아』에서 모든 공간이 다양한 밀도의 에테르로 가득 차 있다고 주장하였다. 『프린키피아』 제3권의 일반 주석(General Scholium)에서 뉴턴은 케플러의 첫 번째와 세 번째 법칙이 밀도가 있는 에테르의 존재에서는 불가능하다고 말하였다. 그러나 이는 뉴턴이 에테르에 대한 모든 의견을 포기하는 것을 의미하지는 않는다. 우리는 8.4절에서 뉴턴이 (1690년대 초 벤틀리(Richatd Bentley, 1662-1742)에게 보내는 편지에서) 진공을 통한 원거리 운동에 대한 어떤 이론도 결코 따르지 않았으며 매개물을 통한 직접적인 접촉에 의한 운동의 전파를 주장하였음을 살펴보았다. 말년에 그는 신의 편재(遍在)에 대한 그의 생각에 따라 활동적 에테르의 형태가 존재한다고 생각하였고, 이것이 만유인력의 작용에 대한 근거가 되었다. 비록 뉴턴이 이러한 활동적인 매개물에 대해 정확한 정의를 내린 적은 없지만, 그에게 공간이란 단순히 물질이 그 안에서 이동하는 수동적인 진공 상태가 아니었다.[2] 빛은 이러한 에테르와 다르지만 에테르와 상호작용하는 것이었다. 뉴턴은 중력에서와 마찬가지로 빛이 무엇인지에 대해 명확한 주장을 하지는 않았다. 입자 이론은 뉴턴이 가지고 있던 빛에 대한 한 가지 가능성에 지나지 않았으나, 그가 후크의 파동 이론에 반대한다는 사실로 인해 많은 사람들은 뉴턴이 데카르트의 이론과 유사한 입자 이론을 지지한다고 생각했다.

호이겐스는 빛의 파동 이론에 호의적이었다. 두 개의 교차하는 광선이 서로에게 드러나

1 편광은 특정한 필터에 의해 생기는 '스크린 효과'의 한 종류이다. 이는 오늘날 많은 선글라스에 이용된다. 횡파의 성질에 대해 알게 되면 편광에 대한 개념이 분명해질 것이다.

2 McMullin 1978a, Section 4.5, 4.6.

는 영향을 주지 않으며 지나가는 것을 보고, 호이겐스는 빛은 입자로 이루어지지 않았다고 주장하였다. 왜냐하면 입자의 경우 서로 충돌하여 빛의 산란을 일으킬 것이기 때문이다. 그는 빛 파동이 희박하고 매우 탄성적인 매질 안에서의 요동으로서 전파되는 것이라고 제안했다. 이러한 초기 파동 이론에서 빛은 음파와 같은 종파[3]라고 여겨졌다. 그러나 뉴턴이 빛의 입자 이론을 지지했다는 믿음 때문에 호이겐스 이론은 사람들의 동의를 얻지 못했다. 뉴턴의 만유인력 법칙은 굉장히 성공적이어서, 비록 의심이 가고 완전히 이해되지는 않았지만, 원거리 작용은 사실로 인정받았다. 만약 중력이 순간적으로 작용한다면 에테르는 필요 없었다. 에테르가 없다면, 파동 이론도 필요 없으며 입자 이론이 더 합리적인 것이 된다.

사실, 18세기말 리사지(George-Louis Lesage, 1724-1803)는 모든 공간이 모든 방향으로 큰 속도로 운동하고 있는 수많은 작은 입자들로 가득 차 있다는 가정하에 중력의 입자론적 설명을 제안하였다. 공간 속에 정지해 있는 한 물체는 모든 방향으로부터 동일한 충격을 받을 것이고 따라서 어떤 방향으로도 알짜 충격을 받지 않는다. 그러나 서로 근접한 두 개의 물체는 서로 마주보는 쪽에서 입자들의 충돌 흐름으로부터 서로를 부분적으로 가려준다. 따라서 서로에게 향하는 방향으로 알짜 충격(또는 끌어당기는 '힘')을 받는다. 이 영향이 물체 사이의 거리의 제곱에 반비례해서 변화한다는 것을 (둘 사이의 거리에 비해 반지름이 작은 두 개의 구에 대해) 기하학적으로 보여주는 것은 어렵지 않다. 이 이론은 몇 개의 약점을 갖게 되는데, 그 중 하나가 운동하는 행성은 운동하는 방향의 앞면에서 뒷면보다 강한 충격을 받게 되어 속력이 느려진다는 것이고, 다른 하나는 끌어당기는 효과는 (우리가 경험적으로 아는 것과 같이 질량에 비례하는 것이 아니라) 두 행성

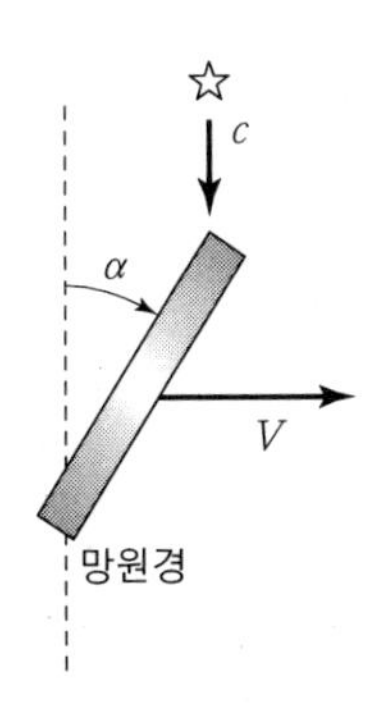

그림 13.1 지구의 운동 때문에 생기는 별의 광행차

[3] 종파는 파동의 진행 방향으로 매질의 작은 (주로 진동하는) 변위가 생기는 것이다.

의 부피(의 곱)에 비례하게 된다는 것이다.

1728년에 브래들리(James Bradley)는 별의 광행차를 발견하였다. 기본적으로 별의 광행차는 다음을 의미한다. **그림 13.1**과 같이 별이 머리 위에 위치할 때 관측자는 별을 관측하기 위해 (움직이는 지구에 있는) 망원경을 수직에 대해 작은 각도 α만큼 기울여야 한다. 이것은 빗속에서 파이프를 움직일 때 파이프를 기울여야 파이프 내벽에 빗물을 묻히지 않고 비를 담을 수 있는 것과 유사하다. 이 광행차 현상은 빛의 입자 이론을 지지하는 증거로 여겨졌다.

반면에 오일러(Euler)는 물체가 빛을 방사할 때 측정 가능할 만한 그 어떤 질량도 줄어들지 않는다는 것 때문에 빛의 파동 이론을 옹호하였다. 만약 입자들이 방사된다면, 빛 입자의 질량은 광원으로부터 나와야 할 것이다. 반면에 빛이 매질을 통해 보내지는 파동이라면 물체에 의해 질량이 줄어들지 않을 것이다. 그는 또한 자신의 생각을 전기적 현상과 중력의 원천이 에테르이며, 빛의 전파에 관여하는 것 또한 이 에테르일 것이라고 발전시켰다.

영(Young)은 빛 파동에 대해 보강과 상쇄 간섭의 개념을 처음으로 사용하였다. 그는 고요한 호수 표면에서의 물결파에 대한 비유를 통해 이러한 개념을 만들어냈다. 9장 부록에서 살펴본 것과 같이, 뉴턴은 통킹 만(Gulf of Tonkin)의 바트사우에서 발생하는 특이한 조수의 문제를 해결하기 위해 물결파의 상쇄 간섭의 아이디어를 적용하였다. 영은 **그림 13.2**에서와 같이 빛이 두 개의 다른 표면에서 반사될 때 나타나는 뉴턴의 간섭 고리에 대해 설명할 수 있었다. 위 표면과 아래 표면에서 반사된 빛은 두 유리 표면 사이의 경로차에 의해 상쇄 또는 보강 간섭한다(9장 부록에 나와 있는 영의 마지막 인용문 참조). 아라고(Dominique Arago, 1786–1853)와 프레넬(Augustin-Jean Fresnel, 1788–1827)이 실험적으로 직각으로 편광된 두 광선은 간섭 현상을 일으킬 수 없다는 것을 증명하였기

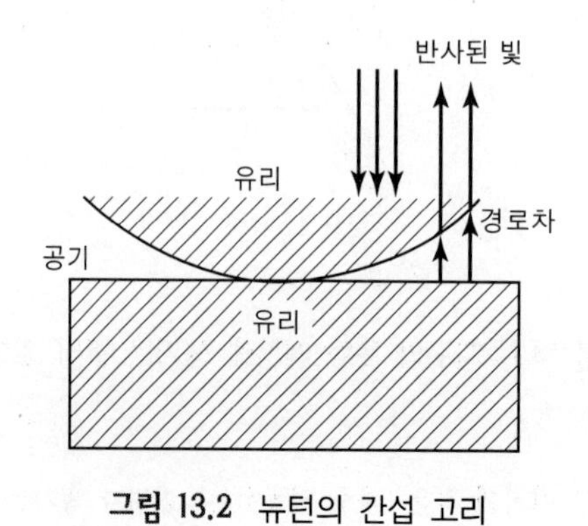

그림 13.2 뉴턴의 간섭 고리

때문에, 영은 빛이 횡파의 진동[4]으로 구성되어 있어서 전파 방향에 대해 직각으로 편광된 두 개의 선형적인 독립적 방향이 존재할 것이라고 제시하였다. 에테르에서의 복원력은 에테르의 측면 변위에 비례한다고 가정되었다. 이렇게 하여 빛의 파동 이론은 견고하게 확립되었다. 1850년에 푸코(Jean-Bernard Foucault, 1819-1868)와 피조(Armand-Hippolyte Fizeau, 1819-1896)는 물 속에서 광속을 직접 측정하는 방법을 고안하였고, 그것이 공기 중에서보다 느리다는 것을 발견하였다. 이는 파동 이론의 커다란 승리였다.

13.2 탄성 고체 에테르

이제 유럽 대륙과 영국의 여러 세대에 걸친 위대한 수학자들이 에테르의 탄성 고체 이론에 대해 연구하였다. 나비에(Claude-Louis Navier, 1785-1836)는 탄성 매개물에 대한 정밀한 수학적 운동 방정식을 발견하였다. 코시(Augustin-Louis Cauahy, 1789-1857)도 같은 방정식에 대해 연구했고 포와송(Poisson)은 방정식의 해법을 발견하였다. 포와송은 횡파와 종파 모두 압축되거나 휘어질 수 있는 어떤 탄성 고체에서도 존재해야 한다는 것을 보였다.

1839년 맥클라프(James MacCullagh, 1809-1847)는 새로운 종류의 탄성 고체를 제시하였는데, 이것은 압축과 휨에 저항성이 있는 기존의 일반적 경우와 다르게 구성요소들의 회전에만 의존하는 퍼텐셜 에너지를 갖는 것이었다. 그러한 매질에서 횡파는 $v=\sqrt{\mu/\rho}$의 속력으로 전파된다. ρ는 매질의 밀도, μ는 회전에 대한 탄성 매질의 강도 또는 저항성을 나타내는 상수이다. 그의 수학적 공식은 후에 맥스웰이 전자기장을 설명하면서 제시했던 것과 그 형태에 있어서 유사한 것이었다. 맥클라프는 일관된 수학적 양식으로 횡파만을 통과시키는 탄성 매질의 문제를 풀었다. 그러나 40년이 넘는 기간 동안 그의 업적은 제대로 받아들여지지 못했는데, 그 이유는 구성요소들의 회전에만 저항성이 있고 비압축성을 갖는 독특한 고체 매질에 적합한 역학적 모델이 없었기 때문이다.

1853년에 위대한 독일의 수학자 리만(Riemann)은 압축과 회전에 저항성을 갖는 에테르를 제시하였다. 압축성은 만유인력과 정전기 현상의 설명에 필요했고, 회전성은 광학과 자기장 현상을 설명하는 데 필요한 것이었다. 그는 광학과 전자기학을 통합하기 시작하

[4] 횡파는 파동의 진행 방향에 수직한 방향으로 매질의 작은 (주로 진동하는) 변위가 생기는 것이다.

였다. 그러나 불행히도 리만은 이 이론을 계속 연구하지 못했다. 아마도 광학 현상만을 다루는 에테르의 탄성 고체 모델에 대한 마지막 심도 있는 시도는 1876년 부신(Joseph Boussinesq, 1842-1929)에 의한 시도일 것이다. 그의 이론에서는 물질체의 안팎 모든 곳에 단 하나의 에테르가 존재한다. 에테르의 입자와 일반 물질의 입자 사이의 상호작용으로 물질의 광학적 특성이 설명되었다. 그러나 전기와 자기 현상은 설명하지 못하고 광학만을 설명할 수 있는 그러한 제한된 이론은 빛의 전자기 이론이 만들어지자 곧 잊혀졌다. 이제 그 발전과정으로 옮겨가보자.

13.3 전자기적 에테르

패러데이가 도입한 자기력선의 물리적 사실성으로부터 공간의 한 점에서 인접하는 다른 점으로 영향을 전파하는 장의 개념이 자라났다. 『물리적인 자기력선에 대하여』(On the Physical Lines of Magnetic Force)라는 제목의 글에서 패러데이는 자기력선을 물리적인 실체로 보았다.

> ⊛ 앞의 경우에서 막대자석에 대한 특정 선들이 묘사되고 정의되었으며 (자석 주변에 뿌려진 철가루에 의해 우리 눈에 그 모습이 그려짐으로써), 이러한 선들은 막대자석의 바깥이나 안쪽의 어떤 영역에서라도 본성, 상태, 방향 그리고 힘의 크기를 정확히 표현하는 것으로서 제안되었다. 그 당시에는 이러한 선들이 추상적으로 생각되었다. 이제 연구는 그러한 선들의 물리적 실존 가능성에 대한 것으로 바뀌었다.[5]

중력, 정전기, 전류, 전기유도, 자기 현상 등의 실험적 증거들을 되돌아본 후, 패러데이는 다음과 같은 결론을 내렸다.

> ⊛ 이제 이러한 모든 사실들은 자석의 안팎에서 존재하는 물리적 역선들의 존재에 대해서 말해주고 있다. 그 선들은 곡선과 직선으로 존재한다. 그 예로 고립된 한 개의 막대자석이나 또는 고르게 자화된 철로 된 원반을 살펴보면, 자기의 축이

[5] Faraday 1952, On the Physical Lines of Magnetic Force, 816. (GB 45, 816) (M, 506)

> 하나의 지름 위에 있기 때문에 양극은 곡선의 자기력선으로 서로 연결된다는 것은 당연하다. 어떤 직선도 동시에 N극과 S극을 갖는 두 지점을 지날 수는 없다. 내 생각에는 곡선 자기력선만이 물리적인 역선이 된다고 생각한다.[6]

패러데이는 이러한 물리적 역선을 공간을 통해 효과를 전달하기 위한 메커니즘으로, 서로 영향을 미치는 것으로 보았다.

> ⊛ 따라서 자기 현상은 사이에 끼어있는 입자들의 작용으로 원거리까지 전달될지도 모른다-정전기의 유도된 힘이 (한 입자에서 가까이에 있는 다른 입자로 자신의 운동을 전달함으로써) 원거리까지 전달되는 것과 같이, (매우 불완전한 생각이지만) 내가 여러 번 표현했던 중간의 입자들은 독특한 조건을 갖는 것으로 가정된다.[7]

패러데이는 이러한 자기 현상의 전달을 설명하는 가능한 메커니즘으로 빛의 에테르(the aether of light)를 제안하였고, 빛의 전자기파 이론이 살짝 그 모습을 드러냈다.

> ⊛ 이러한 작용은 에테르의 역할일 것이다. 이는 전혀 이상한 것이 아니다. 만약 에테르가 존재한다면 단순히 방사를 전달해주는 역할 이외의 다른 작용들도 역시 틀림없이 수행할 것이기 때문이다.[8]

이와 같은 장이론의 관점에서의 기본적인 메커니즘은 원거리에서의 즉각적인 작용과 반대되는 것으로서 유한 속력의 연속적인 전달이다. 패러데이는 자신이 그 시대에 우위에 서 있던 수학적 사고를 깨뜨리고 있음을 날카롭게 인식하고 있었다.

> ⊛ 나는 보통의 유도 그 자체가 모든 경우에 접촉하는 입자들의 작용이라는 것과 원거리 전기 현상(즉, 일반적인 유도 작용)은 매개 물질의 영향 없이는 절대 발생하지 않는다는 것을 추측하기에 이르렀다.
> 에피누스, 케번디쉬, 포와송 그리고 다른 저명한 과학자들을 존경하며 내가 믿는 그 분들의 이론은 유도 작용을 원거리 작용 그리고 직선상의 작용이라고 보았다.

6 Faraday 1952, On the Physical Lines of Magnetic Force, 818. (GB45, 818) (M, 510)

7 Faraday 1952, On the Physical Lines of Magnetic Force, par. 1729, 530. (GB45, 530)

8 Faraday 1952, On the Physical Lines of Magnetic Force, par. 3075, 759. (GB45, 759)

그래서 내가 방금 서술한 관점을 유지하는 것은 오랜 시간 동안 나에게 괴로운 일이었다. 나는 언제나 반대의 의견들을 증명해보려는 기회를 엿보았고, 또한 그 관점을 유지하기 위한 실험들을 종종 실행하였지만 … 단지 최근에 이르러서야 점차로 그 주제의 강한 일반성을 통해 나는 실험을 확장하고 나의 관점을 출판하기에 이르렀다. 현재 나는 모든 경우의 보통의 유도는, 감각할 수 있는 거리의 입자나 질량들의 작용이 아닌, 양극을 이루고 있는 연속적인 입자들의 작용에 의해 발생한다고 믿고 있다. 그리고 이것이 만약 사실이라면, 그러한 진실의 뛰어남과 확립은 전기력의 본성에 대한 탐구에 있어서 더 큰 진보에 이르게 되는 위대한 결과임에 틀림없다.[9]

13.4 톰슨과 맥스웰의 모델

패러데이의 전기적 매질의 개념에 처음으로 수학적 신뢰를 어느 정도 부여한 사람은 나중에 켈빈 경(Lord Kelvin)이 된 톰슨(William Thomson, 1824-1907)이다. 1841년에 캠브리지 대학에서 17세로 1학년 학생이었던 톰슨은 정전기 문제에서의 역선이 무한 고체에서의 열 흐름선과 수학적으로 동등하다는 것을 보인 논문을 썼다. 예를 들어, **그림 13.3**은 양으로 대전된 평평한 표면 앞에 놓인 양전하 Q에 대한 정전기장의 양상을 나타내고, 이와 유사하게 **그림 13.4**는 열적으로 절연된 장벽 가까이에 놓인 열원에서 나오는 선의 모습을 보여주고 있다. 전하가 열원의 역할을 하고 역선이 열흐름선을 나타낼 때 이 두 문제의 수학적 공식은 동일하다. 이러한 정밀한 비유의 중요성은 원거리 작용의 관점에서 형성된 (정전기학의) 이론을 물질 매질에서 하나의 입자에서 인접한 다른 입자로 전달된다는 관점에서 형성된 (정열역학적) 이론을 연결지었다는 것이다. 패러데이는 그의 글에서 그의 생각에 대한 이러한 지지에 대해 큰 호감을 표시하였다.

㊉ 톰슨은 정전기학에 적용된 역선의 관점과 푸리에의 열의 운동 법칙에 대한 언급하면서, 역선이 쿨롱 법칙과 동일한 수학적 결론을 이끌며 그 분석과정은 쿨롱의 법칙보다 더 간단하다고 말하였으며, 나중에는 '역선을 위한 자기 매질의 전파능력에 대해 말할 수 있는 비유에 대한 확고한 기초'라고 불렀다.[10]

---

[9] Faraday 1952, On the Physical Lines of Magnetic Force, par. 1164 & 1165, 441. (GB45, 441)

[10] Faraday 1952, On the Physical Lines of Magnetic Force, par. 3302, 831. (GB45, 831)

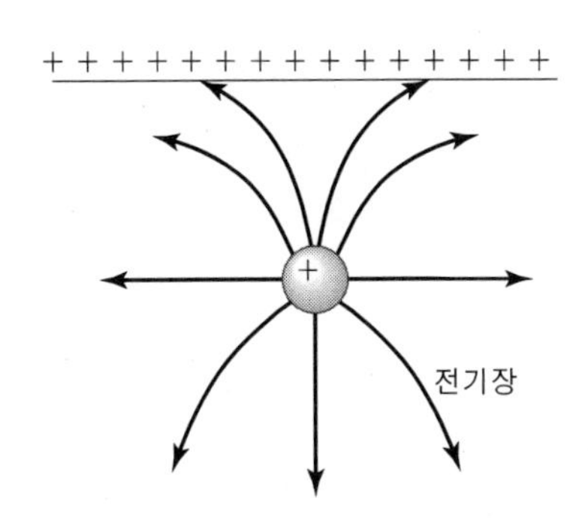

그림 13.3 대전판 근처의 전기력선

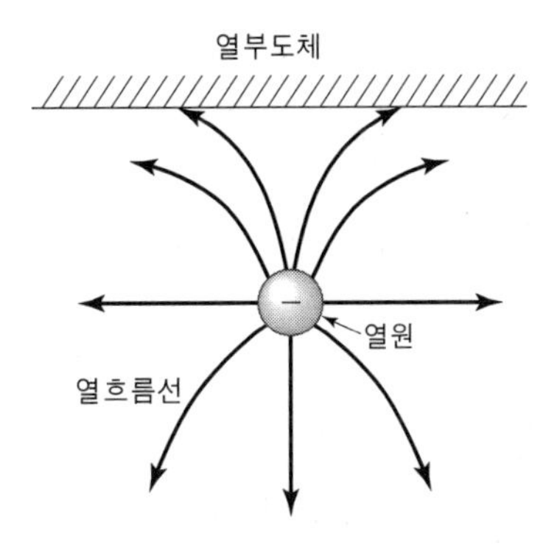

그림 13.4 열절연판 주위의 열흐름선

몇 년 후에 맥스웰은 톰슨의 통찰력을 다음과 같이 평가했다.

> 이 논문은 처음으로 연속적인 매질에 의해 전기 현상이 전파된다는 개념을 수리과학적으로 도입했다. 그런데 이 개념은 패러데이에 의해 발표되어 그의 연구를 이끄는 데 사용되었지만 다른 과학자들에게는 높이 평가받지 못했었으며, 또 수학자들은 (포와송에 의해 만들어지고 쿨롱에 의해 확립된) 전기 작용의 법칙에 모순된다고 여겼다.[11]

톰슨은 그린(George Green, 1793−1841)에 의해 형성된 자연철학 '캠브리지 학파'의 첫 번째 회원 중 한 사람이었다. 뉴턴과 그린 사이의 (거의 100년의) 기간에 캠브리지는 대륙의 위대한 수학자들에게 뒤쳐졌었다. 그린의 업적은 캠브리지에 새로운 전통을 일으켰고, 스트러트(William Strutt(Lord Rayleigh), 1842−1919), 맥스웰, 램(Horace Lamb, 1849−1934), 조셉 톰슨(Joseph Thomson, 1856−1940), 라머(Joseph Larmor, 1857−1942), 러브(August Love, 1863−1940) 등이 이에 합류하였다.

1846년 톰슨은 전기장과 변형을 받는 탄성 고체의 구성요소들의 변위 사이의 유사성에 대해 연구하였다. 그는 전기장(E)을 평형으로부터의 변위와 연관시켰다. 10년 후에 그는 자기장(B)의 회전 해석을 제안하였는데, 이것은 자기장이 빛 파동의 편광면에 회전을 발생시키기 때문이었다. 1889년 톰슨은 매질이 구성요소의 회전에만 저항성이 있고 비압축적이라고 맥클라프가 제시했던 형태의 에테르의 기계적 모델을 고안하였다. 그는 **그림**

11 Whittaker 1973, Vol. I, 241−2.

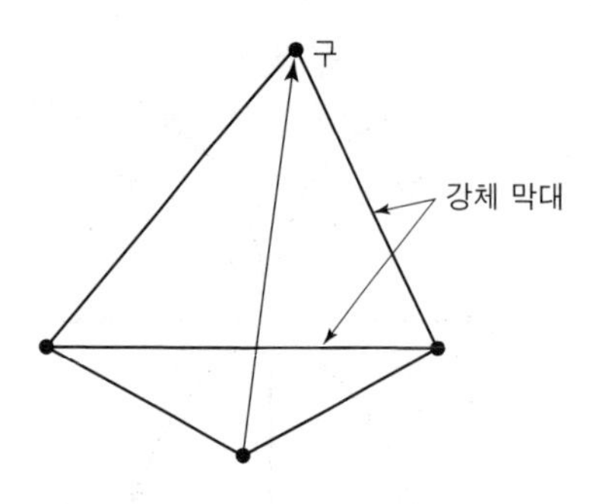

그림 13.5 에테르의 구성 요소

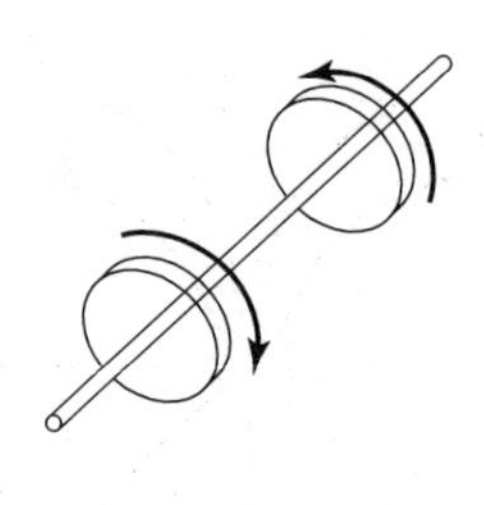

그림 13.6 반대 방향으로 회전하는 바퀴

13.5에 나타난 것처럼 4면체(피라미드)의 꼭지점마다 4개의 구가 있는 고체를 생각했다. 각각의 구는 인접한 구와 구형 캡을 통해 강체의 막대로 연결되어 있어 막대가 구 위에서 미끄러지는 것이었다.

이러한 배치가 압축성에 저항하는 단단함을 보이는 것이다. 각각의 막대는 서로 반대 방향으로 회전하는 바퀴 한 쌍을 가지고 있어서(**그림 13.6** 참조), 뉴턴의 관성의 법칙에 의해 이 연결된 막대는 초기상태의 어떠한 변화에도 저항한다. 톰슨의 전자기학에 대한 초기의 기계적 해석의 시도는 젊은 맥스웰의 관심을 끌게 되었다. 그리고 훨씬 나중에 그의 위대한 『논문』(Treatise)의 서문에서 맥스웰은 패러데이와 톰슨에게 고마움을 표하였다.

> 내가 전기에 대한 연구를 시작하기 전에 가장 먼저 패러데이의 『전기의 실험적 연구』(Experimental Researches in Electricity)를 읽을 때까지 이 분야의 수학 서적은 전혀 읽지 않기로 결심했었다. 나는 현상을 이해하는 데 있어서 패러데이의 방법과 수학자들의 방법 사이에 차이가 있어서 아무도 서로의 언어에 만족하지 않고 있다는 것을 알고 있었다. 나는 또한 이러한 어긋남이 어느 한쪽이 틀려서 발생하는 것이 아니라는 확신을 가지고 있었다. 처음에 나는 윌리엄 톰슨 경의 조언과 도움, 그의 출판된 논문에 의해 이것을 수긍하였고, 내가 그 분야에서 배운 많은 것들에 대해 그에게 감사하고 있다.
>
> 내가 패러데이의 연구를 진행하면서 현상을 설명하는 그의 방법이 비록 전통적 수학 기호의 형태로 표시되지는 않았지만 역시 수학적이라는 것을 알았다. 또한 이러한 방법이 전통적인 수학적 형식으로 표현될 수 있으며 전문 수학자의 방법과 비교가능함을 알았다.
>
> 예를 들어 패러데이는 그의 마음의 눈을 통해, 수학자들이 발견한 원거리에서 작용하는 인력의 중심에서 모든 공간으로 뻗어나가는 역선을 보았던 것이다. 패러데이는 수학자들이 거리만을 보았던 곳에서 매질을 보았다. 패러데이는 매질 안에서

> 발생하는 실제 작용에서 현상의 근원을 찾아냈고, 수학자들은 전기적 유체에 부여된 원거리 작용의 힘에서 현상의 근원을 발견했다는 것에 만족스러워했다.
> 내가 패러데이의 생각들을 수학적 형식으로 표현하려 할 때, 일반적으로 두 방법의 결과가 일치해서 같은 현상이 설명되었고, 작용에 대한 동일한 법칙들이 두 개의 방법으로 유도되었다. 그러나 일반적인 수학적 방법은 부분에서 시작하여 종합을 통해 전체를 만들어가는 원리를 근거로 하는 것에 반해, 패러데이의 방법은 전체로부터 출발하여 분석을 통해 부분에 도달하는 방법이었다.
> 나는 수학자들에 의해 발견된 가장 창의력이 풍부한 몇몇 연구 방법들이 패러데이를 통해 원래의 모습보다 더 개선된 아이디어의 형태로 표현될 수 있음을 발견하였다.[12]

맥스웰은 결국 톰슨이 자기장(B)과 에테르의 회전을 연결시킨 것을 받아들였고, 나아가 그는 전기장(E)을 소스와 싱크를 갖는 비압축 유체의 속도로 보았다. 1860년대에 맥스웰이 자신의 방정식을 해석하기 위해 시도했던 역학적 모델의 모습이 **그림 13.7**에 나타나 있다.[13]

이 그림은 그것의 전체에 걸쳐 전하와 '유동' 바퀴의 역할을 하는 작은 입자들의 층을 갖는 탄성 에테르를 나타낸다. 도선에 전류가 흐르면 근접한 부분이 회전하고 이로 인해 에테르가 소용돌이를 형성한다. 도선과 동심 구조를 갖는 닫힌 소용돌이 필라멘트의 고

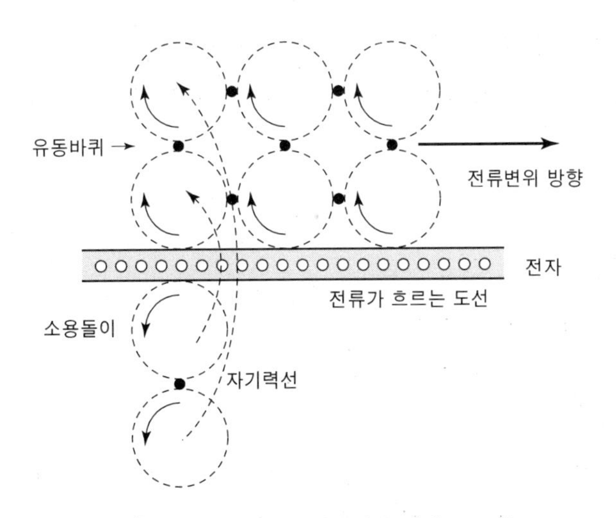

그림 13.7 맥스웰의 전자기적 에테르 모델

[12] Maxwell 1954, viii–ix.

[13] Cardwell 1972, 176–82. **그림** 13.7은 Cardwell의 Figure 33을 인용한 것이다.

리들은 자기장의 선을 나타낸다. 도선 바로 옆에 있는 소용돌이 회전층은 (그림에서 오른쪽으로) 에테르의 입자들을 운동 상태에 놓이게 한다. 그러나 에테르가 탄성을 갖기 때문에 이러한 입자들에게는 작은 크기의 측면 변위만 허용된다. 이러한 매우 한정된 초기 변위 후에, 이 입자들은 소용돌이와 접촉한 상태로 남아 있고 미끄러지는 것이 허용되지 않는다. 따라서 이 입자들은 소용돌이의 첫 번째 층의 반대 방향으로 회전한다. 이렇게 회전하는 유동바퀴는 에테르의 다음 층으로 자신의 회전을 전달하고 첫 번째 층과 같은 방향으로 회전하는 소용돌이 고리의 두 번째 층을 형성한다(**그림 13.7**에서 도선의 위쪽은 시계 방향, 아래쪽은 반시계 방향).

유동 입자들의 초기 측면 운동은 전기장(또한 맥스웰에 의해 전기적 변위라고 불리기도 했다)과 연관이 있다. 이 효과는 일시적인 것이고 도선에 전류가 흐르기 시작한 후 잠시 동안만 존재한다. 비슷하게, 도선의 전류가 멈추면 일시적인 전기적 변위가 발생하고 초기 평형 상태로 돌아가려는 에테르 때문에 이번엔 반대 방향이 된다. 도선 안의 전류가 일정하게 유지되는 한 전기적 변위는 존재하지 않고, 소용돌이 필라멘트로 이루어진 자기장만이 있게 된다. 이는 패러데이의 유도법칙을 설명해준다. 이 모형은 어떻게 서로 수직으로 가로지르는 전기장(E)과 자기장(B)의 집합이 다양한 전류가 흐르는 도선의 밖으로 전파되는지 분명히 해준다. 비슷한 맥락에서, 정전기장은 평형으로부터의 매질의 변위 때문에 발생하는 압력이라고 생각했다. 이러한 전기적 장력은 매질이 변형을 받는 한 남아있을 것이고 매질이 평형상태로 돌아가게 되면 사라진다.

1861년 톰슨에게 보내는 편지에서, 맥스웰은 이 매질을 다음과 같이 묘사하고 있다.

> ⊛ 나는 '자기 매질'은 작은 조각이나 방들로 나누어져 있다고 생각한다. 그 경계선이나 방의 벽은 구형 입자들의 하나의 층으로 이루어져 있는데, 이러한 입자들이 '전기'이다. 나는 그 방의 물질은 압축과 뒤틀림에 매우 탄성적이라고 생각한다. 그리고 방들과 방 벽의 입자들 사이의 연결은 그들 사이에 미끄러짐 없는 완벽한 회전이 있고 서로 접선 방향으로 행동한다고 생각한다.[14]

그 후 그는 톰슨에게 그러한 매질 안에서의 전자기 전파 역학에 대해 세부적으로 이어나갔다. 맥스웰의 이 부분에 대한 더 상세한 설명은 이 장의 끝 부분에 있는 13장 부록의 첫 번째 인용문에 나타나 있다.

[14] Whittaker 1973, Vol. I, 250.

13.5 에테르를 지지한 맥스웰의 주장

『브리태니커 백과사전』(Encyclopaedia Britanica) 9판에 나오는 에테르에 대한 장문의 기사에서, 맥스웰은 결론 부분에서 소용돌이 선들은 영구자석 주위에 무한히 긴 시간 동안 존재해야 한다고 말하였다. 소용돌이를 가질 수 있는 알려진 그 어떤 유체도 점성이 있어서 소용돌이는 결국 열로 흩어져야 하기 때문에, 그는 또 다른 특이한 성질을 지닌 에테르의 아이디어를 수용해야 했다. 그럼에도 불구하고 그는 그것의 존재를 확신했고, 오히려 단순한 물리 영역을 뛰어넘는 에테르의 기능을 제시하기도 했다.

> ⊛ 점차적으로 에너지를 잃어 열을 방출하는 것이 없으면서도 무한한 시간 동안 유지되는 분자 소용돌이 시스템을 설명하는 에테르 구조에 대한 어떤 이론도 아직 발견되지 않았다.
> 우리가 에테르의 구조에 대한 일관된 생각을 형성하려 할 때의 어려움이 무엇이든, 행성 간의 우주 공간과 성간 공간은 텅 비어있지 않다는 것은 자명하다. 그 공간은 우리가 알고 있는 것 중에서도 분명히 가장 크고 아마도 가장 균일한 물질로 채워져 있다.
> 등방성 물질의 이 거대하고 균일한 확장이 서로 떨어져 있는 물체들 사이의 물리적 상호작용의 매질이 되고 아마 우리가 아직 모르고 있는 다른 물리적 기능을 만족시키기에 적합한지, 뿐만 아니라 … 현재의 우리 또는 현재의 우리보다 더 고차원의 생명과 정신의 기능을 갖는 존재에 대한 물질적 구조를 형성하는 데에도 적합한지는 물리적 고찰의 한계를 초월하는 질문이다.[15]

맥스웰의 관점에서 에테르와 패러데이의 역선의 가장 큰 장점은 원거리 작용이라는 신비적 개념을 피할 수 있게 하였다는 것이다. 런던의 왕립학회 발표에서 그는 연속적인 장의 개념과 원거리 작용의 비교에 대한 자신의 관점을 나타냈다. 이것의 발췌문은 13장 부록의 두 번째 발췌문인 긴 인용문에 실려 있다. 이 글과 그의 다른 글들을 통해 우리는 맥스웰이 얼마나 진지하게 에테르를 물리적으로 실재 존재하는 전자기 현상의 전파 매질로 생각했는지 알 수 있다.

[15] Maxwell 1890, Vol. II, 775.

부록. 에테르 대 원거리 작용에 대한 맥스웰의 생각

맥스웰이 쓴 에테르에 대한 기술(**그림 13.7** 참조):

> 이 논문의 첫 번째 장에서 나는 자석, 전류, 자기 유도성을 가진 물질 사이에 작용하는 힘들이 어떻게 회전하는 물체의 수많은 소용돌이로 자기장이 채워지고, 그 소용돌이의 축은 장 안의 모든 점에서 자기력의 방향과 일치한다는 가정과 함께 설명될 수 있는가를 보였다.
> 이러한 소용돌이의 원심력은 그 최종 효과가 우리가 관찰하는 크기와 방향이 동일한 힘과 같은 방식으로 분포되는 압력을 발생시킨다.
> 두 번째 장에서 나는 이러한 회전이 공존하며 이미 알려진 자기력선의 법칙에 따라 분포될 수 있는 메커니즘에 대해 기술하였다.
> 나는 회전 물질이 벽으로 서로 나누어진 특정한 방의 물질들로 되어 있다고 생각하였다. 방의 벽은 방에 비해 매우 작은 입자로 구성되어 있다. 그리고 이러한 입자들의 운동과 방 안의 물질에 접하는 작용으로 인해, 회전이 하나의 방에서 다른 방으로 전달된다.
> 나는 이러한 접촉 작용을 설명하려 시도하지 않았다. 그러나 각 방의 외부에서 내부로 회전의 전달을 설명하기 위해 방 안의 물질은 정도의 차이는 있겠지만 고체에서 관측되는 것과 유사한 종류의 형상의 탄성을 갖는다는 것을 가정해보는 것이 필요하다. 빛의 파동설에 따르면 횡파 진동을 설명하기 위해 빛을 전달하는 매질에서 이러한 종류의 탄성이 필요하다. 따라서 전자기적 매질이 동일한 특성을 갖는다고 놀랄 필요는 없다.
> 우리의 이론에 따르면, 방 사이의 구획을 형성하는 입자들은 전기 물질을 구성한다. 이러한 입자들의 움직임은 전류를 형성하고, 입자들이 방의 물질로부터 누르는 힘을 받아 생기는 접촉하는 힘은 기전력이 된다. 입자 서로 간의 압력은 전기의 장력 또는 퍼텐셜에 대응한다.[16]

원거리 작용과 비교되는 에테르에 대한 맥스웰의 주장:

> 나는 오늘 저녁 여러분 앞에 새롭게 선보일 발견을 가지고 있지 않습니다. 대신 여러분들이 아주 오래된 과거로 돌아가 인류가 사고하기 시작한 이후로 반복해서 제기되

[16] Maxwell 1890, Vol. I, 489-90.

었던 문제로 관심을 돌리길 바랍니다.
그 문제는 바로 힘의 전달에 관한 것입니다. 우리는 서로 멀리 떨어져 있는 두 개의 물체가 서로 각각의 운동에 상호 영향을 준다는 사실을 알고 있습니다. 이 상호작용은 두 물체 사이의 공간을 채우고 있으면서 전파의 매질로 기능하는 제3의 물질의 존재에 의존하겠습니까 아니면 다른 물질의 중재 없이 즉각적으로 작용하는 것이겠습니까?
패러데이가 이런 종류의 현상을 바라본 방법은 다른 많은 최근 연구자들이 채택했던 방법과는 다릅니다. 오늘의 나의 목적은 여러분들이 패러데이의 관점에 도달하게 하고 그에게 있어서 전기 과학의 열쇠가 되었던 역선에 대한 개념의 과학적 가치를 알게 해드리는 것입니다.
우리는 한 물체가 떨어져 있는 다른 물체에 작용하는 것을 관측할 때, 이 작용이 직접적이고 즉각적이라고 가정하기 전에 일반적으로 두 물체 사이에 어떤 물질이 연결되어 있지는 않은지 조사합니다. 만약 우리가 관측된 작용을 설명할 수 있는 줄이나 막대기 혹은 다른 메커니즘을 두 물체 사이에서 찾아낸다면, 우리는 직접적인 원거리 작용의 개념을 수용하기보다는 이러한 매개 연결의 방식으로 그 작용을 설명하는 것을 선호할 것입니다.

…

많은 경우에 원거리 물체 사이의 작용은 둘 사이의 공간에 채워져 있는 계속적인 물체들의 쌍 사이에서 연이은 물체들의 작용으로 설명될 수 있을 것입니다. 그리고 매개 작용의 옹호론자들은 즉각적인 매개체를 인식할 수 없는 경우에 있어서 그와 같은 인식할 수 없는 매개체의 존재를 받아들이는 것이 어떤 물체가 존재하지 않는 곳에서 작용할 수 있다고 주장하는 것보다 더 철학적 인가라는 질문을 던집니다.
공기의 특성을 모르는 사람들에게는 보이지 않는 매개물을 통한 힘의 전달이 원거리 작용의 다른 어떤 예와 마찬가지로 설명하기 힘든 것처럼 보일 것입니다. 하지만 이 경우에 우리는 그 전체적인 과정을 설명할 수 있고 또한 작용이 매개물의 한 부분에서 다른 부분으로 이동되는 비율도 측정할 수 있습니다.

…

따라서 그 힘은 뒤로부터의 떠밂-후원력(vis a tergo)-인 그 옛날 학파의 힘입니다.

…

자석이나 전류 혹은 도선의 전류 유도에 작용하는 힘과 관련된 모든 질문들이 패러데이의 역선을 사용하여 설명될 수 있는 모든 방식들에 대해 기술할 시간은 없습니다. 여기에서 그 문제들은 결코 잊혀지지 않을 것입니다. 이러한 새로운 기호체계를 사용하여 패러데이는 수학적 정교함으로 전자기학의 전체 이론을 정의하였습니다. 그리고 이 방식은 수학적 난해함을 갖지 않으며 가장 간단한 문제에서 어려운 문제에 이르기까지 응용 가능합니다. 그러나 패러데이는 여기서 멈추지 않았습니다. 그는 기하학적 역선의 개념으로부터 물리학적 역선의 개념으로 나아갔습니다. 그는 자기력 또는 전기력이 만들어내는 운동이 늘 역선을 짧게 만들고 서로 측면 방향으로 퍼지게 한다는 것을 관측하였습니다. 따라서 그는, 밧줄의 경우에서와 같이, 매질 속에서 역선의 방향으로 장력을 받고 동시에 그것과 직각인 압력을 받는 변형의 상태를 생각하였습니다. 이는 원거리 작용에 대한 매우 새로운 개념으로서, 원거리 작용을 줄의 장력이나 막대의 압력과 같은 방식으로 영향을 미치는 작용과 동일한 종류의 현상으로 환원시켰습니다. 우리 몸의 근육이-그 과정은 알려지지 않았지만 반응할 수 있는-자극으로 흥분되었을 때, 근육조직은 짧아지려 하고 동시에 측면은 늘어나게 됩니다. 근육에 의해서 압력 상태가 만들어지면 팔다리가 움직이게 됩니다. 근육 움직임에 대한 이러한 설명은 결코 완벽한 것일 수 없습니다. 흥분상태의 원인에 대한 설명이 없으며, 이러한 압력상태를 유지할 수 있는 근육의 결합력 또한 설명되지 않았습니다. 그럼에도 불구하고, 서로 떨어져 있는 원인과 결과에 대해서만 알고 있던 것이 매개 물질을 따라 연속적으로 확장되는 작용으로 대체되었으며, 우리는 이러한 간단한 사실이 동물 역학에 대한 지식의 진정한 진보에 해당한다고 여길 것입니다.
이와 유사한 이유로, 우리가 어떻게 그 압력의 상태가 생겨났는지 모르더라도, 전자기장에서 압력 상태에 대한 패러데이의 개념을 통해 원거리 작용이 연속적으로 힘이 전달되는 방식으로 설명될 수 있다고 받아들일 수 있습니다.[17]

더 읽을거리

휘태커(Sir Edmund Whittaker)의 고전 『A History of the Theories of Aether and Electricity』의 제1권 4장, 5장, 8장은 브래들리로부터 맥스웰까지의 에테르에 대한 수학적 이론의 기술적 역사에 대한 세부적인 설명을 주고 있다. 하먼(Peter Harman)의 『Energy, Force and Matter』는 19세기 물리학의 개념 발전과 그 과정에서의 에테르의 역할에 대한 폭넓은 개관을 제공해준다. 버크월드(Jed Buchwald)의 『The Rise of the Wave Theory of Light』에서는 19세기 초의 광학이론과 실험에 관하여 다루고 있다.

[17] Maxwell 1890, Vol. II, 311, 312, 313, 320-1.

맥스웰 이론

에테르에 대한 경험주의적 관점과 역학적 모델 모두 맥스웰의 고전 전자기학 이론을 수립하는 데 기초가 되었다. 이 장에서는 먼저 맥스웰 이론의 형식적 측면에 대해서 논하고, 이어서 기존의 고전역학의 원리와 전자기학 이론의 원리 사이의 심각한 갈등으로 이어졌던 관찰결과에 대해 살펴보겠다. 그리고 이것은 이어지는 장들에서 다루게 될 상대성 이론의 기초가 될 것이다.

14.1 맥스웰 방정식

맥스웰의 위대한 통합 이전에는 전기학과 자기학으로 구분된 각 영역에 관한 기본 법칙들이 있었는데, 그것은 정전하 q에 의해 발생하는 전기장 E에 대한 쿨롱의 법칙(Coulomb's law)과 전류 i가 흐르는 도선에서 발생하는 자기장 B에 대한 비오-샤바르 법칙(Biot-Savart law)이었다. (14장 부록에는 이 법칙들의 수학적인 설명과 본 절에서 이루어지는 많은 주장들에 대한 수학적 세부사항들이 실려 있다) 이들 법칙 각각은 실험적으로 결정되어야 하는 비례상수들(예를들어, k_1과 k_2)을 포함하고 있다. (이는 식(8.4)의 뉴턴의 중력 법칙에서 상수 G와 유사하다) 즉, 상수 k_1과 k_2는 각각 다른 유형의 현상(즉, 정전기적 현상과 정자기적 현상)에 의해서 독립적으로 고정된다. 이때 k_1/k_2가 c^2이라는 속도의 제곱 차원을 갖는데, 그 이유에 대해서는 곧 명백하게 설명될 것이다.

이 동력학 법칙들은 뉴턴의 법칙이 고전적인 중력효과를 설명했던 것과 같이 정지해 있는 전하와 운동하는 전하가 각각 전기장과 자기장을 만들어내는가에 대해 정량적으로 기술하고 있다. 전자기 법칙은 맥스웰의 『논문』에 나타나 있듯이 빈 공간(전하도 전류도

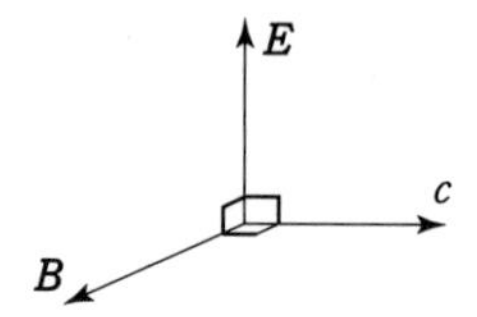

그림 14.1 c의 진행 방향에 서로 수직한 E와 B의 장

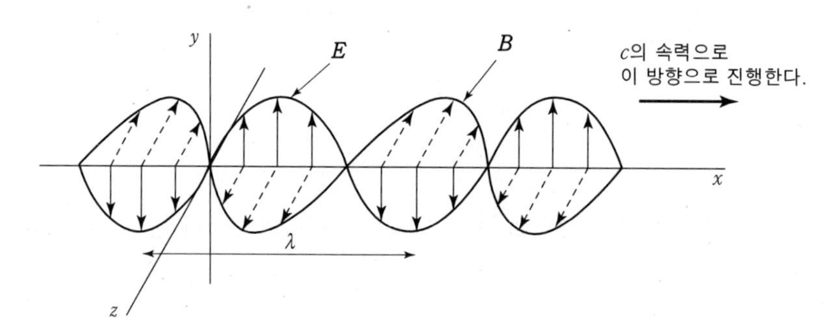

그림 14.2 평면 전자기파의 진행

없는 영역)에서 전자기장은 파동 방정식을 만족한다는 것을 함축한다. 이것은 전기장과 자기장이 c의 속력으로 공간에서 전달된다는 것을 의미한다. 따라서 진행하는 E와 B는 맥스웰 방정식의 해가 된다. 또한 방정식은 E와 B가 서로 직교한다는 것도 말해준다. **그림 14.1**은 이 장들의 상대적인 방위와 전달 방향(c)을 나타내고, **그림 14.2**는 사인 곡선 형태의 장의 전달을 보여주고 있다.

맥스웰 이론의 가장 큰 성과 중의 하나는 전자기파의 속력이 두 개의 점전하 사이의 (정적기적) 인력(또는 척력)에서 나타나는 쿨롱 법칙(14장 부록의 식(14.9))의 비례상수 k_1과 전류가 흐르는 두 개의 전선에서 작용하는 (자기적) 힘을 설명하는 비오-사바르 법칙(14장 부록의 식(14.10))의 비례상수 k_2의 비의 제곱근에 해당한다는 것이다. 요점은 이 상수들이 각각, 전기적 측정과 자기적 측정을 하는 독립적인 실험을 통해 정량적으로 이미 결정되었으며, 빛의 속력 c도 맥스웰의 연구 이전에 실험적으로 측정되었다는 것이다. 이 예상된 속력은 진공에서의 빛의 속도(c)와 일치한다는 것이 판명되었다. 이것이 단지 우연에 의해서 일치하는 것일 수도 있지만, 빛이 전자기파라는 것을 보이는 하나의 징표라고 생각하는 것이 보다 합리적으로 보인다. 자신의 『논문』에서 맥스웰은 다음과 같이 적고 있다.

⊛ v의 크기는... 전자기적 교란에 의한 전달 속도로 표현하면... $1/\sqrt{\mu_0\varepsilon_0}$과 동일하다. 빛이 전자기적 교란이라는 이론에 의하면... 여러 방법에 의해서 추정된 값인 v는 빛의 속도(c)이어야 한다. 반면에 [그 방법에 의해서 결정된] $1/\sqrt{\mu_0\varepsilon_0}$는... 빛의 속도를 찾는 방법이 상당히 독립적이다. 따라서 v의 값과 $1/\sqrt{\mu_0\varepsilon_0}$의 일치 여부가 빛의 전자기적 이론의 검증이 된다.[1]

나아가, 맥스웰 방정식에 들어가는 속도(c)는 절대 좌표계를 정의하는 데 실마리를 제공해주는데, 그것은 c는 어떤 특별한 좌표계에 대한 상대적인 속력이어야 하기 때문이다. 에테르는 빛의 속도가 c의 값(3×10^8m/s)을 갖는 기준계로 작용한다. 즉, 맥스웰의 방정식(식(14.13a)-(14.13d))은 속도를 정확하게 포함하고 있으나, 뉴턴의 2법칙($F=ma$)은 가속도만 포함하고 있고 속도를 포함하지 않고 있다. 따라서 뉴턴의 동력학 이론은 유일한 관성 기준계를 선별하지 못하지만 맥스웰의 법칙은 할 수 있는 것처럼 보인다. 우리는 16장에서 특수 상대성 이론에 대해 논할 때 이 문제에 대해서 다시 돌아보게 될 것이다.

14.2 변위전류

비록 현재에는 주의를 끌지 못하지만 실제적인 전자기적 에테르에 대한 개념은 맥스웰 자신의 이름이 붙여진 방정식(식(14.13))을 만드는 데 매우 중요했다. 그의 방정식을 완성하는 데 있어서의 중요한 통찰 중의 하나는 전자기파의 전달에 반드시 필요한 소위 **변위전류**(displacement current)(식(14.13d) 우변의 $\mu_0\varepsilon_0\partial E/\partial dt$ 항)가설이었다.

어떻게 맥스웰은 변위전류에 도달했을까? 일반적인 주장은 수학적인 모순을 제거하기 위한 순수한 논리적 논증을 통해 도달했다는 것이다. 맥스웰의 전기와 자기의 법칙들은 선각자들이 만들었던 전류가 만드는 자기장에 의해서 주어진 앙페르의 법칙(식(14.18))과 전하의 보존을 표현한 연속 방정식(식(14.13e))을 이어받아 만들어진 것이다. 이러한 방정식을 결합했을 때, 우리는 단지 정지상태(steady-state)-즉, 전하 밀도가 시간에 따라

[1] Maxwell 1954, Vol. II, Article 786, 435-6. 여기에서 ε_0와 μ_0는 각각 앞의 논의에서 나타난 k_1와 k_2와 연관되어 있다. 이러한 여러 상수들 간의 정확한 관계에 대해서는 Jackson(1975, 813-17)에서 찾아볼 수 있으며 14장의 부록도 참조한다. 역사적으로는 전기학과 자기학에서 사용된 여러 종류의 단위가 있었고, 이것이 바로 표기 차이의 원인이 된다.

변하지 않는 상태-를 만족한다는 것을 발견할 수 있다. (14장 부록에서 상세한 수학적 증명을 볼 수 있다) 일반적인 이야기를 하자면, 이제 맥스웰은 앙페르의 법칙(식(14.18))을 자기장(식(14.13d)에서 얻어지는)에 의해서 만들어지는 전류 항을 포함해서 수정함으로써 논쟁을 해결할 수 있었고, 모순이 없어졌다.

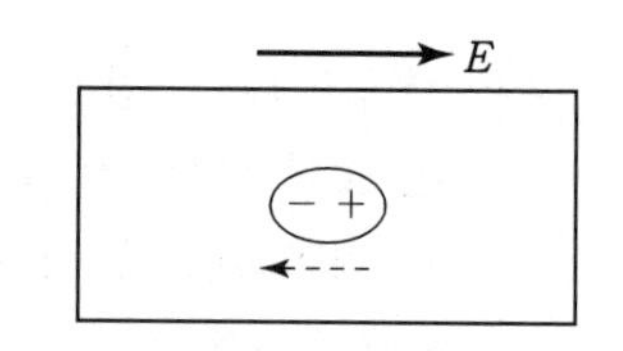

그림 14.3 매질에서의 전기 분극

확실히 이것은 맥스웰의 위대한 발견이 어떻게 만들어졌는가에 대한 매우 깔끔하면서도 논리적으로 설득력 있는 재구성이다. 하지만 우리들의 역사적 기록도 그것과 일치하는가?[2] 그렇지 않은 것 같다. 왜냐하면, 맥스웰은 그 어떤 수학적 불일치에도 초점을 맞추지 않았기 때문이다. 그러나 그는 우리가 유전체에서 알고 있는 것처럼 전기장의 시간적 의존성($\partial \boldsymbol{E}/\partial t = 0$)에 의해 물질로 된 매질에서 분극이 일어날 것으로 추론하였다. **그림 14.3**은 서로 묶여 있는 양전하와 음전하로 이루어진 매질에 전기장 E가 작용할 때의 효과를 나타낸다. 외부에서 주어지는 장의 영향 아래에서 '분자'는 그림과 같이 분극된 (또는 '당겨진') 상태로 배열된다. 일정한 E에서 각각의 쌍들은 그림처럼 평형을 유지한다. 그러나 E가 시간에 따라 변하면 전하의 배열은 계속적으로 운동 상태에 있게 된다. 이러한 움직이는 전하들이 전류-즉, 변위 전류-를 구성한다. 맥스웰은 그의 『논문』에서 말한다.

> ⊛ 시간이 지나는 동안 이 변위의 증가는 안쪽으로부터 바깥쪽으로의 양의 전기의 흐름과 같고, 변위의 감소는 반대 방향의 전류와 같게 된다.
> 유전체의 고정된 면적을 통해 이동한 전기의 총량은 우리들이 이미 살펴본 면적분에 의해서 얻은 값을 통해 측정된다.[3]

이것은 텅 비어 있지 않고 에테르로 가득 찬 '진공'에서의 전기장까지도 가능한 것으로 만들어준다(**그림 13.7** 참조).

비록 에테르가 전자기 이론의 발전에 나타난 많은 공식적 진보에서 드러나게 사용되지

---

[2] 이러한 재구성은 Brok(1963), Bromberg(1967)에 기초한 것이다. Buchwald(1985, 20, 23, 29)는 다른 관점을 취하고 있는데, Maxwell 자신의 개념에서 전하와 전류는, 오늘날 우리가 거꾸로 보는 것과 다르게 전기장에 의해 만들어지는 것이었다.

[3] Maxwell 1954, Vol. I, Article 111, 166.

는 않았지만, 물리학의 과정에서 개념적 일관성을 위해서 반드시 필요한 것으로 보였다. 예를 들어, 무엇인가가 장(필드) 자체를 구성하는 응력과 와동을 지탱할 수 있어야 했다. 오늘날 우리가 이것에 대해 잘 기억하건 그렇지 않건, 맥스웰은 전자기적 에테르의 존재를 진지하게 받아들였기 때문에 그는 변위전류의 개념에 도달하고 전자기파의 전파에 대해 설명할 수 있었다.

14.3 마지막 고전 이론

맥스웰은 1865년의 그의 논문 〈전자기장의 동역학적 이론〉(A Dynamical Theory of the Electromagnetic Field)에서는 단지 전기장을 나타내는 수학적인 방정식만을 제시하였고 와동이나 유동 바퀴에 대해서 논하지는 않았다(**그림 13.7** 참조). 그 방정식은 올바른 것으로 증명되었고 살아남을 수 있었다. 그러나 최종적으로 에테르를 가정하였던 모든 역학적 모델들은 부정확한 예상을 제안하였고 결국 모두 폐기되었다. 비록 19세기 말까지는 이러한 상황이 일어나지는 않았지만, 그 당시에도 에테르가 특이한 '비물질적' 매질이라는 것이 명확해졌다. 그 후에 계속해서 이 난해한 에테르의 효과를 발견하기 위한 성공적이지 않은 시도들을 통해 다음 장에서 보게 될 특수 상대성 이론이 이끌어졌다.

전자기장에 대한 이러한 일련의 발전 과정은 현대 과학의 많은 분야에서 전형적인 과정에 해당한다. 즉, 기본적 현상이 먼저 실험적으로 관찰되고, 그 후에 이러한 현상을 지배하는 법칙들이 형성되는 것이다. 조만간 그 법칙에 모든 실험적 관찰 사실을 요약하고 새로운 관계들을 인식하도록 하는 간결한 수학적 형태가 주어진다. 에테르의 경우에는 법칙을 개념화하는 보조기구로서 그리고 고전역학보다 더 기본적이고 덜 복잡한 것이라고 믿어졌던 전자기적 현상을 이해하려는 시도로서 물리학적 모델로 구성되었던 것이다. 지속적인 실패가 있은 이후에야 비로소 전자기에 대한 역학적 모델은 포기되었고, 전자기 이론(electromagnetic theory)이 물리학의 구별되는 또 하나의 본질적 분야로 인식되었다. 우리는 지금부터 전자기 에테르 이론에 의해서는 예상되지 못한 결과들을 이끌어낸 실험에 대해서 논의해보도록 하자.

14.4 마이켈슨-몰리 실험

마이켈슨-몰리 실험은 물리학 역사상에서 가장 유명한 부정 실험(negative experiment)으로 언급되곤 한다. 그 실험의 주 설계자인 마이켈슨(Albert Michelson, 1852-1931)은 극도로 정확한 빛의 속력 측정을 위해서 그의 직업적 생활 대부분을 보냈던 미국의 실험 물리학자였다. 1907년 그는 그 공로로 미국에서 최초로 노벨 물리학상을 받은 과학자가 되었다. 마이켈슨은 프러시아의 스트렐로(Strelno)에서 태어났으나 두 살 때 미국으로 이민을 갔다. 그는 켈리포니아의 작고 가난한 광산 마을에서 자랐고, 17살에 아나폴리스(Annapolis)의 해군 사관학교에 입학했다. 켈리포니아라는 신개척지에서의 유년기 생활과 초기 해군 교육은 그가 전 생애에 걸쳐 엄격한 규율을 지키는 곧은 성격이 형성되도록 했다. 그는 자주 다툼이 있었으며 확실히 온화한 사람은 아니었다. 그가 사관학교의 교수로 있는 동안인 1878년에 그의 첫 번째 빛의 속력에 대한 측정이 이루어졌다. 그는 과학자로서의 경력을 보다 본격적으로 추구하기 위해 1881년 해군에서 사임했고, 1883년에 오하이오주의 클리블랜드에 새로 설립된 'Case School of Applied Science'의 교수로 취임했다. 그는 1887년에 Case의 교수였던 몰리(Edward Morley, 1838-1923))와 함께 에테르를 통과하는 지구의 운동을 탐지할 수 있는 매우 정밀한 실험을 수행하였다. 1889년부터 1892년까지 마이켈슨은 메사츠세추의 워체스터(Worcester)에 있는 클락대학의 물리학 교수로 있었는데 총장과 마음이 맞지 않아 새로 설립된 시카고대학의 물리학부 초대 학과장으로 가게 되었다. 그리고 그는 1929년 퇴임할 때까지 그곳에 머물렀다.

이 역사적 실험에 대해 우리들이 하는 논의는 뉴턴의 개념(특별히, 모든 관찰자에 대한 보편적 시간의 존재)에 기초하고 있다. 실험의 가설은 에테르는 빛의 속력이 $c = 3 \times 10^8\,\mathrm{m/s}$인 정지 좌표계이고 또 **그림 14.4**에 나타난 것과 같이 실험 기구는 이 특별한 계를 통해 v의 속력으로 움직인다는 것이다.[4] (태양 주위를 도는) 지구의 속력은 18 마일/s (29 km/s)이고 빛의 속력은 1.86×10^5 마일/s(3.00×10^5 km/s)이므로 $v/s \approx 10^{-4}$로 매우 작다. 실험의 기본적인 아이디어는 빛을 거울로 보내서 되돌아오게 반사시켜서(거리 l),

[4] 여기에는 다른 가능성을 담는 오래되고 흥미진진한 역사가 존재하는데, 예를 들어 에테르가 그 속을 통과하는 물체의 운동에 의해 부분적으로 또는 전체적으로 이끌린다는 것이다. 하지만 이러한 모든 대안들은 실험과 일치하지 않는 예측을 이끌었다. Michelson-Morley 실험의 시점에 이르러서는 정지상태의 에테르가 유일한 가능성으로 남아있었다.

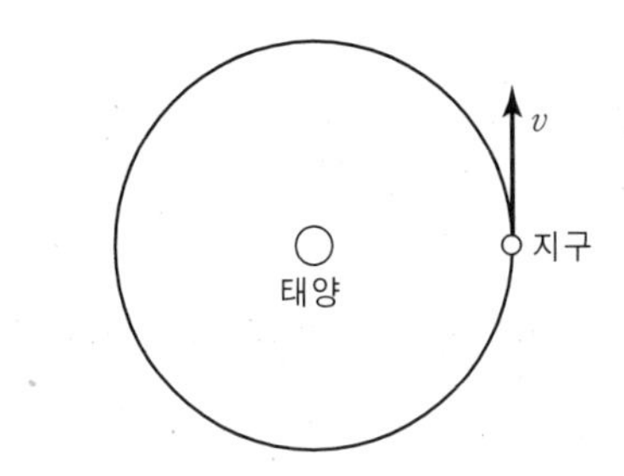

그림 14.4 에테르를 통과하는 지구의 운동

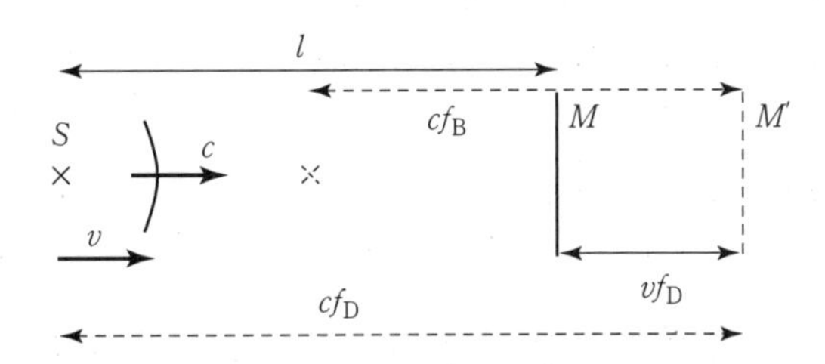

그림 14.5 정지한 에테르에서 실험기구(속력 v)에 평행한 광선(속력 c)의 운동

지구의 운동 방향과 일치하는 경우와 지구의 운동 방향과 수직인 경우의 빛의 왕복 운동 시간차를 측정하는 것이다.

우리는 (**그림 14.5**처럼) 광원과 거울의 거리와 빛이 광원에서 출발해서 반사되어 다시 돌아오는 시간을 통해서 속도 v를 구할 수 있다. 실험 기구가 정지되어 있다면, 우리는 간단히 빛의 이동시간이 $2\frac{l}{c}$임을 알 수 있다. 모든 경우에 거울과 광원은 실험 기구에 의해서 고정된 거리 l이 유지되어 있다. **그림 14.5**를 보면, '에테르' 좌표에서는 (실험 기구는 이에 대해 속력 v로 움직인다) 광원(S)에서 거울(M')로 이동하는 (에테르에 대해서 c의 속력으로 움직이는) 빛의 시간 t_D는 $ct_D = (l + vt_D)$이므로

$$t_D = \frac{l}{c - v} \tag{14.1}$$

그리고 빛이 반사되어 돌아오는 경우에는 $ct_B = (l - vt_B)$이므로 그 시간은 다음과 같다.

$$t_B = \frac{l}{c + v} \tag{14.2}$$

따라서, 빛이 왕복하는 시간의 총합은, 평행한 속도 v에 대해서, $T_{\parallel} = (t_D + t_B)$ 또는 다음과 같다.

$$T_{\parallel} = \frac{2l}{c}\left(\frac{1}{1-\left(\frac{v}{c}\right)^2}\right) \tag{14.3}$$

식(14.1)과 (14.2)의 결과는 실험 기구에 대한 빛의 상대 속도인 첫 번째의 $(c-v)$와 두 번째 경우의 $(c+v)$는 속도의 고전적인 합법칙을 이용하면 곧바로 구해진다.

다음으로 **그림 14.6**에서와 같이, v와 수직으로 정렬시킨 실험장치의 경우로 돌아가자. 다시 에테르의 정지계에서 빛의 경로를 볼 수 있다. 여기서 $t_D = t_B$이고 직각삼각형에 대한 피타고라스 정리에 의해서 $c^2t_D^2 = (l^2 + v^2t_D^2)$이므로, 시간은 다음과 같다.

$$T_{\perp} = 2t_D = \frac{2l}{\sqrt{c^2-v^2}} = \frac{2l}{c}\frac{1}{\sqrt{1-(v/c)^2}} \tag{14.4}$$

그림 14.7은 전체적인 실험의 배치를 나타낸다. 우리들은 식(14.3)과 식(14.4)에 의해서 시간차를 다음과 같이 생각할 수 있다.

$$T_{\parallel} - T_{\perp} = \frac{2l}{c}\left[\frac{1}{1-(v/c)^2} - \frac{1}{\sqrt{1-(v/c)^2}}\right] \tag{14.5}$$

이 시간차는 실험을 통해서 직접 측정하지 않고 간섭효과를 통해 측정한다. 양쪽 경로를 통한 이동이 시작될 때 연속된 파열(wave trains)의 위상은 같기 때문에 그것들이 서로 다른 경로를 이동하면, 광신호의 이동 시간이 두 경로에 따라 달라지게 된다. 따라서 그 신호들이 합쳐질 때 위상차가 발생한다. 이러한 위상차는 간섭무늬를 만들게 된다. (**그림 14.7**의 두 장치의 교차점에서 지면과 수직인 방향을 축으로 하여) 실험기구를 돌리

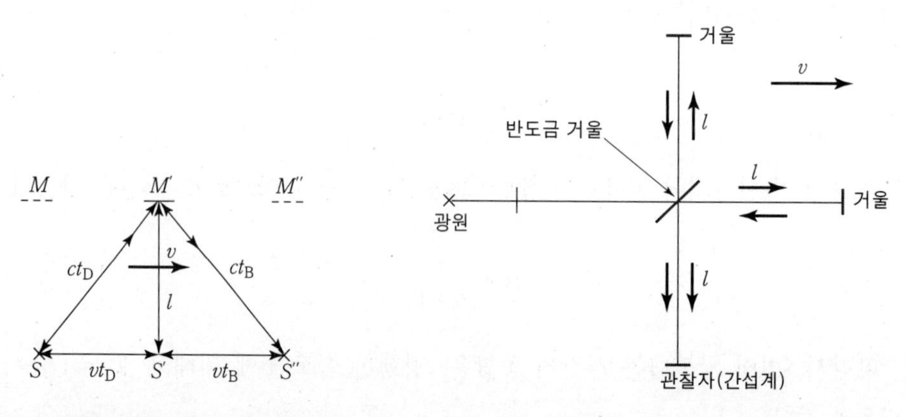

그림 14.6 정지한 에테르에서 실험기구(속력 v)에 수직한 광선(속력 c)의 운동

그림 14.7 마이켈슨-몰리 실험의 이상적 경우

기 시작하면, 경로차는 줄어들어서 v의 방향과 45° 각도를 이룰 때 0이 된다. 이때 간섭무늬는 보강 간섭으로 나타난다. 따라서 실험기구가 본래의 위치에서 90° 회전했을 때(평행한 것과 수직인 팔이 서로 바뀌었을 때), 식(14.5)에 주어진 바에 의해서 시간차는 다음과 같이 두 배가 된다.

$$\Delta T_{\text{total}} = \frac{4l}{c}\left(\frac{1}{1-(v/c)^2} - \frac{1}{\sqrt{1-(v/c)^2}}\right) \cong \frac{4l}{c}\left(\frac{1}{2}\frac{v^2}{c^2}\right) = \frac{2l}{c}\frac{v^2}{c^2} \tag{14.6}$$

우리는 $(v/c)^2$의 전개에서 (v/c)가 매우 작기 때문에 분모를 근사할 수 있다. (v/c)의 이차항(약 10^{-8})의 결과를 측정하는 것은 실험에서는 굉장한 정확성을 요하기 때문에 매우 어렵다.

이 결과의 양적인 측면을 좀더 상세하게 알아보자. 식(14.5)에서 $T_{\parallel}$는 $T_{\perp}$보다 크기 때문에, **그림 14.8**과 같이 v에 평행하게 진행하는 파가 수직인 파보다 다소 뒤처진다. 우리들이 주기적인 파(파장 λ, 진동수 ν)가 $\lambda\nu = \lambda/\tau = c$였다는 것을 상기한다면 간섭무늬의 개수를 계산할 수 있다. 평행파는 수직파에 뒤처지는 τ(주기) 시간 동안에, 간섭무늬에서 하나의 완전한 무늬가 이동할 것이다.

하나의 완전한 광선 줄무늬가 이동하면 그 패턴은 하나의 보강간섭에서 다음번 보강간섭으로 이동하고, 반면에 광선의 줄무늬가 반만 이동하면 보강간섭에서 완전 상쇄간섭으로 이동한다. 식(14.6)에 의하면 우리들은 $l \cong 11\text{m}$인 실험에서 실험 기구를 90° 회전시키면 마이켈슨이 사용한 가시광선 영역인 일반적인 파장($\lambda \cong 5.5\times10^{-7}\text{m}$)에서 광선주름의 이동은 $n \cong 0.4$임을 알 수 있다. 그러나 마이켈슨-몰리 실험에서는 어떠한 결과도 얻지 못했고, 광선 줄무늬의 이동은 발견되지 않았다.

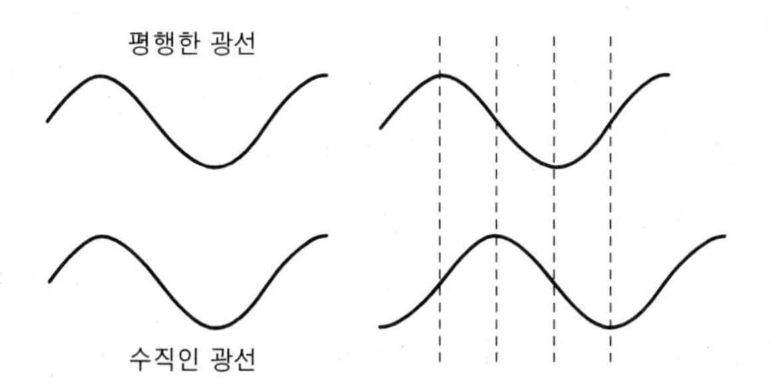

그림 14.8 간섭에 의해 형성되는 줄무늬의 이동

14.5 상대성 이론의 선구자

1892년 더블린에 있는 트리니티대학(Trinity College)의 자연 및 실험 철학 교수였던 조지 피츠제랄드(George FitzGerald, 1851-1901)는 마이켈슨-몰리 실험의 부정적인 결과를 피할 수 있는 방법을 찾았다. 그는 에테르를 통과하는 실험기구가 이동 방향으로 조금 수축한다면 측정된 결과가 나오는 것을 보였다. 이를 정량적으로 보기 위해 **그림 14.7**의 v 방향으로 길이 $l_{\|}$인 팔을 갖고, v와 수직 방향으로 길이 $l_{\perp}$를 갖는 마이켈슨-몰리 실험 기구에 대해서 생각해보자. 실험에 일치하게 하기 위해서 식(14.3)과 식(14.4)를 수정하고 $T_{\|} = T_{\perp}$라고 하면, 우리는 다음을 얻을 수 있다.

$$l_{\|} = l_{\perp}\sqrt{1-(v/c)^2} \tag{14.7}$$

즉, l_0가 정지(또는 운동 방향과 수직으로 이동하는) 상태의 길이라 하고 v와 평행하게 움직일 때의 길이가 l이라면 피츠제랄드의 추측은 다음과 같이 된다.

$$l = l_0\sqrt{1-(v/c)^2} \tag{14.8}$$

다시 한번 이것은 $(v/c)^2$에 비례하는 이차항 효과를 갖고 있다. 그러나 왜 희박한 에테르를 통해서 움직이는 물체가 수축하는가에 대해서 이해하는 것은 매우 어려웠다. 피츠제랄드의 설명은 여전히 우주와 시간에 대한 뉴턴의 개념을 고수하고 있었다.

수축 가설은 물리학자들의 지지를 얻었는데, 그것이 단순히 우리가 위에서 설명한 것 같은 마이켈슨-몰리 실험의 부정적인 결과에 대해 설명했기 때문은 아니었다. 그 이후인 1892년에 라이덴 대학의 수리물리학 교수로 있던 네덜란드의 이론 물리학자인 로렌츠(Hendrik Lorentz, 1853-1928)에 의해서 수축 이론이 다시 주장되었다. 그는 후에 전자기 복사 이론으로 1902년에 노벨 물리학상을 수상했다. 로렌츠는 그 시대에 가장 뛰어난 물리학자였으며 에테르 매질에서 상호작용하는 전자 이론을 성공적으로 구축했다. 식(14.8)과 같은 수축 가설을 받아들이지 않았다면, 1892년 처음 주장했던 로렌츠의 이론은 마이켈슨-몰리 실험의 부정적인 결과를 설명하지는 못했을 것이다. 그는 수학적 '기교(trick)'를 사용해서 1892년 처음 합리적인 설명을 이끌어냈고, 그 후인 1895년이 되어서야 에테르를 통해 움직이는 물체의 수축을 완벽히 설명해낼 수 있었다. 그는 움직이는 계에서의 맥스웰 방정식을 연구하면서 물리 변수인 x, y, z, t 대신에 x', y', z', t'의 새로운 집합으로 더욱 간단한 수학적 분석과 해를 얻을 수 있었다. 지금 우리는 x, y, z, t와

x', y', z', t'의 수학적인 관계에 대해서 고민할 필요는 없다(오늘날 이 방정식은 1904년에 발간된 로렌츠 변환으로 알려져 있으며 16장에서는 다른 맥락을 통해 알아 볼 것이다). 로렌츠가 그의 새로운 변수 집합(또는 관성계)으로 전기력을 표현했을 때, 그는 그것이 처음의 계에서와 같지 않다는 것을 발견했다. 로렌츠는 세상의 모든 분자력과 상호작용은 기본적으로 전자기적인 것이라고 믿고 있었고, 그는 분자력이 전자기력처럼 변형되는(또는 다른 기준계에 대해 나타나는) 것이라는 **분자력 가설**(molecular force hypothesis)[5]을 세웠다. 이 가설로부터 그는 식(14.8)의 로렌츠-피츠제랄드 수축 가설(Lorentz-FitzGerald contraction hypothesis)을 유도할 수 있었다. 수축가설이 마이켈슨-몰리 실험의 부정적 결과를 설명한다고 주장한 뒤, 로렌츠는 마이켈슨-몰리 실험에 대해 논한 1895년의 논문에서 다음과 같은 수축이 가능함을 설명했다.

> ⊛ 우리는 이 가설을 처음 볼 때는 매우 놀랍지만, 현재 분명하다고 추정하는 전기력이나 자기력처럼, 분자 간의 힘도 에테르를 통해 전달된다고 가정하는 것이 결코 무리한 일이 아니라는 것을 받아들여야 할 것이다. 만약 그렇게 전달된다면 분자들 사이의 전달은 확실히 전하들 사이의 척력, 인력과 닮은꼴로 두 개의 분자 또는 원자들 사이의 상호작용에 영향을 미칠 것이 확실하다. 이제, 고체의 형태와 차원이 분자 상호작용의 크기에 의해 궁극적으로 제한되기 때문에, 차원의 변화 또한 일어나지 않을 수 없다.[6]

이 이론의 결과와 에테르에 대한 지구의 상대적인 운동의 측정을 위한 모든 실험적인 시도의 결과는 자연이 절대적 정지 상태의 '특별한' 좌표계가 존재하지 않음을 보이는 것으로 보였다. 이것은 프랑스를 이끄는 수많은 과학자들처럼 애콜폴리테크닉(École polytechnique) 출신의 예리한 수학자이며 이론 물리학자이자 철학자인 푸앵카레(Poincaré)에 의해서 새로운 물리학적 원리로 진보되었다. 그는 후에 파리 대학의 교수가 되었다. 1899년의 소르본느 강연(Sorbonne lecture)에서 푸앵카레는 자신의 관점을 다음과 같이 요약하였다.

> ⊛ 나는 틀림없이 광학 현상이 오로지 물체, 광원, 그리고 광학 기구의 상대적인 운

[5] Zahar 1976, 특히 221-30.

[6] Lorentz n.d., 5-6.

동만에 의존한다고 생각하고 .... 정말로 사실이라고 생각한다.[7]

푸앵카레는 에테르의 존재 자체에 대해 의문을 가졌다. 그는 1904년 세인트루이스에서 열린 'Congress of Arts and Science'에서 개별적인 절대속도를 갖지 않고 관성 관찰자들 사이의 상대속도에만 따른다는 **상대성 원리**(principle of relativity)라는 용어를 도입하였다. 그는 이 원리로부터 물리학 법칙은 모든 관성 관찰자들에게 동일할 뿐 아니라 빛의 속도를 초과할 수 없다고 주장했다. 같은 해에 로렌츠는 이 이론을 만족하는 전자 이론을 제안하였으나 그는 여전히 에테르의 존재에 매달렸다. 16장에서 우리는 에테르의 존재를 허용하지 않는 그리고 나중에 보편적으로 받아들여졌던 아인슈타인의 특수 상대성이론에 대해서 소개할 것이다. 1916년판 로렌츠의 『전자 이론』(The Theory of Electrons)의 결론은 다음과 같다.

> ⊗ 나는 아인슈타인이 그의 [상대성] 원리의 매우 흥미로운 수많은 응용들에 대해 여기서 말할 수는 없다. 전자기학과 광학적 현상에 대한 그의 결과는.... 선행하는 페이지들에서 우리가 얻은 것과 동일하지만, 가장 큰 차이점은 상당한 어려움을 갖고 전자기장에 대한 기본 방정식들로부터 연역하였던 것을 간단히 자명한 원리로 가정하였다는 것이다. 그렇게 함으로써 그는 우리가 마이켈슨, 레일리(Rayleigh), 브레이스(Brace)의 부정적인 결과의 실험들이 정반대의 효과를 갖는 우연의 보상으로서가 아닌 일반적이고 근본적인 원리들의 표현이라는 것을 알게 하였다는 공로를 분명히 갖는다.
>
> 하지만 나는 아직 내가 발표한 이론의 형태에 어울리는 부분들이 존재한다고 생각한다. 나는 확실하게 실체성를 갖지만 모든 일반적인 물체와는 다른 그것의 에너지와 진동하는 전자기장의 기저가 되는 에테르를 생각하지 않을 수 없다. 이러한 일련의 생각에서 먼저 에테르를 통해 물체가 움직이거나 아니거나 아무런 차이를 만들어 낼 수 없는 것을 가정하지 않고 또 에테르에 상대적으로 고정된 위치를 갖는 막대와 시계로 거리와 시간을 측정하는 것을 가정하지 않는 것이 자연스러운 것 같다.
>
> 시작점의 대담함에 매혹되었다는 점 이외에도 아인슈타인의 이론이 내 이론을 능가하는 이점을 갖고 있다는 점을 추가하는 것이 올바를 것이다. 나는 정지한 계에 적용되는 것과 정확하게 동일한 형태의 계를 운동하는 축에 대한 방정식에 대

[7] Whittaker (1973, Vol. II, 30)에서 인용한 것이다.

해 얻지 못했지만, 아인슈타인은 내가 소개했던 새로운 변수들의 계에 약간의 변화를 가하면서 이를 완성하였던 것이다. 나는 그의 이러한 대체로부터 도움을 받지는 못했는데, 그것은 그 공식이 상대성 원리 자체로부터 연역되지 않는 한 다소 복잡하고 인위적이기 때문이다.[8]

다음 장에서 우리는 고전 역학적 세계관과 상대성이론의 세계관을 재고하도록 하였던 일련의 실험에 대해서 논하게 될 것이다.

부록. 맥스웰 방정식의 수학적 형태

정전하 q에 의해서 발생하는 전기장 $\boldsymbol{E}$에 대한 쿨롱의 법칙은 다음의 형태를 갖고[9]

$$\boldsymbol{E} = k_1 \frac{q}{r^2}\hat{r} \qquad \left\{\boldsymbol{E} = \frac{1}{4\pi\varepsilon_0}\frac{q}{r^2}\hat{r}\right\} \tag{14.9}$$

전류 i가 흐르는 (길이 l인) (작은) 전선에 의해서 생성되는 자기장 $\boldsymbol{B}$에 대한 비오–샤바르 법칙은 다음과 같다.

$$\boldsymbol{B} = k_2 \frac{il \times \boldsymbol{r}}{r^3} \qquad \left\{B = \frac{\mu_0}{4\pi}\frac{il \times \boldsymbol{r}}{r^3}\right\} \tag{14.10}$$

여기서 k_1과 k_2는 실험에 의해서 결정되는 상수이다. 두 개의 긴 평행도선에 전류가 i와 i'이 흐르고 d만큼 떨어져 있을 때 전선의 작은 조각 dl에 작용하는 힘 dF는

$$\frac{dF}{dl} = 2k_2 \frac{ii'}{d} \qquad \left\{\frac{dF}{dl} = \frac{\mu_0}{2\pi}\frac{ii'}{d}\right\} \tag{14.11}$$

본문에 설명한 것처럼 k_1/k_2는 속도의 제곱 차원(우리가 c^2이라고 정의했던)을 갖는다.

---

8 Lorentz 1952, 229–30.

9 '{ }' 속에는 정전기 상수 $\frac{1}{4\pi\varepsilon_0} = 9\times10^9$과 정자기 상수 $\frac{\mu_0}{4\pi} = 10^{-7}$가 잘 드러나도록 공식을 표현하였다. (이때 $\frac{1}{4\pi\varepsilon_0} = 9\times10^{16}\,\mathrm{m^2/s^2} = (3\times10^8\,\mathrm{m^2/s^2}$이다.) (여기서 MKSA 단위가 사용되었으며, Jackson (1975, 817)을 참조.) ε_0와 μ_0의 표기방식이 Maxwell(1954)에 나타나 있는 것과 일치하지는 않지만 그 내용은 맞다.

$$\frac{k_1}{k_2} = c^2 \qquad \left\{ \frac{1}{\mu_0 \varepsilon_0} = c^2 \right\} \tag{14.12}$$

식(14.12)에서의 속도 c를 이용하여 맥스웰의 『논문』의 전자기 법칙(현대적 표기)을 (현대적 표기법으로) 다시 쓰면 다음과 같다.

$$\nabla \cdot \boldsymbol{E} = 4\pi\rho \qquad \left\{ \nabla \cdot \boldsymbol{E} = \frac{\rho}{\varepsilon_0} \right\} \qquad \text{(쿨롱의 법칙)} \tag{14.13a}$$

$$\nabla \cdot \boldsymbol{B} = 0 \qquad \{ \nabla \cdot \boldsymbol{B} = 0 \} \qquad \text{(자기적 전하가 없을 때)} \tag{14.13b}$$

$$\nabla \times \boldsymbol{E} = -\frac{1}{c}\frac{\partial \boldsymbol{B}}{\partial t} \qquad \left\{ \nabla \times \boldsymbol{E} = -\frac{\partial \boldsymbol{B}}{\partial t} \right\} \qquad \text{(패러데이의 유도 법칙)} \tag{14.13c}$$

$$\nabla \times \boldsymbol{B} = \frac{1}{c}\frac{\partial \boldsymbol{E}}{\partial t} + \frac{4\pi}{c}\boldsymbol{j} \qquad \left\{ \nabla \times \boldsymbol{B} = \mu_0 \varepsilon_0 \frac{\partial \boldsymbol{E}}{\partial t} + \mu_0 \boldsymbol{j} \right\}$$

$$\text{(맥스웰의 변위전류에 의한 앙페르 법칙)} \tag{14.13d}$$

$$\nabla \cdot \boldsymbol{j} + \frac{\partial \rho}{\partial t} = 0 \qquad \left\{ \nabla \cdot \boldsymbol{j} + \frac{\partial \rho}{\partial t} = 0 \right\} \qquad \text{(전하의 보존)} \tag{14.13e}$$

$$\boldsymbol{F} = q(\boldsymbol{E} + \frac{\mathbf{v}}{c} \times \boldsymbol{B}) \qquad \{ \boldsymbol{F} = q(\boldsymbol{E} + \mathbf{v} \times \boldsymbol{B}) \} \qquad \text{(로렌츠 힘 법칙)}^{10} \tag{14.13f}$$

빈 공간($j = \rho = 0$)에서는 처음 네 개의 방정식의 E와 B는 파동 방정식을 만족한다.[11]

$$\left(\nabla^2 - \frac{1}{c^2}\frac{\partial^2}{\partial t^2} \right) \boldsymbol{E} = 0 \qquad \left\{ \left(\nabla^2 - \mu_0 \varepsilon_0 \frac{\partial^2}{\partial t^2} \right) \boldsymbol{E} = 0 \right\} \tag{14.14}$$

즉, $f(r, t)$가 각 구성요소 E_x, E_y, E_z, B_x, B_y, B_z를 나타낸다면 f는 다음의 방정식을 만족한다.

$$\left(\nabla^2 - \frac{1}{c^2}\frac{\partial^2}{\partial t^2} \right) f(\boldsymbol{r}, t) = 0 \tag{14.15}$$

f가 단시 x와 t에 의존하고 일차원이라면 식(14.15)는 다음과 같이 된다.

$$\left(\frac{\partial^2}{\partial x^2} - \frac{1}{c^2}\frac{\partial^2}{\partial t^2} \right) f(x, t) = 0 \tag{14.16}$$

---

10 사실 Lorentz의 힘 법칙을 Maxwell의 방정식과 함께 열거하는 것은 역사적이지 못하다. 왜냐하면 Lorentz가 Maxwell보다 늦은 19세기에 살았기 때문이다. 하지만 이 방정식의 내용은 Maxwell에 알려져 있었다.

11 식(14.13c), 벡터 공식 $\nabla \times (\nabla \times A) = \nabla(\nabla \cdot A) - \nabla^2 A$, 그리고 식(14.13b)로부터 식(14.14)가 나온다.

식(14.16)의 가장 일반적인 해는 g와 h가 임의의 함수일 때 다음과 같다.[12]

$$f(x,\ t) = g(x-ct) + h(x+ct) \tag{14.17}$$

그러나 식(14.17)은 c의 속력을 갖고 고정된 형태로 (왼쪽 혹은 오른쪽으로) 전달되는 파를 나타낸다. 따라서 E와 B는 맥스웰 방정식의 해이다. 식(14.13c)와 식(14.13d)의 조건은 E와 B가 서로 직교하는 조건을 요구한다. 이러한 결과는 14.1절의 **그림 14.1**과 **그림 14.2**에 설명되어 있다.

그러나 강조할 중요한 점이 하나 남아 있다. 맥스웰이 전자기 법칙을 위해서 식(14.13a)-(1413e)에 해당하는 필수적인 선각자들의 업적을 물려받았지만 한 가지 중요한 차이점이 있다. 식(14.13d)가 아니라, 맥스웰은 앙페르 법칙으로 시작해야 했던 것이다.

$$\nabla \cdot \boldsymbol{B} = \frac{4\pi}{c} j \tag{14.18}$$

어려움은 다음의 결과를 얻기 위해 식(14.18)의 발산을 취할 때 있다.

$$\nabla \cdot (\nabla \times \boldsymbol{B}) \equiv 0 = \frac{4\pi}{c} \nabla \cdot \boldsymbol{j} \tag{14.19}$$

또는

$$\nabla \cdot \boldsymbol{j} = 0 \tag{14.20}$$

이다.

만약 우리가 이것을 식(14.13e)의 연속방정식과 결합하면

$$\frac{\partial \rho}{\partial t} = 0 \tag{14.21}$$

을 얻을 수 있다.

이것은 앙페르 법칙이 정상상태의 경우에만 유효하다는 것을 의미한다. 그러나 우리는 종종 물리적 전하의 분포가 시간 의존적이라는 것을 알고 있다. 이것은 14.2절에서 언급했던 '모순'이다.

12 $r = x-ct,\ s = x+ct$라 놓으면, 식(14.16)은 $\frac{\partial^2 f}{\partial r \partial s} = 0$이 된다. 적분하면 $f(r,\ s) = g(r) + h(s)$가 된다. 마찬가지의 논의가 식(14.15)의 3차원 문제에도 적용된다.

더 읽을거리

톨스토이(Ivan Tolstoy)의 『James Clerk Maxwell』은 현대 전자기 이론의 창립자에 대한 일대기로 유명하다. 리빙스턴(Dorothy Livingston)의 『The Master of Light』는 맥스웰의 딸에 의해서 집필된 매력적이고 유익한 위대한 과학자의 이야기이다. 버크월드(Jed Buchwald)의 『From Maxwell to Microphysics』는 19세기 마지막 사반세기의 전자기 이론에 대한 학술적 연구이다. 기초 전자기 이론에 대한 중간 수준의 현대적인 전문적 내용에 대해서는 라이츠와 밀포드(John Reitz & Frederick Milford)가 쓴 『Foundations of Electromagnetic Theory』를 참조할 수 있는 반면에 잭슨(John Jackson)의 『Classical Electrodynamics』는 표준적인 고급 참고문헌으로 남아있다.

카우프만 실험

20세기 초엽에 카우프만(Walter Kaufmann, 1871-1947)은 속도에 따른 전자의 질량변화를 측정하는 일련의 실험들을 수행했다. 오늘날 물리 교재에서는 다음의 공식을 확증하는 데 이 실험이 종종 인용되고 있다.

$$m = \frac{m_0}{\sqrt{1-(v/c)^2}} \tag{15.1}$$

이는 특수상대성이론을 기초로 유도된 공식이다(17.2절 참조). **그림 15.1**의 연속한 곡선은 $\beta = v/c$에 대한 m/m_0의 변화값을 나타내고 각 점은 데이터를 나타낸다.[1] 그럼에도 불구하고 사실 아래에서 보게 되겠지만, 카우프만의 데이터는 본래 특수상대성 이론을 반박하는 증거로 채택되었다. 이 단원은 어떻게 이러한 판단이 도출되었으며 마침내 그것이 어떻게 역전되었는지에 대한 이야기이다.

1900년을 중심으로 대략 15년 동안 물리학자들이 흥미를 가지고 주목하고 있었던 문제는, 전자의 부분적 혹은 전체 질량에 대한 전자기적 기원이었다. 자세하고 정량적인 논쟁이 제시될 수 있겠지만, 그 기본적인 아이디어는 물체의 질량은 가속에 대한 그것의 저항이나 혹은 동등하게 물체가 운동을 하는 데 필요한 일의 정도로서 고려할 수 있다는 것이었다. 고전 전기역학에서는 속도가 증가함에 따라 하전입자의 전자기 에너지가 빠르게 증가할 것이라고 예측한다. 전자의 비전하 e/m을 측정하는 초기의 연구들조차도 실험적으로 측정된 전자의 질량이 전자가 빛의 속도 c에 접근함에 따라 급격히 증가한다는 것을 나타냈다. 따라서 실험에 의해 관찰된 질량의 변화가 고전 전기역학에 기초한 전자 모

[1] **그림** 15.1은 Boorse and Motz(1966, 511)의 Figure 34-2에서 인용한 것이다.

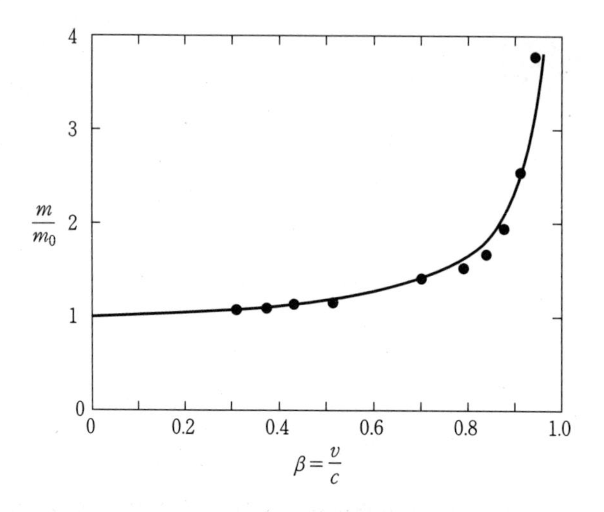

그림 15.1 속도에 따른 전자질량의 변화

델에 의해 부분적 혹은 전체적으로 설명될 수 있는지의 여부가 타당한 질문이 되었다.

15.1 전자기 질량에 대한 경쟁이론

이 에피소드의 주요 인물들은 카우프만, 아브라함(Max Abraham, 1875-1922), 부커러(Alfred Bucherer, 1863-1927), 로렌츠, 플랑크이다. 플랑크와 로렌츠는 물리학자들에게 충분히 잘 알려져 있는 반면, 카우프만과 아브라함 그리고 부커러는 일반적으로 잘 알려져 있지 않다. 카우프만은 베를린과 뮌헨대학에서 공부했으며, 1894년에 뮌헨에서 박사학위를 받았다. 베를린대학의 물리학연구소(Physics Institute)에서 보조로 있는 동안(1896-1899), 1879년 그는 음극선 실험들을 수행했다.[2] 그는 그것들이 음전하를 띤 입자들인 것을 확인했지만 그것들이 전자라고 확신하기는 어렵다고 느꼈다.[3] 전자의 발견에 대한 명예는 1897년 캠브리지 대학의 영국인 물리학자 톰슨(J. Thomson)에게 돌아갔다. 카우프만은 이후 베를린, 괴팅겐(Göttingen), 본 그리고 쾨니히스베르크(Königsberg)대학의 교수로 일했다.

괴팅겐과 본에 있는 동안(1901-1906) 카우프만이 수행한 실험이 우리가 논의하고자

---

[2] Miller 1981, 48.

[3] Miller 1981, 107.

하는 것이다. 그곳에서 카우프만은 1902년에 전자는 강체구 표면에 전하가 고르게 분포한 것이라는 자신의 모델을 제안한 아브라함과 긴밀한 동료가 되었다. 아브라함은 베를린에 있는 플랑크의 박사과정 학생으로 있었고 후에 괴팅겐대학, 일리노이대학, 밀란(Milan)대학, 아헨대학 등에서 교수로 일했다. 그는 드러나게 비판적인 천성으로 인해 종종 논쟁에 휘말렸다. 그의 죽음 또한 비극적이고 오래 끈 사건이었다. 그는 동시대의 이론가들에게는 잘 알려진 인물이었음에도 불구하고, 오늘날 아브라함의 이름은 주로 그의 『전기론』(Theorie der Elektrizitat)에 대해 알고 있는 물리학자들에 의해 인정받고 있다. 그의 이론이 담겨있는 이 책은 많은 개정판이 있는데, 물리학을 전공하는 대학원생들이 아직도 참고하고 있는 아브라함과 베커(Becker)에 의한 판은 종종 다른 언어로 번역되는 유명한 것이다.

전자에 대한 경쟁 모델은 1904년에 부커러에 의해 제안되었다. 부커러는 1895년에 스트라스부르그(Strasbourg)에서 대학원 과정을 마치기 전에 존스 홉킨스와 코넬대학에서 공부했으며 학위를 마친 후 본 대학에 교수로 합류하였다. 부커러의 모델에서 전자는 에테르를 통과하는 동안에는 모양이 변하지만, 부피는 일정한 값을 유지하는 것이었다. 카우프만의 실험은 아브라함과 부커러의 모델 사이에서 명확한 결정을 내리는 것에는 이용될 수 없었다.

1892년 초 로렌츠는 전자에 대한 그의 이론을 발전시켰다. 1904년에 이르러 그 이론은, 그것의 예측이라는 면에서 아인슈타인의 (16장과 17장의 주제인) 특수상대성 이론과 구별할 수 없는 것이었다. 로렌츠의 전자모델에서 전자는 정지해 있을 때 구형표면에 균일한 전하가 있는 것이었다. 전자가 에테르 속에서 움직이기 시작함에 따라, 그것의 가로방향은 영향을 받지 않고 그대로 있지만, 그것의 움직이는 방향의 길이는 수축된다(식(14.8)의 로렌츠-피츠제럴드 축소 참조). 이 모델에서 속도에 따른 질량의 변화는 식(15.1)에서 주어진 것처럼 정확히 나타난다. 1906~1907년 동안 플랑크는 카우프만의 데이터를 논리적으로 분석했고, 그것들이 아브라함의 예측보다 아인슈타인-로렌츠의 예측에 실제로 더 맞는다는 것을 보였다. 결국, 1908년에 이르러 부커러는 카우프만 실험의 신빙성에 충분한 의심을 갖게 되었고 다른 방법으로 보다 정확한 측정을 한 후 결과적으로 아인슈타인-로렌츠 이론에 동의하였다. 그때에 그는 이미 전자에 대한 자신의 모델을 단념했었다.

몇 가지 기술적인 자세한 내용들은 15장 부록에서 다루지만, 여기서는 이러한 모델들을 자극했던 핵심적인 아이디어에 대해 간단히 논의해보자. 빛의 속도에 비해 작은 속도

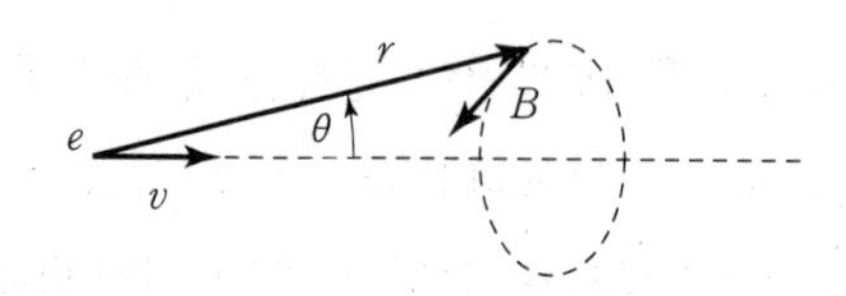

그림 15.2 움직이는 전자에 의해 만들어지는 자기장

v를 가지고 움직이고 있는 전하 q에 대해서, 움직이는 전하가 만드는 자기장 B를 계산하기 위해 비오-사바르(Biot-Savart)법칙을 이용할 수 있다.[4] **그림 15.2**에 이 상황이 그려져 있다.[5] 고전 이론에 따르면, 전자기장에 의해 운반되는 에너지는 전기 및 자기 에너지 밀도라는 측면에서 공간 전체를 통해 분배되는(혹은 '저장되는') 것처럼 표현될 수 있는데, 예를 들면 단위 부피당 자기 에너지 밀도는 $U_{\text{mag}} = \frac{1}{2}B^2$이다. 만약 우리가 모든 공간에 대해서 자기 에너지를 합(혹은 적분)하고 전체 총 자기에너지 W_{mag}를 전자가 v의 속도를 가지도록 만드는 데 필요한 일(바꿔 말하면, 운동에너지)과 같다고 하면, 우리는

$$m = \frac{e^2}{6\pi c^2 a} \tag{15.2}$$

식을 구할 수 있다.[6] 이때 a는 전자의 반경을 말한다. 이 표현은 아주 작은 속도(실제로, $v \to 0$인 범위에서)에만 유효하고 이러한 조건 속에서 전자의 전자기 질량이 나타난다. v가 c와 상당히 견줄 만해지면, m 자체가 속도에 매우 의존하게 된다.

아브라함의 기본적인 생각은 모든 역학을 위한 전자기적 기초를 제공하는 것이었다.[7] 이것은 (우리가 13장에서 보았던 것처럼) 에테르의 역학적 모델을 통해 전자기 현상들을 위한 역학적 기초를 제공하고자 했던 맥스웰과 같은 이론가들의 초기 경향성과는 본질적으로 반대되는 것이었다. 아브라함의 논증의 아름다움은 그것들이 매우 일반적인 것이었고 자세한(그리고 혼란스러운) 계산으로부터 자유롭다는 것이다.

---

4 식(14.10)에서 우리는 $\boldsymbol{B} = (q/(4\pi c)) \times (\boldsymbol{v} \times \boldsymbol{r}/r^3)$을 얻었으므로 $\boldsymbol{B} = ev\sin\theta/(4\pi cr^2)$, $r>a$(**그림** 15.2의 기하학적 부분에서)이다. 논문 원본과의 비교를 위해서, 우리는 이 단원에서 모든 전기역학적 표현을 Heaviside-Lorentz 단위로 썼다. MKSA 시스템과의 비교를 위해서는 Jackson(1975, 818)을 참조한다.

5 이 그림과 이 단원 뒤에 나오는 것들은 Cushing(1981)에서 인용한 것이다.

6 이 단원에서 사용된 전체 참고문헌 목록과 상세한 계산, 그리고 다른 관련 자료들은 Cushing(1981)에서 찾을 수 있다.

7 Goldberg 1970-1, 7-25, 특히 15. Miller 1981, Chapter 1.

15.2 카우프만의 실험

1901-1906년의 기간 동안 카우프만은 전자의 전하량 대 질량 비율(비전하)의 변화를 측정하는 일련의 실험들의 결과를 출판하였다. 고전 전기역학의 체계 안에서는 전자의 전하량 e가 속도 v에 따라 변할 것이라고 예상할 아무런 이유가 없는 반면에, 우리는 방금 전자의 전자기적 질량이 속도에 의존해야 한다는 것을 보았다. 그러므로 측정된 e/m 비가 감소하는 것은 질량 m이 증가하는 것으로 해석되었다.

그림 15.3의 (그의 출판물들 중 하나에 기초한) 도식은 카우프만 실험 장치의 기본적인 디자인을 보여준다. (진공 챔버 안에 놓여 있는) 외부의 원통 용기에는 석영 절연체(Q)에 의해 분리된 수직의 콘덴서판 한 쌍이 (이 도체-절연체-도체의 배열은 때때로 '축전기' 라는 용어로 칭해진다.) 있다. O점에서는 극소량의 염화라듐(피에르 퀴리(Pierre Curie, 1859-1906)와 마리 퀴리(Marie Curie, 1867-1934)에 의해 보급된)이 빠른 속도의 β광선 공급원이 되었다(이전의 실험들을 통해 베크렐(Becquerel)(또는 β)광선과 음극선(또는 전자들)의 정체가 확인되었다). (콘덴서 사이의 V만큼 퍼텐셜 차이에 의해) 판 사이에는 수평의 전기장이 유지되었다. 전체 장치는 공간 내부 전체에 균일하고 (전기장 E에 평행한) 수평한 자기장 B를 공급하는 영구 자석 더미에 의해 둘러싸여 있었다. 공급원 O에서 콘덴서판 사이로 빠져나갈 수 있는 적절한 속도를 가진 전자들은 작은(0.2 mm)

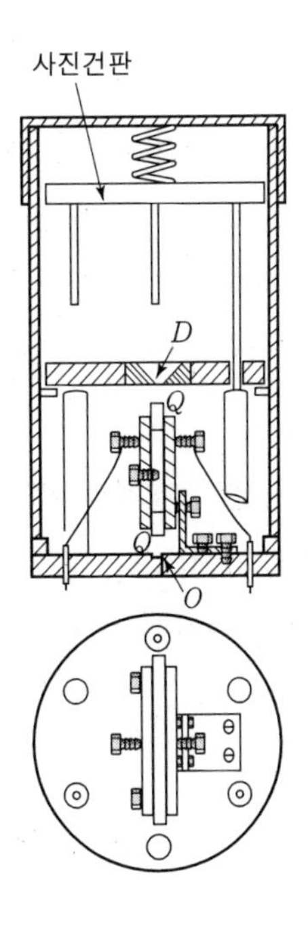

그림 15.3 카우프만의 실제 장치

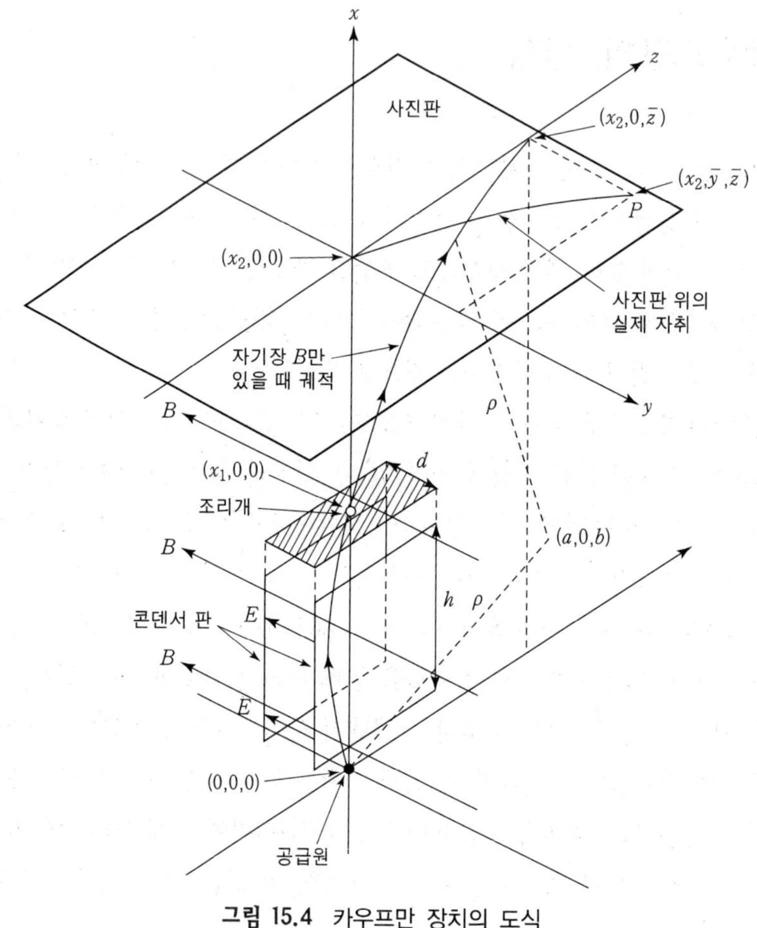

그림 15.4 카우프만 장치의 도식

조리개 D를 빠져나와 자기장만 존재하는 공간으로 배출된다. 그것들은 최종적으로 챔버의 꼭대기에 있는 수평한 사진판에 충돌하고 판 위에 일련의 노출 점들을 형성한다. **그림 15.4**에 이 장치의 개략도가 그려져 있다. 카우프만이 일련의 실험들을 수행했지만, 모두 매우 비슷하기 때문에 우리는 여기에서 전체 시리즈를 대표할 수 있는 '구성된' 이야기를 하고자 한다.[8]

만약 전기장 E가 없고 자기장 B만 있다면 전자들은 **그림 15.4**의 x-z평면에 원형궤적을 그리게 되고 사진판의 점 $(x_2,\ 0,\ \bar{z})$에 충돌할 것이다. 전기장 E와 자기장 B가 동시에 있을 때에는, 전자는 또한 콘덴서 판 사이를 움직이는 시간 동안 수평 방향의 가속을 받아서 결국 사진판의 점 $(x_2,\ \bar{y},\ \bar{z})$에 충돌하게 된다. 좀더 정확히 말하면, **그림 15.4**에 보

[8] 이 실험의 상세한 내용은 Miller(1981, 226-35, 335-52), Cushing(1981)을 참조한다.

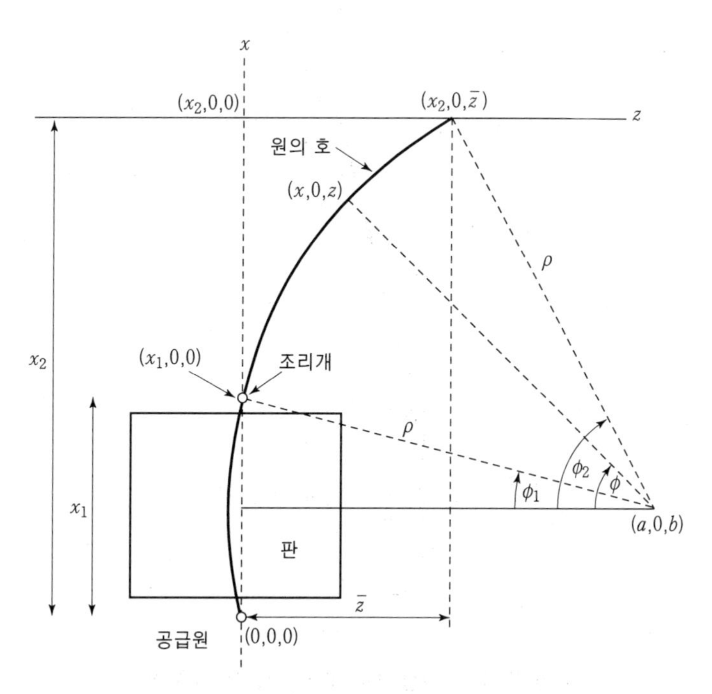

그림 15.5 자기장 B만 있을 때의 원형 궤도

이는 실제 궤적은 두개의 (직교) 운동들의 결합이다. 소스에서 떠날 때 전자의 초기 속도는 이미 빠르고(빛의 속도 c에 대해 무시할 수 없는 크기의) 판 사이의 지역에서 전기장으로부터 받는 가속이 상대적으로 작기 때문에, 카우프만이 운동 중에 전자의 속도 v가 일정하게 유지된다고 단순화시킨 가정을 하는 것은 당연했다. 이 경우에서, **그림 15.4**의 x-z평면으로 투영된 운동은 일정한 원운동이다(**그림 15.5** 참조). 이것은 우리가 이 원의 반경(ρ)을 전자의 속력 v, 그것의 e/m비 그리고 알고 있는 자기장 B의 세기로 표현하게 한다.[9] 원이 지나는 곳에 특별히 결정된 평면의 세 개의 점(**그림 15.5**의 (0, 0, 0), (x_1, 0, 0) 그리고 (x_2, 0, $\bar{z}$))과, 우리가 보는 바와 같이, 그의 장치(x_1, x_2)의 크기와 측정한 $\bar{z}$값으로부터, 카우프만은 전자 궤적의 반경 ρ를 결정할 수 있었다. 카우프만은, 속도와 자기장의 세기 그리고 곡선반경 사이의 이론상의 관계로부터 $\bar{z} = (e/m)(A/v)$라는 결과를 얻을 수 있었다. 여기서 A는 장치의 특성에 대한 상수이다.[10]

[9] Lorentz힘 (식(14.13)이 반지름 ρ의 원운동을 하는 구심력을 제공한다. $mv^2/\rho = e(v/c)B$이므로 $\rho = (mcv)/(eB)$.

[10] 이것은 이전의 주석의 마지막 식과 $\bar{z} \propto 1/\rho$(Cushing(1981, 식(3.11)과 식(3.27)) 참조)로부터 나온다. $\bar{z}$와 ρ의 반비례관계는 ρ가 장치의 크기에 비해 크기 때문에 얻어진다(또한 이것은 속도 v의 큰 값으로부터도 나온다). **그림** 15.5의 원점(0, 0, 0)에 대해, 전자의 원형 궤적의 식은 $(x-(x_1/2))^2 + (z-\rho)^2 = \rho^2$이 된다. 점 ($x$, $\bar{z}$)에서 이것은(같은 차수 근사로) $(x_2-(x_1/2))^2 = 2\bar{z}\rho$로 단순화된다. v가

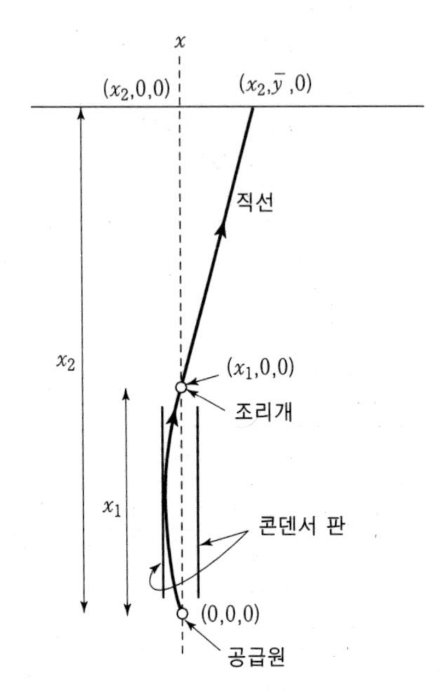

그림 15.6 전기장 E에 의한 일정한 가속 운동

유사하게, 우리는 x-y평면에서 ① **그림 15.4**의 콘덴서 판 사이의 영역에서 일정하게 가속되는 운동[11]과 ② 콘덴서를 떠난 후 (그리고 **그림 15.4** 조리개의 구멍$(x_1, 0, 0)$을 통과한 후, **그림 15.6**에 그려져 있는 것처럼) 일정하게 직진하는 운동을 얻는다. 다시 말해서, 궤적을 따라 속도 v가 (근사적으로) 일정한 것은 우리가 y좌표를 따라 운동의 식을 적분하여 두 번째 실험을 통해 측정된 $\bar{y}$를 찾을 수 있게 해준다. 이때 $\bar{y}=(e/m)(A'/v^2)$이고 이때 A'은 장치의 특성에 의한 또 다른 상수이다.[12] 요점은 우리가 측정한 좌표 $(\bar{y}, \bar{z})$에 의해 e/m을 표현할 수 있다는 것이다. 만약 우리가 $\phi(\beta)$함수를 이용해 전자의 전자기 질량의 이론들의 특성을 규정한다면($m(v) = m_0\phi(\beta)$의 다양한 항들은 15장 부록의 식(15.12)와 식(15.15)에 명확하게 주어진다), 우리는 카우프만 데이터를 분석하기 위해 필요한 공식들을 다음과 같이 쓸 수 있다.

일정하게 있는 한 궤적을 따라 $m(v)$가 일정하기 때문에-m의 v에 대한 특별한 의존성이 일어나더라도-전자의 질량 m이 오직 전자의 속도 v에만 의존한다는 점에 주목하라.

11 전기장 E의 세기에 의해서, 우리는 여기서 운동방정식 $d^2y/dt^2=(e/m)E$를 얻는다.

12 이전의 주석으로부터 콘덴서 판 사이의 영역에서 얻은 $y=(eE)/(2mv^2)x(x-x_1)$과 최종적으로 사진판(**그림 15.6** 참조)에서 얻은 $y=(eE)/(2mv^2)x_1(x_2-x_1)$까지 역학식을 적분하는 $dy/dt=xdy/dx=vdy/dx$ 관계를 이용하자. 이끌어낸 결과에서, x에 대한 y가 $x_1 \le x \le x_2$에서 직선임을 유념하는 것이 중요하다.

$$\bar{z} = \left(\frac{e}{m}\right)\left(\frac{A}{c}\right)\left[\frac{1}{\beta\phi(\beta)}\right] \tag{15.3}$$

$$\bar{y} = \left(\frac{e}{m_0}\right)\left(\frac{A'}{c^2}\right)\left[\frac{1}{\beta^2\phi(\beta)}\right] \tag{15.4}$$

여기서 (e/m_0)는 작은 속도로 제한된 전자의 비전하의 값이다(전하량 대 질량 비의 값은 데이터에서 적당한 최소제곱법으로 유도되거나 혹은 다른 사람이 시행한 실험으로부터 얻어진 것이다(15.1절 참조).

이것을 바탕으로 카우프만 실험의 결과를 요약해보자. 카우프만의 첫 번째 실험에서 빠른 속도의 β광선($0.787 \le \beta$[13] ≤ 0.945)으로 얻은 e/m값은 1901년 논문으로 발간되었다. 그것은 신중한 분석이 필요한 호기심을 불러일으키는 논문이다.[14] 하지만 우리는 여기서 그것의 잘못된 출발을 고려하지 않고 그의 1902년 논문으로 넘어가보자. 그해에 카우프만은 더 많은 데이터를 발표하고 아브라함의 질량을 이용하여 그것들을 분석했다. 그는 그의 1901년 논문의 공식에서 대수학의 오류를 발견하고 이후의 분석에서 그것을 수정했다. 이것은 그의 1901년과 1902년의 논문에 명시된 결과들 간의 차이에 대해 중요한 공헌을 하였다. 카우프만은 또한 그의 장치의 치수에 대한 기하학적 교정도 했다. 간편한 진술을 위해, 여기서 우리는 이어지는 논의에서 실험을 통해 관찰되는 값인 $\bar{y}$와 $\bar{z}$의 기호를 계속 사용할 것이다. 이 데이터들은 **표 15.1**에 나타나 있다.[15] 그는 β가 1에 가까워짐에 따라 $\phi(\beta)$(식(15.12))가 급격하게 변하기 때문에 β를 결정하는 데 있어 실험상의 작은 오차가 질량 m의 불확정도를 크게 한다는 사실을 알고 있었음에도 불구하고, 카우

표 15.1 카우프만의 1906년 데이터

$\bar{z}$	$\bar{y}$	β	$\phi(\beta)$
0.348	0.0839	0.957	3.08
0.461	0.1175	0.907	2.49
0.576	0.1565	0.847	2.13
0.688	0.198	0.799	1.96

13 $\beta = v/c$임 (β를 'β선'과 혼동하지 말아야 한다).

14 Cushing(1981)

15 이 표와 본 단원에 나타난 다른 표들은 Kaufmann의 출판된 표들을 요약한 것이다. Cushing(1981)에서 더 완벽한 표를 찾을 수 있다. 여기서 부커러의 데이터는 생략하였다.

프만은 다음과 같이 단언했다.

> ⊛ 베크렐 광선을 구성하는 전자들의 질량은 속도에 의존한다. 그 의존은 아브라함의 식에 의해 정확하게 표현될 수 있다. 그러므로 전자들의 질량은 순수한 전자기학적 본성이다.[16]

1903년에 카우프만은 더욱 발전된 데이터를 발표했고 1905년에 아브라함, 부커러, 그리고 로렌츠의 이론 중 가장 명확한 것을 결정하려는 시도를 했다. 그리고 그 작업의 결과는 1906년의 방대한 리뷰 논문에 요약되었다. 카우프만 데이터의 또 다른 해석으로 가기 전에 1905년 논문을 논의해보자. 그 논문에는 플랑크가 후에 면밀히 검사한 유명한 9개의 데이터(표 15.2)가 나타나 있다.[17] 이 모든 데이터는 이전에 했던 카우프만의 측정과는 다른 새로운 것이었다. 자신의 데이터와 일치하는가에 기초하여, 카우프만은 가장 좋은 이론을 구별해 낼 수 있다고 주장했다. 그의 1905년 논문의 끝부분에는 광범위하게 영향을 끼친 다음과 같은 결론이 나와 있다.

표 15.2 카우프만의 1905년 데이터

		$\bar{y}$이		$\delta = (\bar{y} - y_1) \times 10^4$		β	
$\bar{z}$	$\bar{y}$실	아브라함	로렌츠	아브라함	로렌츠	아브라함	로렌츠
0.1350	0.0246	0.0251	0.0246	−5	0	0.974	0.924
0.1919	0.0376	0.0377	0.0375	−1	+1	0.922	0.875
0.2400	0.0502	0.0502	0.0502	0	0	0.867	0.823
0.2890	0.0545	0.0649	0.0651	−4	−6	0.807	0.765
0.3359	0.0811	0.0811	0.0813	0	−2	0.752	0.713
0.3832	0.1001	0.0995	0.0997	+6	+4	0.697	0.661
0.4305	0.1205	0.1201	0.1202	+4	+3	0.649	0.616
0.4735	0.1404	0.1408	0.1405	−4	−1	0.610	0.579
0.5252	0.1666	0.1682	0.1678	−16	−12	0.566	0.527

16 Kaufmann 1902, 56.(저자 번역)

17 Kaufmann이 표 15.2의 첫 번째 값들에 대해 $\frac{1}{2}$의 비율을 그리고 마지막 2개 값들에 대해 $\frac{1}{4}$의 비율을 곱했다는 것에 주의해야 한다.

⊛ 주요한 결과들은 아인슈타인의 가정뿐만 아니라 로렌츠의 가정의 정확함에 확실하게 반대된다. 만약 누군가 이 때문에 그 기본 가정이 논박되었다고 생각한다면, 그 사람은 전기역학과 광학을 포함하는 물리학 전 영역을 상대 운동의 원리에 기초하고자 하였던 노력이 실패했다고 받아들여야 할 것이다. 아브라함과 부커러의 이론 사이의 선택은 당분간 불가능하고 $\phi(\beta)$값의 숫자상 일치에 의해 앞에서 언급한 형태의 관찰들에 의해 얻을 수 있는 것처럼 보이지도 않는다. 관찰 가능한 영역에서 움직이는 물체의 광학적 특성에 대한 부커러의 공식이 로렌츠의 것과 같은 결과를 산출할 수 있는지는 여전히 입증되어야 할 문제이다.[18]

15.3 카우프만의 연구에 대한 플랑크의 분석

1904년에 이미, 로렌츠는 카우프만의 1902년 데이터가 실제로 로렌츠 자신의 모델 대신 아브라함의 모델을 뒷받침하는 결론을 주고 있는지에 대해 의문을 던졌다. 로렌츠가 한 것은 카우프만의 분석방법을 이용한 것이었지만 (기본적으로 위의 식(15.3)과 식(15.4)), $\phi(\beta)$를 아브라함의 것(식(15.12))보다 그 자신의 이론(식(15.15))에 대응하는 함수로 바꾸었다. 그는 카우프만이 했던 것과 마찬가지로 잘 들어맞는다는 것을 알아냈다. 로렌츠는 양쪽 이론이 모두 데이터에 적합하다고 결론지었다.

하지만 카우프만의 데이터에 대한 해석을 상대론을 부정하는 것에서 지지하는 것으로 전환시킨 사람은 플랑크였다. 플랑크의 방법은 상당히 혼란스러운 상황에 엄격한 논리를 적용한 고전적이고도 아름다운 사례에 해당한다.[19] 그의 중요한 1906년 논문에서 플랑크가 외부의 전기장 E와 자기장 B안의 대전된 전하에 대한 뉴턴의 제2법칙의 수정을 얻기 위해 그가 사용한 것은 본질적으로 형태불변 논증(form-invariance arguments)(17.2절에서 논의할 형태의)이었다.[20] 이것은 오늘날에도 이용되고 있는 상대론적으로 올바른 법칙의 형태로서 식(15.1)이 뉴턴의 제2법칙에서 이용되는 질량의 형태($dp/dt = F$, 운동량

---

[18] Kaufmann 1902, 56. (저자 번역)

[19] Planck에 의한 재검토의 논리적 철학적 의미에 대해서는 Zahar(1978)가 주의 깊고 정밀하게 논의한 바 있다.

[20] Planck 1906a. 뉴턴의 제2법칙의 알맞게 수정된 형태는 다음과 같이 주어진다.

$$\frac{d}{dt}\left(m_0 \frac{v}{\sqrt{1-\beta^2}}\right) = q(E + \frac{v}{c} \times B)$$

$p = m(v)v$임을 암시한다.

상대성 원리에 대한 로렌츠와 아인슈타인 업적의 위대한 가치와 아름다움 그리고 그것의 결과들에 대한 연구의 중요성을 강조하면서, 플랑크는 카우프만의 실험(1905)에 대한 감사의 뜻을 나타냈다.

> ⊛ 확실히 [상대성 원리의 수용가능성에 대한] 이 물음은 카우프만의 최근의 중요한 측정을 통해 이미 풀린 것으로 보인다. 즉, 모든 추가적인 조사가 불필요한 것으로 보인다.
> 그리고 당분간 이 실험에 대한 극도로 복잡한 이론의 관점에서 누군가 이 데이터를 보다 주의 깊게 살펴본다면 상대성 원리가 이러한 관찰결과들과 일치할 수 있을 것이라고 생각하는 것이 여전히 가능하다고 생각한다.[21]

1906년 후반에 플랑크는 카우프만의 결과들에 의해 제기되었던 문제로 되돌아왔다.[22] 카우프만과는 다른 분석방법을 이용해서, 플랑크는 아브라함과 로렌츠 이론에 기초하여 예상되는 편차를 계산했다. 카우프만이 그랬던 것처럼, 플랑크도 아브라함의 이론이 아인슈타인-로렌츠의 이론보다 더 적절하다는 결론을 짓지 않을 수 없었다. 하지만 그는 만약 누군가 카우프만이 제공한 것(위의 **표 15.2**)과 같은 경험적 숫자와 플랑크의 분석방법을 이용한다면, $m(v)$의 어떤 형태든지 데이터들 중 하나는 $\beta > 1$이 된다는 불안한 면을 지적했다. 그것은 두 이론 모두에 모순되는 것이었다. (또한, 카우프만은 1903년 자신의 표에 실린 것처럼 그의 데이터 중 하나에서 $\beta = 1.04$가 산출되었기 때문에 스스로 의심을 가지고 있었을 수 있다)

플랑크 분석의 수학적인 세부항목들이 복잡하긴 하지만,[23] 그의 주장의 논리는 간결하다. 카우프만은 9개 데이터 점들의 세트(**표 15.2**)를 가지고 있었다. $\bar{z}$의 값만으로부터 플랑크는 그가 $u = m_0 c/p$라고 정의한[24] u의 값을 찾아낼 수 있었다. u값이 데이터로부터 직접적으로 얻어진다는 것과 $m(v)$의 특정한 형태에 의존하지 않는다는 것을 유의해야 한다. $\bar{y}$가 아니라, 오직 $\bar{z}$만이 실험 데이터들로부터 u를 얻기 위해 필요하다는 것이 플

[21] Planck 1906a, 136 (저자 번역)
[22] Planck 1906b.
[23] 세부사항은 Cushing(1981)을 참조한다.
[24] Cushing(1981, 식(4.36)과 그 유도과정)을 참조한다.

표 15.3 카우프만 데이터에 대한 플랑크의 1906년 분석 결과

			아브라함		로렌츠	
$\bar{z}$	u	$\bar{y}$	β	$\bar{y}$이	β	$\bar{y}$이
0.1354	0.3871	0.0247	0.9747	0.0262	0.9326	0.0273
0.1930	0.5502	0.0378	0.9238	0.0394	0.8762	0.0415
0.2423	0.6883	0.0506	0.8689	0.0526	0.8237	0.0555
0.2930	0.8290	0.0653	0.8096	0.0682	0.7699	0.0717
0.3423	0.9634	0.0825	0.7542	0.0853	0.7202	0.0893
0.3930	1.100	0.1025	0.7013	0.1054	0.6728	0.1099
0.4446	1.236	0.1242	0.6526	0.1280	0.6289	0.1328
0.4926	1.360	0.1457	0.6124	0.1511	0.5924	0.1562
0.5522	1.510	0.1746	0.5685	0.1823	0.5521	0.1878

랑크의 계속된 논의에 핵심이었다.[25] 플랑크는 카우프만이 한 것과 같은 e/m_0값을 이용했다.[26] 각 이론에 의해 지정된 $m(v)$값을 기초로 하여, 플랑크는 p의 이론적 표현을 얻어낼 수 있었다. 이것들과 u에 대한 그의 명백한 표현으로부터, 그는 각 이론에 대해 β값을 산출하였다. 이 모든 것은 $\bar{y}$의 실험값 없이 행해진 것이었다. 알려진 β를 가지고, 그는 각 이론에서 이론적인 $\bar{y}$를 추측할 수 있었다.[27] 그 결과는 **표 15.3**에 주어져 있다. 뿐만 아니라 $\bar{z}$와 $\bar{y}$에 대한 플랑크의 식들은 실험값 ($\bar{y}$, $\bar{z}$)가 주어지면 아브라함과 로렌츠의 식 사이의 선택에 독립적으로 β의 값을 찾기 위해 이용할 수 있는 것들이었다.[28] 앞에서 언급한 $\beta = 1.033$이라는 곤란한 값이 나온 것은 카우프만의 데이터(**표 15.2**)의 첫 번째 값이다.

물론 플랑크는 그의 분석 중에 만들어진 보조가설들을 깨달았다. 1907년 논문에서 그는 이것들 중 하나에 초점을 두었다. 카우프만이 어떻게 그의 장치에서 전기장 세기를 잘 결정할 수 있었는지 그리고 어떻게 그의 실험이 진행되는 내내 그것을 일정하게 유지시

25 이는 이해하기 어렵지 않다. 왜냐하면 우리가 각주 10)과 본문에서 $\bar{z}$만이 곡률반경 ρ를 결정하고, 따라서 (각주 9에서 본 것처럼) $p = m(v)v$가 이끌어지기 때문이다.

26 이것은 전자기단위로 표시된 $e/m_0 = 1.878 \times 10^7$ emu/g이었다.

27 이것이 아주 간단하게 나타나는 것은 아니지만, 식(15.4)로부터 짐작할 수 있다. 플랑크의 분석에 대한 보다 자세한 내용은 Cushing(1981, 1143-5, 특히 식(4.34)와 식(4.35))를 보기 바란다.

28 이 식들은 $\bar{z}/\bar{y} \propto \beta$를 의미하기 때문에, 식(15.3)과 식(15.4)로부터도 이를 상당히 명백하게 알 수 있다.

표 15.4 카우프만 데이터에 대한 플랑크의 1907년 분석 결과

			아브라함		로렌츠	
$\bar{z}$	u	$\bar{y}$	β	α	β	α
0.1354	0.4226	0.0247	0.9655	18,840	0.9211	17,970
0.1930	0.6006	0.0378	0.9045	18,920	0.8572	17,930
0.2423	0.7515	0.0506	0.8424	18,770	0.7994	17,810
0.2930	0.9050	0.0653	0.7779	18,520	0.7414	17,650
0.3423	1.052	0.0825	0.7194	18,580	0.6891	17,800
0.3930	1.200	0.1025	0.6650	18,560	0.6400	17,860
0.4446	1.350	0.1242	0.6157	18,430	0.5953	17,820
0.4926	1.485	0.1457	0.5756	18,240	0.586	17,710
0.5522	1.649	0.1746	0.5321	18,040	0.5186	17,590

킬 수 있었는지에 관한 몇 가지 질문들이 있었다(예를 들면, 만약 제대로 된 진공 상태가 유지되지 않았다면, β광선은 나머지 공기 분자들을 전리시킬 수 있고 따라서 콘덴서 판 사이의 영역에서 전기장의 세기가 줄어들었을 것이다. 콘덴서 판으로부터 전하의 유출이 비슷한 효과를 보일 것이다). 플랑크는 카우프만의 데이터를 재분석할 것과, 이번에는 이미 알고 있다고 주장하는 콘덴서 판 사이의 전기장 E의 세기를 각 데이터 점 $(\bar{y}, \bar{z})$에 부합하는 값을 산출해내기 위해 결정되는 자유 파라미터 α로 바꿀 것을 제안했다.[29] 그의 이전 분석에서, α는 (카우프만에 의해 주어진) $E_{max} = 2.013 \times 10^6\,V/m$에 고정되어 있었다. 그는 또한 좀더 최근에 정해진 $e \neq m_0$값을 사용했다.[30] 그 결과는 **표 15.4**에 주어져 있다.

어느 이론에 대해서도 $\alpha < E_{max}$라는 것은 명백하다. α가 판 사이의 전기장 세기를 나타내기 때문에 그것의 값은 장치의 특징이어야 하고, 따라서 모든 데이터에 대해 같은 값이어야 한다. 그러므로 로렌츠의 이론에서 α의 변화(2%)가 아브라함의 이론에서의 변화(5%)보다 작다는 사실은 카우프만의 데이터가 아인슈타인-로렌츠 이론을 지지한다는 결론을 내리게 해준다. 이것이 플랑크의 추론의 줄거리였다. 하지만 어느 경우든 그것은 아슬아슬한 차이였고(2% 대 5%), 가까스로 상대론을 지지하는 증거가 되었다. 플랑크 분

29 Plank 1907. 여기서 α의 단위는 V/cm이다.

30 $e/m_0 = 1.72 \times 10^7\,emu/g$.

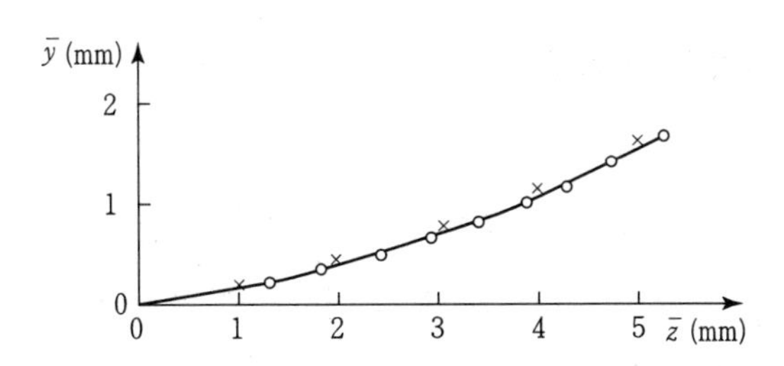

그림 15.7 카우프만 데이터에 대한 아인슈타인의 표현

석의 중요한 성과는 카우프만의 실험이 더 이상 상대성 이론의 수용을 망설이게 하는 걸림돌이 되지 않는다는 것이었다.

1907년 상대성에 대한 리뷰논문에서 아인슈타인은 카우프만의 데이터를 이용하여 $\bar{z}$에 대한 $\bar{y}$의 그래프(**그림 15.7**)를 제안했고 이것을 상대성 이론에 비교하였다. 이 그래프에서 점들은 카우프만의 데이터 9개를 나타낸다. 연결된 곡선은 이 점들을 잇는 선분 조각들의 조합으로 나타난다. x표들은 $\bar{z}=1, 2, \ldots, 5$ mm일 때 $\bar{y}$에 대한 아인슈타인의 예상값을 나타낸다. 이 비교에 대한 아인슈타인의 평가는 다음과 같았다.

> ⊛ 조사의 어려움을 고려할 때, 이러한 일치는 충분한 것으로 간주해도 좋을 것이다. 하지만 현재의 편차는 계통적이고 카우프만의 실험에 대한 오차의 범위를 상당히 벗어나는 것이다. 카우프만의 계산에 실수가 없다는 사실은 또 다른 계산방법을 이용한 플랑크가 카우프만의 계산과 완전히 일치하는 결과를 이끌어냈다는 사실로부터 추론할 수 있다.[31]

그런 다음 그는 아브라함의 이론과 부커러의 이론이 더 좋은 적합성을 제공한다는 것을 인정했지만, 그 이론들은 구성의 과정에 있어 에드혹적이고 그 본질에 있어서도 제한적이기 때문에 그것들이 올바를 가능성은 적다는 의견을 제시했다. 즉, 아브라함과 부커러의 이론들은 그것이 적용되는 현상들의 범위에 있어서 (모든 물리적 현상들에 적용되는) (자신의) 상대성 이론보다 제한적이라는 것이다.

[31] Einstein 1907, 439. (저자 번역)

15.4 e/m_0에 대한 이후의 측정

우리는 카우프만의 데이터에 대한 플랑크의 재분석 이후에도 여전히 아브라함의 이론과 로렌츠이 이론 중 어느 것이 지지되는지에 대한 명확한 결정이 이루어지지 않았음을 보았다. 지금부터 우리는 보다 완성된 그림을 위해, 카우프만의 실험이 행해진 이후 수년 동안 진행된 e/m_0측정의 결과에 대해 살펴볼 것이다. 1906년 베스텔마이어(Adolf Bestelmeyer, 1875–1954)는 투과되는 X레이에 의해 금속으로부터 방출되는 2차 음극선을 이용하여 전자들의 e/m을 측정하였다. 여기서 전자들은 먼저 속도 선별기 역할을 하는 교차하는 전기장 E와 자기장 B를 가로질러 통과한 다음 자기장만 있는 곳에서 편향되었다.[32] 베스텔마이어의 결과는 **표 15.5**에 주어져 있다. (이 표와 이어지는 표에서 e/m의 모든 값은 편의상 10^{-7}이 곱해진 것이다) e/m_0는 각각 그 이론들에 가장 적합하게 주어지도록 보정된 값이다. 분명한 점은 이러한 다소 작은 β값에 대해 둘 중 어느 이론도 나머지 이론에 비해 분명히 더 낫다고 볼 수 없다는 것이다.

1908년에 부커러는 불화라듐으로부터 나온 β광선을 이용하여 베스텔마이어가 한 것과 유사하게, 교차하는 전기장과 자기장을 통과하게 하였다.[33] 이 데이터를 정리하는 가운데 부커러는 각 측정에서 e/m_0값을 이끌어내어 목록화하였다. 다양한 β에 대해 거의 일정한 e/m_0값을 도출해내는 이론을 선호하게 되는 것이었다. 이것은 차후의 실험들이 이론들을 비교 판단하는 기준 준거가 되었다. 자신의 논문 서두에서 부커러는 (아브라함의) 고전 전자 이론과 (로렌츠의) 상대성 둘 다 서로 다른 경험적인 성취를 이루고 있는 반

표 15.5 1907년 베스텔마이어의 e/m측정

		아브라함	로렌츠
β	(e/m)	$e/m_0 = 1.720$	$e/m_0 = 1.733$
0.195	1.697	1.694	1.700
0.247	1.678	1.678	1.679
0.322	1.643	1.647	1.640

32 Bestelmeyer 1907.

33 Bucherer 1909.

표 15.6 1909년 베스텔마이어의 e/m측정

	아브라함	로렌츠
β	e/m_0	e/m_0
0.3173	1.752	1.726
0.3787	1.761	1.733
0.4281	1.760	1.723
0.5154	1.763	1.706
0.6870	1.767	1.642

면, 일정-부피(constant-volume)의 전자에 대한 자신의 이론은 분산 현상(dispersion phenomena)에 의해 반박되었다고 진술했다. 이제 아브라함의 이론과 로렌츠의 이론 사이에서 결정하는 것만이 남아있었다. **표 15.6**은 e/m_0값이 아브라함의 이론보다 로렌츠의 이론에서 더 일정한 값을 가짐을 보인다. 하지만 그의 실험에서 특정한 기술적 측면 때문에 부커러의 결론의 정당성에 관한 논쟁들이 논문을 통해 진행되었다.

1914년 어떤 이론이 가장 정확하게 일정한 e/m_0값을 도출하는지의 문제가 분명하게 해결되었다.[34] 부커러 방법을 수정하여 $0.39152 \le \beta \le 0.80730$ 구간에서 26개 데이터 점을 얻을 수 있었다. 아브라함의 이론을 뛰어넘는 로렌츠 이론의 탁월함은 **그림 15.8**에서

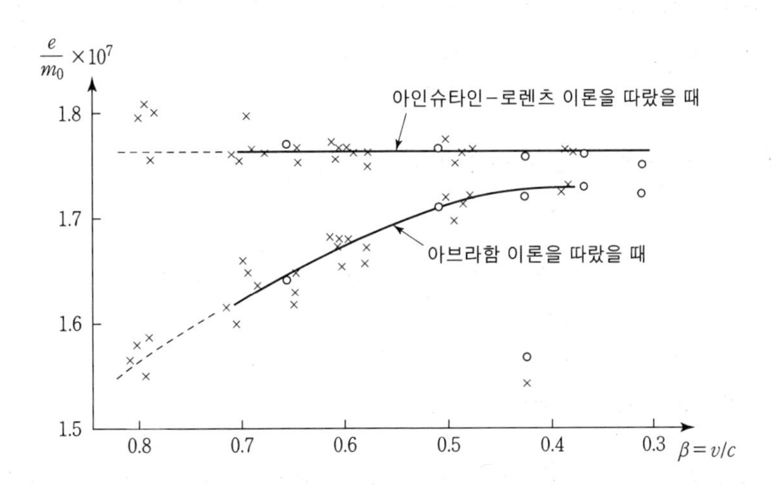

그림 15.8 특수 상대성 이론을 지지하는 결정적 증거

34 Neumann 1914.

분명히 드러난다.[35] 이 결과들은 1915년에 다시 독립적으로 확인되었다.[36]

15.5 결론

카우프만의 1905년 데이터가 처음부터 고전 이론들을 반대하고 특수 상대성 이론을 지지하기 위해 쓰이지는 않았다는 다소 명백한 결론을 제외하고라도, 이 사례연구는 과학적 이론의 수용과 발전에 대한 몇 가지 재미있는 특징을 보여준다. 비록 카우프만의 실험이 처음에는 특수 상대성 이론을 반박하기 위해 나타났을지라도, 카우프만 실험이 과학에 대한 엄밀한 반증주의적 관점에서 완전한 '결정적(crucial)' 실험으로 작용하지 않았던 것이다.[37] **결정적 실험** 배후의 핵심적인 아이디어는 일련의 관찰이 이론을 명백하게 논박하거나, 경쟁하는 이론들 사이에서 결정할 수 있다는 것이다. 하지만 카우프만 실험에서 잘 드러난 것처럼, 하나의 주요 가설(여기서는 아브라함의 모델 대 로렌츠의 모델)이 고립된 상태에서 판단되는 것이 아니라 특정 배경 또는 보조가설(여기서는 카우프만 장치의 모델 또는 이론)과 함께 판단된다는 것이다.[38] (이 경우처럼) 예측과 관찰 사이에 불일치가 발생했을 때, 우리는 근본 가설이 잘못되었는지 또는 보조 가설 중 하나가 잘못되었는지 확신할 수 없다. (1.2절 가설 명제에 대한 논의 참조) 정말 결정적인 실험들이 흥미로운 물리적 상황들 속에 존재하는지는 불명확하다. 우리는 경험적 바탕에 근거한 과학적 이론의 미결정성을 고려하게 되는 24.1절에서 이 일반적 주제로 되돌아갈 것이다.

요약하면 우리는 과학이 항상 다음과 같은 간단한 체제를 따라 작동하지는 않는다는 것을 말할 수 있다.

가설 → 예측 → 논박 → 가설의 부정

35 그림 15.8은 Neumann(1914)의 Figure 18에 기초하고 있다.

36 Guye and Lavanchy 1915.

37 비슷한 일들이 최근에 더 많이 일어난다. 예를 들면, β붕괴에 대한 파인만 이론은 처음 제안되었을 때 최소한 세 가지의 실험에 일치하지 않았지만, 이 실험들은 이후에 모두 부정확한 것으로 판명되었던 극적인 경우에 해당한다(Feynman and Gell-Mann(1958) 참조).

38 (데이터의 분석과정에서 사용된) 이론적 배경에 대한 데이터의 의미와 중요성의 의존성은 때때로 관찰의 이론-의존성(theory-ladenness)이라고 불린다.

사실, 플랑크는 카우프만의 결과들을 알면서도 상대성 이론의 커다란 가능성과 보편성 때문에 뉴턴 제2법칙의 공변형식화(covariant formulation)를 발전시켰다. 심지어 그 자신이 카우프만의 계산을 증명한 후에도, 상대론을 부인하지 않았다. 아인슈타인은 카우프만의 데이터가 상대성 이론과 일치한다고 받아들였을 때 더 진전했다. 그것(고전 모델)들이 에드혹적이고 본질적으로 부자연스럽다는 토대 위에서, 실험과 명백히 더 나은 합치를 보임에도 불구하고 아인슈타인은 두 가지의 고전 모델의 가능성을 낮춰보았다. 1914년 새로운 관찰결과들이 e/m문제에 대해 결정적으로 확립되었을 때, 특수 상대성 이론은 이미 많은 성공을 통해 확고하게 수립되어 있었다. 상대성 이론이라는 분야에서 이에 대한 확실한 지지가 없었음은 결정적 실험의 그 어떤 관점도 더 이상 지지될 수 없음을 보여주었다. 이 문제는 차후의 측정들에 의해 처리될, (사실 처리되었던) 그런 작은 논쟁거리 또는 자질구레한 세부사항으로 격하되었던 것이다.

부록. 몇 가지 기술적 내용

다양한 모델에 기초하여 전자의 질량의 변화를 계산하는 아브라함 방법의 핵심이 다음에 제시되어 있다. 고급 수준의 고전역학에서 운동방정식(본질적으로 뉴턴의 운동 제2법칙, $\boldsymbol{F} = m\boldsymbol{a}$)들은 라그랑지안 L($L = T - V$: T는 운동에너지, V는 계의 위치에너지)이라 불리는 함수로부터 얻어진다. 이 책의 수준에서는 일단 L을 구하면 계의 운동량 $\boldsymbol{p}$가 다음과 같이 구해질 수 있다는 것을 아는 것으로 충분하다.[39]

$$\boldsymbol{p} = \frac{\partial L}{\partial \boldsymbol{v}} \tag{15.5}$$

여기서 $\boldsymbol{v}$는 입자의 속력이다. 그리고 입자의 질량 m은 다음과 같이 확인(정의)된다.[40]

$$\boldsymbol{p} = m\boldsymbol{v} \tag{15.6}$$

그리고 뉴턴의 제2법칙은 다음과 같은 형태를 가진다.

[39] 실제로, 식(15.5)는 $p_j = \partial L / \partial v_j$, $j = 1,\ 2,\ 3$(혹 x, y, z)의 세 개의 식을 나타낸다.

[40] 여기에서는 세로와 가로 방향의 질량 모두를 사용하기 때문에 발생하는 혼란에 대한 전체 논의를 생략하였다. 자세한 내용은 Cushing(1981)을 참조한다.

$$\frac{d\boldsymbol{p}}{dt} = \boldsymbol{F} \tag{15.7}$$

따라서 일단 우리가 $L = L(v)$을 구하면, 곧바로 $m = m(v)$를 얻을 수 있다.

아브라함의 전자 모델에서는 전자를 반지름 a의 구로서 균일하게 대전된 강체로 보았다.[41] 그는 이 모델의 라그랑지안을 다음과 같이 나타냈다.

$$L_A = -\frac{e^2}{16\pi a}\frac{(1-\beta^2)}{\beta}\ln\left(\frac{1+\beta}{1-\beta}\right) \tag{15.8}$$

여기서 $\beta = v/c$(그리고 아래첨자 A는 아브라함을 나타낸다)이다. 그리고 식(15.5)는 다음을 함축한다.

$$P_A = \frac{\partial L}{\partial v} = \frac{e^2}{8\pi ac}\frac{1}{\beta}\left[\left(\frac{(1+\beta^2)}{2\beta}\right)\ln\left(\frac{1+\beta}{1-\beta}\right) - 1\right] \tag{15.9}$$

$\beta \ll 1$인 범위에서, 이것은 다음과 같이 된다.

$$P_A \xrightarrow[\beta \to 0]{} \frac{e^2}{6\pi ac^2} v \equiv m_0 v \tag{15.10}$$

m_0값이 당연히 식(15.2)과 일치하는 것에 주목해야 한다. 따라서 p를 다음과 같이 나타낼 수 있다.

$$P_A = \frac{3}{4} m_0 \frac{c}{\beta}\left[\left(\frac{1+\beta^2}{2\beta}\right)\ln\left(\frac{1+\beta}{1-\beta}\right) - 1\right] \tag{15.11}$$

식(15.6)으로부터 다음이 유도된다.

$$\begin{aligned} m_0 &= \frac{3}{4} m_0 \frac{1}{\beta^2}\left[\left(\frac{(1+\beta^2)}{2\beta}\right)\ln\left(\frac{1+\beta}{1-\beta}\right) - 1\right] \equiv m_0 \phi_A(\beta) \\ &= m_0\left(1 + \frac{2}{5}\beta^2 + \frac{9}{35}\beta^4 + \cdots\right) \end{aligned} \tag{15.12}$$

여기서 멱급수는 $\beta \ll 1$일 때의 전개이다.

한편, 로렌츠의 전자는 평평해지면서 타원이 되는 구형(정지해있을 때)의 전자이다. 앞

41 여기서 우리는 오직 Abraham과 Lorentz의 모델만을 논의하고 Bucherer의 모델을 논의하지 않았는데, 그것은 Bucherer의 이론이 심각한 논쟁으로부터 이미 오래 전에 탈락되었기 때문이다.

에서와 유사한 계산을 통해 다음을 얻을 수 있다.

$$L_L = -m_0c^2(1-\beta^2)^{1/2} \tag{15.13}$$

$$P_L = m_0c\beta(1-\beta^2)^{-1/2} \tag{15.14}$$

$$m_L = m_0(1-\beta^2)^{-1/2} \equiv m_0\phi_L(\beta)$$

$$= m_0\left(1+\frac{1}{2}\beta^2+\frac{3}{8}\beta^4+\cdots\right) \tag{15.15}$$

이 두 이론들은 단지 이차항(즉, β^2항)이 다를 뿐이다. 이 같은 이유로 이 이론들을 실험적으로 구분하기 위해서는 빠른 속도가 필요하다.

더 읽을거리

골드버그(Stanley Goldberg)의 〈The Abraham Theory of the Electron: The Symbiosis of Experiment and Theory〉는 전자의 고전적 모델을 수립하기 위한 노력에 포함된 쟁점들을 포괄적으로 논의하는 좋은 글이다. 카우프만 실험의 분석에 대한 전문적인 내용과 이에 포함된 방법론적 문제들에 대해서는 쿠싱(James Cushing)의 〈Electromagnetic Mass, Relativity, and the Kaufmann Experiments〉에서 찾을 수 있다. 풍부한 역사적 배경과 다량의 기술적 세부사항들은 밀러(Arthur Miller)의 완성도 높은 연구인 『Albert Einstein's Special Theory of Relativity』에서 찾을 수 있다.

6부 상대성 이론

동역학 이론, 그것은 열과 빛도 운동의 형태라고 주장하는데, 이 이론의 아름다움과 명쾌함은 현재 두 개의 구름으로 가려져 있다. 첫 번째 것은 빛의 파동설과 함께 생겨났으며, 프레넬과 영에 의해 다루어졌다. 그것은 다음의 질문과 관련되어 있다. 어떻게 지구가 빛을 내는 에테르인 탄성의 고체 속을 움직일 수 있는가? 두 번째 것은 에너지 분배에 관한 맥스웰과 볼츠만의 학설이다.

켈빈 경(Lord Kelvin, William Thomson), 「Nineteenth Century Clouds Over the Dynamical Theory of Heat and Light」

뉴턴, 나를 용서해 주오. 당신은 그 시대에서 유일한 방법을 발견했습니다. 그 방법은 가장 뛰어난 사고력과 창의력을 가진 사람에게 가능한 것이었습니다. 당신이 만들어낸 개념은 오늘날까지도 여전히 물리학에서의 우리의 사고를 안내하고 있습니다. 만약 우리가 관계들의 더 깊은 이해를 목표로 하고 있다면, 그 개념들은 직접적인 경험의 영역으로부터 벗어나는 다른 것들로 교체되어야만 할 것이라는 것을 우리가 지금 알고 있다 하더라도 말입니다.

아인슈타인(Albert Einstein), 「Autobiographical Notes」

16 특수 상대성 이론의 배경과 핵심

일반적으로 아인슈타인(Albert Einstein)은 상대성 이론의 창시자이며 현대 과학의 천재적인 화신으로 인정받고 있다. 또한 다소 나이든 사람들에게는 아마도 그는 원자폭탄의 기초가 되는 이론적인 작업을 한 사람으로서 뿐만 아니라 인도주의자적인 관심을 가진 사람으로서 기억되고 있을 것이다. 그 자신의 생애 동안에 이미 뛰어난 전설적인 인물이 되었던 사람이지만, 아인슈타인의 배경과 그의 초년기는 불운으로 가득했다. 사실, 노년에 자신의 능력에 대해 '나는 특별한 재능을 가지지 않았다. 단지 굉장히 호기심이 많은 사람이었다' 라고 스스로 평가하였다.[1] 뉴턴처럼 그는 아주 뛰어난 집중력을 가졌던 것 같다. 우리는 인간 아인슈타인에 대한 스케치로 시작해서 상대성 원리에 대한 그의 주장을 차례로 살펴보자.

16.1 아인슈타인

아인슈타인(Albert Einstein)은 독일 울름(Ulm)의 평범한 가정에서 태어났다. 아인슈타인이 태어난 지 일 년이 지나 가족은 뮌헨으로 이사했다. 그의 아버지는 작은 사업을 여러 가지 하였지만 대부분 실패했다. 아인슈타인은 특별히 훌륭한 학생이 아니었는데, 그가 학교생활에 적응하지 못한 가장 큰 이유는 기계적인 암기에 의한 학습을 크게 강조하는 딱딱한 독일학교 체계를 싫어했기 때문이다. 그는 카톨릭계 초등학교에 들어갔는데, 거기에서 그는 반에서 유일한 유태인이었다. 그리고 그가 열 살이 되었을 때 뮌헨에 있는

[1] Clark (1972, 22)에서 인용한 것이다.

루이트폴트 김나지움(Luitpold Gymnasium)에 입학했다. 그 당시 독일의 김나지움은 (학생들의 연령이) 미국의 중학교와 고등학교가 결합된 것과 같았다. 학생들은 보통 10살부터 18살까지 이곳을 다녔다. 아인슈타인은 항상 강압적으로 지성을 중시하는 분위기를 느꼈다. 그는 전 생애를 통해 강제적인 것을 철저하게 싫어했지만 동시에 자연의 법칙에는 강한 애착이 있었다. 이와 비슷한 역설이 그의 개인적인 성격에서도 명백하게 나타나는데, 전반적으로는 인류에 대한 인도주의적인 관심이 있었지만 친밀하고도 인간적인 친구관계는 없었다. 1930년 그는 이에 대한 자신의 생각을 다음과 같이 말하였다.

> ⊛ 사회정의와 사회적 책임에 대한 나의 열정적인 관심은 (내가) 남자와 여자와의 직접적이고 친밀한 관계에 대한 열망이 없다는 것과 항상 이상한 대조를 이루어 왔다. 나는 하나의 마구를 위한 한 마리의 말이지 두 필 또는 한 무리의 말이 끄는 마차에서 떨어져 나온 것이 아니다. 나는 진심으로 어떤 국가나 나라에 결코 속하지 않았고 친구 또는 가족에조차 속하지 않았다. 이러한 인연은 항상 막연한 무관심을 수반하였고, 내 자신 안으로 움츠리고 싶은 마음은 해가 갈수록 더해갔다. 그러한 고립은 가끔 견디기 어려웠지만 타인의 이해와 동정으로부터 단절된 것을 후회하지 않는다. 나는 그로 인해 무언가를 잃어버렸겠지만, 관습과 견해 그리고 다른 사람들의 편견으로부터의 독립으로 보상받았다. 그리고 나는 그러한 변하기 쉬운 기초 위에서 내 마음의 평화를 얻고 싶은 마음은 없었다.[2]

과학에 대한 그의 어릴 적 관심은 정규 학교 교육에서 기인한 것이 아니라, 그의 생애에 걸쳐 큰 감명을 주었던 두 사건에 기인한 것이었다.

> ⊛ 경이로움 … 나는 이것을 네 살 혹은 다섯 살 때 아버지가 나에게 나침반을 보여주었을 때 경험했다. 바늘이 미리 결정된 방식으로 행동한다는 것은 전혀 사건들의 본성에 어울리지 않는 것이었고, 사건의 본성은 개념에 대한 무의식의 세계(직접적인 '접촉'과 관련된 효과)를 말한다. 나는 지금도 기억할 수 있다. 아니면 적어도 내가 기억할 수 있다고 믿는다. 이러한 경험은 깊고 지속적인 감동을 내게 주었다. 깊이 숨어있는 어떤 것이 사물의 뒤에 있는 것이다. 유년기 때부터 사람이 보는 것들은 이러한 종류의 반응을 일으킨다. 즉, 물체가 떨어지는 것에 놀라지 않으며, 바람과 비에 관해서도 놀라지 않고, 달에 대해서도, 달이 떨어지지 않는다는 사실에 대해서도, 살아있는 것과 살아있지 않은 것의 차이에 대해서도

[2] Frank 1947, 49-50.

> 놀라지 않는다.
> 12살 때 나는 완전히 다른 성격의 두 번째 경이로움을 경험하였다. 내가 학교에 다니기 시작할 즈음에 내 손에 들어오게 된 유클리드 평면 기하학에 대한 작은 책에서였다. 여기에는 주장들이 있었는데, 예를 들자면 삼각형에서 세 개의 높이(수선)의 교차점이 하나라는 것, 그것은-결코 명백한 것이 아닐지라도-그럼에도 불구하고 어떠한 의심도 전혀 불가능한 확실성에 의해 증명될 수 있었다. 이러한 명백함과 확실성은 나에게 말로 표현할 수 없는 감명을 주었다. 증명이 안 된 채로 받아들여야 했던 그 공리는 나에게 방해가 되지 않았다. 어떤 경우라도, 만약 내가 나에게는 분명하게 보이는 타당성을 가진 명제에 대한 증명에 쐐기를 박을 수 있다면, 나에게는 매우 충분하였다. 예를 들자면 나는 놀라운 기하학의 소책자가 내 손에 들어오기 전에 삼촌이 내게 피타고라스 정리를 이야기 해 준 것을 기억한다. 많은 노력 끝에 나는 삼각형의 닮음에 기초하여 이 정리를 '증명'하는 데 성공하였다. 이것을 하면서 직각 삼각형의 변들의 관계는 예각들의 하나에 의해 완전하게 결정되어야만 한다는 것이 내게는 '명백'한 것처럼 보였다. 단지 비슷한 형태로 '명백'하게 보이지 않는 어떤 것이 나에게는 증명을 필요로 하는 것으로 나타났다. 또한, 기하학이 다루는 대상들은 '보이고 만져지는' 감각 지각의 대상들과 전혀 다르지 않은 유형의 것으로 보였다. 이러한 초기의(원시적인) 아이디어는, 아마도 '선험적으로(a priori) 종합적인 판단'의 가능성에 대한 칸트의 불확실성으로 잘 알려진 토대에 놓여 있는데, 직접 경험(단단한(rigid) 막대, 유한한 간격 등)의 대상들에 대한 기하학적인 개념들의 관계는 무의식적으로 존재한다는 사실에 분명히 기초를 두고 있다.[3]

아인슈타인이 15살 때 그의 가족은 이탈리아의 밀란으로 이사하였고, 거기에서 그의 아버지는 사업의 새로운 행운을 찾았다. 아인슈타인은 한 해 동안 뮌헨의 학교에 남았지만 졸업장도 없이 학교를 중퇴하였고 일 년 정도 여행을 다녔다. 동시에 그는 독일 시민권을 포기하였다. 결국 그는 스위스의 아라우(Aarau)에서 중등교육을 마쳤다. 이후 스위스 취리히에 있는 연방공과대학(ETH: Eidgenössische Technische Hochschule)에 들어갔다. 보다 큰 지적 자유를 지녔던 스위스의 체제는 아인슈타인과 같은 독자적인 사상가의 마음을 끌었다. 대학생으로서 그는 거의 수업에 참석하지 않았고 친구 그로스만(Marcel Grossman, 1878-1936)의 노트를 대신 사용했으며, 대부분의 시간을 헬름홀츠(Hermann von Helmholtz, 1821-1894), 키르히호프(Gustav Kirchhoff, 1824-1887), 볼츠만

[3] Einstein 1949a, 9, 11.

(Ludwig Boltzmann, 1844–1906), 맥스웰, 헤르츠(Heinrich Hertz, 1857–1894) 등의 과학 고전들을 읽으며 보냈다. 취리히에 있는 아인슈타인의 스승 중의 한 사람은 당대에 뛰어난 유럽의 수학자 민코프스키(Hermann Minkowski, 1864–1909)였다. 이 시기에 아인슈타인은 고등 수학에 상당히 무관심하였다.

그가 물리 이론의 진보의 중심으로서 수학이라는 보다 추상적인 분야의 중요성을 믿게 된 것은 한참 후에 일로서, 그가 일반상대성 이론을 정립하고 있을 때였다. 아인슈타인은 1900년에 대학졸업증을 받았지만, 어느 대학에서도 자신을 위한 자리를 찾을 수 없었다. 1901년에 스위스 시민권을 획득하고 나중에 그로스만의 도움으로 스위스 베른에 있는 정부특허청에서 특허 조사관의 직업을 얻었다. 1903년 그는 취리히의 학생이었던 밀레바(Mileva Meric, 1875–1948)와 결혼하였다.

아인슈타인은 비록 당대를 대표하는 물리학자들과는 접촉할 수 없었지만, 베른에 있는 동안 매우 창의적인 업적들을 이루었다. 그는 이탈리아 출신 엔지니어이자 친구였던 베소(Michalangelo Besso, 1873–1955)와 자신의 아이디어에 대해 토론하였다. 1905년에 아인슈타인은 분자의 차원을 결정하는 것에 관한 학위 논문을 발표했고, 취리히 대학으로부터 박사학위를 받았다. 그해, 4개의 또 다른 논문들이 독일 저널인 〈물리학 연보〉(Annalen der Physik)에 실렸다. 첫 번째는 〈빛의 생성과 변환에 관한 발견적인 관점에 관하여〉(On a Heuristic Viewpoint Concerning the Production and Transformation of Light)로서 빛 양자 개념을 기초로 하여 광전효과에 대한 이해를 제공하였다. 〈분자의 열역학 이론에 의해 요구되는 고정된 액체 속에서 부유하는 작은 입자의 운동에 관하여〉(On the Movement of Small Particles Suspended in a Stationary Liquid Demanded by the Molecular Kinetic Theory of Heat)는 브라운 운동을 설명하였고, 원자의 존재에 대한 상당히 직접적인 증거를 제공하였다. 〈운동하는 물체의 전기역학에 관하여〉(On the Electrodynamics of Moving Bodies)는 특수 상대성 이론을 담고 있었고, 〈물체의 관성은 그것의 에너지 내용에 의존하는가?〉(Does the Inertia of a Body Depend Upon Its Energy Content?)에서는 17장에서 토론할 질량과 에너지의 등가에 관한 내용을 정립하였다. 덧붙여 말하자면, 1921년 그가 수상한 노벨 물리학상은 상대성 이론이 아니라 광전효과와 수리물리에 관한 그의 연구 성과에 주어진 것이었다. 놀랍게도 특수 상대성 이론을 공식화하고 있을 당시, 아인슈타인은 마이켈슨–몰리 실험(Michelson–Morley experiment)의 실패(null result)를 명확하게 알고 있었는지조차 확실하지 않다. 비록 이 점에 대해서 최근에 논쟁이 있지만, 그가 상대론에 도달한 추론의 과정에서 실험이 아무런 역할도 하지 못했던 것 같다.[4] 어쨌든, 에테르에 관한 운동을 검출하려는 성공하지 못한 다른 시도들이 있었고 아인슈타인은 이것들에 대해 알지 못했다.

상대성 이론으로 들어가기 전에, 여기에서 아인슈타인의 생애에 대해 더 살펴보자. 그는 1905년 논문을 통해 곧 널리 주목을 받았고, 1909년에는 취리히 대학의 물리학과 부교수로 임명되었다. 정치적인 이유에서 처음에 그 자리는 이전에 ETH에서 아인슈타인의 동료 학생이었던 아들러(Friedrick Adler, 1879−1960)에게 먼저 제안되었다는 것은 재미있는 기록이다. 아인슈타인 또한 그 자리에 고려되고 있다는 것을 아들러가 알았을 때, 그는 대학관계자에게 학과에서 아인슈타인 대신에 자신(아들러)을 임명하는 것은 어리석은 일이라고 편지를 하였다.[5] 그리고 아인슈타인은 상당히 빠른 시간에 취리히(1909)에서 프라하대학의 정교수(1910)로 자리를 옮겼으며, 다시 취리히의 ETH로 돌아왔고(1912), 마지막으로 1913년에 프러시아 과학 아카데미(the Prussian Academy of Sciences)의 회원 자격으로 베를린대학과 카이저 빌헬름 연구소(the Kaiser Wilhelm Institute)에 동시에 몸담게 되었다. 아인슈타인은 베를린에 있는 동안 일반 상대성 이론을 완성하였고 1916년 이를 발표하였다. 1933년까지 베를린에 남아있다가 다시 미국 프린스턴의 고등과학원(Institute for Advanced Study)으로 옮겼으며 죽을 때까지 그곳에 머물렀다.

아인슈타인은 1차 세계 대전 동안과 그 이후 확고한 평화주의자가 되었으며, 유태인 독립을 위한 수단으로서의 시오니즘 운동을 지지하였다. 1919년 그의 일반상대성 이론에 대한 위대한 실험적 검증이 이루어지면서 아인슈타인은 매우 대중적인 인물이 되었고, 세계평화 운동과 시오니즘 운동을 위해 이러한 특권을 이용하려고 하였다. 1921년부터 1923년까지 그는 유럽, 영국, 미국, 동아시아, 팔레스타인 등에서 폭넓게 강연하였으며 1925년에는 남미에서도 강연하였다. 전후 독일의 불안한 상황에서 아인슈타인과 그의 관점을 공격하기 위한 목적의 조직이 형성되었다. 이들은 심지어 그의 물리학이 비독일인에 의한 것이며 과학의 진정한 진보에도 해롭다는 이유로 공격을 하였다. 이러한 단체의 광적인 구성원 중 한 사람이 레나드(Philipp Lenard, 1862−1947)였는데, 그는 광전효과의 실험적인 업적으로 1905년 노벨 물리학상을 수상한 인물이었다. 레나드는 히틀러 운동의 후원자였고 국가사회주의당(National Socialist Party) 초기 당원이었다. 1933년 레나

[4] Einstein 1982.

[5] Frank 1947, 75.

드는 아인슈타인을 공격하기 위한 발표를 하였다. 거기에서 그는 아인슈타인을 독일에 대한 교활한 유태인의 예로서 들고, 상대성에 대한 아인슈타인의 연구는 잘못된 전제를 바탕으로 하여 과학자들을 오류에 빠지게 하고 있다고 비난하였다. 레나드에게 있어서 유태인이었던 아인슈타인은 좋은 독일인이 될 수 없는 것이었다. 또다시 1935년의 연설에서 독일 과학에 미친 아인슈타인의 영향에 대해 심하게 비난하였고, 어떤 좋은 독일인도 유태의 지적 추종자가 되어서는 안 된다고 강조하였다. 레나드는 그의 강연을 'Heil Hitler(히틀러 만세)' 라는 구호로 끝맺음하였다.[6]

아인슈타인이 베를린에 머물던 마지막 약 10년, 즉 1924년~1933년 동안에는 정치적 격변이 크게 일어났다. 이 기간 동안 그리고 그의 남은 생애 동안 줄곧 그는 중력과 전자기장의 통일장(unified field theory) 이론을 수립하려고 노력하였으며, 1929년에는 그 논문의 예비판을 발표하였다. 1950년 발표된 그의 최종판조차도 수용 불가능한 것으로 판명됨으로써 아인슈타인은 생의 마지막 35년 동안을 이러한 실패한 탐구를 위해 보낸 셈이 되었다. 1930년대 초 히틀러 정권이 대학의 교수단을 '적합한' 독일인 교수들만으로 채우도록-그 의미는 유태인과 유태인 부인을 둔 대학 교수가 없도록-숙청을 시작했을 때, 아인슈타인은 베를린을 떠나 프린스턴으로 자리를 옮겼다. 그는 또한 프러시아 과학아카데미를 사직하였는데, 그것은 오랜 친구인 플랑크와 다른 사람들이 곤경에 빠지지 않도록 하기 위함이었다. 그의 업적은 베를린의 주립 오페라 하우스 앞에서 공개적으로 불태워졌다. 아인슈타인은 이제 공인된 평화주의자가 되었고, 1939년 그는 루즈벨트(Franklin Roosevelt, 1882-1945) 대통령에게 독일이 원자폭탄을 갖는 최초의 국가가 되지 않도록 미국의 원자폭탄의 개발을 촉구하는 편지를 썼다.

16.2 고전물리학에 대한 아인슈타인의 회의론

이제 우리의 시공간 개념을 완전히 재구성하고 또 뉴턴적 세계관을 철저하게 수정하였던 아인슈타인의 특수상대성 이론으로 화제를 돌려보자. 철학적으로 아인슈타인은 보통 논리실증주의자로 인정되는데, 이는 그가 형이상학적 가정들을 결정적인 것으로 받아들이지 않았으며 자신의 이론적 요소들을 관찰된 사실들에 기초하였기 때문이다. 그렇지만

[6] Frank 1947, 232.

아인슈타인은 일반 이론이 실험적 사실에 대한 직접적인 점검만으로는 도달할 수 없다고 생각하였으며, 인간 정신에 의한 자유로운 고안이 함께 필요하고 그 후에 이론이 자연 현상과 일치하는지를 알아보기 위한 점검이 있어야 한다고 믿었다. 그의 회상에 따르면, 그에게 매우 큰 영향을 준 철학자들로는 흄, 마흐, 푸앵카레를 들 수 있다. 친구 베소가 그의 관심을 마흐의 『역학의 과학』(The Science of Mechanics)(7.5절, 11.4절 참조)로 이끈 이후 이 책은 아인슈타인의 고전역학에 대한 재검토에 큰 영향을 주었다. 그는 마하의 위대함을 그의 불후의 회의론과 독립성에서 발견하였다.[7] 그는 공간과 시간에 대한 개념을 수정하는 데 필수적인 비평적 태도를 발전시키는 것에 흄과 마하에 대한 그의 공부가 많은 도움이 되었다고 회상하였다. 그의 과학적 발전에 중요한 영향을 미쳤던 과학적 전임자들은 맥스웰과 로렌츠였다. 맥스웰의 이론은 광학과 전자기학을 통합한 것이었고 아인슈타인은 맥스웰의 연구가 자신의 것보다 위대하다고 생각하였다. 로렌츠는 그의 이론의 기초를 원거리 작용에 두지 않고 오로지 빈 공간에 (또는 에테르에서) 존재하는 장(필드)과 공간상에서 이러한 장을 만드는 하전입자에 두었다. 그래서 전자기장을 갖는 것은 물질이 아니라 공간이었다. 아인슈타인은 학생 시절에 이미 모든 관성계의 고전역학적 등가성과 맥스웰 방정식의 형태불변성(form invari-ance)이 양립할 수 없다는 것을 감지하였다. 그는 만일 누군가 광속으로 여행할 수 있어서 광파를 타고 갈 수 있다면 무엇을 볼 수 있는지 스스로 반문하였다. 그러한 기준계에서 전자기파는 공간상에서 '정지(frozen)' 한 것으로 나타날 것이며 E와 B는 (전기장과 자기장은) 전파되는 방향에 대한 횡단면상에서 진동하지 않을 것이다. 젊은 아인슈타인은 이러한 기준계와 빛의 속도보다 작은 속도로 이동하는 다른 모든 기준계 사이에서의 이러한 비대칭이 현실적이지 않다고 느꼈다. 67세 때 아인슈타인은 이에 대해 다음과 같이 회상하였다.

⊛ (나는) 이미 16세에 패러독스를 발견하였다: 만일 내가 속도 c(진공에서의 빛의 속도)로 광선을 따라간다면 나는 공간적으로 진동하는 전자기장이 멈춰 있는 그런 광선을 관찰할 것이다. 그러나 경험을 바탕으로 하건 맥스웰의 식에 따르건 그러한 것은 없다고 생각된다. 매우 초기부터 직관적으로 내게는 명확하였다. 그러한 관찰자의 관점으로부터 판단해도, 또는 지구에 대해서 정지해 있는 관찰자에 대해서도 모든 것들이 동일한 법칙에 따라서 일어나야 한다는 것이다. 그렇지 않으면, 어떻게 최초의 관찰자가 자신이 빠른 등속 운동 상태에 있는 것을 알게

[7] Einstein 1949a, 21.

되거나 결정할 수 있겠는가?[8]

여기서 아인슈타인은 시간적인 것이 아닌 공간적인 변이만을 갖는 '정지' 된 장은 맥스웰 방정식(또는 공간을 통한 파동의 전파를 나타내는 식(14.16)의 파동방정식)에 대한 해가 되지 못한다고 지적하였다.[9]

아인슈타인은 자신의 1905년 상대론 논문의 앞부분에서 비대칭에 관한 성가신 문제를 언급하였다. 여기서 우리는 아인슈타인을 유명하게 만들었던 Gedankenexperiment(thought experiment, 사고실험)의 예를 찾을 수 있다.

> ⊛ 맥스웰의 전기역학이-보통 현재 이해되는 것처럼-움직이는 물체에 적용될 때 현상에 고유한 것으로 보이지 않는 비대칭성을 이끌어 낸다는 사실은 잘 알려져 있다. 예를 들어 자성체와 도체의 전기 역학적 상호작용을 생각해보자. 여기서 관찰 가능한 현상은 오직 도체와 자성체의 상대 운동에 달려 있다. 그에 반하여 이전의 관점은 이 두 물체 중에 어느 것이 운동하고 있느냐에 따라 두 경우 사이의 뚜렷한 구별을 가져온다. 자성체가 운동하고 있고 도체가 정지해있다면, 자성체의 주위로 어떤 한정된 에너지를 갖고 있는 전기장이 발생한다. 그 전기장은 도체가 놓여져 있는 곳에 전류를 만들어낸다. 그러나 자성체가 정지하고 도체가 운동한다면, 자성체 주위에는 어떠한 전기장도 발생하지 않는다. 그렇지만, 도체 내에서 우리는 기전력을 발견하게 된다. 그 기전력에는 본래의 대응 에너지가 없지만-논의되는 두 경우에 있어서 상대적인 운동이 동등하다고 가정을 하면-앞의 경우에서 전기적인 힘에 의해 생성되는 것처럼 동일한 경로와 세기를 갖는 전류를 일으킨다.
>
> 이러한 종류의 예들은, '빛의 매질' 에 대해 상대적으로 지구의 어떤 운동을 발견하기 위한 실패한 시도들과 함께, 역학뿐만 아니라 전기역학적인 현상도 절대 정지의 아이디어에 대응하는 어떠한 특성도 갖고 있지 않다는 것을 암시한다. 그것들은 (이미 작은 양의 첫 번째 차수까지 보여졌던 것처럼) 오히려 역학의 방정식이 유효한 모든 기준좌표계에서 전기역학과 광학의 동일한 법칙들이 유효할 것이라는 것을 암시한다. 우리는 가설의 상태로 이러한 추측(이러한 의미로 여기 이후로 '상대성 원리' 로 부를 것이다.)을 할 것이다. 그리고 또 하나의 가정을 소개한다. 그것은 전자(첫 번째 가정)와 조화롭지 않게 보이는데, 즉 빛은 그것을 방

[8] Einstein 1949a, 53.

[9] 즉, 만약 x만의 함수이고 t의 함수가 아닌 임의의 함수 $f(x)$를 취해서 이를 식(14.16)에 대입하면, ($f(x)$가 x에 의존하지 않는 한) 모순이 존재한다.

> 출한 물체의 운동 상태와 관계없이 항상 진공에서 일정한 속도 c로 진행한다. 이러한 두 개의 가정은 정지한 물체에 대한 맥스웰의 이론을 기초로 하여, 움직이는 물체에 대해서도 단순하면서도 일관성 있는 전기역학적 이론을 달성하기에 충분하였다. '빛을 내는 에테르'의 도입은 불필요한 것으로 증명될 것이다. 왜냐하면 여기에서 발전된 관점은 특별한 특성을 갖는 '절대 정지 공간'을 필요로 하지 않을 것이며, 전자기적인 과정이 일어나는 진공 공간의 어떤 한 점에 속도벡터를 부여하지도 않을 것이기 때문이다.[10]

아인슈타인이 이 논문의 도입 부분에서 논의하고 있는 효과는 그림 16.1과 **그림 16.2**에서 설명되고 있다. 자성체가 만일 운동중이라면 **그림 16.1**처럼 (B필드는 공간상의 고정점에서 시간에 따라 변화하고 있다. 즉, 패러데이의 유도법칙은 자기선속의 변화로 인해서 공간상에 생성되는 전기장을 내포하고 있다. 그것은 즉 패러데이의 법칙(식(14.3c))은 공간상의 한 점에서 변화하는 자기장 $B(\mathbf{r}, t)$는 같은 점에서 전기장 E를 일으킨다는 것을 필요로 한다. 그러므로 도체 고리에서의 전류 흐름은 이러한 변화하고 있는 장에서 정지해있다. 반면에 자성체가 정지해 있고 (그것은 B필드가 공간상에서 고정된 점에서 시간에 따라 변화하지 않는다) 고리가 **그림 16.2**에 표시된 방향으로 움직인다면 전기장은 공간 전체에 생성되지 못한다. 그러나 로렌츠 힘으로 인해 고리 안에는 전도성 전하들이 움직임이 생기게 된다. 어느 경우에도 고리 안에는 동일한 물리적인 전류의 흐름이 있다. 이것은 고전 전기역학 식으로부터 증명될 수 있다(16장 부록 참조). 실제 물리적으로 관찰 가능한 효과인 고리에서의 전류의 흐름은 오직 자성체와 고리의 상대 속도에 의존한다. 고전적인 전자기학 설명은 원리적으로 움직이고 있는 것이 자성체 혹은 고리 어느 것이냐에 대해 매우 다르다. 양쪽의 경우에서 v의 크기가 같다면, 두 상황의 전류는 동일

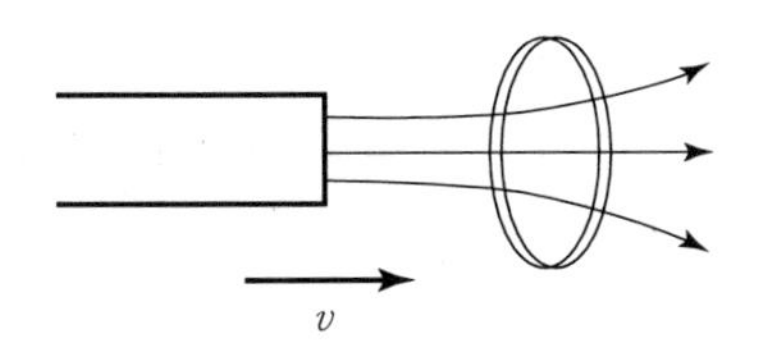

그림 16.1 정지한 금속 고리를 통해 움직이는 자석과 자기장

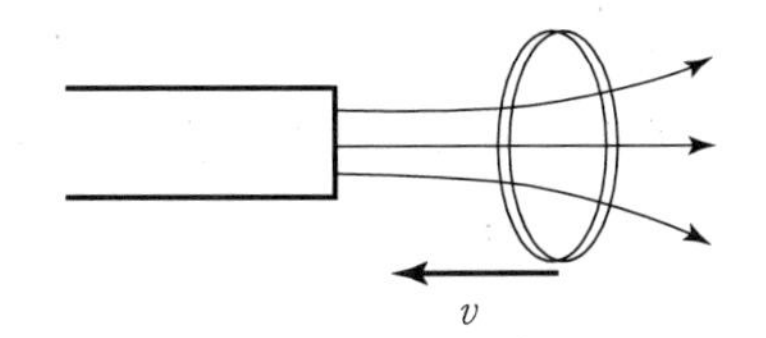

그림 16.2 정지한 자기장을 통해 움직이는 금속 고리

[10] Einstein 1905a, 891–2. 인용문은 Einstein(n.d.a., 37–38)에서 인용한 것이다.

하다. 아인슈타인은 올바른 이론은 오직 상대속도가 들어가 있는 그러한 방법으로 공식화되어야 하고, 그래서 하나의 표현이 위에서 논의된 두 가지 경우 모두를 포괄할 것이라고 생각했다. 우리는 *E*와 *B*필드가 하나의 관성계에서 또 다른 관성계로 움직일 때 서로 변환됨을 알아볼 것이다. 그리고 그런 방식으로 하나의 통합된 묘사가 존재하고, 이러한 유도 현상에 대해 어떤 관성계에서도 유효함을 보일 것이다.

16.3 가정

아인슈타인의 1905년 논문은 동시성이라는 의미에 대한 주의 깊은 분석으로 시작된다.

> ⊗ 만약 공간상의 *A*점에 시계가 있다면, *A*에 있는 관찰자는 *A*점 바로 가까이의 사건들의 시간 값을 결정할 수 있다. 즉, 이 사건들과 동시에 일어나는 바늘의 위치들을 확인함으로써 그 시간을 결정하는 것이다. 만약 공간상의 *B*점에 *A*의 경우와 모든 면에서 동일한 다른 시계가 있다면 *B*의 가까운 주변에서 일어나는 사건들의 시간 값을 *B*지점에 있는 관찰자가 결정할 수 있다. 그러나 *A*에서의 사건과 *B*에서의 사건을 시간에 대해서 비교하는 것은 더 추가된 가정이 없이는 불가능하다. 우리는 지금까지 그냥 '*A*시간'과 '*B*시간'을 정의했다. 우리는 *A*와 *B*의 공통의 '시간'에 대해서는 정의하지 않았다. *B*에서 *A*까지 진행하는 데 걸리는 '시간'과 *A*에서 *B*까지 진행하는 '시간'이 같다는 것을 정의에 의해 정립하지 않으면 후자에 대해서는 결국 정의할 수 없다. 광선이 *A*로부터 *B*까지를 '*A*시간' t_A에서 출발한다고 하자. *A*의 방향으로 *B*에서 반사된 때를 '*B*시간' t_B라고 하고, 그리고 *A*에 다시 도착하는 것을 '*A*시간' t'_A라고 하자.
> 정의에 따라서 두 개의 시계를 일치시키려면
>
> $$t_B - t_A = t'_A - t_B$$
>
> 이면 된다.
> 우리는 동시성의 이러한 정의는 모순이 없는 것이며 모든 점들에 대해서도 가능하다고 가정한다.[11]

이것이 아인슈타인의 동시성 기준의 기초가 되고 그리고 (*c*값의 불변성에 대한 가정과

[11] Einstein 1905a, 893-4. 인용문은 Einstein(n.d.a., 39-40)에서 인용한 것이다.

함께) 일반적인 로렌츠 변환(16.5절 참조)으로 이어지게 된다. 여기서 빛의 속력은 한 점으로부터 다른 점까지 여행하는 것과 다시 돌아오는 여행에서 같다는 것으로서 정의된다(또는 빛의 속도는 빛의 전파 방향과는 무관하다고 정의된다). 그러나 동시성에 대한 이러한 기준은 아인슈타인의 입장에서의 생각이고 빛의 편도속도를 측정하는 것이 가능하지 않다면 실험적으로 확인할 수 없는 것이다.[12] 예를 들면, 만일 상대성의 원리를 받아들이지 않고, 빛의 왕복속도의 불변성만을 가정하고 실험적으로 시간 지연의 효과를 증명한다면(16.4절 참조), 로렌츠 변환을 얻지 못하고 보다 일반적인 결과(set)만을 얻게 된다.[13]

관성계 사이에서 절대 동시성으로 이르게 하는 것은 여러 가지 다른 가능한 합의 중의 하나이지만 보통의 로렌츠 변환에 의해 주어지는 특수 상대론의 예측과는 주목할 만한 차이를 보이지 못한다.[14] 이것은 다른 선택들이 더 선호하는 좌표계를 갖는 결과를 가져옴에도 불구하고 사실이다. 여기서 우리가 그러한 대안들을 계속 추구하지 않고 대신 동시성에 대한 아인슈타인의 생각과 로렌츠 변환을 수용한다고 할지라도, 독자들은 이러한 프로그램에서 특수상대론의 규약(convention)에 대해 깨닫기 바란다.

우리가 지금 막 논의한 동시성에 관한 고려의 형태로부터 아인슈타인은 특수상대성 이론이 이끌어지는 두 가지 가정을 만들 수 있게 되었다.

1. 물리법칙의 형식은 모든 관성계에서 동일하다(이는 물리법칙은 절대 속도를 측정하는 데 사용될 수 없음을 시사한다).
2. 빛의 속도는 모든 관성 관찰자들에 대해 동일한 상수 값을 갖는다.

아인슈타인의 정확한 표현은 다음과 같았다.

> ⊛ 1. 물리계의 상태 변화의 원인이 되는 법칙은 그러한 상태변화가 균일한 직선 운동을 하는 구 좌표계의 어느 하나에 귀속한 것일지라도 영향을 받지 않는다.
> 2. 정지한 물체로부터 방출되건 움직이는 물체로부터 방출되건, 모든 광선은 이

[12] Selleri(1994)는 이 문제를 다시 한 번 제기하였다.

[13] Selleri(1994) 참조. 특히 가능한 한 가지 결과는 식(16.5)의 Lorentz 변환과 거의 동일하다. 다만 마지막 방정식이 $t' = \gamma^{-1}t$로 대체되고 따라서 모든 관성기준계에 절대동시성이 존재하게 된다.

[14] 예를 들어 Tangherlini(1961) 또는 Mansouri and Sexl (1977a, 1977b, 1977c)를 참조한다.

미결정된 속도 c를 가지고 '정지된' 좌표계에서 움직인다.[15]

물론, 가설 2는 마이켈슨-몰리의 실험을 잘못 제기된 문제로 정의하면서 그것의 부정적 결과(null result)에 대해 설명한다.

가설 2가 가설 1과 양립되도록 하기 위해서는 고전역학에 무엇인가가 '주어져야' 한다는 것 또한 명백하다. 아인슈타인 이전의 딜레마의 논리적인 본질은 ① 뉴턴의 운동법칙과 ② 맥스웰의 방정식 그리고 ③ 시공간의 고전적 개념은 함께 광 매질에 대한 관찰자의 속도를 결정하는 것이 가능해야 한다는 것을 내포한다는 것이었다. 즉, ①-③ 중 적어도 하나는 맞지 않는다. v가 c에 접근할 때, ①과 ③은 틀리지만 맥스웰의 식은 정확하게 옳다고 판명되었다.

뉴턴의 법칙 대신 맥스웰의 식을 택한 아인슈타인의 선택은 임의의 선택이나 단지 운 좋은 추측은 아니었다. 그는 역학적 모델을 가지고 전자기 현상을 설명하려 했던 모든 시도가 실패했다는 것을 알고 있었다(13장 전자기 에테르에 대한 역학적 묘사에 대한 논의 참조). 이것은 로렌츠가 전기역학에서 역학을 없애려고 노력했던 것과 같은 이유에서였다.[16] 예를 들자면 마이켈슨-몰리 실험의 (또는, 아마도 아인슈타인의 경우에는, 또 다른 에테르-흐름 실험의) 부정적 결과는 지구는 에테르에 대해 움직이지 않는다는 것을 의미하였다.

그러므로 아인슈타인은 에테르 존재에 대한 가정을 해야 할 이유가 없었으며 절대속도를 결정한다는 것은 아무 의미가 없다는 것으로 결론지을 수 있었다. 속도를 더하는 것에 대한 우리의 '상식적인' 법칙은 맞지 않을 수 있다는 것이다. 우리는 이러한 내용과 가설 1과 가설 2의 또 다른 결과들에 대해 이 장과 다음 장에서 논의하고 있다.

여담으로 아인슈타인의 1905년 상대론의 논문이-아마도 물리학의 역사상 가장 철저하게 혁명적이었던 단일 논문에 해당하는-동시대에 존재하던 이론적 혹은 실험적 연구들에 대한 아무런 구체적인 참조를 포함하지 않고 있었으며 당시를 이끌었던 물리학자들과의 그 어떤 아이디어의 교환도 언급하고 있지 않다는 점을 지적할 수 있다. 유일한 사사의 언급은 논문의 마지막 문장에 다음과 같이 나타나 있다.

---

[15] Einstein 1905a, 895. 인용문은 Einstein(n.d.a., 41)에서 인용한 것이다.

[16] Zahar 1989, 28.

> ⊛ 결론적으로, 나는 여기에서 내가 다루어 왔던 문제를 해결하는 데 있어서 나의 친구이자 동료인 베소로부터 충실한 도움을 받았으며 그의 여러 가치 있는 제안들로부터 은혜를 입었음을 밝히고자 한다.[17]

아인슈타인은 그가 30살이 될 때까지 그 어떤 진정한 물리학자도 만난 적이 없었다고 말한 바 있기도 하다.

전자에 대한 로렌츠 이론(14.5절 참조)과 아인슈타인의 특수상대성 이론의 개념적인 접근법 사이에서의 주목할 차이점은 이후의 단원(특히 23.5절)에서 다룰 중요한 철학적 쟁점을 제공해준다. 아인슈타인은 원리적 이론(theories of principle)(열역학 또는 특수상대론과 같은)과 구성적 이론(constructive theories)(기체의 운동이론 또는 전자에 대한 에테르-기반 로렌츠 이론)에 대해 언급하였다. 그의 주장에 의하면, 후자(구성적 이론)가 지각력의 (또는 이해의) 명쾌함을 주는 이점을 가지고 있다면, 전자(원리적 이론)의 장점은 인식론적 안전성(일단 기본 원리가 받아들여진 이후의 연역된 결과의)과 적용의 일반성이었다. 아인슈타인은 이러한 두 형태의 이론을 다음과 같이 특징화하였다.

> ⊛ 우리는 물리학에서 다양한 종류의 이론들을 구분할 수 있다. 그중 대부분은 구성적인 것이다. 이것들은 상대적으로 단순하고 형식적인 틀의 것들로부터 출발하여 보다 복잡한 현상에 대한 그림을 수립하고자 한다. … 우리가 일군의 자연 과정들을 이해하는 데 성공했다고 이야기할 때, 그것은 대상이 되는 과정들을 포괄하는 구성적 이론을 발견하였다는 것을 항상 의미한다.
> 이것과 함께, 두 번째로 존재하는 이론의 가장 중요한 유형은 내가 '원리-이론(principle-theories)'이라고 부르는 것이다. 이 이론들은 종합적 방법이 아니라 분석적 방법을 이용한다.
>
> …
>
> 구성적 이론의 장점은 완벽함, 적응성, 명확함 등이고, 원리-이론의 장점은 논리적인 완벽함과 기초의 안정성이다.[18]

이러한 구분은 방법론적 비판의 기초가 된다. 아인슈타인은 카우프만 실험(15.3절 끝부분 참고)의 도입을 논의하면서 자신의 (폭넓게 적용 가능한) 이론에 반대되는 것으로

17 Einstein 1905a, 921. 인용문은 Einstein(n.d.a., 65)에서 인용한 것이다.

18 Einstein 1954d, 228.

서-단지 제한된 유형의 현상에만 유용했던-아브라함(Abraham)과 부커러(Bucherer)의 모델을 비판하였다.

16.4 시간 지연과 길이 수축

이제 간단한 사고실험에 기초한 물리학적 논증으로 돌아가서 아인슈타인의 두 개의 간결한 가정으로부터 광범위한 예측을 이끌어내도록 하자. 우리는 주어진 계의 공간상의 한 고정점에서 발생한 두 사건의 시각 간격을 **고유시간**(proper time) 간격이라고 정의한다. 즉, 두 사건이 같은 장소에서 일어날 때 그것들의 (공통의) 정지계에서의 두 사건 사이의 시간 간격에 해당한다.

그림 16.3에 나타낸 것처럼, 광원(L)에서 보낸 빛 신호가 거리 l만큼 떨어진 거울(M)까지 갔다가 되돌아오는 것을 생각해보자. 이 장치는 속도 v로 등속 운동을 하고 있음에도 불구하고 L과 M은 거리 l만큼의 간격을 두고 단단하게 고정되어 있다. 이 그림에서 우리는 그 장치의 정지계(S)에 있는 관찰자의 관점을 가진다. S에 있는 관찰자의 관점에서, 우리는 매우 간단하게 왕복시간(Δt)을 구할 수 있다($\Delta t = 2l/c$). 이것은 S에서의 고유 경과 시간이다. 그러나 이 과정을 S'에서 관찰하면 **그림 16.4**와 같은데, 그 이유는 S는 S'에 대해서 (속도 v로) 상대 운동을 하고 있기 때문이다. **그림 16.4**의 삼각형에 대해서 피타고라스의 정리를 적용하면, 우리는 관찰자 S'에 의해 측정되는 왕복 시간 $\Delta t'$을 다음과 같이 추정할 수 있다.[19]

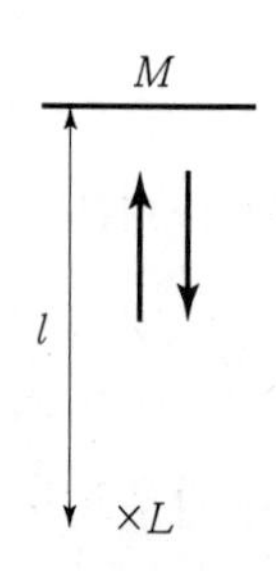

그림 16.3 광원과 거울의 정지 기준계에서 본 빛의 왕복 운동

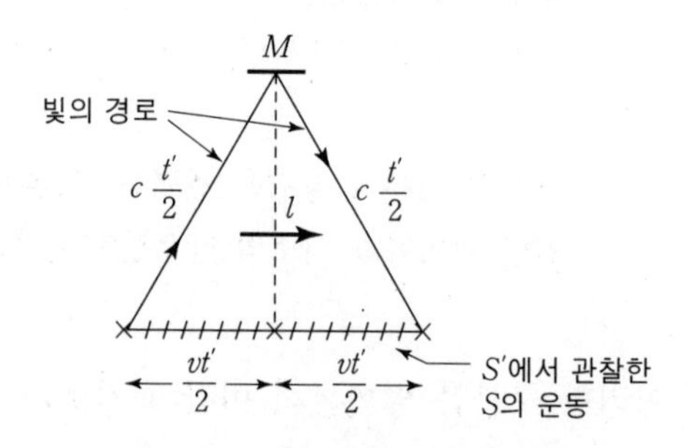

그림 16.4 운동하는 관찰자가 본 빛의 왕복 운동

19 $(c\Delta t'/2)^2 = l^2 + (v\Delta t'/2)^2$으로부터 $\Delta t' = (2l/c)/\sqrt{1-(v/c)^2} = \Delta t/\sqrt{1-(v/c)^2}$을 얻을 수 있다(**그림 16.4**).

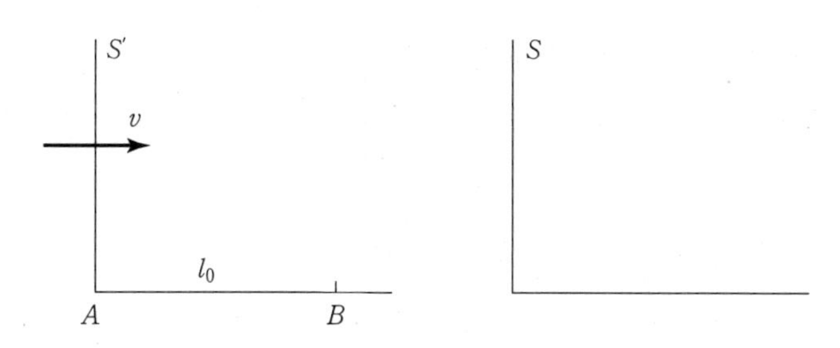

그림 16.5 길이 수축에 대한 사고실험

$$\Delta t' = \frac{\Delta t}{\sqrt{1-(v/c)^2}} \tag{16.1}$$

그러므로 고유시간은 지연된다. 즉, 움직이는 시계는 느리게 간다.

고유길이(proper length)는 그 길이에 대해 정지 상태에 있는 관측자에 의해 측정되는 것이다. 막대의 길이를 그것의 정지계(S')에서 측정하여 l_0라고 하자. 그리고 **그림 16.5**에 나타나 있는 과정을 생각해보자. B가 S의 원점을 지나갈 때 $t = t_1$이라 하고 A가 S의 원점을 지나갈 때 $t = t_2$라고 하자. 이 시간들은 S에서 측정된다. 그러므로 $\Delta t = (t_2 - t_1)$는 고유시간 간격이다. S에서(정의에 의해) A와 B 사이의 거리는 $l = v\Delta t$이다. l_0는 S'에서의 대응하는 (A에서 B까지의) 길이이고 $\Delta t' = (t'_2 - t'_1)$가 대응하는 시간 간격이므로 $l_0 = v\Delta t'$이다. 단, $\Delta t'$는 고유시간이 아니다. 식(16.1)로부터 다음과 같은 식을 얻을 수 있다.

$$l = l_0 \frac{\Delta t}{\Delta t'} = l_0 \sqrt{1-(v/c)^2} \tag{16.2}$$

우리는 14.5절(식(14.8))에서 에테르에 대한 운동을 검출하기 위해 마이켈슨과 몰리에 의해 시도되었던 실험에서 아무 결과가 검출되지 않자, 피츠제럴드는 장치의 길이가 에테르의 운동 방향으로 식(6.2)와 같은 관계식에 따라 약간 수축한다면 같은 결과를 예측할 수 있다는 것을 살펴보았다. 전자기력에 대한 로렌츠의 이론으로부터 비슷한 결과가 얻어진다. 비록 식(16.2)가 로렌츠-피츠제럴드의 가설과 같은 형식일지라도 그것의 물리적 의미는 매우 다르다. 식(16.2)는 두 계에서 측정된 길이들 사이의 관계로, 실제 길이의 축소에 관한 진술이 아니다.[20]

[20] 우연하게도 빠르게 운동하는 물체의 시각적 외형은 수축된 것이 아니라 회전하는 것이었다(Weisskopf 1960).

시간지연 효과에 대한 직접적인 실험적 검증에 대해 이야기해보자. 우주선으로 알려진 높은 에너지의 입자가 모든 방향으로부터 지구에 도착한다. 대기권 상층에서 핵 상호 작용을 통해 우주선은 μ중간자(또는 뮤온)라 불리는 불안정한 입자의 소나기를 생성한다. 여기에서는 이 뮤온이 양이든 음이든 전하를 띤 입자라는 사실과 전자와 매우 유사하고(단, $m_\mu = 207m_e$이기 때문에 상당한 질량을 가짐) 반감기라는 특정 시간이 지나면 다른 입자들로 붕괴해버린다는 정도만 알고 있으면 충분하다. 즉, 새로 생성된 뮤온을 대량으로 수집하여 정지한 테이블 위에 놓고 관찰할 수 있다면, 평균적으로 1.5×10^{-6}초 후엔 그것들의 절반은 두 개의 중성미자(ν)−실제로는 중성미자 ν와 반중성미자 $\bar{\nu}$(그러나 이런 구분은 여기서 중요하지 않다)−와 전자(e^-)로 붕괴된다. 즉,

$$\mu^- \to e^- + \nu + \bar{\nu} \tag{16.3}$$

이 경우엔 전하를 띠지 않고 질량이 없는, 즉 에너지와 운동량이 없는 중성미자에 대해서 무시할 수 있다. 반감기에 의해서, 만일 처음에 1000개의 뮤온이 있었다면 1.5×10^{-6}초 후엔 500개로 줄어들 것이고, 다시 1.5×10^{-6}초 후엔 250개, 그 다음엔 125개 등등의 결과를 낳는다. 이러한 반감기는 뮤온 외부의 힘으로부터 영향을 받지 않는다. 그래서 이렇게 붕괴하는 입자들은 그들의 정지계에서의 붕괴속도가 불변량인 독립적인 시계로서 행동한다.

실험의 기본 아이디어는 지구 위에 정지해 있는 관찰자에 의해 움직이는 뮤온의 생존시간을 관측하는 것이다. 만일 움직이는 뮤온이 평균적으로 1.5×10^{-6}초 이상 생존해 있다면 이것은 시간 지연을 의미한다. 식(16.1)으로부터 알 수 있는 것처럼 뮤온의 속도 v

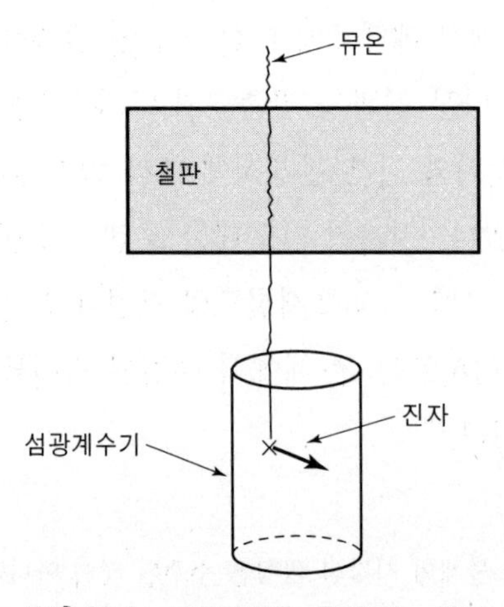

그림 16.6 시간지연을 측정하는 실험

가 빛에 가까워야만 그러한 효과가 커질 것이다. 실제 연구된 뮤온은 0.9950c와 0.9940c 사이의 속도를 가지고 있었다. 이러한 고속 방사능 입자의 시간 지연 효과에 대한 첫 번째 실험 검증은 1941년에 로시(Bruno Rossi, 1905–1993)에 의해 수행되었다. 지금 보이게 될 버전은 1962년 MIT에서 수행된 것이다.[21]

첫 번째 데이터 집합은 해발 6,300 ft(1.92 km)에서 얻어졌다. $2\frac{1}{2}$ ft(0.76 m) 두께의 철판이 대기로부터 지구에 쏟아져 내리는 뮤온을 감속시키거나 막는 데 사용되었다. 실험의 배치는 **그림 16.6**의 개요에 나타나 있다. 뮤온이 투과할 수 있는 철판의 양은 뮤온의 속도에 의존한다. 특정 좁은 영역(여기서는 약 0.995c) 내의 속도를 갖는 뮤온은 철판에서 차단되고 그 나머지는 섬광 계수기로 들어간다. 너무 느리게 운동하는 것들은 철판 속에서 멈춰버리고 너무 빠르게 움직이는 것들은 계수기에서 정지하지 못하고 통과해버린다. 섬광 계수기의 특징은 빠른 속력의 하전 입자가 들어오거나 통과하면 한 개의 빛 섬광이 카운터에 의해 방출된다. 입자가 계수기 속으로 이동함으로써 매우 많은 개개의 빛의 영상이 만들어진 것 같지만, 실제로는 그것들이 너무나 가깝기 때문에 하나의 작은 플래시로서 감지된다. 이러한 광신호는 너무나 약하기 때문에 우리 눈에 보이기 위해서 전자적으로 증폭되어야 한다는 약점이 있다. 이러한 증폭 과정의 자세한 것은 여기서 고려할 필요는 없다. 이렇게 구성된 계수기–증폭기 시스템에서의 출력은 카운터로 들어가는 초기 뮤온에 의해 만들어진 하나의 섬광과 또 하나의 섬광으로 구성되는데, 후자는 식(16.3)의 붕괴 과정에 의해 전자에 의해 생성된다. 즉, 계수기 안에서 얼마나 많은 뮤온이 붕괴하는지, 그리고 붕괴하지 전에 얼마나 긴 시간 동안 남아있는지에 대한 자료를 얻어내는 것이 목적이다. 예를 들어 산 정상에서 한 시간 동안 568개의 붕괴가 기록되었다면, 그것은 붕괴하지 전에 그들의 생존 시간 분포가 된다.

다음과 같은 질문을 해보겠다. 정지 상태의 뮤온의 생존 시간에 대한 이러한 분포가 주어지고 뮤온이 0.995c의 속도로 지나간다고 가정한다면, 568개의 뮤온 중에 얼마나 많은 양이 해수면의 높이, 즉 관찰자로부터 아래쪽으로의 거리가 6,300 ft(1.92 km)인 지점에 다다를 때까지 살아남을 수 있을 것인가? 뮤온이 0.995c의 속력으로 6,300 ft (1.92 km)의 거리를 주파하는 데 걸리는 시간은 ($c = 3.0 \times 10^5$ km일 때) 6.4×10^{-6} s 또는 뮤온의 생존 시간의 4.72배이다. 실제 실험의 데이터는 27개의 뮤온이 그것들이 해수면 고도에 다다를 정도–해수면 고도에 위치한 형광체 속에서 붕괴할 때까지–의 긴 시간 동안 살아

---

[21] Frisch and Smith 1963.

남아야 한다는 것을 나타냈다. 그러나 실제 실험을 해수면 고도에서 반복했을 때, 형광체 속에서 시간당 412개의 뮤온이 붕괴하는 것을 발견하였다.

뮤온은 통과하여 지나가는 지구의 기준계에서와 동일한 생존시간을 자신의 정지계에서도 가질 때 나타날 개수보다 훨씬 더 많은 뮤온이 살아남았으므로 시간 지연이 일어난다고 결론지을 수 있다. 게다가 뮤온의 반감기가 정지계에서 1.5×10^{-6}초이고 6300 ft [1.93 km]를 지나는 동안 샘플의 개수는 518에서 412로 감소하기 때문에, 뮤온의 정지계에서의 흘러간 반감기의 배수 n은 $\left(\frac{1}{2}\right)^n = 412/518 = 0.725$와 같은 식으로써 구할 수 있고 따라서 n은 0.464이다. 이는 뮤온이 실험실에서 측정한 대로 반감기의 4.27 배만큼의 시간 동안 생존한 것이 아니라 단지 뮤온의 정지계에서 반감기의 0.464 배만큼의 시간이 경과한 것임을 의미이다. 식(16.1)에서의 시간지연 요소 $(n/c) = 0.995$의 값은 이 실험을 통한 합리적인 논증을 거쳐 얻어진다. 그러므로 시간 지연 효과는 실험으로부터 직접적인 지지를 받는다.

16.5 로렌츠 변환

16.3절에서 주어진 가정들과 식(16.1)에서 제시된 결과를 두 개의 관성계에서의 사건을 연결지어 기술하는 일반적인 변환 집합을 얻는 데 사용할 수 있다. **그림 16.7**은 공통된 축인 x, x'축의 방향으로 일정한 속도 v로 상대운동을 하고 있는 두 개의 관성계 S와 S'를 보여준다. 편의를 위해 $t = t' = 0$인 순간에 원점 O와 O'은 일치한다고 하자. 변환식이 변수들 간에 선형이라고 주장하기 위해서 공간이 균질하고 등방성을 갖는다는 가정을 이용할 수 있다. 공통된 x, x'축을 따라서 움직이기 위해서 다음과 같은 간단한 형태로

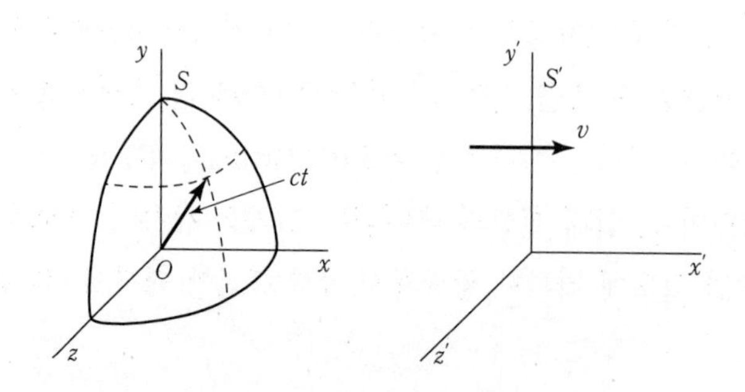

그림 16.7 구 형태로 전파되는 광파

단순화시킬 수 있다.[22]

$$\begin{aligned} x' &= ax + bt \\ y' &= y \\ z' &= z \\ t' &= dx + ft \end{aligned} \tag{16.4}$$

여기서 $a(v)$, $b(v)$, $d(v)$, $f(v)$는 속도의 v에 대한 미지의 함수이다. 그것들을 결정하기 위해서는 특별한 몇 개의 상황만을 고려할 필요가 있다. 초기 값을 일치($t = t' = 0$일 때 $x = x' = 0$)시키기 위해 S와 S'을 선택하고, S'의 관측자가 S의 원점인 O를 바라볼 때, S'에서 바라본 O의 위치(x')는 $x' = -vt'$이다. 이것을 식(16.4)에 집어넣으면, $b = -vf$가 됨을 알 수 있다. 비슷하게, S에 있는 관찰자가 S'의 원점 O'를 관찰하고 있다면, 식(16.4)에 의해, 이것의 위치는 $x = vt$이 되고 $a = f$가 된다. 그 다음으로, 모든 관성계에서 빛의 속도는 c로서 일정해야 하기 때문에 **그림 16.7**의 S와 S'계에 있는 관찰자는 전진하는 빛의 파면 $x = ct$와 $x ; = ct'$의 좌표에 대해 각각 기술할 수 있다. 그러면 식(16.4)로부터 $d = -av/c^2$이 유도된다. 마지막으로 빛이 S계의 $x = y = z = 0$에서 시각 t_1일 때 켜지고 시각 t_2에 꺼진다고 가정하면, 이때의 고유시간 간격 $\Delta t = t_2 - t_1$만큼의 시간이 흐른다. 식(16.4)의 마지막 부분으로부터 대응 시각 t_1과 t_2로부터 그것의 차이인 $\Delta t = t'_2 - t'_1$를 구할 수 있다. 만일 이것의 결과가 식(16.1)과 같다고 하면, $a(v)$의 값을 구할 수 있다. 이러한 모든 결과를 가지고 다음의 **로렌츠 변화**(Lorentz transformation)에 이를 수 있다.

$$\begin{aligned} x' &= \gamma(x - vt) \\ y' &= y \\ z' &= z \\ t' &= \gamma\left(t - \frac{vx}{c^2}\right) \end{aligned} \tag{16.5}$$

여기서

$$\gamma = \frac{1}{\sqrt{1 - (v/c)^2}}$$

22 Fock 1959, 12-16.

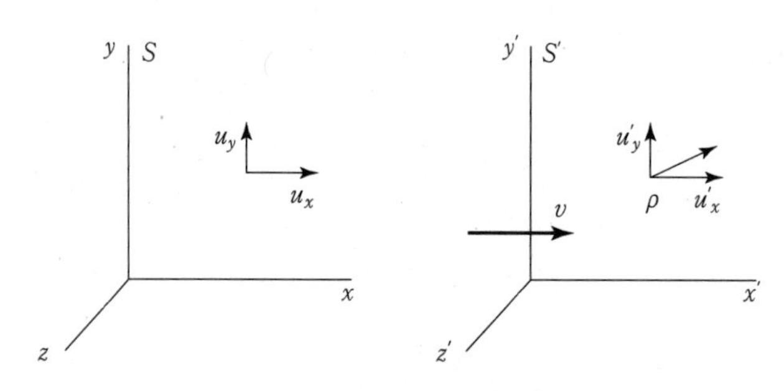

그림 16.8 속도의 상대론적 합

이 관계식은 한 사건에 대한 S계에서의 기술(x, y, z, t)을 같은 사건에 대해 이에 대응하는 S'에서의 기술(x', y', z', t')로 변환하는 '일람표', 즉 규칙을 만들어낸다. 수학적 조작의 관점에서 놓치기 쉬운, 중요한 논리적 요점은 식(16.5)가 아인슈타인의 가정을 따른다는 것이다. 주목할 점은, $(v/c) \ll 1$ (또는 $c \to \infty$)이면, 식(16.5)의 로렌츠 변환은 두 관성계에 대한 뉴턴의 변환-$x' = (x - vt)$, $t' = t$(즉, 절대 시간의 개념으로 되돌아간다.)-에 근접하게 된다는 것이다.

다음 장에서 아인슈타인의 두 가설의 공식적인 시사점에 대한 토론을 완성하기 위해서는 속도의 합에 대한 상대론적인 법칙을 언제든지 쓸 수 있어야 한다. 각각 S와 S'에 있는 두 관찰자와 공간을 통과하여 움직이고 있는 세 번째 물체(P)를 고려함으로써 로렌츠 변환으로부터 직접 이것을 얻어낼 수 있다. 단순화하기 위해 운동 P가 $x-y$(또는 $x'-y'$) 평면에서 일어난다고 하면 속도의 z성분은 없어진다. 정의에 의해 u'의 x' 성분은 단지 t'에 대한 변화율이기 때문에 식(16.5)는 다음과 같이 얻어진다.[23]

$$u'_x = \frac{u_x - v}{1 - \frac{vu_x}{c^2}} \tag{16.6}$$

$$u'_y = \frac{u_y}{\gamma(1 - \frac{vu_x}{c^2})}$$

여기서 $(v/c) \ll 1$(또는 $c \to \infty$)이면, 식(16.6)은 뉴턴의 식인 $u'_x \to (u_x - v)$와 $u'_y \to u_y$와 비슷해진다는 점에 주목하자.

23 즉, $u'_x = dx' \neq dt' = (dx'/dt)/(dt/dt')$ 그리고 $u'_y = dy' \neq dt' = (dy'/dt)/(dt/dt')$이다. 식(16.5)에 대한 미분은 식(16.6)이 된다.

부록. 아인슈타인의 사고실험에 대한 세부사항

패러데이의 유도법칙(식(14.13c))를 다음과 같은 적분형으로 고쳐 쓰면, **그림** 16.1과 **그림** 16.2에 나타난 장치들이 만들어 내는 전기의 등가성이 직접적으로 보인다.

$$\varepsilon(\text{기전력}) = \int_{\text{circuit}} \boldsymbol{E} \cdot dl = -\frac{1}{c}\frac{d}{dt}\int_{\text{surface}} \boldsymbol{B} \cdot d\boldsymbol{A} \tag{16.7}$$

자석(따라서 $\boldsymbol{B}$필드)이 운동 상태에 있는 첫 번째의 경우(**그림** 16.1)에서, 즉 식(16.7)의 오른쪽 적분은 다음과 같이 된다.[24]

$$\lim_{\Delta t \to 0} \frac{1}{\Delta t}\int_{\text{surface}} [\boldsymbol{B}(\boldsymbol{r} - \boldsymbol{v}\Delta t) - \boldsymbol{B}(\boldsymbol{r})] \cdot d\boldsymbol{A} \tag{16.8}$$

즉, 시간 t에 $\boldsymbol{r} - \boldsymbol{v}\Delta t$에 있는 $\boldsymbol{B}$필드는 시간 $t + \Delta t$에는 r에 있게 된다. 마찬가지로 고리가 정지한 $\boldsymbol{B}$필드 속을 $-\boldsymbol{v}$의 속도로 운동하는 두 번째의 경우(**그림** 16.2)에서, 식(16.7)의 적분의 시간변화율은 고리에 의해 둘러싸인 표면적의 운동에 의해 발생하는데, 그 과정은 다음과 같다.

$$\lim_{\Delta t \to 0} \frac{1}{\Delta t}\left[\int_{\Sigma(t+\Delta t)} \boldsymbol{B} \cdot d\boldsymbol{A} - \int_{\Sigma(t)} \boldsymbol{B} \cdot d\boldsymbol{A}\right] = \lim_{\Delta t \to 0} \frac{1}{\Delta t}\int_{\Sigma} [\boldsymbol{B}(\boldsymbol{r} - \boldsymbol{v}\Delta t) - \boldsymbol{B}(\boldsymbol{r})] \cdot d\boldsymbol{A}$$

이는 식(16.8)의 오른쪽과 동일한 것이다.

더 읽을거리

프랑크(P. Frank)의 『Einstein』은 아인슈타인의 오랜 친구이자 동료가 쓴 훌륭한 전기이다. 클락(R. Clark)의 『Einstein』은 소설 형식으로 정리된 대중적인 전기에 해당한다. 번스타인(J. Bernstein)의 『Einstein』은 아인슈타인의 물리학적 성취와 관련된 개념적 문제들에 집중한 비전문가를 위한 간략한 연구서이다. 파이시(A. Pais)의 『Subtle is the Lord』는 아인슈타인의 삶과 업적에 대해 전기의 형식을 취하고 있고 이론물리학자가 저

24 여기서 $B(r)$은 (자석의 정지계에서의) 막대자석에 의해 형성된 정지 자기장이다.

술한 철저하고도 권위 있는 저작이라 할 수 있다. 실프(P. Schilpp)의 『Albert Einstein』은 아인슈타인 자신의 자서전으로 시작하여 이어서 당대의 뛰어난 이론물리학자 및 수학자들이 가진 아인슈타인의 아이디어에 대한 글들이 실려 있고 마지막으로 이러한 글들에 대한 아인슈타인 자신의 응답글로 결론을 맺고 있다. 밀러(A. Miller)의 『Albert Einstein's Special Theory of Relativity』는 상대성의 개념을 형성하는 과정에서 사용했던 아인슈타인의 사고실험들에 대한 전문적인 내용을 종합적으로 담고 있다. 타일러(E. Taylor)와 휠러(J. Wheeler)의 『Spacetime Physics』는 특수상대론에 대한 생생하고 어렵지 않게 읽을 수 있는 그리고 사고를 자극하는 기술적 측면들을 담고 있다.

17

아인슈타인의 가정으로부터 이어지는 논리적 귀결

이 장에서 우리는 아인슈타인의 두 가정에서 이어지는 몇 가지 경험적 함의를 고려하고 이를 특수 상대성의 실험적 검증과 관련지어 볼 것이다. 이 과정에서 매우 간단하면서도 본질적으로 정성적인 두 언어적 진술문에서 얼마나 다양하고 정량적인 예측들이 이끌어지는지가 강조될 것이다. 고전 역학과 중력 이론에서 뉴턴의 체계가 정량적으로 성공하고 언뜻 무관해 보이는 현상들에도 광범위하게 적용되어 보편적으로 받아들여졌던 것처럼(11장 참조), 아인슈타인의 상대성 이론도 광범위한 성취를 통해 곧 지배적인 이론이 되었다.

17.1 상대론적 도플러 효과

먼저 상대적 운동이 빛의 진동수 측정에 미치는 효과를 생각해보자. 이 효과는 고전적 또는 비상대론적 상황에서 1842년 도플러(Christian Doppler, 1803-1853)에 의해 처음 논의되었다. 상대론적 상황은 아인슈타인이 1905년 '상대성' 논문에서 처음 취급하였다. **그림 17.1**에서, 관찰자 A에게 관측되는 것처럼 관찰자 B는 파면의 진행과 같은 방향으로 평행하게 움직이고 있다고 하자. A의 관점에서 그에게는 파장이 (또는 연속적인 파면들 사이의 거리가) λ이고 두 연속적인 파면들이, 움직이는 관찰자 B를 스쳐지나가는 시간 t는 $t=(\lambda+vt)/c$이다.[1] 이런 (B를 지나가는) 두 파면들이 통과하는 사이의 시간을 B가 측정한 것을 t'(고유시간)으로 표시하자. 정의에 의해 진동수 $\nu' = \frac{1}{t'}$이다. 시간 t'과 t는

[1] $\lambda v = c$이므로 $1/t = (1-(v/c))\nu$이 된다.

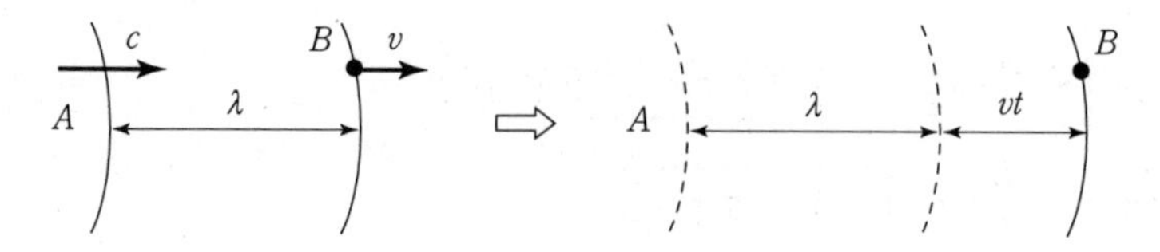

그림 17.1 상대론적 도플러 이동 효과의 기원

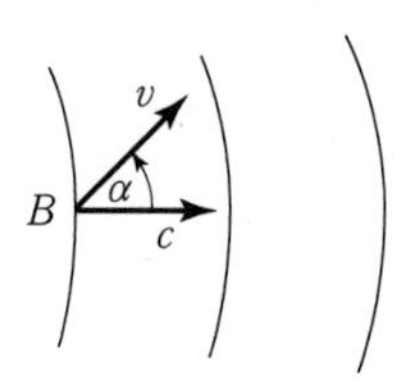

그림 17.2 관찰자의 운동이 빛의 전파 방향과 나란하지 않을 때의 상황

시간지연 방정식(식(16.1)에 의해 연결되므로, 관찰된 진동수 ν'과 ν사이의 관계는 다음과 같다.[2]

$$\nu'_{적색} = \sqrt{\frac{1-(v/c)}{1+(v/c)}}\,\nu \tag{17.1}$$

이것이 상대론적 도플러 이동 공식(relativistic Doppler-shift formula)이다. '적색(red)' 이라는 아래첨자는, 광원으로부터 멀어질 때 (파열과 같은 방향으로) 빛이 낮은 진동수로 전이되는 것을 관찰할 수 있기 때문에 붙였다(즉, 가시광선 스펙트럼의 빨간 쪽 끝을 향해 이동한다).

나아가 우리는 관찰자 B의 속도 v가 파면의 진행 방향과 각도 α를 이룰 때 (**그림 17.2** 참조), 식(17.1)은 다음과 같이 됨을 알 수 있다.[3]

$$\nu' = \frac{\left(1-\dfrac{v}{c}\cos\alpha\right)}{\sqrt{1-(v/c)^2}}\,\nu \tag{17.2}$$

관찰자 B가 A를 향해 똑바로 움직일 때 (식(17.2)에서 $\alpha = 180°$), 도플러 이동의 표현은 다음과 같다.

$$\nu'_{청색} = \sqrt{\frac{1+(v/c)}{1-(v/c)}}\,\nu \tag{17.3}$$

[2] 식(16.1)로부터 $t'/t = \sqrt{1-(v/c)^2}$를 얻는다. 이것과 각주 1의 결과로부터 식(17.1)이 바로 나온다.

[3] 앞의 주장에서 한 가지 변한 것은 연속적인 두 파의 앞부분이 관찰자 B를 스쳐 지나가는 데 걸리는 (A에 의해 결정된 것으로서의) 시간 t가 이제 $t = (\lambda + v(\cos\alpha)t)/c$로 되었다는 것이다.

쉽게 알 수 있듯이, 이것은 종종 **청색편이**(blue shift)로 불린다.

고전적으로는 시간 지연이 없기 때문에 에테르 모형에 기초한 도플러 이동의 기대되는 표현은 다음과 같다.

$$\nu' = \left(1 - \frac{v}{c}\cos\alpha\right)\nu \tag{17.4}$$

우리는 식(17.2)와 식(17.4)로부터, 마이켈슨-몰리 실험에서 보았던 것처럼, 도플러 이동의 상대론적인 수정은 $(v/c)^2$차원임을 알 수 있다. 도플러 효과의 상대론적 표현과 비상대론적 표현의 차이는 본질적으로 시간 지연 때문인 것이다.[4]

17.2 질량-에너지 등가성

우리는 이제 가장 유명하고 중요한 특수 상대성의 공식 중 하나를 획득하게 되는 과정에서 아인슈타인이 사용하였던 논거의 논리에 대해 개괄하고자 한다.

1. 특수 상대성 이론의 두 기본 가정(16.3절)으로부터 아인슈타인은 S계에서의 사건 (x, y, z, t)의 서술 또는 특성을, 일정한 (또는 상수의) 속도 v(여기서는 x 방향을 따르는 것으로 취해짐)로 움직이는 S'계에서의 사건 (x', y', z', t')과 연결시키는 로렌츠 변환식(식(16.5))을 끌어낼 수 있었다. 이로부터 시간 지연의 공식(식(16.1))이 얻어지고[5], 또 이로부터 도플러-이동의 식(17.1)과 식(17.3)을 차례로 얻을 수 있다.

2. 우리가 x축의 양의 방향을 따라 전파되는 평면-편광된 전자기파의 (**그림 14.1**, **그림 14.2** 참조) (여기서의 목적에는 충분한) 특별한 경우를 고려할 때, 이런 로렌츠 변환 아래에서 맥스웰 방정식의 형태 불변의 조건을 만족시키면, 전기장 E와 자기장 B는 다

[4] 물론 식 (17.4)는 고전적으로 매질(에테르)에 대해 광원 A가 멈추어 있는 상황에서 유도된 것이다. 광원 A와 관찰자 B가 모두 움직인다면 (각각 에테르에 대해서 측정되었을 때) 도플러 이동의 고전적 표현은 (v가 A의 B에 대한 상대속도일 때) (v/c)의 1차항까지는 상대론적 표현의 1차항과 같다. 하지만 고차항들을, 예를 들어 $(v/c)^2$, 그대로 두면 더 이상 같지 않다.

[5] 16.4절에서 우리는 사고 실험 논증을 통해 시간 지연 효과에 이르렀지만 식(16.5)의 마지막 식으로부터 식(16.1)을 직접 얻을 수 있다.

음과 같이 변환된다.[6]

$$\boldsymbol{E}' = \gamma\left(1 - \frac{v}{c}\right)\boldsymbol{E} \tag{17.5a}$$

$$\boldsymbol{B}' = \gamma\left(1 - \frac{v}{c}\right)\boldsymbol{B} \tag{17.5b}$$

(여기서 우리는 또한 상대속도 v를 x축에 평행한 것으로 잡았다) 파동에 의해 운반되는 에너지는 진폭의 제곱에 비례하므로 전자기파에 의해 운반되는 단위부피당 에너지 U가 (E^2+B^2)에 비례하는 것은 당연하다.[7] 이것은 고전 전자기 이론에서 옳은 것으로 이미 밝혀져 있었다.[8] 그러므로 S에 의해 관측되는 에너지 밀도 U와 S'에 의해 관측되는 U' 사이의 관계는 다음과 같다.

$$U' = \gamma^2\left(1 - \frac{v}{c}\right)^2 U = \left(\frac{1-(v/c)}{1+(v/c)}\right)U \tag{17.6}$$

우리가 (정의에 의해 거리가 파장 λ만큼 떨어진) 두 개의 연속적인 파면들과 단면적 A에 의해 경계가 정해진 (**그림 17.3**에 표시된 것처럼) 영역을 고려한다면, S에 의해 관측되는 이 영역의 부피는 $V=\lambda A$이지만 S'에 의해 관측되는 동일한 부피는 $V'=\lambda' A$이다. (S와 S'계와 관련하여 면적 A는 상대속도 v와 직각으로 놓여있기 때문에 로렌츠 수축되지 않음을 주목해야 한다) (ν와 ν'를 연결시키는 또는 동등하게 λ와 λ'를 연결시키는) 도플러-이동 공식(17.1)로부터 우리는 $V' = \sqrt{(1+(v/c))/(1-(v/c))}\,V$라는 것을 알 수 있다. 이것은 광펄스의 에너지 함유량(energy content) $(E=UV)$이 두 계에서 다음과 같이 연관된다는 것을 의미한다.

$$E' = E\gamma\left(1 - \frac{v}{c}\right) \tag{17.7}$$

(여기서 E는 전기장의 세기가 아니라 에너지를 나타낸다는 것에 주의해야 한다) 유사하게 x축을 따라 왼쪽으로 움직이는 ($v \to -v$로 대체하여) S'계를 고려한다면, 다음과 같이 된다.

---

[6] 여기서는 식을 유도하는 대신 단지 그 결과만을 진술하였다(자세한 것은 Einstein(n.d.a, 51-4) 또는 Jackson(1975, Eqs.11.149, 7.11 참조). 그럼에도 불구하고 핵심은 식(17.5)의 결과가 Maxwell 방정식의 형태불변의 조건에서 나온다는 것이다.-즉, 두 개의 상대성 가정 중의 하나로부터 나온다는 것이다.

[7] Jackson(1975, 236)

[8] 편의상 우리는 여기서 고려하는 평면파의 형태가 (Gaussian과 같이) $|\boldsymbol{E}| = |\boldsymbol{B}|$인 단위를 사용한다.

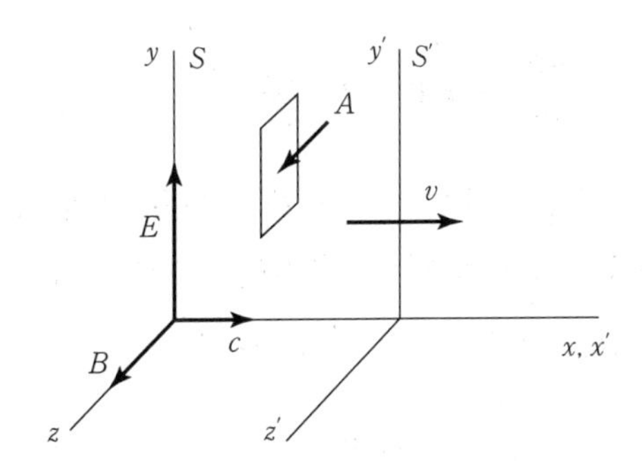

그림 17.3 서로 다른 관성계에서의 빛의 에너지 함유량 계산을 위한 기하 모형

$$E' = E\gamma\left(1 + \frac{v}{c}\right) \tag{17.8}$$

1905년의 논문에서 아인슈타인은 다음과 같이 말했다.

> 빛다발(light complex)의 에너지와 진동수가 동일한 법칙에 의해서 관찰자의 운동 상태에 따라 변한다는 것은 놀라운 일이다.[9]

여기서 그가 언급하고 있는 것은 광자의 에너지에 대한 플랑크의 표현 $\varepsilon = h\nu$(19.2절 참조)과 ν에 대한 도플러-이동의 식(식(17.1)과 식(17.3))을 이용하면 (기본적으로 고전적인) 전자기학으로부터 이끌어진 E와 E'의 관계를 곧바로 얻을 수 있다는 것이다.

3. 우리는 또 로렌츠 힘(식(14.13f))[10]을 받으며 전자기장 안에서 운동하는 전하량 e인 입자에 대한 고전역학과 전자기학이 결합된 법칙들의 형태 불변을 취해보자.

$$\boldsymbol{F} = \frac{d\boldsymbol{p}}{dt} = e(\boldsymbol{E} + \boldsymbol{v}\times\boldsymbol{B}) \tag{17.9}$$

그러면 S'계에서 이 식은 다음과 같은 형태가 된다.

---

[9] Einstein 1915a, 914. 인용문은 Einstein(n.d.a, 58)에서 인용한 것이다.

[10] 뉴턴의 제2법칙의 보다 익숙한 형태인 $\boldsymbol{F} = m\boldsymbol{a}$는 질량 m이 속도 v와 상관없이 일정할 때만 유효하다. 운동량 $\boldsymbol{p}$는 $\boldsymbol{p} = m\boldsymbol{v}$와 같이 정의되고 가속도 $\boldsymbol{a}$는 $\boldsymbol{a} = d\boldsymbol{v}/dt$이므로 $\boldsymbol{F} = m\boldsymbol{a}$와 $\boldsymbol{F} = d\boldsymbol{p}/dt$는 동등하다. 그러나 상대론적 경우와 같이 $m = m(v)$일 때는 $\boldsymbol{F} = d\boldsymbol{p}/dt$가 옳은 표현이다. 식(17.9)에서 $\boldsymbol{v}\times\boldsymbol{B}$는 두 벡터의 벡터곱이고 여기서 $(\boldsymbol{v}\times\boldsymbol{B})_x = v_yB_z - B_yv_z$로 y와 z성분의 순환치환으로 표시된다.

$$\frac{d\boldsymbol{p}'}{dt'} = e(\boldsymbol{E}' + \boldsymbol{v}' \times \boldsymbol{B}') \tag{17.10}$$

E', B'과 E, B 사이의 관계(식(17.5))가 로렌츠 변환 아래 맥스웰 방정식의 형태불변으로부터 이미 알려졌음을 주목해야 한다. 그러면 (1907년 플랑크가 지적했듯이(15.3절 참조) (상대론적) 운동량 p는 다음과 같이 수정된다.

$$\boldsymbol{p} = \frac{m_0 \boldsymbol{v}}{\sqrt{1-(v/c)^2}} \tag{17.11}$$

여기서 m_0는 입자의 정지 질량(즉, 자신의 정지좌표계에서 결정되는 입자의 질량)이다.

4. 그러면 일-에너지 정리(자세한 내용은 17장 부록 참조)로부터 ($v=0$일 때 $K=0$으로 놓으면) 운동에너지 K의 상대론적 표현은 다음과 같이 된다.

$$K = m_0 c^2 \left[\frac{1}{\sqrt{1-(v/c)^2}} - 1 \right] = m_0 c^2 (\gamma - 1) \tag{17.12}$$

5. 에너지 함유량이 각각 $\frac{1}{2}L$이고 하나는 양의 x 방향으로 다른 하나는 음의 x 방향으로 진행하는 두 광펄스를 방출하는 S계의 정지 광원을 고려함으로써, 아인슈타인은 다음과 같이 주장했다.[11] 만약 E_1이 두 펄스가 방출되기 전의 광원의 에너지 함유량이고 E_2는 펄스가 방출된 후의 에너지 함유량이라면 에너지 보존에 의해 다음과 같이 된다.

$$S\text{계에서}: E_1 = E_2 + \frac{1}{2}L + \frac{1}{2}L = E_2 + L$$

$$S'\text{계에서}: E_1' = E_2' + \frac{1}{2}L\gamma\left(1 - \frac{v}{c}\right) + \frac{1}{2}L\gamma\left(1 + \frac{v}{c}\right) = E_2' + L\gamma$$

여기서 S'계와의 관계를 나타내기 위해 식(17.7)과 식(17.8)을 사용했다. 두 방정식의 차를 구하면 $(E_1' - E_1) = (E_2' - E_2) + L(\gamma - 1)$를 얻을 수 있다. 하지만 아인슈타인은 $E' - E$가 단지 상대적 운동을 하는 두 다른 계에서 관찰된 동일한 물체의 에너지이므로 이것은 운동에너지 K이어야 한다고 생각했다. 즉, 다음과 같은 관계가 성립된다.

[11] Einstein 1915b, 640-1. Einstein(n.d.b, 70-1)을 참조한다.

$$K_1 = K_2 + L(\gamma - 1) \tag{17.13}$$

따라서

$$\Delta K = L(\gamma - 1) \approx \frac{1}{2}\left(\frac{L}{c^2}\right)v^2$$

여기서 마지막 식은 $\left(\frac{v}{c}\right) \ll 1$(즉, 고전적 영역)일 때만 유효하다. 아인슈타인의 결론은 이렇다.

⊛ 만일 물체가 복사의 형태로 에너지 L을 내놓았다면 질량은 L/c^2 만큼 감소한다.[12]

그러므로 우리는 현대물리에서 가장 유명한 공식 중의 하나에 도달한다.

$$E = mc^2 \tag{17.14}$$

아인슈타인이 운동에너지에 대한 이런 극적인 결론을 얻기 위해 상대론적 표현을 사용하지 않았다는 것에 주목하라. 그러나 식(17.12)를 식(17.13)에 사용하면 $m_1c^2(\gamma-1) = m_2c^2(\gamma-1) + L(\gamma-1)$를 얻게 되고, 즉 $m_1c^2 = m_2c^2 + L$이 된다. 이것을 다음과 같이 쓰면, 질량과 에너지 사이의 등가성을 명확하게 알 수 있다.

$$(m_1 - m_2) = \frac{L}{c^2}$$

17.3 쌍둥이 역설

특수상대성 이론의 가정들과 그것이 시사하는 많은 사항들은 (고전적인 상식에 기초한 우리의 일상에 비해) 너무나 반직관적이어서, 종종 그것이 결코 옳거나 자기-일관적일 수 없다는 불편하고도 거의 직관적인 느낌이 존재한다. 특수상대성 이론이 모순에 이른다고 주장하는 많은 시도들이 있었다. 역사상 가장 유명한 것 중 하나이자 현재까지도 많은 청중의 상상을 사로잡고 있는 것은 소위 쌍둥이 역설(twin paradox)이다. 이 절에서는 쌍둥이 역설의 문제와 그 해답을 살펴보자.[13]

[12] Einstein 1915b, 641. 인용문은 Einstein(n.d.b, 71)에서 인용한 것이다.

[13] Chang 1993. 이 문제의 명확한 설명은 Debs and Redhead(1996)을 참조한다.

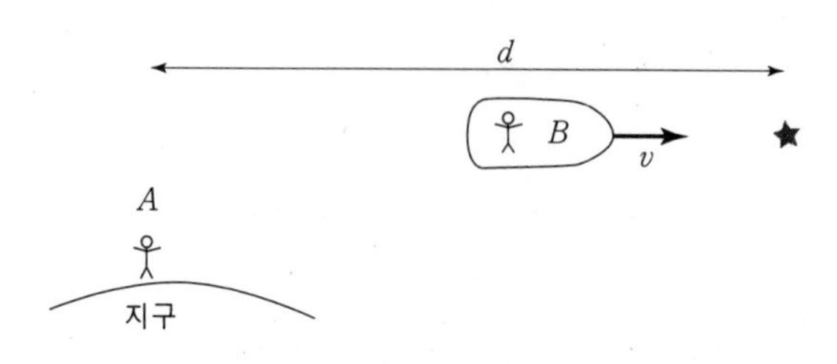

그림 17.4 쌍둥이 역설의 여행

'쌍둥이 역설' 에서 쌍둥이 중 한 명은 **그림 17.4**와 같이 지구로부터 어떤 거리까지 로켓을 타고 날아가고 다시 되돌아온다. 여행을 하는 쌍둥이에게 지구와 또 다른 쌍둥이는 반대 방향으로 되돌아오는 운동을 한 것으로 여겨진다. 두 쌍둥이는 같은 양만큼 나이를 먹었을까? 시간 지연 때문에 각각은 상대방이 나이를 덜 먹었다고 주장할까? 또는 자신이 상대방보다 나이를 덜 먹었을까? 패러독스는 언뜻 보기에 상대편 쌍둥이가 여행 후에 자신보다 더 젊어진다는 것을 증명하기 위해 각 쌍둥이는 모두 시간 지연공식(식(16.1))을 사용할 수 있을 것으로 보이기 때문에 일어난다.

$$\Delta t' = \frac{\Delta t_{\text{고유}}}{\sqrt{1-(v/c)^2}} \tag{17.15}$$

여기에서 $\Delta t_{\text{고유}}$는 쌍둥이가 자신의 계에서 나이 드는 양을 나타낸다(즉, 계에 고정된 위치에 있을 때). 그러나 여행 후에 각각이 상대방보다 더 어릴 수는 없다. 우리의 상식에 비추어 그 결과가 불편하게 느껴질지라도, 여행을 한 쪽은 그렇지 않은 쪽에 비해 (상대적으로) 덜 늙을 수 있다는 것이 논리적으로는 가능하다. 패러독스의 근원은 문제의 명백한 대칭성에 놓여있다. 한 명의 쌍둥이가 우주선을 타고 날아갔다 오는 동안 다른 한 명이 지구에 머무른 상황과 지구가 갔다 오는 동안 한 명의 쌍둥이가 우주선에 머물러 있는 상황을 동등하지 않게 생각할 수 있겠는가? 하나의 관성계는 다른 관성계와 동등하다.

패러독스의 해답은 우주선이 멈추고 방향을 바꿔서 지구로 되돌아올 때 가속운동을 하기 때문에 두 계가 관성계가 아니라는 사실에 있다. 이 계에 있는 관찰자는 그러한 가속을 탐지할 수 있다(즉, 감속과 가속 동안 진자가 수직 위치로부터 멀리 흔들리는 것을 볼 수 있을 것이다). 우리는 지구에 정지해 있는 관찰자가 항상 관성계에 있었다는 것을 알고 있다. 그러므로 $\Delta t_{\text{고유}}$가 여행 동안 우주선에 있던 쌍둥이에게 경과된 시간이라면 (실제로 $\Delta t_{\text{고유}}/2$가 나갈 때, $\Delta t_{\text{고유}}/2$가 돌아올 때, 각각은 쌍둥이 B의 고유시간), 식(17.15)는 두 쌍둥이가 여행의 끝에 만났을 때 우주선에 있는 쌍둥이는 지구에 남아있던 사람보다 나이를 덜 먹었음을 알려준다. 즉, (사고실험을 통해) 우리는 모두 A계의 A에 대해 정지상태에 있으면서 서로 시간을 맞춘 시계를 가진 수많은 관찰자들을 B의 여행길을 따라서 배치할 수 있다.[14] 이 관찰자들은 (모두 A의 계에서) B가 그들을 지나칠 때의 시간을 읽고 시간을 기록하고 (나중에) A에게 전달할 수 있을 것이다. 이와 같은 방식으로 식(17.15)의 왼쪽 편에 있는 $\Delta t'$이 측정될 수 있다(A의 계에서 측정된 것으로서 B의 연속적 위치에 따라 경과된 시간의 차이는 경과된 고유시간이 아니라는 것을 인식해야 한다). 이 주장은 (A의) 한쪽 관성계에서 만들어졌기 때문에, B가 반환점에서 관성계를 바꿈에도 불구하고 식(17.15)의 사용은 유효하다. 따라서 우리는 여행을 한 쌍둥이는 지구에 남은 쌍둥이보다 나이를 덜 먹을 것으로 결론짓는다.[15] 어느 쪽도 더 어려지지는 않았다. 단지 한명이 다른 쪽보다 나이를 덜 먹은 것이다.

이것을 알아보기 위한 또 다른 방법은 비대칭적 나이 먹음의 효과를 설명할 세 개의 로렌츠 계를 고려하는 것이다. 관찰자 A는 전처럼 지구에 머물러 있고 B는 떨어진 별로 발사되며 C는 B가 별에 도착하는 순간 $-v$의 속도로 B를 지나쳐서 여행하도록 하자. 그들이 서로 지나칠 때 C는 B의 시계에 기록된 경과시간(나이)을 기록할 수 있고 우주선이 별에서 지구 위의 A로 돌아올 때 (C에게) 경과된 추가 시간의 흔적을 간직한다. C가 보고하는 총 경과 시간은 두 고유 시간의 합이고 식(17.15)에 의해 A의 경과 시간 $\Delta t'$와 관련지을 수 있다.

그러나 추론과정에서 조심스럽다면 우리는 각각의 계에서 여행을 볼 수 있어야 하고 또 일관성 있는 결론을 얻을 수 있어야 한다. **그림 17.4**에 개략적으로 그려진 것처럼, 쌍둥이 B가 지구의 계에서 측정했을 때 속력 v로 지구를 떠나 거리 d를 여행하는 동안 쌍둥이 A는 지구에 머무른다고 가정하자. 그리고 B는 갑자기 멈춰서 다시 속력 v로 지구로 돌아온다. 전체 여행 동안 그들은 그들의 심장박동을 서로에게 보낸다고 하자. 그들이 완벽한 쌍둥이이므로 지구에서 그들의 심장은 동일한 진동수 ν로 박동한다. 이어지는 내용에서 우리는 B의 심장박동에서 출발과 방향 바꿈과 멈춤의 가속 효과를 무시하도록 하자. 이미 1913년 독일의 물리학자 라우에(Max van Laue, 1879-1960)는 가속이 일어나는 동안 시계(또는 쌍둥이)에 미치는 어떤 효과도 쌍둥이의 비대칭적 나이 먹음을 설명할

[14] 특수 상대성은 공통의 관성계에서 시계를 동시화하는 것을 허용하는 것임을 상기하자. 허용되지 않는 것은 (Einstein에 따르면) 다른 관성계 간의 절대적인 동시성을 수립하는 것이다.

[15] 쌍둥이 패러독스에 관한 매우 다른 (소수의) 관점과 그런 입장에 대한 다수의 강한 (부정적인) 반응에 대해서 Sachs(1971)를 참조한다.

수 없다고 밝혔다. 왜냐하면 가속이 일어나는 방향 바꾸는 시간에 비해 등속운동의 시간을 단순히 원하는 만큼 얼마든지 늘릴 수 있기 때문이다.[16] 그러므로 우리는 가속에 거의 시간이 걸리지 않는다고 가정하고 그래서 B는 본질적으로 항상 속력 v로 시간의 반은 지구로부터 멀어지는 데 나머지 반은 지구 쪽으로 움직이는 데 쓰였다고 가정한다.

A의 계에서 바깥쪽으로의, 그리고 안쪽으로의 여행은 각각 $t = d/v$시간 지속된다. B에게 거리는 로렌츠 수축이 되고 $d\sqrt{1-(v/c)^2}$로 나타난다. 그러므로 B에게 각 여행은 시간 $t' = (d/v)\sqrt{1-(v/c)^2}$(자신의 계에서 측정했을 때)이 걸린다. 총 여행은 A에게는 $2d/v$만큼 지속되고 $\nu(2d/v)$만큼의 심장박동이 일어난다. B에게 총 여행 시간 $(2d/v)\sqrt{1-(v/c)^2}$동안 지속되고, 그동안 $\nu(2d/v)\sqrt{1-(v/c)^2}$만큼의 심장박동이 일어난다. 그러므로 여행 동안 쌍둥이 A는 자신의 심장박동을 B가 B의 심박을 센 것보다 많이 세고, 그래서 B는 여행의 끝에 A보다 나이를 덜 먹는다(이것은 이 장의 끝인 17장 부록에서 더 자세하게 다루어져 있는데, 거기에서 우리는 전체 여행 기간 동안 각 쌍둥이가 다른 쌍둥이에 대해 얼마나 많은 심장박동을 기록하는지 계산할 것이다). 사실 패러독스는 없고, 단지 처음 보기에 우리에게 놀라움을 주는 결과만 있을 뿐이다.

특수상대성 이론의 틀에서 감속이나 가속의 기간이 (별에서 방향 바꾸는 동안) 쌍둥이 B에게 미치는 효과를 계산할 수 없다는 것을 강조했었다. 그러나 일반 상대성 이론에서는 쌍둥이 B에 의해 측정된 시간에 미치는 효과를 계산할 수 있다. 만일 쌍둥이 B가 방향을 바꾸는 동안 중력장에 의한 일정한 가속도 g를 경험한다면, 쌍둥이들에게 경과된 시간 또는 '나이' Δt_A와 Δt_B는 다음과 같이 관계되어 있다.[17]

$$\sqrt{1-(v/c)^2}\,\Delta t_A = \Delta t_B + \left[1 - \frac{1}{\sqrt{1-(v/c)^2}}\right]\frac{4}{3}t^* \tag{17.16}$$

이것은 $(v/c) \ll 1$일 때, 다음과 같이 된다.

$$\Delta t_A - \Delta t_B \approx \left(\frac{v}{c}\right)^2\left(\frac{1}{2}\Delta t_B - \frac{2}{3}t^*\right) \tag{17.17}$$

여기서 $t^* = 2v/g$는 방향 바꾸는 시간이다. $t^* = 0$일 때 식(17.16)은 식(17.15)이 된

16 Miller 1981, 261-2.

17 Fock 1959, 212-14. 사실 우리는 식(17.15)와 쉽게 비교하기 위해서 식(17.16)을 얻는 데 Fock의 표현(그의 식(62.16)을 다시 썼다. Fock의 주장은 $(v/c)^2$항까지 주어져 있으므로, 엄밀하게는 식(17.17)만 유효하다.

다. 그러므로 돌아서는 시간 t^*에 비교할 때 여행의 길이(Δt_B)에 따라 B는 A보다 젊거나 늙어서 돌아올 수 있다. 그러나 방향 바꾸는 시간 (t^*)이 고정되어 있고 여행(Δt_B)이 충분히 길다면 B는 돌아왔을 때 항상 A보다 젊다. 이것이 앞서 언급했던 라우에의 주장의 핵심이다.

이러한 다양한 관성계에서의 시간차의 문제 또한 실험적 검사를 받았다. 1971년 10월에 (매우 정확한 시간을 재는) 원자시계가 제트기에 실려서 (하나는 서쪽으로 하나는 동쪽으로) 지구 주위를 돌아 여행했다. 각각의 경과된 시간은 지구 위의 다른 원자시계의 시간과 비교되었고, 예측된 시간과 관찰된 시간은 일반적으로 일치했다.[18]

17.4 동시성과 공존

쌍둥이 역설에 대한 큰 관심은 아마도 그것의 자연스런 해석으로 여겨지는 것의 반직관적 본성에서 유래할 것이다: 나이 먹음과 같은 기본적인(우리가 느끼기에 절대적인) 것이 관찰자의 상대적인 운동 상태에 영향을 받을 수 있다는 것이다. 이것은 한 체제의 현상에 대한 경험에 기초한 우리의 직관이, 전혀 다른 체제의 현상을 포괄하고자 고안된 이론의 예측과 직면할 때 (여기서는 속도 v가 빛의 속도 c와 비교하여 작은 경우 대 c에 견줄 만한 속도의 경우) 일어나는 충돌의 유일한 예는 아니다. 이것은 우리의 기초적 개념의 일부를 재점검하도록 한다. 여기서 우리는 동시성(simultaneity)과 공존(coexistence)이라는 두 가지 기본 개념에 대해 생각해보자.

동시성의 문제를 공존의 의미에 대한 논의의 출발점으로서 하나의 특수한 예의 상황에서 점검해 보는 것이 유익할 것이다. **그림 17.5**에 묘사된 매우 대칭적인 상황이 우리의 목적에 잘 맞을 것이다. O는 관성계 S의 원점이고, S에 대해 각각 속도 v와 $-v$로 움직이는 S'과 S''이라는 두 다른 계를 고려하자. 그림에 나타낸 대로 두 정류장 A와 B는 O로부터 거리 l_0만큼 떨어져 있다. (S계에서) $t=0$ 시간에 빛 신호가 O를 향해 A와 B를 출발한다. 즉, 사건 1은 위치 A에서 시간 $t=0$에 일어나므로 $(-l_0, 0)$로, 위치 B의 사건 2는 $(l_0, 0)$로 표시할 수 있다. 정리하면 사건 1과 사건 2는 S계에서 동시에 일어나므로 $\Delta t=0$이라는 것은 명백하다. 시간좌표에 대한 로렌츠 변환(식(16.5)의 마지막 식)으로부

[18] Hafele(1972); Hafele and Keating(1972).

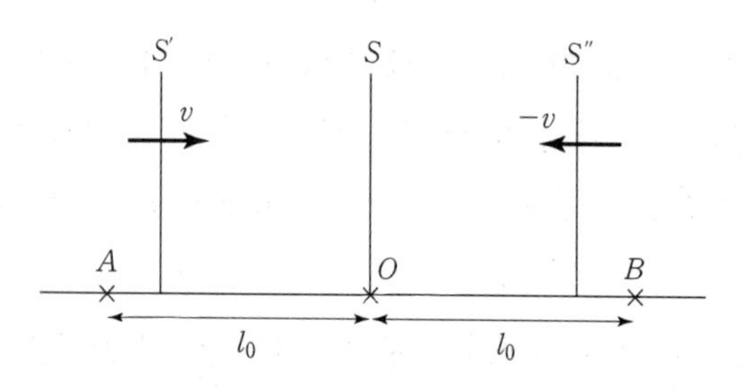

그림 17.5 동시성의 상대성

터 우리는 S'계의 관찰자에게 보여지는 이 두 사건 사이의 시간차는 다음과 같음을 알 수 있다.

$$\Delta t' \equiv t_2' - t_1' = \gamma\left(-\frac{vl_0}{c^2} - \frac{vl_0}{c^2}\right) = -2\gamma\frac{vl_0}{c^2} < 0$$

즉, S'계의 관찰자에게 사건 1(A에서의)은 사건 2(B에서의) 이후에 일어난다. 유사한 계산을 통해서 S''계(즉 $v \to -v$)에서의 결과는 다음과 같이 산출된다.

$$\Delta t'' \equiv t_2'' - t_1'' = 2\gamma\frac{vl_0}{c^2} > 0$$

그래서 이 계에서 (A에서의) 사건 1은 (B에서의) 사건 2 이전에 일어난다. 보다 생생하게, 그러나 오해의 가능성이 있는, 이것을 진술하는 방법은 S''에서 미래인 것이 S에서는 현재이고 S'에서는 과거라는 것이다(그리고 반대의 상황도 같다.).

다시 **그림 17.5**를 사용하여 세 개의 사건이 있는 상황을 살펴보자. S계에서 사건 1(B에서)(l_0, 0), 사건 2(O에서)(0, τ), 사건 3(다시 B에서)(l_0, 2τ)이 있다. 즉, S계에서 사건(예를 들어, 빛 섬광의 방출)의 순서는 1, 2, 3이고 각각은 τ시간 간격으로 떨어져 있다. S'과 S''계에 대해 (다시 식(16.5)의 마지막 식을 이용하여) 다음의 관계를 얻을 수 있다.

$$\Delta t' \equiv t_3' - t_2' = \gamma\left(\tau - \frac{vl_0}{c^2}\right)$$

$$\Delta t'' \equiv t_2'' - t_1'' = \gamma\left(\tau - \frac{vl_0}{c^2}\right)$$

이것은 우리가 $v = \frac{\tau c^2}{l_0} = \left(\frac{\tau}{l_0/c}\right)c$에 해당하는 속력 v를 선택하면 $\Delta t' = \Delta t'' = 0$이 됨을 의미한다. 이것은 S'계에서는 사건 2와 사건 3이 동시이고 S''계에서는 사건 1과 사건 2가 동시라는 것을 뜻한다. (S'계에서) 사건 2와 사건 3이 공존하고 (S''계에서) 사건 1과 사건 2가 공존한다고 말한다면, 우리는 사건 1과 사건 3이 공존한다고 말하고 싶을 것이다. 그러나 이것은 사건 1과 사건 3이 동시에 관찰되는 계가 없기 때문에 정말 이상한 것이 된다. 사건 1과 사건 3이 고유시간 2τ만큼 (왜냐하면 두 사건이 모두 B에서 발생했기 때문에) 떨어져 있다는 사실이 있기 때문이다. 우리는 어떤 특수한 관찰자나 계와 독립적으로, 존재하거나 존재하지 않는다는 의미에서 존재와 공존을 절대적인 어떤 것으로 생각하려는 경향이 있다. 우리가 여기서 만들어낸 어려움은 우리가 공존과 동시성을 같다고 생각하기 때문에 일어난 것이다. 동시성은 간결하게 정의된 수학적 조건인 반면, 공존은 훨씬 더 넓은 의미를 내포한다. 물론, 앞서 특수 상대성이론에서 우리가 동시성의 준거에 대한 관습적 측면에 대해 논했던 것에 비추어볼 때, 우리는 동시성과 공존 간의 이러한 긴장이 그와 같은 관습으로부터 기인한 것으로 볼 수 있다.[19]

그러나 만일 우리가 특수 상대론의 메시지를 과거와 미래 간에 절대적인 구분이 없는 것으로 받아들인다면, 그 안에서 존재는 결정론적인 것이 되는 소위 구역우주(block-universe) 모델에 (필연적인 것은 아니지만) 도달할 수 있다.[20] 그런 관점은 고전 물리학의 라플라스의 결정론과 본질적으로 다른 것으로 보이지는 않는다(12장 참조). 우리는 23장과 24장에서 그와 같은 원칙론적 결정론(in-principle determinism)이 양자역학과 일치될 수 있는지에 대해 살펴보게 될 것이다.

부록. 부수적 계산 과정

역학의 일-에너지 정리(work-energy theorem)는 계에 행해진 순일(W)이 그 계의 운동에너지의 변화와 정확히 일치한다는 것을 말해준다. 우리는 운동에너지에 대한 상대론적 표현(식(17.12))을 얻기 위해 이 정리를 다음과 같이 적용할 수 있다.

$$\Delta K = W = \int \boldsymbol{F} \cdot d\boldsymbol{r} = \int \boldsymbol{F} \cdot \boldsymbol{v} dt = m_0 \int_0^v \boldsymbol{v} \cdot d\left(\frac{\boldsymbol{v}}{\sqrt{1-(v/c)^2}}\right) = m_0 c^2 \int_0^v d\left(\frac{1}{\sqrt{1-(v/c)^2}}\right)$$

$$= m_0 c^2 \left[\frac{1}{\sqrt{1-(v/c)^2}} - 1\right] = m_0 c^2 (\gamma - 1)$$

19 16.3절에서 지적했듯 관성계 간에 절대적인 동시성을 갖도록 정렬하는 것은 결코 모순이 없다.

20 이 관점과 다른 관점을 위해서는 Maxwell(1985)과 Stein(1991) 등을 참조한다.

여기에서 또 우리는 각 쌍둥이가 여행 동안 정보를 보내고 받는 방법을 통해 쌍둥이 역설의 해답을 더 상세히 살펴보자. 심장박동의 주고받음으로부터 각각이 상대방에 대해 얼마나 많은 심장박동을 세게 되는지 묻는 것에서 시작해보자. 우리는 도플러 효과 때문에 방출된 진동수와 도착한 진동수가 다르다는 것을 인식해야 한다. 광원과 관찰자가 멀어지고 있다면 겉보기 (도착한) 진동수는 실제 (방출된) 진동수보다 낮다. 그리고 서로 접근하고 있다면 겉보기 (도착한) 진동수는 실제 (방출된) 진동수보다 높다. (식(17.1)과 식(17.3) 참조). 바깥으로 향하는 여행 동안 B는 A로부터 시간 $t'_{적색} = (d/v)\sqrt{1-(v/c)^2}$ 만큼 적색편이 된 신호를 받는다. 방향을 바꾸는 순간 적색편이는 청색편이로 바뀐다. 돌아오는 여행 동안 B는 시간 $t'_{청색} = (d/v)\sqrt{1-(v/c)^2}$로 청색편이된 신호를 받는다.

쌍둥이 A 또한 바깥으로 향하는 여행 동안 B로부터 적색편이된 신호를 받는다. B가 방향을 바꿀 때 A는 B가 가장 멀리 있을 때 그에게 신호가 도착하는 데 걸리는 시간 d/c 만큼의 부가적인 시간 동안 여전히 적색편이된 신호를 받는다. 그러므로 A는 $t_{적색} = (d/v + d/c) = (d/v)(1 + v/c)$시간 동안 적색편이된 신호를 받고 남은 시간 $t_{청색} = (d/v - d/c) = (d/v)(1 - v/c)$동안 청색편이된 신호를 받을 것이다. 문제의 본질적인 비대칭성은 이런 시간 지연이다. A가 센 B의 심장박동의 총수는 $(\nu_{적색} t_{적색} + \nu_{청색} t_{청색}) = \nu(2d/v)\sqrt{1-(v/c)^2}$이다. 이것은 정확히 B가 자신의 심박을 센 것과 같다(17.3절 참조). B가 센 A의 심장박동의 총수는 $(\nu_{적색} t_{적색}' + \nu_{청색} t_{청색}') = \nu(2d/v)$이다. 이것은 A가 자신의 것을 센 것과 같다. 또 한번 우리는 역설이 없음을 알 수 있다.

더 읽을거리

타일러와 휠러(E. Taylor and J. Wheeler)의 『Spacetime Physics』는 이 장에서 다루고 있는 기술적 요소의 세부사항들에 대해 많은 정보를 담고 있다. 챙(H. Chang)의 〈A Misunderstood Rebellion : The Twin-Paradox Controversy and Herbert Dingle's Vision of Science〉는 쌍둥이 역설의 역사와 그에 대한 몇 가지 대응들에 대해 흥미진진한 이야기를 전해준다. 데브스와 레드헤드(T. Debs and M. Redhead)의 〈The Twin "Paradox" and the Conventionality of Simultaneity〉는 이런 영원한 수수께끼에 대해 매우 명쾌하고 종합적인 논의를 제공해준다.

일반 상대론과 팽창하는 우주

18

특수상대성 이론은 주로 전자기 현상과 이 현상들이 일어나는 시공간적 배경을 다루기 위해 발전되었다. 일반 상대성 이론은 중력 현상을 기술하기 위해 아인슈타인에 의해 공식화되었다. 아인슈타인는 물체의 중력질량(gravitational mass)과 관성질량(inertial mass)이 항상 정확하게 일치한다는 사실에 고민스러워했다. 우리는 8장에서 뉴턴 역학에서는 관성질량(m_i)과 중력질량(m_g) 사이에 개념적인 구별이 존재한다는 것을 지적한 바 있다.[1]

$$F = m_i a = \frac{GM}{r^2} m_g$$

비록 이 두 가지 질량이 실험적으로 같다고 하더라도, 우리는 왜 이것이 그렇게 되는가에 대해 여전히 질문을 할 수 있다. 앞으로 논의되겠지만, 일반 상대성 이론은 중력질량과 관성질량이 정확히 같다는 가정에 기반을 두고 있다. 고전 물리학에서는 우연히 일어나는 사건이라고 생각하는 것을 아인슈타인은 자연의 근본 법칙이라고 인식하였다. 이것은 그와 푸앵카레가 각각 에테르에 대한 상대적인 운동의 측정이 불가능한 것은 에테르가 존재하지 않으며 단지 상대적인 운동만이 물리적으로 의미 있기 때문이라고 해석한 것과 유사하다.

[1] 엄밀히 말하자면, 이 식의 오른변의 M은 아래첨자 g를 표시해야 한다. 그러나 여기서 우리가 관심을 두는 값 m에 초점을 맞춘다.

18.1 기본 원리

아인슈타인이 1907년 논문[2]에서 처음 주장한 **등가원리**(equivalence principle)로부터 시작해보자. 기본적으로 이 원리는 작은 시공간 영역에서 균일한 중력장에서의 '정지 상태'인 계와 빈 공간에서 일정하게 가속되는 계를 구별하는 것이 가능하지 않다고 말한다. **그림 18.1**에 묘사된 것처럼, 이 유명한 사고 실험은 엘리베이터 안에 있는 두 명의 관찰자에 관한 것이다. (a)에서 관찰자는 지구의 균일한 중력장에서 정지해있다.[3] 공을 가만히 놓으면, 가속도 $a = g$로 엘리베이터의 바닥으로 떨어진다. 여기서 g는 중력가속도이다. (b)에서 엘리베이터는 빈 공간에 놓여 있다. 그러나 여기서는 $a = g$의 비율로 위로 가속되고 있다. 여기서도 공을 놓으면 엘리베이터의 바닥에 떨어지는 것을 볼 것이다. 만약 두 엘리베이터가 창문이 없다면, 안에 있는 관찰자들은 엘리베이터 안에 있는 물체의 가속도를 측정함으로써 상황 (a)와 (b)를 구별할 수는 없을 것이다.

만약 아인슈타인이 했던 것처럼, 엘리베이터 안에서 수행하는 실험이 (a)와 같은 균일한 중력장과 (b)와 같은 빈 공간에서 균일한 가속도를 갖는 경우를 구별할 수 없다고 가정한다면, 우리는 두 가지 중요한 결론을 내릴 수 있다. 첫째, 만약 모든 물체에 대해 **그림 18.1**의 (b)의 공통의 가속도 g가 물리적으로 (a)와 구별될 수 없다면, m_i와 m_g는 같아야만 한다. 만약 그렇지 않다면, 모든 물체들이 상황 (b)에서 엘리베이터에 대하여 공통의 값 g로 가속되지만, (a)에서는 아닌 경우가 된다. 우리는 이것을 명백히 볼 수 있다. **그림 18.1**의 (a)의 경우에 운동의 표현은 $m_i a = m_g g$이거나, $a = (m_g/m_i)g$이다. 반면에, (b)의 경우에 모든 물체들의 관찰된 가속도는 반드시 $a = g$이어야 한다. 이것으로부터 이

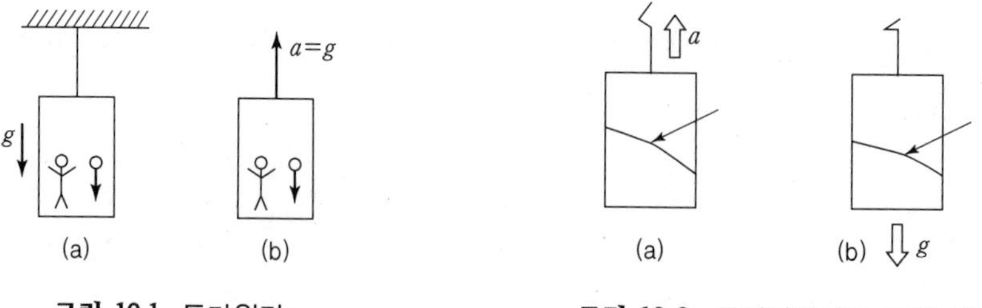

그림 18.1 등가원리

그림 18.2 중력장에서의 빛의 낙하

[2] Einstein 1907. Pais(1982. 9장)는 등가원리에 대한 Einstein의 발견을 재평가하고 1907년 논문의 내용을 논의한다.

[3] Einstein and Infeld 1938, 214-22.

미 주장한 것처럼 $m_i = m_g$가 된다.

두 번째로, 우리는 중력장에서 빛의 행동에 대한 놀라운 예측을 얻을 수 있다. **그림 18.2**의 (a)에서 엘리베이터의 기준계는 빈 공간 속을 위 방향으로 균일하게 가속되는 것으로서 나타난다. 만약 엘리베이터 바깥 공간에서 정지해 있는 관찰자가 엘리베이터의 한쪽에서 다른 쪽으로 빛이 진행하는 것을 본다면, 빛이 수평 직선을 따라 진행한다고 볼 것이다. 동시에, 엘리베이터의 위쪽 방향 가속도 때문에, 엘리베이터의 바닥은 빛이 진행하는 동안 위쪽으로 움직일 것이다. 따라서 엘리베이터의 바닥에 서 있는 관찰자는 **그림 18.2**의 (a)처럼 빛이 '떨어지는' 것을 볼 것이다. 만약 등가원리가 옳다면, **그림 18.2**의 (b)처럼, 균일한 중력장을 통과할 때 빛은 떨어지거나 휠 것이다. 동일한 1907년 논문에서 아인슈타인은 빛의 도플러 이동에 대한 공식과 등가원리를 사용하여 태양이나 별의 표면 같이 강한 중력장에서 출발한 빛이 중력장이 약해지는 먼 거리에서 관찰될 때는 더 낮은 진동수(또는 긴 파장)를 갖는다는 사실을 추론하였다. 우리는 이에 관하여 나중에 다시 이야기할 것이다.

1911년 〈빛의 전파에 대한 중력의 영향에 관하여〉(On the Influence of Gravitation on the Propagation of Light)라는 논문에서, 아인슈타인은 빛이 태양의 표면 근처를 지날 때 휘는 정도를 예측하기 위하여 그의 등가원리를 뉴턴의 고전 중력이론과 결합시켰다.[4] 1916년에 그는 유명한 〈일반 상대성 이론의 기초〉(The Foundation of the General Theory of Relativity)를 발표하였다. 여기서 그는 중력이론의 완벽한 재공식화를 발표하고 뉴턴 역학적인 과정과 구별될 수 있는 세 가지 예측을 내놓았다. 아인슈타인의 중력 이론은 수학적으로 상당히 높은 수준이고 복잡하기 때문에 여기서는 일반적인 용어로만 그의 중력 이론을 논의하겠지만, 그 전체 이론은 신념을 수반하는 내부 구조에 있어서 수학적이고 논리적인 우아함을 보여주는 아름다운 예에 해당한다. 1914년 친구 베소에 보내는 편지에서 아인슈타인은 다음과 같이 썼다.

> ⊛ 지금 나는 완전히 만족한다. 그리고 더 이상 전체 시스템의 정확성을 의심하지 않는다. 일식의 관찰이 성공적이든 그렇지 않든 간에 …. 모든 것이 너무나 분명하다.[5]

[4] 이것(Einstein 1911)과 이 장에서 언급하는 일반 상대론에 관한 Einstein의 중요한 다른 논문들은 Lorentz et al.(n.d.)에서 찾을 수 있다.

[5] Clark(1972, 222)에서 인용한 것이다.

1915년 말 이론물리학자인 좀머펠트(Arnold Sommerfeld, 1868-1951)에게 보낸 편지에서는 다음과 같이 적고 있다.

> ⊛ 당신이 일반 상대성이론을 살펴보면 곧바로 그것에 대한 확신을 가질 것이다. 따라서 나는 그것을 옹호하는 말은 하지 않을 것이다.[6]

그림 18.1을 다시 살펴보면, 우리는 등가원리의 또다른 중요한 의미를 발견할 수 있다. (a)의 상황에서 엘리베이터를 지탱하는 줄이 끊어졌다면 엘리베이터와 그 내용물은 자유낙하할 것이다. 관찰자가 엘리베이터 안에서 행할 수 있는 모든 실험에 관한 한, 이 계는 모든 면에서 관성계인 것처럼 보인다. 등가원리가 국소적으로 균일한 가속도로 움직이는 계와 균일한 중력장 계는 같다고 말하기 때문에, 우리는 관성계인 자유낙하계로 가는 것이 항상 (국소적으로) 가능하다고 결론을 내린다. 등가원리에 의하면, 중력 효과와 가속도에 의한 효과가 명백하게 구별될 수 없기 때문에, 우리는 절대 관성계를 발견할 수 없다.

우주의 관성계는 항성들의 질량과의 관계에서 결정된다는 마하(Mach)의 생각과 물체가 공간의 기하학에 영향을 미치고 공간이 그 안에 있는 물리학에 영향을 미친다는 리만(Riemann)의 믿음은(11.4절 참조) 일반 상대성 이론에 도달하는 과정에 있던 아인슈타인의 생각에 영향을 미쳤다. 일반 상대성 이론에 대한 그의 원래 공식에서, 아인슈타인은 공간의 특성은 우주에서의 물질의 분포에 의해 완벽하게 결정되어진다는 필요조건을 제시하였다. 일반상대론에 대한 그의 장 방정식은 마하의 원리를 통합시킬 것으로 기대되었다.[7] 그런데 1917년에 독일 천문학자이자 수학자, 우주학자인 드시터(Willem de Sitter, 1872-1934)는 물질이 존재하지 않는 평평한 세 공간과 팽창하는 시간 척도를 갖고, 이 모든 것에 질량이 존재하지 않는 아인슈타인 장 방정식에 대한 '진공' 해답을 발견하였다. 훨씬 뒤 1949년에 수학자인 괴델(Kurt Gödel)이 다른 해답을 제시하였는데, 여기에서는 (거대한) 우주 전체가 측정 가능한 (절대적) 회전을 한다는 것이다. 그러한 해답은 '항성'(크게는 우주)계의 회전을 측정할 수 없다고 이끄는 원래의 상대성 원리에 잘 맞지 않는 것이었다. 드시터와 괴델의 해답은 모두 마하의 원리가 일반 상대론의 본질적 부분이 아니라는 것을 보여준다.[8]

6 Clark(1972, 252)에서 인용한 것이다.

7 Hon 1996.

8 Harrison 1981, 183. de Sitter(1917), 해법은 사라지지 않는 우주론적 상수에 대한 것이다(18.4절).

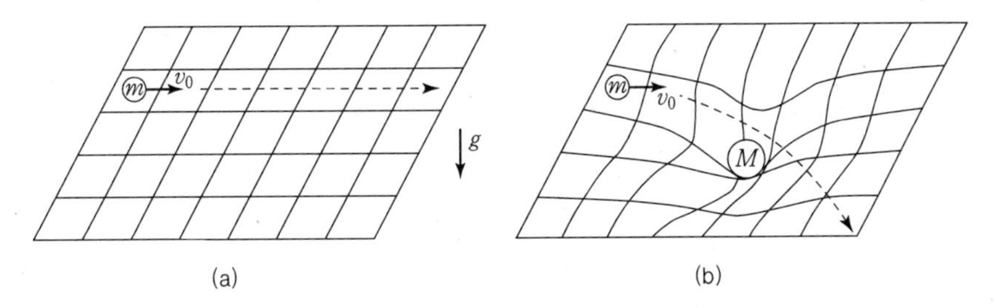

그림 18.3 중력의 기하학적 효과를 나타내는 굽어진 공간에서의 측지선 운동

아인슈타인의 일반상대론은 중력 현상을 기하학적인 방법으로 해결한다. 왜냐하면 공간의 구조나 '모양'이 그 공간을 통과하는 물체의 운동에 영향을 주고 공간도 그 공간 안에 있는 질량에 의해 영향을 받기 때문이다. 이때 물질 입자들과 빛은 물리적인 공간의 구조 안에 있는 두 점 사이에서 항상 가장 짧은 경로를 택한다. 이 경로는 **측지선**(geodesics)으로 알려져 있다. 다음의 유추(**그림 18.3**)로 이 공간의 곡면을 설명해보도록 하자. **그림 18.3**의 (a)처럼, 사각 격자무늬가 있는 평평한 수평 고무판이 있다고 가정하자. 만약 무시할만한 질량 m을 가진 작은 공이 어떤 마찰도 없이 이 판을 가로질러 굴러갈 수 있고 초기 속도 v_0로 운동을 한다면, 그림의 점선으로 표시된 직선을 따라 계속 굴러갈 것이다. 공에 알짜 힘이 작용하지 않기 때문에 이것을 관성계로 생각할 것이다. 이번에는 **그림 18.3**의 (b)에서처럼 고무판에 질량이 큰 구 M을 놓자. 그것의 무게는 판을 아래로 늘리고 격자판을 일그러뜨릴 것이다.[9] 그러면 질량 m인 공은 더 이상 직선을 따라서 굴러가지 못하고 점선으로 표시된 길을 따라 휠 것이다.

이제 이 두 경우를 바로 위쪽에서 보도록 하자. 우리가 깊이에 대한 인식을 하지 못한다면 운동은 평평한 평면에서 일어나는 것처럼 보인다. 이것에 대한 이차원 그림은 **그림 18.4**와 같을 것이다. (a)에서는 m에 힘을 미치는 다른 질량의 존재가 없어서 공이 직선을 따라 계속 운동한다고 이야기할 수 있고, (b)에서는 태양이 직선 경로로부터 행성을 빗나가게 하는 것처럼 질량 M이 m에 '중력의' 인력을 미친다고 이야기할 수 있다.

중력을 기하학적인 방법으로 해결하면서, 아인슈타인은 전기역학에서도 같은 방법으로 해결하려고 하였다. 그러나 중력과 전기역학의 통일장 이론은 그의 생이 다할 때까지 이

[9] 이 추론의 결점은 기하학적인 면에서 종이에서 운동의 효과를 '설명'하기 위하여 커다란 공의 무게(아래로 작용, 구부려지지 않은 종이의 평면에 수직한)를 도입한 것이다. 그럼에도 불구하고 이 유추는 가시적으로 도움이 된다.

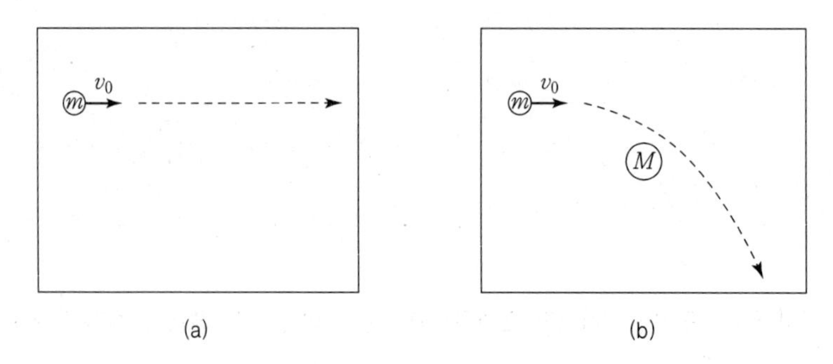

그림 18.4 평편한 공간에서의 힘의 관점에서 본 중력의 고전적 등가성

루어지지 않았고 다른 사람을 통해서도 이루어지지 않았다. 아인슈타인이 동료에게 이것에 대한 자신의 생각을 표현하였다.

> ⊗ 그는 성공의 기회가 매우 작지만 시도는 이루어져야 한다는 것에 동의하였다. 그는 스스로 자신의 명성을 세웠다. 그의 지위는 탄탄하게 보장되었고, 그래서 그는 실패의 위험을 견뎌낼 여유가 있다. 젊은 사람은 좋은 경력을 잃는 것에 대한 위험을 견뎌낼 여유가 없을 수 있다. 그래서 아인슈타인은 이 문제에 대해서 책임이 있다고 느꼈다.[10]

18.2 실험적 확인

일반상대론과 등가원리에 대한 세 가지 경험적 검증에 대해 간략히 논의하겠다.

1. 중력장에 의한 빛의 휨

만약 우리가 $E = mc^2$를 취하고 고전적 용어를 택한다면, 우리는 (에너지를 운반하는) 빛이 중력장에서 유효 '질량' $m = E/c^2$을 갖는다고 기대할 수 있다. **그림 18.5**에 나타낸 것처럼, 위치 X에 있는 별로부터 나온 광선이 태양 같은 거대한 물체 근처를 지나갈 때, 정상적인 직선 경로로부터 편향되어야 하고 편향된 위치 X''으로부터 나오는 것처럼 보인다. 아인슈타인은 그의 일반 상대성 이론을 완전히 발전시키기 전 1911년 논문에서 이 고

10 Clark(1972, 493-4)에서 인용한 것이다. Whitrow(1973, xii)를 참조해도 이해에 도움이 될 것이다.

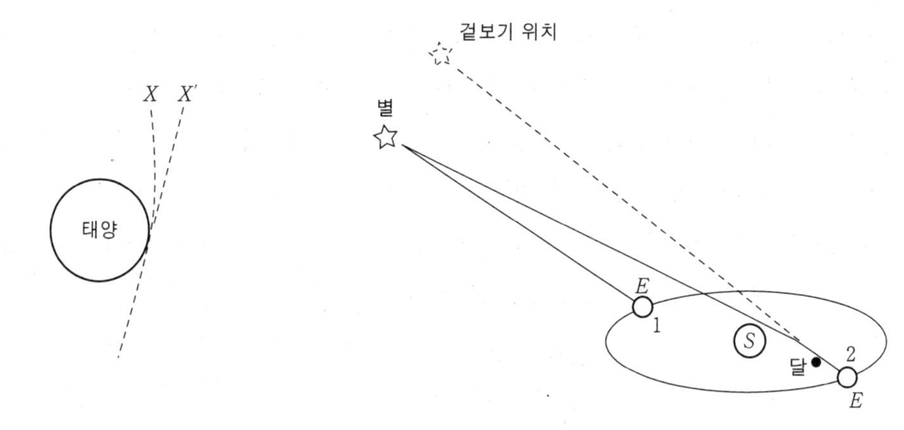

그림 18.5 태양에 의한 별빛의 휨

그림 18.6 별의 위치의 이동

전적인 아이디어를 사용하여 태양에 의해 휘어지는 양을 예측하고 그 값이 0.83″임을 구했다.[11] 후에, 공간의 곡면의 효과를 완전하게 포함할 수 있었을 때, 그는 두 배 정도 큰 값인 1.7″를 예측하였다.[12] 0.83″의 편향은 여전히 뉴턴의 중력 이론의 틀에 기초한 빛의 '무게'를 나타내는 것이라고 생각할 수 있지만, 반면에 1.7″의 편향은 고전물리학과는 거리가 먼 일반 상대론의 특징인 '공간의 곡면'의 효과에 의해 만들어진 것이다. 이것은 천문학적으로 관측하기에 매우 작은 효과이다. 이에 대한 관찰들이 어떻게 이루어졌는지 알아보자.

문제를 간단히 하기 위하여, 태양 주위의 궤도에서 6개월 떨어진 두 지점에 있는 지구를 생각하자. **그림 18.6**처럼 위치 1에서는 항성이 밤하늘에 보인다. 위치 2에 있을 때는 같은 별로부터 나온 빛이 지구를 향할 때 태양의 가장자리를 살짝 스치고 지나가는 것을 보고 별의 방향을 다시 측정할 수 있다. 그런데 만약 빛이 휜다면, 별로부터 지구로 오는 빛이 직선 경로를 따라 올 때보다 더 가파른 각으로 망원경으로 들어올 것이다. 태양 근처를 지나지 않는 별빛과 비교하였을 때 편향되어 나타날 것이다(그림에서 점선으로 표현된 것처럼). 위치 1과 위치 2에서 노출된 감광판은 편향에 대해서 비교될 수 있다. 물론, 태양빛이 희미한 별빛을 가리기 때문에 정상 조건아래서는 위치 2에서 별들의 장(the field of stars)의 관찰이 불가능하다. 이것이 두 번째 관찰이 개기일식 동안에 이루어져야 하는 이유이다.

[11] Einstein 1911, 908. 이 참고문헌은 Einstein(n.d.c, 108)에 해당한다.

[12] Einstein 1916, 822. 이 참고문헌은 Einstein(n.d.c, 108)에 해당한다. 이 결과의 현대적 유도에 대하여는 Fork(1959, 200-2)를 참조한다.

아인슈타인의 일반 상대성 이론이 1916년에 발표되었지만, 1차 세계 대전이 일어났기 때문에 개기일식을 조사할 탐험대가 조직될 수 없었다. 그럼에도 불구하고, 영국의 왕립천문대(the Astronomer Royal of England)는 1919년 봄의 개기일식의 관측을 위해, 그때가 되면 종전이 이루어질 것을 대비하여, 탐험대 계획을 위한 위원회를 임명하였다. 1918년 11월초 휴전이 이루어졌고 영국 학술학회는 북브라질의 소브랄(Sobral)에 한 팀, 서아프리카의 기니아만의 프린시페(Principe) 섬에 한 팀의 탐험대를 보냈다. 두 팀의 탐험대를 보낸 것은 한 부분에서 날씨가 나빠 관측할 수 없을 것을 대비한 예방책이었다. 런던으로 돌아와서 감광판을 주의 깊게 분석하고 고려할 만한 오차에 대한 가능한 원인을 찾는 데 몇 개월이 소요되었다. 1919년 11월초 왕립학회와 왕립천문학회는 두 탐험에 대하여 놀랄 만한 긍정적인 결과를 발표하였다.[13] 아인슈타인의 반응은 기쁨이었으나 놀라움은 아니었다. 1919년에 아인슈타인을 위하여 일했던 한 학생은 다음과 같이 말하였다.

> ⊛ 한번은 아인슈타인의 이론에 반대하는 연구들을 함께 읽기 위하여 아인슈타인과 함께 있었을 때... 그는 갑자기 그 책에 대한 논의를 중단시키고, 창턱에 있는 전보를 잡으려고 손을 내밀었다. 그리고 이런 말을 하면서 나에게 건네주었다. '여기, 이것은 아마도 자네에게 흥미가 있을 것이네.' 일식 탐험(1919)의 관측 결과를 전하는 에딩턴의 전보였다. 내가 그의 계산과 일치하는 결과에 대하여 기쁨을 표현하였을 때, 그는 꽤 확고하게 말하였다. 그러나 나는 그 이론이 옳다는 것을 알고 있었다. '이론이 확증되지 않았다면 교수님께서는 어떻게 하셨을까요?' 라고 묻자 아인슈타인은 '내 이론이 맞기 때문에 친애하는 애딩턴 경에게 미안함을 느꼈을 거야' 라고 대답했다.[14]

그 이후 유사한 관찰들이 몇 차례 반복되었고 일반상대론의 예측에 기본적으로 동의하는 결과들이 나왔다.

2. 빛의 중력 적색편이

우리가 나중에 좀더 자세히 살펴보겠지만, 양자이론에 따르면 빛의 에너지(광자 하나의

[13] 이 측정들과 측정결과가 발표되었던 모임에 대한 극적인 설명에 대해서는 Eddington(1920, 114-16)과 Whitehead(1967, 10-11)을 참조한다.
[14] Holton(1968, 653)과 Bernstein(1976, 144)에서 인용한 것이다.

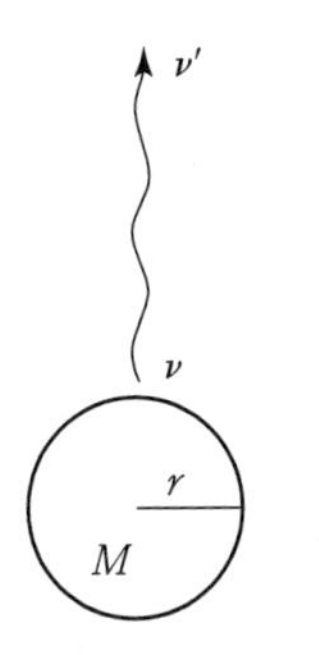

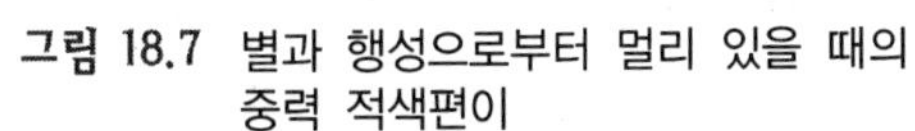
그림 18.7 별과 행성으로부터 멀리 있을 때의 중력 적색편이

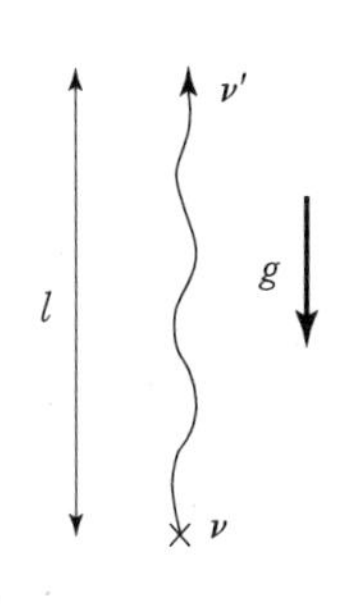

그림 18.8 우주 적색편이

에너지) ε은 $\varepsilon = h\nu$이다. 여기서 ν은 빛의 진동수이고, h는 플랑크 상수이다. 다시 고전적인 논의를 사용하고 중력장에서 뉴턴의 퍼텐셜 에너지는 $V = -GMm/r$임을 상기하면, 물체(지구나 태양)의 표면으로부터 나와서 무한공간으로 가는 빛의 (운동) 에너지의 변화를 계산할 수 있다(**그림 18.7**). 플랑크의 식 $\varepsilon = h\nu$와 특수상대론의 $E = mc^2$로부터, 우리는 광자의 유효 질량을 $m \sim h\nu/c^2$로 취할 수 있다. 만약 광자에 의한 일과 중력 퍼텐셜 에너지에서의 변화를 같다고 놓으면,[15] 다음과 같이 된다.

$$\frac{\Delta\nu}{\nu} = \frac{GM}{rc^2} \tag{18.1}$$

여기서 $\Delta\nu = \nu - \nu'$이다. 중력 가속도 g가 거의 일정한 지구 표면 근처에서는, 높이 l을 지나며 만들어지는 진동수 편이는 다음과 같다(**그림 18.8**).

$$\frac{\Delta\nu}{\nu} = \frac{gl}{c^2} \tag{18.2}$$

그리고 이 효과는 실험적 관찰들에 의해 확증되었다.[16]

3. 수성의 근일점 이동

뉴턴의 만유인력 법칙과 운동 법칙들에 의하면, 행성들은 태양 주위를 타원궤도로 돈

---

15 즉, $h\Delta\nu = -\Delta\varepsilon = \Delta V = (GM/r)/(\varepsilon/c^2)$. 이것은 진동수에서 부분적인 변화가 작다고 가정했기 때문에 근사값에 해당한다.

16 Pound and Rebka 1960.

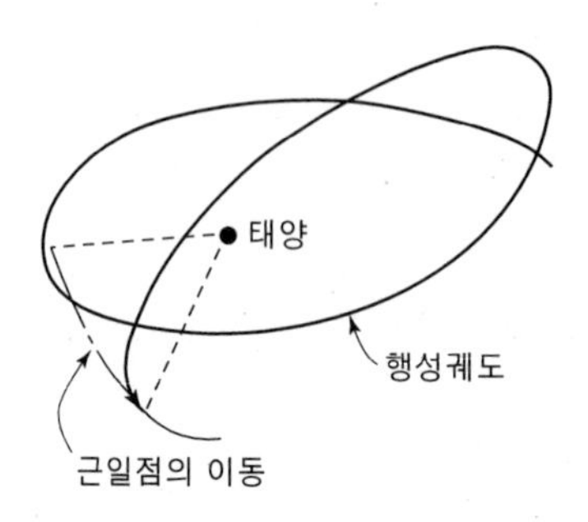

그림 18.9 수성 근일점의 세차

다. 하지만 아인슈타인의 식들은 이 타원들이 스스로 세차운동(또는 회전운동)을 하는 것을 예측한다. 행성이 태양에 가장 근접하는 점인 근일점은 **그림 18.9**에 그려진 것처럼 각 공전마다 조금씩 이동한다. 일반상대론에 의해 예측된 값은 11.2절에서 본 것처럼 수성의 경우 1세기마다 43″씩이다. 이것은 다른 행성들의 영향과 뉴턴의 중력 법칙에 의해 설명되는 섭동을 넘어서는 값이다.

실제적인 관측은 지구계에서 관측되기 때문에 복잡하다. 지구에서 보면, 수성 궤도의 근일점은 1세기마다 약 5,600″씩 진행한다.[17] 이 중 대부분(1세기마다 5,026″)은 태양과 달의 중력에 의한 지구 자전축의 세차 때문인 것으로 설명될 수 있다. 이 세차의 주기는 약 26,000년이다. 그러면 수성 궤도의 근일점의 세차는 1세기당 574″가 남는다. 뉴턴 중력 이론에 의해, 태양계에서 다른 행성들에 기인한 수성 궤도의 섭동은 1세기당 531″로 설명될 수 있다. 따라서 1세기당 43″가 고전적인 이론으로 설명될 수가 없는 채로 남게 된다. 이것은 일반 상대성 이론에 의해서 예측된다. 다른 행성에 대해서도 유사한 현상이 예측되지만(예를 들어, 금성에 대해서는 1세기당 8.6″이고 지구에 대해서는 1세기당 3.8″), 이 값들은 너무 작아서 측정하기가 훨씬 어렵다.

내적 일관성을 갖는 아름다운 이론인 일반상대론이 이와 같은 일부 놀라운 현상들에 대한 설명에 지나지 않을지라도, 일반상대론은 현대물리학에서 영예를 차지할 것이다. 중요한 새로운 천문학적인 자료들이 나온 1960년대 초반까지의 수십 년 동안 일반상대론은 많은 사람들에게 불가사의한 호기심에 지나지 않았다. 우리는 그것의 적용 범위가 이 세 가지 고전 예측보다 훨씬 폭넓다는 것을 알게 되었다. 일반상대론은 우주를 이해하는 데 있어서 핵심적인 요소이다. 이 점에 대해 알아보기 위해서, 이제 현대의 천문 관측과 우

[17] Clemence 1947.

주론에 기초한 오늘날 우리가 알고 있는 우주에 대해 살펴보기로 하자. 이어지는 간결한 요약의 과정에서, 우리는 사건들의 엄격한 역사적 순서를 따르지는 않을 것이다.

18.3 고전적 우주의 안정성

11장에서 살펴본 것처럼, 뉴턴은 자연계에서 물리적 공간은 유클리드적이고 크기는 무한하다고 믿었다. 또한, 12.2절에서 우리는 뉴턴의 『광학』에서 (각 부분들 서로간의 중력에 의해 붕괴되는 것을 막기 위한) 신의 중재가 없는 우주의 장기적 안정성에 관한 그의 질문(Queries)들에 대해 언급했었다.[18] 초기에 뉴턴은 우주에 있는 모든 물질들은 무한한 공간의 유한한 부분에만 분포하고 물질 우주는 기본적으로 (팽창하지도 수축하지도 않는) 정적이라고 생각하였다.[19] 유한한 양의 물질을 갖는 우주의 문제점들 중 하나는 유한한 양의 모든 정적인 물질은 질량의 상호 중력 아래에서 반드시 붕괴될 것이라는 것이다. 흥미롭게도, 우주에서 신의 자리에 대해 뉴턴과 의사소통했던 고전학자이자 성직자인 영국인 벤틀리(Richard Bentley)는 하나님의 존재에 대한 증거를 발견하였는데, 첫 번째로는 우주의 모든 물체들 사이에는 중력이 작용한다는 사실이고, 두 번째로는 신이 우주의 붕괴를 막기 위해 항성 구에서의 중력 법칙을 효과적으로 정지시켰다는 사실이다.[20] 뉴턴은 『광학』의 질문 28에서 다음과 같이 말했다.

> ⊛ 무엇이 별들이 서로에게 떨어지는 것을 막는가?[21]

『프린키피아』 3권의 끝부분에 있는 일반 주석(Scholium)에서, 뉴턴은 다음과 같이 진술함으로써 그의 생각을 옹호하였다.

> ⊛ 중력에 의해 항성들의 계가 서로에게 떨어지지 않도록, 그(하나님)는 그 계들을 서로 매우 먼 곳에 위치시켰다.[22]

18 Newton 1952, Book III, Querties 28 or 31, 529 or 542. (GB 34, 529, 542)
19 Harrison 1986.
20 Koyre 1957, 187-8.
21 Newton 1952, Book III, Part I, Queries 28, 529. (GB 34, 529)
22 Newton 1934, Book III, General Scholium, 544. (GB 34, 370)

유한한 물질 우주의 입장으로부터 무한한 공간에 물질들이 균일하게 분포되어 있는 우주에 대한 입장으로 그의 견해를 바꾼 것은 1692~1693년 겨울에 벤틀리와 의사소통한 결과였다. 하지만 여전히 물질 우주는 그것의 거대 구조 안에서 기본적으로 정적인 것이었다. 뉴턴은 안정성 문제가 남아있다는 것을 인정했다.

> ⊗ 무한한 우주의 모든 입자들이 완벽한 평형을 이루기 위해, 서로 간에 완벽하게 균형을 이루도록 존재한다고 가정하는 것은 훨씬 어렵다. 나는 이것을 무한한 수의 (무한한 공간에 존재하는 입자들만큼이나 많은) 바늘들이 정확하게 균형을 잡고 서 있다고... 하는 것만큼이나 어렵다고 생각한다.[23]

그는 『프린키피아』의 후속 판에서 다음과 같이 진술함으로써 이 어려움을 덜려는 시도를 하였다. (그러나 크게 설득력이 있는 것은 아니었다.)

> ⊗ 하늘에 불규칙하게 퍼져있는 반대 방향의 인력에 의해 항성들의 상호작용은 상쇄된다.[24]

뉴턴은 우주의 실제적인 안정성을 세상에서의 하나님의 활동의 증거로 보았다.

> ⊗ 나는 하늘에 균일하게 퍼져있는 물질에 대한 가설은 그것들을 조화시키는 초자연적인 힘이 없는 본질적인 중력에 대한 가설과 불일치한다는 점을 추가하고자 한다. 그러므로 신이 존재한다고 추론한다.[25]

라이프니츠도 물질로 가득 찬 무한한 우주를 믿었다.

불행히도, 별들이 균일하게 분포되어 있는 무한한 우주는 올버스의 역설로 알려진 난제를 나타낸다. 올버스(Heinrich Olbers, 1758-1840)는 18세기 독일의 천문학자였다. 이와 같은 우주에서 하늘은 모든 곳이 우리의 태양과 같은 별들로 가득 차 있다. 그러므로 지구를 중심으로 한 구의 표면적은 그 구의 반지름의 제곱에 비례하고, 별로부터 오는 빛의 세기는 거리의 제곱의 역수에 비례하여 감소한다. 따라서 밤과 낮 두 경우 모두 우리의

[23] Thayer 1953, 50-1.
[24] Newton 1934, Book III, Prop.XIV, Cor. II, 422. (GB 34, 287)
[25] Thayer 1953, 57.

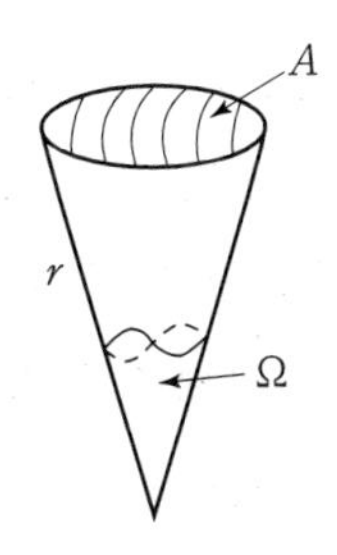

그림 18.10 올버스 역설의 기하학

하늘은 정오의 태양처럼 밝아야 한다. **그림 18.10**에 좀더 자세하게 나타나 있는데, 입체각 Ω인 원뿔을 통하여 무한한 우주를 본다고 가정하자. 거리가 r만큼 떨어지고 크기가 A인 표면에서 별들의 숫자는 r^2에 비례하고($A = r^2\Omega$이고, 전체 구의 표면적은 $A_{구} = 4\pi r^2$), 반면에 이 면적 A에 있는 각 별로부터 오는 빛의 세기는 $1/r^2$로 감소한다. 그러므로 거리가 r인 곳에 있는 면적 요소로부터 오는 알짜 빛의 세기는 r에 무관하다. 물론, 어떤 별이 우리의 시야에 끼어든다면, 우리는 더 이상 그 뒤에 있는 별들로부터 오는 빛을 받을 수 없다. 따라서 우리는 우리의 시야에 있는 (유한한) 숫자의 별들로부터 오는 유한한 (그리고 일정한) 양의 빛을 받을 것이다. 그러나 밤하늘은 낮 동안의 하늘만큼 밝지는 않다. 따라서 무한하고 정적이고 균일한 우주와 어두운 밤하늘은 1세기 동안 풀리지 않은 모순으로 남아있었다. 이것은 유한한 우주에 대한 연구의 동인이 되었다.

우리는 질량이 균일하게 분포되어 있는 반지름이 r_0이고 질량이 M인 구를 고려하여 유한하고 정적인 우주의 중력 붕괴 시간을 예측할 수 있다. 만약 우리가 이 구의 중심으로부터 거리가 r_0인 곳에서 정지상태의 초기 질량이 m이라면, 에너지 보존 법칙을 사용하고 그 결과를 적분하면 다음의 식을 얻을 수 있다.[26]

$$t_{붕괴} = \frac{\pi r_0^{3/2}}{\sqrt{8Gm}} \tag{18.3}$$

지구에서 가장 가까운 별인 지구로부터 4.3광년 떨어진 알파센타우리(Alpha Centauri)까지의 거리를 $r_0 = R_x$라 하자. 이때 우리의 태양은 이 구안에 있는 유일한 '별'이기 때문에, 우리는 쉽게 $t_{붕괴} = 7.89 \times 10^{14}\,\mathrm{s} = 2500$만 년임을 계산할 수 있다(1광년은 빛이 1년

26 에너지 보존 법칙 $[\frac{1}{2}m\dot{r}^2 - (GMm/r) = -(GMm/r_0)]$으로부터, 우리는 $\dot{r} = dr/dt$에 대해서 풀 수 있고, 식(18.3)에 도달하기 위하여 r_0로부터 0까지 적분할 수 있다.

동안 가는 거리이다). 좀더 간단하고 직접적으로 케플러 3법칙(식(5.4))을 사용하여 매우 찌그러진 타원 궤도를 도는 먼 별을 생각할 수 있다. 우리는 $r_0 = R_a$만큼 떨어진 원일점으로부터 근일점으로 이동하는 별을 택하여 붕괴 시간을 계산할 수 있다. 만약 우리가 케플러 3법칙에서 태양 주위를 도는 다른 물체로서 지구를 택한다면, 우리는 붕괴시간을 7천만 년으로 예측한다. 따라서 붕괴 시간에 대한 이 두 값은 크기에서 같은 차수이다. 뉴턴은 가장 근접한 별까지의 거리가 3광년 정도라고 알았다. 그래서 그는 붕괴 시간을 1500만 년이라고 예측하였다. 물론, 이것은 몇 천 년의 ('성경적') 시간과 비교하여 특별한 문제는 아니었을 것이다.

18.4 아인슈타인과 프리드만의 우주

18.1절에서 본 것처럼 아인슈타인은 굽은 시공간에 바탕을 두고 그의 일반 상대성 이론을 공식화했다. 우리는 11장에서 19세기 중반 이전까지의 사람들은 (평평하고 굴곡이 없는) 유클리드 공간이 생각할 수 있는 유일한 삼차원 공간이라 믿었다는 것을 지적한 바 있다. 그런데 수학자들이 다른 가능성들을 발견하였다. 11.5절에 언급한 리만의 양의 곡률을 가진 공간기하에 더하여 러시아인 로바체브스키(Nicholai Lobachevski, 1792-1856)와 헝가리인 보야이(Janos Bolyai, 1802-1860)는 음의 곡률을 가진 공간기하를 발견했다.

그림 18.11에 2차원인 경우의 각 유형의 굽은 공간이 나타나 있다. 측지선(geodesic)은

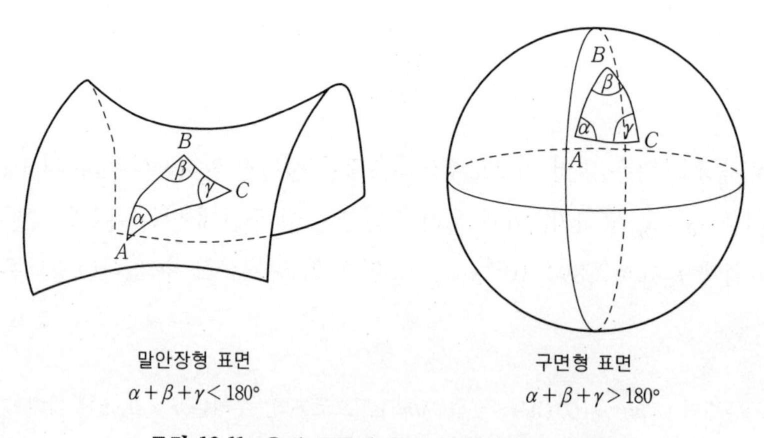

그림 18.11 음의 곡률과 양의 곡률에서의 기하학

주어진 평면(또는 주어진 공간)에서 두 점간의 최단거리가 되는 곡선이다. **그림 18.11**에 각 평면 위에서의 세 변을 가진 도형(삼각형)이 그려져 있다. 삼각형의 각 변은 점 A, B, C 간의 측지선이다. 음의 곡률을 가진 표면에서 삼각형의 내각의 합은 180°보다 작은 반면, 양의 곡률을 가진 표면에서의 삼각형의 내각의 합은 180°보다 크다. 곡률이 없는 평평한 유클리드 평면의 경우는 삼각형의 내각의 합이 정확히 180°이다. 11.5절에서 지적하였듯이 세 내각의 합이 180°에서 벗어난 정도로 표면(또는 공간)의 곡률을 측정한다.

아인슈타인은 그의 일반 상대성 이론에 관한 원래 공식이 (공간적으로 유한한 우주에서 한정된-그러나 무(無)는 아닌-물질을 가지는) 정적인(또는 시간독립적인) 해를 허용하지 않는다는 것을 알았다. 그래서 그는 1907년 나중에 우주상수로 불리게 되는 것을 포함하는 항을 집어넣어 공식을 수정하였다.[27] 이 추가적인 항의 효과는 입자들 상호 간의 중력에 의한 인력에 정적 평형상태를 만들기에 충분한 반발력을 추가하는 것이었다. 아인슈타인이 이 작업을 하였을 당시의 이용 가능한 천문학적인 데이터는 우주의 전체적인 팽창이나 수축이 없는 정적인 우주와 일치하는 듯 보였다. 물론 태양 주위의 행성의 운동 같은 국소적인 운동은 허용되었다. 이것은 **아인슈타인의 우주**(Einstein universe)로 알려졌다. 즉시 우주상수의 물리적 합리성에 대한 논쟁이 이어졌다. 1922년 러시아 수학자 프리드만(Alexander Friedmann, 1888-1925)은 아인슈타인의 공식은 원래 형태로든 우주 상수항이 있든 일정한 곡률을 가진 팽창하는(또는 수축하는) 해를 허용한다는 것을 증명하였다(이것이 **프리드만의 우주**(Friedmann universe)이다). 이때에 우주는 음(또는 영)의 곡률과 무한한 공간량을 가지거나 양의 곡률과 유한한 전체 부피(시간에 따라 증가하거나 감소하는)를 가질 수 있었다.

1927년 캠브리지대학에서 공부하고 이후에 MIT공대에서 박사학위를 받은, 벨기에 사제이자 이론천문학자인 르메트르(Abbé Georges Lemaȋtre, 1894-1966)는 유한한 아인슈타인의 우주는 불안정하다는 것을 증명했다. 이것이 의미하는 바는 그러한 우주는 평형점에서 아주 조금만 흔들려도 일정한 공간 곡률을 가진 텅 빈 우주를 향하여 비가역적으로 팽창할 것이라는 것이다. 르메트르는 우주의 기원에 대해 원시불덩이(primeval fireball)(이후에 빅뱅(big bang)이 되는) 이론을 제안하였다. 여기서 우주는 전자기파와 물질의 매우 높은 밀도 상태에서 시작되고 그것이 팽창하면서 기체처럼 온도가 내려감에 따라, 중력의 영향으로 초기 우주를 채우는 희박한 물질들로부터 은하와 별들이 응축된

[27] Einstein 1917b.

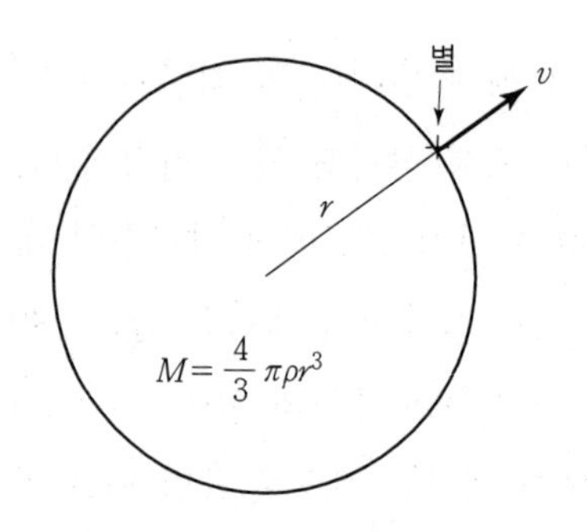

그림 18.12 탈출속도

다. 이러한 프리드만의 우주에서 두 가능한 모델-양의 곡률을 갖고 닫혀 있는 유한한 부피의 시간에 따라 진동하는 것 그리고 음(또는 영)의 곡률을 갖고 열려있는 무한한 부피의 팽창하는 것-은 우주의 평균 물질 밀도에 의해 구분된다. 임계값[28] ρ_c는 약 $5\times 10^{-27}\,\mathrm{kg/m^3}$이다. 이것은 대략 세제곱미터당 수소원자 하나에 해당한다. 관측 상황은 현재 분명하지 않다. 현재 눈에 보이는 은하의 수를 세어서 우주의 밀도를 측정하면[29] $\rho_{\text{visible}} \approx 0.10\,\rho_c$를 얻을 것이다. 그러나 우리가 다음 절에서 보는 것처럼 다른 방법으로 ρ를 측정하면 $\rho \cong \rho_c$가 나타난다.

궁극에 가서 팽창을 멈추고 중력에 의한 인력에 의해 수축하는 유한한 우주와, 점차 감소하는 비율로 영원히 팽창하는 무한한 우주의 차이는, 아래의 고전적 논쟁(논쟁의 결과는 일반상대성에서 조차 여전히 유효하다)의 기초하에 볼 수 있는 것처럼, 물질의 평균밀도가 합리적인가에 의존해야 한다. 8장에서 서술한 것처럼, 구 대칭의 질량은 모든 질량이 구의 중심에 모여 있는 경우와 동일한 중력을 만든다.

또한 만약 우리가 질량을 가진 일정한 구 껍질 안에 있다면 그 질량은 거기에서 어떤 중력장도 만들지 않는다. 그러므로 만약 우리가 우주의 중심으로 선택한 어떤 점으로부터 거리 r 떨어진 한 질량(또는 한 별)을 생각한다면(**그림 18.12** 참조), 그것이 탈출속도(구 질량이 만든 중력장으로부터 벗어나는 데 필요한 최소속도)를 가지느냐 아니냐 하는 것은 오로지 반경 r인 구 안의 질량에만 의존한다.[30] ρ가 우주안의 물질의 질량밀도일 때 다음을 얻는다.[31]

---

[28] Shipman 1976, 268-78; Gott et al. 1977, 86; Bose 1980, 91-2; Harrison 1981, 298.

[29] Shipman 1976, 268-78; Gott et al. 1977,90; Bose 1980, 92.

[30] 우리의 우주 모델 속의 모든 물질은 질량 m(예컨대 별) 너머의 것을 포함하여 모든 물질이 팽창하고 있음을 알아야 한다.

$$v_{\text{탈출}} = \left(\sqrt{\frac{8\pi G}{3}\rho}\right)r \qquad (18.4)$$

이 식이 말하는 바는 기대한대로 어떤 고정거리 r에 대한 탈출속도는 밀도 ρ에만 의존한다는 것이다.

물론, 가상의 우주중심으로부터의 거리 r에 어떤 의미를 붙여야 할지가 즉각적으로 분명하지는 않다. 어떤 지점이라도 유효한 우주의 중심으로 택할 수 있음이 밝혀져 있다. 이 놀라운 결과는 우주의 팽창법칙(이에 대해 다음절에 간단히 살펴볼 것이다)과 관계되어 있으며, 1931년 아인슈타인에 의해 독창적인 형태로 제안되고 1933년 밀레(Edward Milne, 1896-1950)에 의해 이름 붙여진 소위 **우주원리**(Cosmological Principle)와 관련되어 있다. 이 원리는-그것에 따르면 우주는(거대규모 구조에서) 동질적(homogeneous)이고 등방적(isotropic)이라고 여겨지는데-현대의 우주론에서 타당한 것으로 추정되는 우주의 일반적 모습이다. 여기서 동질적이라는 것은 우주에서는 어느 장소나 똑같다는 (선호되는 원점이 없는) 것을 의미하고, 등방적이라는 것은 선호하는 방향이 없다는 것이다. 이러한 원리는 천문학적인 관측과 일치하는데, 공간의 팽창이 등방적일 뿐만 아니라 천구에서의 은하의 분포도 아주 균일하게 나타난다.[32] 그러한 우주에서 팽창하는 것은 공간 그 자체임을 인지하는 것이 중요하다.[33] 유추를 통해 우리는 평평한 고무판(또는 고무풍선의 표면이 더 나을지 모르겠다)을 공간을 나타내는 것으로 생각할 수 있다. 판이 잡아당겨지면 이 판(또는 공간)에 대해 정지해 있는 점들조차 시간이 지남에 따라 먼 거리로 떨어지게 된다.

18.5 허블의 법칙

1912년부터 1925까지 슬라이퍼(Vesto Slipher, 1875-1969)는 멀리 떨어진 은하로부터 오는 빛의 분광선을 측정하여 그 선들이 적색편이된 것을 발견하였다. 이 측정은 각 원소

31 반경 r인 이 구안의 질량은 단지 밀도 ρ곱하기 구의 부피이고 탈출속도는 $\sqrt{2GM/r}$로 주어지기 때문에 식(18.4)를 바로 얻을 수 있다. 탈출속도는 입자의 총 에너지(운동에너지와 퍼텐셜에너지의 합)가 영이고 그래서 무한대(여기서 중력에 의한 퍼텐셜에너지가 영이 된다)에서 멈추게 되는 조건에 의해 정의된다.

32 Gott et al. 1977, 83; Harrison 1981, 89-92.

33 Harrison 1981, Chapter 10.

가 가열되었을 때 각 원소가 자신만의 특징적인 색깔(또는 빛의 진동수) 집합을 방출하기 때문에 가능했다. 당시 이러한 적색편이는 우리가 17장에서 토의한 도플러 효과의 결과로 여겨졌다. 이러한 특징적인 분광선의 편이는 이 빛을 방출하는 별들의 후퇴속도를 이끌어내는 데 사용될 수 있었다.

놀라운 결론은 슬라이퍼가 관찰한 먼 거리 은하들의 절대다수가 우리로부터 멀어져가고 있다는 것이다(운동이 무작위로 분포되어 있다면 적색편이를 보이는 은하들과 같은 만큼의 청색편이를 기대할 수 있을 것이다). 직접적인 별의 시차(4.4절 참조) 관측(300광년의 거리까지 신뢰할 수 있는)과 밝기 측정을 대체했던 샤플리(Harlow Shapley, 1885-1972)의 기술을 개선하여, 허블(Edwin Hubble, 1889-1953)은 먼 은하까지의 거리를 독립적으로 결정할 수 있었다. 이런 과정을 통해 관측천문학의 커다란 진보가 이루어졌고, 1929년 허블은 우주에 있는 모든 은하가 우리로부터의 거리에 정비례하는 후퇴속도를 가짐을 결정적으로 확립하였다.

$$v_{\text{후퇴}} \propto \text{지구로부터의 거리} \tag{18.5}$$

이것은 현재 보통 **허블의 법칙**(Hubble's law)으로 불린다.

그러나 도플러-이동 공식은 배경공간에 대하여 움직이는 속도 v인 별에 적용된다. 가장 가까운 별들에 대해서만 공간을 통한 별들의 지역적 운동에 의한 파장편이(적색 또는 청색의)가 있다. 대부분의 적색편이는 공간자체가 확장될 때 파열이 늘어나는 것 때문이다. (대부분의) 먼 거리 은하의 후퇴속도는 공간의 팽창으로부터 온다. (공간을 통한 별들의 운동으로부터가 아님). 즉, 적색편이는 다음과 같이 측정된 거리에 비례하는 것으로 관측에 의해 알려졌다.

$$\frac{\lambda-\lambda_0}{\lambda} \propto \text{거리} \tag{18.6}$$

이것이 작은 값의 v/c에 대한 도플러 효과(식(17.1))로 인한 것이라는 가정하에 식(18.5) 형태의 법칙에 도달할 수 있다.[34] 그러나 지금까지의 우리의 논의에서 속도 대 거리 법칙의 지위와 적색편이 대 거리 법칙의 지위는 아주 다르다. 전자는 관측과 도플러-이동 공식을 적용한 결과이고 후자는 직접적인 경험 규칙이다(18장 부록에서 우리는 팽

[34] 작은 v/c에 관한 식(17.1)로부터 우리는 $(\lambda_0/\lambda) \approx 1-(v/c)$를 얻는다. 식(18.6)에서 λ_0는 빛이 먼 거리의 (오래전에) 은하로부터 방출되었을 때의 파장이고, λ는 지구에서 받은 파장이다(이 개념은 우주론 교재에서 흔히 쓰이는 것과 다르다).

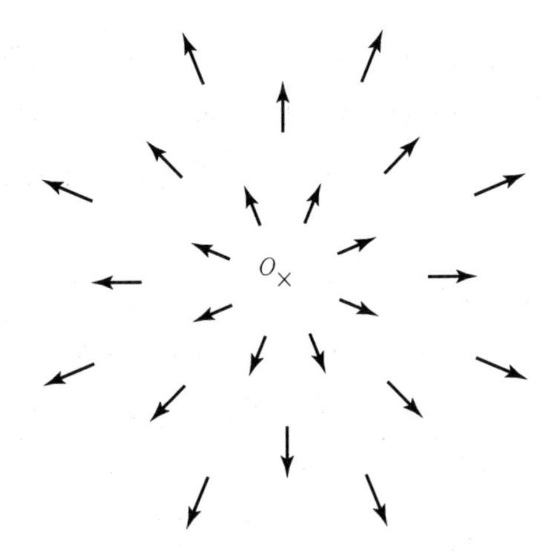

그림 18.13 팽창하는 우주

창하는 우주모델이 어떻게 이 두 법칙을 통일하는가를 보게 될 것이다). 또한 공간의 팽창으로 인한 후퇴속도에 한계가 없음(c조차)을 인식할 필요가 있다. 이러한 팽창후퇴속도가 관찰자로부터의 거리에 직접적으로 비례하는 우주에서는 **그림 18.13**에 나타난 것처럼 모든 관찰자는 자신이 우주의 중심에 있다고 생각한다. 이 그림에서 O에 있는 관찰자는 모든 물질이 그로부터 멀어져가는 것을 본다.[35] 이 장 끝의 18장 부록에 식(18.5)에 나타난 허블 법칙의 기초에 대해 더 많은 세부사항이 제시되어 있다.

이전 절의 고전적인 유추로 돌아와서, 식(18.4)과 식(18.5)가 같은 형태임에 주목하라. 그러므로 만약 ρ값이 충분히 크면 식(18.5)의 허블속도는 요구되는 탈출속도보다 작게 될 수 있고 입자는 결국 멈추게 된다. 이후 그것은 구의 중심에 있는 점을 향하여 거꾸로 떨어질 것이다. 게다가 전체적으로 우주는 주어진 어떤 순간에도 등방적이고 동질적으로 나타난다. 오직 가장 먼 은하들에 대해서만 (말하자면 약 10^9광년 떨어진) 후퇴속도가 허블법칙(식(18.5)이 예측하는 것보다 다소 크다. 빛은 한정된 속도로 여행하기 때문에 멀리 떨어진 은하를 보는 것은 아주 먼 우주의 지난 역사를 되돌아보는 것과 같다. 물론 어

[35] 이것이 왜 합리적인지를 보기 위해 우리는 다시 고전적 유추를 사용할 수 있다. 어떤 관찰자 O에 대해 하늘에 있는 모든 물체가 O로부터의 거리(벡터) r에 비례하는 속력 $v(v = \alpha r)$를 가지고 O로부터 멀어진다고 가정하자. 이렇게 $v_A = \alpha r_A$와 $v_B = \alpha r_B$의 속도로 후퇴하는 물체 A, B를 고려하면 B에 대한 A의 상대속도는 다음과 같다.

$$v_{AB} \equiv v_A - v_B = \alpha(r_A - r_B) = \alpha r_{AB}$$

이 논의는 우리가 택하는 어떤 원점에 대해서도 가능하다.

떤 주어진 순간에, 우리는 (결국) $v_{후퇴} < c$인 은하들로부터의 빛만을 받을 수 있게 된다. $v_{후퇴} = c$에 해당하는 거리는 **허블반경**(Hubble radius)으로 알려져 있다. 팽창률이 계속해서 감소하기 때문에 이 허블반경은 계속적으로 증가한다(이에 대한 더 많은 논의를 위해서는 18장 부록 참조).

1930년 에딩턴(Arthur Eddington, 1882-1944)은 팽창우주에 대한 아인슈타인과 르메트르의 작업이 허블법칙에 대한 자연스런 설명을 제공함을 깨달았다. 아인슈타인이 1930년 후반과 1931년 초반에 캘리포니아공대를 방문했을 때, 과학자들과 최신의 천문학적 관측에 대해 토론하였다(허블은 파사데나(Pasadena)에 있는 윌슨 천문대에서 일하고 있었다). 1931년 아인슈타인은 우주상수를 포기했고 팽창하는 우주를 받아들였다. 그는 나중에 우주상수는 그의 생애에 있어서 가장 큰 실수라고 말했다.

우주가 팽창한다는 사실과 먼 과거의 은하들이 더 빠르게 후퇴한다는 사실은(아주 먼 은하들은 식(18.5)로부터 예측되는 것보다 더 빠르게 멀어져간다는 것이 관측으로부터 입증되었다) 과거에는 우주에 있는 별들이 서로 더 가까이 있었고 오래전에는 모든 것이 고밀도로 가까이 모여 있었다는 이론과 자연스럽게 맞아들었다. 즉, 우주는 빅뱅으로 시작됐고 비록 우주에 있는 물질 상호 간의 중력으로 인해 점차적으로 팽창률이 감소해왔지만 우주는 빅뱅 이후 계속 팽창하고 있다는 것이다. 빅뱅이론과 허블법칙의 기초 위에 우주의 나이는 80억에서 200억 사이에 있는 것으로 추측되었다. 비록 빅뱅이론이 받아들여져도 우주가 열려있는지 닫혀있는지에 관한 의문은 여전히 남아있다. 현재의 눈에 보이는 우주에 대한 평균밀도 측정은, 비록 아직 결정적이지는 않아도 우리의 팽창하는 우주가 열려있고 무한하며, 그래서 팽창이 결코 멈추지 않고 다만 지속적으로 느려질 뿐이라는 것을 나타낸다. 그러나 이러한 열린 우주에 대한 추측과 상충하는 다른 증거가 있다. 팽창하는 우주의 감속은 ρ/ρ_c의 비율에 의존함이 판명되어 있고 그 데이터는 ρ가 ρ_c보다 다소 큼을 나타낸다.[36] 이것은 우주에 있는 상당량의 물질이 직접 볼 수 없고 다만 중력에 의한 상호작용을 통해서 감지할 수 있는 '암흑물질(dark matter)' 이라는 추측으로 이끈다. 큰 밀도의 암흑물질에 대한 독립적인 증거로 우주의 어떤 지점을 향한 은하들의 전체적인 운동을 들 수 있다.[37] 현재 열린우주 대 닫힌우주의 문제는 결정되지 않은 채로 남아있다.

---

36 Bose 1980, 92.
37 Waldrop 1991.

올버의 역설(18.3절 참조)은 팽창하는 우주와 빛의 적색편이를 통해 해결되었는가? 사람들은 그렇게 생각할 텐데, 그것은 멀리 떨어진 별들의 후퇴가 분명히 다음의 두 가지를 하기 때문이다. 첫째, 빛이 지구에 도달하기 위해 매순간 더욱더 멀리 여행해야 하기 때문에 정적인 우주의 경우보다 단위시간당 더 적은 빛이 도달한다. 둘째로 빛이 적색편이 되고 광자의 에너지가 $\varepsilon = h\nu$이기 때문에 18.2절에서 언급했듯이 더 적은 에너지를 가진다. 하지만 밝은-하늘 주장(bright-sky argument)에 있어서의 진짜 결점은 무한한 우주가 항상 존재하여서 임의의 멀리 떨어진 별들로부터의 빛이 모든 순간에 우리에게 도달할 수 있다고 가정하는 것이다. 그러나 만약 우주에 시작이 있었다면(또는 적어도 별들이 단지 과거의 한정된 시간에 형성되었다면-전형적으로 수십 억 년으로 여겨짐) 밤하늘의 모든 '어두운' 영역을 채울 만큼 충분한 별들이 매우 먼 거리(즉, 충분히 먼 과거)에 존재하지 않았을 것이다. 이 결과만으로 우리 우주에서의 밤은 확실히 밝아야만 한다는 주장을 막을 수 있다.[38] 그래서 검은 하늘이 필연적으로 모순을 제공하지는 않는다. 우주에 있는 별들의 평균 밝기와 평균 수명의 특수한 분포에 의해 우주는 '밤'에 밝거나 어두울 수 있다. 우리의 실제적 우주에서 팽창효과는 이미 어두운 밤하늘을 더욱 어둡게 만들고 있다.

18.6 우주에 대한 현대적 모델

오늘날 우리가 이해하는 우주(코페르니쿠스 모델이 프톨레마이오스 모델을 대체한 것처럼 뉴튼의 우주에 대한 현대인의 답변)에 대한 간단한 설명으로 결론을 맺자. 하늘에 있는 보통의 별인 태양 주위로 지구와 태양계의 다른 행성들이 돌고 있다. 태양은 우리 은하 속의 무한한 수의 별 들 중의 하나이다. 우리 은하는 원판 모양의 별의 덩어리이다. 이 원판은 지름이 10만 광년이고 **그림 18.14**의 측면도에 나타나는 것처럼 중심부근이 부풀어 있다. 전체 은하는 중심의 볼록한 부분을 관통하는, 원판에 수직인 축을 중심으로 회전한다. 우리의 태양은 이 축으로부터 3만 광년 떨어져 있고 축 주위로 한 번 회전하는데 2억 년이 걸린다. 우리 은하에서 우리와 가장 가까운 별 들 중의 하나는 알파센타우리

[38] 이 관점에 대한 논의와 일반적인 밝은 하늘 역설(bright-sky paradox)을 부정하는 다른 요소들에 대한 논의를 위해서는 Harrison(1981, 255-9)을 참조한다.

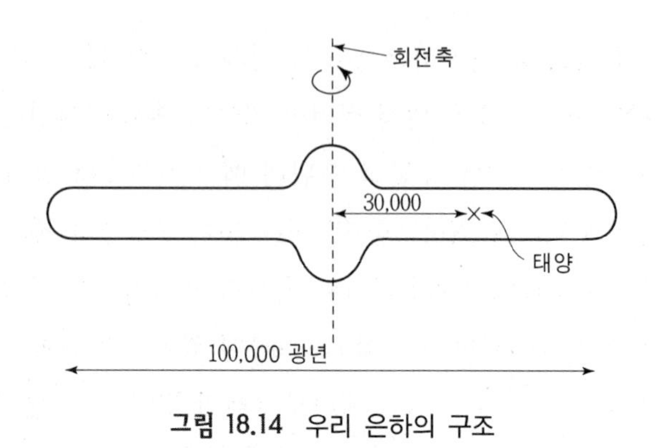

그림 18.14 우리 은하의 구조

이고 약 4.3광년 떨어져있다. 은하수에서 우리가 보는 별들은 우리 은하의 팬케이크 같은 면에 포함된 별들이다. 우리 은하는 약 20개의 은하를 포함하는 국부 은하군의 일원이다. 이들 중에 우리 은하와 비교할만한 질량을 가진 유일한 은하는 안드로메다 성운으로 약 2백만 광년 떨어져 있다. 우주에는 7천 8백만 광년 떨어진 비르고(Virgo) 은하로부터 39억 6천만 광년 떨어진 히드라2(HydraII) 그리고 그 너머의 다른 수많은 은하의 모임들이 존재한다.[39]

1965년 펜지아스(Arno Penzias, 1933-)와 윌슨(Robert Wilson, 1936-)은 우주배경복사(cosmic background radiation)로 알려진 것을 발견했다. 이것은 흑체가 절대온도 $T=2.7\,K$에서 갖는 파장분광 분포를 가지고 있다. 이 발견으로 그들은 1978년 노벨물리학상을 받았다. 주변 환경과 열적 평형상태에 있는 가열된 물체는 특징적인 분광분포로 전자기복사(소위 **흑체복사**)를 방출한다(19.1절 참조). 빅뱅이론은 이미 관찰된 이러한 흑체복사를 설명할 뿐만 아니라 그것을 예측도 가능하게 한다. 우주의 초기상태에서 전자기복사의 밀도는 물질의 밀도를 훨씬 초과하는 것이었다. 이때는 우리 우주의 복사지배적(radiation-dominated) 시기이다. 아주 높은 온도에서 열적 평형상태에 있던 물질과 복사의 높은 밀도를 가진 '원시불덩이' 로부터 흑체분광이 나타났다. 우주가 팽창하고 물질지배적(matter-dominated)으로 되면서, 이 복사 '기체' 는 냉각되었다. 현재는 이러한 복사가 온도 2.7K로 떨어졌고 이것은 우리 우주의 초기 시대로부터의 유물이다. 정상우주이론(steady-state theory)이라는 대안적 모델이 제시되었었는데, 거기서는 우주가 무한하고 모든 곳이 동질적이며 시간에 따라 변하지 않는다. 그래서 여기서는 일정한 팽창에 의

[39] Shipman 1976, 132. 이러한 거리-특히 더욱 먼 물체까지의-들은 단지 근사일 뿐이고 종종 같은 은하에 대해서도 1/2 또는 1/3의 크기 차이가 서로 다른 참고서에서 발견된다.

해 생긴 공간을 채우기 위해 물질이 끊임없이 자동적으로 창조되어야 한다. 정상우주 이론에서는 흑체 배경복사가 나올 필요나 이유가 없었다. 그러므로 우주배경복사는 단숨에 강력하게 빅뱅이론을 옹호하고 정상우주 이론에 반대하는 것이 되었다.

1963~1965년에 우리로부터 아주 큰 속도로 후퇴하는 매우 밝은 광원이 발견되었다. 허블의 법칙으로부터 이러한 퀘이사들은 극도로 멀리 떨어져 있음이 명백하였다(10^9~10^{10} 광년 정도). 우리 근처에 있는 것들보다 훨씬 더 밝은(은하들보다 수백 배 더 밝은) 멀리 떨어진 이러한 많은 수의 광원의 존재는 아주 오래전의 우주가 현재의 우주와 아주 달랐다는 것을 나타내는 것이다. 이것은 다시금 빅뱅이론과 일치하는 증거로서 그리고 정상우주이론과 불일치하는 증거로 받아들여졌다.

마지막으로, 블랙홀로 알려진 다소 이상한 물체의 존재에 대해 잠깐 살펴보자. 고전적인 뉴턴의 중력이론에서조차 지구의 반경이 9×10^{-3}m로 (질량은 유지하면서) 줄어든다면 물체의 탈출속도는 빛의 속도인 3×10^8m/s가 된다. 아주 놀랍게도 정확한 일반 상대론적인 취급 또한 이 반경에 대한 동일한 수치를 제공한다. 빛조차 지구의 중력장으로부터 벗어날 수 없기 때문에 지구가 우주의 다른 부분에 신호를 보낼 그 어떤 다른 방법도 없게 된다. 라플라스는 유사한 관측을 이미 반세기 전에 하였다.

> ⊛ 지구와 밀도가 같고 직경이 태양의 250배인 빛나는 별은 그것의 인력으로 인해 우리에게 어떤 빛도 도달하는 것을 허용하지 않는다. 그러므로 우주에 있는 아주 큰 발광체는 이런 이유로 인해 보이지 않을지도 모른다.[40]

일반 상대성 이론에 따르면, 이러한 블랙홀은 질량이 큰 물체가 중력붕괴를 겪을 때 형성될 수 있다. 블랙홀에 너무 가까워진 어떤 물체나 빛도 흡수되어서 결코 빠져 나올 수 없다. 이러한 블랙홀은 보이진 않지만 그것의 중력장을 통해 주변 우주에 지속적인 영향을 준다. 시그누스X-1에서는 쌍성 중의 하나만 보인다. 이 쌍성의 보이지 않는 다른 하나의 질량체는 블랙홀로 추측된다. 더 많은 물질들을 끌어당김으로써 블랙홀의 질량이 단순히 지속적으로 증가하는 것만은 아니다. 왜냐하면 양자역학에 따르면 블랙홀도 에너지와 입자를 복사하기 때문이다. 복사율은 질량이 감소함에 따라 증가하는 것으로 판명되었고, 그러므로 고립된 블랙홀은 결국 증발된다.[41]

[40] Quoted in Eddington (1926,6)에서 재인용한 것이다.

[41] Bose 1980, 77: Harrison 1981, 361.

부록. 허블법칙의 유도

적색편이와 공간팽창 사이의 관계는 좌표거리와 빛의 이동에 의해 결정되는 거리가 팽창하는 우주에서 다르다는 것을 깨달을 때 분명해진다. 공간 속에 정지해 있는 (은하 같은) 물체의 경우는 좌표거리 r(말하자면 팽창하는 공간 안에 고정된 표식 또는 격자에 의해 측정된 거리)는 상수로 남아있다. (-순간 포착된-공간 속에서 고정된 두 점 사이에 광선이 여행하는 데 걸리는 시간을 측정함으로써 얻어지는) '실제적' 또는 '우주적' 거리 l은 $l = R(t)r$이기 때문에 변화한다.[42] (여기서 $R(t)$는 두 거리 측정을 관계 짓는 크기요소(scale factor)이다) 이것을 시간에 대해 미분하고 어떤 $t = t_0$에 대해 전개하면, 근사식으로 다음과 같은 익숙한 형태의 허블법칙을 얻게 된다.[43]

$$l \equiv v_{후퇴} = H_l \approx H_0 l \qquad (18.7)$$

이것이 바로 식(18.5)이다. 여기서 $\dot{l}$는 팽창하는 우주를 통과해 가는 또는 상대적인 물체의 속도가 아니고 (관찰자인 우리에게 후퇴하는 별, 은하 등으로부터 보내진) 빛신호의 여행시간에 의해 결정된 후퇴속도이다. 또한 우리가 한 파장의 마디 사이의 표시거리가 (고무판 위에서) 상수여야 한다는 것을 깨닫는다면, $\lambda_0/R(t_0) = \lambda/R(t)$를 얻게 된다. $R(t)$를 다시 t_0에 대해 전개한다면 다음과 같이 된다.[44]

$$\frac{\lambda - \lambda_0}{\lambda} \approx H_0 \frac{l}{c} \qquad (18.8)$$

이것은 식(18.6)에 진술된 결과이다. 도플러 편이에 대한 비상대론적인 표현이 식(18.8)과 결합된다면 우리는 허블의 법칙이 익숙한 형태인 $v_{후퇴} = H_0 l$로 나타나는 것을 볼 수 있다. 이리하여 우리는 어떻게 도플러 편이, 공간의 팽창효과 그리고 허블의 법칙

42 이것은 동질적이고 등방적인 우주에 관한 소위 Robertson-Walker규준으로부터 나온다. 여기서 $ds^2 = g_{\mu\nu}dx^{\mu}dx^{\nu} \rightarrow c^2dt^2 - R^2(t)dr^2 \equiv c^2dt^2 - dl^2$이다.(실제로는 특별한 경우에 한해 적용되는 Robertson-Walker 규준이지만 여기의 예시를 위한 목적으로는 충분하며, 더욱 상세한 사항은 Bose(1980, 79-87) 참조) 이 식에서 t는 우주의 팽창과 함께 움직이는 특별한 틀 속의 우주에 대한 시간이다(Bose 1980, 81; Harrison 1981, 216). 광선을 위한 측지선은 $ds = 0$에 의해 정의된다.

43 즉 $\dot{l} = \dot{R}r = (\dot{R}/R)l \equiv Hl$이고 $R(t) \approx R(t_0)[1 + H_0(t - t_0)]$이다 여기서 $H_0 \equiv \dot{R}(t_0)/R(t_0)$.

44 빛의 측지선에 대해 $ds = 0$이기 때문에 $(t - t_0) \approx l/c$를 얻는다. 이것과 이전의 각주에 주어진 전개, 그리고 관계식 $\lambda_0/\lambda = R(t_0)/R(t)$으로부터 식(18.8)이 도출된다.

들이 모두 그리 멀지 않은 은하에 대해 다같이 들어맞는지를 이해할 수 있다.

허블반경 l_0는 $\dot{l} = c \equiv l_0 H_0$의 관계에 의해 정의된다. 허블 구의 경계는 어떤 면에서 우리가 관측할 수 있는 경계선이다. 팽창률이 상수라면 (또는 만약 H_0가 정말로 상수라면) 이러한 허블거리를 벗어나는 어떤 별이나 은하로부터의 빛은 결코 우리에게 도달할 수 없고 볼 수도 없다. 그러나 팽창률이 감소한다면 지금 우리로부터 빛의 속도를 넘어서는 속도로 후퇴하는 어떤 별들은 결국 우리에 대해 광속 이하로 운동할 것이고 그로부터의 빛은 결국 우리에게 도달할 수 있다. 그러한 우주에서의 허블반경은 꾸준히 증가한다.[45]

더 읽을거리

크로우(M. Crow)의 『Modern Theories of the Universe』은 현대의 우주이론 역사에 관한 아주 읽을만한 책이다. 해리슨(E. Harrison)의 『Masks of Universe』은 저명한 천문학자에 의한 우주론의 이론화와 그것이 실제적으로 우리의 우주에 대해 말하는 바에 대한 통찰력 있는 분석을 제공한다. 반면에 그의 〈Newton and the Infinite Universe〉는 고전적 우주의 안정성 문제에 관한 뉴턴의 노력을 자세히 설명하고 있다. 진저리치(O. Gingerich)의 『Cosmology + 1』은 현대 우주론에 대한 〈Scientific American〉지의 기사를 재구성한 것이다. 시프먼(H. Shipman)의 『Black Holes, Quasars, and The Universe』는 현대의 우주론에 대한 비수학적인 논의와 그것들에 대한 관측적인 기초를 제공해준다. 해리슨(E. Harrison)의 『Cosmology』은 우주론에 대한 훌륭한 학부용 서적이다. 『The First Three Minutes』에서 오늘날의 지도적 이론물리학자인 와인버그(S. Weinberg)는 우주의 기원에 관해 폭넓게 받아들여지고 있는 현대적 관점을 일반 독자들이 접근할 수 있도록 하고 있다. 엘리스와 윌리엄(G. Ellis and R. William)의 『Flat and Curved Space-Times』는 중간 수준의 수학에서 시공간에 대한 비유클리드적 기하학에 대한 기술과 해석을 제공한다. 보스(S. Bose)의 『An Introduction to General Relativity』은 일반성 상대성 이론과 우주론적인 모델에 대한 압축적이고 명확한 고급서적이다.

45 팽창하는 우주에서의 경계에 대한 주의 깊은 논의를 위해서는 Harrison(1981, Chapter 19)를 참조한다.

7부 양자세계와 양자역학의 완전성

원리적 입장에서 볼 때, [양자역학의] 이론에서 나에게 불만족스러운 점은 모든 물리학의 체계적인 목표로 보이는 것-즉, (모든 관찰 및 실체화의 행위에 무관하게 존재하는 것으로 가정되는) 모든 (개별적) 실제 상황에 대한 완전한 묘사-에 대한 이 이론의 태도이다.

아인슈타인(Albert Einstein), 『Reply to Criticism』

[이것은] 원자적 대상의 거동과 그러한 현상이 나타나게 되는 조건들을 정의하게 되는 측정도구와의 상호작용 사이에 그 어떤 분명한 구분도 불가능함을 시사한다. 사실 전형적 양자효과들의 개별성은 현상을 그것의 부분들로 나누는 모든 노력에는 대상과 (원리적으로 통제될 수 없는) 측정기구 사이의 상호작용에 대한 새로운 가능성을 도입하는 실험적 배열에서의 변화가 수반된다는 것을 나타낸다. 결과적으로 상이한 실험적 조건 하에서 얻어진 증거들은, 하나의 유일한 그림 속에서 이해될 수 있는 것이 아니라,-그 현상의 전체성을 통해서만 대상에 대한 가능한 정보가 모두 망라될 수 있다는 의미에서-상보적(complementary)인 것으로 여겨져야 한다.

…

진정으로, 행위의 양자적 존재 자체에 의해 조건화되는 대상과 측정매개체 사이의 분명한 상호작용은-측정기구에 대한 대상의 반응을 통제하는 것의 불가능성 때문에-인과성에 대한 우리의 고전적 생각의 완전한 포기와 물리적 실재성의 문제에 대한 우리의 태도에 있어서의 극적인 수정을 필연적으로 수반한다. 사실, 앞으로 보게 되겠지만, [아인슈타인이 제안했던 것과 같은] 실재성의 준거는-그것의 형식화가 아무리 신중하게 보일지라도-본질적 모호성을 포함하고 있다.

…

보어(Niels Bohr), 『Discussion with Einstein on Epistemological Problems in Atomic Physics』

실험적 결과가 분명하게 [시사하는 것은] … 철학적으로 놀랄 만한 것으로서, 대부분의 과학자들이 갖고 있는 실재론적 철학을 완전히 포기하거나 혹은 시공간에 대한 우리의 개념을 극적으로 변화시키는 것이다.

클라우저와 시모니(John Clauser and Abner Shimony), 「Bell's Theorems: Experimental Tests and Implications」

양자역학으로의 여정

상대성 이론은 본질적으로 고전물리학의 정점이다. 비록 특수 상대성이론과 일반 상대성이론 모두에서 공간과 시간의 개념에 대한 수정이 요구되지만, 원인이 결과에 선행한다는 인과성의 의미는 전기역학과 역학, 중력의 상대론적 공식화 안에 여전히 남아있다. 물체의 속력과 에너지의 전달 속도에는 상한선이 존재하고 또 물리량들이 자주 조작적으로 정의되기도 하지만, 일단 우리가 이런 새로운 규칙들에 익숙해지면, 물리적 현상에 대한 우리의 설명은 고전물리학과 아주 유사하게 진행된다. 한편, 양자이론은 우리들의 사고방식들에 대하여 보다 심오한 철학적 수정을 요구하는 것처럼 보인다. 한 사건과 다른 사건 사이의 인과적 관계라는 일상적인 의미조차도 의문의 대상이 된다.

19.1 역사적 배경

양자이론의 출현에 대하여 개념적 배경을 이루었던 실험적인 그리고 이론적인 문제들 중에서 아주 일부만을 엄선하여 그것에 대해 간결하게 논의를 시작해보자. 우선 양자역학을 구성하는 데 중요했던 현상-흑체복사(blackbody radiation)-에 주의를 집중해보자. 입사되는 모든 전자기파를 흡수하는 면을 흑체라 정의한다. 흑체는 자신에게 비춰지는 모든 빛을 흡수하여 검게 보이므로 (적어도 보통의 환경에서 보통의 온도일 땐 그렇다) 그런 이름이 붙여졌다. 또한 흑체는 복사선을 방출한다.[1] 커다란 빈 공동(cavity)을 가열

[1] 물론 이렇게 복사되는 에너지의 진동수가 흡수된 복사의 진동수와 같을 필요는 없다. 따라서 만약 **그림 19.1**에서의 곡선의 최고점이 가시광선보다 훨씬 낮게 형성되는 온도이고 가시광선 영역의 빛이 흑체에 비춰진다면, 흑체는 검은색으로 보일 것이다.

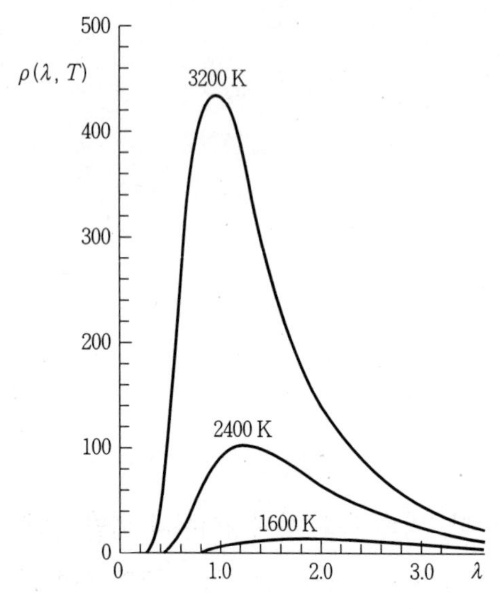

그림 19.1 흑체 복사의 에너지 밀도 ρ곡선

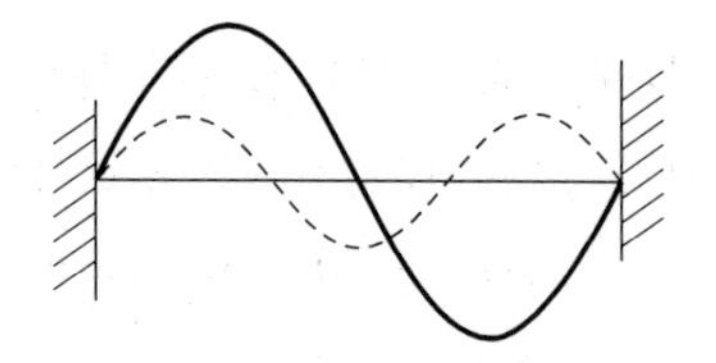

그림 19.2 현에서의 정상파

하여 일정 온도 T에서 열적 평형이 되면, 이 공동의 한쪽에 만들어 놓은 작은 구멍을 통하여 전자기파가 나오게 하고 그것을 관찰함으로써 흑체 복사를 발생시킬 수 있다. 여러 파장(λ) 성분에 대한 흑체복사의 에너지 밀도 $\rho(\lambda, T)$를 분석해 보면 **그림 19.1**과 같은 패턴의 곡선을 실험적으로 얻을 수 있다.[2] 그러한 곡선들을 실험적으로 알아낸 사람들은 1899년의 루머(Otto Lummer, 1860-1925)와 프린스하임(Ernst Pringsheim, 1859-1917), 그리고 1900년의 루벤스(Heinrich Rubens, 1865-1922)와 컬바움(Ferdinand Kurlbaum, 1857-1927)이다.

고전물리학은 **그림 19.1**의 곡선 형태를 설명할 수 없었다. 이 어려움의 고전적 근원은 계의 모든 자유도에 대하여 (열적 평형 상태인) 계가 가질 수 있는 에너지를 균등하게 나누어 가져야 한다는 등분배 법칙이다. 논의를 단순하게 하기 위해, 크기가 l인 흑체복사를 하는 공동을 생각하자. 정상파(**그림 19.2** 참조)는 $\lambda_n = 2l/n(n = 1, 2, 3, ...)$을 만족시키는 파장만이 가능하다.[3] 각각의 정상파는 계가 가질 수 있는 에너지를 균등하게 공유하는 자유도에 해당하며, 점점 더 짧은 정상파가 무한히 허용되기 때문에, 스펙트럼의 짧은 파장쪽에 거의 대부분의 빛이 있어야 한다. 엄격한 고전적 논의에 의하여 레일리-진스(Layleigh-Jeans) 식이 나온다.

$$\rho(\lambda, T) = \frac{8\pi kT}{\lambda^4} \tag{19.1}$$

2 **그림 19.1**은 Leighton(1959, 61)에서 따온 것이다. 이 그림은 (**그림 19.3**과 같이) 흑체복사 곡선의 정성적인 특성을 보이기 위한 것이기 때문에, ρ나 λ 등에 대한 단위들이 생략되었다.

3 즉, 반파장($\lambda/2$)의 정수(n)는 길이 l과 일치해야 한다.

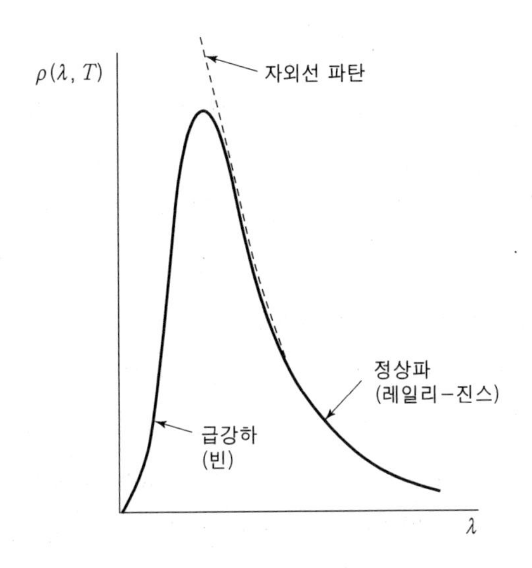

그림 19.3 흑체복사에 관한 고전이론의 자외선 파탄

여기서 k는 볼츠만 상수이다. 이 식은 오직 긴 파장에 대해서만 **그림 19.1**과 일치한다. 짧은 파장에선($\lambda \rightarrow 0$), **그림 19.3**에 나타낸 것과 같이, 이 식의 값은 무한대가 된다 (이를 흔히 **자외선 파탄**(ultraviolet catastrophe)이라 한다). 명백하게 식(19.1)은 실험 결과와 맞지 않는다. 그것의 근원은 1900년 레일리(Lord Rayleigh)의 논문까지 거슬러 올라가지만, 식(19.1)의 결과는 1905년 그와 진스(Sir James Jeans, 1877-1946)에 의해 처음으로 제대로 유도되었다. 이러한 실패는 그것이 고전통계역학의 확립된 법칙 중 하나인 에너지 등분배로부터 유도된 것이었기 때문에 심각한 문제였다. 1900년에 캘빈이 왕립협회(Royal Institute) 강의에서 그러한 상황에 대한 평가를 한 것을 6부(상대성 이론)의 인용에서 이미 알아보았다. 이러한 에너지 등분배에 관한 맥스웰-볼츠만(Maxwell-Boltzmann) 학설은 19세기 후반 물리학의 지평선에 떠오른 두 구름 중의 하나가 되었다.[4]

양자이론과 특별히 관련이 있는 현상의 또 다른 일반적인 종류는 원소에 의해 방출되는 선스펙트럼의 패턴이다. 수소와 같은 가스나 증기 상태의 시료에 전기 방전을 일으키면 가스는 특정한 색으로 빛나게 된다. 예를 들면, 수소는 오렌지이고 나트륨은 노랑이다. 더 자세히 조사해보면, 특정 진동수의 빛들만 존재한다는 것을 알 수 있다. 스펙트럼선 사진을 보면, 스펙트럼이 회절격자에 의한 분해로 얻어졌든 아니면 프리즘에 의한 분산에 의하여 얻어졌든, 그 방법에 상관없이 스펙트럼을 내는 원소나 물질에 따라 각각 독

4 Jammer 1989, 11.

특한 파장들이 나타난다. 그러한 불연속 스펙트럼들은 모든 원소들의 특성이며, 미지의 물질이 무엇인지 알아내는 일종의 '지문'으로 사용될 수 있다. 이러한 불연속 스펙트럼들은 고전 이론에 따르면 가속된 전하들이 전자기 복사를 해야 했기 때문에 놀라운 것이었다. 만약 물질 내의 전하들이 무질서한 운동을 한다면, 모든 진동수의 전자기 복사가 방출되리라 예측할 수 있다. 이것은 연속 스펙트럼이 되어야만 한다. 이러한 원소 스펙트럼들의 불연속 진동수는 전하들의 어떤 안정한 궤도나 특유한 진동과 연관되게 되었다. 1885년에 스위스 수학자이자 바셀(Basel)의 중학교 교사인 발머(Johann Balmer, 1825-1898)가 시행착오를 거쳐 수소의 스펙트럼선 실험 결과의 일부와 일치하는 경험적 공식을 발견하였다. 1890년에는 룬트(Lund)의 리드버그(Johannes Rydberg, 1854-1919)가 발머의 결과를 일반화한 식을 발견하였다. 우리는 편의상 이 공식을 스펙트럼선의 진동수 ν에 대해 다음과 같이 표현한다.[5]

$$\nu = R\left(\frac{1}{m^2} - \frac{1}{n^2}\right) \tag{19.2}$$

여기서 R은 보편상수(리드버그 상수)이고, m은 각 계열에 따라 정해지는 정수이며, 또 다른 정수(m보다 큰) n은 해당 계열의 특정 선을 나타낸다.

이러한 불연속 스펙트럼을 설명하는 데 성공하지 못한 가운데, 케임브리지 대학의 캐번디시 연구소의 켈빈(Kelvin)과 톰슨(J. Thomson)은 양전하가 원자의 부피 내에 전반적으로 고르게 분포되었을 거라 가정하는 여러 가지 원자의 고전적 모델을 구성하였다(소위 톰슨 모형이라 함). 그러나 실질적인 진행은 훨씬 더 드라마틱한 실험적 결과를 기다려야 했다.

1909년에 영국 맨체스터대학의 가이거(Hans Geiger, 1882-1945)와 마르스덴(Ernest Marsden, 1889-1970)이 얇은 금박에서 대전 입자선의 산란을 조사하였다. 이 실험은 맨체스터의 물리학 교수 러더퍼드(Ernest Rutherford, 1871-1937)가 제안하였는데, 그는 뛰어난 능력과 통찰력의 실험과학자로 원자핵 물리학의 발달에 중심적인 역할을 하였다. 러더퍼드는 핵물리학의 패러데이라 불린다. 기본적 개념은 산란된 입자들의 모습이 원자 내의 구조와 힘들을 반영하리라는 것이었다. 가이거와 마르스덴은 400개의 원자 두께 정도의 금($_{79}Au^{197}$) 박막과의 충돌 입자로 알파 입자 He^{++}를 사용하였다. 대부분의 α입자

[5] 진동수(υ)와 파장(λ)는 $\lambda\nu = c$(c는 광속)의 관계가 성립된다.

들은 비뚤어짐이 없이 금박을 지나 직진하였다. α입자는 매우 질량이 크기 때문에(전자의 약 7,500배) 본질적으로 전자에 의하여 결코 경로가 변경되지 않는다. 순수한 금의 핵은 α입자 질량의 50배이다. 이것은 톰슨 모형의 기반에서는 기대했던 결과와 잘 부합되는 것이었다. 왜냐하면 질량과 양전하가 표본의 부피 전체에 고르게 분포하는 것으로 그려졌기 때문이다. 한 덩어리 물체들과의 충돌이 아니고, 아주 얇은 적은 양의 금 원자들과의 충돌이었다. 그러나 때론 몇몇 α입자들이 90°보다 큰 각도로 거꾸로 산란되는 것이 관찰되었다. 이러한 양상은 톰슨 모형과 완전히 다른 것이었고, 러더퍼드는 금 원자 대부분의 질량과 양전하가 하나의 점에 집중되어 있다고 제안했다.

러더퍼드는 『종의 기원』을 쓴 다윈의 손자인 젊은 이론가 다윈(Charles Darwin, 1887-1962)에게 그러한 핵 원자에 의해 일어나는 산란에 대한 정확한 계산을 요청하였다. 그 결과는 러더퍼드의 예측을 확인해 주었고 실험과 일치하였다. 이렇게 하여 물리학자들은 태양 주위를 도는 행성 체계와 비슷한 핵 원자 모형으로 바뀌어야 함을 알게 되었다. 그런데 이 모형이 역학적으로 안정한 궤도를 제안했지만, 구심 방향으로 가속되는 전자는 전자기 에너지를 복사해야만 하는 것이었다. 그리고 이러한 에너지 복사는 전자가 핵 속으로 소용돌이쳐 들어감에 따라 전체 원자가 거의 즉각적으로 붕괴되는 결과를 초래하는 것이었다. 뿐만 아니라 전자기 복사가 방출되는 스펙트럼은 불연속적이 아닌 연속적인 것이어야 했다.

두 과학자 플랑크(Max Planck)와 보어(Niels Bohr, 1885-1962)가 이 난제에 어떻게 대처하고, 그 과정에서 현대 양자 이론의 기초를 어떻게 놓았는지는 잘 알려져 있는 이야기이다. 그러나 그들의 발견에 대한 실제적인 역사적 경로는 과학 교과서에서 자주 전하고 있는 발견에 대한 옛날이야기 버전과는 상당히 다르다. 플랑크와 보어가 어떻게 나아갔는가를 보도록 하자.

19.2 플랑크의 가설

1900년 플랑크(Planck)는 흑체복사 문제에 대해 새로운 접근을 시도한다. 키르히호프(Gustav Kirchhoff)가 1859년에 열적 평형상태의 닫힌 계 내의 복사 에너지 분포는 공동벽의 독특한 특성과 독립적이라는 것을 증명하였고, 쌍극자 진동자에서의 전자기 복사 문제가 이미 완전히 연구되었기 때문에, 플랑크는 흑체(또는 공동)복사를 일으키는 계로

열적 평형에서 복사하는 조화 진동자들의 집합체를 사용하기로 결정하였다. 더구나 그가 처음에 시도한 고전 전기역학적인 직접적인 접근이 만족스럽지 못한 것으로 판명되었을 때, 그는 평형상태에서 열에너지 분포에 대한 식을 얻기 위해 열역학으로 돌아섰다. 일반적으로 플랑크는 복사 필드를 표현하는 데 사용되는 조화진동자를 양자화 함으로써 흑체 복사 스펙트럼에 일치하는 실험적 곡선을 얻었다는 공로를 인정받고 있다. 양자화 문제에 관한 플랑크의 실질적 입장에 관한 논쟁거리는 제쳐놓더라도,[6] 그는 처음에 애드혹적인 열역학적 논의를 통하여 실험적 곡선에 맞는 두 매개변수를 만들었다는 것은 사실이다. 그는 복사의 엔트로피(하나의 계에서 가용하지 않은 에너지의 측정치)를 포함하여 고전적 관계들을 수정하였는데, 그것은 긴 파장에서 관찰된 양상(고전적으로 기대되는 레일리-진스 법칙에 동등한 것)과 1896년에 빈(Wilhelm Wien, 1864-1928)에 의해 추측된 짧은 파장에서의 데이터에 맞게 스펙트럼이 급강하하는(**그림 19.3** 참조) 애드혹 법칙 사이에 중간 영역을 내삽하기 위한 것이었다.

비록 그의 자세한 계산은 너무 기술적인 것이어서 여기서 보일 순 없지만,[7] 플랑크의 기본 논의는 본질적으로 현상학적인 곡선의 수정이라는 사실이다. 그는 절충적 해답을 찾게 된 이 과정을 행운의 추측이라 하였다. 플랑크가 독일물리학회(German Physical Society) 회의에서 그의 새로운 공식을 발표한 다음 날, 루벤스는 플랑크의 곡선은 모든 파장 영역에서의 데이터와 정확히 일치한다는 것을 보였다. 이 단계에서 플랑크는 데이터에는 완전히 들어맞지만, 이론적 정당화가 이루어지지 않은 공식을 가지고 있었던 것이다. 플랑크는 말했다.

> ⊛ 그러나 복사 공식에 대해 절대적으로 정확한 타당성이 인정되더라도, 그것이 단순히 운 좋은 직관에 의해 밝혀진 법칙이라는 입장을 갖는 한, 그것은 형식적 중요성 이상의 다른 것을 갖는다고 기대할 수 없다. 그래서 내가 이 법칙을 공식화한 바로 그날, 나는 그 식에서 진정한 물리적 의미를 찾는 데 전력을 다했다. 이러한 탐구는 자동적으로 나를 엔트로피와 확률의 상호작용에 관한 연구로 이끌었고 - 달리 말하면, 볼츠만에 의해 시작된 사고의 과정을 추구하게 되었고, … 내 생애에 가장

[6] Kuhn 1978.

[7] 좀더 상세한 설명은 Jammer(1989, 7-18)와 Klein(1962)을 참조한다. Planck의 본래 논문의 영어번역본은 ter Haar(1967)에서 찾아 볼 수 있다. 한편 Planck의 연구에 대한 매우 다른 논쟁의 여지가 있는 해석을 위해서는 Kuhn(1978)을 참조한다. Planck가 장파장 영역의 복사에 대한 실험적 데이터를 알고 있었지만, Rayleigh-Jeans 공식에 대해서는 알지 못했던 것으로 보인다.

> 열정적인 몇 주 동안의 연구가 지난 후, 장막이 걷히고 예기치 않은 광경들이 드러나기 시작하였다.[8]

이어서, 플랑크는 열적 평형 상태에서 복사하는 조화진동자의 문제로 돌아왔고, 계의 전체 에너지를 불연속적인 양으로 배분한 통계-역학적 기법을 사용하였다.[9] 그는 불연속적인 양 ε의 에너지만-오늘날 양자(quanta)라고 불리는(비록 그 이름이 플랑크에 의해 처음 사용된 것은 아니지만)-흡수하고 방출할 수 있는 진동자들에 의한 적절한 복사 분배 법칙을 얻었다는 것을 알게 되었다. 이 양자 에너지는 방출 또는 흡수되는 복사에너지의 진동수와 다음의 관계가 있다.

$$\varepsilon = h\nu \tag{19.3}$$

여기서 h는 지금은 플랑크 상수로 알려진 비례상수이다. 비록 플랑크가 방출과 흡수 에너지를 양자화할 필요가 있다는 것을 알았을지라도, 그는 에너지 양자화의 개념을 전자기복사 자체로 확장하는 것은 망설였다. 그 이유는 대단히 성공적이었던 맥스웰의 전기역학이 에너지를 어떤 연속적으로 변하는 양으로 전달하는 전자기장에 기반을 두었기 때문이었다. 오늘날 우리는 전자기장을 양자화하고 그 양을 **광자**(photons)라 부른다. 일상적(혹은 평범한) 환경에서, 광선은 엄청난 수의 양자들로 구성되고, 실제로 파동 현상으로 나타난다. 식(19.3)은 고전적으로는 완전히 뜻밖이다. 플랑크는 자신의 추측에 대한 혁명적인 특성을 충분히 인식하였다. 베를린의 그룬발트 숲 속을 걸으면서 그는 어린 아들에게 '오늘 나는 뉴턴의 발견만큼이나 중요한 발견을 하였다' 라고 말하였다.[10] 1900년 12월 14일, 플랑크는 그의 이론을 독일물리학회에 발표하였다. 수년 동안 그는 그의 새로운 접근법을 고전물리학의 틀에 맞추려고 하였지만, 결국 그는 양자의 존재를 받아들였다. 그가 생각하기에는, 이 궁극적으로 쓸모없는 노력들이 그에게 기본 작용 양자의 진정한 의미와 원자 현상들에 대한 새로운 접근법의 필요성을 가르쳐주었기 때문에 지난 세월은 낭비가 아니었다.[11]

---

[8] Klein (1962, 468)에서 인용한 것이다.

[9] Planck는 통계역학에서 Boltzmann의 방법을 따랐다고 알려져 있는 반면, Klein(1962)과 Kuhn(1978)은 Planck의 계산 과정의 임의성(그리고 내적 일관성까지도)에 대한 상당히 다른 관점을 갖고 있다.

[10] Clark (1972, 95)에서 인용한 것이다.

[11] Plank 1949, 45.

왜 식(19.3)의 가정이 공동복사에서 고전물리에 의해서 생성되는 문제를 피해가고 있는가를 정성적으로 보는 것은 어려운 문제가 아니다. 파장에 관해서 식(19.3)은 $\varepsilon = \frac{hc}{\lambda}$가 된다. 그러므로 공동 속에 들어 있는 임의의 유한한 총 에너지에 대해 들뜬상태가 될 수 있는 어떤 최소 파장이 존재한다. 이것은 **그림 19.2**에서 의미하는 최대 파장조건과 이에 대한 본문에서의 논의와 함께, 매우 짧거나 매우 긴 파장(λ)의 영역에서는 양자들이 거의 나타나지 않는 것을 의미한다. 주어진 온도 T에서 각각의 선은 몇 개의 가장 가능한 진동수 혹은 파장 주위에서 정점을 이룬다.

19.3 보어의 반(半)고전적 모형

아인슈타인이 상대성이론으로 대표되는 것과 마찬가지로, 보어는 고전물리학으로부터 완전히 분리된 물리학의 가지인 양자이론의 창시자이자 철학적 지도자임에 틀림없다. 아인슈타인이 상대성이론에 거의 독보적으로 기여한 것만큼은 아니지만, 보어는 양자이론과 그 이론의 주요 진화과정에 기여했으며 반세기 동안의 양자이론의 발달에 있어서 정신적 지도자로서의 중심적 역할을 하였다. 보어는 1911년 코펜하겐에서 박사학위를 받고, 처음에는 캐번디시 연구소로 가서 톰슨(J. Thomson)과 일했지만 그가 자신의 연구주제에 관심이 별로 없다는 것을 알게 되었다. 1912년 보어는 케임브리지를 떠나 러더퍼드가 원자에 대한 핵 모형을 개발하고 있던 맨체스터로 갔다. 보어가 자신의 원자 전이 이론을 공식화한 것은 맨체스터에 있던 넉 달 동안이었다.

이제 수소의 불연속 선스펙트럼 설명에 이르게 되었던 그의 원래의 논의를 개괄해보자.[12] 만약 (**그림 19.4**처럼) 전하 $+e$를 띤 무거운 핵 주위를 반지름 r의 원 궤도에서 돌

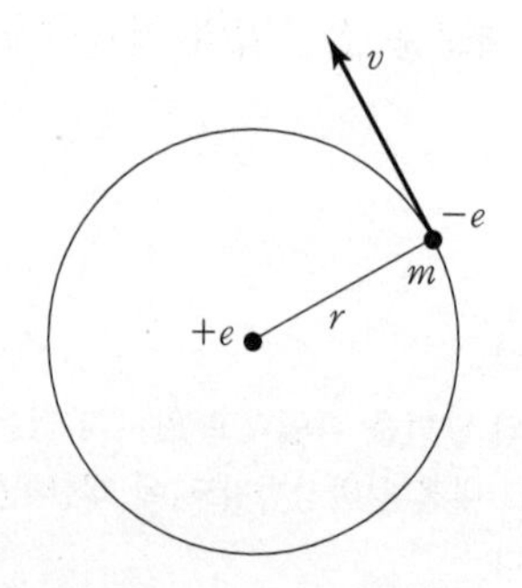

그림 19.4 보어의 원자 모형

고 있는 질량이 m이고 전하가 $-e$인 전자로 구성된 러더퍼드의 원자 모형을 고려한다면, 그때 안정한 원 궤도에 대한 조건은 정전기적 인력이 필요한 구심력을 제공하는 것이다. 에너지 보존 법칙과 이 생각으로부터 보어는 전자의 공전 진동수를 다음과 같이 표현할 수 있었다.[13]

$$\nu = \frac{1}{\tau} = \frac{v}{2\pi r} = \frac{\sqrt{2}(-E)^{3/2}}{\pi e^2 \sqrt{m}} \tag{19.4}$$

고전 전기역학에 따르면 이러한 가속전자는 식(19.4)에 주어진 전자의 공전 진동수에 해당하는 진동수로 방사선을 방출한다. 그러나 E는 고전적으로 모든 (음수) 값을 가질 수 있기 때문에 원자는 모든 진동수로 복사하고 따라서－실험결과와 반대로－연속적인 스펙트럼을 만들게 된다. 불연속적인 안정한 궤도(즉, 확정된 값 r)를 얻기 위해, 보어는 허락된 궤도들 중의 하나에 있을 때 전자는 역학적으로 안정되고 어떠한 빛도 복사하지 않는다고 단순히 가정하였다. 이것에 대해서는 고전적인 그 어떤 설명도 없었으며, 그 자신도 아무런 제안을 하지 않았다. 더 나아가 그는 전자가 허용된 하나의 궤도에서 다른 궤도로 불연속적인 전이를 할 때만 복사선을 방출하거나 흡수한다고 가정하였다.[14] 조화진동자에 의해 $h\nu$의 배수로 방출되거나 흡수되는 에너지에 대한 플랑크의 양자화에 맞추어, 보어는 정지상태에 있는 자유전자(즉, 핵으로부터 무한히 떨어져있는)가 허용된 하나의 궤도로 떨어지는 것을 고려했고, 마지막 궤도에서의 전자의 에너지에 관해 광자의 에너지 $h\nu$를 다음과 같이 양자화했다.

$$-E = \frac{n}{2}h\nu, \quad n = 1, 2, 3, \ldots \tag{19.5}$$

식(19.5)에서 $\frac{1}{2}$의 계수는 중요하고도 특이한 것이다. 보어는 전자의 공전 진동수는 그것이 정지해 있는 처음에 0이고, 전자가 마지막 궤도에 있는 나중에 식(19.4)의 고전적 값 ν이며, 그래서 전자의 평균 진동수가 $\frac{1}{2}\nu$이라고 효과적으로 논의했다. 그는 방출되는

12 이것에 대한 상세한 역사적 사례연구는 Heilbron and Kuhn(1969)에서 찾아볼 수 있다.

13 원궤도의 안정성으로부터 $mv^2/r = e^2/r^2$, 따라서 $K = 1/2(mv^2) = 1/2(e^2/r)$, 그리고 $E = K + V = -1/2(e^2/r)$이 된다. 그리고 이것은 곧바로 식(19.4)의 결과로 이어진다. 식(19.4)가 타원궤도에 대해서도 성립되고 (보어가 실제로 고려하였던 경우이다) 또한 Kepler의 제3법칙($\tau = 2\pi a^{3/2} m^{1/2}/e$와 $a = -e^2/(2E)$: 이 두 관계식은 고전역학의 표준적인 결과에 해당한다)로부터 유도됨에 유의해야 한다(Goldstein(1950, 79-80) 참조).

14 Bohr 1913, 7.

복사선의 진동수가 이 양의 어떤 정수배라고 하였다. 보어는 식(19.4)과 식(19.5)를 연립하여 ν를 소거하고 수소원자에서 전자의 허용된 에너지로써 다음 식을 얻었다.

$$E_n = \frac{-2\pi^2 me^4}{h^2 n^2}, \quad n = 1, 2, 3, \ldots \tag{19.6}$$

식(19.6)으로부터, 초기 준위 (i)에서 마지막 준위 (f)로의 전이에 대해 $(E_i - E_f) = h\nu$의 형태로 에너지 보존을 따르며, 수소 스펙트럼선에 대한 발머 공식(19.2)를 얻게 된다.[15] 우리는 여기서 플랑크가 흑체 복사 공식을 얻는 특수한 애드혹적 방법에서와 같이, 새로운 이론으로 향하여 더듬어 가는 과정의 출발점에서 상당히 많은(항상 내적으로 일치하는 것은 아닌) '추측'이 있었다는 것을 보여주기 위하여, 대개의 교과서가 보여주는 보어의 이론 전개와는 다른 보어가 본래 가졌던 논의의 흐름을 제시하였다. 이것은 획기적인 진보가 이루어질 때에 상당히 공통적으로 나타나는 사실이다.

대부분의 이후의 논의들은 훨씬 더 깔끔하게 되며, 일부의 덜 만족스러운 세부사항들은 생략된다. 사실 보어의 경우에서, 그는 1912~1913년에 배수요인이 식(19.5)에서 (1/2, 1, 2, ?)에서 어느 것이어야 하는가에 대해 확신하지 못한 것으로 보이고, 관찰결과와의 일치가 1/2를 사용해서 얻어질 수 있다는 것을 보어가 깨달은 것은 그의 동료가 발머의 공식을 지적한 다음이었다. 그래서 전자의 평균 진동수가 0과 ν의 평균이라는 제안은 정당화에 대한 때늦은 시도인 것처럼 보인다. '내가 발머의 공식을 보자마자, 나에겐 전체적인 것이 즉각 명백해졌다.'[16] 보어가 식(19.5)의 양자화 조건이 **각운동량** l로 알려진 mvr을 양자화하는 것과 동일하다고 진술한 것은 그 이후인 1913년의 같은 논문이었는데, 그 논문은 보어를 대신하여 러더퍼드가 〈철학 회지〉(Philosophical Magazine)에 보낸 것으로서 〈원자와 분자의 구조에 대하여〉(On the Constitution of Atoms and Molecules)라는 제목이었다.

> ⊛ 이 논문에서 주어진 계산의 역학적 기초는 어떤 의문도 있을 수 없는 반면에, [식(19.5)의] 계산 결과를 아주 단순하게 해석하는 것은 일반 역학에서 가져온 기호들로도 가능하다. 핵 주위의 각운동량을 l로 표현한다면, … 계산 결과는 단순한 조

---

[15] 식(19.6)으로부터 발머의 공식(19.2)에 이른 보어의 실제 과정은 이보다 더 간접적인 것이었다. 그것은, (관찰된 선스펙트럼의 패턴을 설명하는 데 필요한) 하나의 진동수 양자 $n(\nu/2)$가 아닌, 진동수 $v/2$의 n개의 양자를 나타내는 그의 식(19.5)의 양자화 조건을 갖는 비일관성 때문이었다.

[16] Jammer (1989, 77)에서 인용한 것이다.

> 건으로 표현된다. 즉, 계의 정상 상태에서 핵 주위를 도는 전자의 각운동량은 핵의 전하와는 무관하고 보편 값$[l = \frac{nh}{2\pi}]$의 전체 곱에 해당한다.[17]

이것을 보어의 주된 가정들을 사용하는 전통적인 교과서의 유도와 대조해 보는 것이 유용하다. 유도과정은 대개 핵 주위의 원 궤도에서 전자에 대해 다음의 것들을 가정함으로써 진행된다. ① 단지 특정 궤도들만 허용된다. ② 이 궤도의 전자들은 복사선을 내지 않는다. ③ 한 허용된 궤도에서 다른 궤도로의 전이 동안에 전자는 동일한 복사선(한 진동수의 복사선)을 방출한다. ④ 각 운동량은 다음과 같이 양자화된다.

$$l = mvr = \frac{nh}{2\pi}, \quad n = 1, 2, 3, \ldots \tag{19.7}$$

발머의 식은 이것으로부터 유도된다.[18] 이러한 과정은 아주 효과적이지만, 무엇이 식 (19.7)을 자극했는지는 알 수 없다.

종종 반(半)고전적인 것으로 언급되는 보어 모형의 원래 버전은 단지 단전자(single-electron) 원자들, 가령 중성 수소, 1가 헬륨, 2가 리튬(He^{+}, Li^{++}) 등에 대해서만 정량적으로 적용된다. 보어 연구의 영향력은, 비록 그의 급진적인 가정이 논란거리로 남아있었지만 즉각적이고 광범위한 것이었다. 발머의 공식과 기본상수로 알려진 리드버그 상수의 값을 얻은 그의 뛰어난 업적은 대단한 것으로 간주되었고 관심을 끌었다(이 업적과 이어지는 그의 원자 구조와 복사에 관한 연구들을 인정받아 보어는 1922년 노벨 물리학상을 받게 된다). 보어의 1913년 논문이 발표되자마자 거의 즉각적으로 그것을 일반화하고 세련화하기 위한 시도들이 이루어졌다.

원자를 다루는 데서 발전한 일련의 법칙들을 오늘날 '고전 양자이론(classical quantum theory)'라 부르고, 이것은 기본적으로 고전적 표현으로부터 양자적 표현으로 가는 세 단계로 구성된다. (첫째) 계의 가능한 운동들을 결정짓기 위해 고전역학을 사용한다, (둘째) 양자조건을 적용하여 실제적으로 가능한 궤도들을 확인한다, (셋째) 에너지 보존 법칙을 적용하여 전자가 한 가능한 (또는 안정한) 궤도에서 다른 궤도로 전이하는 동안 방출하거나 흡수하는 양자들의 진동수를 확인한다. 곧바로 뮌헨대학의 이론 물리학 교수였

[17] Bohr 1913, 15. 동일한 논문의 뒷부분(pp. 24-25)에서 보어는 최종적으로 궤도 각운동량의 '양자화'에 대한 일반 규칙을 제시하였다.

[18] 각주 13의 앞부분을 참조한다.

던 좀머펠트(Arnold Sommerfeld)가 이 기법에서 인정받는 대가가 되었다. 그는 수소 원자를 상대론적으로 다루었는데, 핵에 근접하여 지나가는 타원 궤도 내에서 전자의 질량 변동을 감안하기 위한 것이었다. 이와 더불어 그는 몇 가지 훌륭한 실험적 세부 내용들을 설명할 수 있었는데, 단일 선으로 나타나는 스펙트럼선이 더 세밀히 조사하면 몇 개의 가까운 선들로 이루어져 있다는 것이었다. 그러나 단지 단전자 원자들에 대해서만 적용되었던 보어의 원래 모형처럼, 좀머펠드의 상대론적 계산도 단지 특정한 스펙트럼선에서만 올바른 결과를 보일 수 있었다. 이러한 미세 구조에 대한 진짜 이유는 상대론적 질량 변화와는 상당히 다른 것이다(오늘날 전자 스핀의 개념이 그러한 미세 구조를 설명하는 필수적 요소이다).

19.4 실제적 발견 대 합리적 재구성

일단 위대한 발견들이 이루어졌다면, 사람들은 이러한 위대한 발견들(플랑크 법칙과 보어의 모형)이 이루어진 정확한 과정이 왜 중요한지에 대해 의문을 제기할 수도 있다. 만약 과학이 진리에 도달했다면, 그 법칙과 이론들 자체가 관련되는 한, 이 진리(산 정상)에 이르는 실제 경로가 얼마나 가치 있는 것이겠는가? 역사적 정확성의 문제가 있지만, 그것은 아마도 과학사학자들에게만 중요한 것일 수도 있다. 24장에서 우리는 양자이론의 핵심 내용이 발견의 실제적 과정과 그 발견자들 몇몇의 철학적 기호에 일부 기인한다는 것을 보게 될 것이다. 하지만 좀 덜 논쟁적인 수준에서, 발견 과정에 대한 지식을 가짐으로써 발견 그 자체를 좀 더 이해할 수 있는 경우가 많다.

자신의 흑체복사 법칙에 관한 플랑크의 논의의 경우에서, 우리는 먼저 성공적인 곡선 피팅에 대한 정당화를 위해 논의를 맞추려는 그의 애드혹적 시도를 보았고, 그런 다음, 한 과학자가 거의 그의 (고전적으로 기울어진) 의지에 반하면서 양자화의 가설을 받아들일 수밖에 없었음을 보았다. 플랑크가 에너지 양자화가 짧은 파장 쪽의 흑체복사 곡선에 필요한 제한(즉, 자외선 파탄의 제거)을 제공한다고 추측하게 된 것은 ('천재의 번뜩임'에 의한) 순간적인 발견이 아니었다.

보어 원자에서도 우리는 데이터(여기서는 발머의 공식)에 맞추기 위한 그보다 더한 임기응변의 시도들을 볼 수 있다. 양자화되는 에너지를 찾으려는 보어의 필사적인 시도(즉, 식(19.5))는 우리가 1913년에 이르면 플랑크의 에너지 양자화가 이미 잘 받아들여지고 논쟁의 여지가 없게 되었다는 것을 인식할 때 비로소 이해할 수 있는 것이 된다. 종종, 훌륭한 과학자들의 과학에서처럼, 훌륭한 과학은 보수적이어서, 뚜렷한 문제 제기와 함께 어느 정도의 진보를 이끌게 되는 그런 새롭고 논쟁적인 요소들이 초기의 이론적 구조로 거의 도입되지 못한다. 이처럼, 보어는 에너지를 양자화하려 했지만, (당시에는 이론적 기초가 없었던) 각운동량을 양자화하려 하지는 않았다. 그는 이미 (궤도에서 가속된 전자가 복사를 방출하지 않는) 전자기 법칙을 보류하고 있었으며, 그것은 그 자체로 충분히 혁신적인 것이었다.

만약 어떤 이가 너무 많은 새로운 '원리들'을 가정하려 하면, 그는 그가 유도하거나 증명하려 하는 결과를 몹시 주제넘게 가정했다고 비난받을 것이다. 보어는 그의 양자화 조건 식(19.5)를 기초 개념들의 기반 내에 두었다(우리가 14.2절에서 본 것처럼, 맥스웰이 전자기적 에테르라는 일반적인 틀 내에서 변위 전류에 대해 논의했을 때와 유사하다). 맥스웰, 플랑크, 보어의 경우를 통해, 우리는 주요 과학적 이론에 대한 발견(혹은 좀더 적절하게는 창조)의 과정을 더 잘 이해할 수 있게 되었다.

순수한 논리적 실험적 증거 이상의 것이 이러한 본보기적인 세 가지 발견에서 나타나고 있다. 유사하게, 다른 요인들도 이론의 구성과 선택에서 종종 관련된다. 그러한 기준의 예로는 생산성(fertility), 아름다움(beauty), 일관성(coherence) 등이 있다. 이것들이 중요한 것일 수 있는 반면에, 만일 그것들이 성공적이고 승리를 거둔 혹은 공인된 이론에 의해 정의되어 경쟁 이론에 적용된다면 잘못된 편견이 될 수도 있다. 23장에서 우리는 그러한 기준들이 양자역학의 다양한 해석에 적용될 때에 관해 토의하게 될 것이다. 그러나 우선 우리는 양자론의 발달에서 우연적인 역사적 사건들의 영향에 대해 알아보도록 하자. 예를 들면, 양자역학의 성공적 (코펜하겐) 표현을 창조하였던 사람들의 철학적 관점과 배경들이 중요한 요소였는가?

이를 위해서 우리는 서로 반대되는 입장-파동역학 대 행렬역학-들이 어떻게 도달했는지 또 무슨 논의들이 각각의 관점에 대해 있었는지를 살펴보자. 하나의 뿌리는 전자기적 현상의 본성으로 이어지고, 다른 하나는 불연속 선스펙트럼의 연구로 이어진다. 우리는 이 두 집단의 주요 역할자들의 일반적인 철학적 관점이 매우 다르다는 것뿐만 아니라, 각 집단이 매우 다른 물리적 현상들로부터 출발했다는 것을 보게 될 것이다. 이러한 불연속 대 연속의 양분은 그들의 철학적 입장과 그들이 연구한 물리적 현상에 뿌리내리고 있음을 볼 수 있을 것이다.

19.5 양자역학의 두 기원[19]

우리는 1920년대 초의 위기가 원자 영역에서 고전 물리학을 발달시켰음을 보았다. 그리고 그 해답이 물리적 세계에 대한 우리의 관점에 기본적인 변화를 주었다. 여기서 비결정론(indeterminism)이 중요한 역할을 하였다. 하지만 자연의 본질적 특성으로서의 비결정론의 가능성은 20세기 초 이전부터 심각하게 고려되었다는 것을 강조할 필요가 있다. 압도적이진 않았지만 19세기 말에는 이미 고전물리학과 자주 연관되는 직접적인 결정론에 반대되는, 자연에서의 비결정론적 개념에 대한 (내재적 우연의 가능성을 포함하는) 철학적 선례들이 존재하고 있었다. 이 개념들은 푸앵카레에게 감명을 주었으며, 과학철학에 관한 그의 저술은 새로운 양자 역학을 유행시켰던 젊은 과학자들의 개념적 배경이 되었다.[20] 유사한 맥락에서 키에르케가드(Søren Kierkegaard, 1813–1855)는 객관적 불확실성이 사람들로 하여금 미지의 것으로 도약을 하기 때문에 어떤 결정이라는 것은 언제나 (심지어 원리적으로도) 연속적인 논리의 연쇄에 기반할 수는 없다고 믿었다. 이러한 철학적 관점들의 일부가 호프딩(Harald Høffding, 1843–1931)의 가르침을 통해 보어에게 영향을 미친 것에 대해서는 잘 기록되어 있다.[21] 예를 들면, 호프딩의 사상 중의 하나는 삶에서 결정적인 사건들은 갑작스러운 '돌발' 혹은 불연속성을 통하여 진행된다는 것인데, 이러한 아이디어는 원자적 현상에 대한 보어의 관점 속에 통합되어 있다.

우리의 요점은, 그러한 철학적 편견이 유일하게 20세기 초반부의 양자론의 과정을 결정지었다는 것이 아니라, 이러한 개념들이 양자론의 창조자들의 마음속에 있었으며, 아마도 그들이 양자론의 최종적인 '공인된' 형태를 선택함에 있어서 영향을 미칠 수 있었다는 것이다. 물론 이 배경의 한 부분은, 나중에 논리실증주의(logical positivism)로 체계화되는, 과학이론에서 등장하는 실험적 결정과 개념적 정의의 핵심적 역할을 강조하는 정신이었다. 이러한 19세기 말과 20세기 초의 철학적 아이디어들의 유산은 양자이론의 형성을 도왔던 논쟁들의 용어들과 형태를 정의하는 데 도움을 주었다.

우리는 이제 그 각각이 양자역학에 대한 그 자체의 형식화를 이끌었던 두 개의 매우 다

[19] 양자역학의 이러한 두 입장의 발견에 대한 보다 완전한 내용을 위해서는 Jammer(1989, 5장)와 Cushing (1994, 6장)을 참조한다.

[20] Jammer 1989, Section 4.2.

[21] Faye 1991.

른 역사적 경로로 돌아가 보자. 행렬역학(matrix mechanics)으로부터 시작하자. 이러한 양자론 해석으로 이끌었던 프로그램의 중심인물들이-보어, 하이젠베르크, 파울리(Wolfgang Pauli, 1900-1958), 조단(Pascual Jordan: 1902-1980), 보른(Max Born, 1882-1970)-그 수에 있어서 소수였다는 사실은 이들이 배타적인 집단이었음을 보여준다. 이것은 파울리와 하이젠베르크가 함께 뮌헨 대학에서 좀머펠트의 박사과정 학생이었고, 각각 차례로 괴팅겐에서 보른의 조수를 했으며 후에 코펜하겐에서 보어와 함께 일했다는 것을 알면 더욱 그러하다. 이 두 젊은이는 1922년 괴팅겐에서의 보어의 강의에 크게 감명을 받게 되었다. 조단 또한 이때에 괴팅겐의 학생이었다. 우리는 방금 가장 기본적인 수준에서 자연의 불연속 구조 그리고 궁극적으로 상보성 원리로 기울게 한, 적어도 그에게 수용적이도록 만든, 보어 자신의 배경에서의 철학적 요인들을 지적하였다. 이러한 불연속적 전이의 요소는 1913년 수소 원자에서 반(半)고전적 모형의 중심적인 특징이다(19.3절). 그것은 확실히 좀머펠트의 학파에서 원자적인 현상을 토론하는 당시의 언어였다. 불연속성은 이러한 양자역학의 형식화에서 핵심적 주제였다.[22] 인과성 등은 이 프로그램의 초기 발달 과정에서 중심적 물음은 아니었다.

주로 고전적 접근법의 실패로 인해, 핵심적 인물들은 무엇이 원리적으로 가능하고 또 가능하지 않은가에 대한 다양한 철학적 입장들을 가지게 되었다. 그들의 철학적 입장은 논리적이거나 원리적인 논박이 아니라 도그마가 되어버린 강력하고 실질적인 신념이었다. 따라서 보어는 자신의 박사학위 논문에서 금속에 대한 고전 전자이론의 실패는 고전적 이론 자체의 근본적인 불충분성에 기인한다고 주장했다. 파울리는 일반 상대성과 관련되는 장이론의 일반화에 관한 자신의 연구에서, 특이점(singularities)으로서의 입자와 함께, 연속장이론(continuum field theory)은 가능하지 않다는 것을 (실패를 통해) 확신했다. 그의 유명한 1921년 『상대성 이론』(Theory of Relativity)에서, 이미 파울리는 원리상 실험적으로 관찰될 수 없는 양에 대해 지적하는 것은 아무 의미가 없다는 의견이었다.[23] 이것은 확실히 강한 조작주의자(operationalist)적 태도를 띠는 것이었다. 1923년경 파울리는 물리학에서 사용되는 모든 것들에 대한 조작적 정의[24]와 연속적 개념을 불연속적 개념으로 대체할 것을 요구했다. 결국, 관찰은 근본적으로 국소화되고 순간적인 것이며

[22] Beller 1983a, 155*ff*.

[23] Pauli 1981, 특히 4, 206.

[24] 여기서 '조작적 정의'라 함은 어떤 양이 측정되고 결정될 수 있는 실제적 조작이나 과정으로 정의함으로 의미한다.

불연속적인 측정을 수반하는 것이고, 그의 생각에 이 구조는 그러한 관찰과 측정을 설명하는 모든 이론의 기초에 스며들어야 하는 것이었다. 그는 이것이 주요한 개념적 수정을 수반할 것이라 믿었다. 파울리와 하이젠베르크는 모두 낡은 양자이론을 분자 시스템과 궤도에 적용하려는 보른의 프로그램에 동참하였고, 보른의 접근법의 전적인 실패를 통해 그들은 전자궤도가 무의미하다는 것을 확신하게 되었다. 급진적 개념 혁명에 대한 이러한 희망은 당시의 일반적 문화 환경에 널리 퍼져 있었고, 또한 양자이론에 관한 파울리와 하이젠베르크의 기대도 그러했다(1차 세계 대전 후 '혁명적인 슬로건과 개념, 그리고 새롭고도 종종 과격한 이론들로 가득 차 있었다'는 3장 부록에 인용된 포퍼의 유사한 관찰 참조).

양자 과정에 대한 최초의 광범위하고도 일관된 역학은 1925년 하이젠베르크에 의해 공식화되었다. 코펜하겐의 보어 연구소(Bohr's Institute)에서 보낸 1924~1927년의 기간 동안에 하이젠베르크는 양자역학에 대한 자신의 이론을 형성하는 과정에서의 가장 창조적인 연구들을 수행했다. 이 성과로 그는 1932년 노벨 물리학상을 받았다. 그의 이론에서 물리량들과 연관시킨 (후에 '연산자(operators)'라 이름 붙여진) 수학적 대상은 그 두 개를 함께 곱함으로써 얻어지는 답이 곱이 수행되는 순서에 의존한다는 독특한 특성을 가졌다. 즉, 곱은 $AB \neq BA$으로 교환적이지 않다.[25] 그 당시에 대부분의 물리학자들에게 친숙하지 않았던 이러한 수학적 특성 때문에 하이젠베르크의 새로운 역학은 신비스러운 것으로 비쳤고 또 즉각적으로 받아들여지지 않았다. 그러나 그것은 계속 진행되었는데, 이는 완전하고 일관적인 새로운 역학을 낳고 또한 실험에 관련되는 물음에 해답을 줄 것이라는 관점을 지녔기 때문이었다-또한 그 당시엔 다른 어떤 대안도 없는 것처럼 보였다. 하이젠베르크의 1925년 논문의 비교환적 양들이 수학자들에게는 이미 잘 알려져 있는 대상(행렬, matrices)인 것을 인식한 사람은 보른(Max Born)이었다. 하이젠베르크 이론의 불연속(연속에 반대되는) 수학은 코펜하겐 학파가 기본으로 취하는 자연의 비연속(acausal) 구조를 표현하는 데 잘 적용되는 것이었다. 다행히도 우리는 양자역학의 개념에 대한 이해를 위해 이러한 새로운 수학적 내용을 추적할 필요는 없다. 왜냐하면 하이젠베르크의 연구 직후 그것과 아주 독립적으로 매우 다른 관점에서 시작한 슈뢰딩거(Erwin

[25] 이러한 비교환성(noncommutativity)의 익숙한 예는 두 벡터 **A**와 **B**의 벡터 곱에서 볼 수 있다. 즉, $\mathbf{A}\times\mathbf{B} = -\mathbf{B}\times\mathbf{A} \neq \mathbf{B}\times\mathbf{A}$. 두 가지의 작동이 수행되는 순서에 그 결과가 종속되는 상황에 대한 (일상적 현상의 영역으로부터의) 한 가지 간단한 예시는 먼저 장전된 권총의 방아쇠를 당기고 나중에 총을 머리에 겨누는 것과 이것을 반대의 순서로 하는 것일 수 있다.

Schrödinger, 1887-1961)가 사실상 동일한 양자역학의 형식화(이번에는 연속적인 수학으로)를 대안으로 제안했기 때문이다. 슈뢰딩거의 이론은 보다 익숙한 개념을 통해 쉽게 토의되기 때문에 우리는 이제 이것에 대해 살펴보도록 하자.(20장에서는 더 상세하게 살펴보게 될 것이다)

양자역학을 향한 이 두 번째 경로는 아인슈타인, 드브로이(Louis de Broglie, 1892-1987), 슈뢰딩거의 연구를 중심으로 이루어졌기 때문에, 먼저 아인슈타인의 철학적 입장의 뿌리를 살펴보자. 물리학에서 기초적 물음에 관한 아인슈타인의 일반적 입장-상대성, 양자론에 관한 그의 입장 그리고 통일장 이론으로의 오랜 기간 동안의 수행-은 물리학자들이 인과론적인 시공간 이론 속에서 붙잡으려 하는 외적 물리세계의 합리적 구조에 대한 탐색이라 할 수 있다. 즉, 아인슈타인의 기본적 관점은 객관적 실재를 통해 이해될 수 있는 합리적이고 인과적인[26] 세계였다. 이러한 인과성(causality)의 개념은 기본 물리 과정들의 연속성(continuity)을 제안하는 것이었다. 물론 이와 같은 일반적 선호감과 물리현상에 의해 제시되는 퍼즐들 간의 교차점이 나중에는 하나의 분명한 이론이나 연구프로그램으로 귀착될 수 있는 것이다.

1909년 아인슈타인은 플랑크의 흑체복사 법칙과 에너지 양자화 조건을 사용하여 이러한 법칙들에 의해 지배되는 복사가 파동과 입자의 특징을 모두 보인다는 것을 수학적으로 증명하였다. 그는 1909년 잘츠부르크에서의 한 학술회의에서 다음과 같이 말했다.

> ⊛ 그러므로 이론 물리학 발전의 다음 단계는 파동과 방출 이론의 일종의 융합(fusion)으로 해석될 수 있는 빛 이론이 될 것이라는 것이 나의 생각이다.[27]

돌이켜보면, 우리는 이것을 (상당히 비역사적으로) 파동-입자 이중성(이어지는 장에서 더 자세하게 다룰 것이다)의 개념에 대한 하나의 초기 관심으로 보는 경향이 있다. 1917년에 발표된 양자 복사 이론에 관한 논문에서, 아인슈타인은 외부 복사장의 영향 하에서 분자가 복사선을 방출하고 흡수한다면, 그때 운동량과 에너지는 보존되어야 한다는 것으로 보였고, 그러한 복사를 '바늘복사(needle radiation)'라 불렀다. 이후의 콤프톤(Arthur Compton, 1892-1962)의 전자에 의한 복사 산란에 관한 실험적 연구는 자유 전자기 양자

[26] 물론 Einstein에게 있어서 '인과적'이란 국소적 인과를 의미했다. 즉, Einstein은 분명히 물리학의 기본 원리로서 국소성(locality)에 치중하였으며, 때문에 원거리에서의 즉각적인 작용을 지지하지 않았다.

[27] Klein 1964, 5.

(free electromagnetic quanta)에 대한 가설을 지지하였다. 1917년의 같은 논문에서, 아인슈타인은 복사선을 방출하는 분자의 되튐 방향은 '현재의 이론에 따르면서 단지 "우연(chance)"에 의해 결정되고...' 그리고 '이론의 취약성은 그것이 기본 과정의 기간과 방향을 "우연"에 맡겨놓는다는 사실에 있다...' 고 주장했다.[28] 여기서, 나중에도 마찬가지로, 아인슈타인은 이점을 미래에 극복되어야 할 일시적인 이론의 단점으로 받아들였다.

이러한 '연속성' 학파의 다음번 주요 인물은 드브로이다. 1923년 그는 아인슈타인 광자의 이중성(파동-입자)을 이해하려는 시도에서 파동역학 이론을 시작했다. 젊은 시절 드브로이는 파동광학과 고전적 입자 역학 사이의 잘 알려진 수학적 유추에 감명 받았다. 이러한 유추와 아인슈타인의 빛 광자에 관한 자신의 이전 논문들에 기초하여, 드브로이는 연관되는 파동에 의해 궤도가 결정되는 입자 모형을 제안했다. 아인슈타인과 드브로이 사이에는 아주 밀접한 관점이 있었다. 1925년의 논문에서 아인슈타인은 드브로이의 개념은 '단순한 유추 이상의 것을 포함한다' 고 주장했다.[29] 아인슈타인의 입장표명은 드브로이의 연구에 관심을 집중시켰다. 실제로 슈뢰딩거는 '나의 이론은 드브로이의 논문과 그것에 대한 짧지만 무한히 앞을 내다보는 아인슈타인의 논평에 자극받았다' 고 회상하였다.[30] 아인슈타인의 기체 이론에 관한 논문에서 슈뢰딩거는 광자는 에테르 진동자의 에너지 준위로 볼 수 있으며, 공동복사(cavity radiation)가 '극한 광양자 표현(extreme light-quantum representation)과 일치할' 필요가 없다고 결론지었다.

> ⊛ 이것은 운동 입자에 대한 드브로이-아인슈타인 파동 이론을 진지하게 받아들인 것 이상의 아무것도 아니며, 따라서 입자는 배경 파동에서 일종의 '마루'에 불과하다는 것을 의미한다.[31]

---

[28] Einstein 1971a, 128. 인용문구는 van der Waerden(1967, 76)에서 인용한 것이다.

[29] Jammer(1989, 258)에서 인용한 것이다. de Broglie가 중요하다고 믿었던 유추는 다음과 같다. 고전광학을 지배하는 파동방정식은 적절한 한계 내에서 기하광학을 산출할 수 있는 형태로 재서술될 수 있다. 그리고 이러한 광학 방정식의 제한적 형태는 수학적으로 볼 때 입자 역학의 (Hamilton-Jacobi 형태의) 방정식(즉, 뉴턴의 제2법칙)과 유사하다. 기하(광선)광학이 파동광학의 제한적 사례이기 때문에, de Broglie 그리고 나중에 Schrödinger는 고전적 입자 역학이 그들이 찾고 있는 파동역학의 제한적 사례일 것이라고 희망했다. 광학과 입자역학 사이의 유추와 이것이 파동역학을 형성하는 과정에서의 역할에 대해서는 Goldstein(1950, Section 9-8)과 Cushing(1994, 106, references)을 참고하기 바란다.

[30] Klein 1964. 4.

[31] Klein 1964, 43.

같은 해(1926년) 슈뢰딩거는 역학과 광학 사이의 해밀톤 유추를 분석하여 그의 파동방정식을 지지하는 듯한 주장을 이끌어냈다. 양자화는 연속적인 파동 함수에 경계 조건을 붙이면서 실현되었다. 슈뢰딩거는-디랙(Paul Dirac, 1902-1984)과 함께-양자역학 공식화에 대한 공로로 1933년 노벨물리학상을 수상하였다.

지금까지의 이러한 간략한 개요의 목적은 (적어도 방금 논의된 초기의 발전 단계 동안) 이 소집단(아인슈타인, 드브로이, 슈뢰딩거)이 연속파(continuous wave)를 인과론적 묘사의 대상이 되는 기본적 물리량으로 보는 관점을 공유하고 있었음을 나타내는 것이었다. 시각화 가능성과 자명성은 고전 물리이론의 특징으로 받아들이게 되었다. 사람들은 몇 가지 파동-입자 이중성의 개념에 기초한 개념적으로 불투명한 존재론을 수반하는 추상적인 이론적 틀보다는, 분명하고 고전적인 형태의 파동 존재론을 수반하는 불완전지만 이해 가능한 이론을 더 나은 것이라고 생각하였을 것이다.[32] 파동역학 학파가 취한 입장은 당시 받아들여졌던 고전물리학(즉, 덜 급진적인 이탈로 표현되는)의 개념에 비해 더 '자연스러운' (확실히 더 보수적인) 것이었다.

19.6 코펜하겐 해석으로의 진행

양자역학의 일관된 해석의 공식화를 위한 동력을 제공했던 것은 행렬역학과 파동역학 사이의 '충돌'이었다. 이 갈등에서 몇몇 주창자들이 양자역학에 대한 유일한 하나의 올바른 해석이 존재할 것이라고 느꼈기 때문에, 당시 위기감이 존재하고 있었다. 과학자들이 유일한 법칙이나 이론이 존재한다고 고집하는 것이 드문 경우는 아니지만, 보어는 심지어 어린아이처럼 자연 법칙의 유일성과 필연성을 믿었다.[33] 그러한 신념은 양자역학의 한 가지 가능한 올바른 형태에 대한 공식화를 찾거나 시도하려는 사람을 정당화할 것이다. 양자역학의 최종 산물에 대한 하이젠베르크의 신념은 기본적으로 그의 불확정성 관계(20.4절 참조)에 의한 코펜하겐 해석을 형성하려는 그의 노력이었다.[34] 이제, 슈뢰딩거의 파동역학에 의한 괴팅겐-코펜하겐 행렬역학 프로그램에 대한 도전하에서, 코펜하겐 해석

[32] Hendry 1984, 7.

[33] Bohr 1985, xix.

[34] Beller 1985, 특히 340.

이 어떻게 형식화되었는지 그리고 어떻게 코펜하겐 해석이 그것의 헤게모니(혹은 우월성)를 확립하게 되었는지를 간략하게 요약해보자.

이 역사적 발전과 관련된 한 가지 요소는 세대에 따른 철학적 관점의 갈라짐이었다. 아인슈타인, 슈뢰딩거, 드브로이 같은 사람들의 '오래된' 그리고 본질적으로 고전적인 세계관 대 하이젠베르크, 파울리, 조단 그리고 그룹의 새 멤버인 케임브리지 대학의 디랙을 포함한 일반적으로 더 젊은 세대(여기서 보어와 보른은 예외임)에 의한 급진적으로 다른 그리고 물리적 과정에 대해 본질적으로 비결정론적인 개념 사이의 갈라짐이었다. 하이젠베르크, 파울리, 보어가 공유했던 경험주의적-조작주의적 철학적 경향은 부분적으로 (다소 아이러니컬하게 아인슈타인의 후기 관점에서 주어진) 아인슈타인의 1905년 상대성 논문까지 거슬러 올라갈 수 있다. 어떤 이론에서 관찰할 수 없는 개체들을 회피하는 것이 한 가지 특징인, 조작주의적 접근은 젊은 독일의 물리학자들에게 강한 인상을 주었고 또 깊은 영향을 미쳤다. 이제 그러한 요인들이 슈뢰딩거의 파동역학에 대한 코펜하겐 학파의 격렬한 반작용을 이해하는 데 어떤 도움을 주는지 살펴보자.

행렬역학은 하이젠베르크에 의해 형식화되었으며, 코펜하겐 학파의 다른 구성원들에 의해 본질적으로 물리적 해석이 없는 추상적인 수학적 형식으로 발전되었다. 하이젠베르크는 고전역학과 같은 하나의 성공적인 형식화는, 그것의 전체적 구조의 파괴 없이는 그 어떤 본질적 방법의 수정이 있을 수 없는 하나의 부분 또는 전체라고 믿었다. (이것은 우리가 11.1절에서 언급했던 아리스토텔레스적 우주 '구조(fabric)'의 통일성과 다소 유사하다) 그는 또한 형식화가 그것의 정당한 해석을 결정한다는 놀라운 관점을 지니고 있었다. 하이젠베르크는 연속적이고 인과적이며 대체로 시각적인 물리적 과정을 통한 해석을 추구하였던 슈뢰딩거의 매우 다른 형식화의 출현에 상당히 당황했다. 또한 1926년에 슈뢰딩거가 행렬역학과 파동역학의 형식화가 그 기본에서 수학적으로 동등하다는 것을 증명하였을 때, 어떤 의미에서는 하이젠베르크의 관점은 훨씬 더 어려운 상황에 빠졌다. 가능한 빨리 행렬역학의 올바른 해석을 찾는 것은 필수적이었다. 이것이 바로 코펜하겐의 보어, 하이젠베르크, 파울리가 함께 한 주요 작업이었다. 하이젠베르크와 그의 동료들에게 더 어려웠던 상황은 행렬역학의 형식화가 여러 성공적 사례를 가지지 못했다는 것이었다. 사실 슈뢰딩거의 파동역학이 이론가들에게 잘 확인된 계산의 폭넓은 다양성을 제공하기 전에는 수학적 궁지에 빠져있는 것처럼 보였다.[35] 행렬역학이 아니라 파동역학이

[35] Beller 1985b; Cassidy 1992, Chapter 11.

대부분의 이론가들이 채택했던 형식화였다. 계산을 둘러싼 싸움에서 질 수 있다는 이러한 위험은 더 많은 결과를 위협하였다. 하이젠베르크는 출세를 향한 개인적 야망이 있었고, 이론 물리학의 여러 자리가 독일에 열려 있었다. 코펜하겐 학파의 구성원들 사이에는 이론 물리학의 미래에 대한 자신들의 통제력이 위태롭다는 자각이 있었다. 하지만 코펜하겐 그룹은 코펜하겐 관점의 성공적인 헤게모니 수립을 위한 재능, 조직, 추진력을 갖추고 있었다. 하이젠베르크의 불확정성 논문(20장)은 이것을 성취하는 주요한 단계였다. 상대편(아인슈타인, 슈뢰딩거, 드브로이)이 각자 자신의 방향으로 나간 반면, 그들은 모두 함께 연구하였다. 코펜하겐의 보어연구소는 그곳을 거쳐 간 한 세대의 이론물리학자 전체에 (미국에서 이론물리학을 건설하는 데에 주도적인 역할을 한 대부분의 사람을 포함해서) 엄청난 영향력을 미쳤다.

1927년 솔베이 회의에서 중대한 마주침이 일어났다. 그해에 드브로이가 '이중 해의 원리(principle of the double solution)'를 제안했는데, 그는 물질의 파동성과 입자성의 종합을 제안하였다. 제5차 솔베이 회의였던 그곳에서 그는 그 일부를 파일럿파 이론(pilot-wave theory)이라 명명된 형태로 발표하였다. 여기에서 물리적 입자는 그것의 파일럿 파동에 의해 안내되는 것으로 그려진다. 그 회의의 토론에서 파울리는 드브로이 이론을 특별한 보기를 근거로 비평하였으며, 파일럿파 이론이 코펜하겐 해석과 같은 결과를 낳지 않는다고 주장하였다. 비록 그는 파울리의 반박에 대한 적합한 답변의 일반적 개관을 하였다고 믿었지만, 몇 년이 지난 후 드브로이는 당시 자신이 확실하게 답변을 하지 못했다고 느꼈다.[36] 뿐만 아니라 아인슈타인이나 슈뢰딩거 모두 드브로이의 개념을 지지해 주지 않았다. 그 이유는 아인슈타인은 그 이론의 비국소적(원거리 순간작용으로 보이는) 특성을 좋아하지 않았기 때문에 그리고 슈뢰딩거는 (파동과 입자가 아닌) 파동에만 기반 한 이론을 원했기 때문이었다. ('비국소성(nonlocality)'은 순간적 원거리 작용의 영향을 의미한다. 22장과 23장에서 다시 우리는 이러한 미시영역의 특성으로 되돌아올 것이다) 파동역학/행렬역학의 통합적 형식화와 더불어, 스핀을 포함하는 문제에 대한 결과를 만들어내고 있던 사람들은 (1927년 솔베이 회의에 참여했던 하이젠베르크와 보른을 포함하여) 강하게 비결정론적 혹은 비인과적 관점을 선호하였다. 보어는 오랜 시간 동안 광자의 개념(드브로이의 일부 초기 연구들이 기반을 두었던)에 반대하였고, 이 때문에 드브로이

[36] Cushing 994, 118-23. 여기와 Cushing(1994)에서 설명하는 것과 상당히 다른, de Broglie의 초기 파일럿 파동 이론에 대한 평가는 Valentini(1997)을 참조한다.

의 개념은 결코 코펜하겐 학파에서 급속하게 퍼질 수 없었다. 코펜하겐의 연구소는 매우 폐쇄된 공동체였고, 거기에 초대된 사람들은 '존경할 만한' 이론가들로 인정되었다. 드브로이는 결코 이 그룹의 멤버가 아니었다. 1930년경 그가 매우 표준적인 양자역학 책을 썼을 때, 드브로이는 스스로 파일럿파 이론에 관한 자신의 마음을 바꾸었다. 1932년 유명한 수학자 노이만(John von Neumann, 1903-1957)은 **숨은변수**(hidden variable) 이론의 불가능성에 대한 증명을 제시하였다 (숨은변수 이론은 실험적으로 적합한 이론으로서 현재 잘 알려지지 않은 혹은 '숨은' 변수는 포함하며, 그 변수들의 값은 표준 양자역학에 의해서 금지되어 있는 잘 정의된 물리적 특성의 진화를 결정지을 것으로 기대되는 것이었다.). 이것은 자신의 이전 이론에 반대되는 드브로이의 입장을 더욱 지지하는 것이었다. 벨(John Bell, 1928-1990)에 의해서 결정적으로 폰 노이만 정리가 양자역학의 숨은 변수의 문제에 대체적으로 무관하다는 것이 증명된 것은 1960년대 초가 되어서였다(우리는 22장과 23장에서 이 문제로 돌아올 것이다).

이 주제들에 관하여 사람들은 무엇이 코펜하겐 해석을 완전한 것으로 보증하였는지, 그리고 연속적 시공간에서 미시현상에 대한 인과적이고도 도식화된 기술의 원리적 가능성마저도 금지하였던 마지막 한마디가 무엇인지에 대해 물어볼 수 있다.[37] 이에 대한 한 가지 대답은 지금까지의 경험이 코펜하겐 해석의 일관성을 보여주었다는 것이고, 그러한 해석의 궁극적인 필연성에 대한 신념은 측정결과를 기술하는 고전적 개념의 필요에 대한 주관적인 인식론적 준거와 기본적 원자 현상의 개별성(따라서 불연속성)에 의존한다는 것이다. 바꾸어 말하면, 간단히 보어의 신념에 동의하는 것이다. 보어의 입장은 '[물리적] 실재는 양자역학이 기술할 수 있는 모든 것'으로 요약되어 왔다.[38] 이러한 표현에서 코펜하겐 해석은 스스로를 물리학의 역사에서 참되고 강화된 입지를 갖는 것으로, 아인슈타인 · 드브로이 · 슈뢰딩거가 시야에서 멀어지게 물리학의 역사를 다시 쓰는 것으로, 그래서 양자역학의 유일한 지적 표현으로 남아 있게 되는 것으로 그렸던 것이다.[39]

지금까지 우리는 보어와 연관된 물리학자 집단에 의해 공유된 공통적인 원리와 신념을 거칠게 언급하기 위해 '코펜하겐'이라는 용어를 사용하였다. 그리고 그들과 아인슈타인, 드브로이, 슈뢰딩거 사이의 차이점을 강조하였다. 그러나 코펜하겐 학파의 구성원 자체

[37] Heilbron 1988, 203-4.

[38] Heilbron 1988, 211. 인용문은 Nathan Rosen의 것이다.

[39] Heilbron 1988, 219.

내에서도 해석의 주요 관점들에 관한 불일치가 존재했었다. 다음 장에서는 보른과 하이젠베르크는 파동함수의 의미에서 서로 동떨어진 길을 가고 있었다는 것을 보게 될 것이다. 보른의 입장과 하이젠베르크가 취한 보다 극단적인 관점은 종종 구별되지 않고 모두 코펜하겐 해석으로 불린다. 뿐만 아니라 많은 물리학자들 역시 보른과 하이젠베르크의 입장 사이의 진정한 차이점을 알지 못하는 것 같다. 다음 장에서 우리는, 항상 정확히 정의되는 것은 아닌, 양자역학의 코펜하겐 표현에 대해 살펴볼 것이다.

더 읽을거리

양자이론의 출현의 역사적 설명에 관한 가장 좋은 단 한권의 책을 고른다면 잼머(Max Jammer)의 『The Conceptual Development of Quantum Mechanics』를 들 수 있다. 바고트(Jim Baggott)의 『The Meaning of Quantum Theory』의 1장은 양자역학에 이르는 역정의 숨은 단면을 보여준다. 대리골(Olivier Darrigol)의 『From c-Numbers to q-Numbers』는 고전역학으로부터 양자역학으로 가는 전이 과정을 풍부한 역사적 · 기술적 내용과 함께 다루고 있는 뛰어난 연구서이다. 비트볼과 대리골(Michel Bitbol and Olivier Darrigol)의 『Erwin Schrödinger』는 양자역학에 이르는 하나의 경로에 대한 에세이들을 모아 놓은 것이다. 헤일브론(John Heilbron)의 〈The Earliest Missionaries of the Copenhagen Spirit〉는 양자이론에 대한 코펜하겐 도그마의 출현과 확산을 다룬 훌륭한 에세이다. 밸러(Mara Beller)의 〈Matrix Theory Before Schrödinger〉와 〈The Birth of Bohr's Complementarity: The Context and the Dialogues〉는 코펜하겐 프로그램이 어떻게 주도권을 잡게 되었는가에 대한 상세한 스토리를 제공해준다. 쿠싱(James Cushing)의 『Quantum Mechanics』는 우리가 어떻게 양자역학의 의미에 대한 '표준적' 관점에 도달하게 되었는가에 대해 설명하고 있다.

코펜하겐 양자역학

물리학의 이론에서 우리는 일반적으로 하나의 계를 그것의 **상태**(state)로 설명한다. 우리는 관련된 물리량 또는 변수들을 정하고, 그 변수들의 미래를 예측하기 위해 이 변수들의 시간에 따른 변화를 알아내는 동역학적 법칙들을 사용한다. 예를 들어, 고전 입자역학에서 계의 상태는 계 내부에 있는 모든 입자들의 위치와 속도(또는 운동량)에 의해-각각의 입자에 대한 $\boldsymbol{r}(t)$, $\boldsymbol{v}(t)$-정해진다. 뉴턴의 제2법칙($\boldsymbol{F}=m\boldsymbol{a}$)은 시간에 따라 계의 변수 또는 상태가 어떻게 변하는지를 결정한다. 전기역학에서는 상태 변수들이 전기장(E)과 자기장(B)이며, 맥스웰 방정식은 이들의 시간에 따른 변화를 결정한다. 고전물리학(상대론을 포함하여)에서 동역학 방정식의 중심 주체인 상태 변수들(주로 입자들의 위치와 운동량)은 직접 관측할 수 있는 물리량들이다. 즉, 상태 그 자체는 이론의 관측가능값(observables)으로 정해진다. (상대론에 의해 수정된) 고전적인 세계관의 본질적인 특징은 대체로 계의 현재 상태가 미래의 상태를 결정한다는 것이며 (중력의 영향에 의한 야구공의 움직임에서처럼), 이렇듯 차례차례로 일어나는 인과적 구조(causal structure)의 작인(作因)은 빛의 속력보다 크지 않은 속도로 원인에서 결과로 퍼져나간다는 것이다.

이러한 상황과 반대로, 양자역학적인 계의 상태(또는 상태벡터 또는 파동함수 ψ)는 보다 추상적인 것이며, 그것 자체가 직접 관찰되지는 않는다. 양자역학의 기본적인 동역학 방정식인 슈뢰딩거 방정식(뉴턴의 제2법칙과 유사한 양자방정식)이 계에 대한 상태벡터의 시간에 따른 변화를 결정하지만, 그 자체로서 계의 각 부분들에 대한 위치와 운동량의 정확한 값을 나타내지는 않는다. 양자역학 이론의 중심적 실체인 상태벡터(state vecton) 또는 파동함수(wave function) ψ는 단지 실험이나 관찰에서 허용된 다양한 결과 **고유값**(eigenvalues))의 확률만을 계산할 수 있도록 해준다. 우리는 다양한 계의 최종상태에 대한 가능한 에너지 값들에 대해서는 예측하고 말할 수 있지만, 실제로 실험에서 어떤 것이 관찰되거나 만들어지게 될지는 알 수 없으며, 단지 이 허용된 결과들에 대한 확률만을 예측할 수 있다. 양자역학 해석의 표준이라 하는 이른바 코펜하겐 해석은, 더 이상 차례차례로 일어나는 인과적 구조는 존재하지 않으며, 입자들은 시공간 좌표에서의 정해진 궤도를 따르지 않는다고 설명한다. 이 이론은 일반적으로 특정한 사건이 아닌 확률만을 예측하는 것이다. 이번 장에서 우리는 양자 계의 거동에 대한 일반적인 특징을 설명하기 위해 몇 가지 간단한 예들을 살펴볼 것이다.

여기에서의 우리의 목적이 모든 일반적인 경우에 대해 슈뢰딩거 방정식을 다루는 데 필요한 폭넓은 수학적인 방법을 발전시키는 것이 아니므로, 유추를 사용하여 몇 가지 간단한 양자 계에 대해 논의하기로 한다. 정상상태(수소원자의 전자가 정해진 궤도 중 하나에 존재하는 것과 같은 상태)에서 계를 지배하는 시간 – 독립적인 슈뢰딩거 방정식은 고전역학에서 익숙한 시간 – 독립적인 파동방정식이다. 따라서 우리는 파동현상에 대한 고전적 직관을 활용하여 몇 가지 중요한 예들에 대한 수학적인 풀이를 적어가도록 하겠다. 물론 이 과정에 대한 궁극적인 정당성은 이에 대한 슈뢰딩거 방정식의 풀이로부터 얻을 수 있다(여기서는 다루지 않겠지만). 실제로 슈뢰딩거는 다양한 고전 파동방정식을 적절히 수정하면서 그의 유명한 방정식을 만들어냈으므로, 이러한 형식적 유사성이 존재하는 것은 당연하다.

20.1 몇 가지 간단한 양자역학적 계

슈뢰딩거의 발견과 관련된 몇 가지 기술적인 항목들을 채워가면서 시작하도록 하자. 19.2절에서 살펴본 바와 같이, 플랑크가 흑체복사 스펙트럼에 대해 수행한 연구를 통해서 전자기복사(나중에 '광자'라는 용어가 됨)의 양자화를 가정하게 되었다. 만일 우리가 광자의 에너지 E와 진동수 ν에 관한 플랑크의 관계식 $E=h\nu$(식(19.3))을 에너지를 운동량 p로 나타낸 상대론적 표현인[1] $E=\sqrt{m_0^2c^4+p^2c^2}$와 결합한다면, $m_0=0$(광자와 같이 질량이 없는 입자)인 경우에 대해 $E=pc$임을 알아낼 수 있다. 에너지에 대한 이 두 가지 표현으로부터 우리는 다음과 같이 추론할 수 있다($\lambda\nu=c$이므로).

[1] 이 식은 식(17.11)과 식(17.12) 그리고 $E=m_0c^2+K$로부터 유도된다.

$$\lambda = \frac{h}{p} \tag{20.1}$$

이제까지 우리는 식(20.1)이 빛(즉, 광자)에 대해서만 적용되는 것으로 알았다. 그러나 1920년대 초반, 드브로이는 파장 λ이 모든 운동량 p에 대해 관련이 있다는 사실을 통해 파동과 모든 물질 사이에는 적어도 형식적인 이중성이 있을 것이라고 가정했다. 이 가정에 대한 직접적인 실험적 확증이 있었지만, 여기서 다루지는 않을 것이다. 드브로이는 물질의 파동성에 대한 그의 연구로 1929년에 노벨물리학상을 받았다.

1926년에 슈뢰딩거는 입자가 힘을 받아 움직일 때조차도 입자와 연관된 파동 또는 파동함수 $\psi(x, y, z, t)$를 예측할 수 있는 방정식을 얻었다. 그의 방정식은 뉴턴의 제2법칙인 $\boldsymbol{F} = m\boldsymbol{a}$와 같은 역할을 하는 것으로서 많은 문제들의 정량적인 결과를 이끌어 낼 것으로 기대되었다. 혹자는, 뉴턴 이전에 갈릴레이가 등속운동을 연구했던 것처럼, 드브로이는 슈뢰딩거 이전에 자유입자의 파장에 대한 방정식을 만들었다고 말하기도 한다. 슈뢰딩거의 파동방정식이나 그 파동방정식에 도달하게 되는 사세한 논증의 과정은 여기서 다루기에는 수학적으로 너무 복잡하다. 단지 광파(빛)에 대해서와 마찬가지로, 중첩의 원리는 파동함수 ψ에도 적용될 수 있으며 따라서 두 파동 사이의 간섭효과도 가능하다. 우리는 이 원리를 몇 가지 단순한 물리적인 상황들과 함께 제시하겠다.

고전적인(비상대론적인) 자유입자(힘이 작용하지 않는 물체)의 총에너지(E)는 순수하게 운동에너지(K)이며, 항상 양의 값을 갖는다. 보다 일반적으로 총에너지 $E = (K + V)$가 양수인 (핵의 인력으로부터 벗어날 수 있으며, 속박되지 않은 궤도를 돌아다닐 수 있는 전자들과 같은) 고전적인 입자들은 모든 양의 값 E에 대해서 허용된 궤도를 갖는다. 이러한 계들이 양자역학적으로 다루어질 때, 파동은 장벽이나 장애물들을 만날 수 있으며, 이때 반사, 전도, 흡수(또는 회절)가 일어나지만 어떠한 양의 에너지 값에 대해서도 슈뢰딩거 방정식의 풀이가 존재한다. 그래서 고전적인 계들과 양자역학적인 계들은 양의 값을 갖는 허용된 에너지에 대해 정성적으로 유사하다.

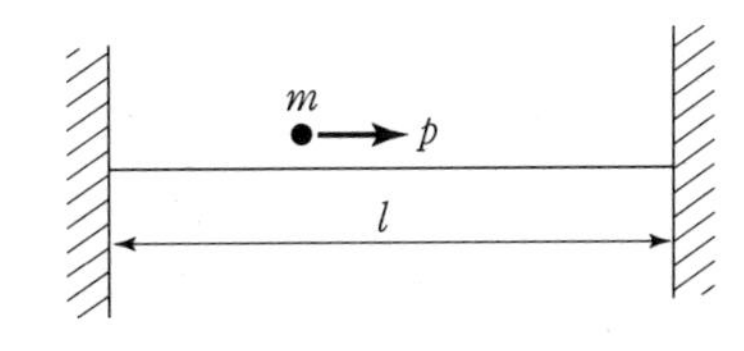

그림 20.1 직선 부분에 속박된 질량

그러나 수소원자에서 음의 에너지 값을 갖는 상태처럼 구속된 계의 경우, 독특한 양자역학적인 특징이 나타난다. 즉, 특정한 불연속적인 에너지만이 허용된다. 고전적으로 상자 속에 갇힌 입자는 어떤 에너지와 운동량도 가질 수 있다. 양자역학적으로는 파장이 경계면 사이에서 꼭 맞아야 하며, 정상파를 만들기 위한 경계조건을 만족해야 한다 (이것은 보어의 원궤도에 대해 허용된 파장과 유사하다). **그림 20.1**에서처럼 파동이 결코 벽을 뚫을 수 없는 단단한 1차원의 상자에 대해, 가능한 최대 파장은 $\lambda_{max}/2 = l$로 주어지며, 일반적으로는 $\lambda_n = 2l/n$이다(**그림 19.2**와 19.1절 참조). 식(20.1)의 드브로이의 가설에 따르면 허용되는 운동량은 다음과 같다.

$$p_n = \frac{h}{\lambda_n} = \frac{nh}{2l} \tag{20.2}$$

이제 우리는 속박된 '입자'에 대한 총에너지를 얻을 수 있다.[2]

$$E_n = \frac{p_n^2}{2m} = \frac{1}{2m}\left(\frac{nh}{2l}\right)^2 = \frac{h^2}{8ml^2}n^2, \quad n = 1,\ 2,\ 3,\ \ldots \tag{20.3}$$

이 에너지 준위들은 수소원자에서처럼 양자화되어 있다. 이러한 허용된 또는 가능한 에너지 값들은 이 계의 고유값들이다. 식(20.3)에 의해 허용된 에너지 값들은 파동함수에서 요구되는 경계조건에 (**그림 20.1**에서 길이 l인 줄의 양끝은 마디여야 한다는 정상파에 대한 조건) 의해 선택된다. 이는 양자화가 슈뢰딩거 방정식의 해에 의해 만족되는 경계조건에 의해 영향을 받는다는 것을 의미한다.

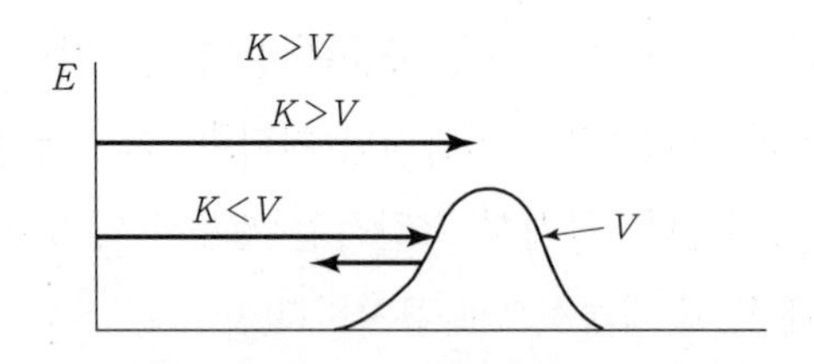

그림 20.2 장벽과 만나는 입자에 대한 고전적 모형

[2] 지금까지 우리는 퍼텐셜 에너지가 무한대의 거리에서 사라진다는 약속을 받아들여 왔다. 이것은 우리가 원하는 어느 곳이든 퍼텐셜 에너지가 0이라고 선택하여 정의할 수 있기 때문에 물리적인 실제적 상황에서 항상 가능한 일이다. 그러나 우리가 현재 논의하고 있는 무한대의 장벽을 가진 퍼텐셜 우물에 대해서는, 우물의 안쪽을 $V=0$ 그리고 장벽에서는 $V=\infty$라고 놓는 것이 더 편리하다. 이와 같이 약속할 때, 구속 상태의 에너지들이 양의 값을 가질 수 있게 된다.

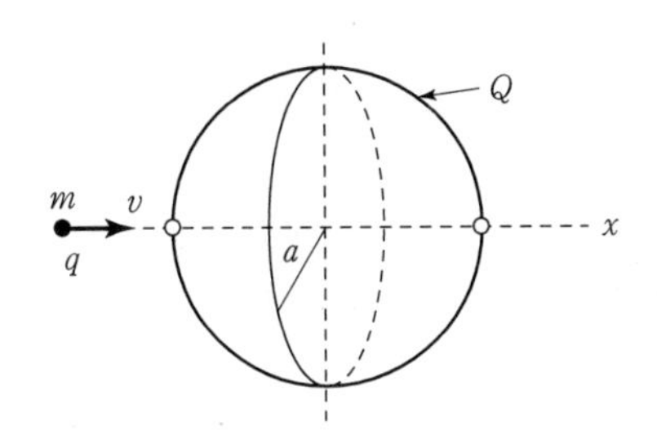

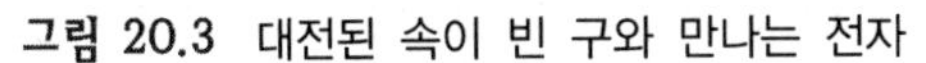
그림 20.3 대전된 속이 빈 구와 만나는 전자

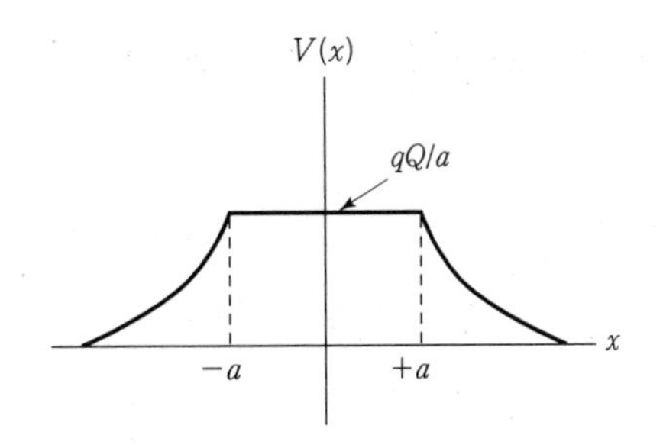

그림 20.4 정전기적 퍼텐셜 장벽

이제 원자물리에서 매우 중요한 실험 또는 관찰들을 살펴보자. 고전적으로 입자(전자)는 **그림 20.2**에서 나타내는 것처럼 그것의 초기 운동에너지가 퍼텐셜 장벽의 높이를 넘을 때만이 장벽을 통과할 수 있다. 이러한 퍼텐셜 장벽의 예로서 **그림 20.3**의 반지름이 a이고, 양의 전하량 Q를 가지며, 직경의 정반대 방향으로 작은 구멍이 두 개 뚫린 속이 텅 빈 금속구를 생각해보자. 양의 전하량 q를 가지는 질량 m인 점입자가 이 두 개의 구멍을 통과하는 선을 따라 발사된다면, 퍼텐셜 에너지 $V(x)$는 **그림 20.4**처럼 나타날 것이다. 고전적으로 초기 운동에너지 $K_0 = \frac{1}{2}mv^2$가 장벽의 최대 퍼텐셜 에너지 $V_{\max}$를 넘는다면, 입자는 구를 통과해서 반대편에 나타날 것이다. 그러나 만일 $K_0 < V_{\max}$이라면, 입자는 구 바깥의 한 부분으로 접근해서, 튕겨져 나가게 될 것이다. 그러나 이러한 상황에 대한 슈뢰딩거 방정식의 해는 **그림 20.5**에서와 같이 파동함수의 일부가 장벽을 뚫는 것을 허용한다.[3]

우리는 이제 파동함수의 이러한 거동이 갖는 물리적인 중요성을 설명하려 했던 몇 가지 시도들에 대해 논의할 것이다.

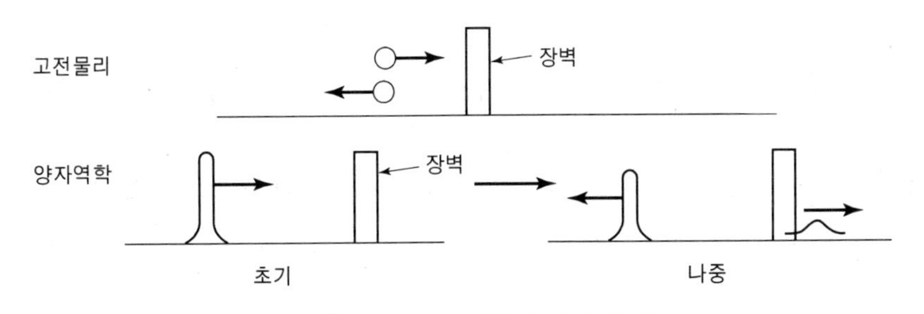

그림 20.5 양자역학적 장벽 투과

[3] **그림 20.5**는 Goldberg et al.(1967, 184)에서 인용한 것이다.

20.2 파동함수의 해석

슈뢰딩거가 파동함수 ψ에 대해 제안한 초기 해석 중 하나는 진폭의 제곱 $|\psi|^2$이 입자의 물질밀도(또는 전하량 밀도)를 나타낸다는 것이었다. **그림 20.5**의 아랫부분은 이 해석의 어려움을 보여준다. 파동함수의 일부가 장벽에서 반사되고, 일부는 투과되므로 전자는 장벽에서 반사되는 부분과 투과되는 부분으로 분리되어야만 한다. 그러나 실험적으로는 항상 온전한 전자가 발견되거나 그렇지 않으면 전혀 발견되지 않을 뿐, 전자의 조각이 발견되지는 않는다.

보른에 의한 또 다른 해석은 오늘날 널리 받아들여지고 있는데,[4] $|\psi(x, y, z, t)|^2$이 시간 t, 위치(x, y, z)에서 입자가 발견될 확률 $P(x, y, z, t)$을 나타낸다는 것이다. 확률 $P(x)$는 음의 값을 가질 수 없다. $P(x)$가 $|\psi|$의 제곱으로 정의되기 때문이다.[5] **그림 20.5**가 나타내는 상황에 대해 전자가 장벽으로부터 반사된 확률이 더 높긴 하지만 장벽을 통과할 수 있는 유한한 가능성도 존재한다고 말할 수 있다. 여기서 우리는 이론이 실험 또는 관찰에 의해 허용되거나 가능한 결과를 예측할 수 있는 예를 볼 수 있지만, 이 이론은 주어진 실험을 수행했을 때 관찰될 수 있는 하나의 결과에 대한 확률만을 정해줄 뿐이다. 이를 좀더 일반적으로 말한다면 다음과 같다. 동일하게 구성된 계(ensemble)(이 계는 주어진 파동함수 ψ로 표현된다)가 있다고 할 때, 우리는 그 계로부터 오직 측정될 (또는 허용된) 값들에 대한 통계적인 분포만을 예측할 수 있는 것이다. 여기서 측정의 과정은 계의 구성원 각각에 대해 수행된다. 양자역학은 이러한 많은 시행의 ('동일한') 실험들의 긴 과정에 대한 결과 값들의 분포를 예측할 수 있게 한다. 예를 들어, 우리가 (**그림 20.5**의 하단부와 같은) 장벽을 향해 전자를 쏘고 이 과정을 수없이 반복한다면, 특정 비율의 전자들은 반사되고 그 나머지는 통과한다는 것을 발견할 수 있으며, 반면에 주어진 어느 하나의 전자는 반사되거나 또는 투과한다는 것을 알 수 있을 것이다. 보른은 이러한 양자역학의 통계적인 해석으로 1954년 노벨물리학상을 받았다.

그림 20.1의 간단한 예에서 $n = 1$인 경우에 대해 이 확률해석을 적용해보자. 이를 길이가 l인 줄 위의 정상파에 대해 생각해보면, 정상파의 파동함수와 확률함수는 다음과 같다

---

[4] Born 1926, 863.

[5] P와 ψ가 일반적으로 공간변수 뿐만 아니라 시간 t에 대해서도 의존하지만, 표기를 간단히 하기 위해서 종종 시간의존성을 생략한다. 또한 (x, y, z)의 공간변수 전체 대신에 간단히 x만을 표기하기도 한다.

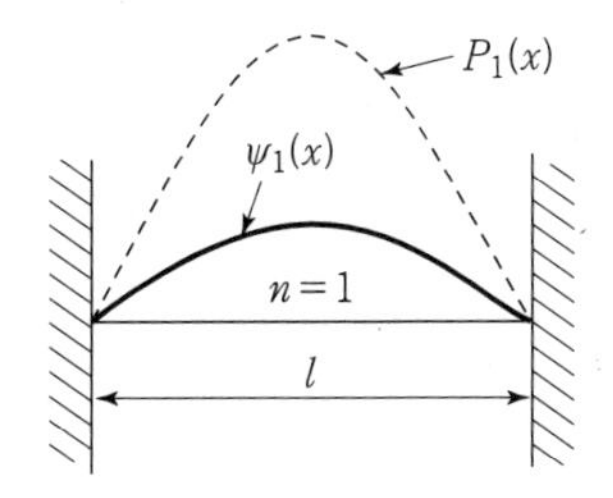

그림 20.6 구속 입자에 대한 바닥상태의 확률분포

(**그림 20.6** 참조).

$$\psi_1(x) = A\sin\left(\frac{2\pi x}{\lambda}\right) = A\sin\left(\frac{\pi x}{l}\right) \tag{20.4}$$

$$P_1(x) = |\psi_1(x)|^2 = A^2\sin^2\left(\frac{\pi x}{l}\right) \tag{20.5}$$

길이가 l인 줄의 어딘가에서 입자가 발견될 확률을 모두 더한 값은 1이어야 하므로, 모든 구역에 대해 확률 $P(x)$을 적분한 값은 1이다. 이를 통해 다음과 같이 식(20.4)의 A를 구할 수 있다(여기에서 이 과정을 보이지는 않겠다).

$$\psi_1(x) = \sqrt{\frac{2}{l}}\sin\left(\frac{\pi x}{l}\right) \tag{20.6}$$

줄의 양 끝($x=0$과 $x=l$)을 제외하고는 $0<x<l$인 모든 구간에서 입자가 발견될 확률이 존재하지만, 바닥상태($n=1$)에서 입자가 발견될 수 있는 가능성이 가장 높은 곳은 $x=l/2$인 지점임을 명심하라. $n=2$, $n=3$인 경우의 도식은 **그림 20.7**에서 볼 수 있다. 유사하게, 슈뢰딩거 방정식을 이용하여 수소원자를 양자역학적으로 정확하게 처리하면, **그림 20.8**과 같은 확률함수를 얻는다.[6] 양자역학적으로 전자가 발견될 확률이 가장 높은

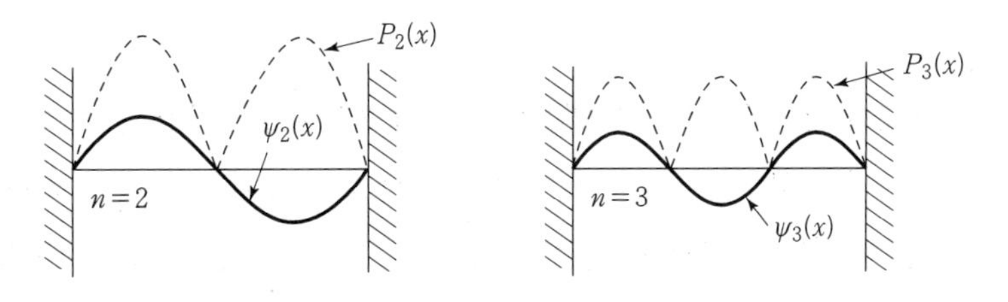

그림 20.7 바닥상태보다 높은 준위의 확률분포

[6] **그림 20.8**은 Eisberg(1961, 306)의 Figure 10-2에서 인용한 것이다.

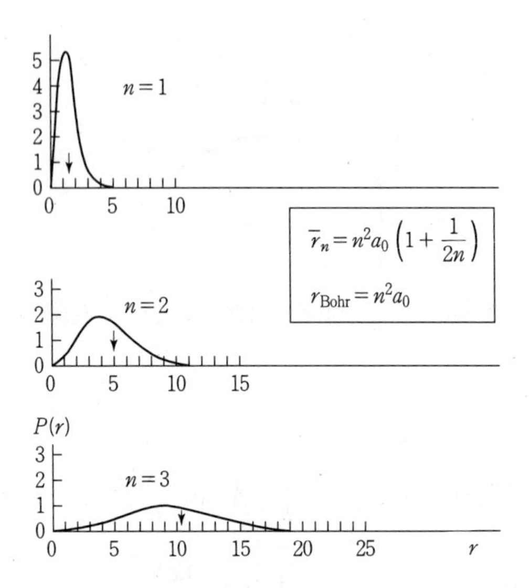

그림 20.8 수소원자의 확률분포(화살표는 평균반경($\bar{r}_n$)의 값을 나타낸다.)

곳은 허용된 궤도에 대해 준고전적인 보어모델이 제시하는 $r_{보어} = n^2 a_0$(a_0는 보어 반지름)와 매우 가까운 것으로 판명되었다. 그러므로 우리는 양자역학의 확률적인 예측과 고전적으로 기대되는 정확한 값 사이에 어떤 관계가 있음을 알 수 있다.

양자역학의 슈뢰딩거 관계식의 위대한 점은 많은 문제들에 대한 정확한 해답을 계산해 낼 수 있으며, 파동함수 ψ 더 정확하게는 $|\psi|^2$가 양자역학의 해석을 제공하는 중요한 도구라는 것이다. 슈뢰딩거가 1926년 그의 이론과 하이젠베르크의 이론 사이의 표현의 동질성을 확립시킨 이후로 줄곧, 이 두 가지 양자역학의 관계식은 동일한 물리이론을 수학적으로 다르게 표현한 것으로 받아들여지고 있다.

20.3 대(大)와 소(小)의 근본적인 구분

계속해서 양자역학 해석의 기준에 대해서 설명하고, 세계를 보는 관점에 있어 이 이론이 갖추어야 할 점에 대한 몇 가지 중요한 수정사항에 대해서 토의를 시작하자. 이에 대한 방법으로서 광자나 전자 광선이 서로 간섭을 일으키는 실험에 양자역학의 확률적 해석을 적용해보도록 하겠다. 디랙의 독창적인 『양자역학의 원리』(The Principles of Quantum Mechanics)로부터 발췌한 내용을 중심으로 살펴보자. 이 책은 지난 수십 년간 영향력을 가진 책이었으며, 양자역학의 원리에 대해서 간결하고 명확한 표현이 담긴 책으로 인정되고 있다. 이어지는 장들에서는 이 책의 해석적 어색함에 대해 몇 가지 질문들이 제기될 것이기 때문에, 먼저 이러한 양자역학의 표준적 관점에 대한 몇몇 주요 인물들(보어, 보른, 디랙, 하이제베르크 등)의 관점들을 살펴보자. 이를 위해 이들 선각자의 글들을 자주 직접 인용할 것이며, 이 과학자들이 실제로 견지하고 있었던 (때때로 극단적인) 관점들에 대해서 상세히 기록하도록 하겠다.

자신의 책에서 디랙은 고전물리학에서 나타나는 원자물리학 고유의 한계점에 대해서 분석하면서 글을 시작하고 있다.

> ⊛ 모든 물질 입자들은 적절한 조건하에서 드러나는 파동성을 가지고 있다. 이것은 고전역학의 실패에 대한 매우 인상적이고도 일반적인 예에 해당한다 – 고전역학은 단순히 운동에 대한 법칙에 있어서 부정확한 것일 뿐만 아니라, 원자적 수준의 사건에 대해 기술하는 개념에 있어서도 부적절하다.
>
> 물질의 궁극적인 구조를 설명하기를 원할 때 우리가 고전적인 생각으로부터 탈피해야 할 필요성은 실험적으로 확립된 사실 뿐만 아니라 일반적인 철학적 배경으로부터도 나타나게 된다. 물질의 구성에 대한 고전적 해석에서는 물질이 많은 수의 작은 부분들로 구성되어 있음을 가정하고, 물질 전체에 대한 법칙들이 유도될 수 있는 그 구성부분들의 거동에 대한 법칙들을 가정한다. 그러나 이 구성부분들의 구조나 안정성의 문제가 해결되지 않았기 때문에, 이러한 설명은 완전한 것일 수 없다. 이러한 문제를 고려하게 될 때, 이 구성성분의 거동을 설명하기 위해 각각의 구성성분들은 그보다 더 작은 구성성분들로 구성되어 있다는 가정이 필요하게 된다. 이러한 과정에는 끝이 없다는 것이 자명하며, 이러한 과정으로부터 물질의 궁극적인 구조를 파악하기는 불가능하다. '크다'는 것과 '작다'는 것은 오직 상대적인 개념이라는 점에서 작은 것으로부터 큰 것을 설명한다는 것은 의미가 없다. 따라서 크기에 대한 절대적인 의미를 부여하는 고전적인 생각은 수정될 필요가 있다.[7]

물질에 대한 고전적 기술의 실패에 대한 이 논의에서, 크고 작음에 대한 근본적인 구분 없이, 물질의 구조를 알아보기 위해 단순히 끝없이 더욱 더 많은 수의 작은 구성성분을 만들어내야 한다는 개념이 나타나 있다. 그러나 이 글에서 디랙은 경험적으로 이러한 철학적 개념이 필요하다고 강조하지는 않았다. 이 방법은 결국 무한히 반복하는 과정을 거

[7] Dirac 1958, 3.

친다. 물질의 가장 작은 입자에 대한 질문 자체는 결코 풀릴 수 있는 것이 아니다. 고전적 일상적 개념으로는 대답할 수 없는 문제가 된다.

고전적인 영역과 양자적인 영역 사이의 절대적인 경계 설정 기준에 대해서 디랙은 대상을 관찰하는 우리의 능력의 한계에 기초한 구분을 제안하였다.

> ❂ 여기에서 기억해야 할 것은 과학은 관찰할 수 있는 물체에만 관심을 가지며, 대상을 관찰하기 위해서는 외부 영향에 의한 작용이 있어야 한다는 것이다. 따라서 관찰이라는 행동은 관찰되는 대상의 교란을 반드시 수반하게 된다. 우리가 대상이 크다고 하는 것은 관찰할 때 수반되는 교란이 무시될 수 있을 때를 말하며, 이 교란이 무시되지 못할 정도일 때를 가리켜 작다고 한다. 이러한 정의는 크고 작음에 관한 일반적인 의미와 매우 가깝다.[8]

디랙은 크고 작음에 관한 본질적인 구분이 물체를 관찰할 때 나타나는 영향과 관련되어 있다고 말하고 있다. 계를 관찰할 수 있을 때는 오직 그 계와 우리가 작용을 하고 있을 때이다. 관찰에 의한 계의 교란과 관련된 기발하고 간단한 예로, 밀봉된 박스에 햄스터가 있는 경우를 생각해 보자. 그리고 상자 주변에는 접촉하면 바로 죽는 유독가스가 있다고 하자. 햄스터가 살았는지 죽었는지 알기 원하지만, 오직 상자를 열어서만이 확인할 수가 있다. 명백히, 상자가 열리기 전에 햄스터의 상태가 어떤 경우든지, 상자를 열어서 우리가 보게 될 때마다 죽어있는 햄스터를 보게 될 것이다. 계(여기에서는 햄스터를 말한다)를 관찰하는 행동은 주어진 상태의 계에 영향을 가하게 되는 것이다.

디랙은 원자 규모에서는 이러한 교란이 원리적으로 본질적인 한계를 준다는 점을 강조하였다.

> ❂ 대개 우리는 조심히 관찰함으로써 관찰에 수반되는 교란에 대해 우리가 원하는 정도까지 제거할 수 있다고 생각한다. 크고 작다는 개념은 순전히 상대적이며, 그리고 그것은 기술하고자 하는 대상은 물론 관찰수단의 관대함(gentleness)에도 관련이 있다. 물질의 궁극적 구조에 대한 모든 이론에서 필요하듯이, 크기에 대해 절대적인 의미를 부여하기 위해서는 우리의 관찰능력의 정교함과 수반되는 교란의 작음에는 한계가 있음을 가정해야 한다 – 이것은 자연에 내재하는 고유한 한계이며, 관찰자의 측면에서의 기술적 기능적 향상에 의해 더 나아질 수는 없다.

[8] Dirac 1958, 3.

> 만약 관찰의 대상에서 불가피한 제한적 교란이 무시될 수 있다면, 그 물체는 절대적 의미에서 크다고 할 수 있으며 고전 역학을 적용할 수 있을 것이다. 그러나 반대로 제한적 한계가 무시될 수 없다면 그 물체는 절대적 의미에서 작다고 할 수 있으며 우리는 이를 다루기 위한 새로운 이론이 필요하게 된다.[9]

관찰의 능력과 정밀함에는 고유한 한계가 존재한다는 것을 말했다. 다음 절에서는 이것을 하이젠베르크의 불확정성 원리를 통해 정량적으로 표현하겠다.

우리는 이제 양자역학의 해석에 있어서 가장 심오한 주제중 하나인 인과율(causality)(각각의 효과에 대해서 특정하고 확인할 수 있는 원인이 있다는)에 대해 살펴보도록 하겠다. 23장에서 이 질문에 대해 다시 살펴보게 되겠지만(그러나 23장에서는 매우 다른 시각에서 살펴볼 볼 것이다), 여기에서는 양자역학에서 습득해야 할 중요하고도 필수적인 교훈에 대해서만 간단히 설명한다는 점을 잊지 말기 바란다. 이에 대한 표준적인 예로서 디랙의 주장을 살펴보자.

> ⊛ 이전 논의의 결론은 인과율에 관한 우리의 생각에 수정이 가해져야 한다는 것이다. 인과율은 교란되지 않는 계에서만 적용될 수 있다. 작은 계의 경우 심각한 교란을 발생시키지 않는 이상 관찰이 불가능하며, 이에 따라 우리의 관찰 결과들 사이에서 어떠한 인과적 연결도 찾을 수 없게 된다. 여전히 인과율은 교란되지 않은 계에서만 적용된다고 가정되며, 비교란 계를 나타내는 방정식은 초기 시간에서의 상태와 나중 시간에서의 상태 사이의 인과율을 표현하는 미분방정식이 될 것이다. 이 방정식들은 고전역학에서의 방정식과 유사성을 가지게 될 것이지만, 관찰결과와는 간접적으로만 연결될 것이다. 관찰 결과의 계산에는 피할 수 없는 불확정성이 존재하며, 이론을 통해서는 일반적으로 관찰시 특정한 결과를 얻게 되는 확률만을 계산할 수 있다.[10]

이는, 고전적이고 결정론적인 원인과 결과의 의미에서의, 인과의 개념이 수정되어야 함을 의미한다고 하겠다.

플랑크의 저서 『물리학에서의 인과율 개념』(The Concept of Causality in Physics)에서도 비슷한 관점이 나타난다.[11] 이 책에서 그는 인과율 혹은 수학적인 결정론적 전개

9 Dirac, 1958, 3-4.
10 Dirac, 1958, 4.
11 Plank 1949, 135-8.

(mathematically deterministic evolution)가 있다고 말한다. ψ의 값이 존재한다고 할 때, 슈뢰딩거 방정식의 동역학적인 방법을 통해 파동함수 (ψ)는 미래 어느 시간에 대한 고유한 ψ값을 결정할 수 있기 때문이다. 그러나 이러한 ψ의 결정이 입자의 위치나 운동량을 결정하지는 못한다. 즉, 이 장의 전반부에서 강조하였던 것처럼, 양자역학 계의 상태는 고전적인 상태 변수($r(t)$와 $v(t)$)가 아닌 ψ에 의해 상세화된다. 물론 문제는 우리가 직접 보고 받아들이는 것은 오직 고전적인 상태 변수들이라는 점이다. 우리는 직접 ψ를 관찰할 수는 없다. 플랑크는 ψ에 대한 명확한 이해는($P = |\psi|^2$의 확률적 분포에 의해) 오직 실제 관찰할 수 있는 것($r(t)$와 $v(t)$)에 대한 통계적인(또는 확률적인) 예측에 있어서만 의미를 갖는다는 점을 강조하였다. 그러므로 양자역학은 전자와 같은 입자의 위치와 속도의 전개에 있어 결정론적 기술을 허용하지 않는다는 것이다.

20.4 불확정성 관계

하이젠베르크가 느꼈던 것과 같이, 양자역학의 수학적 구조는 고전역학의 구조와 매우 다르기 때문에, 양자역학을 우리가 보통 이해하고 사용하는 고전적 인과율에 기초한 시간과 공간의 개념으로 해석하는 것은 불가능하다. 1927년 하이젠베르크는 수학적 논증을 발표하였는데, 그것은 양자역학의 예측을 따르면 변수(상태가 파동함수 ψ로 표현되는 입자계(ensemble of particles)의 구성요소들에 대한 위치와 운동량과 같은 변수)의 쌍 모두를 (즉, 함께 또는 '동시에') 정확하게 알아낼 수 없다는 것이다. 이는 입자계로부터 동일한 측정의 과정을 여러 번 거친 통계에 대한 것이지, 단순히 입자계의 특정 구성요소에 대한 한번의 측정으로 얻어지는 결과에 대한 것은 아니다. (보른의 확률적인 해석에 따르면, 양자역학은 그때그때 얻어지는 결과물들에 대한 예측이 아닌 여러 번의 관찰로부터 얻어지는 평균값과 같은 오직 통계적인 예측만 할 수 있다는 것을 상기하자) 계속해서 그는 간단한 사고실험들을 통하여 빛과 물질의 파동-입자 이중성이 원자와 핵의 관찰에서의 불확정성으로 연결된다는 것을 보이려 했다. 아래에서는 이러한 사고실험 중의 하나에 대해 논의하도록 하겠다.

먼저, 입자들의 집합에서 측정한 결과들 A_j($j = 1, 2, 3, \ldots, N$)에 대하여 살펴보도록 하자. 일반적으로 $\{A_j\}$의 평균값으로 다음과 같은 방법으로 정의한다.

$$\langle A \rangle = \frac{1}{N} \sum_{j=1}^{N} A_j \tag{20.7}$$

그리고 $\{A_j^2\}$과 같은 제곱의 평균에 대해서는 다음과 같이 정의한다.

$$\langle A^2 \rangle = \frac{1}{N} \sum_{j=1}^{N} A_j^2 \tag{20.8}$$

이러한 값들의 '분포' 또는 '산란'에 대한 전형적인 측정은 다음과 같은 제곱평균편차로 주어진다.

$$\Delta A = \sqrt{\langle A^2 \rangle - \langle A \rangle^2} \tag{20.9}$$

만약 A_j의 값들에 대한 분산이 없으면(다시 말해서, 모든 A_j가 A_0라는 정확하게 같은 값을 갖는다면), ΔA는 0이 될 것이다.

19.5절에서 제시한 것처럼, 서로 다른 관찰 가능량에 대한 양자역학의 연산자는 교환법칙이 적용되지 않는다. (즉, 관찰의 순서에 따라 실제 측정값들이 다를 수 있다) 교환되지 않는[12] 두 관찰 A와 B에 대해서, 양자역학에서는 일반적인 구속조건(constraint)인 최소값(lower bound)이 존재하며, 이는 각 변수들에 대한 일련의 측정과정에서 ΔA와 ΔB가 동시에 얼마나 작아질 수 있는지를 나타내준다. 이것이 바로 하이젠베르크의 불확정성 관계이며 다음과 같은 형태를 가진다.[13]

$$\Delta A \Delta B \geq b\hbar \tag{20.10}$$

여기에서 b는 (연산자 A와 B의 선택에 따라 달라지는) 음수가 아닌 값을 갖는 상수이며, $\hbar = h/2\pi$이다. 위치(x)와 운동량(p_x)에 대해서는 다음과 같이 표현된다.

---

[12] 만약 $AB = BA$라면 다 연산자 A, B는 교환(가환)적이다. 우리는 이러한 연산자의 특성을 교환자$[A, B]$를 이용하여 나타낼 수 있는데, $[A, B] \equiv AB - BA$이다. 만약 A, B가 교환적이면, $[A, B] = 0$이고, 그렇지 않다면 $[A, B] \neq 0$이다. 예를 들어, x에 대한 임의의 미분가능한 함수 $f(x)$가 있다고 할 때, 양자역학에서 p_x는 연산자 $-id/dx$를 가지고 $[x, p_x]f = if$로 표현된다. 이것은 쉽게 얻을 수 있는 수학적인 결과(여기에 간단히 제시만 하였고 증명은 하지 않았다)이며, Δp_x와 Δx를 동시에 없앨 수 있는 계는 존재하지 않음을 나타낸다. 이것은 식(20.11)에 대한 수학적인 기본원리이다.

[13] 만약 $[A, B] = C$(C역시 연산자이다.)이면, 식(20.10)에 대한 정확한 수학적인 표현은 $\Delta A \Delta B \geq |\langle C \rangle|/2$이 된다. 책에 있는 식(20.10)의 b가 0이 될 수 있는지 여부는 (ψ라는 양자 상태에 대하여) C의 형태에 따라 결정된다. $[x, p_x] = i$에서, C가 단순히 어떤 숫자일 때(즉, 항등원 연산에 상수를 곱함.), b는 0이 될 수 없다(식(20.11) 참조)

$$\Delta p_x \Delta x \geq \frac{\hbar}{2} \tag{20.11}$$

불확정성 관계에 대한 식(20.10)과 식(20.11)이 통계적인 식임을 다시 한번 강조한다. 이것은 ψ가 입자계의 구성성분 각각을 의미하는 것이 아닌 동일계의 집합을 지칭한다는 점에서 보른의 파동함수에 대한 해석과 일치한다.

여기에서 식(20.11)이 비교환적 관찰대상에 대한 개개의 동시적 측정에 어떠한 제한을 가하는지는 명확하지 않다. 자신의 유명한 1927년의 '불확정성'에 관한 논문에서, 하이젠베르크는 각각의 개별적 측정의 수준에 있어서 제거할 수 없는 교란에 의해 통계적인 분산(식(20.11)의 Δx와 Δp_x)이 나타난다고 언급하였다. 이것은 ψ가 입자계 각각의 구성요소에 대해 구분되어 나타나는 파동함수라는 것을 효과적으로 보여준다. 이러한 해석은 보른의 통계적인 해석과는 다른 것이며 그것을 상당히 넘어서는 내용이다.[14] ψ를 개별 계의 상태로 보는 입장은, 21.4절 슈뢰딩거의 '고양이' 역설에서 살펴보게 될 것처럼, 심각한 문제로 이어질 수 있다.

하이젠베르크와 비슷한 형태의 주장들이 일반적으로 물리학 책에 서술되어 있다.[15] 이러한 생각에 따른 실험 중에 한 가지 대표적인 경우에 대해 살펴보도록 하겠다. **그림 20.9**에서처럼 작은 입자(예컨대, 전자)가 좁은 슬릿을 통과하는 경우를 생각해보자.[16] 이 경우 y축으로의 불확정성은 $\Delta y = a$가 된다. 그러나 입자가 파동의 성질을 가지고 있기

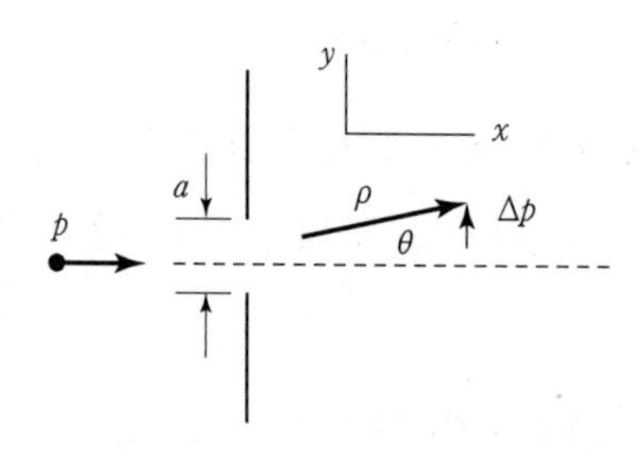

그림 20.9 측정에 대한 위치-운동량의 불확정성

14 양자역학에 대에 Copenhagen 학파의 개별 구성원들이 갖는 다양한 해석에 대해서는 Cushing(1994, 27-32)를 참조한다.

15 예를 들어, Leighton(1959, 86-8) 또는 Eisberg(1961, 156-9).

16 자신의 불확정성 논문에서, Heisenberg(1927)는 실제로 현재 '수퍼현미경'이란 이름으로 유명한 사고실험을 사용하지만, 논증의 일반적 특징은 여기에 제시된 것과 동일하다(Wheeler and Zurek(1983, 62-84, 특히 64) 참조)

때문에, 파동은 회절하게 되고, $\sin\theta = \lambda/a$인 곳에서 첫 번째 최소가 나타나게 된다(슬릿에서 광파가 지날 때의 광학적 회절과 같다). 이 경우 전자가 발견될 확률은 회절된 파동함수의 제곱에 비례할 것이기 때문에, 이는 입자의 확률적 분포가 절반각 θ에 해당하는 지역의 쐐기 모양의 영역 안으로 제한될 것을 의미한다. 식(20.1)의 드브로이 관계식으로부터 운동량은 $p = h/\lambda$가 된다. **그림 20.9**로부터 입자의 운동량에 대한 y좌표에서의 불확정도는, 식(20.1)로 인하여, $\Delta p_y \approx p\sin\theta = p\lambda/a$로 표현되며, 결국 식(20.11)과 일치하는 $\Delta p_y \Delta y \cong h$를 얻게 된다. 이 관계로부터 Δp_y와 Δy는 측정 과정에서 얻게 되는 불확정도의 크기를 의미하게 된다. 물론 이 과정은 일반적인 증명이라고 볼 수 없으며, 단지 발견적 논의(heuristic argument)에 해당한다.

λ가 물체의 드브로이 파장이고, l은 주변 환경의 일반적인 길이의 차원이라고 할 때, 즉 $\lambda/l \ll 1$일 경우, 우리는 고전적인 영역에서 다룰 수 있게 되며(회절 효과가 무시될 것이기 때문), 뉴턴 역학을 적용할 수 있게 된다. $h = 6.67 \times 10^{-34}\,\mathrm{Js}$인 우리의 세계에서는 매일 발생하는 현상들이 자연히 양자역학적으로 보이지 않는다. 하지만 만약 우리의 세계가 $h = 1\,\mathrm{Js}$이라면 우리의 생활은 매우 달라질 것이다.

예를 들어 질량 $10^{-3}\,\mathrm{kg}$의 물체를 $10^{-2}\,\mathrm{m}$인 줄에 매달았을 때, 가능한 최소 에너지는 식(20.3)의 $n = 1$일 때의 에너지를 가지게 되며, 이는 속도가 $v \approx 50\,\mathrm{km/s}$에 해당하게 된다. 이러한 변동은 심각한 현상이며, 세계에 대한 우리의 지각에 직접적인 영향을 미치게 될 것이다.

하이젠베르크의 불확정성 관계에 대한 또 다른 표현은 다음과 같다.

$$\Delta E \Delta t \geq \frac{\hbar}{2} \tag{20.12}$$

이는 관찰이 일어나는 시간과 에너지 분해능과의 관계를 나타낸다. 예를 들어, 만약 아주 짧은 시간 동안 입자가 존재하게 될 때, 에너지(또는 질량)를 매우 정확하게 알 수는 없다.

하이젠베르크의 **불확정성 원리**(uncertainty principle)는 이러한(이 외에 또 다른) 모든 불확정성의 관계에 대한 것이다. 이는 일련의 측정에서 특정한 관찰대상의 쌍을 결정할 때 갖게 되는 고유하고 환원될 수 없는 부정확성에 대한 공식적인 표현이다.

20.5 광자 간섭 - 이중슬릿

다시 디랙의 글로 돌아가서 미시적인 계에서의 관찰이 이루어질 때 나타나는 효과에 대해 자세히 조사해보도록 하자. 논의를 이중슬릿 간섭 실험으로부터 시작하도록 하자.

> ⊛ 우리는 광자의 간섭에 의한 양자역학의 표현에 대해 논의할 것이다. 간섭을 증명하는 특정한 실험에 대해 생각해보자. 어떤 간섭계를 통과하는 빛 광선이 있다고 하자. 빛은 간섭계로부터 두 성분으로 나누어지고, 이 둘은 결과적으로 간섭을 일으키게 된다. 우리는 아마도... 초기 광선이 오직 하나의 광자로 이루어져 있는 경우가 있을 수 있다. 이러한 경우 간섭계 장치를 통과하게 된다면 어떠한 일이 일어나게 될 지에 대해서는 의문이다. 이 경우를 통해 빛의 입자성과 파동성의 불일치에 따른 어려움이 있다는 것을 보게 된다.
>
> …
>
> 우리는 이제 초기의 갈라진 빔이 두 성분으로 각각 나누어져서 진행하는 광자에 대해서 설명해야 한다. 광자는 이제 이 두 성분에 관련되는 두 병진운동 상태의 중첩에 의해 주어지는 병진 상태에 있게 된다. ... 일정한 병진운동 상태에 있는 하나의 광자가 굳이 단 한 개의 광선으로 진행할 것이라고 볼 필요는 없다. 이 경우에는 본래의 하나의 광선으로부터 갈라진 둘 이상의 광선들과 연관될 수 있다. 수학적 이론으로 정확하게 표현하면, 각각의 병진운동 상태는 일반적인 파동광학의 하나의 파동함수로 표현되며, 이러한 파동함수는 광선 하나, 혹은 처음 광선으로부터 분리된 둘이상의 광선들을 표현해줄 것이다. 따라서 병진운동의 상태들은 파동함수와 비슷한 방식으로 중첩될 수 있다.[17]

디랙이 여기에서 생각하는 상태의 종류들은 **그림 20.10**에서와 같이 광자가 분리되고

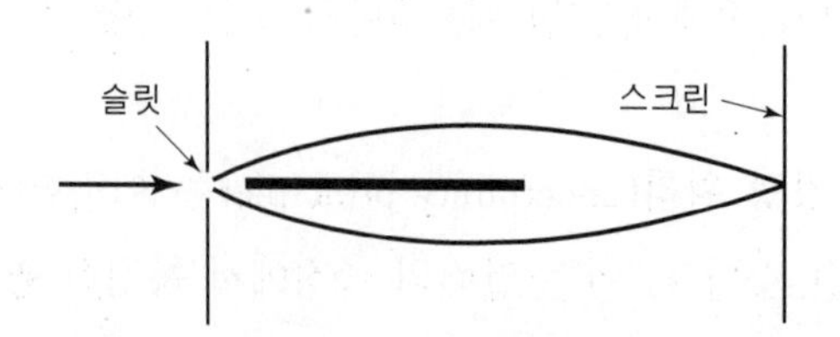

그림 20.10 단일 슬릿에 의한 광자의 간섭실험

[17] Dirac 1958, 7-8.

재결합함으로써 간섭효과가 발생한다는 것이다.[18] 그러나 슬릿을 통해 한번에 단 하나의 광자가 들어간다는 것을 인식하는 것이 중요하다. 예를 들어, 매우 약한 빛을 이중슬릿에 비추고, 광증폭관을 이용하여 스크린에 도달하는 각각의 광자들을 감지할 수 있다. 관찰되는 광자들의 분포는 물론 광학으로부터 예측할 수 있는 이중슬릿의 회절 방식을 따르게 된다. 이는 스크린의 특정 지점에서 시간에 따라 단 하나의 광자가 감지된다 하더라도 마찬가지이며, 이에 대한 자세한 내용을 아래에서 논의하도록 하겠다.

디랙은 계속해서 다음과 같이 말했다.

> ⊛ 이제 구성성분 중 하나의 에너지를 측정할 때 어떠한 일이 일어나는지에 대해서 살펴보도록 하자. 이러한 측정의 결과는 온전한 광자가 존재하거나 또는 전혀 존재하지 않는 것이 되어야 한다. 따라서 광자는 양쪽의 광선에 부분적으로 존재하던 것으로부터 갑자기 어느 한쪽에만 존재하는 것으로 바뀌어야 한다. 이러한 갑작스런 변화는 관찰의 과정으로부터 필연적으로 발생하는 광자의 병진운동 상태에서의 교란에 의해 일어나게 된다. 이때 어느 두 광선에서 광자가 관찰될지를 예측하는 것은 불가능하다. 오직 두 광선에서의 광자의 이전 분포로부터 그 둘의 결과에 대한 확률만을 예측할 수 있을 따름이다.[19]

여기에서 우리는 분리된 광선의 어느 한쪽에 대한 에너지 관측 행위가 광자를 광선(경로)의 어느 한쪽으로 위치하게 한다는 것을 이야기하였다. 이론은 어느 광선에서 광자가 발견될 것이라는 확률만을 말해줄 수 있다(즉, 통계적인 해석만 할 수 있다). 양자역학적인 계에서 관찰 및 측정에서 일어나는 상태(ψ)의 갑작스럽고 불연속적인 변화는 그것의 표준적 해석에 있어서 매우 중요하고도 오랫동안 지속되었던 개념적 어려움의 한 가지 예라고 볼 수 있다. 이를 가리켜서 '측정의 문제'(measurement problem)라고 말하며, 21.3절에서 이에 대해 더 논의하겠다.

위에서 인용한 글에서 디랙이 생각하고 있는 상태의 종류에 대한 구체적인 예로서, **그림 20.11**과 같은 실험 과정을 생각해보도록 하자.[20] 입자선(beam of particles)을 그림의

---

[18] **그림 20.10**은 매우 개략적인 것으로서, 하나의 광선이 나뉘어져서 두 개의 경로를 따라 보내지고 다시 어떤 지점에서(스크린 또는 검출기에서) 재결합하는 임의의 과정을 나타내기 위한 것이다. **그림 20.11**에 그려져 있는 이중슬릿 장치는 이러한 아이디어를 시험해 보는 일반적인 경우이다.

[19] Dirac, 1958, 8.

[20] 이러한 유형의 사고실험은 Feynman(1965, 127-48)에서도 논의되고 있다. **그림 20.11**은 Feynman (1965, 136)의 Figure 30에서 인용한 것이다.

왼쪽에 있는 구멍으로 보낸다고 하자. 이 구멍을 지난 후에 두 번째 면에 있는 슬릿1이나 슬릿2를 통과하게 된다. 결국 우리는 오른쪽에 '스크린'의 여러 위치에 도달하는 입자(전자라고 하자)의 개수를 세거나 감지하게 된다. 고전적인 입자물리에 기초하여 예측하면, 스크린에 도달하게 되는 거의 모든 입자들은 중간에 있는 슬릿1과 슬릿2 통과 후 바로 보이는 지점에 부딪히게 될 것이다. 실제로, 슬릿2를 막게 되면, N_1이라고 적힌 밑줄로 표시한 분포 곡선을 얻게 된다. 마찬가지로, 슬릿1을 막게 되면, N_2곡선을 얻게 되며, 슬릿1과 슬릿2를 모두 열게 되면 N'_{12}를 얻게 된다. 게다가, N'_{12}는 입자에 대해 고전적으로 고려할 때 기대할 수 있는 것처럼 N_1과 N_2의 단순한 합임을 알 수 있다. ($N'_{12}=N_1+N_2$) 여기에서는 간섭 효과가 일어나지 않는다.

이어서 실험을 반복해서 하도록 하자. 그러나 이번에는 입자보다는 파동을 이용해서 하도록 하자. 두 슬릿이 모두 열려있을 때 – 고전적인 광학에서 우리가 예측할 수 있는 것처럼 – 우리는 I_{12}(그림에서는 N_{12}로 표시했다)의 이중슬릿 간섭무늬를 볼 수 있게 된다. 슬릿2가 닫혀있을 때는 I_1(그림에 N_1이라고 이름붙인 곡선과 같은 모양을 가진)의 단일 슬릿 회절무늬를 얻게 되고, 슬릿1가 닫혔을 때에는 I_2의 회절무늬를 얻게 된다. 고전적인 입자에서의 상황과는 달리, 이때의 세기는 단순히 더하는 것이 아니라는 것을 조심해야 한다. 대신, 전형적인 파동현상의 예처럼, 간섭 효과가 일어나는 곳에서는 $I_{12}\neq I_1+I_2$이 된다. 물론 세기 I_1과 I_2를 간단하게 더해서 I_{12}를 만들지는 않을지라도, 각 슬릿을 통해 발생하는 파동의 교란 진폭은 $A_{12}=A_1+A_2$의 중첩의 원리를 따른다. 여기에서 빛이나 파동현상에서 다루는 세기는 $I_{12}\propto|A_{12}|^2$처럼 주어지는 값이다. 이 두 가지 실험을 비교함으로써, 우리는 I_1과 N_1, I_2와 N_2가 유사함을 발견할 수 있는 반면, I_{12} (또는 N_{12})와 I'_{12}와는 매우 다름을 볼 수 있다.

이제는 계에서 양자역학적으로 가져올 수 있는 상황에 대해서 논의해보도록 하자. 다시

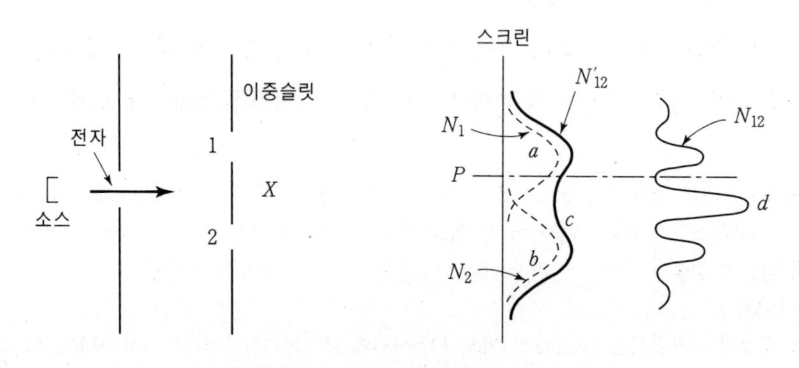

그림 20.11 이중 슬릿 간섭 패턴

그림 20.11로 돌아가 슬릿을 살펴보도록 하자. 하지만 이번에는 전자선을 슬릿에 입사시켰을 경우를 보도록 하겠다. '스크린'의 위치로 가서 스크린에 전자가 도달하는지 안 하는지를 알아보기 위해, 위 아래로 움직일 수 있는 검출기를 가지고 있도록 하자. 이중 슬릿 장치에 한 개씩 전자를 보내며, 스크린의 여러 위치에 도달하는 전자의 상대적인 개수를 세어보자. 이때 실험적으로 발견할 수 있는 것은 분포 곡선 N_{12}가 이중 슬릿의 간섭무늬를 따른다는 것이다. 스크린의 각 위치에서 언제나 전자가 온전히 있거나 혹은 전혀 없는 것으로 명확하게 구분되어 검출되며, 이 장치로 보내지는 전자들은 스크린의 단 하나의 점으로 나타난다. 이러한 측면에서 볼 때, 전자는 입자처럼 움직인다. 그러나 스크린에 전자가 발견될 가능성이나 확률을 나타내는 곡선은 파동의 간섭무늬 형태를 따른다. 그러므로 전자 역시 파동의 성질을 가진다고 하겠다. 다음으로 슬릿2가 닫혔을 때는 전자 검출 분포는 N_1이 된다(또한 슬릿1이 닫히면 N_2가 된다). 역시 파동의 간섭의 경우에서처럼 $N_{12} \neq N_1 + N_2$임을 주의하라. 전자 검출기를 **그림 20.11**의 P위치에 두었을 때, 슬릿2가 닫히면 이 곳에서 많은 전자들을 발견할 수 있지만, 모든 슬릿이 열려있을 때는 실제로 이 곳에서 전자를 발견할 수 없다는 점에서 이 역시 이상하게 보인다.

전자는 '정말' 파동인가 입자인가? 이중슬릿을 통과할 때 어떤 하나의 전자가 어느 슬릿에서 나와 진행하는 지를 통해 이를 알아본다고 하자. 이 실험을 시작하기 전에, 두 슬릿이 모두 열려있을 때 **그림 20.11**의 d 곡선을 검출한다. 일단 빛이 켜져서 모든 전자들이 이중슬릿을 통과하는 것을 보면, 스크린의 무늬는 $N'_{12} = N_1 + N_2$을 따르는 그림의 c 모양으로 바뀌게 된다. 즉, 일단 전자를 입자처럼 움직이게 하면, 분명히 각각의 슬릿을 통과하게 되어, 확률곡선은 입자의 경우처럼 나타난다. 그런데 만약 빛의 강도를 낮추어 이중슬릿을 통과하는 전자의 수가 줄어들게 되면, 검출되는 모양은 바뀌기 시작한다. 빛의 세기를 0까지 계속해서 낮추게 되면, c에서 d 모양으로 곡선이 연속적으로 변하게 된다.[21]

어디에서 나온 전자가 스크린에 도달하는지 예측할 수 있는 방법은 없다. 양자역학적으로, 우리는 오직 스크린의 특정 위치에서 전자를 검출할 수 있는 확률만을 알 수 있을 뿐이다. 이는 종종 하나의 전자가 광원을 떠났을 때의 초기 조건만을 가졌을 경우 궤적을 결정하는 운동의 법칙이 존재하지 않는다는 의미로 받아들여진다. (23장에서 이에 대한

21 이러한 이중슬릿 실험의 수정된 현대적 형태가 최근 실행되었고, 이때에도 단일광자 간섭을 나타냈다. (Godzinski 1991).

논의로 돌아갈 것이다) 어떠한 경우든지, 어느 슬릿을 통과하는가를 관찰하는 여부가 스크린에 비추어지는 간섭무늬에 영향을 미친다. 이것이 바로 양자역학에 대한 표준적 해석의 일반적 결론의 예가 된다. 그리고 이에 따르면, 원자물리학에서는 초기 조건으로부터 사건의 정확한 미래 위치를 공간 상에서 예측할 수 있는 법칙은 존재하지 않는다.

다음에 이어질 장들에서는 양자역학에 대한 코펜하겐의 표준적 해석으로부터 주어지는 이 기준보다 더 완전하고 더 이해가능한 물리적 미시세계에 대한 관점이 존재할 수 있는가에 대한 문제를 다루도록 하겠다.

더 읽을거리

바고트(Jim Baggott)의 『The Meaning of Quantum Theory』의 2장은 중간정도의 수준으로 기초적인 양자역학에서 사용되는 물리와 수학과의 관계에 대한 매우 괜찮은 설명을 제공한다. 페트럭시올리(Sandro Petruccioli)의 『Atoms, Metaphors and Paradoxes』는 새로운 물리학에 대한 보어(Bohr)의 개념적 발전을 재구성하고 있다. 파인만(Richard Feynman)의 『The Character of Physical Law』의 6장은 양자역학적 이중슬릿 실험에 대한 전형적인 논의를 담고 있다.

양자역학은 완성되었는가?

앞 장의 이중슬릿 실험에 관한 토의에서처럼 양자역학을 따르는 미시세계의 기괴해 보이는 성질들을 보면, 우리는 자연스럽게 다른 이론이 만들어질 가능성이 있거나 적어도 양자역학 방정식들의 의미를 더 그럴듯하게 나타내줄 수 있는 다른 설명을 찾을 수 있지 않을까 묻게 된다. 우리는 기본적인 물리 과정에 관하여, 고전적인 상식과 더 일치하는 관점이나 이론을 찾으려 할지도 모른다. 이는(앞 장의 코펜하겐 해석에 의한) 파동함수보다 원자적 현상을 더 세부적으로 기술하는 것이 가능한 것인가에 대한 전형적인 질문이 된다. 이 장에서는 코펜하겐 양자역학의 핵심적인 해석적 문제 몇 가지에 대해 토의해 보겠다. 그런 다음 이어지는 다음 두 장에서는 양자역학의 완결성에 주어지는 엄격하고도 일반적인 제한조건들과 양자역학의 특별한 한 가지 외연에 대해서 살펴보겠다. 여기서는 먼저 양자론에서의 인과관계의 지위(the status of causality)에 대해 계속해서 제기되었던 논쟁으로부터 시작하겠다.

21.1 양자역학의 완결성

비록 하이젠베르크의 불확정성 원리(20.4절)와 절대적 예측의 부재가 양자역학이 갖는 고유의 특징이지만, 원리적 측면에서 물리학의 철저한 결정론적 구조를 유지하려는 시도들이 꾸준히 있어왔다. 고전적으로도 거시적인 기체의 표본은 수많은 분자들로 되어 있어서 뉴턴의 운동 법칙으로 모든 분자들의 미래 위치를 예측하는 것은 불가능하다. 그럼에도 불구하고 그 기초가 되는 구조는 완전히 결정론적인 것이다. (12장의 고전적인 결정론적 카오스에서 우리는 비슷한 상황을 보았다) 양자역학의 표준적인 해석에 의하면 상황은 매우 다르다. 원칙적으로 전자의 정확한 미래 궤도를 예측하고자 하는 결정론적 틀은 존재하지 않는다. 하지만 여전히 완전히 결정론적이면서도 양자역학과 동일한 결과와 예측을 주는 이론을 만들 수 있지 않을까 하는 의문이 자연스럽게 생긴다. 입자들의 미래 거동을 결정해주지만 아직 발견되지 않은 입자의 특성들(흔히 숨은변수(hidden variables)라 불리는)이 존재할 수 있지 않을까? 우리가 관측하는 불확정성은 단지 이러한 숨은변수들에 대한 무지의 결과는 아닐까? (23장에서는 이런 이론의 한 가지에 대해 논의할 것이다)

이런 질문에 대해 다른 생각을 갖는 두 학파는 보통 그 기원에 따라 보어 계열과 아인슈타인 계열로 구분된다. 양자역학의 초창기에 보어는 현상과 관측자의 완전한 분리는 있을 수 없다는 믿음을 진술하였다. 1927년 이탈리아의 코모에서 국제물리학회(International Congress of Physics)가 열렸는데, 그해는 이 도시 출신의 가장 유명한 과학자인 볼타(Alessandro Volta, 1745-1827)가 죽은 지 100년이 되던 해였다. 그 곳에서 보어는 최초로 상보성(complementarity)에 관한 생각을 상세히 발표했고 양자역학의 코펜하겐 해석으로 알려진 것들을 명확하게 제시하였다. (이 장의 후반에서 이 용어의 의미에 대해 더 설명을 하겠지만, 여기서 상보성은 물리계의 완벽한 기술을 위해서는, 상호 배타적인(물리적으로 동시에 실현할 수 없다는 의미에서) 특성(파동-입자 혹은 위치-속력의 경우와 같은)이 필요하다는 보어의 주장을 의미한다) 이 해석에 의하면 하나의 물리적 과정에 대한 공간-시간 서술은 엄격한 원인-결과적 서술에 대해 배타적이며 보완적이다.

> ⊛ 한편, 일반적으로 이해하고 있는 물리적 계의 상태에 대한 정의는 외부의 간섭들을 제외할 것을 요구한다. 그러나 그런 경우엔 양자가설에 따라서 어떤 관측도 불가능하며, 무엇보다도 공간과 시간에 관한 개념이 즉시성을 잃어버린다. 다른 한편으로 관측이 가능하도록 이 계에 속하지 않는 적당한 측정 도구와의 반응을 허용한다면 계의 상태에 대하여 명료한 정의를 한다는 것은 자연스럽게 불가능하고, 일반적 의미에서의 인과관계에 대한 어떤 질문도 있을 수 없다. 따라서 양자론의 본질에 의하면, 고전이론을 특징짓는 공간-시간 좌표계와 인과관계는 (각각이 관찰과 정의에 대한 이상화를 상징하는) 그러한 서술이 갖는 상보적이고 배타적인 특징으로 보아야 한다.[1]

[1] Jammer(1989, 366)에서 인한 것이다.

'양자가설'을 통해 보어는 한 계가 다른 계와 상호작용 할 때에는 환원되거나 제거할 수 없는 통제 불가능의 최소량(그러나 반드시 0은 아닌)의 교란이 발생한다고 말했다. 7부(양자세계와 양자역학의 완전성)의 두 번째 인용구에서 우리는 보어가 이것을 어떻게 구상했는지 보았다. 관측자와 현상 사이의 관계의 중요성은 보어에 의해 더욱 정교화되었다. 오늘날 측정 결과가 그 결과를 가져온 수단에 대하여 의존하는 정도를 맥락성(contextuality)이라 부른다.

다음과 같은 질문을 할 때 어려움과 모순이 나타나는 듯하다. '한 전자의 위치(x)와 운동량(p)은 동시에 얼마일까?' 또는 '**그림 20.11**에 그려진 것과 같은 형태의 장치에서 전자가 소스에서 관측 장치까지 가면서 실제로 어떤 슬릿을 통과한 것일까?'. 20장에서 잠시 살펴보았듯이, 이 질문에 대답하기 위해 시도되었던 실험 결과들은 항상 우리를 난감하게 만든다. 코펜하겐 학파는 이런 질문에 절대 답할 수 없다고 말한다. 하지만 여전히 사람들의 첫 반응은 현재 (혹은 영원히) 그 답을 구할 수 없을 지라도 그 답은 존재해야 한다는 것이다. 원리적으로 전자의 위치나 운동량 중 하나만 알 수 있다거나 혹은 전자가 어느 하나의 슬릿만을 통과해야만 한다는 당연해 보이는 가설이 조작적으로 무의미하다는 등의 진술에 대해 우리는 만족하지 못하는 것이다. 우리는 **그림 20.11**의 상황에서 전자가 소스를 출발하는 것과 그런 다음 오른쪽 스크린에 도달하는 것을 관측할 수는 있지만, 두 관측점 사이의 전자의 위치나 운동에 관해 알기 위해서는 실험 배열을 수정하지 않을 수 없는데, 그럴 경우 실험의 결과가 변하게 된다. 이것이 코펜하겐 해석이 말해주는 것이다. 이런 관점을 상세히 설명하면서 하이젠베르크는 다음과 같이 말했다.

> ⊛ 고전물리학에서 과학은 신념으로부터 시작된다... 세계를 기술할 수 있다는 것... 우리 자신에 관계 없이... 이것의 성공은 세계에 관한 객관적 서술이라는 보편적 이상(ideal)으로 이어진다... 양자론에 대한 코펜하겐의 해석은 여전히 이러한 이상을 따르는가? 사람들은 양자론이 이러한 이상에 최대한 일치한다고 할지도 모른다. ... 이러한 주장은 세계를 '물체'와 나머지 세계로 구분하고, 적어도 나머지 세계를 기술하는 데 고전 개념을 사용한다는 사실에서 출발한다. 이런 구분은 임의적인 것이고 역사적으로는 과학적 방법의 직접적인 결과이다. 고전 개념의 사용은 결국 인간의 보편적 사고 방법의 결과이다.[2]

2 Heisenberg 1958, 55-6.

아인슈타인은, 객관적인 물리적 실체는 누군가 그것을 관측하든 혹은 상호작용 하든 무관하게 존재해야만 한다고 믿었기 때문에, 양자역학을 매우 성공적인 잠정적 이론 이상의 어떤 것으로 받아들이고 싶어하지 않았다. 1926년 양자역학에 대해 자신과 상당히 다른 관점을 가지고 있던 오랜 친구 보른에게 보내는 편지에서, 아인슈타인은 양자론에 내재하는 본질적인 임의적 요소들에 대한 거부감을 표현하였다.

> 양자역학은 확실히 인상적이다. 그러나 나의 내면의 목소리는 그것이 아직은 참된 것이 아니라고 말한다. 양자이론은 많은 것을 말해주지만 '그 분(old one)' 의 비밀에 대해서는 결코 더 가깝게 이끌어 주지 못한다. 나는 그 어떤 경우에도 신은 주사위놀이를 하지 않는다고 확신한다.[3]

21.2 보어와 아인슈타인의 충돌

이러한 문제에 대해 보어와 아인슈타인은 다섯 번째(1927)와 여섯 번째(1930)의 솔베이 회의에서 서로 맞서게 되었다. 이 회의들에서 아인슈타인은 양자역학이 내적 모순을 포함한다는 것을 보이고자 하였다. 1927년 모임의 일반토론 세션이 막 시작된 시점에서, 그는 **그림 21.1**에서 보는 것처럼 전자가 작은 구멍을 통과하여 스크린에 검출되는 것을 생각해냈다. 양자역학에 따르면 어떤 관측이 일어나기 전에는 전자가 검출될 확률이 스크린의 모든 점에서 0이 아니다. 그러나 한 번 전자가 A 지점에서 검출되었다면 다른 점 B에서 검출될 확률은 절대적으로 0이 되어야 한다. 아인슈타인은 관측 전에는 전자가 스크린의 어디에서나 가상적으로 존재했지만 A에서의 관측에 의해 B에서의 확률이 즉시 영향을 받았다고 한다면, 이는 상대론에서 일반적으로 배척하는 원거리 작용을 필요로 한다고 주장했다. (왜냐하면 하나의 영향이 공간적으로 분리된 두 점 사이에서 즉각적으로 전파되어서는 안 되기 때문이다) 다른 한편으로 그는 만약 전자가 슬릿을 통과하여 스크린의 A점으로 가는 실제적인 궤적이 존재하고 양자역학이 이러한 정보를 산출해줄 수 없다면 양자역학은 불완전한 이론이라고 주장했다. 이러한 양자역학의 불완전성에 대한 의심은 아인슈타인이 평생에 걸쳐 계속 되었던 논제였다. 보어, 보른, 디랙, 하이젠베르

[3] Born 1971, 91.

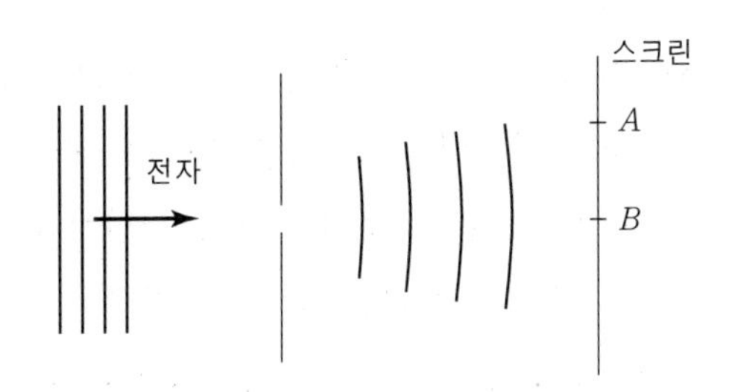

그림 21.1 파동함수의 회절에 대한 아인슈타인의 사고 실험

크 그리고 거의 모든 양자 이론가들의 관점에서는 파동함수가 시공간을 배경으로 전파하는 일반적인 파동을 의미하지 않기 때문에, 아인슈타인의 주장은 초점을 놓친 것으로 보였다. 보어와 아인슈타인 그리고 다른 참가자들 사이의 토론 과정에서 20장에서 살펴본 것과 같은 이중 슬릿 장치가 제시되었다. 양측이 자기 위치에서 입장을 군건히 지켰으며 뚜렷한 반론으로 상대방을 몰아낼 수도 없었기 때문에, 완전성 문제에 대한 전체의 논쟁은 철저한 평행선을 그었다.

1927년의 이 회의에서 아인슈타인은 하이젠베르크의 불확정성 관계의 허점을 증명하기 위한 사고실험을 구성하기도 하였다. 그러나 보어는 아인슈타인의 논리에서 결점을 발견하고 불확정성 원리의 타당성을 지킬 수 있었다. 1930년의 차기 솔베이 회의에서도 같은 종류의 논쟁이 다시 시작되었다. 이번에 아인슈타인은 불확정성 관계의 에너지-시간 관계를 벗어나는 교묘한 사고 실험을 고안했다. 기본적으로 그가 제안한 것은 **그림 21.2**에 나와 있는 것처럼 낮은 밀도의 전자기 복사선으로 채워져 있고 내부에는 시계에 의해 작동되는 셔터를 갖춘 상자였다. 단 하나의 광자만 상자로부터 빠져나올 수 있게 시계가

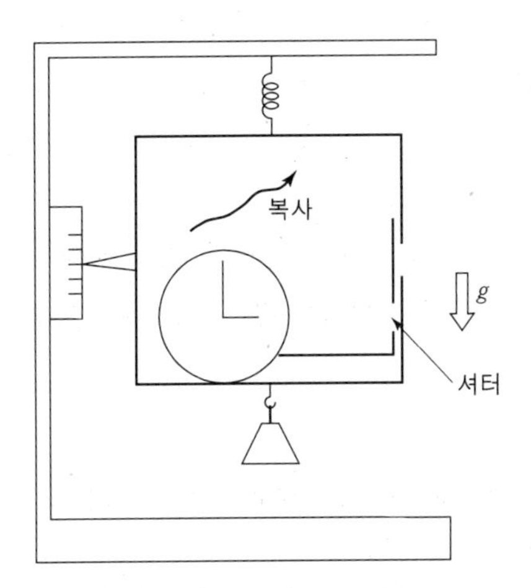

그림 21.2 불확정성 원리를 공격하기 위한 아인슈타인의 시도

Δt의 시간간격으로 셔터를 매우 빠르게 열고 닫도록 설정되어 있다. 물론 시간 간격 Δt는 원하는 만큼 얼마든지 정확하게 설정할 수 있을 것이다. $E=mc^2$이므로 광자가 방출되기 전과 후에 복사선으로 채워져 있는 상자의 무게를 정확하게 측정하는 것만으로 방출된 광자의 에너지에 해당하는 에너지 차이인 ΔE를 결정할 수 있을 것이다. Δt와 ΔE는 모든 정확도로 서로 독립적으로 결정될 수 있기 때문에 하이젠베르크의 불확정성 관계에 어긋나게 $\Delta E \cdot \Delta t < \hbar/2$이도록 동시적으로 ΔE와 Δt의 값을 매우 작게 만들 수 있다. 보어는 이런 도전에 대해 효과적인 대답을 찾기 위해 밤을 새웠고, 결국 찾아냈다. 이 역설에 대한 해답은 아인슈타인 자신의 일반상대론에서 찾을 수 있었는데, 이에 의하면 광자가 상자를 빠져나갈 때 $\Delta m = \Delta E/c^2$의 질량 손실이 가져오는 중력장의 변화가 시계의(시간이 흘러가는) 속도에 영향을 준다는 것이다.[4] 보어는 이 효과가 불확정성 관계에 정확하게 일치함을 보일 수 있었다. 이후 아인슈타인은 더 이상 양자역학이 모순적이라고 주장하지 않았고, 대신 불완전성의 문제에 집중하였다.

21.3 측정의 문제

표준적인 양자역학에서 파동함수의 붕괴나 측정의 문제를 정확하게 진술하려면 양자이론의 형식적 구조에서 사용되는 몇 가지 용어에 대한 정의로부터 출발해야 한다. 물리적 관측가능량(obervables)을 나타내는 연산자 A가 있다. 이 연산자의 고유상태(eigenstate) ψ_j는 관측가능량이 허용된 고유값(eigenvalue) λ_j 중 하나일 때의 고려되는 물리계의 상태(또는 파동함수) 중 하나이다. 이 연산자 A와[5] 고유상태 ψ_j, 고유값 λ_j는 다음과 같은 관계를 가진다.[6]

$$A\psi_j = \lambda_j \psi_j \tag{21.1}$$

이제 양자역학적으로 측정을 기술하기 위하여 이러한 형식적 구조를 사용하자.

그림 21.3에서 표시된 것과 같이, (예를 들면 슈테른-게를라흐 장치에서) 자기장 B를

4 Hughes 1990.

5 물리적 관측가능량을 표현하는 이러한 연산자에 대한 일반적인 제한은 고유값이 실수 값을 갖도록 연산자가 Hermitian($A = A^\dagger$)이어야 한다는 것이다.

6 식(21.1)의 예로 미분 연산자 $A = -i\frac{d}{dx}$를 생각하면 고유상태 $\psi = e^{ipx}$이고, 고유값은 $\lambda = p$이다.

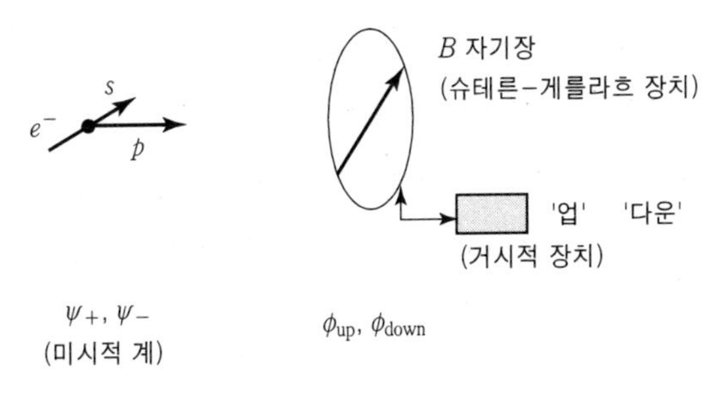

그림 21.3 측정 과정에 대한 묘사

걸어 전자의 스핀을 측정하는 특별한 방법을 살펴보자.[7] 여기서의 기본 아이디어는, 다른 전형적인 측정과 마찬가지로, 미시 세계(여기서는 전자)를 거시세계(여기서는 장치)와 짝짓는 것이다. 그리고 두 세계가 상호작용한 후에 거시세계에 나타나는 상태를 관측함으로써 미시 세계(예를 들면, 스핀 요소)의 변수값에 관해서 알 수 있도록 장치하는 것이다. 흔히 장비의 정보 판독(readout)과 출력(printout)에 대하여 말한다. 신뢰성 있는 측정이 되기 위해서는 거시세계의 최종 상태가 미시 세계의 최종 상태와 강하게 (이상적으로는 100%로) 관련되어야 한다. 그리고 미시 세계의 측정이 미시 세계의 상태를 교란시키지 않는다면 좋을 것이다. 물론 우리는 거시 세계의 상태가 상호작용에 의해 영향을 받기를 원한다. **그림 21.3**에서 보듯이 미시 세계(여기서는 전자)의 파동함수를 나타내기 위해 ψ를, 거시 세계에 대해서는 ϕ를 사용한다. 서로 상호작용하지 않는 두 부분 계에 대해 전체 계를 나타내는 총 파동함수는 다음과 같은 곱으로 나타낸다.[8]

$$\psi(\text{총 파동함수}) = \psi\phi \tag{21.2}$$

지금 특정한 축(여기서는 자기장 B의 방향)을 따라 스핀 업, 스핀 다운에 해당하는 두 개의 독립적인 함수 ψ_+와 ψ_-가 있다.[9] 비슷하게 ϕ_{up}과 ϕ_{down}은 각각 스핀 업 (+1) 과

[7] **그림** 21.3은 Cushing(1994, 35)의 Figure 3.1에서 인용한 것이다.

[8] 이 결과의 모양은 서로 간섭하지 않는 두 계(1과 2로 표시)에 대한 Schrödinger 방정식($i\frac{\partial\psi}{\partial t} = H\psi$)의 해밀토니안 H가 맞바꿀 수 있는 두 항의 합($H = H_1 + H_2$)이 된다는 사실에서 나왔다. 여기서도 다른 예시에서와 마찬가지로 플랑크 상수에 대해서 $\hbar = 1$이 되도록 단위를 정했다.

[9] 전자 스핀의 크기는 $\frac{\hbar}{2}$로 측정된다. 적당한 단위를 선택한다면 이 값이 1이 되도록 할 수 있다. 어느 방향으로도 측정된 스핀 값이 항상 +1(up) 또는 −1(down)이라는 것은 (양자 역학의 형식으로 표현된) 자연의 진실이다. 이러한 스핀에 대해선 오직 두 가지 고유값 만이 허용되기 때문에 고유상태도 $\lambda_+ = +1$과 관련된 ψ_+와 $\lambda_- = -1$과 관련된 ψ_-의 두 개가 존재한다.

스핀 다운 (−1)을 나타내는 상태에 해당하는 장치의 파동함수를 나타낸다. 장치의 초기 상태를 ϕ_0라 하자(즉, 장치는 아무것도 측정하지 않고 있다). 논의를 시작하기 위해서 상호작용 전에 전자가 스핀 업(자기장에 의해 장치의 수직 방향으로 정렬된) 상태에 있음을 안다고 가정하자. 그러면 거시계와 미시계 사이의 상호작용이 있기 전에($t=0$), 결합계에 대한 파동함수는 다음과 같다.

$$\psi(t=0)=\psi_+\phi_0 \tag{21.3}$$

슈뢰딩거 방정식은 상태벡터 $\psi(t)$의 시간에 따른 변화를 결정한다.[10] 특히 전자가 장치의 자기장을 통과함에 따라 미시세계와 거시세계 사이에는 상호작용 혹은 결합이 존재한다. 만약 장치가 괜찮은 측정 기구라면 $\psi(t)$는 (전자가 장치의 자기장을 벗어난 후) 연속적으로 최종 상태로 변화해갈 것이다.

$$\psi(t) \xrightarrow[t\to+\infty]{} \psi_{\text{out}}(t)=\psi_+\phi_{\text{up}} \tag{21.4}$$

마찬가지로, 상태가 $\psi_-\phi_0$인 채로 시작하면 점근적인 최종 상태는

$$\psi_-\phi_0 \xrightarrow[t\to+\infty]{} \psi_-\phi_{\text{down}} \tag{21.5}$$

이것이 설명의 끝이라면 측정의 문제는 없을 것이다. 왜냐하면 미시세계(전자)를 탐측하는 과정에서 미시세계의 상태에 아무런 변화도 발생시키지 않고 거시세계(장치)를 성공적으로 사용하여 측정 과정을 양자역학적으로 기술했기 때문이다.

그러나 보통 측정 이전에는 미시세계의 상태가 '업'인지 '다운'인지 모른다(또는 그렇지 않다면 측정을 할 필요가 없다). 전자의 초기상태는 중첩된 것으로 표현된다.

$$\psi_0=\alpha\psi_++\beta\psi_- \tag{21.6}$$

여기서 $|\alpha|^2+|\beta|^2=1$이다. 장치의 처음 상태는 아직 ϕ_0이기에 결합된 계에서의 초기 상태는 다음과 같다.

$$\Psi(t=0)=(\alpha\psi_++\beta\psi_-)\phi_0 \tag{21.7}$$

[10] $i\frac{\partial\Psi}{\partial t}=H\Psi$의 정해는 $\Psi(t)=e^{-iHt}\Psi(0)$이다. 이 해에 대한 증명은 간단하고 (시간으로 미분한 다음에 슈뢰딩거 방정식에 대입한다) 대부분의 표준적인 양자역학 책에서 찾을 수 있다. 그러나 여기서의 목적에 필요한 것은 그러한 해가 존재한다는 사실이다. 우리는 이 해를 함수나 행렬 또는 세로줄 벡터로 명확하게 나타낼 필요가 없다.

슈뢰딩거 방정식이 선형적이기[11] 때문에 식(21.4)와 식(21.6)으로부터 미시계와 거시계의 상태는 다음과 같이 얽히게(entangled) 된다.

$$\Psi_0 \equiv (\alpha\psi_+ + \beta\psi_-)\phi_0 \xrightarrow[t\to+\infty]{} \Psi_{\text{out}} = \alpha\psi_+\phi_{\text{up}} + \beta\psi_-\phi_{\text{down}} \qquad (21.8)$$

따라서 거시적인 장치에 대해 불명확한 상태가 된다. 바꾸어 말하면 식(21.8)에서 나타냈듯이 측정장치는 업과 다운(+1과 −1) 상태가 중첩되어 있다. 그러나 일상의 물리적 실체들을 절대로 이러한 중첩으로 관측되지는 않는다. 그래서 양자역학 이론의 예측은 관측과 크게 다르고 따라서 곧바로 거부되어야 할 것처럼 보인다. 그러나 그렇지 않다. 양자역학의 표준(또는 코펜하겐) 해석은 **파동묶음**(wave packet)이 관찰에 대해 다음과 같이 환원(reduction)되거나 붕괴한다고 말한다.

$$\alpha\psi_+\phi_{\text{up}} + \beta\psi_-\phi_{\text{down}} \xrightarrow[\text{불연속적으로}]{} \begin{cases} \psi_+\phi_{\text{up}} & \text{확률은 } |\alpha|^2 \\ & -\text{ 혹은 }- \\ \psi_-\phi_{\text{down}} & \text{확률은 } |\beta|^2 \end{cases} \qquad (21.9)$$

즉, 상태벡터가 통제 불가능하게 식(21.8)의 중첩으로부터 식(21.9)의 우변에 있는 실제 관측된 상태의 하나로 환원되거나 '도약' 한다는 임시방편적 규칙이 식(21.8)의 시간 전개 슈뢰딩거 방정식에 추가된다.

이것이 양자역학에서의 측정의 문제이다. 이것은 여기서 사용한 특수한 예에만 해당하는 것이 아니고 모든 양자역학적 측정이 갖는 특성이다. 다음 절에서 보게 될 것처럼, 이는 양자역학의 완전성과 관계된다. 만일 양자역학이 물리계를 완전하게 기술할 수 있다면, 이러한 환원은 실제적 물리 과정으로서 중요하게 취급되어야 하고 물리적 상호작용을 통해 설명되어야 한다. 그러나 이에 대한 일반적이고 성공적인 문제해결은 없었다.

21.4 슈뢰딩거의 고양이 역설

1935년에 슈뢰딩거는 양자역학의 불완전성을 설명하기 위해 유명한 '고양이 역설(cat

11 즉 $H(\Psi+\Phi) = H\Psi + H\Phi = i\frac{\partial\Psi}{\partial t} + i\frac{\partial\Phi}{\partial t} = i\frac{\partial(\Psi+\Phi)}{\partial t}$. 이는 두 해의 합도 그 자체로 하나의 해가 됨을 의미한다. 일반적으로 연산자 A가 모든 ϕ와 ψ에 대해서 $A(\psi+\phi) = A\phi + A\psi$이면 연산자 A는 선형(linear)이라고 한다.

paradox)'을 제안하였다.[12] 이 역설이 발표된 논문은 다음 장에서 자세히 다룰 아인슈타인-포돌스키-로젠(Einstein-Podolsky-Rosen) 논문의 주제에 관하여 슈뢰딩거가 아인슈타인과 나눈 교신의 결과로 나왔다. 슈뢰딩거는 봉해진 금속상자 안에 놓인 살아 있는 고양이를 가정했다. 고양이와 함께 한 시간이 지나면 자연 붕괴의 확률이 정확히 $\frac{1}{2}$인 방사성 원소 샘플이 상자 속에 있다. 원소의 원자가 붕괴를 하면, 치명적인 시안화수소산 약병이 깨지고 고양이가 죽도록 설치되어 있다.

이런 상황이 벌어지지 않으면, 고양이는 계속해서 살아있게 된다. 상황이 전개되기 시작할 때, 이 결합된 계(고양이+원자)에 대한 파동함수는 반드시 살아 있는 고양이에 해당한다. 그러나 시간이 지남에 따라 원자가 붕괴하여 고양이가 죽게 되는 어떤 제한된 확률이 존재한다. 한 시간이 되면, 계에 대한 파동함수가 살아 있는 고양이에 대한 상태와 죽어 있는 고양이에 대한 상태의 균일한 혼합 형태이거나 중첩이라고 가정하자. 이 경우에 파동함수가 실재에 대하여 완전하고도 객관적인 기술을 해준다면, 단지 관찰 행위에 의해 거시계(고양이)는 살아있는 상태가 아니면 죽어있는 상태가 될 것이다. 슈뢰딩거는 이것을 타당하다고 믿지 않았다. 1939년, 이에 관한 답신에서 아인슈타인은 슈뢰딩거에게 다음과 같이 적었다.

> ⊛ 나는 아직도 물질에 대한 파동적 표현은 그것이 실제적으로 얼마나 유용한지 판명되더라도 사건의 상태에 대한 불완전한 표현이라고 확신한다. 이것을 보여주는 가장 좋은 방법은 (폭발을 동반하는 방사성 붕괴와 연결되어 있는) 고양이에 관한 당신의 예이다. 어떤 정해진 순간에 ψ함수의 어떤 부분들은 고양이가 살아있는 것에 해당하고 다른 부분들은 고양이가 가루가 되어버리는 것에 해당한다.
>
> 만약 ψ함수를 그것이 관찰이 되든 안 되든 간에 상태의 완전한 기술로 해석한다면 이것은 문제의 시간에 고양이는 살아있지도 죽어있지도 않다는 것을 의미한다. 그러나 전자나 후자의 상황은 관찰에 의해 실현되는 것이다.
>
> 만약 이 해석을 거부한다면, ψ함수는 실제 상황을 표현하기보다는 상황에 대한 우리 지식의 내용을 표현한다고 가정해야만 한다. 이것이 보른의 해석인데, 오늘날 대부분의 이론가들이 공유하는 것이다. 그러나 그때 우리가 공식화할 수 있는 자연의 법칙은 존재하는 것의 시간에 따른 변화에 해당하는 것이 아니라, 우리가 옳다고 기대하는 내용의 시간적 변이에 해당한다.
>
> 양쪽 관점 모두 논리적으로 반대할만한 것은 아니다. 그러나 나는 이 관점 중

12 '고양이 역설'의 원문은 Schrödinger 1935. p.812(또는 Wheeler and Zurek 1983, 157)를 참조한다.

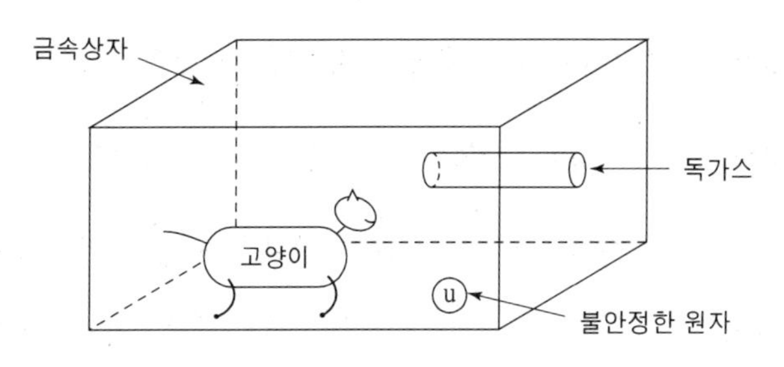

그림 21.4 슈뢰딩거의 고양이

어느 하나가 최종적으로 성립될 것이라고는 믿을 수 없다.[13]

그림 21.4는 슈뢰딩거 사고실험의 개략도이다.[14] 요점은 무엇이 이 상황의 표준적인 양자-역학적 기술이 될 것인가를 생각하는 것이다. 만약 고양이는 ϕ로 원자는 ψ로 그리고 합성계(고양이+원자)는 $\Psi(t)$를 각각에 대한 파동함수라 하면, 합성계에 대한 초기 파동함수는 다음과 같다.

$$\Psi_0 = \Psi(t=0) = \phi_{\text{live}}\psi_{\text{atom}} \tag{21.10}$$

슈뢰딩거 방정식의 작용하에서, 이것은 시간이 지남에 따라 얽힌 상태로 변한다. (식 (21.8) 참조)

$$\Psi(t) = \alpha(t)\phi_{\text{live}}\psi_{\text{atom}} + \beta(t)\phi_{\text{dead}}\psi_{\text{decay}} \tag{21.11}$$

확률을 계산하는 통상적인 양자-역학 규칙에 의하면, 우리가 상자를 한번 열었을 때, 상자 안에서 살아 있는 고양이를 발견할 확률이나 가능성은 다음과 같고[15]

$$P_{\text{live}}(t) = |\langle \phi_{\text{live}}\psi_{\text{atom}} | \Psi(t)\rangle|^2 = |\alpha(t)|^2 \sim e^{-t/\tau_0} \tag{21.12}$$

---

13 Przibram 1967, 35-6.

14 **그림** 21.4는 Cushing(1994, 38)의 Figure 3.2에서 인용한 것이다.

15 식(21.12)의 기호 $\langle u|v\rangle$는 상태 벡터 u를 상태 벡터 v에 투영한 것을 나타낸다. 이것은 v에 포함된 u의 성분들을 내어준다. 그것은 마치 $\hat{\boldsymbol{i}}$이 x축 방향의 단위 벡터이고 $\boldsymbol{r}$은 위치 벡터일 때 x가 위치 벡터 $\boldsymbol{r}$의 x축 방향 성분 값이 되는 스칼라곱 (또는 내적) $\hat{\boldsymbol{i}}\cdot\boldsymbol{r}=x$와 유사하다. 여기서 우리는 그러한 자발적인 붕괴 과정이 핵붕괴 과정의 일반적인 지수 감소 법칙 $N(t)=N_0e^{-t/\tau_0}$을 따른다고 가정하고 (또는 당연하게 생각하고) 있다. 여기서 τ_0는 본래 시료의 반감기이다. (기술적으론 반감기를 0.693 τ_0로 정의한다) 16.4절의 μ-메존 감소에 대한 논의를 참조한다.

반면에 죽은 고양이를 발견할 확률과 가능성은 다음과 같다.

$$P_{\text{dead}}(t) = |\langle \phi_{\text{dead}} \psi_{\text{decay}} | \Psi(t) \rangle|^2 = |\beta(t)|^2 \sim 1 - e^{-t/\tau_0} \tag{21.13}$$

여기서 $\Psi(t)$는 우리가 들여다보기 전의 계의 상태를 – 살아 있는 고양이와 죽은 고양이의 중첩을 – 나타낸다. 우리가 들여다본 후에는 상태 벡터는 (마술적으로?) 살아있는 고양이나 죽은 고양이 중에 하나로 환원되어 버린다.

이때 명백한 수사학적인 문제가 나타난다. 파동함수가 나타내는 것은 무엇인가? – 계에 대한 우리의 지식 상태인가? (이 경우에 양자역학은 불완전하다.) 아니면 계의 실제적인 물리적 상태인가? (이 경우에 우리의 관찰에 따른 계의 급격한 변화가 있어야만 한다) 불완전성의 선택은 보른의 통계적 해석과 부합된다는 것을 인식하자(20.2절). 그러면 파동함수의 붕괴는 단지 고양이의 상태에 관한 우리의 지식을 수정하는 것에 해당한다. 고양이가 살아있거나 죽어있다는 것을 알아채는 것에 의해서 고양이에게 어떠한 물리적인 현상이 일어나는 것은 아니다. 그렇다면 이러한 통계적인 것보다 더 완벽한 서술은 불가능하다고 주장하는 것은 논리적으로 독립적인 별도의 제한사항을 들은 것이다. 한편, 파동함수가 개개의 고양이의 상태를 나타낸다면(완전성의 선택 – 20.4절 ψ에 관한 하이젠베르크의 입장 참조), 고양이의 극적인 물리적 변화는 파동함수의 붕괴를 가져온다.

단순한 관찰에 의한 물리적 상태의 급격한 변화는 미시적인 수준에서는 그렇게 성가시게 보이지 않는 반면에 고양이와 같은 거시적인 계의 수준에서는 혼란스럽고 전혀 일어날 것 같지 않아 보인다. 실질적으로 단순히 고양이를 관찰하는 행위 그 자체가 살아 있는 고양이나 죽어 있는 고양이(즉, 죽이든지 아니든지)를 만들어낸다는 제안에 대한 우리의 (부정적인) 직관적 반응에 슈뢰딩거는 의지하는 것 같다. 이와 같이, 슈뢰딩거는 양자역학의 완전성(즉, 양자역학의 코펜하겐 해석)에 반하는 논증을 (물론, 논리적 불가능성의 증명은 아니지만) 만들어냈다.

21.5 측정의 효과에 대한 디랙의 입장

이제 디랙이 광자(혹은 전자)빔의 관찰된 움직임을 어떻게 설명하는가를 보기 위해 **그림 20.10**의 광선이 갈라지는 실험으로 되돌아가자.

> 예를 들면, 움직일 수 있는 거울에 광선을 반사시켜 반동을 관찰함으로써, 우리는 광선 성분을 파괴하지 않고 에너지 측정을 수행할 수 있을 것이다. 그러한 에너지 측정 후에 광자를 설명하게 되면, 우리는 두 성분 사이에 간섭 효과를 일으키는 것은 불가능하다고 추리하게 된다. 광자가 일부분은 한 광선에 일부분은 다른 광선에 있는 동안은, 간섭은 두 광선이 중첩될 때 일어날 수 있지만, 관찰에 의해 광자 전체가 하나의 광선이 되도록 하면 이러한 가능성은 사라진다. 그러면 광자를 기술하는 데 다른 광선이 더 이상 포함되지 않으므로 광자는 뒤이어 수행되는 어떤 실험에 대해서도 평소처럼 마치 한 줄기의 광선 속에 있는 것처럼 보인다.[16]

즉, 그와 같은 에너지 측정이나 두 경로 중의 하나만을 따라가는 관찰 이후에는 간섭은 더 이상 불가능하다. 비록 계가 측정 전에 두 상태(혹은 '성분들') 중 하나로 나타나더라도, 관찰이 이루어질 때 (디랙에 의해 제시되는 이미지를 따르면) 자연은 '선택'을 강요받는다. 그 후 계는 한정된 성분 속에 존재하므로, 결과적으로 다른 성분과의 간섭은 더 이상 불가능하다. 파동함수의 '붕괴'가 발생한 것이다. (이는 일단 전자나 광자가 어느 슬릿을 통과했는지를 결정하면 – 전자나 광자를 관찰하기 위해 X에 빛을 쪼였을 때 – **그림 20.11**의 이중슬릿 장치에서 간섭이 소멸하는 것과 같은 형태이다)

> 이런 선상에서 양자역학은 빛의 파동성과 입자성의 조화에 영향을 줄 수 있다. 핵심은 광자의 병진운동 상태 각각을 통상적인 파동광학의 파동함수 하나와 연관시키는 것이다. 이 연관의 특징은 고전역학의 기반에서 그려질 수 있는 것이 아니라 완전히 새로운 것이다. 광자와 그와 연관된 파동을 고전역학에서 입자들과 파동들이 할 수 있는 방법으로 상호작용한다고 그리는 것은 상당한 잘못일 수 있다. 이 연관은 단지 통계적으로 해석될 수 있는데, 이는 파동함수가 광자의 위치를 관찰할 때 어떤 특정한 위치에서 광자를 발견할 확률에 관한 정보를 준다는 것이다.
>
> 양자역학의 발견 전에 사람들은 광파와 광자 사이의 관계가 통계적 특성이어야 한다는 것을 깨달았다. 그러나 명확하게 깨닫지 못했던 것은 파동함수가 그 장소에서 있음직한 광자의 수가 아니라 특정한 장소에 있을 한 광자의 확률에 관한 정보를 준다는 것이었다. 이러한 구별의 중요성은 다음의 방법으로 명확해질 수 있다. 많은 광자들로 이루어진 한 광선이 같은 세기의 두 성분으로 분리된다고 가정하자. 광선의 세기가 광자의 있을 법한 수와 관계있다는 가정 위에서는 전체

[16] Dirac 1958, 8-9.

> 광자 수의 절반이 각각의 성분으로 가도록 해야 한다. 이제 두 성분이 간섭한다면, 한 성분의 광자 하나가 다른 성분의 광자 하나와 간섭할 수 있어야 한다. 때로 이 두 광자는 서로 소멸되어야 하고 때론 네 개의 광자를 만들어내야 한다. 이것은 에너지 보존에 위배될 것이다. 파동함수를 한 광자의 확률과 관련짓는 새로운 이론은 각 광자를 부분적으로 나뉘어져 각각의 두 성분으로 가게 함으로써 어려움을 극복한다. 그때 각 광자는 그 자체로만 간섭한다. 두 개의 다른 광자 사이의 간섭은 결코 일어나지 않는다.[17]

핵심은 여기에서 논의 중인 확률이 광자들의 집합체가 아니라 단일 광자들(혹은 전자들)에 대한 확률이라는 점이다. 디랙이 말한 것은 에너지 보존과의 모순을 피하기 위해서는 확률에 대해 이러한 해석이 필요하다는 것이다. 비록 이러한 파동-입자 '이중성'이 원리적으로 보편적이고 모든 형태의 계로 확장된다고 하더라도, 질량과 진동수 사이의 비례상수가 매우 작기 때문에($m = \frac{h\nu}{c^2}$이므로) 일상 경험에서는 보통 깨닫지 못하게 된다.

> ⊛ 위에서 논의한 파동과 입자의 연관은 빛의 경우에 한정되는 것이 아니라, 현대 이론에 따르면 보편적으로 응용 가능한 것이다. 모든 종류의 입자들이 이런 식으로 파동과 연관되어 있으며, 역으로 모든 파동운동이 입자와 연관되어 있다. 이와 같이 모든 입자들은 간섭효과를 보일 수 있으며, 모든 파동운동들은 양자들의 형태로 에너지를 가진다. 이 일반적인 현상들이 더 명백하지 않은 이유는 입자의 질량 혹은 에너지와 파동의 진동수 사이의 비례법칙 때문이다. 익숙한 진동수의 파동과 연관된 양자들의 비례상수가 매우 작고, 반면에 입자에 대해서는 전자처럼 가벼운 경우조차도 연관된 파동 진동수는 너무 커서 간섭을 증명하기에 쉽지 않다.[18]

마지막으로 디랙은 파동함수 ψ에서의 이런 중첩은, 관찰되는 계의 중간적인 특성(말하자면, 흑백 사이의 회색)으로 나타나는 것이 아니라, 오히려 기본적인 가능성들(흑 또는 백) 각각의 발생 확률에 대한 중간값으로 나타난다고 강조했다.

---

[17] Dirac 1958, 9.
[18] Dirac 1958, 9-10.

> ⊛ 구체적인 힘의 법칙에 따라 상호작용하며 구체적인 특성들(질량, 관성모멘트 등)을 가지고 있는 입자들이나 물체들로 구성된 어떤 원자 계를 생각해보자. 힘의 법칙과 일치하는 입자나 물체의 가능한 운동들이 다양하게 있을 것이다. 각각의 그러한 운동들을 계의 상태라 부른다.
>
> …
>
> 서로 다른 두 상태의 중첩으로 이루어진 상태가 있을 때, 그 상태는 약간 모호한 방식으로 원래 상태들의 특성 사이의 중간이며, 중첩 과정에서 각 상태에 딸린 더 크거나 작은 '비중'에 따라서 어느 한쪽의 특성에 더 또는 덜 가까이 접근하는 특성을 가질 것이다. 중첩과정에서 상태들의 상대적 비중이 알려지면, 새로운 상태는 원래의 두 상태에 의해서 완벽하게 정의된다.
>
> …
>
> 상태 A에 있는 계에서는 확실히 a라는 특정한 결과를 낳고, 상태 B에 있는 계에서는 확실히 b라는 다른 결과를 낳는 관찰이 존재하는 그러한 A와 B 두 상태의 중첩을 고려하면 중첩의 비고전적 특성은 명확히 나타난다. 중첩된 상태에 있는 계에 관찰이 이루어질 때 관찰의 결과는 무엇일까? 중첩의 과정에서 A와 B의 상대적 비중을 따르는 확률법칙에 따라서, 결과가 때로는 a가 되고, 때로는 b가 된다는 것이다. 그것은 결코 a와 b 양쪽 모두와 다르지 않을 것이다. 이와 같이 중첩에 의해 형성되는 상태의 중간적 특징은, 관찰에 대해 특정한 결과를 낳는 확률이 원래 상태에 해당하는 확률들의 중간이 되는 것으로 나타나며 원래 상태에 해당하는 결과들의 중간적인 결과가 되는 것으로 나타나지는 않는다.[19]

여기의 마지막 문단에서 디랙은 두 상태 A, B의 중첩으로 표현되는 계를 예로 들고 있다. 21.3절과 21.4절에서 우리는 양자역학의 형식화로 표현된 그와 같은 중첩의 구체적인 예시들을 살펴보았다.

더 읽을거리

데스파냐(Bernard d' Espagnat)의 〈The Quantum Theory and Reality〉는 양자 세계의 여러 가지 반직관적 특징들을 비기술적으로 표현하고 있다. 바고트(Jim Baggott)의 『The

[19] Dirac 1958, 11, 13.

Meaning of Quantum Theory』의 3장은 코펜하겐 해석과 보어-아인슈타인 논쟁에 대해 일반적 수준에서 논의하고 있다. 맥키논(Edward MacKinnon)의 『Scientific Explanation and Atomic Physics』의 8장~10장은 이러한 주제들을 보다 심도 있게 다루고 있다. 휘테커(Andrew Whitaker)의 『Einstein, Bohr and the Quantum Dilemma』는 양자역학에 관해서 보어와 아인슈타인을 분리시켰던 개념적 문제에 대해 수학적이지 않지만 매우 철저하고 통찰력 있는 논의를 전개하고 있다. 잼머(Max Jammer)의 『The Philosophy of Quantum Mechanics』는 양자이론의 철학적 함의를 깊게 탐색하고 이를 역사적 맥락에서 살펴보고 있다.

8부 양자역학에서 얻은 철학적 교훈

내가 생각하기에… 아무도 양자역학을 이해하지 못한다고 말해도 괜찮을 것이다.

파인만(Richard Feynman), 「he Character of Physical Law」

양자역학은 신비롭고도 혼란스러운 학문으로서, 우리들 중 그 누구도 진정으로 이해하지 못하는, 하지만 사용할 줄은 아는 그런 것이다. 그것은 물리적 실재를 기술함에 있어서 우리가 아는 한 완벽하게 작동한다. 그러나 '반직관적'이다. …

겔만(Murray Gell-Mann), 「Questions for the Future」

[양자] 가설이 시사하는 바는 원자적 과정들에 대한 인과적인 시공간 좌표를 버리는 것이다.

보어(Niels Bohr), 「Atomic Theory and the Description of Nature」

하지만 확률함수가 그 자체로 시간의 과정 속에서의 사건의 과정을 나타내는 것이 아니라는 점을 강조할 필요가 있다. 확률함수가 나타내는 것은 사건의 경향성과 사건에 대한 우리의 지식이다. 확률함수는 한 가지 본질적인 조건이 만족될 때에만 실재와 연결될 수 있다. 즉, 계의 특정한 특성을 결정하기 위한 측정이 이루어졌을 때이다.

…

세상의 가장 작은 부분들조차 돌이나 나무들이 존재하는 것과 동일한 의미로 우리의 관찰 여부에 무관하게 존재한다는 그러한 객관적인 실재 세계에 대한 아이디어는 … 불가능하다 …

하이젠베르크(Werner Heisenberg), 「Physics and Philosophy」

양자이론에서 **인과원리**(principle of causality)는, 보다 정확하게는 결정론적 인과원리는, 폐기되고 다른 것으로 대체되어야 하는 것이다. … 이제 우리는 **새로운 형태**의 인과법칙을 가지게 되었다. … 그것은 다음과 같다. 만약 특정한 과정에서의 초기 조건이 불확정성의 관계가 허용하는 만큼 정확하게 결정된다면, 이어지는 모든 가능한 상태의 확률은 정확한 법칙에 의해 지배된다.

보른(Max Born), 『The Restless Universe』

원자적 문제에 대한 보어의 접근은 … 정말 대단한 것이다. 그는 일반적 의미의 그 어떤 이해도 불가능하다는 것을 전적으로 확신하고 있다.

슈뢰딩거(Erwin Schrödinger), 『Letter to Wilhelm Wien on October 10, 1926』

따라서 그것은 흔히 가정되는 것처럼 – 통계적 과정이 아닌 다른 기본적 과정이 가능하기 위해서는, 현재의 양자역학의 체제는 객관적으로 잘못된 것이라는 – 양자역학에 대한 재해석의 문제가 아니다.

노이만(John von Neumann), 『Mathematical Foundations of Quantum Mechanics』

사실 나는 오늘날 양자이론의 본질적인 통계적 특성은 이것이 (이론이) 물리적 체계에 대한 불완전한 묘사와 함께 작동한다는 사실에 전적으로 기인한다고 확신한다.

아인슈타인(Albert Einstein), 『Reply to Criticism』

[이중슬릿 실험의 결과가] 경로를 따라 운동하는 전자에 대한 아이디어와 결코 융합될 수 없다는 것은 분명하다. … 양자역학에서는 입자의 경로와 같은 개념은 존재하지 않는다.

랜도와 립쉬츠(Lev Landau and Evgenii Lifshitz), 『Quantum Mechanics: Non-Relativistic Theory』

하지만 1951년 나는 불가능이 이루어진 것을 보았다. 그것은 데이비드 봄의 논문에서였다. 그는 변수들이 비상대론적 파동역학에 도입됨으로써 비결정론적 서술이 결정론적 서술로 변환될 수 있다는 것을 확실하게 보여주었다. 내 생각에 더 중요한 것은 '관찰자'에게 주어지는 필연적인 기준인 전통적 의미의 주관성이 생략될 수 있다는 것이다.

뿐만 아니라 그 핵심적 아이디어는 1927년 드브로이에 의해 그의 '파일럿파(pilot wave)'의 그림에서 이미 발전을 이루었던 것이다.

그런데 보른은 왜 나에게 이러한 '파일럿파'에 대해 이야기 해 주지 않았던가? 무엇이 틀렸는지만 지적해주면 되지 않았는가? 왜 폰노이만은 이것을 생각하지 않았을까? 더욱 이상한 것은 왜 사람들이 1952년 이후에도, 그리고 1978년이 될 때까지도, '불가능'한 증명을 계속해서 시도하였는가? 파울리, 로젠펠트, 그리고 하이젠베르크조차도 봄의 생각을 '형이상학적'이고 '이데올로기적'이라고 낙인찍는 대신에 황폐한 비판만을 만들어 냈던 때는 언제였는가? 그것은 유일한 방식이 아니라 팽배해 있는 자아도취에 대한 하나의 해독제로 가르쳐져서는 안 되는가? 모호함과 주관성 그리고 비결정론이라는 것은 실험적 사실에 의해서가 아니라 의도적인 이론적 선택으로서 우리에게 강요되는 것은 아닌가?

벨(John Bell), 『Speakable and Unspeakable in Quantum Mechanics』

EPR 논문과 벨의 정리

17장에 소개된 쌍둥이 역설의 내용에서 알 수 있듯이, 특수 상대성이론이 처음 제안되었을 때에 사람들은 그것이 반직관적이고 일관적이지 않아 보이는 것에 충격을 받았다. 양자역학 역시 유사한 반향을 일으켰다. 그러나 그 반향은 양자역학이 처음 소개된 1920년대 중반부터 현재까지도 지속될 만큼 길고도 더욱 큰 것이었다. 양자역학에 대한 이러한 반응은 새로운 학설이 제안될 때 흔히 생기는 초기 혼란에 국한되지 않은 것으로서, 아인슈타인과 같은 권위자에게도 평생의 퍼즐로 남았다. 이 장에서는 양자역학이 논리적으로 일관되지 못한 것이 아니라면 적어도 불완전한 이론이라는 것을 아인슈타인과 그의 동료들(포돌스키, 로젠)이 보이려했던 시도에 대해 살펴볼 것이다. 양자역학의 불완전성에 대한 의혹은 슈뢰딩거의 '고양이 역설'에서 제기되었다(21.4절 참조).

22.1 EPR 역설

1953년 아인슈타인(Einstein), 포돌스키(Boris Podolsky, 1896-1966), 로젠(Nathan Rosen, 1909-1995)(이하 EPR로 지칭)은 〈물리적 실재에 대한 양자역학적 기술은 완전한 것인가?〉(Can Quantum-Mechanical Description of Physical Reality Be Considered Complete?)라는 제목의 논문을 출판하였다. 그들은 이론의 완전성에 대한 기준으로 해당 이론이 실재에서 발견될 수 있는 모든 실체(entity)에 대응하는 용어들을 포함하고 있는가로 정의하였다. 예를 들어 태양 주위를 공전하는 행성들의 운동과 같이 하나의 계를 고전적으로 기술함에 있어서, 위치(r)와 운동량(p) 그리고 계의 다양한 부분에 대응하는 기호들이 존재한다. EPR은 만약 하나의 완전한 이론이 위에서 제시한 변수나 양들 가운데 하나의 물리량을 불확실성이 없고 그 계에 어떠한 영향을 주지 않으면서 예측할 수 있게 한다면, 그 물리량은 자연계에서 실재하며 예측된 값을 반드시 갖게 된다고 규정하였다. 그들은 이러한 기준에 기초하여 자신들의 주장에 대한 논리적 윤곽을 제시하였다.

> ⊛ 완전한 이론에는 실재를 구성하는 모든 구성요소 각각에 대응하는 요소들이 존재한다. 계를 방해하지 않으면서 불확실성 없이 그 물리량을 예측할 수 있다면 이는 물리량이 실재한다는 것에 대한 충분조건이 될 수 있다. 양자역학에서는 비교환연산자(non-commuting operators)로 표현되는 두 물리량들 중 하나의 값을 알면 다른 하나의 값을 알 수 없다. 그러면 ① 양자역학의 파동함수로 주어지는 실재에 대한 기술은 완전한 것이 아니거나 또는 ② 이들 두 물리량은 동시적 실재성을 지닐 수 없다. 하나의 계에 대한 예측을 하기 위해 그것과 상호 작용했던 다른 하나의 계를 이용하게 된다는 것은 ①이 사실이 아니고 따라서 ②도 사실이 아니라는 결론으로 이어진다. 그리고 파동함수로 실재를 기술하는 것은 불완전하다는 결론을 내릴 수 있게 된다.[1]

증명의 논리적 구조는 간단하게도 ①과 ②가 동시에 거짓일 수 없다는 것이다. (이후에 보겠지만 이 둘은 양자역학적으로 서로 모순이 된다). EPR은 ①을 부정(즉, 양자역학이 완전하다고 가정)하면 필연적으로 ②의 부정(즉, 특정한 두 물리량이 동시에 물리적 실재성을 지닌다)을 가져오는 특수한 양자물리학적인 예를 만들었다. 왜냐하면 ①과 ②가 동시에 거짓일 수 없기 때문에 ①의 부정은 허용되지 않는다는 것이다. 따라서 양자역학은 불완전한 이론이 된다. 원거리 작용이 존재하지 않는다는 EPR의 가정은 눈여겨볼 필요가 있다. 이와 같이 거리상 떨어져 있는 두 사건 가운데 하나의 사건이 다른 하나의 사건에 즉각적으로(동시에) 영향을 주지 못한다는 가정은 흔히 **국소성**(locality)의 가정이라고 불린다. 뒤에서 EPR 실험의 간단한 형태에 대해 생각해 볼 것이다.

보어는 같은 해 동일한 저널에 EPR 논문과 동일한 제목을 지니는 글[2]을 투고하여 EPR이 제시한 의견에 대해 대응하였다. 보어는 아마도 EPR이 설명한 것보다 더욱 명확하게 원거리에서의 물리적 작용(비국소성)을 부정하였다. 그의 답변은 실재성이란 측정에 사용되는 기구가 명확히 주어졌을 때 정의될 수 있는 것이기 때문에 EPR이 제시한

---

[1] Einstein et al. 1935, 777.

[2] Bohr 1935.

물리적 실재성이 모호하다는 확신에서 나온 것이다. 보어의 관점에서 볼 때 '실재의 요소(element of reality)'의 값을 실질적으로 알 수 있는가가 실재의 요소의 존재성을 결정하는 기준이 된다. 보어는 이와 같은 정교화를 통해 EPR의 논증은 지속될 수 없다고 주장하였다. 보어와 EPR의 논쟁은 물리적 실재성에 대한 기준이 논란의 대상으로 남아있었기 때문에 결코 해결되지 않을 것 같아 보였다.

아인슈타인은 양자역학이 불완전하다는 자신의 생각을 결코 바꾸지 않았다. 여러 해가 지난 후 하이젠베르크는 양자역학에 대한 아인슈타인의 관점을 다음과 같이 회고하였다.

> ⊛ 아인슈타인은 괴팅겐에서 발전을 이루고 캠브리지와 코펜하겐에서 더욱 통합된 양자역학의 수학적 형식화가 원자 내부에서 일어나는 현상을 정확하게 기술한다는 보른의 생각에 동의하였다. 그리고 그는 최소한 그 당시에는 슈뢰딩거의 파동함수에 대한 보른의 통계학적 해석을 하나의 작업가설(working hypothesis)로 받아들이려 했을지도 모른다. 그러나 아인슈타인은 양자역학이 이들 현상들을 최종적이면서도 완벽하게 기술한다는 것을 인정하고 싶지는 않았다. 세계는 주관적 영역과 객관적 영역으로 완벽하게 나뉠 수 있다는 신념과 객관적 영역에 대해서는 정확한 진술이 가능해야 한다는 가설이 그의 철학적 기초를 형성하였다. 그러나 양자역학은 이러한 그의 요구를 만족시키지 못했으며 과학은 결코 아인슈타인의 가설 쪽으로 변화되지도 않을 것 같아 보였다.[3]

하이젠베르크는 계속해서 아인슈타인은 양자현상에 대한 표준적 관점(즉, 코펜하겐 해석)을 수용하기 위해 자신의 개념적 틀을 근본적으로 수정하려 하지도 또는 수정할 수도 없는 것 같아 보인다고 이야기했다.

아인슈타인은 보른과의 편지에서 종종 이 주제에 대해 언급하곤 했다. 그는 보른의 통계학적 해석에 대해 동의함에도 불구하고, 양자역학을 통해 공간 배경에서 일어나는 연속적이면서 실재적인 사건들을 표현할 수 없다는 점에서 보른의 통계학적 해석은 성공적이지 못하다고 느꼈다. 1947년 그는 다음과 같이 썼다.

> ⊛ 나는 누군가가 확률적인 값이 아닌 (최근까지도 당연하다고 받아들여지는) 법칙들로 연결되는 사실로서의 물리량을 지니는 이론을 결국 만들어낼 것이라고 확신한다. 그러나 이 확신의 바탕을 논리적으로 설명할 수 없다. 단지 나의 소견만을

[3] Born 1971, ix-x.

> 이야기할 뿐이다. 즉, 나 자신 말고는 그 누구의 관심도 모을 수 있는 권위를 갖지는 못하고 있다.[4]

일 년 후 보른에게 보낸 편지[5]에서와 유사하게, 아인슈타인은 물리학 이론이 수용되기 위해서는 궁극적으로 특정한 일반적 이상들(ideals)을 만족해야 한다는 자신의 믿음을 고수했다. 그의 견해에 따르면, 이러한 이상 중 한 가지는 실체들(entities)이 시간과 공간에 국소적으로 존재한다는, 즉 공간상에서 멀리 떨어진 영역에서 실재하는 것에 독립적이어야 한다는 것이었다. 따라서 어느 지점에 존재하는 실체는 거리를 두고 떨어진 위치에서 행해지는 측정에 영향을 받지 말아야 한다. 심지어 EPR 논문이 출판된 지 십수 년이 지난 후에도 여전히 아인슈타인은 원거리 측정에 의해 발생하는 모든 순간적 변화를 받아들이지 않았다. '물리학에 대한 나의 본능은 이 문제에 있어서 단호했다.'[6]

아인슈타인이 양자역학에 대해 이토록 완강히 반대했던 것은 어떤 점에서는 모순되어 보인다. 왜냐하면 아인슈타인은 1917년 자신의 논문[7]에서 원자 수준에서 일어나는 현상들에 대한 양자이론의 근본적인 특징으로 확률적인 개념을 도입했기 때문이다. 양자역학의 근간을 이룩한 사람이면서 동시에 코펜하겐 해석 또는 확률적 해석을 거부한 사람은 아인슈타인뿐만이 아니었다. 드브로이(De Broglie)는 그의 파동-입자 이중성을 설명하기 위해 결정론적인 이론을 만들고자 했다. 그러나 1927년 솔베이 회의 이후 그는 코펜하겐 학파의 지지자가 되었다. 이후 1952년까지도, 그는 23장에서 살펴볼 '숨은 변수 이론(hidden variable theory)'과 관련하여, 자연을 인과적으로 기술해야 한다는 믿음으로 돌아갔다. 현대적인 형태의 파동역학의 주창자였던 슈뢰딩거는 한때 보어에게 다음과 같은 말을 한 적이 있다. '만약 이 터무니없는 양자도약(quantum jumping)을 받아들여야 한다면 나는 여기에 관련되었던 것을 후회할 것이다.'[8]

EPR 논쟁에 비추어 볼 때, 결정론적 숨은 변수 이론은 양자역학을 대체할 수 있는 커다란 가능성을 지니고 있는 듯했다. 숨은 변수 이론이 기본적으로 가정한 것은(기본적으로 숨은 변수 이론이 할 수 있는 것은) 어떤 한 계(system)의 시공간에서의 정확한 행동

[4] Born 1971, 158.

[5] Born 1971, 164-5.

[6] Born 1971, 164.

[7] Einstein 1917a.

[8] Jammer(1989, 344)에서 인용한 것이다.

들이 그 계의 변수들의 집합이나 아직 알려지지 않은 특성을 지니는 변수들에 의해 인과적으로 결정이 된다는 것이었다. 아직까지는 이들 변수들의 정확한 값을 알지 못하기 때문에 입자의 위치나 운동량이 불확실성을 지니거나 퍼져 있다는 것이다. 그들은 만약 충분한 수의 숨겨진 변수들을 가정한다면 양자역학에 의해 예측되는 결과들을 항상 설명할 수 있다고 생각했다. 양자역학이 실험결과와 일치를 보이며 상당히 성공적인 이론으로 보이기 때문에, 그들의 아이디어는 경험가능한 모든 예측에 있어서 양자역학을 모방할 수 있는 결정론적이면서 인과적인 숨은 변수 이론을 만들어내는 것이었다. 그와 같이 많은 수의 숨은 변수들을 도입하는 것은 국소성과 실재성을 유지하기 위해 너무나 큰 대가를 치러야하는 것처럼 보인다. 그러나 처음에는 그렇게 하는 것이 논리적으로는 아무런 문제가 없어 보였다. EPR 논쟁에 대해 좀 더 상세하게 평가한 후에 이 질문에 대해 생각해볼 것이다.

22.2 EPR 논문의 분석

비록 EPR 논문이 양자역학의 성립에 있어서 가장 중요한 것 가운데 하나로 알려져 있지만 그 논문이 사용하는 수학은 아주 기초적이고 논증의 줄거리 역시 난해하지 않다.[9] EPR은 완전한 이론을 실재의 모든 요소들에 대응하는 요소들을 포함하는 것으로 정의하며 논의를 시작한다(즉, 매핑(mapping)이나 대응이 존재하게 된다). 이론의 완전성에 대한 필요조건 X라는 것은 이론이 완전하다면 X를 얻을 수 있다는 것을 의미한다(또는, 완전성⇒X). 역으로 충분조건 X라는 것은 X가 만족하면 이론도 완전하다는 의미이다(또는, X⇒완전성). 우리가 논의하는 물리이론의 완전성에 대한 필요조건은 모든 물리적 실재성의 요소들의 짝이 물리이론에 존재해야 한다는 것이다. 여기에서 의 요소들이란 무엇인가라는 의문이 생긴다. EPR은 물리적 실재성의 요소들에 대한 충분조건을 다음과 같이 정의하였다.

㊉ 만약 계의 아무런 영향을 주지 않으면서 물리량을 확실성(즉, 1의 확률)을 갖고

[9] 이 절에서의 분석을 따라가기 이전에 논문(Einstein et al. 1935)을 직접 읽어보는 것도 도움이 될 수 있을 것이다.

> 예측할 수 있다면, 이 물리량에 대응하는 물리적 실재성의 요소가 존재한다.[10]

물론 여기에서 '예측(prediction)'은 이론적 틀의 범위 내에 해당하는 행위이다.

만약 양자역학에 대한 표준 해석(코펜하겐 해석)이 옳다면 ψ는 계의 상태의 특성을 완벽하게 나타낼 것이다. 관측가능한 물리량의 (특정한) 고유값 a를 갖는 연산자 A에 대한 고유상태 ψ에 있는 계(즉, $A\psi = a\psi$, 식(21.1))에 대해서, 그 계가 물리적 실재성의 요소(a)에 대응하는 상태 ψ에 있다고 말할 수 있다(그러면 $\Delta A = 0$). 사실 연산자의 값이 뚜렷한 한 값($\Delta A = 0$)을 지닐 때에만 계가 A의 고유상태에 있을 수 있다($A\psi = a\psi$). 이것은 종종 양자역학의 고유값-고유상태 연결(eigenvalue-eigenstate link)이라 불린다: 계의 상태 ψ가 A의 고유상태일 경우에만, 관측가능량 A에 대한 분명한 값이 존재한다. 만약 실재성의 요소가 존재한다면 (EPR이 규정하였듯이) 이는 명확한 값이어야 한다. 앞에서 제시한 완전성의 기준에 따라 이 명확한 값은 이론에 의해 기술될 수 있어야 한다. 양자역학에서 이를 기술하기 위해서는 계에 해당하는 파동함수를 알아야 한다. 그러나 관측가능량에 대한 특정값 a라는 것은 계의 파동함수가 이 값에 대응하는 연산자 A에 대응하는 고유상태여야 한다는 것을 의미한다. 따라서 완전성과 실재성은 양자역학이 연산자에 대한 명확한 값을 갖는 것($\Delta A = 0$)을 의미한다. 여기까지는 하나의 관측가능량이 정확한 하나의 값을 갖는 것이 아무런 문제가 없어 보인다.

그러나 앞에서 하나의 실재성의 요소에 대해 논의한 것과 동일한 논증을 서로 교환법칙이 성립하지 않는 연산자들에 대응하는 두 양이 동시적 실재성을 갖는지에 대해 적용해 볼 수 있다. 이러한 결합계의 상태는 동시에 교환법칙이 성립하지 않는 두 연산자 모두의 고유함수가 되어야 한다. 이는 서로 교환하지 않는 두 연산자의 관측가능량이 동시에 정확한 한 값을 지닌다는 것과 같은 말이다. 관측가능량 x와 p_x를 보자. 우리는 이미 앞서 양자역학의 계산 규칙에 따르면 어떤 상태에서도 x와 p_x가 동시에 정확한 하나의 값들을 지닐 수 없음을 확인하였다(왜냐하면 $[x, p_x] = i$를 만족하기 때문이다).[11] (이는 20.4절에 나오는 하이젠베르크의 불확정성의 원리이다). 따라서 만약 양자역학이 완전하

10 Einstein et al. 1935, 777.

11 이것은 양자역학에서 p_x는 연산자 $-id/dx$를 나타내며, 따라서 $[x, p_x]f = if$이고 여기서 $f(x)$는 x에 대해 미분 가능한 함수이다. 명심해야 할 점은 Δx와 Δp_x가 함께 사라질 수 없으며 따라서 x와 p_x가 동시에 정확한 값을 가질 수 없다는 것이다. 20장의 각주 12와 13을 참조한다.

다면 그러한 두 관측가능량들은 동시에 정확한 하나의 값을 지닐 수 없다. 따라서 양자역학의 완전성 또는 실재성의 가정 가운데 최소한 하나에 모순됨을 알 수 있다. 논리학 규칙에 따르면(1.2절 참조), 적어도 이 두 가정 중 하나는 옳지 않다.

요약하자면, EPR 논증의 핵심은 다음 중 최소한 한 가지는 옳다는 것이다: ① 양자역학은 완전하지 못하다. ② 서로 교환하지 않는 특정한 두 연산자의 관측값들은 동시에 정확하게 알 수 없다. 우리는 이미 이 둘이 동시에 거짓일 수는 없다는 것을 언급하였다. 이것이 포괄적인(배타적이 아닌) 논리적 분열이다(즉, 둘이 동시에 옳을 수 있다). 양자역학의 완전성과 실재성의 기준은 EPR이 고려한 경우에서 모순을 이룬다.

지금부터 EPR의 실제 증명과정을 소개하겠다. 앞의 논의에서 보았듯이 양자역학에서 상호작용하는 계의 상태함수들은 서로 얽혀(entangled)있다(21.8절, 21.11절 참조). 다음 관계를 만족하는 상태의 집합 $\{u_n(x_1)\}$이 있다고 하자.

$$Au_n(x_1) = a_n u_n(x_1) \tag{22.1}$$

그리고 이들의 결합으로 이루어진 상태 Ψ가 있고 그 하위계 1, 2는 처음 형성된 이후 서로 상호작용하지 않는다. 이 논증을 보다 철저하게 만들기 위해, 우리는 하위 계 1, 2를 측정이 이루어질 때 멀리 떨어뜨려 놓았다고 하자. 연산자 A의 측정값을 알기 위한 측정에 의해 Ψ는 다음의 상태로 붕괴한다(식(21.9) 참조).

$$\Psi(x_1, x_2) = \sum_{n=1}^{\infty} \psi_n(x_2)u_n(x_1) \rightarrow (\text{측정}) \rightarrow \psi_k(x_2)u_k(x_1) \tag{22.2}$$

B를 연산자 A와 교환법칙이 성립하지 않는 연산자라 하고(즉, $[A, B] \neq 0$), $\{v_s(x_1)\}$을 B의 고유상태라고 하면 다음이 된다.

$$Bv_s(x_1) = a_s v_s(x_1) \tag{22.3}$$

A의 관측값이 아닌 B의 관측값을 측정하게 되면, 식(21.9)에 의해 다음이 된다.

$$\psi(x_1, x_2) = \sum_{s=1}^{\infty} \phi_s(x_2) v_s(x_1) \rightarrow (\text{측정}) \rightarrow \phi_r(x_2) v_r(x_1) \tag{22.4}$$

EPR의 결정적인 국소성의 가정은 계가 분리가 되면 분리된 계는 서로 동시적으로 영향을 줄 수 없다는 것이다(특히 상당한 거리로 분리된 경우는 더욱 그러하다). 즉, EPR은 각 계의 실재성의 요소들의 명확한(또는 뚜렷한) 값은 상대방 계의 측정에 독립적이고 먼 거리에서 순간적으로 영향을 주는 작용들이 없다고 가정하였다(보어는 이를 인정하지 않았을 것이다). EPR이 제시한 두 개의 입자로 이루어진 계의 운동량과 위치에 대한 특정한 예에서[12] ψ_k와 ϕ_r은 하위계 2의 상호교환하지 않는 연산자들의 관측값 p_2와 x_2의 상태함수들이다. 따라서, (하위계 1에서) A의 관측값이 p_1인 측정을 하면 이는 하위계 2의 관측값 p_2에 아무런 영향을 주지 않으며 정확히 그 값을 알 수 있다. 또는 연산자 B에 대해서 x_1을 측정하고 x_2를 추론할 수 있다.[13] 그러므로 (EPR 기준에 따라) p_2와 x_2는 모두 동시에 물리적 실재성의 요소에 대응하고 서로 다른 두 상태함수 ψ_k와 ϕ_r은 동일한 실재성에 속하게 된다. 그러나 이는 앞서 논의한 것과 동일한 모순으로 이어진다.[14]

그들의 논증 구조는 다음과 같이 요약할 수 있다. 양자역학이 완전하다는 것은 서로 교환하지 않는 특정한 관측값이 동시에 실재성을 지닐 수 있다는 것을 함축한다(즉, ~① ⇒ ~②). 그러나 앞서 살펴본 바와 같이 동시에 ~①와 ~②는 불가능하다. 그러므로 ①은 사실이어야 한다(즉 ①이 참이다). 결과적으로 양자역학의 형식(formalism) 자체가 양자역학의 불완전성을 증명하는 데 사용되었다(물론 원거리에서의 작용은 없다고 가정하였다).

22.3 벨의 정리

양자역학의 모든 예측을 재생산할 수 있다는 숨은 변수 이론이 존재할 수 없다는 것을 증명하기 위해 상당 기간의 수학적 논쟁이 있었다.[15] 1965년 스위스 제네바의 CERN (European Center for Nuclear Research)의 이론물리학자 벨(John Bell)이 놀랄 만한 정리를 제시하였다. 이 정리의 내용에 대해 간결하고 이상화된 사고 실험을 통해 서술해보겠다. 이 정리의 유도는 다음 절에 제시해 놓았다. 이 절에서는 벨의 정리의 결과가 지니

[12] Einstein et al.(1935)의 Eq.(9)-(18)를 참조한다.

[13] 이를 간결한 수학적 표현으로 나타내면 다음과 같다. $[x_j, p_i] = i\delta_{ij}$이고 두 연산자를 각각 $P = p_1 + p_2$, $X = x_1 - x_2$라 놓으면, 간단한 계산을 통해 $[X, P] = 0$이 된다. 따라서 P와 X는 동시에 측정 또는 예측이 가능하다. 따라서 p_2와 x_1을 예측하기 위해 p_1과 x_2를 측정할 수 있으며, 비교한 측정량의 값들에 대한 지식을 (즉, p_1과 x_1과 p_2과 x_2를) 얻게 된다.

[14] 만약 양자역학을 완전한 것이고, 계의 상태가 측정에 대한 원거리 선택에 의해 (임의의 짧은 시간 동안에) 실제로 변화된다는 견해를 받아들인다면, EPR의 논증은 양자역학의 완정성이 그 이론의 비국소성을 나타냄을 보이게 된다.

[15] Cushing(1994, Chapter 8)을 참조한다.

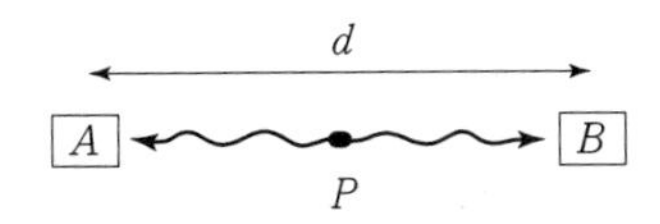

그림 22.1 아인슈타인-포돌스키-로젠(EPR) 상관관계 실험

는 의미에 대해 논의하겠다.

그림 22.1에서와 같이 서로 공간적으로 분리되어 있는 A와 B지점에서 측정을 한다고 가정해보자. 우리의 좌표계에 대해 두 측정이 동시에 이루어지도록 한다. 예를 들어 동일한 지점 P에서 A와 B로 각각 동시에 출발한 두 입자가 측정 지점에 도달할 때의 두 입자의 운동량이나 스핀을 측정할 수 있다. 벨은 측정 대상의 실재성(즉, 우리가 측정하는 행위에 독립적인 물질에 관한 진실. 즉, 결과는 결정되어 있다)[16] 이 있고 만약 A에서 얻는 결과(개개의 결과)가 B에서의 측정행위(예를 들어, B에서 측정 장치의 특정한 방향을 선택하는 등)에 독립적이라면 가능한 모든 상황에서 숨은 변수 이론은 양자역학과 동일한 결과(즉, 예측)를 가져올 수 없다는 것을 보였다. 서로 떨어진 지점에서 발생하는 두 사건의 독립성은 앞서 국소성의 가정에서 언급한 바 있다. 그것은 서로 d만큼 떨어진 지점에서 B에 대해 행하는 어떤 행위도 A에 동시적으로 영향을 줄 수 없다는 것을 의미하기 때문에 어떤 종류의 결정론적이면서 국소성의 성격을 지닌 숨은 변수 이론도 양자역학의 예측과 일치할 수 없다.

뿐만 아니라, 벨은 이들 두 이론을 구분할 수 있는 실험을 고안하였다. 그와 그 이후의 과학자들이 고안한 실험을 실제로 연구실에서 수행하였을 때 그 결과는 숨은 변수 이론이 아닌 양자역학의 예측과 일치하였다.[17] 그러므로 국소성의 가정을 포함하는 인과성을 유지한다면 한 측정의 결과가 항상 확실하게 예측가능하다는 완전한 결정론에 바탕을 둔 물리학은 불가능해 보인다. 숨은 변수 이론의 문제에 대한 최근의 한 논문은 위의 상황을 아래와 같이 요약하고 있다.

> ⊛ 실재론은 누군가에 의해 측정이 이루어지든 그렇지 않든 일정한 특성을 지니는 외적 실재성의 존재를 가정하는 철학적인 관점이다. 현대적 사고에 있어서 이 관점은 상당히 정착되어 있어서 많은 과학자들과 철학자들이 이러한 관점과 명확하

[16] 결정론적 세계는 이 같은 상황의 예를 제공한다.

[17] 실제의 실험 상황은 여기의 간단한 설명을 통해 생각할 수 있는 것보다 더 복잡하다. 이 문제에 관한 보다 기술적인 논의는 Caluser and Shimony(1978)를 참조한다.

> 게 일치하는 양자역학의 개념적 기반을 고안하기 위해 노력해왔다. 희망을 가졌던 한 가지 가능성은 양자역학을 일반적인 고전역학의 가치관에 포함시키기기 위해 숨은 변수 이론의 통계학적 설명을 통해 양자역학을 재해석하는 것이었다. 그러나 최근에 벨의 정리는 이것이 불가능하다는 것을 보였다. 이 정리는 국소성이라 불리는 매우 간단하고 자연적인 조건을 만족하는 모든 실재론적인 이론들은 양자역학에 반하는 단 하나의 실험을 통해 검증될 수 있다는 것을 증명하였다. 이들 두 대안이론은 불가피하게도 서로 매우 다른 예측을 이끈다. 벨의 정리는 양자역학과 훌륭하게 들어맞지만 국소적 실재론들과는 일치하지 않는 중요한 결과들을 이끄는 다양한 실험들이 고안되도록 자극하였다. 결과적으로 지금은 실재론과 국소성의 명제 중 하나를 포기하는 것이 합리적이라 할 수 있다. 또한 이러한 선택은 실재성의 개념과 시공간 개념에 대한 대대적인 변화를 수반할 것이다.[18]

실재성과 국소성 사이의 선택에 관한 딜레마가 비국소성(nonlocality)을 선택함으로써 명확하게 해결될지에 관하여 오랫동안 논쟁이 계속되었다.[19] 다음 절에서 우리는 결정론의 한 유형인 결정론적 실재성(determinate reality)에 대해 살펴볼 것이다. 우리가 논의를 이 유형에 제한하는 이유는 이 소재가 명확하게 정의되어 있고 증명이 간단하기 때문이다. 더욱 일반적인 증명(즉, 결정론보다 덜 까다로운 가정을 한 경우)이 있으나, 여기에서 한 증명이 앞으로 23장과 24장에서 논의한 주제들을 논의하는 데에도 충분하기 때문에 다루지는 않았다. 또한 순수한 확률이론에 대한 접근은 비국소성을 피하는 것과 관련하여 아마 틀림없이 상황을 더욱 나쁘게 만들 것이다.[20] 이러한 고려를 통해서 얻게 되는 기본적인 지식은 벨의 부등식(inequality)에 위배되는 모든 이론은 비국소적이어야 한다는 것인데, 이는 그다지 불합리해 보이지 않는다.[21] 비국소성의 한 유형이 세계의 한 특성으로 드러나는 만큼, (19세기 말에) 맥스웰이 국소성을 지지하며 펼친 논의(13장 부록

[18] Clauser and Shiminy 1978, 1883.

[19] Stapp(1989; 1990)은 비국소성은 Bell의 비동일성(inequality)을 위반할 때 필요하게 된다고 주장하였다. Clifton et al.(1990)과 Dickson(1993)은 Stapp의 증명이 잘못되었다고 주장하였다. Maudlin(1994, 121; 1996 특히 285-6)은 Bell의 비동일성에 대한 위반을 설명하는 물리학적으로 적절한 모든 이론은 비국소적이어야 한다고 주장하였다. 따라서 이 문제에 대한 어느 논문을 선택하느냐의 문제일 뿐이다 - 여기에서 인용된 연구들에 대한 보다 많은 것을 위해서는 위의 참고문헌을 참조한다.

[20] Maudlin 1994, 135-40. 예컨대 다양한 사건들에 확률을 일련의 국소적 숨은 변수들에 의해 결정되는 그리고 근본적인 것으로 취급하면 양자역학의 예측과 모순되게 된다.

[21] Maudlin (1994, 121; 1996, 특히 285-6).

참조)에 대한 유효한 답변을 얻을 수 있을 것이다.

22.4 벨의 정리 유도

우리가 논의할 EPR 유형의 실험은 봄(David Bohm, 1917−1992)이 고안한 것이기 때문에[22] 약자로 EPRB라 부른다. **그림 22.2**는 실험의 개요를 나타낸다.[23] 불안정한 원자 등을 갖는 소스(공급원)가 좌표계의 원점에 있다. 원자가 붕괴하면 수평 방향(y축)으로 방향이 반대이며 같은 크기의 운동량을 지니는 두 개의 전자를 방출된다.[24] 이 전자들은 스핀을 가지고 있다. 간단한 논의를 위해, 이들 스핀이 운동량 방향에 대해 반시계 방향으로 90° 회전한 방향을 지닌다고 하자(즉, **그림 22.2**에서 스핀은 측정 장치의 평면과 평행한 수직평면 $(x-z)$상에 있다). A와 B에 있는 측정 장치는 그곳에 도달하는 전자의 스핀을 측정할 수 있다. 전자의 스핀이 y축과 수직인 임의의 고정된 축에 의해서 측정되면, 그 축에 대해 언제나 위(up) 혹은 아래(down) 임을 경험적 사실로 받아들이도록 하자. 스핀의 값이 위이면 +1, 아래이면 −1을 취하도록 하겠다.

B에 있는 관찰자가 ψ_1과 ψ_2 중 하나로 검출기의 방향을 정할 때, A에 있는 관찰자는 두 방향 θ_1과 θ_2 중 하나로 검출기 방향을 설정할 수 있다. 각 실험마다 두 관찰자의 측정값은 각각 +1이거나 −1이다. 이 결과 값들을 r로 나타내기로 하자. 좀더 구체적으로는 다음과 같다.

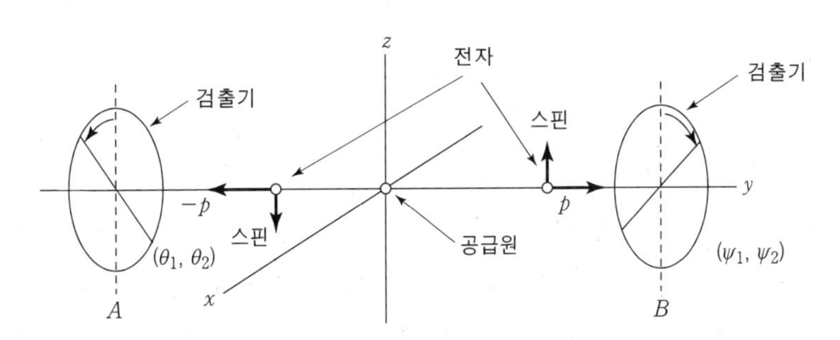

그림 22.2 EPR실험에 대한 봄의 장치

[22] Bohm 1951, 614−23.

[23] **그림 22.2**는 Cushing and McMullin (1989, 4)의 Figure 3에서 인용한 것이다.

[24] 이 논의에서 전자가 특별한 의미를 갖는 것은 아니다. 많은 실제의 실험에서는 광자가 사용된다.

$r_{A_k}(\theta, \psi) = \pm 1$: A에서는 θ(즉 θ_1 또는 θ_2)로 설정하고 B에서는 ψ(즉, ψ_1 또는 ψ_2)로 설정하였을 때 k번째 전자쌍에 대한 A에 있는 검출기에서의 결과.

이와 유사하게 $r_{B_k}(\theta, \psi)$도 표현할 수 있다. 여기에서 $k = 1, 2, 3, \ldots, N$는 실험의 반복을 나타내고 이 경우 총 N번의 실험을 수행하였다. 실험의 평균값 또는 기대값은 식(22.5)와 같이 정의된다(식(20.7) 참조).

$$\langle r_A(\theta, \psi) \rangle \equiv \frac{1}{N} \sum_{k=1}^{N} r_{A_k}(\theta, \psi) \xrightarrow[N \to \infty]{} 0 \qquad (22.5)$$

이 식의 오른쪽 끝부분은 A에서의 측정값이 +1s와 −1s 두 값 가운데 임의적으로 한 값을 지님을 의미한다(B에 대해서도 유사하게 생각할 수 있다). 여기에서 우리가 관심이 있는 것은 $r_{A_k}(\theta, \psi) r_{B_k}(\theta, \psi)$의 평균값이다. 이때 다음과 같은 상관관계(correlation)가 성립한다.

$$\langle r_A(\theta, \psi) r_B(\theta, \psi) \rangle \equiv \frac{1}{N} \sum_{k=1}^{N} r_{A_k}(\theta, \psi) r_{B_k}(\theta, \psi) \qquad (22.6)$$

상관관계의 개념은 사실상 일상생활에서의 의미와 상당히 유사하다. 예를 들어, 만약 누가 흡연자이고 비흡연자인지(r_A), 그리고 누가 폐암을 앓고 있는지 아닌지(r_B)를 알아보기 위해 표본조사를 한다면, 흡연자와 폐암에 걸린 사람과의 (완전하지는 않지만 양의) 상관관계가 있다는 것을 알게 된다. 비유를 좀더 명확히 하면, r_A의 값이 흡연을 하면 +1, 그렇지 않으면 −1이라 하고, r_B의 값이 폐암을 앓고 있으면 +1, 그렇지 않으면 −1이라 하자. 그러면 N명의 표본에 대해 식(22.6)과 같이 상호관계 $\langle r_A r_B \rangle$를 정의할 수 있다. 만약 모든 흡연자가 폐암을 앓고 있고, 비흡연자는 모두 폐암에 걸리지 않았다면 (r_A, r_B 둘 사이에는) 완전한 상관관계로 두 값의 곱의 기대값 $\langle r_A r_B \rangle = +1$이 된다. 만약 흡연을 하는 그 누구도 폐암에 걸리지 않았고, 흡연을 하지 않는 사람 모두가 폐암을 앓고 있다면 완전한 음의 상관관계로 두 값의 곱의 기대값 $\langle r_A r_B \rangle = -1$이 된다. 일반적으로 상관관계는 +1과 −1사이에 존재한다. 흔히 두 변수 간의 강한 상관관계를 두 변수 사이의 국소적 인과 관계로 해석한다.

원거리 상의 두 사건 사이의 일반적인 상관관계는 국소적 인과관계로 이해할 수 있다. 예를 들어, 두 사람 A와 B가 돈이 전혀 없을 때, 제3자가 25센트를 한 사람의 주머니에만 넣어주었다고 하자. 이때 두 사람은 제3자가 누구의 주머니에 돈을 넣었는지 모른다고 하자. A는 뉴욕으로 떠나고, B는 샌프란시스코로 갔다고 하면, 각각은 자신의 주머니에 동전이 들어있을 가능성이 50%라고만 말할 수 있다. A에게 주머니를 확인하라고 하고 이때 A가 동전을 발견했다고 하자. A는 즉시 수천 마일 떨어진 B에게 동전이 없음을 알게 된다. 그러나 이 경우에는 원거리 상의 신비한 작용이 전혀 없다. 왜냐하면 A와 B가 함께 있었던 시점에서 둘 중 한 사람만 동전을 가지고 있다는 상관관계가 계에 설정되었기 때문이다. 곧 살펴보겠지만, 지금 논의하고 있는 EPRB 상관관계에 있어서 핵심은 EPRB 상관관계가 그와 같은 국소적 상호작용으로 설명할 수 없다는 것이다.

식(22.6)에 나타낸 EPRB 예로 돌아가서, 그러한 실험의 실제 관측 결과(또는 동일하게, 상관관계에 대한 양자역학적 예측)는 (스핀-0 상태에 대해) 다음과 같다. (여기에서는 결과만을 간단하게 기술하고 유도는 하지 않겠다)

$$\langle r_A(\theta,\ \psi) r_B(\theta,\ \psi)\rangle_{QM} = -\cos(\theta-\psi) \tag{22.7}$$

식(22.7)은 어떤 특별한 이론에 의한 것이 아닌 데이터의 현상학적 표현으로 간주할 수 있다. 그러나 22장 부록에서 이 상관관계가 양자역학적으로 어떻게 계산될 수 있는지를 나타내었다. 이제, 국소성과 결정론이 옳은 것이라고 가정하고 실험 결과를 해석해보자. A에서의 결과 $r_{A_k}(\theta,\ \psi)$가 계의 상태에 따라 이미 결정되어 있고, B에 있는 관찰자의 선택(ψ)이 A에서의 관측 결과 $r_{A_k}(\theta,\ \psi)$에 영향을 줄 수 없다고 하면, $r_{A_k}(\theta,\ \psi)$는 오직 θ에만 의존하고 따라서 $r_{A_k}(\theta,\ \psi) = r_{A_k}(\theta)$로 쓸 수 있다. 마찬가지로 B에서 얻은 결과에 대해서도 $r_{B_k}(\psi)$로 쓸 수 있다.

k번째 시도에서 나온 실제 결과 $r_{A_k}(\theta_1)r_{B_k}(\psi_1)$에 대해, ($A$에서는 θ_1을 유지한 채로) B에서 (ψ_1대신에) ψ_2를 선택한 실험을 생각해 볼 수 있다. 그 결과는 우리가 (국소성과 결정론에 의해) $r_{A_k}(\theta_1)$이 (k번째 시도에서 나온) 값과 같을 것으로 기대할 수 있을 것이고 따라서 측정 결과는 $r_{A_k}(\theta_1)r_{B_k}(\psi_2)$일 것이다. 그러나 우리는 $r_{B_k}(\psi_2)$의 값은 (+1인지 −1인지) 알 수가 없다. 마찬가지로, 측정결과가 $r_{A_k}(\theta_2)r_{B_k}(\psi_1)$과 $r_{A_k}(\theta_2)r_{B_k}(\psi_2)$에 대응하는 다른 실험을 고려할 수도 있다. 그러면 식(22.7)의 실험적 상관관계를 만족하는 결과들인 $\{r_{A_k}(\theta_1)r_{B_k}(\psi_1)\}$, $\{r_{A_k}(\theta_1)r_{B_k}(\psi_2)\}$, $\{r_{A_k}(\theta_2)r_{B_k}(\psi_1)\}$, $\{r_{A_k}(\theta_2)r_{B_k}(\psi_2)\}$로 이루어진 집합이 존재하는지 여부를 질문해볼 수 있다. 각각의 $r_{A_k}(\theta)$와 $r_{B_k}(\psi)$는 +1이거나 −1임을 염두에 두자. 이것 때문에, 다음의 식(22.8)의 정의를 갖고 관찰하게 되면 $|P_k| \equiv 2$가 된다.

$$P_k \equiv r_{A_k}(\theta_1)[r_{B_k}(\psi_1)+r_{B_k}(\psi_2)]+r_{A_k}(\theta_2)[r_{B_k}(\psi_1)-r_{B_k}(\psi_2)] \tag{22.8}$$

위의 식은 모든 k에 대해 성립한다. 상관관계 함수 R을 (이들 네 개의 가능한 실험에 대해) 식(22.9)로 정의하자.

$$R \equiv |\langle r_A(\theta_1)\, r_B(\psi_1)\rangle + \langle r_A(\theta_1) r_B(\psi_2)\rangle + \langle r_A(\theta_2)\, r_B(\psi_1)\rangle - \langle r_A(\theta_2) r_B(\psi_2)\rangle| \tag{22.9}$$

식(22.6)의 정의에 의해서 이 식은 다음과 같이 쓸 수 있다.

$$R = |\frac{1}{N}\sum_{k=1}^{N} P_k| \leq \frac{1}{N}\sum_{k=1}^{N} |P_k| = 2 \tag{22.10}$$

식(22.10)은 어떠한 국소적이고 결정론적인 이론에 대해서도 R은 2보다 작거나 같아야 함을 나타낸다.

다음으로, $\theta_1 = \psi_1 = 0$, $\theta_2 = -\psi_2 = \pi/3$(또는 60°)라고 두고, 식(22.9)로부터 R_{QM}을 구하기 위해 경험적(혹은 양자역학적) 표현 식(22.7)을 이용하면 다음과 같이 된다.

$$\begin{aligned} R_{QM} &= \left|-1-\cos(60°)-\cos(60°)+\cos(120°)\right| \\ &= \left|-1-\frac{1}{2}-\frac{1}{2}-\frac{1}{2}\right| = |-2.5| = 2.5 \end{aligned} \tag{22.11}$$

그러나식(22.10)과 식(22.11)에서 $2.5 \leq 2$가 된다. 이는 명백히 모순으로, 국소성과 결정론의 가정 둘 모두가 이 실험의 어떠한 결과들과도 동시에 양립할 수 없음을 보여준다. 무엇을 포기해야 하는가 : 국소성인가 아니면 결정론인가? 이 증명은 물리학자 페레스(Asher Peres, 1934-)에 의해 이루어졌다.[25] 그의 논문에 〈수행되지 않은 실험에는 아무런 결과도 없다(Unperformed Experiments Have No Results)〉라고 제목이 붙은 것은 이러한 딜레마의 본질을 보여준다.[26]

식(22.11)에서 결정론적인 국소성 이론과 양자역학에 의한 예측이 명백히 모순됨을 보았다. 그러나 독자는 결정론적 국소성 이론이 어떠한 양자역학의 예측과도 동일한 예측을 할 수 없다는 인상을 가져서는 안 된다.

이를 보이기 위해, $\theta_1 = \psi_1 = 0$, $\theta_2 = -\psi_2 = \phi$라 두면, R은 ϕ의 함수가 된다. **그림**

---

25 Peres 1978.

26 즉, 이러한 딜레마는 다른 쪽에서의 선택에 무관하게 한 쪽에서의 결과는 명확하다는 (또는 고정되어 있다는) (최소한 암묵적인) 가정에 의해 만들어진 것이다.

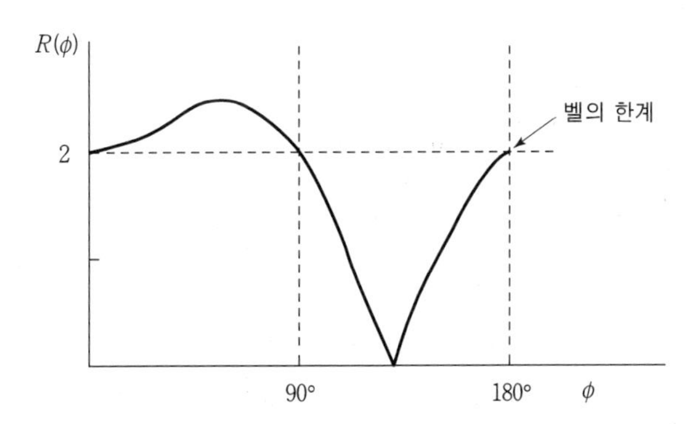

그림 22.3 EPRB 실험에 대한 벨의 상관관계

22.3은 ϕ에 대한 $R(\phi)$의 그래프이다. 벨의 한계(Bell limit)에 해당하는 R의 값은 2이다. 벨 한계에 위배되는 ϕ의 범위는 $0 < \phi < 90°$이고 ($R(\phi)$의 최대값은 식(22.11)에서처럼 $\phi = 60°$일 때 생긴다), $90° < \phi < 180°$일 때에는 위배되지 않음을 주목하자. 바로 이 두 번째 영역($90° < \phi < 180°$)에서는 양자역학과 일치하는 결정론적 국소 이론을 만들 수도 있을 것이다.

부록. EPRB 상관관계의 계산

이 부록에서는 식(22.7)에 주어진 양자역학적 상관관계를 유도하는 데 필요한 기술적인 세부사항들을 제공할 것이다. 두 개의 전자로 이루어진 스핀-0 상태의 상태 벡터는 다음과 같다.

$$\Psi = \frac{1}{\sqrt{2}}\left[\begin{pmatrix} 1 \\ 0 \end{pmatrix} \otimes \begin{pmatrix} 0 \\ 1 \end{pmatrix} - \begin{pmatrix} 0 \\ 1 \end{pmatrix} \otimes \begin{pmatrix} 1 \\ 0 \end{pmatrix}\right] \tag{22.12}$$

스핀 업, 다운에 대한 상태 벡터는 각각 **그림 22.4**(**그림 22.2** 참조)의 단위 벡터 $\hat{n}$을 따라 다음과 같이 주어진다.

$$\phi_+(\theta) = \begin{pmatrix} \cos(\theta/2) \\ \sin(\theta/2) \end{pmatrix} \qquad \phi_-(\theta) = \begin{pmatrix} -\sin(\theta/2) \\ \cos(\theta/2) \end{pmatrix} \tag{22.13}$$

$$\hat{n} = (\sin\theta,\ 0,\ \cos\theta) \qquad \hat{n}\cdot\sigma = \begin{pmatrix} \cos\theta & \sin\theta \\ \sin\theta & -\cos\theta \end{pmatrix} \tag{22.14}$$

$$\hat{n}\cdot\sigma\phi_+(\theta) = \phi_+(\theta) \qquad \hat{n}\cdot\sigma\phi_-(\theta) = -\phi_-(\theta) \tag{22.15}$$

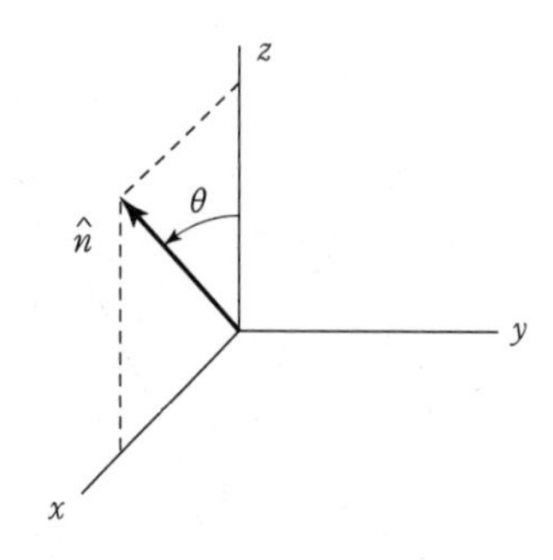

그림 22.4 스핀 측정을 위한 검출기 방향

여기서 $\hat{n}\cdot\sigma$는 단위 벡터 $\hat{n}$방향으로 스핀 연산자의 정사영이다. 이 두 상태가 정사영 연산자의 고유상태라는 것은 직접 행렬을 곱하여 확인할 수 있다. **그림 22.2**에서의 A와 B에서 전자들의 최종 상태는 $\phi_{\pm}^{A}(\theta)\otimes\phi_{\pm}^{B}(\psi)$가 되고, 확률 $P^{AB}(\pm\pm\,|\,\theta,\ \psi)$은 $|\langle\Psi|\phi_{\pm}^{A}(\theta)\otimes\phi_{\pm}^{B}(\psi)\rangle|^2$이다. 직접 계산을 하면 다음과 같다.

$$P^{AB}(++\,|\,\theta,\ \psi)=P^{AB}(--\,|\,\theta,\ \psi)=\frac{1}{2}\sin^2\left(\frac{\theta-\psi}{2}\right) \tag{22.16a}$$

$$P^{AB}(+-\,|\,\theta,\ \psi)=P^{AB}(-+\,|\,\theta,\ \psi)=\frac{1}{2}\cos^2\left(\frac{\theta-\psi}{2}\right) \tag{22.16b}$$

결국, 상관관계 함수는 다음과 같다.

$$\begin{aligned}\langle r_A(\theta,\ \psi)r_B(\theta,\ \psi)_{QM}&=p^{AB}(++\,|\,\theta,\ \psi)(+1)(+1)+p^{AB}(--\,|\,\theta,\ \psi)(-1)(-1)\\&\quad+p^{AB}(+-\,|\,\theta,\ \psi)(+1)(-1)+p^{AB}(-+\,|\,\theta,\ \psi)(-1)(+1)\\&=\sin^2\left(\frac{\theta-\psi}{2}\right)-\cos^2\left(\frac{\theta-\psi}{2}\right)\\&=-\cos(\theta-\psi)\end{aligned}$$

이는 본문에 나온 식(22.7)이다.

더 읽을거리

바고트(J. Baggott)의 『The Meaning of Quantum Theory』의 4장은 EPRB 실험과 벨의 정리, 그리고 그 실험적 검증에 대해 정확하고 훌륭한 개관을 담고 있다. 쿠싱과 맥물린

(J. Cushing and E. McMullin)의 『Philosophical Consequences of Quantum Theory』에는 벨의 정리가 내포하고 있는 다양한 양상에 대한 에세이들이 실려 있다. 파인(A. Fine)의 『The Shaky Games』에는 EPR 논문의 역사적 배경과 관련된 철학적 쟁점과 함께 양자 이론에 대한 아인슈타인의 견해에 대한 뛰어난 분석이 담겨 있다. 레드헤드(M. Redhead)의 『Incompleteness, Nonlocality, and Realism』은 비국소성과 벨의 정리, 숨은 변수 등과 같은 양자역학의 철학적 관점에 대한 표준적인 전문 참고문헌에 해당한다. 마지막으로 벨(J. Bell)의 『Speakable and Unspeakable in Quantum Mechanics』는 양자역학의 형성에 대한 벨의 주요 에세이들을 한데 모아 놓고 있으며, 양자역학의 불가사의한 점들에 대해 통찰력 있는 안내를 바라는 사람이라면 꼭 읽어야 할 필독서에 해당한다.

23

양자역학의 대안적 관점

앞장에서 우리는 일반적이며 표준적으로 받아들여지는 양자역학의 코펜하겐 해석, 즉 자연에 존재하는 가장 근본적인 수준에서 더 이상 환원될 수 없고 제거할 수도 없는 비결정론에 대해 논의했다. 비록 무엇이 역사적으로 코펜하겐 해석을 구성했는지 정확하게 규정하는 것은 어려울지라도, 세 가지 핵심적인 진술로 그것을 특징화할 수 있겠다. ① 일반적으로, 어떤 입자 궤도도 하나의 시공간 배경에 존재할 수 없다. ② 근본적인 물리적 현상에 대한 어떠한 결정론적 기술도 가능하지 않다. ③ 자연에 대한 근본적인 물리현상 법칙에는 본질적이고 제거될 수 없는 불확정성 혹은 (복잡한 물리현상의 아주 미세한 부분을 무시하는 고전물리의 확률과는 다른) 확률이 존재한다. 양자역학에 대한 코펜하겐 해석의 이러한 특징들의 묘미는 8부(양자역학으로부터의 철학적 교훈)의 도입부에 있는 인용문에서 볼 수 있다. 이 관점에서, 전자 하나의 정확한 미래를 예측하는 것(즉, 시간의 함수로 그것의 위치와 속도를 주는 것)은 원칙적으로 불가능하다. 코펜하겐 학파에 따르면, (고전물리에 있는 것과 같은) 연속적인 시공간 하에서 미세현상의 인과적 기술은 있을 수 없다. 양자역학의 인과적 해석이 불가능하다는 것은 이것에 대한 증명이 존재하지 않음에도 불구하고 일반적으로 받아들여지고 있다.

그러나 봄(Bohm)에 따르면, 양자역학에는 논리적으로 일관된 인과적 해석[1]이 존재한다. (**그림 20.11**을 보면) 이중 슬릿 실험에서 전자와 같은 미립자들은 소스에서 스크린까지 특정한 그리고 잘 정의된 궤도를 (두 슬릿 중 하나를 통과하는) 따른다. 이 그림에서

[1] 이 장 뒷부분에서 수식체계와 이해에 대한 이론적 분석을 한다. 여기서는 Bohm의 해석 자체보다 Bohm의 이론을 말한다. Copenhagen과 Bohm의 수식체계는 동일하지만, 이들의 해석은 다르고 따라서 이론도 다르다. 하지만, 많은 문헌들에서는 Bohm의 해석과 이러한 표준적 관습을 따르는 Copenhagen의 해석에 대해서만 일반적으로 언급하고 있다.

전자는 파동을 수반하는 입자로 존재한다는 의미에서 파동과 입자로 구성된다. 파일럿 파동 또는 안내파(guiding wave)(1920년대에 또 다른 맥락에서 드브로이에 의해 처음 제시된 용어)가 입자에 영향을 미치게 된다. 파동은 두 개의 슬릿을 지나가지만 입자는 단지 한 곳만 지난다. 이때 미시계는 거시적 물체와의 (이를테면 슬릿이라던가 측정장치 등) 상호작용 동안 교란이 발생하기 때문에 하이젠베르크의 불확정성 관계가 나타난다. 세계에 대한 두 가지 그림 또는 해석 사이에서 실험적 결론을 내리기가 불가능하기 때문에, 이러한 양자역학의 해석이 코펜하겐의 해석과 정확히 같은 수식체계(혹은 수학적 방정식들)에 바탕을 두고 있다는 것을 이해하는 것은 중요하다. 코펜하겐의 해석이 어떻게 인과적 해석을 사실상 배제하고 받아들여졌는지는 매우 흥미로운 이야기인데, 이에 대해서는 24장에서 얘기할 것이다.[2]

어떠한 논의의 핵심은 흔히 받아들여지는 코펜하겐 해석과는 다른 대안적인 양자역학 해석의 가능성을 독자들이 인식하도록 하는 것이다. 우리는 (이전 장에서 다루었던) 벨의 정리에 따른 양자역학적 해석이 가지고 있는 구속조건을 과소평가해서는 안 된다. 예를 들어 봄의 해석은 비국소적이고 (코펜하겐 해석이 비국소적인 것과 같은 의미에서) 이전의 고전적 세계관으로부터의 급격한 이탈이다. 이 장과 다음 장은 코펜하겐 학파에서 만들어진 일반적인 철학적 주장들 모두가 정말 필요에 의한 것만이 아닌 사실에 의해서도 정당화되는지에 관한 질문과 관련된 것이다.

23.1 개관

우리는 양자역학의 표준 관점 혹은 코펜하겐 관점 – 물리학자들에 의해 거의 보편적으로 받아들여지고 관심 있는 과학철학자들에 의해 흔히 받아들여지는 – 을 상보성(파동–입자 이중성)과 양자 현상의 가장 근본적인 수준에서 내재된 비결정론, 그리고 연속적인 시공간에서 사건과 사건의 인과적 표현의 불가능함으로 특정지을 수 있다. 그러나 (물리학의 모든 현대적 이론이 그렇듯) 하나의 이론으로서 양자역학은 두 가지 요소를 가지고

---

[2] 이번 장과 다음 장에서 제기되는 문제와 관련되는 추가적인 논의와 상세한 참고문헌에 대해서는 Cushing(1994, 특히 Chapter 5,6,7,11 장)을 참조한다. 이미 출판된 내용을 이 장을 위해서 수정할 수 있도록 허락해 준 시카고대학 출판부에 감사한다.

있는데 그것은 수식체계와 해석이다. 대략 **수식체계**(formalism)란 경험적으로 적절하다고 증명된 (본질적으로는 정확한 '숫자'를 얻은) 방정식 및 계산 규칙들을 지칭하고, **해석**(interpretation)은 이론이 물리적 세계에 대해 우리에게 전해주는 수반되는 표상(방정식이나 이론이 '진정한' 세계에 대해 우리에게 말해주는)을 지칭한다. (성공적인) 수식체계가 그것의 해석을 유일하게 결정하는 것은 아니므로, 경험적으로 잘 적용되는 하나의 수식체계에 부합하는 전적으로 다른 두 개의 해석(그리고 존재론)이 존재할 수 있다.

어떤 한 이론에 대한 이런 두 가지 요소 사이의 차이점에 대해 좀더 살펴보자. 하나의 이론을 수식체계와 해석으로 나누는 것이 반드시 유일하고, 완전하거나 철저한 것임을 뜻하는 것은 아니다. 우리의 목적을 위해 여기서 필요한 것은 수식체계와 해석이 하나의 이론에 대해 서로 관련은 되지만 구별되는 두 부분이라는 인식이다. 어떤 수식체계에 대한 해석에 이르는 모든 있음직한 상황과 실험에 (실제실험이거나 사고실험이거나) 주어진 하나의 수식체계를 모두 적용하는 것은 불가능하기 때문에, 해석은 (필연적으로) 수식체계의 불완전한 검증에 기반으로 하고 있다.

세계에 대한 '직관' 대부분은 우리가(종종 정확하게) 해결할 수 있는 상대적으로 적은 수의 사례들(바라건대 '전형적인')과 문제들에 기반을 둔다. 태양(질량 M)에 대한 행성(질량 m)의 운동에 적용된 고전역학의 경우, 뉴턴의 제2법칙($\boldsymbol{F} = m\boldsymbol{a}$)과 만유인력의 역제곱 법칙으로 간결하게 표현할 수 있다. (기본적으로 이체 문제와 섭동 문제에 해당하는) 많은 적용을 기초로 하여 우리는 이러한 법칙체계로 지배되는 세계에 대한 해석을 발전시킨다. 역사적으로 등장하는 이해 혹은 전통적인 믿음은 완전하게 결정론적인 것이며, (원칙적으로) 예측 가능한 물리적 세계이다. 이러한 직관은 가용한 분석 도구를 갖는 (오늘날의 용어로 '적분 가능한') 일단의 문제들에 근거하고 있다. 그러나 12장에서 보았듯이, 지난 20여 년 동안 등장한 현대 카오스 이론이 주는 교훈은 그와 같은 적분 가능한 역학체제가 고전 역학체제의 전형적인 경우가 아니라는 것이다.

오늘날 우리는 '전형적인' 역학체제에서도 무질서한 결과가 나타나기 때문에 먼 미래의 거동에 대한 예측력을 가실 수 없다는 것을 알고 있다. 고전역학 체제의 본성에 대한 우리의 직관은 약 300년 동안 심각하게 잘못된 것이었다. 고전역학의 수식체계(혹은 방정식)는 변하지 않았다. 그러나 대부분의 많은 사람들의 해석은 (비록 여전히 사람들은 존재론적 결정론을 수용할지라도) 분명하게 바뀌었다. 수식체계와 그 해석 사이의 차이점에 대한 기본적인 사례로서 양자역학의 경우를 살펴보기로 하자.

23.2 코펜하겐 해석

무수히 많은 책들이 (비상대론적) 양자역학의 수식체계에 대해 쓰여졌지만, 우리는 여기서 가장 간단한 형태로 몇 개의 단순한 규칙을 이용하여, 양자역학적 계산을 하는 데 일반적으로 적용되는 가정들의 유형에 대해 개관해 볼 것이다. 그렇다고 이런 가정들이 완전하다거나, 독립적이다거나 또는 사용 가능한 가장 보편적인 것이라는 주장은 아니다. 이것들은 단지 상태 벡터 ψ가 특정한 물리적 상황을 표현할 수 있을 때의 수식 구조에 대한 하나의 예시로 제시되는 것이다.

① 계에 대한 상태함수 혹은 파동함수 (ψ)[3]
② 물리계에서 해밀토니안 H의 영향하에 상태 ψ의 시간에 따른 전개를 제공하는 동역학 방정식(슈뢰딩거 방정식[4]),
③ (에르미트-헤밀토니안) 연산자 A와 물리적 관찰 a 사이의 대응[5]
④ a의 관찰값들의 평균을 계산하기 위한 규칙[6]
⑤ 측정에 대해 (명확하게 혹은 효과적으로 가정된) 투영가정(projection postulate) 혹은 파동함수의 붕괴[7]

이런 수식체계(형식화)로부터 하이젠베르크의 불확정성 (혹은 비결정성) 원리가 이어진다. 그리고 이것은 보어의 상보성 원리와도 연관된다. 우리의 목적에 따라, 여기서 상보성의 특별한 경우를 살펴보자. 그것은 물리적 체계를 따르는 잘알려진 파동과 입자의 (말하자면 전자나 광자) 이중성으로서 상황 또는 환경에 따라 파동 또는 입자로 행동한다는 것을 나타낸다. (이상화된) 위치-운동량의 측정, 이중 슬릿 배열과 같은 것들에 대한 양자역학 수식체계의 적용은 하나의 해석을 가능하게 해 준다. 그 해석은 분명한 시공간 궤도가 유지될 수 없고, (스핀의 모든 요소와 같이) 관찰 가능한 특정 소유값들이 항상

---

[3] (힐베르트 공간에서) ψ의 물리적 상태 표현은 벡터이다.

[4] 이전에 표현했듯, $i\hbar\partial\psi/\partial t = H\psi$이다. 여기서 헤밀토니안은 $H = K + V$이고, K는 역학적 에너지, V는 퍼텐셜 에너지이다.

[5] 물리적으로 관찰 가능한 a는 오직 유일한 고유값 a_j을 갖는다. $A\psi_j = a_j\psi_j$

[6] A의 기대값은 $\langle\psi|A|\psi\rangle$이다.

[7] 식(21.9)와 같다. 여기서 $\psi = \sum_k a_k\psi_k \to \psi_j$이다.

가능한 것은 아니며 사건의 연쇄를 갖는 인과성은 반드시 버려져야 한다는 (그래서 아마도 그것이 무엇이든 간에 '통계적 인과성(statistical causality)' 으로 대체되어야 한다는) 것이 그 핵심이다. 더 나아가 측정의 과정은, (근간이 되는 물리적 존재론의 측면에서) 고전적 한계로의 접근이 그러했던 것처럼, (투영가설이나 파동함수의 붕괴와 같은) 본질적으로 중요하고도 매우 문제점이 많은 역할을 가정한다. 특정한 EPRB 상관 실험에서 수식체계에 대한 검증은 이론의 분리될 수 없는(nonseparable) (즉, 식(21.8)이나 식(22.2)와(22.4)의 합에서와 같이 얽힌 양자상태들의 유형) 본질을 보여준다. 그리고 이것은 공간적으로 분리된 구역 사이에 비국소적 영향이 존재함을 암시하는 상관관계를 나타나게 한다. 따라서 양자역학의 코펜하겐 해석에서 물리적 과정들은 가장 근본적인 수준에서 볼 때, 본질적으로 비결정적이고 비국소적이다. 즉 고전물리학의 존재론은 죽은 것이다.

23.3 논리적, 경험적으로 가능한 대안

양자역학의 수식체계는 코펜하겐 해석과 정확히 일치하지 않거나 혹은 그 해석을 필수적으로 포함할 필요가 없기 때문에 동일한 수식체계에 대하여 경험적으로 적절하다고 할 수 있는 또 다른 해석을 찾아보자. 일단 그러한 해석의 존재가 확고해지면 우리는 이어서 역사적 기원과 그 운명에 대한 질문을 하게 된다. 아마도 이것을 도입하는 가장 직접적인 방법은 봄의 인과적 해석을 논의하는 것일 것이다.[8] 세밀한 수학적 측면으로 보면 (23장 부록 참조) 봄이 한 것은 수학적 변환을 통해 슈뢰딩거 방정식을 취하고, 그것을 뉴턴의 2법칙 $\boldsymbol{F} = m\boldsymbol{a}$와 유사한 형태로 다시 썼다는 것이다. 여기서 F는 보통의 고전적인 퍼텐셜 V와 새로운 양자 퍼텐셜 U에 의해 결정된다. (식(23.7), 식(23.4) 참조)

양자역학은 '뉴턴' 형식인 $\boldsymbol{F} = m\boldsymbol{a}$ (식(23.7))와 인과적 해석이 주어질 수 있다. 이런 해석에서 전자와 같은 미시 입자들은 시공간 속에서 잘 정의된 궤도를 따른다. 하지만 양자 퍼텐셜의 영향 때문에, 이 궤도는 입자의 초기 조건(r_0, v_0)에 매우 민감하다. (비록 봄의 원래 논문은 현대 카오스 이론의 출현과 그 인기 이전인 1952년에 쓰였지만, 일반적 접근법과 몇 가지 시각은 선구적인 것이었고, 위의 흐름과 일치하는 것이었다) 다음

---

[8] Bohm 1952.

방법으로 봄의 인과적 해석을 분석해보자. 파동함수 ψ는 질량 m의 입자가 놓여 있는 미시계에서 환경의 영향을 표현한다. ψ는 슈뢰딩거 방정식에 대한 해이고, (식(23.4)에 따라서) 양자 퍼텐셜 U를 산출해낸다. 그것이 이 이론에서 ψ의 근본적인 역할이다. 인과적 해석과 표준적인 코펜하겐 해석은 같은 수식체계에 근거하고 있고 다음의 세 가지 가정을 따르면 예측하는 것도 차이가 없다:

① 필드 ψ는 슈뢰딩거 방정식(식(23.1))을 만족한다.
② 입자 속도는 '안내 조건' $v=(1/m)\nabla S$ (식(23.6))에 의해서 제한된다.[9]
③ 입자의 정확한 위치는 예상되거나 통제될 수 없다. 그러나 확률밀도($P(x, t) = |\psi(x, t)|^2$)에 따라서 통계적인 (앙상블의) 분포를 가진다.

이것은 논리적으로 독립된 가정들이다. 특히 ψ가 개념적으로 ①과 ③에서 다른 역할을 하는 것에 주목해야 한다. 위에 제시된 우리의 해석에서 ①과 ②는 (파동함수 ψ를 통한 양자 포텐셜에 의해 영향을 받는) 미시계의 양자 동역학을 표현하는 것이다. 확률밀도 P가 $|\psi|^2$의 값을 갖는 이유에 대한 답으로, 봄[10]은 어떤 초기 확률밀도 P를 가정하였는데, $P \neq |\psi|^2$은 양자역학의 무작위 상호작용과 양자역학(위의 ①과 ②)에 의해 $P=|\psi|^2$로 '유도'될 수 있다. 마치, (고전)통계 역학에서 임의의 초기 분포가 무작위 상호작용을 통해 하나의 평형(맥스웰-볼츠만)으로 유도되는 것과 같다. 그래서 ③은 양자역학의 코펜하겐 버전에 동의함으로써 발생하는 애드혹적 가설로 볼 필요가 없다. 물론 순수하게 논리적인 관점에서 보면, 코펜하겐 해석에서 한 것처럼 단순히 ③을 필수적인 것으로 요구할 수 있다. 특별히 봄 자신은 ③에 대해 이렇게 말하고 있다.

> ⊛ 우리는 입자의 정확한 위치를 예상하거나 통제하지 않지만, 실제적으로는 확률밀도 $P(x)=|\psi(x)|^2$을 갖는 통계적 앙상블을 갖는다. 그러나 통계의 사용은 개념적 구조 속에서의 고유한 것은 아니고 입자의 정확한 초기 조건에 대한 무지의 결과이다.[11]

[9] 여기서 ∇은 미분연산자로 구성요소는 $\nabla_j=\partial/\partial x_j$이고 예를 들면 ②에서, $v_x=(1/m)\partial S/\partial x$이고 $S=S(x, y, z, t)$이다.

[10] Bohm 1953, 이 질문에 대한 최근 작업을 논의하기 위해서는 Cushing(1994, 9장)을 참조한다.

[11] Bohm 1952, 171.

봄의 해석과 양자역학의 표준해석이 경험적으로 구별가능한가의 문제를 아주 상세하게 논의하는 것은 우리의 목적이 아니다. 그런 자세한 사항은 다른 곳에서 찾을 수 있다.[12] 우리는 전혀 다른 해석들이 어떻게 양자역학의 표준 수식체계에 기초할 수 있는가를 지적하였다. 비록 하이젠베르크의 불확정성 관계와 같은 모든 표준적 결과들을 여전히 얻을 수 있더라도, 위의 인과적 해석에서 측정의 문제가 없으며 파동함수도 붕괴하지 않는다는 것을 지적하는 것 또한 중요하다.[13] 즉, 고전적 혹은 양자적 세계(또는 영역) 사이에서 존재론적 균열은 없다.[14] 나아가 우리는 양자 퍼텐셜(식(23.4))이 무시될 수 있다는 조건에 의해 고전적 상황을 특징지을 수 있다. 여기에는 파동함수 ψ가 포함되기 때문에, 이것은 파동함수가 고전 영역에 대해 반드시 만족해야 하는 하나의 속성이 된다. (종종 언급되지만 실현불가능하고 개념적으로 잘 정의되지 않는 $\hbar \to 0$과 같은 극한보다 훨씬 더 일관성 있는 기준이라 할 수 있다)

인과적 양자역학 프로그램의 또 다른 측면은 그 해석에 대해 물리학적 토대를 제공하기 위한 다양한 시도가 있어왔다는 것이다. 이 프로젝트가 매우 어렵다는 것이 증명되었으며, 봄의 해석의 논리적 존재가능성은 이러한 노력들과는 별개의 문제라는 것을 이해하는 것이 중요하다. 그러나 여기에서 이러한 다른 프로그램들에 대해 이야기하기에는 지면이 부족하다. 현재, 그 어느 프로그램도 완벽하거나 문제가 없지 않으며, 표준 양자역학도 마찬가지다.

23.4 대안적 해석의 가치

이제 우리는 양자역학의 실제적인 대안적 해석을 가지게 되었는데, 그렇다면 그 가치가 무엇인지에 대해 물을 수 있을 것이다. 어떤 사람은 코펜하겐의 이론이 잘 작동하며 모순이 없기 때문에 대안적 해석의 의미가 거의 없다고 느낄지도 모른다. 그러나 후자의 주장

12 Bohm 1952; Bohm et al.1987. 또한 Bohm and Hiley(1993), Holland(1993)과 Cushing(1994)을 참조한다.

13 측정에 대한 Bohm의 설명에 관하여 Cushing(1994, Chapter 4)을 참조한다.

14 Ehrenfest 이론은 양자역학과 Schröudinger 방정식으로부터 Newton의 두 번째 운동 법칙($ma = F(r)$)으로 회복될 수 있음을 주장한다. 그러나 이론은 단지 $m(d^2\langle r(t)\rangle/dt^2) = \langle F(r)\rangle$을 진술한다. 여기서 $\langle r\rangle = \langle\psi|r|\psi\rangle$이다. $\langle F(r)\rangle = F(\langle r\rangle)$은 일반적으로 성립하지 않는다. $\langle r(t)\rangle$의 기대(평균)값의 시간 전개 동안 고전적 운동 방정식은 회복되지 않는다.

을 받아들이더라도, 이해가능성(understandibility)에 대한 질문은 남는다. 봄은 1952년 논문에서 이런 상황에 대해 간결하면서도 우아하게 자신의 평가를 진술하고 있다.

> ⊛ 양자이론의 일반적인 해석은 그 자체로 모순 없이 일관되지만, 그것은 실험적으로 검증될 수 없는 가정과 관련이 있다. 바꿔 말하면, 개별 시스템에 대한 가장 완전한 설명은 실제 측정 과정이 오직 확률적 결과로 결정되는 파동함수로 나타난다는 것이다. 이 가정의 진실성을 알아내는 유일한 방법은 현재 '숨은' 변수에 의한 양자이론의 다른 해석을 찾는 것이다. 숨은 변수는 원리상 개별 시스템의 정확한 행동을 결정하는 것이지만 실제로 측정할 때에는 수행될 수 있는 형태의 측정값들이 평균화된 것이다. 이 논문과 이어지는 논문에서, 그런 '숨은' 변수들을 통한 양자이론의 해석이 제안되었다. 수학적 이론이 현재의 일반적인 수식체계를 유지하는 한, 제안된 해석은 일반적인 해석처럼 모든 물리적 과정에서 정확히 같은 결과를 이끌고 있다. 그럼에도 불구하고, 제안된 해석은 일반적인 해석보다 더 넓은 개념 구조를 제공하는데, 양자 수준에서도 모든 과정에 대해 정확하고 연속적인 설명을 만들어낼 수 있기 때문이다.[15]
>
> …
>
> 사실 이전에 우리가 통계이론을 사용할 때면 언제나, 통계적 앙상블의 각각의 요소를 지배하는 법칙들은 숨은 변수로 표현될 수 있다는 사실을 결국 알게 되었었다.[16]
>
> …
>
> 일반적인 물리적 해석[즉, 그것의 궁극성과 완성도]은... 덫에 빠질 상당한 위험을 우리에게 제공한다. 이 덫은 순환적 가설들이 스스로 엮여 있어서, 원리적으로 그것이 사실인지를 증명할 수 없는 것이다.[17]

코펜하겐의 해석이 그 용어를 통해서 세계를 의미 있게 이해할 수 있는 서술을 제공할까? 이것은 분명한 논쟁거리다. 좀더 이해 가능한 세계를 추구하는 것은 양자 수식체계에 대한 또 다른 해석을 찾으려는 동기가 될 수 있다. 이런 논점은 다음 장에서 더욱 길게 다루어질 것이다. 양자역학의 대안들이 그냥 독단적으로 퇴출되기보다는 적어도 알려질 필요가 있는 것이다.

이런 입장에서 23.1절에서 다루었던 과학이론의 두 가지 요소 (과학이론의 수식체계와

---

15 Bohm 1952, 166.
16 Bohm 1952, 168.
17 Bohm 1952, 169.

그것의 해석)로 돌아가보자. 표준 양자역학이나 봄의 양자역학 둘 다 실제로 관측될 수 있는 값을 예상할 때 정확하게 같은 규칙을 사용한다. 양자역학의 수식체계는 매우 놀랄 만큼 성공적이었으므로 – 물리학의 역사에서 가장 정량적으로 성공적인 이론이라는 주장을 넘어 – 우리는 이것이 양자역학의 시작(대략 1930년) 이래로 몇 십 년 동안 일련의 물리적 현상들에 대해 완벽하게 실험적으로 알맞은 것이었다고 할 수 있겠다. 그런데 물리적 해석이란 이론이 현상 아래에 있는 구조(세계라는 구조물에 대응되는 이야기 – 즉 존재론)에 대해 말하는 것이기 때문에 논의의 핵심은 수식체계가 아니라 해석이다. 해석에 관한한, 개념적으로 봄에 있어서는 이론적으로 잘 정의된 값(예를 들면 한 입자의 궤도)이 있지만 코펜하겐의 경우 그렇지 않다. 그렇다고 이것들이 실제로 관측될 필요는 없다.

표준적인, 즉 코펜하겐 해석은 어떤 물리계의 측정이나 관측 시 상태벡터 ψ의 비약이나 붕괴 등의 불연속적이고 통제할 수 없는 변화를 요구한다. 이 점이 암시하는 것은 물리적 과정의 가장 근본적인 수준에서 필수적이고 제거할 수 없는 비결정성이 있다는 것이다. 물리적 세계의 본성에 대해 무언가를 말하고자 한다면, 코펜하겐 해석은 어쩔 수 없이 비결정론적 존재론을 요구한다. 따라서 원칙적으로 미시세계에 대한 속박된 값의 연속적인 전개나 시공간 상의 궤도에 대해 말할 수 없다.

다른 한편으로 우리는 동일한 수식체계에 대한 봄의 해석에서는 미시계도 완벽하게 결정론적으로 전개된다는 것을 알고 있다. 입자들은 때로 매우 불규칙적이지만 하나의 시공간 연속체에서 결정된 궤도를 따른다. 그곳에서는 관찰에 따른 파동함수의 붕괴도 없고, 입자가 어디에서 있는지 간단히 발견할 수 있다.[18] 하이젠베르크의 불확정성 관계는 양자 퍼텐셜 효과 때문에 측정의 정확성에 대한 한계를 만든다. 우리는 표준 양자역학의 모든 통계적 예측을 되찾게 된다. 이 해석에서, 미시계는 고전적 혼돈 체계와 매우 유사하게 행동한다.

봄의 이론이 결정론적이면서도 표준 양자역학과 똑같은 예상을 만들어내기 때문에, 봄의 이론이 비국소적이라는 것은 벨의 정리 (22.3절)로부터 나오게 된다. 이는 분명히, 양자 퍼텐셜의 영향 때문이다. 환경의 변화는 어느 공간에서나 파동함수의 즉각적인 변화를 필요로 한다. 즉, 양자 퍼텐셜의 (식(23.4)의 U) 수정을 필요로 한다. 봄의 이론에 나타나는 이런 비국소성은 특수 상대성 이론의 최초 신호 법칙(the first signal principle)과

[18] Bohm의 이론에 따르면, 모든 측정은 궁극적으로 위치 측정이다. 예를 들어 마지막으로 기구를 읽는다는 것은 계기판 바늘의 위치 같은 것을 확인하는 것이다.

충돌하는 것처럼 보이지만 그렇지 않다. 이런 장거리 상호관계(식(22.7))는 신호법에 사용될 수 없다는 것이 증명되었기 때문이다.[19]

따라서 봄의 해석은 특수 상대성 이론을 절대적이고 보편적인 기본 이론의 지위로부터 깎아내리고 대신 물리 이론의 '관찰 가능한' 내용에 대해서만 상대론적 불변성을 요구하는 것처럼 보인다. 그렇다면 왜 이것이 그렇게 나쁜가? 무엇보다도, 특수 상대성 이론에서의 아인슈타인의 가정(즉, 물리법칙에서 형태 불변성-절대속력의 검출 불가능-그리고 모든 관성계의 관측자에 대해 빛의 속도는 일정함) 자체는 관찰 결과에 기반을 두고 있었다. 이는 이런 가정들이 실험의 결과를 설명하기 위해 만들어졌다는 것이지 가정 자체가 실험 때문에 요구된 것은 아니다. 이와 관련하여 16.3절에 아인슈타인의 동시성에 대한 기준을 회상해보자. 거기서 우리는 이를테면 모든 관성계 사이에 절대적인 동시성을 허락하는 것과 같은 다른 규약들이 가능하지만 동등한 경험적 결과를 이끄는 것을 보았다. 이점은 기억할 필요가 있는데, 모든 상대론적 불변성을 (이론식의 수준에서) 양자역학과 결합시킬 그 어떤 수용 가능한 방법도 없기 때문이다.[20]

따라서 봄의 해석은 우리에게 실제의 시공 궤도에 대한 실재성을 제공하지만 동시에 그 대가도 존재한다. 양자역학의 모든 해석은 일종의 가격표를 달고 있다. 다른 상황에서 쓰는 용어를 빌리자면, 우리는 이런 해석 혹은 세계관이 개념과 진술이라는 일반적인 네트워크로 이론화된다고 말할 수 있고, 우리는 스스로 가장 받아들일 만한 거래를 정해야만 한다고 말할 수 있다.[21] 하지만 봄이 1952년에 쓴 논문의 목적은 궤적이 가능하며 따라서 코펜하겐의 도그마(완전성과 그런 궤도들의 불가능성에 대한 주장) 일부가 틀렸다는 것을 보이는 것이었다는 점을 기억하자.

23.5 설명 대 이해

이제부터 가장 근본적인 단계에서 양자역학이 주는 물리적 세계의 작동에 대한 접근 유형에 관한 질문을 살펴보자. 이것은 실재에 대한 고전적 관점과 양자적 관점을 비교함

19 Shimony 1984. Bohm의 이론에서의 상대성의 문제는 Cushing(1994, 특히 Section 10.4.2)을 참조한다.

20 Maudlin 1994, 220.

21 Fine 1986a, 87.

으로써 부분적으로 이루어질 수 있을 것이다. 과학적 이론이 기능하는 세 수준을 고려해 보자: ① 경험적 타당성, ② (형식적 (formal)) 설명, ③ 이해. 이와 같은 위계적인 수준 중에서 각 수준을 명확하게 구분 짓는 것이 항상 가능하진 않다고 하더라도, 이것은 과학 이론의 분명한 세 가지 목적에 해당한다. 우리가 논의하는 이러한 구분과 관계는 물리학에만 적용될지도 모르겠다. 몇 가지의 예를 선택적으로 살펴보자.

우리는 물리현상에 대한 설명과 이해의 차이점에 관심이 있기 때문에, 우선 '설명하다(explain)'와 '이해하다(understand)' 라는 용어를 구별해보자. 과학에서의 설명의 본성은 과학 철학자들에 의해 많이 논의되었던 주제이다.[22] 설명이 무엇이고 우리에게 이해를 주는 것은 무엇인지를 해결하려는 목표와 함께 설명과 과학적 이해에 대해서 고려해보자. '형식적 설명(formal explanation)' (혹은 줄여서 '설명')은 기본적으로 논리적 함의에 따른 설명으로, 본질적으로 연역-법칙론(D-N) 혹은 전포괄적 법칙(covering-law) 모형에서의 설명의 개념과 동등한 것이다. (이는 받아들여지는 가설 혹은 법칙에 의한 결과에서 논리적 연역으로 이끌어지는 설명에 대한 과학철학에서의 표준 용어이다) 설명을 주는 근본적인 사실들은 양자역학에서와 같이 매우 이상하고 익숙하지 않은 것일 수 있다. 그것이 상당히 정확하게 정의되며 객관적일지라도, 그러한 설명은 그 자체로 알고자 하는 법칙에 포함되는 현상들에 대한 이해를 주지는 못한다. 사실 과학적 설명의 많은 경우는 그런 형식적 설명이고 반드시 우리에게 이해의 느낌을 주는 것은 아니다.

이해를 위해 요구되는 설명에는 실용적인 측면이 있다. 이때 단일화는 중요한 요소이다. 포괄적 설명(global explanation)은 이해를 돕는데, 왜냐하면 주어진 것으로 받아들여야 하는 독립적인 현상의 수를 축소시키기 때문이다. 단일화와 (소수의 간단하고 더 이상 환원될 수 없는 '주어진 것' 혹은 가설로, 원자 이론이나 소립자 이론처럼) 환원은 이해를 가능하게 하는 설명의 중요한 특성인 반면, 그 자체로는 충분치 않다. 이것은 특히 EPRB 상관관계와 같은 양자효과에서 더욱 그러한데, 이에 대해서는 다음 절에서 다루겠다. 과거의 이론들에서 이해로 이끄는 공통된 특성은 무엇일까? 이해란 (순수하게 인식적인 것을 넘어선다는 의미에서) 어떤 이론들이 가질 수 있고 또 그것의 수용과 관련된 하나의 실용적인 보너스일 것이다. 그것은 인간으로서 우리가 이해의 느낌을 가질 수 있게 되는 특정한 조건들에 의존하기 때문에 명백히 우연적인 것이다. 당연히 인과성과 인과적 메커니즘은 이해의 과정에서 제기되는 설명의 필수적인 특성이 된다. 물론, 우리가

[22] 이 내용에 대한 참고문헌은 Cushing(1991)에서 찾을 수 있다.

이해를 도출하는 물리적 현상에 대한 설명을 항상 찾을 수 있다는 보장은 없다.

실제로 우리의 논의는 물리학적 현상의 이해가 사진처럼 생생하고 묘사 가능한 물리적 메커니즘과 과정을 포함한다는 직관에서 시작한다. 그리고 이러한 직관은 우리의 경험과 물리학의 역사에 기초한다. 과학철학자이자 과학사학자인 휴웰(William Whewell, 1794–1866)은 그의 『귀납과학의 역사』(History of the Inductive Sciences, 1837년 초판 발행)에서 하나의 이론의 발달에서 법칙과 원인을 그리고 형식적 단계와 물리적 단계를 구분하면서 이러한 입장을 내비쳤다. 유사하게 우리는 16.3절 끝에서 아인슈타인이 (빛의 속력의 불변성과 물리법칙의 일반적인 법칙이 불변한다는 것에 기반을 둔 특수 상대성 이론과 같은) 원리적 이론(principle theories)과 (전자에 대한 로렌츠의 에테르 기반 이론과 같은) 구성적 이론(constructive theories)을 대비시켰다. 그는 전자의 가치는 (경험적 원리들이 받아들여졌을 때, 연역된 결과들의) 인식적 안정성(epistemic security)과 응용가능성의 보편성(generality of applicability)이지만, 후자는 흔히 특정 물리 모델을 통해 이해의 명료함(clarity of comprehension)을 제공한다고 보았다. 이것이 바로 형식적 설명과 이해의 차이에 해당할 것이다.

간단한 예로서, (일단, 우리가 천체의 궤도가 평면 곡선이라는 것을 배웠거나 관찰했거나 혹은 들었으며) 우리에게 천체 운동에 관한 케플러의 제2법칙이 수학적 수식체계로 주어졌다고 (어떤 이론으로부터 유도된 것일 필요는 없다) 가정해보자.[23] 그러면 태양으로부터 행성까지의 (태양이 위치한 초점에서 잰) 거리 r이 각 위치(θ)로 주어진다. 이 식은 경험적인 관측 데이터를 적절하게 표현한 것이다. 그러나 (이 수준에서) 우리는 왜 이런 특정한 식이 얻어졌는지에 대해서 최소한의 아이디어조차 가지지 못한다. 이것은 뉴턴의 운동 제2법칙과 만유인력 법칙을 더한 것이 결과를 도출해내는 데 사용될 수 있었다는 것을 증명하는 간단한 연습거리가 된다(9장 참조). 그러한 연역적 논증은 확실히 형식적 설명을 제공한다. 그러나 어떤 물리적 과정이 천체가 타원 궤도를 따르게 하는지에 대한 이해를 제공해주지 않는다. 인과적 설명에 대한 시도는 중력의 (즉각적인) 원격작용에 대한 인식을 불러일으킬 수 있다. 200년이 넘는 시간 동안 누군가가 원거리 작용을 이해했다는 것을 받아들이기는 어려워 보인다. 그런 의미에서 아인슈타인의 일반상대성 이론은 휘어진 시공간 배경을 (그것의 특정 구조는 질량의 분포에 의해 결정되는데, 식

23 분명히 이것은 Kepler의 제2법칙를 따르는 경험적 데이터를 심하게 '재구성'한 형태에 해당한다. 하지만 우리의 논점을 위해서는 적절한 단순화라고 믿는다.

(18.3)과 식(18.4)에서 인상적으로 묘사되어 있다) 통해 중력자(혹은 중력파)는 다른 어떤 질량에 대한 물리적 영향을 전달하면서 전파된다는 이해 가능한 (그려질 수 있는) 인과적 설명을 제공했다. 어떤 의미에서는, 그러한 시공간은 교란이 어떤 유한한 속도로 전파될 수 있는 배경으로서 작용하는 '에테르'의 역할을 하는 것이다.

이제 잘 알려진 EPRB 사고실험에 의해 묘사되었던 양자현상에 대한 상황을 특별히 고려해보자(식(22.2) 참조). 여기서 공간적으로 떨어져 있는 두 명의 관찰자는 무엇을 관찰할 것인지에 대해 (실험 장치에 대한) 두 가지 선택 중 하나를 택할 수 있고, 각 경우에는 두 가지 가능한 결과(스핀 up 혹은 스핀 down)가 존재한다. 우리가 이미 살펴본 대로, 벨의 연구는 어떤 결정론적인 국소적 이론도 양자역학에 의해 예상된 실험적 결과를 설명할 수 없다는 것을 보였다.[24] 뒤따른 많은 분석들은 벨-유형 부등식을 얻기 위해서는 무엇이 가정되어야 하는가에 대해 분명하게 했다.

EPRB 상황에서 벨 부등식은 실제로 관찰된 상관관계에 대한 국소적 공통-인과 설명(local common-causal explanation)(22.4절에서 고려했던 두 사람의 동전 문제와 같은 유형의)을 위한 결합분포(joint distributions)의 필요충분조건임이 밝혀졌다.[25] 이 부등식들에 어긋났기 때문에, 적어도 하나의 실험적 배열에서 그 어떤 국소적 공통-인과 설명도 가능하지 않다. 관찰된 결과에 대한 철저한 설명적 원천의 그럴듯한 목록은 다음과 같을 것이다: ① 단순한 우연 혹은 우연의 일치; ② 공간적으로 분리된 두 지점 사이에 직접적인 인과적 연결; ③ 계와 실험장치 공통의 과거 사건들에 위치한 국소적 공통-인과 설명. 마지막 ③은 벨의 부등식에 위배되기 때문에 제외되고, ②는 (종종 주장되는 대로) 특수 상대성 이론의 첫 번째 신호 원리에 위배되고, ①은 잠시 그 어떤 설명도 아니라고 제쳐놓자.

이 사례에서, 우리가 염두에 두고 있는 경험적인 적절성, 설명, 그리고 이해 사이의 구분은 **그림 22.2**의 EPRB 실험에 대한 식(22.7)의 $\langle r_A r_B(\theta, \psi)\rangle$ 상관관계로 시작될 수 있을 것이다. A와 B는 공간적으로 떨어진 지점을 의미하고 θ, ψ는 스핀이 관찰되는 A와 B에 대한 방향(첫 번째는 A, 두 번째는 B)임을 떠올려보자. (플랑크가 어떻게 그의 복사법칙을 발견했는지 19.2에서 본 것처럼) 오늘날의 톨레미는 (양자역학이나 다른 이

[24] Bell의 부등식을 테스트하기 위해 실험들이 수행되었으며, 비록 실제의 실험들에 대한 세밀한 분석은 상당히 복잡하지만 그것의 일치된 의견은 실험결과가 Bell 부등식과 다르다는 것이다. 이 실험들에 대한 보다 상세한 내용은 Aspect et al.(1982)를 참조한다.

[25] Fine 1982a.

론의 사용 없이) 그런 일련의 실험에 대해 데이터가 주어졌을 때, 실험적인 오차 내에서 식(22.7)의 순수한 현상학적 표현을 찾아낼 수 있을 것이다. 이런 표현은 확실히 경험적으로 적절하다.

사실, 그러한 곡선맞춤(curve fitting)은 데이터 자체와 같다. 하지만 이 단계에서 우리는 결과에 대해 설명하거나 어떻게 그것들이 발생했는지를 이해하지는 못한다. 그러나 다음 단계로 누군가 (아마 23.2절 앞부분에 제시된 것과 같은) 양자역학의 수식체계를 우리에게 제공한다면, 22.A절에서 주어진 유형의 계산을 수행함으로써 식(22.16a)와 식(22.1b)의 결과들을 수식적인 설명을 할 수 있게 된다. 그렇게 되면 식(22.7)의 결합 분포에 대한 수식적 설명을 가지게 된다. 그러나 이런 사건들이 어떻게 자연 속에서 만들어졌는지에 대한 (기본적인 물리적 과정에 의한) 이해는 없다. 바꾸어 말하면, 수식체계에 대해 지각 가능한 해석은 없는 것이다.

23.6 양자역학을 이해하려는 시도

양자역학에 쓰인 수식체계의 어떤 측면이 우리가 근본적인 물리 현상을 이해하고 있다고 말하기를 어렵게 만드는가? 문제의 핵심은 측정문제(21.3절)와 비국소성 문제를 (예를 들어 식(22.7)과 같은 장거리 양자 상관관계) 일으키는 양자 상태의 (식(21.8), (22.2), (22.4)) 얽힘현상(혹은 비분리성)이다. 이런 얽힘현상은 어떤 고립된 물리계가 과거의 다른 계와 상호작용했을 때 (비록 두 계가 더 이상 상호작용하지 않을지라도), 그 고립된 물리계에 독립적인 성질을 부여하는 것을 불가능하게 만든다. 이는 측정 과정에 대한 21.3절의 특정 사례들을 통해 예시된 바 있는데, 이러한 얽힘현상은 (보통은 얻을 수 없는 매우 특별한 상황을 제외하고는) 양자계의 일반적인 특성이다. 표준적 양자역학의 구조 안에서는 사실 그와 같은 특성들을 보이는 일상적 물체들의 고전적 거동과 모습을 설명할 방법이 없어 보인다.[26]

[26] 우리가 여기에서는 논의하지 않았던 (Copenhagen과 Bohm의 버전 이외에도) 다세계(many-world), 일관된 역사(consistent histories), 결깨짐(decoherence), 형식(modal), 자발적 붕괴(spontaneous collapse)와 같은 대안적 해석들을 위한 여러 가지 노력들이 있어 왔다. 이 장의 목적은 모든 해설들이 제기하는 핵심적인 개념적 문제들을 보이는 것이다. 이러한 다른 모든 노력들도 이 절에서 언급된 난점들을 만족스럽게 해결하지는 못하고 있다. 이런 시도들에 관한 논의는 Albert(1992)와 Baggott(1992, Chapter 5)를 참조한다.

이제 양자역학에 대한 표준적 또는 코펜하겐적 해석에 – 여기에서는 비결정론이 근본적이고 필수적인 것으로 간주된다 – 광범위하게 담겨있는 기술적이고 개념적인 어려움들을 극복하기 위해 제기되었던 몇 가지 제안을 살펴보자. 양자 현상을 이해하려는 그 어떤 시도에서도 허용되지 않다고 보통 가정되는 (특히 직접적인 인과적 연결고리와 국소적 공통-원인 설명) 몇 가지 움직임에 대해 살펴보았다.[27] 양자역학의 (형식적) 설명 틀에 대한 어떠한 이해를 제공하고자 하는 것은 바람직한 목표이며, 이것은 성공적인 과학이론은 미시세계에 대한 믿을 만한 관점을 제공할 것이라고 믿는 **과학적 실재론자**(scientific realist)들에 의해 주로 추구된다. 이는 단순한 형식적 설명을 넘어서는 추가적인 어떤 것을 원하는 (적어도 최근의 서구 전통에서) 인간 본성의 한 부분으로 보인다. 양자역학을 해석하려는 많은, 종종 실재론적인, 시도들이 있어왔다. 이러한 최근의 시도들 중 일부가 양자적 현상에 대한 이해를 제공하는데 성공하였는지 살펴보자.

어떤 사람은 양자 체계에서 관찰되는 (입자의 위치와 운동량 등에 대한 관찰값의 동시적 불분명성을 갖는) 많은 변수들의 '존재의 흔적(ontic blurring)'을 중요하게 받아들이는 양자실재론(quantum realism)을 주장할 수 있다. 그리고 '양자입자(quantum particle)'라는 용어는 전통적인 '고전입자(classical particle)'와 구별되어 파동-입자 이중성을 나타내는 대상으로 도입될 수 있다. 그러면 양자계의 비분리(unseparability)적 특성은 계의 '전체론적 특성(holistic character)'을 가리키는 것으로서 볼 수 있다. 어떤 점에서 이는 양자 수식체계의 고유한 특성을 찾고 그것들에 명칭과 실체적 지위를 부여하는 것이다. 양자 실재론 그 자체로는 물리 현상에 대한 어떤 이해를 만들어내지는 않는다. 만일 우리가 양자 실재론을 양자역학에 의해 요구된 실재론이라고 말한다면, 세상에 대한 그림으로서 양자 실재론이 무엇인가를 이해하는 데에 관해 어느 누구에게도 도움을 준 것이 아니다.

어떤 사람은 인과성에 대한 새로운 개념이 필요하다고 주장하지만, 그것이 무엇인지는 분명하지 않다. 오래 전에 하이젠베르크는 우리는 우리의 이론 안으로 (그리고 우리의 존재론 속으로) 새로운 종류의 물리적 실체인 포텐시아(potentia)를 도입한다고 제안했다. 이는 명확한 결과들이 어떻게 시공간의 국소화된 하나의 영역에서 나타나거나 실제화 되

[27] 우리가 '보통 가정되는'이라고 말하는 이유는 그와 같은 논의의 배경이 되는 가정 중 하나가 특수 상대성 이론은 공간적으로 분리된 사건들 사이의 즉각적인 연결을 필수적으로 배제하기 때문이다. 양자적 비국소성의 질문에 대한 잘 전개되고 면밀한 분석은 Maudlin(1994)을 참조한다.

는가에 대한 우리의 이해를 돕기 위한 움직임이다. 이것은 표준적으로 해석되는 양자역학의 수식체계에서 가장 기본적인 문제인 흔히 파동묶음(wave packet)의 환원으로 (식 (21.9) 참조) 불리는 문제를 극복하기 위한 시도이다. 다른 사람들은 EPRB 상관관계를 포함하여 거시와 미시 현상에 대한 통합적인 (기본적으로 파동-존재론) 취급이 가능하도록 슈뢰딩거 방정식의 수정을 제안했다. 그러나 측정 문제의 수식적 해결은 (실제적 물리적 현상의 수준에서) 공간적으로 분리된 계에서 EPRB 타입의 상관관계가 어떻게 만들어지는가에 대한 동일한 (물리학의) 퍼즐을 남겼다. 이런 관점에서는 대상들 사이에는 그들 간의 고유한 관계가 존재하며, 그러한 관계는 임의의 무한한 거리까지 지속된다는 일종의 상관적 전체론(relational holism)을 선택할 수 있다. 상관적 전체론이 확실히 적용될 것으로 보이는 미시 세계에서부터 그렇지 않아 보이는 거시 세계로까지 이어질 수 있느냐는 심각한 문제점을 제외하고서도, 상관적 전체론의 현상에 대한 주장은 물리계에 대해 우리가 이해할 수 있는 개념을 제공하고 있는가?

매우 다른 형태의 움직임으로, 국소적인 인과적 연결고리와 국소적인 공통 원인들이 양자 상관관계에서는 불가능하기 때문에 우리는 이러한 양자 상관관계 자체를 더 진전된 설명이 기초해야 할 환원 불가능한 냉혹한 사실로 받아들여야 한다는 입장이 있다. 이는 이해라는 논점을 회피하는 것이다. 양자역학을 특징화하는 다음과 같은 관점도 있다.

> ⊛ '양자역학은...가장 검은 블랙박스 이론이다. 놀라운 예언이지만 무능한 설명이다.'[28]

그와 같은 냉혹한 사실들을 설명의 기초로서 우선적으로 받아들이겠다는 시도는 우리가 양자현상을 이해할 수 없다는 주장과 다르지 않다. 따라서 만일 우리가 진심을 다해 비결정론적 세계관을 받아들여야만 한다면, 우리는 여전히 세계를 이해할 수 없는 것이 된다.

하지만 양자현상의 비분리적 비국소성을 단지 소유된 속성으로서 (혹은 관찰가능한 양으로서) 취급하고 이를 받아들임으로써, 봄의 이론은 측정의 문제를 피해갔으며 또 실세계에 대해 객관적 속성을 갖는 고전적으로 조건화된 많은 표현들과 개념적으로 균열되지 않는 존재론을 형성한다. 이는 양자역학에 대해 하나의 특징적이고 기술 가능하며 보다

[28] Fine 1982b, 740. 예언(predict)은 설명과 같은 뜻이고, 설명은 이해와 같은 뜻이다.

전통적인 (어떤 측면에서는 거의 '고전적인') 해석을 준다. 그것은 입자들이 실제적이며 항상 객관적으로 존재하는 궤도를 가지고 또 양자 퍼텐셜에 따라 서로 상호작용한다는 철저하게 결정론적인 이론이다. 그것의 대가가 비국소성(직접적, 동시적, 장거리 상호작용)이지만, 이 비국소성은 상대론과 경험적 충돌을 일으키지 않는 꽤 친절한 변종에 해당한다. 봄의 모델은 우리가 언급했던 다른 시도들보다 더 나은 이해를 준다고 말할 수 있겠다.

부록. 봄 이론의 수학적 내용[29]

봄(Bohm)이 했던 것은 기본적으로 다음과 같이 나타낼 수 있다. (비상대론적) 슈뢰딩거 방정식에서 시작하자.

$$i\hbar\frac{\partial\psi}{\partial t} = -\frac{\hbar^2}{2m}\nabla^2\psi + V\psi \tag{23.1}$$

우선 두 개의 실함수 $R(x, t)$와 $S(x, t)$을 $\psi(x, t) = R\exp(iS/\hbar)$로 정의한다. 이 항들을 식(23.1)에 대입하고 그 결과를 실수부와 허수부로 나눈다.

$$\frac{\partial R}{\partial t} = -\frac{1}{2m}[R\nabla^2 S + 2\nabla R\cdot\nabla S] \tag{23.2}$$

$$\frac{\partial S}{\partial t} = -\left[\frac{(\nabla S)^2}{2m} + V - \frac{\hbar^2}{2m}\frac{\nabla^2 R}{R}\right] \tag{23.3}$$

양자 퍼텐셜 U는 다음과 같이 정의된다.

$$U \equiv -\frac{\hbar^2}{2m}\frac{\nabla^2 R}{R} \tag{23.4}$$

$P = R^2 = |\psi|^2$를 정의하여, 식(23.2)을 다시 쓰면,

$$\frac{\partial P}{\partial t} + \nabla\cdot\left(P\frac{\nabla S}{m}\right) = 0 \tag{23.5}$$

[29] Bohm 이론에 대한 전문적 내용을 잘 요약한 것으로 Dürr et al.(1996)과 Valentini(1996)를 추천한다.

만약 속도 장(velocity field) $\boldsymbol{v}$를 다음과 같이 생각하면

$$\boldsymbol{v} = \frac{1}{m}\nabla S \tag{23.6}$$

식(23.5)은 연속방정식이 된다. 식(23.6)은 종종 봄의 이론에서 '길잡이 조건(guidance condition)'으로 불린다.[30] 이것은 입자의 가능한 궤적을 정의한다. 우리는 P를 입자 분포의 확률 밀도로 해석할 수 있다. 운동량의 정의 $\boldsymbol{P} = m\boldsymbol{v}$와 $\boldsymbol{v}$에 관한 식(23.6)에서 쉽게 식(23.3)이 다음과 같이 됨을 보일 수 있다.[31]

$$\frac{d\boldsymbol{p}}{dt} = -\nabla(V+U) \tag{23.7}$$

여기서 F는 퍼텐셜 에너지$(V+U)$의 기울기벡터(gradient)이기 때문에 $d\boldsymbol{p}/dt = F$가 된다. 이 퍼텐셜 에너지는 익숙한 '고전역학'의 퍼텐셜 에너지 V와 '양자' 퍼텐셜 에너지 U를 포함한다. 식(23.4)의 양자 퍼텐셜은 매우 비고전적이고 비국소적인 효과를 이끈다.

더 읽을거리

바고트(Jim Baggott)의 『The Meaning of Quantum Theory』의 5장은 양자역학의 코펜하겐 버전에 대한 현재 활용 가능한 대안들에 대해 잘 논의하고 있다. 쿠싱(James Cushing)의 『Quantum Mechanics』의 2~5장은 특히 이 장에서 다루었던 여러 주제들에 대한 보다 상세한 논의를 담고 있다. 봄(David Bohm)의 〈A Suggested Interpretation of the Quantum Theory in Terms of "Hidden" Variables I, II〉는 봄의 역학(Bohmian mechanics)으로 알려진 내용의 원전에 해당하며 양자역학의 근본에 대한 통찰력 있는 많은 내용들을 포함하고 있다. 봄(David Bohm)과 하일리(Basil Hiley)의 『The Undivided Universe』는 전문적인 내용을 포함하는 봄의 양자역학에 대한 일반적인 설명을 제시하고

30 일반적인 양자역학적 확률밀도 $P = |\psi|^2$와 흐름밀도 $j = (i\hbar/2m)(\psi\nabla\psi^* - \psi^*\nabla\psi)$로 나타내면, 속도는 $v = j/p$이다.

31 이러한 정의를 얻기 위해서는 $\frac{dp}{dt} = v_j \frac{\partial}{\partial x_j}(\nabla S) + \frac{\partial}{\partial t}(\nabla S) = \frac{1}{m}\nabla S \cdot \nabla(\nabla S) + \frac{\partial}{\partial t}(\nabla S) = \nabla\left[\frac{1}{2m}(\nabla S)^2 + \frac{\partial S}{\partial t}\right]$와 식(23.3)의 사용이 필요하다.

있다. 홀랜드(Peter Holland)의 『The Quantum Theory of Motion』은 봄의 이론에 대한 매우 잘 쓰인 상급 수준의 교재라 할 수 있다. 발렌티니(Antony Balentini)의 『On the Pilot-Wave Theory of Classical, Quantum and Subquantum Physics』는 봄 이론의 여러 측면에 대해 높은 수준에서 다루고 있는 책이지만 여전히 어렵지 않게 읽고 또 새로운 생각을 자극하는 스타일로 쓰여 있다. 쿠싱, 파인, 골드스타인(James Cushing, Arthur Fine, Sheldon Goldstein)이 편집한 『The volume Bohmian Mechanics and Quantum Theory』는 봄의 프로그램의 많은 단면들에 대한 에세이를 담고 있다.

역사적 우연인가?

지금까지 살펴보았던 앞의 장들에서 우리는 경험적으로 성공적인 양자역학의 수식체계(형식화)가 서로 양립할 수 없는 두 가지 일반적 존재론 – 즉, 일반적으로 받아들여지는 비결정론적 코펜하겐 해석과 철저하게 결정론적인 봄의 해석 – 을 모두 동일하게 지지한다는 것을 보았다. 이러한 수식체계에 의한 해석의 미결정성(underdeterminiation)은 두 개의 동등한 이론 중에 명백한 하나의 이론을 택하는 간단한 문제가 아니다. 왜냐하면 하나의 존재론의 용어를 다른 존재론의 용어로 번역할 수 있는 방법이 없기 때문이다. 이러한 사례는 성공적인 과학이론으로부터 세계의 참된 해석을 찾고자 하는 과학적 실재론자(scientific realist)에 대한 도전처럼 보일 수 있다. 더욱이 이러한 이론들 사이의 실제적인 역사적 경쟁과 코펜하겐 해석의 우위 점유는 그와 같은 역사적 우연의 과정이 승리한 이론에 대한 합리적 재구성과 논리적 판단으로부터 의미 있게 구별될 수 없음을 나타낸다고 본다.[1] (과학철학자들이 그 사실을 정당화 할 수 있게 성공적인 것으로 여겨지고 과학공동체에 의해 제공하는 것 그 자체가 하나의 우연적이며 비특정적인 산물인 것이다.) 과학 공동체에 의해 제안되어 성공적인 것으로 보여짐으로써 과학철학자들로 하여금 그러한 사실이 있은 이후에 이를 정당화하도록 하는 것 자체가 하나의 우연적이고 비특징적인 산물인 것이다.

[1] 독자들은 이 장에서 표현된 일부의 견해들이 지금까지 이 책에서 나온 것들에 비해 보다 더 사변적이고 논쟁적이라는 점을 인식해야 할 필요가 있다. 이 단원의 대부분의 내용은 Cushing(1994, 특히 Chapter 8-11)에서 논의했던 광범위한 사례연구의 요약에 해당한다. 이 장에서 그 내용을 수정하여 사용함을 허용해준 시카고대학 출판부에 감사의 마음을 전한다.

24.1 미결정성

과학이론에 대한 (소위 듀엠-콰인 논제(Duhem-Quine thesis)[2]라고 부르는) 미결정성의 기원은 듀엠(Pierre Duhem)의 『물리이론의 목적과 구조』(The Aim and Structure of Physical Theory, 1916년 초판 발행)에서 찾을 수 있다. 이 책에서 듀엠은 물리이론을 판단하는 기초에 대해 분명한 입장을 취하고 있다.

> ⊗ 물리이론의 유일한 목적은 실험적 법칙을 설명하고 분류하는 것이다. 물리이론을 판단하고 그것이 좋은 것인지 나쁜 것인지를 판별해 주는 유일한 방법은 이 이론의 결과와-그 이론이 나타내고 분류해야 하는-실험적 법칙 간의 비교이다.[3]

그러나 물리학자들은 경험적 규칙성에 대한 단순한 성공적 예측이나 설명을 넘어서 상상가능한 모든 대안들을 통해 확신할 수 있는 가설의 수준으로 옮겨가려고 할 때가 있다. 이때 '물리학자는 상상 가능한 모든 가정들을 다 점검하였는지를 결코 확신할 수 없기' 때문에, 듀엠은 물리학자들이 반드시 실패할 것이라고 말한다.[4] 듀엠은 이론이 실험결과와 모순될 때 반박되는 것은 가설들의 결합(conjunction of hypotheses)이라고 말한다. 즉, 관심의 주된 대상이 되는 이론적 가설 외에도, 예측을 하거나 계산을 실행 가능한 것으로 만들기 위해서는 또 다른 가정이나 보조가설들(auxiliary hypotheses)이 필요하다. 예를 들어, (뉴턴의 제2법칙을 점검하기 위한) 기본적인 포사체 운동의 계산에서 우리는 보통 공기저항을 무시한다. 때때로 이러한 공기저항의 무시는 (6.5절 끝부분에 묘사되어 있는 것처럼) 관찰과의 불일치를 일으킨다. 이러한 것은 카우프만 실험의 복잡한 상황에서도 볼 수 있다(15.5절 참조). 그와 같은 불일치가 발생했을 때, 과학자에 따라서 다른 가설을 선택해서 수정할 수도 있다. 듀엠은 과학자들이 현상을 설명할 수 있는 한, 그들이 가설을 수정하는 모든 과정은 논리적으로 동일하게 정당화될 수 있는 것으로 보았다.

---

[2] 실제로 Duhem의 명제와 Quine의 논제 그리고 미결정론의 명제 사이에는 구별되는 점들이 있다. (예를 들어, Harding 1976 참조) 하지만 나는 여기서 'Duhem-Quine 논제'라는 표현을 쓰고 이 용어는 '미결정론'과 같은 의미로 사용한다. 이러한 입장을 강하게 제시해준 Yuri Balashov에 대해 감사를 표한다.

[3] Duhem 1974, 180.

[4] Duhem 1974, 190.

⊛ 물리학자들이 따르는 방법들은 단지 실험에 의해서만 정당화될 수 있다. 만약 그러한 방법들이 실험의 요구조건들을 성공적으로 충족시킨다면, 물리학자들은 자신이 수행한 작업이 만족스럽다고 논리적으로 주장할 수 있다.[5]

물론 듀엠은 우리가 불확실성 속에서 희망 없이 표류한다고 주장하는 것은 아니다. 사실, 그는 우리가 이론을 수정할 때 두 개 이상의 접근법 중에서 어느 것을 선호하거나 받아들일 것인가를 결정하기 위해 분별력(good sense)을 발휘한다는 것을 관찰했다. 최근의 전문용어를 사용하자면, 특정 경우에서의 미결정성(underdetermination)을 제거하기 위해서 비증거적(nonevidential), 비논리적(nonlogical) 기준들이 사용된다고 말할 수 있다. 우리는 그러한 기준을 사용할 수 있고 또 사용하기도 하지만, 그러한 방법에는 문제가 있다.

⊛ 하지만 이러한 분별력의 근거들은 논리의 규칙들과 같은 철저한 엄밀함을 갖지는 않는다. 이러한 분별력에는 모호함과 불확실성이 존재한다. 분별력이 모든 사람에게 동시에 동일한 정도의 명쾌함으로 드러나지는 않는다.[6]

우리는 나중에 이와 같은 비증거적 기준의 위상에 대해 다시 살펴보게 될 것이다. 이것이 바로 미결정성의 핵심적 쟁점이다.

한편, 듀엠은 평가를 위한 적절한 단위가 최소한 하나의 과학이론은 되어야 한다고 생각한 반면, 콰인(Willard Quine)은 '경험적 중요성의 단위는 과학 전체이다' 라는 입장을 가졌다.[7] 모든 과학적 이론은 물리적 실재의 엄격한 경계조건들을 만족해야 하지만, '하나의 모순적인 경험에 대해 어떤 진술문을 재평가할 것인가를 선택하는 과정에서는 많은 선택의 여지가 존재한다'.[8] 상식 또는 그가 말하는 적절함(germaneness)의 역할에 대해서, 콰인은 '반대되는 경험이 발생하였을 때, 우리가 어떤 특정 진술문을 수정해야 할지 선택하는 것은 실제로 상대적 가능성(relative likelihood)을 고려하는 느슨한 연합(loose association) 그 이상이 아니다' 고 말한다.[9] 이것은 '과학이란 궁극적으로 과거의 경험에

5 Duhem 1974, 217.
6 Duhem 1974, 217.
7 Quine 1951, 39.
8 Quine 1951, 39-40.
9 Quine 1951, 40.

비추어 미래의 경험을 예측하는 수단이라는 과학에 대한 그의 개념적 틀'과 일맥상통한다.[10] 그에게 있어서 개념적이거나 실용적 편의로서 이론에 도입되는 것에는 일반적으로 미시적 존재(microentities)뿐만 아니라 물리적 대상도 포함된다.

> ⊛ 인식론적 관점에서 물리적 대상과 신은 단지 정도의 차이이지 종류의 차이가 아니다. 두 가지 모두 문화적인 가정으로 우리의 개념에 도입된다. 물리적 실체의 통념은 끊임없는 경험의 연속에서 다루기 쉬운 구조를 구성하는 지혜(방안)로서 다른 통념들 보다 더 효과적이라는 것이 밝혀졌다는 점에서 인식론적으로 우위에 서 있다.[11]
>
> …
>
> 각 개인에게는 지속적인 수많은 감각의 자극과 과학적 유산이 주어진다. 지속적인 감각적 자극에 맞추기 위해서 자신의 과학적 유산을 포장할 때 고려해야 할 것은 합리적이고 실용적인 사고이다.[12]

만약 누군가가 근본적이고 보편적인 미결정론의 사례를 제시할 수 있다면, 가정된 미시적 존재를 통해 물리세계에 대한 믿을 만한 표상(representation)을 주는 이론을 전해주는 과학의 능력에 대한 심각한 문제가 존재하게 되는 것이다. 그러나 미결정론이 (모든 생각 가능한 이론에 대한) 하나의 보편적인 주장으로 제기되지 않는 것처럼 보일지라도, 미결정론은 가장 훌륭한 과학이론에 대해서 우연적으로 적용되는 것으로 보일 수 있다. 개별의 미결정론에 대한 그와 같은 가능한 사례들은 과학에 대한 폭넓은 시사점을 가질 수 있다. 예를 들어 우리가 과학이론에 대해 (하나의 기초 이론-양자역학과 같은-의 측면에서 물리 과학의 모든 영역에서 성공적인 과학이론을 설명하는) 환원주의적 관점을 택한다면, 그러한 기본이론 내에 존재하는 근본적인 미결정론은 그것이 기초하고 있는 이론들에 영향을 미칠 수 있다.

듀엠-콰인의 미결정 논제가 과학적 실재주의자들에게 제기하는 문제를 요약해보자.[13] 모든 가능한 경험적 사실들에 대해서 일치하고 그래서 관찰에 의해 구별이 되지 않는 두 과학이론이 있다고 하자. 그런데 이 이론들이 근본적으로 다르고 양립할 수 없는 존재론

---

[10] Quine 1951, 41.
[11] Quine 1951, 41.
[12] Quine 1951, 43.
[13] Ben-Menahem 1990.

을 지지한다면, 그러한 상황들은 과학적 실재론자들을 좌절시킬 것이다. 왜냐하면, 과학적 실재론자들은 합리적인 절차에 의해 정해진 한계 내에서 세계의 참된 모습을 주는 정확한 과학이론을 추구하기 때문이다. 고려하고 있는 두 이론이 그들의 존재론에 대해 상대적으로 사소한(minor) 관점에서 차이가 있다면, 우리는 이것을 간단히 비본질적인 차이로 분류할 수 있을 것이다. 그런데 앞의 몇 장에 걸쳐 논의한 경우에서 한 이론은 세계의 근본적 물리적 과정들을 본질적으로 비환원적이고 비결정론적인 것으로 나타내는 것이었고, 다른 이론은 물리적 우주의 절대적인 결정론적 거동에 기초하는 것이었다. 이것은 사소하거나 무관한 차이로 보이지는 않는다.

아마도 여기서 한두 가지의 경고사항을 추가하는 것이 도움이 될 것이다. 우리의 주관심사는 과학적 이론의 논박에 대한 질문이 아니다. 이론이 논박될 수 있을지 아닐지에 대한 질문에 대해, 우리는 다음과 같은 이유에서 기꺼이 '예'라고 답을 할 것이다. 비록 증거에 기초하여 합당하게 부인할 수 있는 많은 이론들이 있다는 것을 받아들일지라도(이것은 쉬운 경우들이다), 존립가능하고 생산적인 이론들이 반박되었던 다른 경우들도 여전히 존재한다. 우리는 실질적인 미결정론이 모든 경우에 항상 존재한다는 것을 주장하는 것은 아니다.[14] 하지만 진정한 미결정론이 존재하는 한두 가지의 중요한 상황이 있었다고 주장하는 것이다. 앞 장과 이번 장에서 논의하는 사례는 당장 이용할 수 있는 데이터를 가진 본질적으로 다른 두 이론 간의 단순한 양립가능성에 관한 것이 아니라 훨씬 더 뿌리 깊은 구별불가능성(indistinguishability)을 포함하는 것이다. 비증거적 기준에 기초하여 선택이 이루어질 수 있고 또 이루어져 왔다. 그와 같은 기준의 기초에 대해서 그리고 그와 같은 결정이 이루어지는 과정에서 작용했던 역사적인 우연적 요인들의 역할에 대한 질문들이 제기되어져야 한다. 우리는 미래에 나타날 발전 가능성의 측면에서 미결정론 문제의 해답을 찾으려는 충동에 맞서야 한다. 그 자체는 논쟁이라기보다는 신념의 선언(a declaration of belief)이 될 것이다.

여기서의 기본적인 쟁점은 올바른 과학 이론에는, 일관성, 아름다움, 단순성 또는 (이전에 받아들여졌던 이론적 구조의) 최소한의 손상과 같은 주관적인 기준을 포함하지 않는 객관적인 선택의 과정과 함께, 적어도 효과적인 유일성(unigueness)이 존재할 것이라는 것에 대한 신념이다.[15] 일관성이란 단순히 논리적 모순이 없음을 의미하지는 않는다.

---

14 Laudan and Leplin(1991)은 그와 같은 급진적이고 보편적인 비결정론에 반대한다.

15 Ben-Menahem 1990, 267.

왜냐하면 우리가 논의하고 있는 두 이론은 모두 논리적으로 일관되며 어느 것도 결코 애드혹적이지 않다. 대체적으로 과학자들은 성공적인 과학 이론의 실제적(practical) 유일성을 가정한다. 예를 들어, 아인슈타인은 경험적으로 적절한 이론이 이론적(또는 논리적)으로는 하나 이상이 될 수 있음을 가정하였다. 하지만 그는 어떤 주어진 시점에서 (상당히 객관적인 것으로 들리는) '현상의 세계(world of phenomena)'가 다른 모든 것에 우월한 하나의 이론을 유일하게 결정한다고 주장했다.[16] 이와 유사하게 하이젠베르크는 1926년 코펜하겐에서 있었던 일에 대한 회상의 글에서 다음과 같이 말했다.

> ⊛ 나는 우리가 이미 알고 있었던 것처럼 양자역학은 그것 내에서 나타나는 일정한 정도의 유일한 물리적 해석을 부여했으며 … 따라서 우리는 그 해석에 관해 더 이상의 자유를 가질 수 없는 것처럼 보였다는 사실로부터 출발하고자 한다. 대신 우리는 이미 형성되어 있는 특별한 해석으로부터 올바르고 일반적인 해석을 엄격한 논리를 통해 끌어내야할 것이다.[17]

우리가 문제를 제기하는 유일성이라는 것은 단순히 규약적인(conventional) 것과는 대립되는 보다 실제적이고 효과적인 유일성이다.

24.2 실재론자의 딜레마

이제 이런 상황은 어떤 의미에서는 과학적 실재론자에게 이중적 위협을 드러내게 된다. 먼저, 거의 보편적으로 받아들여지는 코펜하겐 해석은 (23.6절에서 살펴본 것처럼) 전통적으로 양자역학의 실재론적 해석에 대한 심각한 도전이 되어 왔다. 난점의 핵심은 측정의 문제이다. 이 중 한 가지는 물리적 계가 물리적으로 관찰가능한 모든 속성(위치, 속도, 스핀의 모든 요소 등과 같은)에 대한 (우리에게 알려져 있지는 않지만) 분명한 값들을 원리적으로 가질 수 없다는 것이다. 즉, 이러한 단순한 '모름' 해석('ignorance' interpretation)은 양자역학에서 추정된 완전성과 모순된다. 개개의 미시적 존재의 수준에서 표준화된 양자이론을 물리적 세계에 대한 사실적 해석으로 심각하게 받아들인다는 것

16 Einstein 1954e, 226.
17 Heisenberg 1971, 76.

은 (정말 참된 존재론이라는 것이 존재한다면) 상당히 특이한 존재론을 받아들이게 됨을 의미한다. 측정의 문제는 (1930년경 이후부터) 오랫 동안 존재해왔고 성공적이고 일반적으로 받아들여지는 그 어떤 해법도 나오지 않았다. 이것은 – 미시적인 현상의 수준에서 시작하여, 코펜하겐 양자역학을 모든 물리적 과정에 대한 근본적이고 정확한 이론으로 받아들이고, 그런 다음 양자역학과 일치하는 하나의 일관된 존재론을 구성하기 위해 실재론자들에 도전하는 – 반실재론를 위한 효과적인 공격수단을 제공한다.[18] 즉, 반실재론자들은 미시적 영역에서 그들의 논쟁을 시작하여 일상의 경험의 거시적 영역으로 확장하고 실재론자들에게 수수께끼 같은 문제들을 계속해서 제기한다. 하지만 공정하게 말하자면, 실재론자들은, 거시적인 현상의 영역에서는 (일상의 사물, 박테리아, 공룡 등과 같은) 상대적으로 잘 나아가지만,[19] 미시적 현상의 영역으로 내려가면 이러한 설명 방식을 유지하는 데 어려움이 있다는 것을 지적해야만 한다.

양자역학에 대한 봄의 해석은 실재론자들에게 반실재론자의 반박에 대한 위로나 잠정적으로 강력한 수단을 제공하는 것으로 보일 수 있다. 코펜하겐이 (상보성을 통해) 설명한 것처럼 미시적 존재를 파동 또는 입자로 보지 않고 파동과 입자로서 설명하는 이러한 해석은 실재론자들로 하여금 연속적인 시공간 속에서 완벽히 결정론적으로 발전하는 근본적인 물리적 과정을 생각하게 한다. 일부 매우 비국소적이고 비고전적인 효과들이 존재하지만, 이것은 코펜하겐 해석에도 해당되는 것이다. 비록 이러한 봄의 해석이 실재론의 입장과 모순되지 않고 오히려 지지하지만, 봄의 해석이 존재론적으로 양립 불가능한 코펜하겐의 해석과 경험적으로 구별가능하지는 않다. 따라서 선호나 독단적 결정이 아니라면 실재론자들이 실재론적 해석을 필요로 할 근거는 거의 없다. 여기서 실재론이 이중의 위험에 처하게 된다. 즉, 코펜하겐은 실재론을 지지하지 않는 반면, 상응하는 실재론적 해석을 주는 봄은 미결정론의 딜레마를 드러내어, 실재주의자들이 희망하는 목적을 달성하기 어렵게 된다. 바꾸어 말하면, 누군가가 하나의 주어진 형식론에 상호 양립 불가능한 존재론을 정립시킬 수 있다면 실재론자에 대한 참된 문제를 제기할 수 있게 되는 것이다. 그러면 실재론의 지지자는, 진정으로 상이한 존재론이 제기된다면 이러한 별개의 존재론은 별개의 물리적 양(magnitudes)을 포함할 것이기 때문에, 이러한 상이한 노선들을 따라서 형식론을 확장하는 것이 가능할 것이라는 주장을 증명하거나 강하게 지지해야

[18] van Fraassen 1980.

[19] McMullin 1984.

할 것이다. 이것은 가능할 수 있다. 하지만 필요한 것인가?

물론, 이 점에 있어서 여전히 실재론자에게 열려있는 하나의 가능성이 있다. 실재론자는 경험적으로 구별 불가능한 두 이론은 (정의에 따라서 본질적으로) 비본질적인 부분에서만 차이가 난다고 주장할 수 있다. 이것에 대하여 슈뢰딩거는 세계가 기본적으로 결정론적인지 비결정론적(indeterministic)인지에 대한 관찰의 기초를 결정하는 것은 불가능하다는 신념을 나타냈다.(12.3절 끝부분의 논의 참조) 누군가가 어떤 방식의 서술을 사용할 것인가는 순전히 실용성의 문제이며 편의에 의해 이루어진다. 1929년 프러시아 과학아카데미(the Prussian Academy of Sciences)의 취임 강연에서, 슈뢰딩거는 다음과 같이 주장했다: '결정론 대 비결정론을 결정할 수 있는 대부분은 어떤 개념이 관찰된 모든 사실들에 대해 보다 간단하고 명확한 모습을 이끌어내는가 아닌가 이다.'[20] 따라서 과학적 실재론자는 세계에 대한 존재론에 있어서 비결정론과 결정론 사이의 차이점은 중요하지 않은 것으로 서술할 수 있을 것이다.[21] 하지만 그것은 세계에 대한 믿을 만하고 의미 있는 완벽한 기술에 관심이 있는 사람들에게는 참으로 이상한 것이 될 것이다. 더욱이 본질적 비결정론과 절대적 결정론 사이의 현격한 개념적 차이는 이 이론들 중 하나의 언어를 다른 이론으로 사상(寫像)해줄 (즉, 핵심적 개념을 그것의 부정에 투영하는) 일종의 '용어집(dictionary)'의 가능성을 허락하지 않는다. 다시 말해 그것의 부정 위에 중심개념을 표현할 수는 없다. 이로 인해 이러한 딜레마로부터 탈출할 수 있는 명백한 길이 효과적으로 차단되는 것이다.

경험적 타당성과 논리적 일관성만으로는 여기에서 진술된 두 이론 간의 선택을 위한 충분한 기준을 얻을 수 없기 때문에, 우리는 산출력(fertility), 아름다움(beauty), 일관성(coherence), 자연스러움(naturalness) 등과 같은 요소들을 포함할 수 있도록 그 기준을 확장하고 싶어할 것이다. 분명히 과학 공동체는 상당히 일찍부터 (약 1927년경) 그 당시에 존재했던 경쟁적 해석들보다-즉, (약 25년 후의 개념적으로 유사했던 봄의 해석에 대한 선구자 역할을 한) 슈뢰딩거의 파동적 묘사와 드브로이의 파일럿 파동 모델-코펜하겐의 해석을 선택했다. 사실상 하나의 이론이 선택된 것이다. 사용되었던 실제적 기준들은

20 Hanl2 1979, 268.

21 Harmke Kamminga는 Russel(1917, IX장, 특히 199-208) 또한 결정론과 비결정론 사이의 인식론적 (그리고 경험적) 구별 불가능성에 대해 주장하였으며, 이러한 구별 불가능성을 이용하여 라플라스적 결정론(Laplacian determinism)은 공허한 것이라고 주장하였음을 지적해주었다. Harmke Kamminga의 이러한 흥미롭고 적절한 지적에 감사를 표한다.

객관적인 것이었으며, 최소한 그 핵심에 있어서 역사적 우연이나 우연적 사건의 불안정한 산물이 아닌 변하지 않는 것이었는가? 연구와 일반화에 대한 새로운 방법을 제안하는 것뿐만 아니라 변칙사례와 실제적으로 일어나는 새로운 경험적 발전을 극복할 수 있는 내적 자원을 갖추고 있다는 점에 있어서, 이 두 이론은 모두 뛰어난 생산력을 지니고 있다.[22] 19장에서 우리는 수용 가능한 이론이 가져야 하는 속성에 대한 결정적인 가정들에서 동기가 되는 핵심적 요소들은 코펜하겐적 양자역학 해석의 창시자들이 갖는 철학적 선호 및 쉽게 바뀔 수 있었던 우연적인 역사적 상황에 강하게 기초한다는 점을 역사적 기록을 통해 확인할 수 있다는 것을 살펴보았다.

예를 들어 19.5절 끝 부분에서, 양자역학에 대한 두 형태 사이의 충돌에서 코펜하겐 학파가 본질적으로 승리를 선언하고 코펜하겐의 해석이 경험적으로 합당한 유일한 해석이라고 정의하였던 것을 보았다. 이러한 과정에서 코펜하겐과 의견을 달리하는 관점은 좌절되었고 역사는 코펜하겐 해석이 불가피한 것이고 다른 연구자들은 이론의 발달에 아무런 중요한 역할을 하지 못하는 것처럼 기술했다.[23] 이러한 상황이 발생한 이유 중 하나는 대부분의 과학자들이 수식화에 수반되는 잉여적 부담의 문제에 관심을 갖기보다는 계산상의 성공과 이론의 경험적인 타당성에 더 관심을 갖기 때문이다. 과학자 사회는 대체적으로 소위 '철학적' 쟁점들을 보어와 그의 동료들에게 남겨두는 것에 만족했다. 뿐만 아니라, 특히 중요한 새로운 이론적 틀이 만들어지는 초기 단계에서는 무엇이 해석이고 무엇이 계산적 규칙(이전에 수식체계로 불렀던)에 핵심적인가에 대해 보통 불분명하다. 다음의 글에서 코펜하겐 해석이 형성되는 시기에 존재했던 외적 요인들에 대한 아이디어를 얻을 수 있을 것이다.

> ⊛ 파울리의 편지는 보른과 보어의 주변에서 양자물리학자들이 일했던 당시의 엄청난 심리적 'Zwang(압박, 코펜하겐 학파에서 사용했던 또 다른 용어)' 을 잘 나타낸다. 보른은 적당한 자기 확신과 깊은 회의 사이에서 오락가락하였고, 보어는 자주 아팠으며, 파울리는 신경쇠약 직전까지 이르렀다. 반면에, 하이젠베르크는 기운찬 경박함을 유지하며 그들 모두를 구하는 데 성공하였다. 그들이 주고받았던 편지들은 좌절, 비참함, 체념 또는 즐거움, 희망, 자신감 등을 표현하는 강한 말들로 가득 차 있었다. … 이러한 낭만적인 표현들은, 곧 상보성이라는 그들의 신

[22] 이 문제에 대한 보다 상세한 역사적 자료는 Cushing(1994, 특히 Chapter 11)을 참조한다.
[23] Heilbron 1988, 219.

앙에 의해 만들어질 정신적 틀을 나타내는 것이었다.[24]

이것 외에도, 직업적 성취나 물리학의 미래에 대한 결정권 등 코펜하겐 학파가 양자역학의 해석에 대한 헤게모니를 확립하는 데 있어서 시급했던 다른 개인적 사회적 요인들이 존재하고 있었다.[25]

과학적 실재론자에게 있어서 역사적 우연에 기초하는 이러한 미결정론의 적합성은 무엇인가? 만약 매우 우연적인 요인들의 재배열을 통해 물리적 세계를 정확하고도 유일하게 설명하는 근본적으로 다른 과학이론과 세계관을 그럴듯하게 이끌어낼 수 있음을 역사적 기록이 말해준다면, 과학이론을 판단하기 위한 철학자의 합리적 재구성 활동의 가치에 대해 질문할 수 있을 것이다. 과학의 합리성을 이해하고 발견하는 방법으로서, 철학자들은 대게 이미 과학공동체에 의해 수용된 성공적인 이론을 분석한다. 의심의 여지가 없이 철학자들은 과학공동체의 정밀한 조사에서 살아남은 이론을 이성적으로 재구성하고 정당화하는 능력을 가지고 있다. 하지만 역사적 우연성과 관련하여, 철학자들은 본질적으로 다른 하지만 동일하게 성공적이고 널리 수용되는 이론에 대해서도 재구성하고 정당화하는 능력을 스스로 발견할 수 있을 것이다. 그렇다면, 비모순성에 대한 점검 이외에 그와 같은 활동의 가치는 무엇인가? 각각의 재구성들은 동등하게 합리적일 수 있다. 하지만 그들 중 하나를 선택하기 위한 그 어떤 합리적 수단이 필연적으로 존재하는 것은 아니다.

24.3 또 다른 역사적 시나리오[26]

개념적으로 매우 다른 두 가지의 양자역학 해석이 있다. 두 해석은 각각 논리적인 내적 일관성을 갖고, 경험적으로 구별되지 않는다. 그런데 어떻게 이 둘 중에 하나가 받아들여지게 된 것일까? 논리적 재구성이나 경험적 재구성이 모두 둘 중 하나를 선택하는 것에 있어서 충분한 것이 되지 못한다면, 이 과정에서 작용한 다른 요인들이 있어야 할 것이다. 이 요인들이 무엇이며 어떻게 이 요인들이 이론의 선택에 영향을 준 것인지를 알기

24 Heilbron 1988, 391.

25 Beller 1983b; Cassidy 1992, Chapter 12와 Chapter 13.

26 Selleri 1990; Cushing 1994.

위해서는, 19.5절과 19.6절에서 개관하였던 양자이론의 역사적 발달과정과 그것이 출현하게 된 문화적 배경으로 되돌아가야 한다. 우리는 이미 (드브로이에 의해) 초기의 인과적 프로그램의 출현은 1927년 솔베이 학회 이후로 미루어져 있었으며 코펜하겐 해석이 폭넓게 받아들여졌다는 것을 보았다. 시간이 지나면서, 그것에 대한 그 어떤 결정적인 증명이 이루어지지 않았음에도 불구하고, 경험적으로 적합한 인과적 양자역학의 형태라는 것은 불가능하다는 믿음은 하나의 도그마로 굳어져 갔다.

봄이 양자역학의 인과적 해석에 대한 두 편의 논문을 냈던 1952년까지 문제들은 본질적으로 그대로 남아있었다. (우리는 이 문제에 대해 23장에서 논의한 바 있다) 초기에 드브로이는 (1927년의 자신의 파일럿파 이론과 유사했던) 봄의 생각에 반대의 입장이었으며, 자신의 이론에 반대하여 제기되었던 것과 유사한 반대의 의견을 제시하였다. 흥미롭게도 봄이 인과적 해석에 대한 파울리의 반대가 그럴듯해 보인다는 내용의 논문 사본을 파울리에게 보냈을 때, 파울리는 아무런 반응도 하지 않았다. 더욱이, 과학의 본성에 대한 자신의 견해와 그것과 (기본적으로 통계적 인과성을 집행하는 우주의 경리사원으로서의) 신에 대한 그의 개념의 관계로 인해, 파울리는 인과성을 갖거나 시공간 상에서의 시각화 가능한 연속적인 과정을 갖는 '고전적' 세계로의 회귀와 같은 그 어떤 것도 가능하다거나 용기의 상실이나 어둠으로 회귀가 아니라는 입장을 받아들일 수 없었다. 우리가 이미 살펴본 바와 같이, 봄은-대체적으로 고전적인 (미시적) 존재론을 가진 실재론적 해석이 가능한-인과적 양자역학을 제안하였다. 1950년 초반의 봄의 연구는 드브로이를 그 전의 생각으로 되돌리게 하였다. 드브로이에게 그 이슈는 고전적인 결정론이 아니라 미시세계에 대한 정확한 시공간적 표현의 가능성이었다. 이런 점에서 드브로이의 예측은 아인슈타인과 유사한 점이 있었다. 드브로이는 고전적인 헤밀톤-야코비 이론(Hamilton-Jacobi thory)[27]이 물질에 대한 실재론적 개념에 부합되는 파동과 입자의 통합에 대한 초기 이론을 제공했다고 느꼈다. 양자포텐셜의 개념으로 근본적인 과정들에 대한 모델을 상상할 수 있을 것이다. 양자역학의 수식체계에 대한 실재론적 해석을 향한 드브로이의 이와 같은 강한 집착은, 『에세이』(Essais, 1936)의 서문에서 드브로이가 서술한 것처럼,

[27] Hamilton-Jacobi 이론이란 Newton의 제2법칙에 대한 보다 일반적인 또 다른 형태이다. 고전역학의 동역학적 방정식들이 Hamilton-Jacobi 형태로 표현되면 양자역학에 대해 Bohm이 얻었던 방정식들과 유사한 모습을 갖게 된다. De Broglie 역시 이러한 유사성을 알고 있었다. 보다 상세한 내용을 알기 위해서는 19장의 각주 19와 Cushing(1994, Chapter 5, Appendix 2)을 참조한다.

철학자 메이어슨(Émile Meyerson)의 연구에 대한 그의 높은 평가로 알 수 있다. 메이어슨은 실증주의적 선입관을 버리려고 했고 과학의 목표는 존재론적인 것이어야 한다고 생각했다.

두 가지의 추가적인 사실이 우리가 다루고 있는 이야기와 관련되어 있다. 첫째, 봄의 프로그램은 상대론적 경우에까지 일반화되었었기 때문에, 비상대론적인 현상에만 국한되어 표준화된 프로그램의 폭넓은 경험적 정확성을 나타내지 못한다고 주장될 수는 없다.[28] 둘째, 봄의 논문 이후에, 확산계수가 $\hbar/2\,\mathrm{m}$이고 마찰이 없는 브라운 운동을 하는 단일 입자가 뉴턴의 운동법칙 $\boldsymbol{F}=m\boldsymbol{a}$에 만족하는 운동을 할 때, 이 입자는 슈뢰딩거 방정식을 정확하게 따른다는 것이 밝혀졌다.[29] 비록 이론에 무작위도가 포함되지만, 그 결과적 이론은 고전적 의미에서 확률론적이므로 고전 물리학으로부터의 획기적인 일탈이 불필요하다.

인과적 프로그램에 내재하는 이러한 기술적 · 개념적 원천을 고려한다면, 우리는 철저하게 재구성되는 것이지만 전적으로 그럴듯하면서도 부분적으로 '반사실적인(counterfactual)' (1925년에서 1927년 사이의) 역사를 다음과 같이 형성할 수 있을 것이다. 하이젠베르크의 행렬역학과 슈뢰딩거의 파동역학이 공식화되고 이들이 수학적으로 같음이 증명된다. 아인슈타인이 알고 있었던 (그는 이미 이 주제에 대해 유명한 연구업적을 남겼다)[30] 브라운 운동의 대상이 되는 고전적 입자에 대한 연구는 이미 발견된 슈뢰딩거 방정식을 고전적으로 설명한다. 확률이론은 미시현상의 가시적 모델에 대한 이 해석을 지지하고, 따라서 실재론적 존재론은 유효한 것으로 남는다. 그런데 확률역학은 수학적으로 다루기 어렵기 때문에 연구는 자연스럽게 수학적으로 동등한 선형 슈뢰딩거방정식으로 전환된다. 그리고 디랙의 변환 이론[31]과 연산자의 수식체계로 계산에 대한 알고리즘을 제공하는 수학의 추가적인 발달이 한결 가능해진다.

이 시점에서 아인슈타인의 철학적 입장에 대해 아주 간략하게 살펴보는 것이 의미 있다. 19.5절에서 우리는 물리세계에 대한 그의 관점은 합리론적이고 인과론적이라는 것을

---

28 (상대론적 입자와 양자론적 장에 대한) 이러한 이론들이 비공변적(noncovariant)(즉, 모든 관성계에서 동일한 형태를 갖지 않는)이지만, 관찰에 대한 이 이론들의 예측은 표준적인 상대론적 양자역학 또는 양자장론의 예측과 일치한다. (Cushing 1994, Section 10.4 참조.)

29 Nelson 1966. Nelson의 확률역학(stochastic mechanics)과 표준 양자역학의 관계는 Cushing(1994, 159-62)를 참조한다.

30 Einstein 1905c; 1908; 1926.

31 이는 양자역학의 방정식들을 상이한 기초 혹은 표상으로 (예를 들면, Heisenberg의 행렬역학 혹은 Schrödinger의 파동역학) 나타낼 수 있는 수학적 기법을 말한다.

살펴보았다. 그는 미시적 존재들이 연속적이고 객관적이며 관찰자에 비의존적 존재라는 실재론적 세계관을 강하게 믿고 있었다. 그가 굳건하게 믿었던 또 다른 두 가지 핵심적 아이디어는 (본질적으로 결정론적인) 사건의 연쇄를 통한 인과성과 국소성이었다. 이것들이 바로 그가 생각했던 근원적인 물리학 이론이라면 반드시 만족해야 할 세 가지의 필수적 요소였다. 이제 이러한 확률역학의 수식체계가 갖는 얽힘현상(entanglement)과 비국소성(nonlocality)은 곧 분명하게 드러날 것이다. 그리고 아인슈타인은 이러한 특성을 갖는 모든 모델을 부정할 것이다.[32] 바로 우리의 반사실적 시나리오로 돌아가보자.

벨-유형 정리(Bell-type theorem)는 비국소성이 양자 현상에서 실재한다는 확실한 증거로 증명되었고 받아들여진다. 양자역학적 상관관계에 대한 무신호 정리(no-signaling theorem)[33]가 확립되고 이것은 양자역학의 비분리성에 대한 아인슈타인의 반론을 잠재운다. 여기서 핵심은 다음에 있다. 만약 공간적으로 어떤 시점에서 분리될 수 있는 S_1, S_2의 하부계로 구성된 계 S를 생각한다면, 그때 아인슈타인은 'S_2계의 실재하는 사실적 상황은 공간적으로 S_2로부터 분리된 S_1계에서 일어나는 것에 독립적이다'[34]라는 것을 느낀다고 했다. 아인슈타인은 만약 그렇지 않다면 과학을 한다는 것은 도대체 무엇을 의미하는가에 대해 회의했다. 하지만 무신호 정리는 상대성이 실험적이거나 관찰의 수준에서 존중될 수 있으며 자연에 존재하는 비국소성은 일종의 즐거운 불일치라는 것을 보이게 된다. 이것은 아마도 양자역학의 수식체계에 대한 드브로이-봄의 해석의 비국소성에 대한 아인슈타인의 반대를 극복하는 데 충분하였을 것이다. 확률이론은 비국소적일 뿐만 아니라 비결정론적인 반면에 드브로이-봄의 모델은 비국소적이지만 여전히 실재론적 해석을 허용하기 때문에 아인슈타인은 후자의 이론으로 입장을 바꾸었을 것이다.

다시 말하면, 개념적으로나 또는 논리적으로 1927년경에 일어났음직한 이러한 전개과정이 드브로이-봄 프로그램에 대한 아인슈타인과 슈뢰딩거의 저항을 극복할 수도 있었을 것이다. 이미 1926년 마델룽(Erwin Madelung, 1881-1972)은 1952년 봄이 제안했던 것과 동일한 방정식들을 가지고 있었다. 하지만 그의 해석은 봄의 해석과 매우 달랐으며, 사람

32 이는 양자역학의 방정식들을 상이한 기초 혹은 표상으로 (예를 들면, Heisenberg의 행렬역학 혹은 Schrödinger의 파동역학) 나타낼 수 있는 수학적 기법을 말한다.

33 이것은 양자상태들의 얽힘현상이, 비록 식(22.16a)와 식(22.16b)와 같은 장거리 상관관계에 관련되지만, 이러한 양자역학적 상관관계들을 통해 정보를 전달하는 데 사용될 수는 없다는 것에 대한 증명을 지칭한다. Cushing(1994, Chapter 10, Appendix 2)을 참조한다.

34 Einstein 1949a, 85.

들을 설득시키지 못하였다. 봄의 해석은 확실히 1927년에도 가능하였었다. 그리고 이 모델과 이론은 상대성과 스핀을 포함하는 것까지 일반화될 수 있었다. 봄의 해석은 계속해서 진전되었다. 마침내 이러한 인과적 해석은 양자 영역으로까지 확장될 수 있게 된다.[35]

그래서 만약 예를 들어 1927년에 이러한 인과적 해석의 운명이 매우 다른 경로를 따르고 코펜하겐 해석보다 우위를 차지했다면, 폭넓은 기초를 지닌 경험적 타당성에 반드시 필요한 일반화를 위한 원천이 되었을 것이다. 그러면 오늘날 우리는 미시적 현상에 대한 매우 다른 세계관에 도달하였을 것이다. 그리고 그때 누군가가 모든 부가적인 반직관적이고 믿기 어려운 측면들을 두루 갖춘 코펜하겐 해석과 같은 경험적으로 타당한 이론을 제시하였다면, 과연 누가 그것을 들으려 했겠는가? 이러한 이야기가 결코 애드혹적(이러한 인과적 모델들은 경쟁하는 프로그램의 성공적인 결과들에 기원을 두고 있고 그것이 그것들의 유일한 정당화가 된다는 의미에서)이거나 단순한 공상이 아니라는 것을 인식하는 것이 중요하다. 왜냐하면 여기에서 논의된 모든 기술적 발달은 물리학의 저술들에 실제적으로 존재했던 것들이기 때문이다. 그러나 코펜하겐이 먼저 정점을 차지했고 또 대부분의 과학자들에게는 그것을 제거해야 할 아무런 이유가 없는 것처럼 보였다.

24.4 내적 해석 대 외적 해석

여기서 우리는 양자역학의 해석에 있어서 표준인 코펜하겐의 해석보다 봄의 해석을 더 지지하려는 것은 아니다. 오히려 우리의 관심은 실제의 역사적 선택과 매우 다른 선택이 합당하게 이루어질 수 있었겠는가를 살펴보는 것이다. 우리는 이 경우에서 (논리적 일관성이나 경험적 타당성과 같은) 내적 요소나 (사회적이거나 심리적인) 외적 요소 어느 것 한 가지만으로 인과적 세계관 대신에 코펜하겐의 세계관을 받아들인 것에 대해 충분히 설명할 수 없음을 보았다. 단지 사실만으로 이론의 구성과 선택이 이루어지는 것이 아니고, 누군가의 선호에 의해서 특정 이론을 강제할 수 있다.[36] 자연은 종종 엄격한 제한조건들을 강요하지만, 여전히 이론 선택의 (여기서는 해석이나 세계관의) 여지는 남아있다. 이론의 구성과 선택의 실제적 과정은 중첩되는 많은 요소들을 갖는 풍부하고도 복잡한

[35] Bohm 1952; Bohm et al. 1987.

[36] Cushing 1990b, Chapter 10.

과정이다. 과학은 그것의 산물이나 법칙에서조차도 본질적으로는 역사적이고 우연적이다. 어떻게 특정한 결정적 계기들에서 매우 다른 선택이 이루어질 수 있었으며, 올바르지 못한 선택의 이유는 과학이 이룬 '합당한' 선택의 이유만큼이나 중요하다. 우리는 다른 분야의 역사에서는 필연성이 부족하다고 하여 특별히 불편해 하지 않는다. 이러한 점은 19세기 후반에 미국의 남북전쟁에서 남쪽 연합군이 북쪽 연합군에게 졌던 것이 불가피했는지를 분석하였던 책의 서평에 잘 나타나있다.

> ✪ 필연성은 역사적 사건이 충분한 시간이 지난 후에 갖게 되는 특성이다. 사건이 발생하고 충분한 시간이 흘러서 어떻게 그것이 일어났는가에 대한 불안과 의심이 기억에서 모두 사라지게 되면, 그 사건은 필연적이었던 것으로 보인다. 그것과 다른 결론은 점점 더 덜 그럴듯한 것으로 되고, 머지않아 일어났던 사건은 일어나야만 했던 것으로 보이게 된다. 무엇이 일어날 수 있었고 왜 그리고 어떻게 그렇게 가정된 필연성이 나타나게 되었는가를 논쟁하는 것은 사람들에게 시간낭비로 여겨진다.[37]

케임브리지 대학의 근대사 교수였던 버터필드(Herbert Butterfield, 1900–1979)는 '역사의 휘그주의 해석(the whig interpretation of history)'[38]에서 이 문제에 대해 썼다. 그가 말하는 휘그주의적 해석이란 우리가 과거의 사건들에 대해 현재에 기초하거나 현재의 편향된 관점에서 연구할 수밖에 없다는 것을 말한다.[39]–예를 들어, 16세기 카톨릭과의 전투에 대해 승리한 프로테스탄트의 후예들에 대해 쓴 회고적 해석이 있는데, 이것은 19세기의 '계몽된' 휘그당의 관점에서 쓰인 것이다. 진실이라고 여기는 깊게 자리 잡은 관점으로부터 스스로를 해방시키는 것은 간단한 일이 아니다.[40]

> ✪ 이러한 휘그주의적 경향은 매우 깊숙이 뿌리를 내리고 있는 것이기 때문에, 단편적인 연구들이 역사적 스토리의 세부적 내용들을 바로 잡을지라도, 우리가 이러한 발견들에 비추어 전체를 재평가하거나 그 주제에 대한 개요를 재조직화하는

[37] vann Woodward 1986, 3.

[38] Butterfield 1965, 이 절의 논의에서 Butterfield의 관점에 대해 환기시켜 주었던 Yuri Balashov에게 감사의 마음을 표한다.

[39] Butterfield 1965, 11.

[40] 틀림없이 독자들은 이 책에서 저자인 나 자신이 이러한 함정에 빠지는 수많은 사례들을 발견할 수 있을 것이다.

것은 상당히 천천히 이루어진다....[41]

그러한 왜곡된 역사를 바로잡는 것은 반대 관점에서의 또 다른 왜곡이 아니라 사건과 그것의 원인에 대한 균형 잡힌 표현과 해석에 해당한다. 흥미롭고 진실한 정보를 주는 모든 역사는 불가피하게 특정한 관점으로부터 쓰여지고 사건에 대한 선택이 이루어진 후에 쓰여지기 때문에, 우리는 저자가 공감하는 바가 무엇이며 그것이 과거의 사건을 표현하는 데 어떠한 영향을 미칠 수 있는지에 대해 분명하게 나타내고자 하는 노력이 더욱 더 필요하다. 그러한 객관성이 우리가 도달해야 할 목표가 되어야하지만, 결코 그것이 완전히 실현되지는 않는다.

이것은 그 정신에 있어서 실제로 존재하는 것 이상의 질서를 자연의 사실들에 부과해서는 안 된다는 (즉, 우리가 관찰한 것을 우리의 기대나 편견에 따르게 하면 안 된다는) 프란시스 베이컨의 충고와 유사하다.

㊉ 그 자체의 고유한 본성으로 인해 인간의 이해는 실제로 발견되는 것보다 더 큰 정도의 질서와 일체성을 손쉽게 가정한다. 비록 자연의 많은 사물들이 독특하고 대부분 불규칙적이더라도, 인간의 이해는 여전히 존재하지 않는 유사점과 결합 그리고 관련성을 만들어낼 것이다.

...

일단 어떤 제안이 제기되면 (그것이 일반적인 승인이나 믿음으로부터 나왔건 또는 인간의 이해가 제공하는 즐거움으로부터 나왔건), 인간의 이해는 그 밖의 모든 것들로부터 그것을 위한 새로운 지지와 증거를 더해준다. 비록 대부분의 적절하고 풍부한 예들이 그와 반대의 의미로 존재할지라도, 그 첫 번째 결론의 권위를 희생시키는 것이 아니라 강력하고도 부당한 편견을 지닌 채 그것들을 관찰하지 않거나 무시하거나 또는 어떤 차이점을 들어 제거하고 부정한다. 이러한 것은 난파선으로부터 겨우 남겨진 봉헌된 명판을 발견하고 그것을 탐구한 후에 신의 능력을 알아차리게 되는, 신전에서 볼 수 있는 사람의 경우에서 잘 드러날 것이다. 하지만 그들의 맹세에도 불구하고 사라져갔던 자들의 초상화는 어디에 있는가?[42]

이 장에서는 강의나 교과서의 여담으로 너무나 자주 학생들에게 제시되고 일반적으로

[41] Butterfield 1965, 5.

[42] Bacon 1952, Aphorism 45, 46. (GB 30, 110)

받아들여지는 (종종 신화와 같이) 양자역학 역사의 해석에 내재하는 휘그주의 경향을 살펴보았다. 거기에서 코펜하겐의 해석은 필연적이며 경험적 사실과 논리적으로 일치하는 유일한 것처럼 그려지고 있다. 최소한 이제 독자들이 실제적인 역사의 기록은 이보다는 훨씬 더 복잡하다는 것을 알았으면 한다.

더 읽을거리

양자역학 초창기의 우연성에 관한 사례에 대해서는 셀러리(Franco Selleri)의 『Quantum Paradoxes and Physical Reality』(특히, 1, 2, 7장)를 참고할 수 있겠다. 쿠싱(James Cushing)의 『Quantum Mechanics』의 10장과 11장은 더 세부적으로 이 장에서 개관하였던 반사실적 역사 시나리오를 기술하고 있다. 버터필드(Herbert Butterfield)의 『The Whig Interpretation of History』는, 특히 현재 연구하고 있는 사건이 오늘날의 '지식'에 우리가 도달하게 되었던 과정에 대한 것일 때, 사건에 대한 현재의 우리의 지식이 과거의 그 사건을 재구조화하려는 시도에 미치는 영향에 대한 고전적 연구에 해당한다.

9부 회고

"맥스웰 이론은 무엇인가?"라는 질문에, 나는 다음이 가장 간단하고도 명료한 대답이라는 것을 알고 있다. – 맥스웰 이론은 맥스웰 방정식의 체계이다.

헤르츠(Heinrich Hertz), 『Electric Wave』

내 생각에는, 올바른 방법이 존재하고… 우리는 그것을 발견할 수 있다. 지금까지의 경험을 통해 우리는 자연이란 가장 단순한 수학적 아이디어의 실현이라고 믿을 수 있다. 나는 순수한 수학적 구조만으로 그것과 관련된 개념과 법칙을 발견할 수 있고 또 그것이 자연 현상을 이해할 수 있는 실마리를 제공한다고 확신한다. 경험을 통해 적당한 수학 개념을 제안할 수 있지만, 그 개념들은 분명히 경험으로부터 연역될 수 없다. 물론 경험은 수학적 구조의 물리적인 유용성에 대한 유일한 기준으로 남아 있다. 그러나 창조적인 원리는 수학 속에 존재한다. 그런 점에서 옛 사람들이 꿈꿔온 것처럼, 나는 순수한 사고를 통해 실재를 이해할 수 있다고 믿는다.

…

인식의 대상으로부터 독립적인 외부 세계의 존재에 대한 믿음은 모든 자연 과학의 기초를 이룬다. 그러나 감각 인식은 외부 세계와 '물리적 실재'에 대한 간접적인 정보만을 주기 때문에, 우리는 사색적 방법에 의해서만 후자를 이해할 수 있다. 따라서 물리적 실재에 대한 우리의 개념은 결코 최종적인 것이 될 수 없다. 논리적으로 가장 완벽한 방법으로 인지된 사실들을 정당하게 평가하기 위해서, 우리는 항상 이러한 관념들을 – 말하자면, 물리학의 공리적 하위 구조를 – 바꿀 준비가 되어 있어야 한다. 실제로 물리학의 발전을 살펴보면, 물리학은 시간에 따라 광범위한 변화의 과정을 겪었다는 것을 알 수 있다.

아인슈타인(Albert Einstein), 『Ideas and Opinion』

그러나 과학자는 인식론적이고 체계적인 것을 얻고자 하는 노력을 (지나치게) 많이 할 수는 없다. 과학자는 인식론적 개념 분석을 기꺼이 받아들인다. 그러나 경험의 사실들에 의해 그에게 부과되는 외적 조건들 때문에, 과학자는 인식론적 체계에 집착하면서 자신의 개념적 세계를 구성하는 것에만 스스로를 지나치게 제한하지는 못한다. 그러므로 체계적 인식론자에게 과학자는 무절제한 기회주의자의 모습으로 비치게 된다. 즉, 과학자는 인식의 작용에 독립적인 세계를 설명하고자 하는 한 **실재론자**가 되고, 인간 정신의 자유로운 창조물로서 (경험적으로 주어진 것으로부터 논리적으로 유도될 수 없는) 개념과 이론을 추구하는 한 그는 **이상주의자**가 되고, 자신의 개념과 이론들이 감각적 경험들 간의 관계를 논리적으로 나타낼 수 있는 정도로만 정당화될 수 있다고 믿는 한 **실증주의자**가 된다. 그리고 논리적 단순성을 절대적으로 필요하고 효과적인 수단으로 보는 한 그는 **플라톤주의자** 혹은 **피타고라스주의자**가 된다.

아인슈타인(Albert Einstein), 『Reply to Criticisms』

과학의 목표와 과학지식의 위상

25

지금까지 우리는 물리학의 역사 속에서 몇 가지 주요 발전에 대해 살펴보았다. 이제 우리는 이를 되돌아보면서, 물리학과 다른 자연과학이 어떤 연관성을 갖는지, 과학의 본성에 대해 무엇을 배웠는지, 과학이 어떻게 작동하는지 등에 대한 질문을 던질 수 있을 것이다. 예를 들어, 과학의 특징이 무엇이고, (만약 그런 것이 있다면) 과학적 지식과 기타 유형의 지식들 사이의 차이점은 무엇인가? 대부분의 과학자와 많은 과학철학자들이 지지하는 과학에 대한 전통적인 관점은 최종적으로 도달한 과학적 지식은, 그것이 논리적 분석의 엄밀한 조사를 통과하고 이어지는 관찰결과들과 일치하는 한, 지식이 얻어진 과정에 대한 세부사항들과 거의 독립적으로 유효하다는 것이었다. 이와 같은 입장은 과학사와 과학철학의 최근 연구들로부터 많은 비판을 받아왔다.

우리는 19장에서 양자역학의 이론 형성과정에 대한 역사적 표현에서 과학의 사회학적 혹은 공공적 측면에 대해 다룬 바 있다. 이 장에서 우리는 과학의 엄밀한 합리적 측면을 확인하고 그것을 과학이 기능하는 보다 큰 사회적 맥락과 조화시켜 보는 것에 초점을 맞출 것이다. 물리학을 과학의 전형으로 보고, 실재성에 대한 아인슈타인의 관점에 대해 다소 길게 논의하고, 지식론과 과학의 방법론 및 과학의 목표에 대해 논의해보겠다. 이러한 논의를 위한 우리의 첫 번째 과제는 물리학의 특징에 대해 범위를 설정하는 것이다.

25.1 과학과 과학의 목표에 대한 아인슈타인의 생각

이러한 철학적 문제들에 관한 아인슈타인의 견해를 고려해보는 이유에 대해서는, 한때 그의 동료이자 친구였으며 이론물리학자에서 과학철학자로 변신하였던 프랑크(Philipp

Frank)가 잘 요약하고 있다.

> ⊛ 실제로 아인슈타인의 물리학 이론들은 현대철학의 역사에 있어서 중요한, 정말 대단히 위대한, 역할을 담당하였다. 우리는 충분한 근거를 갖고, 그 어떤 '전문 철학자'도 아인슈타인만큼 다른 철학자들에 의해 자주 인용된 적이 없다고 감히 말할 수 있을 것이다. 직업적 기준에 따르면 아인슈타인은 '아마추어' 철학자이지만, '지혜를 사랑하는 사람'이라는 말의 본래 뜻을 생각한다면 그는 '철학자'인 것이다.[1]

1918년 플랑크(Max Planck)의 60회 생일을 기념하는 자리인 베를린 물리학회(the Physical Society in Berlin)에서 아인슈타인이 연설을 하였다. 이 연설에서 그는 물리학의 목표와 사람들이 물리학을 하는 이유에 대한 훌륭한 말을 남겼다.[2] 그는 과학자들은 시인이나 철학자와 마찬가지로, 세계에 대해 단순화된 하지만 정확하고 지적인 그림을 창조하기 위해 노력하는 사람이라고 보았다. 물리학자가 수행하는 작업의 특징은 문제의 범위를 크게 축소하는 대신에 수학적 정밀성을 철저히 추구하는 것이다. 아인슈타인의 관점에서, 우리가 희망하는 바는 그렇게 얻은 법칙들은 모든 물리적 현상에 보편적으로 타당할 것이며 그러한 법칙을 통해 인간은 (생명 현상을 포함한) 모든 자연적 과정을 원리적으로 설명할 수 있을 것이라는 것이다.

과학철학에 관심을 가졌던 현대 이론물리학자 중 한 명은 이러한 접근법이 물리학의 대상을 철저하고 수학적으로 완벽한 형태로 연구될 수 있는 비교적 간단한 상황에 엄격히 국한시킨다는 점을 지적한 바 있다.

> ⊛ 지적으로 그리고 실질적으로 과학의 가장 놀라운 성취는 물리학에서 이루어졌으며, 많은 사람들은 물리학을 과학적 지식의 이상적 형태라고 생각한다. 사실 물리학은 매우 특별한 유형의 과학으로서, 물리학의 대상은 양적 분석이 가능하도록 의도적으로 선택된다.[3]
>
> …
>
> 물리학은 스스로를 수학적 분석이 가능한 실재의 측면들을 발견하고 발전시키며

1 Frank 1949, 350.
2 Einstein 1954e, 특히 225-6.
3 Ziman 1978, 9.

수정하는 것에 매진하는 과학으로 정의한다.[4]

이론물리학자는 수학적으로 공식화되고 정밀하게 취급될 수 있는 이상화된 모델들(idealized models)을 구성한다. 그러나 이 모델들은 결코 실재(reality)에 대한 완벽한 묘사가 될 수 없으며, 이것은 수학적 세부사항들을 모두 취급하기 위해서는 모델이 너무나 복잡해지기 때문이다. 이러한 모델들을 구성하고 인식하는 것의 진정한 아름다움은 모델들을 실재적 체계의 일부 핵심적 특성들에 통합시키는 것이며, 이를 통해 그 모델은 적절한 수학적 분석에 기초하여 물리학적 관심의 대상이 되는 예측이 충분히 가능한 실재의 거울(mirror reality)이 되는 것이다.

내적 일관성 및 수학적 엄밀성과는 별도로, 이론물리학자의 작업과 순수 수학자들의 작업 사이의 중요한 한 가지 차이점은, 물리학적 모델이 궁극적으로 물리적 실재와 일치해야 한다는 견고한 경계조건을 함께 만족시켜야 한다는 것이다. 물리학적 모델의 간단한 예를 들면, 기체분자운동론에서 사용되는 질점분자로 이루어진 이상기체(ideal gas)의 모델이 될 것이다. 우리는 이 모델을 기초적인 수학만을 가지고도 상당히 완벽하게 취급할 수 있으며, 이를 통해 광범위한 압력과 온도의 영역에 걸친 실제 기체의 전반적인 특성을 설명할 수 있다. 하지만 여전히 이 모델은 실재에 대한 완벽한 반영이 아니다. 예를 들어, 높은 밀도의 경우에서는 더 이상 유효하지 않게 된다. 아인슈타인은 물리학의 모델과 이론들이 점점 더 적은 수의 전제를 가지고 점점 더 많은 실재의 현상을 조직하게 됨에 따라 모델과 이론들은 끊임없이 추상화된다고 강조하였다.[5]

플랑크(Planck)와 유사하게 (3.6절 참조), 아인슈타인 역시 우리의 인식과 독립적으로 존재하는 객관적 세계의 실재를 믿었다.[6] 이것은 보어의 실재성 개념(conception of reality)과는 크게 다르다(21.1절 참조). 또한 플랑크와 유사하게, 아인슈타인은 마하의 실증주의와 푸앵카레의 규약주의(conventionlism)의 요소들을 통합하였는데, 이러한 사실은 1933년 옥스퍼드 대학에서 있었던 '이론물리학의 방법론에 대하여(On the Method of Theoretical Physics)' 라는 제목의 유명한 스펜서 강연(Herbert Spencer Lecture)의 글귀에 나타나 있다(1부 인용문 참조).[7] 이 강연에서 아인슈타인은 이론물리학의 체계는 개념과

4 Ziman 1978, 28.
5 Einstein 1954f, 282.
6 Born 1971, 170.
7 Einstein 1954b, 특히 272, 274.

그러한 개념들을 연결짓는 기본 법칙과 그러한 법칙에 기초하여 만들어지는 예측들로 이루어진다고 설명했다. 이러한 체계의 구조는 (그가 말하는 '인간정신의 자유 창조물' 인) 사고의 산물인 반면, 자연의 관찰된 현상은 이와 같은 이론적 구조의 개념과 관계 속에서 발견될 수 있는 것이다. 그와 같은 표상의 성공은 이러한 전체적인 수학적 틀이 갖는 유용성에 대한 궁극적 정당화를 통해서 얻어질 수 있다. 따라서 아인슈타인의 관점에서는(4부 아인슈타인 인용문 참조), 창의적 원리와 수학 그리고 경험적 제한조건의 조합을 통해서 실재에 대한 통제력이 순수한 사고에 부여되는 것이다.[8] 물리학을 궁극적이지만 여전히 불완전한 진리를 향하는 이론의 연속으로 보는 이러한 개념은 끊임없이 추구하지만 결코 도달할 수 없는 플랑크의 형이상학적 실재(metaphysical reality)의 관점(3.6절 참조)과 유사하다.

과학의 목적은 우리의 감각경험을 통합하고, – 최소의 가능한 전제에 기초하여 – 그것을 논리적 체계에 투입하여 세계의 그림에 대한 통일성을 만들어 내는 것이다(즉, 12.1절에서 살펴본 바와 같이 단순성은 성공적인 물리학 이론의 준거가 된다). 아인슈타인에게 있어서, 우리는 이러한 과정을 통해 실재에 대한 진정한 이해로 다가가게 된다.[9]

이와 같은 아인슈타인의 아이디어는 물리학이라는 것을 관찰과 일치하는 예측을 연역할 수 있는 논리적으로 간결하고 일관된 일련의 공리 집합으로 특징짓는다. 그런데 우리가 이러한 입장을 과학에 대한 합리적 기술이라고 받아들인다고 하더라도, 과학적 이론의 연쇄가 진리를 향한 진보를 나타내는가라는 문제는 어떻게 판단할 수 있는가?[10] 여기에서 필요한 최소한의 조건은 이어지는 각 이론이 보다 더 간결한 공리에 기초하여 이전의 이론보다 더 많이 (혹은 최소한 같은 정도로) 설명할 수 있어야 한다는 것이다.[11] 하지만 공리의 논리적 간결성에 대한 양적 준거를 마련하는 것은 쉬운 일이 아니다. 이미 앞에서 살펴본 바와 같이 간결성(simplicity)과 우아함(elegance)을 판단하는 데에는 주관적 요소가 상당히 포함된다. 현대 과학철학의 많은 부분은 경쟁하는 이론들과 과학의 진보를 평가하기 위한 객관적 준거를 확인하거나 주장하는 것에 관련되어 있다. 만약 타당한 귀납적 논리가 존재한다면, 이러한 확증의 문제(problem of confirmation)는 제거될 수 있을 것이다. 왜냐하면, 만약 그것이 사실일 경우 일반화의 다음 단계로 나아가는 각 귀

8 Einstein 1954b, 274.

9 Einstein 1954g, 특히 322; 1954e, 특히 226.

10 여기서 우리는 과학철학의 기술적(descriptive) 측면과 규범적(normative) 측면을 제기하는 것이다.

11 물리학의 역사에서도 이것이 항상 그런 것은 아니었다.

납은 필연적으로 보다 폭넓고 근본적인 이론으로 우리를 이끌 것이기 때문이다. 최소한 흄 이래로 절대적으로 확실한 연역 논리가 존재하지 않는다는 사실이 인식되어 왔지만, 특정한 자료에 기초하여 주어진 일반화나 법칙에 신뢰도를 부여하는 등의 작업을 함으로써 (심지어 양적인) 준거를 확립하고자 하였던 노력이 20세기에도 진행되었다. 예를 들어 라이엔바하(Hans Reichenbach, 1891-1953)와 카르납(Rudolf Carnap)은 이론진리성(the truth of a theory)의 확률에 대한 수학적 이론을 형성하려고 노력했다. 하지만 이러한 형식화가 발달과정에 있는 복잡한 과학이론들을 판단하는 데 필요한 기초를 제공하지는 못하였으며, 또한 이것이 과학자들이 이론을 실제로 판단하는 방식과 일치하는 것도 아니었다.

25.2 환원주의 프로그램

플랑크를 위한 연설의 끝부분에서, 아인슈타인은 실재의 특정 부분에 대해 물리학이 얻어낸 이상화된 지식은 원칙적으로 모든 자연현상을 기술하는 것의 기초로 활용될 수 있다고 주장하였다.[12] 이제 그와 같은 프로그램이 지질학, 화학, 생물학과 같은 다른 자연과학 분야에 얼마나 가능한지 살펴보기로 하자.

지질학은 고전물리학의 법칙들로 설명될 수 있는 자연과학의 한 예로 보인다. 주어진 지구지각의 초기 조건에서 출발하여, 지각체계는 가열과 냉각에 의해 발생되는 압력의 영향 아래에서 역학의 기본 법칙에 따라 전개되었다. 하지만 지각체계가 너무나 광대하고 복잡하기 때문에 뉴턴 법칙에 기초한 수학적 계산은 거의 도움이 되지 못한다. 지구의 표면이 지각을 지나 맨틀 상부로 이어지는 약 6개의 주요 암반으로 구성되어 있다는 근대 판이론은 1912년 베게너(Alfred Wegener, 1880-1930)에 의해 최초로 제기되었다. 대륙이동에 대한 가설은 남아메리카의 동쪽 해안선과 아프리카의 서쪽 해안선이 잘 들어맞는다는 것에 크게 기초하였다. 이어지는 충분한 지질학적 증거들을 통해 1960년대에는 남아메리카, 아프리카, 인도, 오스트레일리아, 남극을 포함하는 초대륙인 곤드와나대륙(Gondwanaland)이 남반구에 존재했다는 가설이 받아들여졌다. 비록 계의 엄청난 복잡성으로 인해 물리학이 이러한 현상을 처음부터 예측할 수는 없었지만, 그 추측은 기초적인

[12] Einstein 1954e, 특히 225-6.

물리 법칙으로 이해될 수 있는 이론의 한 예에 해당한다. (여기에서는 거대한 대륙에 지질학적으로 오랜 시간에 걸쳐 작용한 큰 힘으로 인해 대륙이 천천히 분리된다) 우리는 이와 유사한 상황을 화학과 생물에서도 접하게 된다. 무수히 많은 수의 미시계(여기서는 대륙을 이루고 있는 분자들)로 이루어진 거시계(여기에서는 대륙)가 현상학적 모델에서 탐구할 적절한 실체라는 것을 보이기 위해서는 어느 정도 양의 경험적 데이터가 필요하다. 또한 이론이 재구성되기 위해서는 미시적 수준으로부터의 자세한 경로가 주어져야 한다.

20장에서 우리는 슈뢰딩거 방정식 형태의 양자역학이 가장 단순한 물리계인 한 개의 수소원자에 대한 상세한 정량적 취급을 가능하게 했다는 것을 보았다. 슈뢰딩거 방정식과 파울리 배타 원리에 기초한 복잡한 수치적 계산을 통해 수소의 전자껍질 구조가 설명된다. 하지만 최신 컴퓨터를 사용하여 신뢰할 수 있는 수학적 예측을 얻을 수 있다고 하더라도, 가장 간단한 이원자 분자 기체인 H_2를 다룰 때 수학적 문제는 매우 복잡해진다. 우리의 생각을 물(H_2O)과 같은 간단한 화합물로 확장해보면, 계산적 관점에서 볼 때 상황은 절망적일 만큼 매우 복잡해진다. 정확한 양자역학 방정식을 적어내려 갈 수는 있지만, 그것을 신뢰할 수 있는 어떤 정량적인 방식으로 풀 수는 없다. (물론, 시간이 지나면 더 복잡한 시스템에 대해 정량적 분석을 예측할 수도 있겠지만, 여전히 정량적 분석의 한계가 존재한다). 기껏해야 정성적인 예측과 경향성 정도가 가능하다. 종종 유용하면서도 많은 하위시스템을 갖는, 예를 들면 지질학의 대륙이동설과 같은, 현상학적 모델이 존재한다. 기초적인 물리법칙 – 대부분 양자역학 – 들로 모든 화학을 원칙적으로 설명할 수 있다는 것을 의심하지 않을 수도 있지만, 순수한 기술적 계산적 한계로 인해 이러한 주장을 엄격하고 철저하게 검사하는 것은 쉽지 않을 수 있다. 그러므로 화학이 응용물리로 환원될 수 있다고 말하는 것은 논의의 여지가 있다. 화학에서 발견되는 대부분의 법칙들은 이미 확립된 물리학의 기본 법칙으로부터 유도되는 것이 아니라, 직접적인 경험에 근거를 둔다.

현대의 생물물리학에서는 이러한 양상이 더욱 모호해진다. 그 한 측면에 대해 간단히 살펴보자. 1943년 더블린 고등연구소(Dublin Institute for Advanced Studies)의 슈뢰딩거는 더블린의 트리니티 대학(Trinity College)에서 세포의 물리적 측면에 대한 일련의 강연을 했다. 일년 뒤 이 강연들은 『생명이란 무엇인가?』(What Is Life?)라는 책으로 출판되었고, 생명의 기작이 화학법칙과 물리법칙만으로 설명될 수 있는지에 대한 연구를 촉발시켰다. 당시에는 생명 복제 메커니즘의 문제가 이해될 수 있는 범위를 넘는 것으로 보였고, 슈뢰딩거는 유전 정보가 저장되는 방법과 이 정보가 한 세대에서 다른 세대로 안정적으로 전달되는 방법에 집중하였다. 평형상태로부터의 통계적 요동을 제거하는 가장 잘 알려진 방법의 하나는 매우 많은 수의 분자들로 이루어진 계를 선택하는 것이다. 가령 그것이 n개의 기체 분자로 이루어진 계라고 한다면, 평형상태로부터 요동이 될 확률이나 기회는 $1/\sqrt{n}$의 차수를 갖는다. 그러므로 100개의 분자로 이루어진 계에 대한 요동은 $1/\sqrt{100}$의 차수가 되거나 또는 10%가 된다. 반면 $n = 10^6$인 계에서의 요동은 10^{-3} 또는 0.1%가 된다. 이러한 특성은 매우 일반적인 것으로, 만일 매우 안정되거나 신뢰할 수 있는 상태를 원한다면, 우리는 매우 큰 계가 필요하다. 그러나 슈뢰딩거는 세포의 핵 속에서 유전 정보를 전달하는 유전자가 너무 작고 기껏해야 수백 만 개의 원자로 이루어졌다는 것을 알고 있었다. 고전적으로 예측되는 요동은 너무 커서 유전자의 절대적인 안정성에 대해 설명할 수 없는 것이었다. 물리학자 델브뤼크(Max Delbrück, 1906-1981)에 의해 제안된 유전자 모델을 사용하여, 슈뢰딩거는 유전자의 안정성과 무작위적 변이의 원인은 동일한 기작 - 즉, 양자역학 - 이라고 주장하였다. 유전자를 구성하는 원자의 양자적 성질 때문에, 이 계에서 가능한 에너지 준위는 불연속적이다. 보통의 온도에서 유전자의 분자구조를 바꿀 수 있는 열에너지는 불충분하기 때문에 유전자는 안정성을 획득하게 된다. X선이나 γ선에 의해 제공되는 에너지를 유전자가 받아들이거나 거부하는 것의 양자역학적 무작위성은 변이의 원인이 된다.

같은 책에서, 슈뢰딩거는 『생명이란 무엇인가?』에 대한 대답을 제시했다.

> ⊛ 생명의 특징은 무엇인가? 언제 어떤 물질이 살아 있다고 말할 수 있는가? 그것은 물질이 움직이고, 환경과 물질을 교환하는 등 계속 '무언가를 하는' 때이고, 그리고 유사한 환경에서 무생물의 물질이 '계속할 것'으로 기대하는 이상의 시간 동안 계속하는 경우이다.[13]

그는 죽음을 그 계가 환경과 열평형을 이루어 더 이상의 변화가 일어나지 않는 최대의 엔트로피 상태로 정의하였다. 살아있는 생물은 에너지를 만들어내는 잘 질서화된 물질(음식)의 형태로 '음의 엔트로피'를 소비함으로써 최대의 엔트로피 상태로 쇠퇴하는 것을 피한다. 고립된 유기체에서는 엔트로피(또는 무질서)가 증가하여 그 계가 소멸되는 것이 자연스러운 과정이기 때문에, 슈뢰딩거는 살아 있는 계는 환경으로부터 음의 엔트로

13 Schrödinger 1944, 74.

피(또는 질서)를 받아들임으로써 자신의 질서를 (알짜 엔트로피를 낮은 상태로) 유지한다고 설명했다.

유전자에 대한 델브뤼크의 양자역학적 분자 모형이 유전정보의 안정성을 설명했으나, 이것이 유전정보의 복제에 대해 설명하지는 못했다. 그러나 1945년 뉴욕 콜드 스프링 하버에서의 생물물리학 강연에서, 델브뤼크는 이후에 유전코드에 대한 이해를 갖게 해주는 프로그램을 처음으로 제안했다. 그는 1969년 이 활동에 대한 공로로 노벨생리학상을 공동 수상했다. 유전코드의 난제는 결국 1953년 캐번디시 연구소의 왓슨(James Watson, 1928-)과 크릭(Francis Crick, 1916-)에 의해 해결되었으며, 그들은 1962년 노벨생리학상을 공동 수상했다. 1965년 유전복제이론에 대한 연구로 노벨 생리학상을 수상한 모노(Jacques Monod, 1910-1976)는 그의 『우연과 필연』(Chance and Necessity)에서 유기화학과 양자역학에 근거한 물리적 유전 이론을 설명했다. 모노는 살아있는 유기체의 행동이 이러한 일차원리들로부터 연역될 수는 없지만 이 원리들로 설명될 수는 있다고 조심스럽게 지적했다. 왓슨은 살아있는 유기물의 물리적 원리에 대한 그의 관점을 좀더 명확하게 드러냈다.

> ⊗ 세포의 성장과 분열은 세포 밖에서 분자의 행동을 지배하는 화학법칙에 따른다. 세포들은 살아있는 상태의 원자들을 가지고 있지 않다. 화학자들이 열심히 노력해도 만들 수 없는 분자들을 세포들이 만들 수는 없다. 그래서 살아 있는 세포에 특별한 화학은 없다. 생화학자는 독특한 형태의 화학법칙을 연구하는 사람은 아니지만, 세포 안에서 발견되는 분자(생물적 분자)의 행동에 대한 연구에 관심을 가진 화학자들이다.[14]

모노는 살아있는 유기물의 세 가지 특징-합목적성(목적지향적 작용), 자율적 형태 발생(형태와 성장에 대한 내적 결정), 복제 불변성(자신과 동일한 종류의 복제)-중에서 복제불변성이 다른 두 가지를 설명하는 가장 기본적인 것이라고 주장한다(25.7절 참조). 이러한 복제불변성은-앞에서 언급한 무작위적 요동이나 변이가 일어날 수 있는-DNA의 이중나선 속의 유전코드에 의해 설명된다. DNA는 자기복제(복제불변성)하며 RNA를 통해 코드화된 유전정보를 세포의 단백질 형성 구조에 전달함으로써 발생(자율적 형태 발생)을 유도한다. 분자의 3차원 구조로 설명되는 이러한 과정은 새로운 물리법칙이나 화학

14 Watson 1970, 68.

법칙을 포함하지 않으며, 지구상의 모든 생물권에 대해 보편적이다.

> ⊛ 오늘날 우리는 그 구조와 기능에 있어서 박테리아에서 인간에 이르기까지 화학적 절차가 본질적으로 동일하다는 것을 알고 있다.[15]

모노는 양자역학에 근거한 요동이나 변이는 무작위로 일어나지만(우연), 한 번 발생한 변이는 유전적 모체에 갇혀서 복제된다고(필연) 설명하였다. 환경에 의한 자연선택의 대상이 되는 것은 바로 이러한 안정적 배경 모체의 변이이며, 이를 통해 유기체나 종은 발생과 목적지향적 행동을 나타내게 된다(목적성). 이러한 모든 과정은 엄격하게 열역학 법칙에 따라서 일어난다. 특히, 닫힌계에서 전체 엔트로피는 절대 감소하지 않으므로, 만약 살아있는 생명체의 질서가 증가한다면 그 환경은 필수적으로 무질서도가 증가하게 된다. 이러한 열역학적 진술은 정확하고 정량적이고 경험적인 검증을 허용하고, 따라서 살아있는 생물체를 음의 엔트로피의 소비자로 보는 슈뢰딩거의 관점은 정당화되었다.

우리는 세 분야의 기초과학간의 연결을 다음과 같이 개관하였다.

물리 → 화학 → 생물(살아있는 유기체)

이러한 추론의 타당성을 받아들이는 정도는 여러분 자신의 철학적 선호에 따라 달라지겠지만, 아무리 낙관적인 지지자라 하더라도 그 논의가 앞의 장들에서 논의되었던 전형적인 물리학의 예만큼 엄격하거나 차이가 없지는 않다는 것을 인정해야 한다. 아마 더 소극적이거나 보수적인 사람은 1969년 노벨생리학상을 수상했던 루리아(Salvador Luria, 1912-1991)처럼 한 걸음 더 나아가는 것을 주저할 것이다.

> ⊛ 생명은 진화하여 현재의 상태에 이르렀고 또 더욱 발전할 것이다. 그것은 유전물질에 대한 화학적 작동과 지금의 한 종에 유리한 자연의 힘에 대한 역사적 작동의 창조적 상호작용에 의한 것이며, 이러한 상호작용은 적합성이 증가되는 모든 생화학적 창조를 촉진한다. 인간의 두뇌나 정신과 같은 경탄할 말한 장치들은 마치 곤충들의 사회적 조직이 놀라움을 주는 것만큼이나 매력적이고 불가사의한 생화학적 창조물이다. 과학자들에게 있어서, 인간의 특이함이란 생물학적이 아닌 것-가령 영혼이나 정신적 본질-들이 중첩된 것이기보다는, 순전히 생물학적 진

[15] Monod 1971, 102.

> 화 작용에 대한 특이함일 뿐이다. 이와 같이 매우 복잡한 현상에 대한 메커니즘의 본질은 여전히 생물학자들을 피해가지만, 항상 그렇지만은 않을 것이라고 생물학자들은 자신한다.[16]

루리아는 여기에서 '시기에 따라 다른 종을 선호하는 자연의 힘의 역사적 작동'에 대해 언급했다. 고생물학자이면서 진화에 대해 연구한 생물학자 굴드(Stephen Gould, 1941-)는, 지구상의 생명의 진화에 대한 초기의 기록에 대해 쓴 최근의 저서[17]를 통해, 우리를 현재에 이르도록 한 진화의 연속적 사건 속에서 우연성의 핵심적 역할을 강조하였다.

25.3 과학적 추론의 양식

완전한 환원주의 프로그램의 가능성에 대해 관심이 있건 없건 간에, 여전히 우리는 물리학과 같은 특정 분야에서 과학지식의 신뢰성에 대해 문제제기를 할 수 있다. 우리는 어떻게 성공적인 과학지식을 추론하거나 보증할 수 있는가? 우리는 3.5절에서 참 언명에 도달하는 4가지 일반적인 모델 또는 추론의 방법에 대해 개관한 바 있다.[18]

직관-연역적(intuitive-deductive)(**또는 공리적**) 방법에서는, 자명하거나 직관적으로 명백한 공리들에서 출발하며 자연과 실재에 대해 명백한 결론에 도달하기 위해 엄격한 논리적 연역을 적용한다. 이것은 흔히 아리스토텔레스(2장) 그리고 나중에 데카르트(1장과 3장)와 연관되는 방법이다. 이전의 장들에서 여러 사례 살펴본 것처럼, 이러한 접근방법의 난점은 순수한 직관과 자명함이라는 것이 모든 복잡성을 갖는 자연의 실재에 대응되는 이론들로 우리를 잘 안내하지 못한다는 것이다. 유사한 단점들이 특정한 관찰과 데이터에서 출발하여 이 사실들만을 사용하여 일반적 법칙에 도달하는 **귀납적**(inductive) 방법에서도 명백하게 드러난다. 3장에서 우리는 그와 같은 직선적인 귀납 프로그램에 대한 흄의 반대 의견에 대해 살펴보았다.

뉴턴(7장)은 자신이 귀납을 사용한다는 것에 대해 분명했고 또 긍정적이었다. 하지만 자신의 과학에서, 뉴턴은 이러한 귀납을 현대과학에서 사용되는 주요한 도구의 하나로

16 Luria 1973, 7.
17 Gould 1989.
18 McMullin 1978b, 특히 232-3.

입증된 **귀추적**(retroductive) 혹은 **가설-연역적**(hypothetico-deductive) 방략과 드러나지 않게 결합시켰다. 여기에서는 일단 가설을 받아들이고, 그로부터 논리적 결과를 연역한다. 비록 이러한 논증 방식이 명제의 참을 입증할 수 없다고 하더라도, 올바른 예측은 가설의 정확성에 대한 보증으로 받아들여진다. 뉴턴과 마찬가지로, 길버트와 하비도 과학적 발전의 중요한 도구로서 적어도 암묵적으로는 가설-연역적 방법을 사용했다고 주장할 수 있다. 보일은 이러한 논증방식을 원자론적이고 기계론적인 자연철학을 지지하는 데 적용했다.[19] 우리는 (11장에서) 약 200여 년간 과학을 지배해 온 뉴턴의 자연철학 속에서 모어와 베로의 철학과 함께 보일의 영향력이 확실히 드러나는 것을 보았다. 이러한 뉴턴적 전통에서 나타난 실재에 대한 핵심적 요소는 원자들이 간단한 정량적 특성(질량, 위치 등)을 가지며, 이것들이 운동에 대한 뚜렷한 수학적 법칙과 방정식에 따라 인과적으로 상호작용한다는 기계론적 관점이었다. 이러한 (12장) 기계론적 철학은 (2장) 중세의 유기체적 철학을 대체하게 되었다.

뉴턴의 물리학은 실제 세계에서 너무나 성공적이었기 때문에, 철학자 칸트(Immanuel Kant, 1724-1804)가 받아들인 것처럼, 고전물리학의 법칙이 필수적이고 선험적으로 참이라고 주장하는 철학적 관점을 낳게 되었다.[20] (물론, 이후 뉴턴역학과 중력 이론이 최종적으로 폐기되었다는 사실은 기계론적 철학의 희망적 본질을 매우 극적으로 보여준 것에 해당한다.)

반증주의(falsificationist) 방법론(3장)에 의하면 이론에 대한 유일한 의미 있는 검사방법은 실재와의 비교가 가능한 정도이며, 실재와의 비교는 이론에 의한 예측이 틀렸다는 것을 입증하는 방식으로 이루어진다. 이론이 반증되면, 그 이론은 폐기되고 검사 가능한 또 다른 이론으로 대체된다. 이러한 방식으로 과학은 한 이론에서 좀더 포괄적인 이론으로 발전한다. 추상적 수준에서는 그러한 기준이 뚜렷해 보일지라도, 사실 과학이 엄격한 반증의 토대 위에서 이루어지는 것은 아니다. 왜냐하면 과학자들은 그 이론이 실험 데이터와 한번 일치하지 않는다고 하여 그 이론을 즉시 버리지는 않기 때문이다(15장과 카우프만의 실험 참조). 그럼에도 불구하고, 반증의 기준은 실제 과학에서 유일한 것은 아니지만 중요한 역할을 한다.

그러나 이러한 추론의 일반적 방법론들 중 그 어느 것도 확실함을 보장하거나 법칙과

[19] Laudan 1981, 9, 25, 34-44.

[20] Friedman 1992, 143, 171.

이론들을 선별해내기에 충분한 한 가지 도구를 제공하지는 못한다. 여러 이론들 중에서 하나의 과학 이론을 선택하기 위해서는 부가적인 지침들이 필요하다. 때로는 이러한 것들이 미학적 기준인 경우도 있다. 우리는 과학의 언어가 수학이라는 갈릴레이의 진술을 몇 차례에 걸쳐 살펴보았다. 이와 유사하게 케플러는, 태양계 행성의 공전주기와 궤도 반지름의 관계인 제3법칙에서 보여주었던 것처럼, 천구상의 천체들의 운동에 수학적인 조화가 존재한다는 사실을 독자적으로 깨달았다(5장 참조). 그에게 있어서 이러한 조화는 우주의 합리적 구조와 설계를 나타내는 것이었으며, 자연 현상의 원인이 되었다. 그는 또한 기준에 대해 다음과 같이 말했다.

> ⊛ 동일한 사실들에 대한 수많은 가설들 중에서, (다른 가설들은 이 사실들을 연결해 주지 못하지만) 하나의 가설은 그러한 사실들이 왜 그렇게 되는가를 보여준다. 즉, 여러 사실들의 질서정연하고 합리적인 수학적 연관을 보여주는 것이다.[21]

케플러에 의하면, 수학적 질서는 실재 세계에서 발견된다. 이것은 아리스토텔레스주의의 정성적 묘사와 설명으로부터 자연을 정확한 수학적 관계로 특징짓고 표현할 수 있는 정성적 특성들로의 중대한 전환을 나타낸다. 갈릴레이 역시 자연에 대한 정확한 법칙의 진리성과 신뢰성에 대한 믿음을 강하게 주장하였다. 이러한 틀 안에서 수학은 새로운 법칙과 이론을 발견하는 또 다른 도구 – 그 자체로 충분한 도구는 아니지만 – 가 되었다.

19세기말 고전물리학은 그 자체의 문제점에 직면하게 되어 (예를 들어, 13장의 에테르의 문제), 몇몇 사람들은 기계론적 철학의 절대적 필연성에 대한 의문을 갖기 시작했다. 현상론적 방법론(phenomenological methodology)에 동의했던 키르히호프는 물리학이 해야 할 일은, 모델이나 원리를 통해 인간의 정신에 선험적으로 필수적이거나 자명한 것을 이해하는 것이라기보다는, 자연 현상을 완전하고 정확하고 단순하게 설명하는 것이라고 믿었다. 헤르츠도 이와 유사한 관점을 가지고 있었다(4부 첫 번째 인용문 참조). 마하는 물리학의 법칙이란 현상에 대한 단순하고 편리한 요약이라고 설명하였다. 그리고 사실적 지식은 어떠한 외부의 이론적 개념 없이 감각 경험의 실증적 자료에만 기초한 것이어야 한다는 실증주의적 준거를 발전시켰다. 그러한 실증주의적 철학에서, 관찰이 불가능하거나 감각 경험을 초월하는 모든 형이상학적 개념은 자연에 대한 서술에서 반드시 제거되

---

[21] Burtt 1927, 54.

어야 한다. 마하가 뉴턴의 절대 공간을 비판한 것은 이런 점에 근거한 것이었다(11장).[22]

이와는 별개로 비슷한 시기의 미국에서는 실용주의의 창시자인 철학자 퍼스(Charles Peirce, 1839-1914)가 실증주의적 성격을 띤 철학(philosophy with positivistic overtones)의 틀을 만들었는데, 이러한 관점에서 일반적인 이론 개념의 실제적이면서 조작적인 의미는 형이상학적인 원리보다는 관찰된 사실에 근거한다. 이와 유사한 관점에서 비엔나 학파(Vienna Circle)로 알려진 논리실증주의(logical positivism) 또는 논리경험주의(logical empiricism) 학파가 1920년대에 비엔나에서 형성되었다. 이러한 운동은 쉬릭(Morits Schlick)에 의해 시작되었으며, 카르납(Rudolph Carnap), 프랑크, 괴델(Kurt Gödel), 헴펠(Carl Hempel, 1905-), 라이헨바흐 등이 여기에 속한다.[23] 비록 아인슈타인 자신은 실증주의를 거부했으나, 특수상대론과 일반상대론은 종종 실증주의 이데올로기의 예시로 이용되었다. 과학적 방법론에 대한 이들의 이론이 갖는 입장은 (1장에서 보았듯이 삼단논법의 논리 구조는 그것이 지칭하는 구체적인 세부사항들에 의존하지 않는 것처럼) 이론의 논리 구조는 특정 주제와 독립적으로 분석될 수 있으며, 의미 있는 제안들은 감각 경험에만 의존하므로 형이상적 개념들은 지지될 수 없다는 것이다.

그러나 프랑스의 수학자이자 이론물리학자인 푸앵카레는 매우 다른 입장을 취하였다. 비록 그가 키르히호프, 헤르츠, 마하 등이 뉴턴 물리학의 철학적 지위에 대해 비판한 것에 깊은 인상을 받았음에도 불구하고, 푸앵카레는 물리학의 일반적 법칙들이 관찰과 데이터를 간단하게 직접적으로 요약한 것은 아니라고 느꼈다. 왜냐하면 즉각적인 감각은 추상적인 법칙들과는 상당히 떨어져 있기 때문이다. 이러한 주제에 대한 푸앵카레의 저서들은 매우 영향력이 있었고, 규약주의(conventionalism)라고 불리는 것을 이끌어냈다. 규약주의는 과학의 원리를 그 자체가 선험적으로 참이거나 거짓일 수 없는 인간 정신의 자유로운 창조물로 보고 있다. 다만 과학적 원리의 일부가 실재에 대한 경험을 조직하는 데 유용할 수는 있는 것이다. 예를 들면, 유클리드 기하학의 공리이든 비유클리드 기하학의 공리이든지 간에, 공리는 실재 세계에서 사실일 필요가 없다(11장과 18장 참조). 그러나 일단 물리적 광선이 직선(혹은 측지선)을 따라 전해진다고 하는 규약이 정해지고 나

[22] Frank 1947, 36-44.

[23] 엄밀하게 말하자면, Hempel과 Reichenbach는 1920년대 비엔나 그룹의 본래 구성원은 아니었고, 그 시기에 베를린에 있었던 유사한 집단의 일원이었다. 하지만 1920년대 말에 이르면 이들도 분명히 이 '운동'의 구성원이 되어 있었다.

면, 이러한 시스템은 물리적 현상과 유관하게 된다. 이와 유사하게, 푸앵카레는 역학에서 관성의 법칙에 대해서 일정한 직선운동을 외력이 작용하지 않는 운동에 대한 기준이라고 규정하는 규약 또는 정의라고 보았다(7.5절 고전역학의 논리적 구조에 대한 푸앵카레의 분석 참조).

> ⊛ 역학의 원리들이 보다 경험에 근거하더라도, 여전히 기하학적 가정에 대한 규약적 특성을 공유한다는 것을 알게 될 것이다.[24]

규약에 해당하는 이러한 가정들에 대하여, 푸앵카레는 다음과 같이 썼다.

> ⊛ 그러한 규약들은 인간의 자유로운 정신활동의 한 결과이고, 이 영역에서 그것은 어떤 어려움도 인식하지 않는다. … 그러나 이러한 법칙들이 우리의 과학에는 부여되지만 … 자연에는 부여되지 않는다는 것을 확실히 이해하자. 그렇다면 그것들은 임의적인가? 아니다. 만약 그랬다면, 그 법칙들은 생산적이지 않았을 것이다. 경험은 우리에게 선택의 자유를 남겨 놓지만, 또한 가장 편리한 길을 찾도록 도와주며 우리를 안내한다.[25]

24장에서 우리는 프랑스의 이론물리학자 겸 철학자인 듀엠(Duhem) 역시 물리학 이론의 목적은 현상에 대해 '참된' 이론적 구성으로 설명하는 것이 아니라 현상에 대한 압축된 표상(condensed representation)을 제공하는 것이라고 믿었다는 것을 보았다.

> ⊛ 우리가 제안했던 것은 물리학 이론의 목표는 자연의 분류법이 되는 것이며 다양한 실험적 법칙들로부터 하나의 논리적 조정(logical coordination)을 확립하는 것이라는 점이다. 그리고 이것들은 우리의 구속으로부터 벗어나 있는 실재들을 체계화할 수 있는 참된 질서에 대한 일종의 이미지와 투영으로 기능한다.[26]

방법론, 준거, 구속조건들에 대한 이러한 논의 이후에도 우리에게 남겨지는 것은 하나의 도구 모음 상자(toolbox of instruments)로서, 도구들 각각은 발전하는 과학의 다양한

24 Poincaré 1952, xxvi.
25 Poincaré 1952, xxiii.
26 Duhemé 1974, 31.

환경 속에서 어느 정도 유용하지만, 각각이 혹은 그 조합이 과학의 '유일한' 방법을 구성하지는 않는다. 다시 말해, 과학 지식이 교정될 수 있다는 것은 명백하다. 그렇다면, 이제 우리는 충분히 확증되었다고 말할 수 있는 과학지식에 도달하기 위한 방법에 대해 질문할 수 있을 것이다.

25.4 확증의 역설

그러나 과학이론을 확증하는 것에 대하여 그럴듯한 정성적 기준을 세우는 것조차도 단순한 문제가 아니다. 우리가 직관, 귀납, 행운 중의 한 가지 또는 이의 조합 또는 그 이상의 다른 방법을 통해 물리학의 이론이나 가설을 공식화하였고, 그것이 물리적 실재에 의해 지지되는지를 알아보고 싶어 한다고 가정해보자. 가설로부터 논리적 결론을 연역하고 이것을 실재의 데이터와 비교한다. 만일 이러한 예측이 경험과 일치하지 않는다면 우리는 가설이 틀렸다는 것을 알 수 있다. 만일 예측이 경험과 일치한다면 우리는 무엇을 말할 수 있는가? 논리학의 엄격한 용어로는 가설을 입증한 것이 아니지만, 우리는 데이터가 가설을 확증(보증, 지지 등)한다고 주장하는 경향이 있다. 타당한 기준은 다음과 같을 것이다. 만일 데이터가 예상과 일치한다면, 그 데이터는 가설을 확증한다. 만일 데이터가 예상과 일치하지 않으면, 그 데이터는 가설이 부당함을 확증(이 경우에서는 부정)할 것이다. 만일 가설이 어떤 데이터들에 대해 아무런 예상도 하지 않는다면, 데이터는 가설에 대해 중립(무관)적이다. 이러한 준거에 따르면, 앞서 지적했듯이 확증의 정도에 대해 유용하며 실제적으로 정량적인 측정값을 줄 수는 없다 하더라도, 확증하는 증거가 많으면 많을수록 더 좋은 것이다.

이와 유사하게, 과학철학자 헴펠(Carl Hempel)은 가설의 확증을 위한 준거가 애매한 결과를 낳는다는 것을 보였다.[27] 그의 예는 종종 까마귀 역설로 불리는데, 그 내용은 다음과 같다. '모든 까마귀는 검다'라는 전제를 가정해보자. 이것은 '$p \Rightarrow q$'의 형태를 가지며, 여기서 p는 까마귀를 q는 검다는 것을 나타낸다. 우리가 앞서 제시한 확증의 기준에 의하면, 만일 우리가 검은색의 까마귀를 발견한다면 우리는 확증의 예를 얻게 되는 것이다. 만일 우리가 검지 않은 까마귀를 발견한다면 가설 p는 맞을 수 없다. 그러나 만일 우

27 Hempel 1945.

리가 검지 않으면서 까마귀가 아닌 것(예를 들어 녹색 개구리)을 발견한다면, 우리는 중립적인 데이터를 얻게 된다. 그러나 $p \Rightarrow q$는 논리적으로 $\sim q \Rightarrow \sim p$, 즉 '모든 검지 않은 것은 까마귀가 아니다' 라는 의미와 같게 된다. 각각의 진술들은 논리적으로 또 다른 것을 의미한다. 이제 녹색 개구리의 존재는 우리의 확증 기준에 따라서 $\sim q \Rightarrow \sim p$를 확증하는 예이고, 그래서 $p \Rightarrow q$를 확증하는 예이다. 여기에는 엄격한 논리적 패러독스 혹은 모순이 없는 반면, 상당히 반직관적이다. 왜냐하면 우리는 녹색 개구리의 존재가 다른 모든 까마귀가 검다는 가설을 확증한다는 것에 동의하지 않기 때문이다. 헴펠의 논의를 통해, 우리는 많은 수의 중립적 증거들의 존재가 확증적 증거가 된다는 것을 보았다.

이러한 모든 것들이 단순히 철학적으로 기발한 생각만은 아니라는 것을 확실히 하기 위해서, 물리학 이론에 관한 언명을 가지고 이를 다시 고려해보자. 1장에서 우리는 '만일 뉴턴의 중력 법칙이 태양의 주위를 도는 행성에 작용한다면, 그 행성의 궤도는 타원이다' 라는 예를 들었다. 다른 행성의 영향으로 인한 요동이 생기는 것은 사실이기 때문에, 우리는 여기서 태양 주위를 도는 단 하나의 행성에 대한 가설로 제한한다. 그렇다면, 만일 우리가 태양 주위를 도는 행성을 보고 그것이 뉴턴의 중력법칙에 지배되어야 함을 알고 있다면, 또한 그 행성의 궤도가 타원이라는 것을 결정할 수 있다면, 우리는 가설의 명제 $(p \Rightarrow q)$에 대한 확증의 예를 얻게 된다. 이와 비슷하게, 만일 우리가 태양 주위를 도는 어떤 행성이 뉴턴의 중력법칙에 지배를 받지만 그 궤도가 타원이 아니라는 사실을 알게 되었다면, 우리는 그 명제가 틀렸다는 것을 보여주는 증거(p and $\sim q$)를 얻게 된다. 지금까지는 아무 문제가 없다. 그러나 까마귀의 역설처럼 '$p \Rightarrow q$' 는 논리적으로 '$\sim p \Rightarrow \sim q$' 와 동등하다. 이 명제는 태양에 대해 타원궤도를 돌 필요가 없는 어떤 것은 (예를 들어 우주의 빈 공간에 앉아있는 녹색개구리와 같은) 뉴턴의 중력법칙의 지배를 받아 태양 주위를 도는 행성이 아니라는 것을 말해준다. 물론 녹색 개구리와 같은 많은 것들은 $\sim p \Rightarrow \sim q$라는 것을 확증할 것이고, 또한 우리의 확증 기준에 의하여 $p \Rightarrow q$임을 확증할 것이다. 그러나 이러한 것은 부조리한 것으로 보인다. 왜냐하면 과학은 과학 이론을 지지하는 증거를 찾는 데 있어서 그러한 방식으로 작동하지 않기 때문이다.

이로부터 얻어지는 교훈은 과학에서 실제로 사용되는 확증의 기준이 합리적인 것처럼 보이는 소박한 기준만큼 간단하지 않다는 것이다. 헴펠의 경우는 과학철학에서 논의되는 확증의 역설에 대한 유일한 사례가 아니며,[28] 이러한 문제를 해결하기 위한 시도들이 많

[28] Goodman 1946; 1965, 72-83.

은 저술에서 다루어졌다. 실제적이면서 일반적으로 수용되는 확증의 기준에 대한 문제는 여전히 해결되지 않은 채 남아있다. 과학 실천과 진보의 본질은 복잡하기 때문에, 일부 현대 과학철학자들은 과학의 객관적 증거와 이론을 고려하는 것뿐만 아니라 이런 증거와 이론을 가지고 있는 과학자들과 다른 과학자들 사이의 상호작용도 함께 고려하는 것이 꼭 필요하다고 주장한다. 이러한 지식사회학(the sociology of knowledge) 학파는 과학지식의 내용 또는 핵심 그 자체에는 소멸될 수 없는 사회학적 요소들이 존재한다고 여긴다.[29] (24장은 양자역학의 맥락 속에서 이 문제를 다루었다)

25.5 과학의 패러다임 모델

현대 과학철학은 과학이 무엇이고 실제로 역사적으로 어떻게 작동해 왔는가에 대한 신뢰할 만한 묘사나 모델을 만들기 위해 많은 노력을 기울여왔다. 이후의 보다 낙관적인 목표는 (앞의 두 절에서 고려한 것들과 같은) 일련의 표준적 준거틀(normative set of criteria)을 세우는 것으로서 이 표준을 기준으로 과학이론을 평가할 수 있다는 것이다. 후자의 더 포괄적인 (표준적인) 것은 불가능하더라도, 전자의 (묘사를 위한) 프로젝트는 실행될 수 있을 것이다. 모든 과학철학자들이 과학이 참에 더 가까운 세계상을 향해 발전한다는 것에 동의하는 것은 아니다. 일부 과학철학자에게 있어 연속적인 과학 이론이란, 실재 세계의 보다 근본적인 양들을 기초로 데이터를 설명할 필요가 없는 편리한 틀 속에서, 단순히 더 많은 데이터들을 포괄하고 조직화할 수 있는 것이다. 따라서 우리는 이 절과 다음 절에서 묘사를 지향하는 과학의 두 가지 현대적 모델에 대해 논의할 것이다.

토마스 쿤(Thomas Kuhn, 1922-1996)은 매우 영향력 있는 자신의 틀을 통하여 과학의 공공적이고 사회학적인 측면에 대해 강조했다. 그는 과학사를 정상과학기(periods of normal science)와 상대적으로 드문 혁명기(period of revolution)로 나누었다. 정상과학기 동안 대부분의 과학자들은 공통의 패러다임(또는 세계상, 이론 등)을 받아들이고 그것을 가지고 문제를 풀고 패러다임을 확증하는 예를 찾고 또 학생들에게 주입시킨다.

⊛ 내 생각에, 세 가지 유형의 문제-의미 있는 사실의 결정, 이론과 사실의 연결, 이

29 Bloor 1976; Pickering 1984.

> 론의 명료화-가 정상과학의, 실험과학이건 이론과학이건, 문헌의 대부분을 차지한다.[30]

잘 수립되어 존경받던 패러다임이 심각한 도전-쿤의 용어로 '변칙(anomalies)'-에 대한 대응에 반복적으로 실패하게 될 때, 그리고 충분히 많은 수의 과학자들이 현재의 패러다임이 잘 작동하지 않는다고 확신하게 될 때, 새로운 패러다임을 찾는 동안 과학은 혼란기(period of turmoil) 혹은 혁명기에 접어들게 된다. (우리는 이 책에서 그러한 예를 보았었다) 또 다른 성공적인 패러다임이 형성되고 나면, 과학은 다시 정상적으로 작동하는 시기를 맞게 된다. 과학자들은, 과거의 그들의 집단적 의지와 상관없이, 한 정상과학기에서 다음의 정상과학기로 어쩔 수 없이 이동하게 된다.

> ⊛ 생산 활동에서처럼 과학에서도-연장을 바꾸는 것은 그것이 꼭 필요한 경우에만 이루어지는 일종의 사치이다. 위기들의 중요성은 연장을 바꿀 시기가 도래했음을 알려주는 징표이다.[31]

과학의 작동에 대한 쿤의 모델에서 발견의 논리(혹은 발견의 맥락)는 정당화의 논리(혹은 정당화의 맥락)와 (분리된다고 하더라도) 쉽게 분리되지 않는다.[32] 과학적 발견을 이루는 과정은 법칙들과 일반화를 정당화하는 과정과 밀접하게 관련되어 있다. 그래서 과학 산물에 대한 과학자나 과학자 사회의 영향에 대한 고려 없이 추상적으로 이론을 평가해서는 안 된다.

> ⊛ 이러한 패러다임 선택의 문제는 논리나 실험 자체만으로는 결코 정해질 수 없다.[33]

철학적인 측면 이외의 과학의 사회학적 측면과 심리학적 측면의 중요성을 강조한 사람은 쿤 혼자만이 아니었다. 한 예를 들자면, 현대 과학 활동의 구조와 작동에 관심이 있던 한 이론 물리학자는 과학을 다음과 같이 특징지었다.

[30] Kuhn 1970, 34.
[31] Kuhn 1970, 76.
[32] Kuhn 1970, 8-9.
[33] Kuhn 1970, 94.

⊛ 과학의 목표는 가능한 가장 넓은 분야에 걸친 합리적 합의에 이르는 것이다.[34]

…

과학적 지식은 논리만으로는 결코 정당화되거나 타당화될 수 없다.[35]

쿤의 관점에서는 과학이 어떤 절대적 진리를 향해 진보한다고 할 수 없다. 합의 도출에 사용되는 의사소통의 언어는 그 자체로는 정확하고 명백한 수학이다. 그러나 이것만으로 의사소통되는 의미의 진실성을 보증할 수는 없다. 현대의 과학철학자들은 인간 정신의 기초적 사고 패턴(basic thought patterns)[36]과 외부 세계를 인지하는 감각-운동 기관(sensory-motor apparatus)[37]을 그 핵심적 요소로 고려하지 않는다면 과학에 대한 유의미한 연구가 불가능하다고 생각한다. 보다 극단적인 경우인 양자역학에 대한 보어의 코펜하겐 해석에서처럼 관찰자 혹은 인식자는 실험(또는 얻어진 지식)의 결과를 결정하는 데 있어서 핵심적인 역할을 한다. 그래서 인간의 정신과 신체 활동은 원칙적으로 외부 세계에 대하여 존재할 수 있는 지식의 핵심적 결정요인일 수 있다. 지식(knowledge)을 그것의 인식자(knower)와 따로 떼어놓고 독립적으로 다루는 것은 불가능하며 객관적 지식이라는 추상적 이상은 환상일지도 모른다.

물론, 이와 다른 견해도 있다. 인식자와 지식이 긴밀히 연결된 체계가 가능한 반면, 현대 과학철학의 다른 학파들은 과학이 본질적으로 객관적이고 합리적인 과정이라고 받아들인다. 또한 이들은 비합리적이고 논리 외적인 요소들은 과학 활동 밖의 것이며 과학의 토론과 발전 과정에서 최소화될 수 있다고 생각한다. 이러한 관점의 주요 지지자는 포퍼(Karl Popper)로서, 그는 방법론적 반증(methodological falsification) 혹은 반증가능성 준거(falsifiability criterion)에 대해 주장했다.[38]

---

[34] Ziman 1978, 3.

[35] Ziman 1978, 99.

[36] Holton 1973.

[37] Weimer 1975.

[38] Popper의 추종자 중 한 사람인 Lakatos는 과학의 적절한 평가 단위로, 단순한 반증주의 모델에서의 단일 과학이론과는 다르게, 특별히 과학 연구프로그램(scientific research program)을 강조하였다. (과학 연구프로그램은 기본적으로 반증을 통해 형태가 갖추어지는 연관된 이론들의 연속이라 할 수 있다) Lakatos의 과학 연구프로그램의 방법론에 대한 폭넓은 논의는 Howson(1976)과 Lakatos(1978)를 참조한다.

25.6 과학에 대한 절충적 관점

지금까지 이 장에서 우리는 과학의 주요 특징, 과학의 목표와 실행, 과학을 이해하려 했던 과학철학자들의 몇 가지 모델 등에 대한 간단한 개요를 제시하였다. 이런 것으로부터 어떤 명확한 방법론이나 이론 평가의 준거가 드러나지는 않았는데, 그것은 유일하면서도 포괄적인 방법론이나 기준이 존재하지 않아 보이기 때문이다. 그럼에도 불구하고 과학 활동(scientific enterprise)의 특징에 대한 나름대로의 합리적 요약은 가능하다.

과학은 무수히 많은 물리적 현상을 기초적이고 단순한 질문이나 문제로 환원하려고 하며, 그래서 이러한 기초적인 사실들을 설명할 수 있는 이론을 세우고자 한다. 물리학에서 설명은 이론이나 법칙을 통해 일련의 현상을 설명하는 것으로 구성된다. 좋은 이론은 내적으로 일관되어야 하고(논리적 모순이 없고), 올바른 (물리적 실재와 일치하는) 결과나 예상을 제시하고, 그 구조와 명제가 간단해야 한다. 가설연역적 방법(hypothetico-deductive method)은 (반증가능성을 통해) 이론을 판단하는 데 매우 중요하다. 모델과 유추(models and analogies)는 (귀납을 통해) 유용한 가설을 추측하는 데 큰 도움을 준다. 과학의 진보와 지식의 성장은 점점 더 적은 수의 가정으로 보다 많은 현상들을 설명할 수 있는 보다 일반적인 (더 추상적이면서 더 간단한) 이론을 갖는 것이다. 그럼에도 불구하고, 이론과 과학적 지식은 여전히 잠정적이라는 특성을 가지며, 역사적 사회적 요인의 영향을 받고, 수정된다. 이론은 인간의 정신에 의해 구성되는 편리한 개념과 규약을 통한 실재의 표상을 제공한다.

우리는 과학 이론의 몇 가지 중요한 특징들을 현실세계에서 작동하는 과학활동에 대한 복합적 묘사와 연결시킬 수 있다. 우리는, 일반적인 개념적 기반으로서, 과학의 실행(practice), 방법(methods), 목표(goals)의 3단계 위계 구조를 제안한다.[39] 가장 낮은 단계인 실행은, 과학의 목표를 향해 나아가는 전 과정에 방향을 제시할 수 있도록, 수용된 과학적 방법들에 의해 안내되거나 지시받는다. 실행의 단계에서는 사실, 법칙, 이론을 통해 실험 활동과 법칙과 이론을 구성하는 활동을 모두 포괄하는 매우 많은 양의 과학적 활동이 포함된다. 많은 사람들에게 있어서 이러한 활동은 과학의 전부인 것처럼 보일 수 있

[39] 우리가 여기에서 제시하는 많은 개요들은 라우단(Larry Laudan)의 과학에 대한 그물(또는 삼상)모형(reticulated or triadic model)에 대한 설명이다. (Laudan 1984, 특히 Chapter 3; Cushing 1990b, Chapter 10, 특히 287-8).

다. 이 단계에서의 전이(고전역학으로부터 상대론이나 양자역학으로의 이어짐과 같은)는 매우 익숙하고, 이 단계에서의 절대적 안정성에 대해 지지하는 사람은 거의 없다. 다음 단계 또는 다음 층은 이론과 구조를 판단하는 방법론 혹은 규칙의 단계이다. 예를 들어, 가설 연역적 방법, 귀납, 일반적으로 받아들여지는 설명 방식, 추론의 규칙들이 여기에 위치한다. 형식적인 논리 구조와 합리성의 원칙들-'훌륭한 추론'으로 간주되는-역시 여기에 위치한다. 이 단계는 실행의 단계보다 상대적으로 더 안정적이지만, 변하지 않는 것은 아니다. 가장 높은 단계 혹은 가장 깊은 층은 과학의 목표 혹은 목적-한때는 진실이라고 여겼던-이다. 이 책을 통해 우리는 이러한 세 단계 모두의 사례들을 보았다. (방법론과 목표의 수준에서 변화나 발전의 예는-다른 것들도 있지만-3.6절에서 보았던 플라톤과 아리스토텔레스로부터 포퍼나 콰인(Quine)에 이르기까지의 철학자들의 시간적 순서이다)

과학에 대한 이러한 모델이나 표상의 핵심은 원칙적으로나 사실적으로 그 어떤 단계나 요소들도 변화를 피할 수 없다는 것이다.[40] 이러한 3가지 요소들은 서로 결합하여 발전한다. 실행의 바깥층들은 더 급격하게 변화하기 쉽지만, 이런 변화가 안쪽 층에 영향을 준다. 이렇게 실행-방법-목표가 결합된 네트워크는 (실험과 같은) 실제 세계로부터의 제한조건이나 외적(사회적) 요인들에 의한 제한조건들의 압력을 받으면서 시간이 지남에 따라 발전한다. 이러한 세 가지 결합된 요소들의 발전 속에서, 실행은 전형적으로 이러한 발전의 우선적이고 궁극적인 결정요인이다. 즉, 방법론과 목표에서의 새로운 혁신은 궁극적으로 성공적인 과학적 실행으로부터 비롯된다. 이것은 그 어떤 (과학에 특징적인) 방법론적 원리도 시간적으로 미리 규정될 수 없다는 것을 의미한다. 과학적 실행 후에 방법론적인 원리들이 발견되거나 인정되어야 한다. 더구나, 역사적인 기록을 살펴보면, 과거(혹은 현재)의 과학적 실행으로부터 이끌어낸 추상화는 불변적이고(혹은 고정되어 영원히 계속되는) 완전한 과학의 특성화로 이어지지 못한다는 것을 알 수 있다. 오히려, 역사상의 모든 실체가 그러하듯, 과학의 실행, 방법, 목표도 우연적인 것처럼 보일 것이다.[41]

모든 과학의 특성이나 본질이 되는 단 하나의 합리성은 존재하지도 (또 분명 그럴 필요

---

[40] 우리가 원한다면 그러한 변화로부터 과학의 실행에 주어지는 제한조건들이나 일상적 논의에 존재하는 평범하고 상식적인 요구사항에 이미 존재하는 추론은 배재할 수 있을 것이다(예컨대 연역적 추론의 일반적 법칙들). 비록 그러한 특징들이 변하지 않는 것으로 받아들여진다고 하더라도, 그것이 과학적 방법에 특별한 것은 아니며, 따라서 과학에 특별한 특징으로 사용될 수 없다(Cushing, 1990a).

[41] Fine 1986b.

도) 없을 것이다. 그렇다고 우리가 매우 복잡한 활동인 과학에 대해 깔끔하고 간결한 표상을 줄 수 없다는 것이 곧, 실행-방법-목표의 네트워크 발전이 유용한 지식을 전개하는 데 충분한 일관성이 없다는 것을 의미하지는 않는다. 이 책의 앞 장들에서 제시되었던 물리학의 역사에 대해 이러한 측면을 얼핏 살펴보기만 하더라도, 과학이라고 불리는 이러한 불완전한 도구의 엄청난 위력과 생산성에 대한 증거를 충분히 찾을 수 있다.

아마도 이 부분에서 이 책을 마무리 하는 것이 좋을지도 모르겠다. 하지만 대신 우리는 이어지는 마지막 절에서, 현대과학에 기초하고 있는 지배적인 세계관의 한 예를 살펴볼 것이다. 그런데 이러한 일의 문제점은 우리가 제기하는 여러 중요한 이슈들이 아직 미해결의 상태로 남겨져 있다는 점이다. 반면에, 그것의 장점은 현대과학이 우리에게 남겨 놓은 그리고 아마도 과학으로는 해결할 수 없는 그런 논란거리를 독자들에게 고민하도록 남겨둔다는 점이다.

25.7 과학에 기초한 현대적 세계관

많은 사람들이 현대과학과 연관짓는 세계상(picture of the world)을 표현할 수 있도록, 먼저 **세계관**(world view)이라는 용어가 무엇을 의미하는지를 생각해 보는 것으로부터 출발하자. 프로이드(Sigmund Freud)는 그의 『정신분석학 입문』(New introductory lecture on psychoanalysis)에서 세계관(Weltanschauung)에 대한 문제와 그것의 과학과의 관계에 대해 논하고 있다.

⊛ 나는 특히 독일적인 관념인 '세계관(Weltanschauung)'이 다른 외국어로 번역되었을 때 발생할 수 있는 어려움에 대해 심히 염려된다. 만일 내가 당신에게 세계관에 대한 정의를 알려주고자 한다면, 당신은 매우 어색할 것이다. 내 생각에 세계관이란 가장 우선적인 가설인 우리의 존재에 관한 모든 문제들을 해결해주는 하나의 지적 구조이다. 따라서 어떤 문제라도 세계관에 의해 답을 찾을 수 있으며, 그 속에서 우리가 관심을 가지는 모든 것들의 고정된 위치를 발견할 수 있다. 이런 종류의 세계관을 가지고 있는 것이 인간의 이상적인 바람들 중 하나라는 것은 쉽게 이해될 것이다. 그것을 믿을 때 인간은 삶의 확고함을 느끼며, 추구하는 바가 무엇인지 그리고 어떻게 인간의 감정과 관심을 바람직하게 다룰 것인지를 알 수 있게 된다.

…

그러나 과학의 세계관(weltanschauung of science)은 이미 우리의 정의와는 상당히 동떨어져 있다. 그것 역시 우주에 대한 설명에 있어 통일성을 가정하고 있는 것이 사실이지만, 이는 미래에 가서야 충족될 수 있는 하나의 프로그램으로서만 그러하다. 이런 문제 외에 과학의 세계관은 부정적인 특징, 지식을 얻는 순간을 알 수 없다는 제한점, 그리고 이질적 요소들에 대한 엄격한 배재 등의 한계가 있다. 과학의 세계관은 세심한 관찰 이상의 지적인 활동-즉, 우리가 연구라고 부르는 것-이 가장 보편적인 지식의 근원이라고 주장한다. 그리고 계시, 직관, 예언으로부터 도출되는 지식은 없다고 주장한다. 이러한 관점은 지난 수세기 동안 일반적으로 인정되어 온 것처럼 보인다.[42]

프로이드는 세계관이라는 용어의 고전적 의미에서 볼 때, 과학이 우리에게 모든 것을 포괄하는 완전한 세계관을 주는 것은 아니라고 지적한 것에 주목해야 한다. 우리는 모든 것이 통합된 구조인, 말하자면 아리스토텔레스의 우주관으로 되돌아가지 않는다. 그 주된 이유는 모든 과학 활동의 기본은 모노(Jacques Monod)가 말한 객관성의 가정(postulate of objectivity)을 믿는 것이기 때문이다. 이를 통해 모노가 의미하는 바는 자연은 **객관적**(objective)(어떤 궁극적인 원인이나 '목적'에 의존하지 않고 명확한 법칙을 따르는)인 것이지, 어떤 것이 **투영된**(projective)(우리 또는 다른 지식체가 미리 인식하는 계획을 따르거나 목표를 향해 발전하는) 것이 아니며, 지식에 도달하는 유일한 수단은 자연과의 객관적 만남이라는 것이다.[43] 이러한 (사실 자체가 믿음의 행위인) 가정을 철저히 받아들인다는 것은 어떤 문제들에 대해 특정하게 설명하도록 하는 다른 많은 신념을 의심 없이 받아들이는 행위를 논리적으로 배제한다. 모노는 궁극적인 원인이나 목적론으로 현상을 해석하려는 (예를 들어 아리스토텔레스가 했던 것처럼) 노력으로는 자연에 대한 참 지식을 얻을 수 없다고 주장한다. 문제의 핵심은 전통적인 종교적 철학적 개념에 기반한 선험적 수행과 지적 탐구를 열기 위한 그 시대의 수행 사이에 긴장이 존재한다는 것이다 - 10장의 갈릴레이의 재판에서 설명되었던 것처럼, 우리는 이 두 가지가 양립하기를 희망하면서, 그 둘은 논쟁이 아니라 신념으로 작용하기를 바랄 수 있을 것이다.[44]

[42] Freud 1965, 158-9.

[43] Monod 1971, 21. Monod가 '객관적'이라고 말하는 것은 과학자 쪽에서 무슨 시사점들이 우주 작동의 전체적인 목적이나 목표에 연결 '되어야 한다'는 선험적 신념을 갖지 않는 것을 의미한다.

[44] 노벨 물리학상 수상자인 Feynman(1965, 147-8)도 자연에 대한 객관적 탐구의 필요성을 강조하였다.

이제 모노의 저서인 『우연과 필연』에서 발견되는 과학적 세계관에 대한 간단한 서술을 살펴보자. 그는 다음과 같이 특징화 할 수 있는 세 가지 용어를 사용했다.

> ⊛ 객관성의 가정(postulate of objectivity) – 궁극적 원인 또는 '목적' 이라는 관점에서 현상들을 해석할 때 '참' 지식을 얻을 수 있다는 관점에 대한 체계적인 부정. 즉, 객관적인 지식은 잠정적인 것이며, 단지 과학을 통해 얻어질 수 있고 형이상학이나 종교를 통해서는 얻어지지 않는다.
>
> 생기론(vitalist theory) – 생명체와 생명이 없는 세계 사이의 엄격한 구별을 시사함.
>
> 물활론(animist theory) – 생물권 내에 속한 것뿐만 아니라 우주에서 일어나는 모든 것들에 대해 (모든 존재에는 목적이 부여되거나 계획되고 그래서 목적에 맞게 행동한다는) 보편적인 목적론적 원리를 가정한다.

모노의 표현에서, 생기론(또는 철학 체계)은 생명체를 지배하고 있는 다른 종류의 힘이나 법칙을 가정하는 것으로, 이 법칙은 무생물에 대한 법칙 이상의 것이다. 현대 과학의 발전을 살펴보고, 모노는 이런 철학 체계를 포기하고 자신의 관심을 물활론적 체계 쪽으로 돌리게 되었는데, 이 체계는 생물권에 대한 특별한 법칙을 가정하고 있지는 않지만 목표나 지향점을 향해 활동하고 발달하도록 이끄는 목적을 가진 힘이나 원리가 존재한다는 것을 가정한다. 모노는 전통적인 종교적 철학적 체계들 속에서 목적에 따른 설명과 도덕적 가치의 기초를 제공하는 것이 바로 이러한 목적지향성(goal-directedness) 또는 목적론적 원리(telenomic principle)라고 보았다. 이 장의 앞부분에서 보았듯이 살아있는 생명체의 외형적 목적지향성에 대해, 그는 우연적 변이가 생물의 불변의 복제 시스템 안에 갇히게 되고 이것이 자연선택에서 살아남아 계속 복제되면서, 목적적 발달(purposeful development)이나 필연(성장)에 대한 관념을 낳는 것이라고 설명했다. 또한 그는 객관적 지식으로 안내하는 유일한 수단인 과학은 물활론적 전통을 거부해야 한다고 느꼈다. 왜냐하면 물활론은 '참' (그에게 있어서 과학적인) 지식의 토대 위에서 구성되기보다는, 이미 정답이나 가치 체계를 가정하고 있기 때문이다. 오늘날 우리에게 있어서 기본적인 갈등은 다음과 같다. 모노는 우리가 모든 것을 포괄하는 물활론적 설명에 따라 생물학적 또는 유전적 필연성(진화의 결과로서)을 믿고 있다고 생각한다. 하지만 과학 지식은 절대적인 제일원리에 기초하거나 보증된 것이 아니라 항상 잠정적인 것이기 때문에, 과학은 이런 결과를 낳지 않는다. (프로이드의 세계관(weltanschauung)에 대한 논의 참조) 우리는 새로운 상품과 기술을 계속 생산해내는 과학의 성공으로 인한 과학적 실행을 (이성으로는) 받아들이지만, 물활론의 전통을 거부하는 것에 대한 철학적 함의를 (마음속에서) 받아들이지 않는 딜레마에 빠지게 된다. 그러나 이러한 실행을 일단 받아들이게 되면, 기본적인 과학의 가정(객관성의 가정)은 단 하나의 참이 존재하는 방향을 생각하도록 진화하게 된다. 모노는 전통적인 철학과 종교 체제들을 과학의 핵심에 대한 불가피한 적대적 관계로 보았다. 이것이 오늘날의 많은 사람들에게 과학에 대한 애증을 갖도록 하였다. 우리는 스스로 선택해야 하고 자신의 존재에 대한 목적을 만들어내야 한다는 궁극적 책임감 속에 고립되어 있다고 느낀다.[45] 모노의 불안감은 4부(전망) 머리말에 있는 러셀의 글에서 표현된 것과 상당히 유사하다.

여기에는 긴장감이 존재한다. 우리는 (과학과 기술에 의해 얻어진) 물질적인-아마도 지적일 수도 있는-결과와 우리의 심리적, 정신적 욕구들이 갈등한다고 생각한다. 사회는 둘 사이에 갇혀 둘 중에서 어느 것도 선택할 수 없다고 느낄 수 있다. 그 예로, 과학과 기술로부터 벗어나려 했던 최근의 역사 속의 두 가지 에피소드를 언급하겠다. 간디(Mahatma Gandhi, 1869-1948)는 인도인들이 영국의 방적기를 이용하지 않고 스스로의 수공으로 옷감을 만들어야 한다고 주장했다. 왜냐하면, 실제적으로 한 문화가 근본적으로 다른 문화(서구)로부터 단 한 가지의 우수한 특징이나 산물(여기서는 기술)만을 전수 받을 수는 없으며, (물질주의와 같은) 부정적인 측면의 침투를 피할 수 없기 때문이라는 것이다. 과학기술은 그것을 받아들이는 어떤 문화에도 피할 수 없는 광범위한 영향을 미치고 있다. 유사하게, 제1차 세계대전 이후 황폐해진 바이마르 공화국 시기에, 독일에는 과학에 대한 반작용과 (많은 사람들이 독일의 패배는 과학의 실패 때문이라고 보았다.) 비이성주의(irrationalism)가 등장하였다. 수학과 과학을 가르치는 것이 축소되었고 전통적인 '문화' 교육의 강조로(오늘날 미국처럼?) 되돌아갔다. 이것은 과학에 크게 의존했던 사회에 대한 실망감이 크게 작용한 것에서 비롯되었다.

그러나 여전히, 바이마르의 독일과 간디의 인도 그리고 오늘날의 서양에서, 과학기술은 '진보'를 향한 저항할 수 없는 추진력을 만들어 내고 있다. 그러한 '진보'가 반드시 인류에게 유용한 것이라는 점은 결코 명백하지 않다. (예를 들어, 이미 엄청나게 바쁜 현대적 삶의 속도가 컴퓨터의 광범위한 사용을 통해 더 가속되는 것이 우리에게 좋은 것인가?)

[45] 이러한 관점은 Monod(1971, 169-72)에 호소력 있게 나타나있다.

그럼에도 불구하고, 개인과 기업 또는 국가는 흐름에서 밀려나지 않기 위해 그런 질주에 합류하지 않을 수 없다. 이는, 어떤 종류의 기술결정론(technological determinism)을 지지하는 것은 아니며, 서구를 비롯한 세계 곳곳의 현재의 과학기술 기반 사회에 주어지는 '심리적' 혹은 '사회적' 강제를 반영하는 것이다. 분명 원칙적으로는 우리가 다른 선택을 하지 못할 이유는 없다. 그러나 이것은 여전히 우리 모두가 더욱 더 많은 물질적 제품의 이용에 대한 유혹을 거부할 수 있는가 하는 문제로 보인다. 한 가지 어려움은 기술적 진보의 장기적 영향-실제적인 이득이나 손실에 대한-은 이미 그 결과를 되돌릴 수 없게 된 후에야 알 수 있다는 점이다.

우리는 - 고대에까지 거슬러 올라가는 과학과 철학 사이의 긴 연쇄의 또 다른 예시로서 - 물리학에 기초한 이러한 세계관을 살펴보았다. 모노의 체제가 이러한 연쇄를 끊어줄 것이라고는 거의 기대할 수 없다.[46]

더 읽을거리

버트(E. Burtt)의 널리 알려진 책 『The Metaphysical Foundations of Modern Physical Science』는 현대물리학의 폭넓은 철학적 토대에 관한 좋은 배경을 제공한다. 코케라만스(J. Kockelamans)의 『Philosophy of Science』는 최근의 글을 많이 담고 있는데, 16세기말(칸트)부터 20세기초(화이트헤드(Whitehead), 브리지만(Bridgman))까지의 역사적 배경에 대해 설명하고 있다. 아인슈타인(A. Einstein)의 에세이 『Principles of Research』와 『Physics and Reality』는 아름답게 때론 시적으로 쓰인 자연과 과학의 목표에 관한 섬세한 철학적 글을 담고 있다.[47] 파인(A. Fine)의 『Einstein's Realism』-즉, 『The Shaky Game』의 6장-은 물리학의 이론과 그것이 그리는 세계의 관계성에 대한 아인슈타인의 관점에 대해 주의 깊고 직관적 이해를 주는 논의를 전개하고 있다. 쿠레이니(J. Kourany)의 『Scientific Knowledge』는 현대 과학철학의 기본 쟁점들에 대한 유익한 글들을 모아 놓은 것이다. 쿤(T. Kuhn)의 『The Structure of Scientific Revolutions』는 지난 수십 년

46 생명의 출현에 대해 Monod와는 매우 다른 비중을 '우연' 대 '필연'의 측면에 부여하는 관점은 De Duve(1995)를 참조한다.

47 저작권에 저촉되는 것에 대비해 아인슈타인의 글은 이 책에서 재인용되어 있다.

동안 과학철학 분야에서 가장 영향력 있는 한 권의 책이며, 최근의 많은 연구들이 취하고 있는 사회학적 입장을 이해하는 핵심적인 자료가 된다. 포퍼(Karl Popper)의 반증적 방법론의 직접적인 후계자 중 한 사람이자 그러한 전통 속에서 과학의 합리성을 강조하였던 라카토스(Imre Lakatos)의 과학연구프로그램의 밥법론(MSRP : methodology of scientific research programs)에 대한 유용한 내용은 다음의 에세이와 사례연구들에서 찾아 볼 수 있다: 라카토스의 〈Falsification and the Methodology of Scientific Programmes〉, 〈History of Science and Its Rational Reconstructions〉, 『The Methodology of Scientific Research Programmes』; 라카토스와 머스그레이브(A. Musgrave)의 『Criticism and the Growth of Knowledge』; 호우슨(C. Howson)의 『Method and Appraisal in the Physical Sciences』; 레이드니츠키와 안더손(G. Radnitzky & G. Andersson)의 『Progress and Rationality in Science』. 라우단(L. Laudan)의 『Science and Values』는 쿤 학파와 포퍼-라카토스 학파 모두를 비판하고 과학의 실행에 대한 자신의 '그물망' 모델을 제시하고 있다(25.6절 개요 참조). 슈뢰딩거(E. Schrödinger)의 『What Is Life?』는 물리학 법칙만의 기초 위에서 생명에 대해 설명하였던 초창기의 영향력 있는 책이다. 모노(Monod)의 역작 『Chance and Necessity』는 생명에 대해서 순수물리학적으로 설명하는 합리적이고도 열정에 찬 작품이다. 도오킨스(R. Dawkins)의 『The Blind Watchmaker』는 우주에는 기본 설계가 없다는 다윈주의를 현대적 관점에서 옹호하고 있다. 드뒤브(C. De Duve)의 『Vital Dust』는 생명은 자연의 기본 물리법칙의 필연적이고도 불가피한 결과라고 강하게 주장하며 동시에 우주에 대한 모노의 차갑고 무신론적인 관점을 흥미롭게 비판하고 있다. 홀턴(G. Holton)의 『Einstein, History and Other Passions』는 과학과 그것이 20세기 후반의 세계와 갖는 관계성에 대한 글들을 담고 있다.

일반 참고문헌

아래에는 일반적인 배경 정보와 일차 사료들을 쉽게 찾아볼 수 있는 일부의 참고문헌들을 제시하였다.

『The New Encyclopaedia Britanica』, 15판 (Encyclopaedia Britanica, Chicago, 1977). 철학자와 과학자들의 일대기에 대한 유용한 출처에 해당한다.

Robert M. Hutchins (ed.), 『Great Books of the Western World』 (Encyclopaedia Britanica, Chicago, 1952). 총 54권으로 이루어진 이 시리즈에는 서구의 역사 속에서 만날 수 있는 많은 위대한 사상가들의 주요 업적이 (영어판으로) 실려 있다. 본 책자에서는 가능한 한 자주 이 책들에서 직접 인용하였다. 본 책자의 각주에는 GB라는 약자와 함께 해당 권수와 쪽수를 표시하였다.

Charles C. Gillispie (ed.), 『Dictionary of Scientific Biography』, 총 14권 (Charles Scribner's Sons, New York, 1970-6). 이 시리즈는 과학사에서의 거의 모든 주요 인물들의 일대기에 대한 방대하고도 권위 있는 자료들과 그들의 과학적 성취에 대한 요약을 담고 있다. 본 책자의 각주에는 DSB라는 약자와 함께 해당 권수와 쪽수를 표시하였다.

Morris R. Cohen and I. E. Drabkin (eds.), 『A Source Book in Greek Science』 (Harvard University Press, Cambridge, MA, 1948). 이 책의 수학, 과학, 천문학, 물리학 관련 부분에는 고대 그리스인들의 업적에 대한 유용한 참고문헌들이 제시되어 있다.

William F. Magie, 『A Source Book in Physics』 (Harvard University Press, Cambridge, MA, 1963). 이 책에는 약 1600년부터 1900년까지의 많은 과학자들에 대한 간략한 일대기와 그들의 저작에서 따온 인용문들이 실려 있다. 이 시기 동안의 일차 사료

에 대한 접근성을 높이기 위해, 본 책자에서는 원자료를 인용하고 또 가능한 한 자주 참고문헌을 달았다. 이러한 정보는 M이라는 약자와 함께 해당 쪽수를 나타내었다. 경우에 따라서는 본 책자에 인용된 문장이 Magie의 책에 나온 것과 약간 차이가 나는데, 이는 원자료에 대한 번역의 차이에서 온 것이다.

Paul Edwards(ed.), 『The Encyclopedia of Philosophy』, 총 8권. (Macmillan Publishing Co., New York, 1967). 이 책은 오늘날의 전문가들이 쓴 글들을 모아 놓은 것인데, 고대로부터 현대에 이르는 동안의 주요 철학자들의 일대기 관련 정보와 그들의 철학적 입장에 대한 요약된 논의들이 담겨 있다.

Anton Pannekoek, 『A History of Astronomy』 (Dover Publications, New York, 1989). 이 책은 고대에서 현대에 이르기까지의 천문학의 발전에 대해 개관하고 있다.

Shmuel Sambursky, 『Physical Thought From the Presocratics to the Quantum Physicists』 (Pica Press, New York, 1975). 이 책은 전문가들이 쓴 여러 역사적 시기의 철학과 그에 대한 소개 글을 담고 있다.

Sir Edmund Whittaker, 『A History of the Theories of Aether and Electricity』, 총 2권. (Humanities Press, New York, 1973). 이 책은 고대로부터 1925년까지의 전기 및 자기, 원자물리학과 핵물리학, 중력과 양자역학의 역사를 철저하고도 훌륭하게 다루고 있다. 저자는 뛰어난 이론물리학자이며 여러 시기의 역사적 과정에 대한 매우 전문적인 내용까지 담고 있다.

Henry A. Boorse and Lloyd Motz (eds.), 『The World of the Atom』, 총 2권. (Basic Books, New York, 1966). 이 두 권의 훌륭한 참고서적의 주된 관심 영역은 원자, 핵, 양자 이론의 역사와 그 내용이다. 약 1600년부터 현대까지의 여러 과학자들에 대한 전기와 그들의 업적 및 업적에 대한 분석 그리고 그들의 저술에서 따온 발췌문(영어) 등을 담고 있다.

참고문헌

Adams, C. and Tannery, P. (eds.) (1905), *Oeuvres de Descartes* (Leopold Cerf, Paris).

Adler, C. G. and Coulter, B. L. (1978), Galileo and the Tower of Pisa Experiment, *American Journal of Physics* **46**, 199–201.

Albert, D. Z. (1992), *Quantum Mechanics and Experience* (Harvard University Press, Cambridge, MA).

Archimedes (1987), *The Sand-Reckoner* in Heath (1897), pp. 221–32.

Aristotle (1942a), *Prior Analytics* in Ross, Vol. I.

Aristotle (1942b), *Physics* in Ross, Vol. II.

Aristotle (1942c), *On the Heavens* in Ross, Vol. II.

Aristotle (1942d), *Nicomachean Ethics* in Ross, Vol. V.

Armitage, A. (1938), *Copernicus: The Founder of Modern Astronomy* (George Allen & Unwin, London).

Aspect, A., Dalibard, J. and Roger, G. (1982), Experimental Tests of Bell's Inequalities Using Time-Varying Analyzers, *Physical Review Letters* **49**, 1804–7.

Bacon, F. (1952), *Novum Organum*, Book I in Hutchins, Vol. 30.

Baggott, J. E. (1992), *The Meaning of Quantum Theory* (Oxford University Press, Oxford).

Ball, R. S. (1921), *Time and Tide, A Romance of the Moon* (Macmillan Publishing Co., New York).

Barone, M. and Selleri, F. (eds.) (1994), *Frontiers of Fundamental Physics* (Plenum Publishers, New York).

Becker, R. A. (1954), *Introduction to Theoretical Mechanics* (McGraw-Hill Book Co., New York).

Beer, A. (ed.) (1968), *Vistas in Astronomy*, Vol. 10 (Pergamon Press, New York).

Bell, J.S. (1987), *Speakable and Unspeakable in Quantum Mechanics* (Cambridge University Press, Cambridge).

Beller, M. (1983a), *The Genesis of Interpretations of Quantum Physics, 1925–1927*. Unpublished Ph.D. Dissertation, University of Maryland.

Beller, M. (1983b), Matrix Theory Before Schrödinger, *Isis* **74**, 469–91.

Beller, M. (1985), Pascual Jordan's Influence on the Discovery of Heisenberg's Indeterminacy Principle, *Archive for History of Exact Sciences* **33**, 337–49.

Beller, M. (1992), The Birth of Bohr's Complementarity: The Context and the Dialogues, *Studies in History and Philosophy of Science* **23**, 147–80.

Ben-Menahem, Y. (1990), Equivalent Descriptions, *British Journal for the Philosophy of Science* **41**, 261–79.

Bernstein, J. (1976), *Einstein* (Penguin Books, New York).

Bestelmeyer, A. (1907), Spezifische Ladung und Geschwindigkeit der durch Röntgenstrahlen erzeugten Kathodenstrahlen, *Annalen der Physik* **22**, 429–47.

Biagioli, M. (1993), *Galileo Courtier: The Practice of Science in a Culture of Absolutism* (University of Chicago Press, Chicago).

Bitbol, M. and Darrigol, O. (eds.) (1992), *Erwin Schrödinger: Philosophy and the Birth of Quantum Mechanics* (Editions Frontiers, Gif-sur-Yvette Cedex, France).

Blackwell, R. J. (1977), Christiaan Huygens' *The Motion of Colliding Bodies, Isis* **68**, 574–97.

Blake, R. M., Ducasse, C. J. and Madden, E. H. (eds.) (1960), *Theories of Scientific Method: The Renaissance Through the Nineteenth Century* (University of Washington Press, Seattle, WA).

Bloch, F. (1976), Heisenberg and the Early Days of Quantum Mechanics, *Physics Today* **29** (12), 23–27.

Bloor, D. (1976), *Knowledge and Social Imagery* (Routledge & Kegan Paul, London).

Bohm, D. (1951), *Quantum Theory* (Prentice-Hall, Englewood Cliffs, NJ).

Bohm, D. (1952), A Suggested Interpretation of

the Quantum Theory in Terms of 'Hidden' Variables, I and II, *Physical Review* **85**, 166–93.

Bohm, D. (1953), Proof That Probability Density Approaches $|\psi|^2$ in Causal Interpretation of the Quantum Theory, *Physical Review* **89**, 458–66.

Bohm, D. and Hiley, B. J. (1993), *The Undivided Universe: An Ontological Interpretation of Quantum Theory* (Routledge, London).

Bohm, D., Hiley, B. J and Kaloyerou, P. N. (1987), An Ontological Basis for the Quantum Theory, *Physics Reports* **144**, 321–75.

Bohr, N. (1913), On the Constitution of Atoms and Molecules, *Philosophical Magazine* **26**, 1–25.

Bohr, N. (1934), *Atomic Theory and the Description of Nature* (Cambridge University Press, Cambridge).

Bohr, N. (1935), Can Quantum-Mechanical Description of Physical Reality Be Considered Complete?, *Physical Review* **48**, 696–702. (Reprinted in Wheeler and Zurek (1983, 145–51).)

Bohr, N. (1949), 'Discussion with Einstein on Epistemological Problems in Atomic Physics' in Schilpp, pp. 199–241.

Bohr, N. (1985), *Collected Works*, Vol. 6 (North-Holland Publishing Co., Amsterdam).

Boorse, H. A. and Motz, L. (eds.) (1966), *The World of the Atom*, Vols. I and II (Basic Books, New York).

Bork, A. M. (1963), Maxwell, Displacement Current, and Symmetry, *American Journal of Physics* **31**, 854–9.

Born, M. (1926), Zur Quantenmechanik der Stossvorgänge, *Zeitschrift für Physik* **37**, 863–7. (Appears in English translation as 'On the Quantum Mechanics of Collisions' in Wheeler and Zurek (1983, 52–5).)

Born, M. (1951), *The Restless Universe* (Dover Publications, New York).

Born, M. (1971), *The Born–Einstein Letters* (Walker and Company, New York).

Bose, S. K. (1980), *An Introduction to General Relativity* (Wiley Eastern Limited, New Dehli.

Brackenridge, J. B. (1995), *The Key to Newton's Dynamics* (University of California Press, Berkeley, CA).

Briggs, K. (1987), Simple Experiments in Chaotic Dynamics, *American Journal of Physics* **55**, 1083–9.

Brody, B. A. (ed.) (1970), *Readings in the Philosophy of Science* (Prentice-Hall, Englewood Cliffs, NJ).

Bromberg, J. (1967), Maxwell's Displacement Current and his Theory of Light, *Archive for History of the Exact Sciences* **4**, 218–34.

Bucherer, A. H. (1909), Die experimentelle Bestätigung des Relativitätsprinzips, *Annalen der Physik* **28**, 513–36.

Buchwald, J. Z. (1985), *From Maxwell to Microphysics* (University of Chicago Press, Chicago).

Buchwald, J. Z. (1989), *The Rise of the Wave Theory of Light* (University of Chicago Press, Chicago).

Burtt, E. A. (1927), *The Metaphysical Foundations of Modern Physical Science* (Harcourt Brace & Co., New York).

Butterfield, H. (1965), *The Whig Interpretation of History* (W. W. Norton & Co., New York).

Cardwell, D. S. L. (1972), *Turning Points in Western Technology* (Science History Publications, New York).

Caspar, M. (ed.) (1937), *Johannes Keplers Gesammelte Werke* (C. H. Beck'sche Verlagsbuchhandlung, Munich).

Casper, B. M. (1977), Galileo and the Fall of Aristotle: A Case of Historical Injustice?, *American Journal of Physics* **45**, 325–30.

Cassidy, D. C. (1992), *Uncertainty: The Life and Science of Werner Heisenberg* (W. H. Freeman and Company, New York).

Chang, H. (1993), A Misunderstood Rebellion: The Twin-Paradox Controversy and Herbert Dingle's Vision of Science, *Studies in History and Philosophy of Science* **24**, 741–90.

Clagett, M. (1959), *The Science of Mechanics in the Middle Ages* (University of Wisconsin Press, Madison, WI).

Clark, R. W. (1972), *Einstein: The Life and Times* (Avon Books, New York).

Clauser, J. F. and Shimony, A. (1978), Bell's Theorem: Experimental Tests and Implications, *Reports on Progress in Physics* **41**, 1881–927.

Clemence, G. M. (1947), The Relativity Effect in Planetary Motions, *Reviews of Modern Physics* **19**, 361–4.

Clifton, R. K., Butterfield, J. N. and Redhead, M. L. G. (1990), Nonlocal Influences and Possible Worlds – A Stapp in the Wrong

Direction, *British Journal for the Philosophy of Science* **41**, 5–58.

Cohen, I. B. (1970), 'Isaac Newton' in Gillispie, Vol. X, pp. 42–101.

Cohen, I. B. (1971), *Introduction to Newton's 'Principia'* (Harvard University Press, Cambridge, MA).

Cohen, I. B. (1981), Newton's Discovery of Gravity, *Scientific American* **244** (3), 166–79.

Cohen, M. R. and Drabkin, I. E. (1948), *A Source Book in Greek Science* (McGraw-Hill Book Co., New York).

Cooper, L. (1935), *Aristotle, Galileo, and the Tower of Pisa* (Cornell University Press, Ithaca, NY).

Copernicus, N. (1952), *On the Revolutions of the Heavenly Spheres* in Hutchins, Vol. 16.

Copernicus, N. (1959), *Commentariolus* in Rosen.

Crowe, M. J. (1990), *Theories of the World from Antiquity to the Copernican Revolution* (Dover Publications, New York).

Crowe, M. J. (1994), *Modern Theories of the Universe: From Herschel to Hubble* (Dover Publications, New York).

Crutchfield, J. P., Farmer, J. D., Packard, N. H. and Shaw, R. S. (1983), Chaos, *Scientific American* **255** (6), 46–57.

Cushing, J. T. (1975), *Applied Analytical Mathematics for Physical Scientists* (John Wiley & Sons, New York).

Cushing, J. T. (1981), Electromagnetic Mass, Relativity, and the Kaufmann Experiments, *American Journal of Physics* **49**, 1133–49.

Cushing, J. T. (1982), Kepler's Laws and Universal Gravitation in Newton's *Principia*, *American Journal of Physics* **50**, 617–28.

Cushing, J. T. (1990a), Is Scientific Methodology Interestingly Atemporal?, *British Journal for the Philosophy of Science* **41**, 177–94.

Cushing, J. T. (1990b), *Theory Construction and Selection in Modern Physics: The S Matrix* (Cambridge University Press, Cambridge).

Cushing, J. T. (1991), Quantum Theory and Explanatory Discourse: Endgame for Understanding?, *Philosophy of Science* **58**, 337–58.

Cushing, J. T. (1994), *Quantum Mechanics: Historical Contingency and the Copenhagen Hegemony* (University of Chicago Press, Chicago).

Cushing, J. T., Fine, A. and Goldstein S. (eds.) (1996), *Bohmian Mechanics and Quantum Theory: An Appraisal* (Kluwer Academic Publishers, Dordrecht).

Cushing, J. T. and McMullin, E. (eds.) (1989), *Philosophical Consequences of Quantum Theory: Reflections on Bell's Theorem* (University of Notre Dame Press, Notre Dame, IN).

Darrigol, O. (1992), *From c-Numbers to q-Numbers* (University of California Press, Berkeley, CA).

Darwin, G. H. (1898), *The Tides and Kindred Phenomena in the Solar System* (Houghton, Mifflin and Co., Boston).

Daston, L. (1988), *Classical Probability in the Enlightenment* (Princeton University Press, Princeton, NJ).

Dawkins, R. (1986), *The Blind Watchmaker* (W. W. Norton & Co., New York).

Debs, T. A. and Redhead, M. L. G. (1996), The Twin 'Paradox' and the Conventionality of Simultaneity, *American Journal of Physics* **64**, 384–92.

De Duve, C. (1995), *Vital Dust* (Basic Books, New York).

Defant, A. (1958), *Ebb and Flow: The Tides of Earth, Air, and Water* (University of Michigan Press, Ann Arbor, MI).

Densmore, D. (1995), *Newton's* Principia: *The Central Argument* (Green Lion Press, Santa Fe, NM).

Descartes, R. (1905), *Principia Philosophiae* in Adams and Tannery, Vol. VIII.

Descartes, R. (1977a), *Rules for the Direction of the Mind* in Haldane and Ross.

Descartes, R. (1977b), *The Principles of Philosophy* in Haldane and Ross.

Diacu, F. and Holmes, P. (1996), *Celestial Encounters: The Origins of Chaos and Stability* (Princeton University Press, Princeton, NJ).

Dickson, M. (1993), Stapp's Theorem Without Counterfactual Commitments: Why It Fails Nonetheless, *Studies in History and Philosophy of Science* **24**, 791–814.

Dijksterhuis, E. J. (1986), *A Mechanization of the World Picture* (Princeton University Press, Princeton, NJ).

Dirac, P. A. M. (1958), *The Principles of Quantum Mechanics*, 4th edn (Oxford University Press, Oxford).

Dobbs, B. J. T. (1975), *The Foundations of Newton's Alchemy* (Cambridge University Press, Cambridge).

Donne, J. (1959), *Devotions Upon Emergent Occasions* (University of Michigan Press, Ann Arbor, MI).

Drake S. (ed.) (1957), *Discoveries and Opinions of Galileo* (Anchor Books, Garden City, NY).

Drake, S. (1967), 'Galileo: A Biographical Sketch' in McMullin (1967a), pp. 52–66.

Dresden, M. (1992), Chaos: A New Scientific Paradigm – or Science by Public Relations?, Parts I and II, *The Physics Teacher* **30** (1), 10–14, (2), 74–80.

Dugas, R. (1988), *A History of Mechanics* (Dover Publications, New York).

Duhem, P. (1969), *To Save the Phenomena* (University of Chicago Press, Chicago).

Duhem, P. (1974), *The Aim and Structure of Physical Theory* (Atheneum, New York).

Dürr, D., Goldstein, S. and Zanghi, N. (1996), 'Bohmian Mechanics as the Foundation of Quantum Mechanics' in Cushing *et al.*, pp. 21–44.

Earman, J. (ed.) (1983), *Testing Scientific Theories* (University of Minnesota Press, Minneapolis, MN).

Earman, J. (1986), *A Primer on Determinism* (D. Reidel Publishing Co., Dordrecht).

Earman, J. and Norton, J. (eds.) (1997), *The Cosmos of Science: Essays of Exploration* (University of Pittsburgh Press, Pittsburgh) (to be published).

Eddington, A. S. (1920), *Space, Time, and Gravitation* (Cambridge University Press, Cambridge).

Eddington, A. S. (1926), *The Internal Constitution of the Stars* (Cambridge University Press, Cambridge).

Edwards, P. (ed.), *The Encyclopedia of Philosophy*, 8 Vols. (Macmillan Publishing Co., New York).

Einstein, A. (n.d.a), 'On the Electrodynamics of Moving Bodies' in Lorentz *et al.*, pp. 37–65.

Einstein, A. (n.d.b), 'Does the Inertia of Body Depend upon its Energy-Content?' in Lorentz *et al.*, pp. 67–71.

Einstein, A. (n.d.c), 'On the Influence of Gravitation on the Propagation of Light' in Lorentz *et al.*, pp. 97–108.

Einstein, A. (n.d.d), 'The Foundation of the General Theory of Relativity' in Lorentz *et al.*, pp. 109–64.

Einstein, A. (n.d.e), 'Cosmological Considerations on the General Theory of Relativity' in Lorentz *et al.*, pp. 174–88.

Einstein, A. (1905a), Zur Elektrodynamik bewegter Körper, *Annalen der Physik* **17**, 891–921. (Appears in English translation in Einstein n.d.a.) See also Miller (1981, 392–415).

Einstein, A. (1905b), Ist die Trägheit eines Körpers von seinem Energiegehalt abhängig?, *Annalen der Physik* **17**, 639–41. (Appears in English translation in Einstein n.d.b.)

Einstein, A. (1905c), Die von molekularkinetischen Theorie der Wärme geforderte Bewegung von in ruhenden Flüssigkeiten suspendierten Teilchen, *Annalen der Physik* **17**, 549–60. (Appears in English translation in Einstein (1926).)

Einstein, A. (1907), Über das Relativitätsprinzip und die aus demselben gezogenen Folgerungen, *Jahrbuch der Radioaktivität und Elektronik* **4**, 411–62.

Einstein, A. (1908), Elementare Theorie der Brownschen Bewegung, *Zeitschrift für Elektrochemie* **14**, 235–9. (Appears in English translation as 'The Elementary Theory of Brownian Motion' in Boorse and Motz (1966, 587–96).)

Einstein, A. (1911), Über den Einfluss der Schwerkraft auf die Ausbreitung des Lichtes, *Annalen der Physik* **35**, 898–908. (Appears in English translation in Einstein n.d.c.)

Einstein, A. (1916), Die Grundlage der allgemeinen Relativitätstheorie, *Annalen der Physik* **49**, 769–822. (Appears in English translation in Einstein n.d.d.)

Einstein, A. (1917a), Zur Quantentheorie der Strahlung, *Physikalische Zeitschrift* **18**, 121–8. (Appears in English translation as 'On the Quantum Theory of Radiation' in van der Waerden (1967, 63–77) and in ter Haar (1967, 167–83).)

Einstein, A. (1917b), Kosmologische Betrachtungen zur allgemeinen Relativitätstheorie, *Sitzungsberichte der Preussischen Akademie der Wissenschaften* 1917, Pt. I, 142–52. (Appears in English translation in Einstein n.d.e.)

Einstein, A. (1926), *Investigations on the Theory of the Brownian Movement* (Methuen & Co., London).

Einstein, A. (1934), *The World As I See It* (Covici Friede Publishers, New York).

Einstein, A. (1949a), 'Autobiographical Notes' in Schilpp, pp. 1–95.

Einstein, A. (1949b), 'Remarks to the Essays Appearing in this Co-Operative Volume' in Schilpp, pp. 663–88.

Einstein, A. (1954a), *Ideas and Opinions* (Crown Publishers, New York).

Einstein, A. (1954b), 'On the Method of Theoretical Physics' in Einstein (1954a), pp. 270–6.

Einstein, A. (1954c), 'Maxwell's Influence on the Evolution of the Idea of Physical Reality' in Einstein (1973a), pp. 266–70.

Einstein, A. (1954d), 'What Is the Theory of Relativity?' in Einstein (1954a), pp. 227–32.

Einstein, A. (1954e), 'Principles of Research' in Einstein (1954a), pp. 224–7.

Einstein, A. (1954f), 'The Problem of Space, Ether, and the Field in Physics' in Einstein (1954a), pp. 276–85.

Einstein, A. (1954g), 'Physics and Reality' in Einstein (1954a), pp. 290–323.

Einstein, A. (1982), How I Created the Theory of Relativity, *Physics Today* **35** (8), 45–7.

Einstein, A. and Infeld, L. (1938), *The Evolution of Physics* (Simon and Schuster, New York).

Einstein, A., Podolsky, B. and Rosen, N. (1935), Can Quantum-Mechanical Description of Physical Reality Be Considered Complete?, *Physical Review* **47**, 777–80. (Reprinted in Wheeler and Zurek (1983, 138–41).)

Eisberg, R. M. (1961), *Fundamentals of Modern Physics* (John Wiley & Sons, New York).

Ellis, G. F. R. and Williams, R. M. (1988), *Flat and Curved Space-Times* (Clarendon Press, Oxford).

d'Espagnat, B. (1979), The Quantum Theory and Reality, *Scientific American* **241** (5), 158–81.

Fahie, J. J. (1903), *Galileo, His Life and Work* (John Murray Publishers, London).

Faraday, M. (1952), *Experimental Researches in Electricity* in Hutchins, Vol. 45.

Faye, J. (1991), *Niels Bohr: His Heritage and Legacy* (Kluwer Academic Publishers, Dordrecht).

Feinberg, G. (1965), Fall of Bodies Near the Earth, *American Journal of Physics* **33**, 501–2.

Feynman, R. (1965), *The Character of Physical Law* (The MIT Press, Cambridge, MA).

Feynman, R. P. and Gell-Mann, M. (1958), Theory of the Fermi Interaction, *Physical Review* **109**, 193–8.

Field, J. V. (1988), *Kepler's Geometrical Cosmology* (University of Chicago Press, Chicago).

Fine, A. (1982a), Hidden Variables, Joint Probability, and the Bell Inequalities, *Physical Review Letters* **48**, 291–5.

Fine, A. (1982b), Antinomies of Entanglement: The Puzzling Case of the Tangled Statistics, *The Journal of Philosophy* **79**, 733–47.

Fine, A. (1986a), *The Shaky Game: Einstein, Realism and the Quantum Theory* (University of Chicago Press, Chicago).

Fine, A. (1986b), Unnatural Attitudes: Realist and Instrumentalist Attachments to Science, *Mind* **95**, 149–79.

Finocchiaro, M. A. (1989), *The Galileo Affair* (University of California Press, Berkeley, CA).

Fock, V. (1950), *The Theory of Space Time and Gravitation* (Pergamon Press, New York).

Ford, J. (1983), How Random is a Coin Toss?, *Physics Today* **36** (4), 40–7.

Frank, P. (1947), *Einstein: His Life and Times* (Alfred A. Knopf, New York).

Frank, P. (1949), Einstein's Philosophy of Science, *Reviews of Modern Physics* **21**, 349–55.

Frank, P. (1957), *Philosophy of Science* (Prentice-Hall, Englewood Cliffs, NJ).

Franklin, A. (1976), *The Principle of Inertia in the Middle Ages* (Colorado Associated University Press, Boulder, CO).

Friedman, M. (1992), *Kant and the Exact Sciences* (Harvard University Press, Cambridge, MA).

Frisch, D. H. and Smith, J. H. (1963), Measurement of the Relativistic Time Dilation Using μ-Mesons, *American Journal of Physics* **31**, 342–55.

Freud, S. (1965), *New Introductory Lectures on Psychoanalysis* (W. W. Norton & Co., New York).

Galilei, G. (1946), *Dialogues Concerning Two New Sciences* (Northwestern University Press, Evanston, IL).

Galilei, G. (1967), *Dialogue Concerning the Two Chief World Systems – Ptolemaic & Copernican* (University of California Press, Berkeley, CA).

Gardner, M. R. (1983) 'Realism and Instrumentalism in Pre-Newtonian Astronomy' in Earman, pp. 201–65.

Gell-Mann, M. (1981), 'Questions for the Future' in Mulvey, pp. 169–86.

Gershenson, D. E. and Greenberg, D. A. (eds.) (1964), *The Natural Philosopher*, Vol. 3

(Blaisdell Publishing Co., New York).

Gillispie, C. G. (1960), *The Edge of Objectivity* (Princeton University Press, Princeton, NJ).

Gillispie, C. G. (1970–6), *Dictionary of Scientific Biography*, 14 Vols. (Charles Scribner's Sons, New York).

Gingerich, O. (ed.) (1977), *Cosmology + 1* (W. H. Freeman and Company, San Francisco).

Gleick, J. (1987), *Chaos: Making a New Science* (Viking Press, New York).

Godzinski, Z. (1991), Investigations of Light Interference at Extremely Low Intensities, *Physics Letters A* **153**, 291–8.

Goldberg, A., Schey, H. M. and Schwartz, J. L. (1967), Computer-Generated Motion Pictures of One-Dimensional Quantum-Mechanical Transmission and Reflection Phenomena, *American Journal of Physics* **35**, 177–86.

Goldberg, S. (1970–1), The Abraham Theory of the Electron: The Symbiosis of Experiment and Theory, *Archive for History of Exact Sciences* **7**, 7–25.

Goldreich, P. (1972), Tides and the Earth–Moon System, *Scientific American* **226** (4), 43–52.

Goldstein, H. (1950), *Classical Mechanics* (Addison-Wesley Publishing Co., Reading, MA).

Goodman, N. (1946), A Query on Confirmation, *Journal of Philosophy* **43**, 383–5.

Goodman, N. (1965), *Fact, Fiction, and Forecast*, 2nd edn (Bobbs-Merrill Co., Indianapolis, IN).

Gott, J. R., Gunn, J. E., Schramm, D. N. and Tinsley, B. M. (1977), 'Will the Universe Expand Forever?' in Gingerich, pp. 82–93. (Appeared originally in *Scientific American* **234** (3) (1976), 62–79.)

Gould, S. J. (1989), *Wonderful Life: The Burgess Shale and the Nature of History* (W. W. Norton & Co., New York).

Green, A. W. (1966), *Sir Francis Bacon* (Twayne Publishers, New York).

Guckenheimer, J. and Holmes, P. (1983), *Nonlinear Oscillations, Dynamical Systems, and Bifurcations of Vector Fields* (Springer-Verlag, New York).

Guye, C.-E. and Lavanchy, C. (1915), Vérification expérimentale de la formule de Lorentz–Einstein par les rayons cathodiques de grand vitesse, *Comptes Rendus* **161**, 52–5.

Hacking, I. (1975), *The Emergence of Probability* (Cambridge University Press, London).

Hafele, J. C. (1972), Relativistic Time for Terrestrial Circumnavigations, *American Journal of Physics* **40**, 81–5.

Hafele, J. C. and Keating, R. E. (1972), Around the World Atomic Clocks, *Science* **177**, 166–70.

Haldane, E. S. and Ross, G. R. T. (eds.) (1977), *The Philosophical Works of Descartes*, Vol. I (Cambridge University Press, Cambridge).

Hanle, P. A. (1979), Indeterminacy Before Heisenberg: The Case of Franz Exner and Erwin Schrödinger, *Historical Studies in the Physical Sciences* **10**, 225–69.

Harding, S. G. (ed.) (1976), *Can Theories Be Refuted?* (D. Reidel Publishing Co., Dordrecht).

Harman, P. M. (1982), *Energy, Force and Matter: The Conceptual Development of Nineteenth-Century Physics* (Cambridge University Press, New York).

Harrison, E. R. (1981), *Cosmology, The Science of the Universe* (Cambridge University Press, Cambridge).

Harrison, E. R. (1985), *Masks of the Universe* (Macmillan Publishing Co., New York).

Harrison, E. R. (1986), Newton and the Infinite Universe, *Physics Today* **39** (2), 24–32.

Harvey, W. (1952), *A Second Disquisition to John Riolan* in Hutchins, Vol. 28.

Heath, T. L. (ed.) (1896), *Apollonius of Perga: Treatise on Conic Sections* (Cambridge University Press, Cambridge).

Heath, T. L. (ed.) (1897), *The Works of Archimedes* (Cambridge University Press, Cambridge).

Heath, T. L. (1981a), *Aristarchus of Samos* (Dover Publications, New York).

Heath, T. L. (1981b), *A History of Greek Mathematics*, Vols. I and II (Dover Publications, New York).

Heilbron, J. L. (1985), Review of Jagdish Mehra and Helmut Rechenberg's '*The Historical Development of Quantum Theory*', *Isis* **76**, 388–93.

Heilbron, J. L. (1988), 'The Earliest Missionaries of the Copenhagen Spirit' in Ullmann-Margalit, pp. 201–33.

Heilbron, J. L. and Kuhn, T. S. (1969), The Genesis of the Bohr Atom, *Historical Studies in the Physical Sciences* **1** (University of Pennsylvania Press, Philadelphia), pp. 211–90.

Heisenberg, W. (1927), Über den anschaulichen Inhalt der quantentheoretischen Kinematik und Mechanik, *Zeitschrift für Physik* **43**, 172–98. (Appears in English translation as 'The Physical Content of Quantum Kinematics and Mechanics' in Wheeler and Zurek (1983, 62–84).)

Heisenberg, W. (1958), *Physics and Philosophy* (Harper & Row, New York).

Heisenberg, W. (1971), *Physics and Beyond* (Harper & Row, New York).

Hempel, C. G. (1945), Studies in the Logic of Confirmation, *Mind* **54**, 1–26 and 97–121. (Also reprinted in Hempel (1965), pp. 3–46.)

Hempel, C. G. (1965), *Aspects of Scientific Explanation* (The Free Press, New York).

Hendry, J. (1984), *The Creation of Quantum Mechanics and the Bohr–Pauli Dialogue* (D. Reidel Publishing Co., Dordrecht).

Herivel, J. (1965), *The Background to Newton's* Principia (Oxford University Press, Oxford).

Herschel, J. F. (1830), *A Preliminary Discourse on the Study of Natural Philosophy* (Longman, Rees, Orme, Brown & Green, London).

Hertz, H. (1900), *Electric Waves* (Macmillan Publishing Co., London).

Holland, P. R. (1993), *The Quantum Theory of Motion* (Cambridge University Press, Cambridge).

Holton, G. (1968), Mach, Einstein and the Search for Reality, *Daedalus* **97** (2), 636–73.

Holton, G. (1973), *Thematic Origins of Scientific Thought* (Harvard University Press, Cambridge, MA).

Holton, G. (1978), *The Scientific Imagination: Case Studies* (Cambridge University Press, Cambridge).

Holton, G. (1996), *Einstein, History, and Other Passions* (Addison-Wesley Publishing Co., Reading, MA).

Hon, G. (1996), 'Gödel, Einstein, Mach: Completeness of Physical Theory' in Schimanovich *et al.* (to be published).

Howard, D. (1997), 'A Peek Behind the Veil of Maya: Einstein, Schopenhauer, and the Historical Background of the Conception of Space as a Ground for the Individuation of Physical Systems' in Earman and Norton (to be published).

Howson, C. (ed.) (1976), *Method and Appraisal in the Physical Sciences* (Cambridge University Press, Cambridge).

Hughes, R. J. (1990), The Bohr–Einstein 'Weighing-of-Energy' Debate and the Principle of Equivalence, *American Journal of Physics* **58**, 826–8.

Hume, D. (1902), *An Enquiry Concerning Human Understanding* (Oxford University Press, Oxford).

Hutchins, R. M. (ed.) (1952), *Great Books of the Western World* (Encyclopaedia Britannica, Chicago).

Huygens, C. (1920), *Oeuvres Complètes de Christiaan Huygens*, Vol. 14 (Martinus Nijhoff, The Hague).

Huygens, C. (1934), *Oeuvres Complètes de Christiaan Huygens*, Vol. 18 (Martinus Nijhoff, The Hague).

Huygens, C. (1952), *Treatise on Light* in Hutchins, Vol. 34.

Jackson, J. D. (1975), *Classical Electrodynamics*, 2nd edn (John Wiley & Sons, New York).

Jaki, S. L. (1966), *The Relevance of Physics* (University of Chicago Press, Chicago).

Jammer, M. (1957), *Concepts of Force* (Harvard University Press, Cambridge, MA).

Jammer, M. (1961), *Concepts of Mass* (Harvard University Press, Cambridge, MA).

Jammer, M. (1969), *Concepts of Space*, 2nd edn (Harvard University Press, Cambridge, MA).

Jammer, M. (1974), *The Philosophy of Quantum Mechanics* (John Wiley & Sons, New York).

Jammer, M. (1989), *The Conceptual Development of Quantum Mechanics*, 2nd edn (Tomash Publishing Co., New York).

Jefferson, T. (1952), *The Declaration of Independence* in Hutchins, Vol. 43.

Jensen, R. V. (1987), Classical Chaos, *American Scientist* **75** (2), 168–81.

The Jerusalem Bible (1966) (Doubleday & Co., Garden City, NY).

Jevons, W. S. (1958), *The Principles of Science: A Treatise on Logic and Scientific Method* (Dover Publications, New York).

Jowett, B. (ed.) (1892), *The Dialogues of Plato*, Vols. I–V (Macmillan Publishing Co., New York).

Kamefuchi, S., Ezawa, H., Murayama, Y., Namiki, M., Nomura, S., Ohnuki, Y. and Yojima, T. (eds.) (1984), *Proceedings of the International Symposium on the Foundations of Quantum Mechanics in the Light of New Technology* (Physical Society of Japan, Tokyo).

Kaufmann, W. (1902), Die elektromagnetische Masse des Elektrons, *Physikalische Zeitschrift* **4**, 54–7.

Kaufmann, W. (1905), Über die Konstitution des Elektrons, *Sitzungsberichte der Königlich Preussischen Akademie der Wissenschaften* **45**, 949–56.

Kellert, S. H. (1993), *In the Wake of Chaos* (University of Chicago Press, Chicago).

Kelvin, Lord (1901), Nineteenth Century Clouds Over the Dynamical Theory of Heat and Light, *Philosophical Magazine* **2**, 1–40. (Reprinted in Kelvin (1904), pp. 486–527).

Kelvin, Lord (1904), *Baltimore Lectures on Molecular Dynamics and the Wave Theory of Light* (C. J. Clay & Sons, London).

Kepler, J. (1937), *Astronomia Nova* in Caspar, Vol. 3.

Kepler, J. (1952a), *Epitome of Copernican Astronomy* in Hutchins, Vol. 16.

Kepler, J. (1952b), *Harmonies of the World* in Hutchins, Vol. 16.

Kepler, J. (1992), *New Astronomy* (Cambridge University Press, Cambridge).

Keynes, J. M. (1963), 'Newton, the Man' in *Essays in Biography* (W. W. Norton & Co., New York), pp. 310–23.

Klein, M. J. (1962), Max Planck and the Beginnings of the Quantum Theory, *Archive for History of Exact Sciences* **1**, 459–79.

Klein, M. J. (1964), 'Einstein and the Wave–Particle Duality' in Gershenson and Greenberg, pp. 1–49.

Kockelmans, J. J. (ed.) (1968), *Philosophy of Science* (The Free Press, New York).

Koestler, A. (1959), *The Sleepwalkers* (Macmillan Publishing Co., New York).

Kourany, J. A. (ed.) (1987), *Scientific Knowledge* (Wadsworth Publishing Co., Belmont, CA).

Koyré, A. (1957), *From the Closed World to the Infinite Universe* (Johns Hopkins University Press, Baltimore, MD).

Kuhn, T. S. (1957), *The Copernican Revolution* (Harvard University Press, Cambridge, MA).

Kuhn, T. S. (1970), *The Structure of Scientific Revolutions*, 2nd edn (University of Chicago Press, Chicago).

Kuhn, T. S. (1978), *Black-Body Theory and the Quantum Discontinuity: 1894–1912* (Clarendon Press, Oxford).

Kuntz, P. G. (ed.) (1968), *The Concepts of Order* (University of Washington Press, Seattle, WA).

Lakatos, I. (1970), 'Falsification and the Methodology of Scientific Research Programmes' in Lakatos and Musgrave, pp. 91–196.

Lakatos, I. (1976), 'History of Science and Its Rational Reconstructions' in Howson, pp. 1–39.

Lakatos, I. (1978), *The Methodology of Scientific Research Programmes* (Cambridge University Press, Cambridge).

Lakatos, I and Musgrave, A. (eds.) (1970), *Criticism and the Growth of Knowledge* (Cambridge University Press, London).

Lakatos, I. and Zahar, E. (1978), 'Why Did Copernicus' Research Program Supersede Ptolemy's?' in Lakatos (1978), pp. 168–92.

Landau, L. D. and Lifshitz, E. M. (1977), *Quantum Mechanics: Non-Relativistic Theory*, 3rd edn (Pergamon Press, Oxford).

Laplace, P. S. (1886), *Théorie Analytique des Probabilités* in *Oeuvres Complètes de Laplace*, Vol. VII (Gauthier-Villars, Paris).

Laplace, P. S. (1902), *A Philosophical Essay on Probabilities* (John Wiley & Sons, New York).

Laudan, L. (1981), *Science and Hypothesis* (D. Reidel Publishing Co., Dordrecht).

Laudan, L. (1984), *Science and Values* (University of California Press, Berkeley, CA).

Laudan, L. and Leplin, J. (1991), Empirical Equivalence and Underdetermination, *The Journal of Philosophy* **88** (9), 449–72.

Leighton, R. B. (1959), *Principles of Modern Physics* (McGraw-Hill Book Co., New York).

Leplin, J. (ed.) (1984), *Scientific Realism* (University of California Press, Berkeley, CA).

Livingston, D. M. (1973), *The Master of Light: A Biography of Albert A. Michelson* (Charles Scribner's Sons, New York).

Longair, M. (1984), *Theoretical Concepts in Physics* (Cambridge University Press, Cambridge).

Lorentz, H. A. (n.d.), 'Michelson's Interference Experiment' in Lorentz *et al.*, pp. 3–7.

Lorentz, H. A. (1952), *The Theory of Electrons* (Dover Publications, New York).

Lorentz, H. A., Einstein, A., Minkowski, H. and Weyl, H. (n.d.), *The Principle of Relativity* (Dover Publications, New York).

Lovejoy, A. O. (1936), *The Great Chain of Being* (Harvard University Press, Cambridge, MA).

Lucretius (1952), *On the Nature of Things* in Hutchins, Vol. 12.

Luria, S. E. (1973), *Life – The Unfinished Experiment* (Charles Scribner's Sons, New York).

Mach, E. (1960), *The Science of Mechanics*, 6th edn (Open Court Publishing Co., La Salle, IL).

MacKinnon, E. M. (1982), *Scientific Explanation and Atomic Physics* (University of Chicago Press, Chicago).

Magie, W. F. (1963), *A Source Book in Physics* (Harvard University Press, Cambridge, MA).

Mansouri, R. and Sexl, R. U. (1977a), A Test Theory of Special Relativity: I. Simultaneity and Clock Synchronization, *General Relativity and Gravitation* **8**, 497–513.

Mansouri, R. and Sexl, R. U. (1977b), A Test Theory of Special Relativity: II. First-Order Tests, *General Relativity and Gravitation* **8**, 515–24.

Mansouri, R. and Sexl, R. U. (1977c), A Test Theory of Special Relativity: III. Second-Order Tests, *General Relativity and Gravitation* **8**, 809–14.

Manuel, F. E. (1968), *A Portrait of Isaac Newton* (Harvard University Press, Cambridge, MA).

Maudlin, T. (1994), *Quantum Non-Locality and Relativity* (Basil Blackwell Publishers, Oxford).

Maudlin, T. (1996), 'Space–Time in the Quantum World' in Cushing *et al.*, pp. 285–307.

Maxwell, J. C. (1890), *The Scientific Papers of James Clerk Maxwell* (Cambridge University Press, Cambridge).

Maxwell, J. C. (1954), *A Treatise on Electricity and Magnetism* (Dover Publications, New York).

Maxwell, N. (1985), Are Probabilism and Special Relativity Incompatible?, *Philosophy of Science* **52**, 23–43.

McCauley, J. L. (1993), *Chaos, Dynamics, and Fractals* (Cambridge University Press, Cambridge).

McMullin, E. (ed.) (1967a), *Galileo, Man of Science* (Basic Books, New York).

McMullin, E. (1967b), 'Introduction: Galileo, Man of Science' in McMullin (1967a), pp. 3–51.

McMullin, E. (1968) 'Cosmic Order in Plato and Aristotle' in Kuntz, pp. 63–76.

McMullin, E. (1978a), *Newton on Matter and Activity* (University of Notre Dame Press, Notre Dame, IN).

McMullin, E. (1978b), 'Philosophy of Science and its Rational Reconstructions' in Radnitzky and Andersson, pp. 221–52.

McMullin, E. (1984), 'A Case for Scientific Realism' in Leplin, pp. 8–40.

Melchior, P. (1966), *The Earth Tides* (Pergamon Press, Oxford).

Meyerson, E. (1930), *Identity and Reality* (George Allen & Unwin, London).

Mill, J. S. (1855), *System of Logic* (Harper & Brothers, New York).

Miller, A.I. (1981), *Albert Einstein's Special Theory of Relativity: Emergence (1905) and Early Interpretation (1905–1911)* (Addison-Wesley Publishing Co., Reading, MA).

Monod, J. (1971), *Chance and Necessity* (Alfred A. Knopf, New York).

Moore, W. (1989), *Schrödinger: Life and Thought* (Cambridge University Press, Cambridge).

More, L. T. (1934), *Isaac Newton, A Biography* (Charles Scribner's Sons, New York).

Moulton, F. R. (1914), *An Introduction to Celestial Mechanics* (Macmillan Publishing Co., New York).

Mulvey, J. H. (ed.) (1981), *The Nature of Matter* (Oxford University Press, Oxford).

Nelson, E. (1966), Derivation of the Schrödinger Equation from Newtonian Mechanics, *Physical Review* **150**, 1079–85.

Nelson, E. (1967), *Dynamical Theories of Brownian Motion* (Princeton Unversity Press, Princeton, NJ).

Neugebauer, O. (1968), 'On the Planetary Theory of Copernicus' in Beer, pp. 89–103.

Neugebauer, O. (1969), *The Exact Sciences in Antiquity* (Dover Publications, New York).

Neumann, G. (1914), Die träge Masse schnell bewegter Elektronen, *Annalen der Physik* **45**, 529–79.

Newton, I. (1934), *Mathematical Principles of Natural Philosophy and His System of the World* (University of California Press, Berkeley, CA).

Newton, I. (1952), *Optics* in Hutchins, Vol. 34.

Pais, A. (1982), *Subtle is the Lord* (Clarendon Press, Oxford).

Park, D. (1988), *The How and the Why* (Princeton University Press, Princeton, NJ).

Pauli, W. (1981), *Theory of Relativity* (Dover

Publications, New York).
Peacock, G. (ed.) (1855), *Miscellaneous Works of the Late Thomas Young*, Vol. I. (John Murray Publishers, London).
Pederson, O. (1993), *Early Physics and Astronomy*, rev. edn (Cambridge University Press, Cambridge).
Peres, A. (1978), Unperformed Experiments Have No Results, *American Journal of Physics* **46**, 745–7.
Petruccioli, S. (1993), *Atoms, Metaphors and Paradoxes* (Cambridge University Press, Cambridge).
Pickering, A. (1984), *Constructing Quarks: A Sociological History of Particle Physics* (University of Chicago Press, Chicago).
Planck, M. (1906a), Das Prinzip der Relativität und die Grundgleichungen der Mechanik, *Verhandlungen der Deutschen Physikalischen Gesellschaft* **8**, 136–41.
Planck, M. (1906b), Die Kaufmannschen Messungen der Ablenkbarkeit der β-Strahlen in ihrer Bedeutung für die Dynamik der Elektronen, *Verhandlungen der Deutschen Physikalischen Gesellschaft* **8**, 418–32.
Planck, M. (1907), Nachtrag zu der Besprechung der Kaufmannschen Ablenkungsmessungen, *Verhandlungen der Deutschen Physikalischen Gesellschaft* **9**, 301–5.
Planck, M. (1949), *Scientific Autobiography and Other Papers* (Philosophical Library, New York).
Plato (1892), *Timaeus* in Jowett, Vol. III, pp. 437–515.
Poincaré, H. (1952), *Science and Hypothesis* (Dover Publications, New York).
Popper, K. R. (1965), *The Logic of Scientific Discovery* (Harper & Row, New York).
Popper, K. R. (1968), *Conjectures and Refutations* (Harper & Row, New York).
Pound, R. V. and Rebka, G. A. (1960), Apparent Weight of Photons, *Physical Review Letters* **4**, 337–41.
Prigogine, I. and Stengers, I. (1984), *Order Out of Chaos* (Bantam Books, New York).
Przibram, K. (ed.) (1967), *Letters on Wave Mechanics* (Philosophical Library, New York).
Ptolemy (1952), *The Almagest* in Hutchins, Vol. 16.
Quine, W. V. (1951), Two Dogmas of Empiricism, *The Philosophical Review* **60**, 20–43.
Quine, W. V. (1990), *Pursuit of Truth* (Harvard University Press, Cambridge, MA).
Quirino, C. (1963), *Philippine Cartography* (N. Israel, Amsterdam).
Radnitzky, G. and Andersson, G. (eds.) (1978), *Progress and Rationality in Science* (D. Reidel Publishing Co., Dordrecht).
Rasband, S. N. (1990), *Chaotic Dynamics of Nonlinear Systems* (John Wiley & Sons, New York).
Redhead, M. L. G. (1987), *Incompleteness, Nonlocality, and Realism* (Clarendon Press, Oxford).
Reitz, J. R. and Milford, F. J. (1967), *Foundations of Electromagnetic Theory*, 2nd edn (Addison-Wesley Publishing Co., New York).
Rohrlich, F. and Hardin, L. (1983), Established Theories, *Philosophy of Science* **50**, 603–17.
Ronan, C. A. (1974), *Galileo* (G. P. Putnam's Sons, New York).
Rose, V. (1886), *Aristotelis Fragmenta* (B. G. Teubner, Leipzig).
Rosen, E. (ed.) (1959), *Three Copernican Treatises* (Dover Publications, New York).
Rosenfeld, L (1965), Newton and the Law of Gravitation, *Archive for History of Exact Sciences* **2**, 365–86.
Ross, W. D. (ed.) (1942), *The Student's Oxford Aristotle*, Vols. I–VI (Oxford University Press, New York).
Russell, B. (1917), *Mysticism and Logic*, 2nd edn (George Allen & Unwin, London).
Sachs, M. (1971), A Resolution of the Clock Paradox, *Physics Today* **24** (9), 23–9. (Replies in The Clock 'Paradox' – Majority View, *Physics Today* **25** (1) (1972), 9–15, 47–51.)
Sambursky, S. (1975), *Physical Thought From the Presocratics to the Quantum Physicists* (Pica Press, New York).
de Santillana, G. (1955), *The Crime of Galileo* (University of Chicago Press, Chicago).
Schilpp, P. A. (ed.) (1949), *Albert Einstein: Philosopher–Scientist; Library of Living Philosophers*, Vol. 16 (Open Court Publishing Co., La Salle, IL).
Schimanovich, W., Buldt, B., Köhler, E. and Weibel, P. (eds.) (1996), *Wahrheit und Beweisbarkeit. Leben und Werk Kurt Gödels* (Hölder–Pichler–Tempsky, Wien) (to be published).
Schrödinger, E. (1935), Die Gegenwartige Situation in der Quantenmechanik, *Die*

Naturwissenschaften **23**, 807–12, 823–8, 844–9. (Appears in English translation as 'The Present Situation in Quantum Mechanics' in Wheeler and Zurek (1983, 152–67).)

Schrödinger, E. (1944), *What Is Life?* (Cambridge University Press, Cambridge).

Schuster, H. G. (1988), *Deterministic Chaos*, 2nd rev. edn (VCH, New York).

Segre, M. (1980), The Role of Experiment in Galileo's Physics, *Archive for History of Exact Sciences* **23**, 227–52.

Segre, M. (1989), Galileo, Viviani and the Tower of Pisa, *Studies in History and Philosophy of Science* **20**, 435–51.

Selleri, F. (1990), *Quantum Paradoxes and Physical Reality* (Kluwer Academic Publishers, Dordrecht).

Selleri, F. (1994), 'Theories Equivalent to Special Relativity' in Barone and Selleri, pp. 181–92.

Shimony, A. (1984), 'Controllable and Uncontrollable Non-Locality' in S. Kamefuchi *et al.*, pp. 225–30.

Shipman, H. L. (1976), *Black Holes, Quasars, and The Universe* (Houghton Mifflin Co., Boston, MA).

Smith, A. J. (ed.) (1974), *John Donne, The Complete English Poems* (Allen Lane, London).

de Sitter, W. (1917), On Einstein's Theory of Gravitation and its Astronomical Consequences, *Monthly Notices of the Royal Astronomical Society* **78**, 3–28.

Stapp, H. P. (1989), 'Quantum Nonlocality and the Description of Nature' in Cushing and McMullin, pp. 154–74.

Stapp, H. P. (1990), Comments on 'Nonlocal Influences and Possible Worlds', *British Journal for the Philosophy of Science* **41**, 59–72.

Stein, H. (1991), On Relativity Theory and Openness of the Future, *Philosophy of Science* **58**, 147–67.

Stewart, I. (1989), *Does God Play Dice?* (Basil Blackwell Publishers, London).

Tangherlini, F. R. (1961), An Introduction to the General Theory of Relativity, *Supplemento del Nuovo Cimento* **20**, 1–86.

Taylor, E. F. and Wheeler, J. A. (1966), *Spacetime Physics* (W. H. Freeman and Company, San Francisco).

ter Haar, D. (1967), *The Old Quantum Theory* (Pergamon Press, London).

Thayer, H. S. (ed.) (1953), *Newton's Philosophy of Nature* (Hafner Press, New York).

Thompson, J. M. T. and Stewart, H. B. (1986), *Nonlinear Dynamics and Chaos* (John Wiley & Sons, New York).

Tolstoy, I. (1982), *James Clerk Maxwell* (University of Chicago Press, Chicago).

Truesdell, C. (1960–2), A Program Toward Rediscovering the Rational Mechanics of the Age of Reason, *Archive for History of Exact Sciences* **1**, 3–36.

Ullmann-Margalit, E. (ed.) (1988), *Science in Reflection* (D. Reidel Publishing Co., Dordrecht).

Valentini, A. (1996), 'Pilot-Wave Theory of Fields, Gravitation and Cosmology' in Cushing *et al.*, pp. 45–66.

Valentini, A. (1997), *On the Pilot-Wave Theory of Classical, Quantum and Subquantum Physics* (Springer-Verlag, Berlin) (to be published).

van der Waerden, B. L. (ed.) (1967), *Sources of Quantum Mechanics* (North-Holland Publishing Co., Amsterdam).

van Fraassen, B. C. (1980), *The Scientific Image* (Oxford University Press, Oxford).

vann Woodward, C. (1986), Gone with the Wind, *The New York Review of Books*, **33** (12), 3–6.

Vogt, E. (1996), Elementary Derivation of Kepler's Laws, *American Journal of Physics* **64**, 392–6.

von Neumann, J. (1955), *Mathematical Foundations of Quantum Mechanics* (Princeton University Press, Princeton, NJ).

Waldrop, M. M. (1991), Cosmologists Begin to Fill in the Blanks, *Science* **251**, 30–1.

Watkins, J. (1978), 'The Popperian Approach to Scientific Knowledge' in Radnitzky and Andersson, pp. 23–43.

Watson, J. D. (1970), *Molecular Biology of the Gene*, 2nd edn (W. A. Benjamin, New York).

Weimer, W. (1975), The Psychology of Inference and Expectation: Some Preliminary Remarks, *Minnesota Studies in the Philosophy of Science*, Vol. VI (University of Minnesota Press, Minneapolis, MN), pp. 430–86.

Weinberg, S. (1977), *The First Three Minutes* (Basic Books, New York).

Weinstock, R. (1982), Dismantling a Centuries-Old Myth: Newton's *Principia* and Inverse-Square Orbits, *American Journal of Physics* **50**, 610–17.

Weisskopf, V. F. (1960), The Visual Appearance

of Rapidly Moving Objects, *Physics Today* **13** (9), 24–7.

Westfall, R. S. (1962), The Foundations of Newton's Philosophy of Nature, *British Journal for the History of Science* **1**, 171–82.

Westfall, R. S. (1971), *Force in Newton's Physics* (American Elsevier, New York).

Westfall, R. S. (1980a), Newton's Marvelous Years of Discovery and Their Aftermath: Myth versus Manuscript, *Isis* **71**, 109–21.

Westfall, R. S. (1980b), *Never At Rest. A Biography of Isaac Newton* (Cambridge University Press, Cambridge).

Westfall, R. S. (1989), *Essays on the Trial of Galileo* (University of Notre Dame Press, Notre Dame, IN).

Wheeler, J. A. and Zurek, W. H. (eds.) (1983), *Quantum Theory and Measurement* (Princeton University Press, Princeton, NJ).

Whitaker, A. (1995), *Einstein, Bohr and the Quantum Dilemma* (Cambridge University Press, Cambridge).

White, H. E. (1934), *Introduction to Atomic Spectra* (McGraw-Hill Book Co., New York).

Whitehead, A. N. (1967), *Science and the Modern World* (The Free Press, New York).

Whiteside, D. T. (1964), Newton's Early Thoughts on Planetary Motion: A Fresh Look, *British Journal for the History of Science* **2**, 117–37.

Whiteside, D. T. (ed.) (1967–76), *The Mathematical Papers of Isaac Newton*, Vols I–VII (Cambridge University Press, Cambridge).

Whitrow, G. (ed.) (1973), *Einstein: The Man and His Achievement* (Dover Publications, New York).

Whittaker, E. (1973), *A History of the Theories of Aether and Electricity*, Vols. I and II (Humanities Press, New York).

Wylie, F. E. (1979), *Tides and the Pull of the Moon* (Stephen Greene Press, Brattleboro, VT).

Young, T. (1845), *A Course of Lectures on Natural Philosophy*, Vol. I (Taylor & Walton, London).

Zahar, E. (1976), 'Why Did Einstein's Programme Supersede Lorentz's?' in Howson, pp. 211–75.

Zahar, E. (1978), '"Crucial" Experiments: A Case Study' in Radnitzky and Andersson, pp. 71–97.

Zahar, E. (1989), *Einstein's Revolution: A Study in Heuristic* (Open Court Publishing Co., La Salle, IL).

Ziman, J. (1978), *Reliable Knowledge* (Cambridge University Press, Cambridge),

찾아보기

서울대학교 사범대학 교육연구재단 지원 저술. 번역 연구도서 39

물리학의 역사와 철학

2006년 7월 20일 1판 1쇄 인쇄
2013년 3월 15일 1판 3쇄 발행

지은이 ◎ James T. Cushing

옮긴이 ◎ 송 진 웅

펴낸이 ◎ 조 승 식

발행처 ◎ (주) 도서출판 북스힐
서울시 강북구 수유2동 240-225

등 록 ◎ 제 22-457 호

(02) 994-0071(代)

(02) 994-0073

bookswin@unitel.co.kr
www.bookshill.com

값 22,000원

ISBN 89-5526-335-X